高职高专教改系列教材

土木工程实训教程

主　编　蒋　红　林　平　张思梅
副主编　王　涛　洪绿洲　常小会　许景春
主　审　陈送财　叶明林

中国水利水电出版社
www.waterpub.com.cn

内 容 提 要

本书根据国家最新颁布的一系列施工及验收标准、规范和最新试验规程，并结合高等职业院校土建类专业教学大纲规定，结合编者多年的教学体会和工程经验编写而成。为适应培养高素质技能型人才，加强实操训练，本书包括绪论和七大块实训项目，内容涵盖施工测量、工程CAD、土工试验、材料检测、力学试验、沥青材料检测和房屋建筑、设备的施工、安装等内容。

本书内容翔实，量大面广，语言通俗易懂。实训任务明确，目标清晰，步骤清楚、简洁，易为掌握，既注重理论知识的实际应用，又培养严谨务实的工作作风。

本书可供市政工程技术专业、道路与桥梁技术专业、工程监理专业、工程造价专业、建筑工程技术专业等专业使用，也可以作为技师培训教材，还能作为施工单位、建设监理单位、建设单位等生产一线的技术和管理人员的参考用书。

图书在版编目（CIP）数据

土木工程实训教程/蒋红，林平，张思梅主编．—北京：中国水利水电出版社，2013.8（2016.8重印）
高职高专教改系列教材
ISBN 978-7-5170-1163-7

Ⅰ.①土… Ⅱ.①蒋…②林…③张… Ⅲ.①土木工程-高等职业教育-教材 Ⅳ.①TU

中国版本图书馆CIP数据核字（2013）第189959号

书　　名	高职高专教改系列教材 **土木工程实训教程**
作　　者	主编　蒋红　林平　张思梅
出版发行	中国水利水电出版社 （北京市海淀区玉渊潭南路1号D座　100038） 网址：www.waterpub.com.cn E-mail：sales@waterpub.com.cn 电话：（010）68367658（营销中心）
经　　售	北京科水图书销售中心（零售） 电话：（010）88383994、63202643、68545874 全国各地新华书店和相关出版物销售网点
排　　版	中国水利水电出版社微机排版中心
印　　刷	北京嘉恒彩色印刷有限责任公司
规　　格	184mm×260mm　16开本　25.75印张　611千字
版　　次	2013年8月第1版　2016年8月第2次印刷
印　　数	3001—6000册
定　　价	**55.00**元

前言

本书根据国家最新颁布的一系列施工及验收标准、规范和最新试验规程，并结合高等职业院校土建类专业教学大纲规定，结合编者多年的教学体会和工程经验编写而成。高职院校土木工程实践教学，主要包括认识实习、课程实训、试验和毕业实习，它是培养学生工程实践能力、创新能力，提高学生职业素质和综合素质的关键教学环节，是突出应用性、实用性，实现“零距离上岗”的重要途径。若无工程实践教学，理论就显得枯燥苍白。理论与实践相结合是教学的基本方法。《土木工程实训教材》正是为体现高等职业教育这一本质特征而编写的。

本书共分8个项目，内容包括：绪论；实训项目1：工程测量试验；实训项目2：工程CAD实训；实训项目3：建筑材料实训；实训项目4：土工试验；实训项目5：力学试验；实训项目6：沥青及沥青混合料实训；实训项目7：工程施工技术实训。涵盖了高职土木工程专业的主要实训项目，内容全面，文字通俗，便于自学，极具参考价值。

本书适用于市政工程技术专业、道路与桥梁技术专业、工程监理专业、工程造价专业、建筑工程技术等专业使用。同时也可供土建类专业大学本科及专科师生实践教学使用，既可作为高职高专、成教、自考和中专中职的实训教学的参考书，也可作为土建类专业人员自学参考书和工具书。

本书由蒋红、林平、张思梅任主编，王涛、洪绿洲、常小会、许景春任副主编，陈送财、叶明林任主审。具体章节编写分工为：实训项目1由安徽水利水电职业技术学院蒋红编写；实训项目2由安徽水利水电职业技术学院许景春老师编写；实训项目3由安徽水利水电职业技术学院王涛、龙丽丽老师编写；实训项目4由安徽水利水电职业技术学院张思梅、慕欣老师编写；实训项目5由安徽水利水电职业技术学院常小会老师编写；实训项目6由合肥铁路工程学校洪绿洲老师编写；实训项目7由安徽水利水电职业技术学院张晓战、合肥市重点工程建设局林平编写；实训项目8由安徽水利水电职业技术学院蒋红、刘天宝、赵慧敏老师，安徽水利股份有限公司交通公司甘正永、安徽水利水电职业技术学院唐鹏，合肥百协置业有限公司官希明编写。全书由蒋红老师统稿。

在编写过程中，我们引用了一些已发表的文献资料和教材的相关内容，并得到有关专家及其所在单位的支持和帮助，在此深表谢意。

由于时间仓促，加上编者水平有限，不足之处在所难免，恳请广大读者批评指正。

编者

2013年4月

目 录

绪　　论

0.1　概　　述

实训教学是培养学生实践能力的主要教学步骤，是职业院校教育教学的重要组成部分。职业院校坚持以服务为宗旨、以就业为导向，不断深化教育教学改革，其中一个重要环节就是切实加强实训教学。只有加强实训教学，才能更好地促进学生职业能力的形成和发展，培养适应职业岗位需要的技能人才。

当前，许多土建类专业院校为达到这一培养目标在不停地实践和探索之中，有不少切实有效的实践模式，如在校内建立的实验室和实训场，利用校内实训条件进行校内的实训；利用校企合作建立的实训基地进行实践训练；利用毕业顶岗实习进行实践操作等。

土木工程试验是在土木工程学习和实践中的基本试验课程，是根据教学的需要和近代土木工程的发展及土木工程的课程需要而引入形成的，是土木工程学习的一个重要的教学环节。这一教学环节使学生学到的专业理论有了一个在实践中检验的机会，用试验结果来验证理论，同时将一些教学过程移到现场进行，会显著提高学习效果、利于深化教学改革、全面促进素质教育、不断提高教学质量及培养学生的综合技能。根据教育理论及实践经验，在实践中学习得到的知识记忆非常深刻，甚至终生难忘。通过基础试验教学环节能使学生学到试验的基本知识、基本技能和基本方法，了解试验的基本概念和初步掌握验证理论的方法。这对培养学生的动手能力和科学态度都是十分重要的，并且对培养学生在现代化建设中的实际工作能力也是有其重要意义的。

对于今后成为科技工作者的学生们，试验是他们必须掌握的重要手段。科学研究不能以书本为基础，而是只能以试验为基础。谁想效力于科学研究并取得成就，谁就必须学会动手，亲自做试验。过去很多杰出的科学家都是这么做的。

另外，与实际工程紧密联系的试验，其很多试验成果可以直接应用于设计与施工过程中。如建筑材料试验的结果可以作为评价工程质量的依据，施工测量则贯穿于整个施工过程之中。又比如，工程地质勘察之后的土力学试验结果——地基承载力可以直接作为工程基础设计的依据。

高职教育培养目标的实质，是为生产和管理培养大批高素质的劳动者和高级应用型技术人才，具有“职业性和应用性”的特点。从历届的毕业生岗位调查情况可知，大多同学主要从事工程施工任务，只有突出实训课建设，才能更好地促进学生职业能力的形成和发展，培养适应职业岗位需要的技能型人才。实训课建设是开展实训教学的前提和基础，没有高质量的实训课建设也就不可能培养出高质量的技能型人才，加强实训课建设是高职院校自身生存发展的需要。

实训课程是土木工程类专业课程教学计划中的一个重要环节，是培养综合应用型人才的具体体现。通过实习实训，使学生对所学专业在市场经济中的作用与地位有更全面的了解，激发学生热爱所学专业，掌握专业所需的基本技能；培养学生独立分析与解决问题的能力，进一步了解与专业有关的新理念、新技术、新工艺；培养学生吃苦耐劳、乐于奉献的优秀品质，树立正确的人生观；锻炼学生的管理组织能力、团结协作能力、创新精神和实践能力，增强学生对社会的适应性。

0.2 实训教材现状与教材开发

实训教学是培养学生操作技能和技术应用能力的主要环节，实训教材又是保证实践教学体系的建立和实践教学质量的必备的基本条件。目前高职教育中，相对独立的实践教学体系尚未完全建立，生产过程的教学也还没有真正纳入实践教学的体系中，这与高职教育紧密联系生产实际的要求不相适应，其中原因比较复杂。但是，实训教材的编制明显滞后于高职教育发展的需要，具有高职教育特色的实训教材极其匮乏的现实，是其中一条极为重要的原因。

0.2.1 高职实训教材存在的几大突出问题

（1）对实训教材开发与培养目标重要性关系认识不够。目前对实训教学改革、实训教材建设与培养目标关系存在不少模糊认识。传统的实训教学多为演示性、验证性实验，其教学目的是加深学生对理论知识的理解，从教学内容、组织形式到成绩考核等多方面仍依附于理论教学，在不少师生的心目中，它仍是理论教学的一部分。而对于高职办学，提出了“建立相对独立的实践教学体系”的任务，就是将实践教学放到了与理论教学同等重要的地位，同时要求改革以课堂为中心，以理论为中心的传统人才培养模式。目前，高职实践教学，着眼于培养学生的职业技能及相应的职业素质，因此，开发实训教材必须切实贯彻“以就业为导向”的思想。

（2）教材建设远远滞后于教学方法的发展。从现状看，目前具有高职特色的实训教材十分匮乏，甚至无法找到一本适应工学结合、产学研结合、项目导向的实训教材。当前，高职教材改革的一项重要任务应该是积极促进学校与行业的联系，在职业分析、专业分析和课程分析的基础上，采用理论与实践一体化的教学方法，创造性地编写一系列适合高职教育的精品教材。

（3）教材特点不突出，实操性不强。现有的实训教材编写，未能对同学毕业后所从事的岗位群进行必要的调查研究，不清楚同学从事何种技术工作，因此，教材也就不能指导同学在校期间的实践活动。很多同学，在完成老师布置的实践活动任务或顶岗实习时，往往无法将理论和实际进行无缝对接，工作无从下手，效果自然不好。

教材是体现教学内容和教学方法的知识载体，是进行教学的基本工具，也是深化教育教学改革、全面推进素质教育、培养创新人才的重要保证，教材质量的高低将直接影响到教学质量和人才培养质量。因此，高校的教材编制应把握教学改革的方向，有组织、有规划地开展精品教材编制，为培养创新人才贡献力量。

0.2.2 本教材编写时着重考虑的几个问题

（1）在编写教材章节内容时考虑教学方法和实施的可能性。教学方法在实训教学过程

中很重要，同样的实训内容，不同的老师采取不同的教学方法，学生最终的学习效果将产生很大的区别。好的教学方法能够快速地引导学生融入课堂氛围，开动脑筋，认真思考问题，使学生在实训过程中起主导角色。但实训受到一定的教学条件限制，再好的教材、再详尽的实训步骤和方法，如果没有实施的可能性，那一切都是空谈，不切合实际。

（2）在编写教材章节内容时进行教学调研。高职教育在实训教材章节内容编写时需认真调研，不仅对当前社会形式及人才状况进行调研，而且需对所授班级学生状况进行调研，定期更新教材内容，有条件的院校可以做到定班更新，实训教师不仅需对知识结构进行更新，对于不同的班级，不同层次的学生，教材难易程度及教学进度均需及时更新。

社会调研包括安排教师到相关企业顶岗实习，了解企业人才需求，教师在企业锻炼的过程中，实践知识得到了提高，这样在实训教学过程中所制定的教材及教案将更贴合企业实际，学生能学到企业最前沿的知识，毕业后将更加胜任工作岗位。同时高职院校可以积极邀请相关企业资深人员到校进行学术交流及讲座，安排学生到企业参观，采取订单式教育，使得校企合作逐步推行，将企业文化氛围融入校园。同时可以向企业引进相关生产案例或科研项目，将其编入实训教材当中，做到产学研相结合。

学生调研包括实训前期调研，实训过程中调研及实训后期调研。实训前期调研即在开始上课之前，向有关任课教师、班级学生及辅导员了解班级学生学习状况，以针对该班学生制定出合适的教材，如果班级整体学生能力层次偏低，则在教材安排上可以考虑多安排些趣味题目，引导学生产生浓厚的学习兴趣，以问题带动兴趣，以兴趣解决问题。“兴趣是最好的老师”是一种方法、一种手段，让学生积极主动心情愉快地接受知识，而不是以强制性的、命令的方式，使学生必须去服从的形式。如果班级学生整体层次较高，在编写教材时可以考虑稍微拓展教材深度，让学生在解决问题能力方面进一步得到提高。

学中调研包括对当前制定的教材学生掌握程度进行摸底，是否大部分学生能够掌握所学知识，如果出现问现需及时对教材进行改进，可以考虑对学生发放补充讲义。后期调研包括对当前批次学生学习结果进行调研，对教学过程中所出现的问题进行总结，相关知识点进行更新，删除部分冗余知识点，对某些经典案例进行保留，为下一批次学生的学习打下扎实的基础。

（3）在实训项目安排过程中以学生为主体。高职院校在实训项目开发的过程中需充分调动学生的积极性，以往的实训教材在内容安排时均把整个实训过程编排得非常详尽，从学生的分组、设备的选择、材料的选择、过程的实施、问题的解决、总结性的概括都编入教材当中。如果是自学性的教材，这样编写当然可以，但实训教材如果是这样编写的话则在实训过程中，大部分教师会在实训过程中先将实训项目演示一遍，提出相关注意事项，学生仅需对照实训教材从头到尾将整个过程重复一遍就算完成，这样老师在实训过程中对于不同的班级重复不同的步骤，教师在异常问题处理时缺乏经验，学生在实训过程中也显得非常被动。高职在实训项目编排时应把学生推到教学的主体位置，逐步由学生来选择实训内容，制定实训方法与步骤，处理和分析实训结果、数据；教师的主要任务应逐步转变为给学生提供指导，解答实训中出现的各种问题，然后由学生来进一步完善实训教材，将教材实训项目中采取的实训方法与步骤，处理和分析实训结果、数据及遇到的困难、解决措施由学生对实训教材进行填写，教师所执行的任务只是指导及检查，学生为主，教师为辅。

(4) 在实训项目安排时注意提高学生的创新能力。之所以要提高学生的创新能力是因为在现代企业生产过程中，学生走上工作岗位后会遇到各种各样的项目，几乎很少会出现与学校实训时一模一样的项目。面对不同的项目，脱离老师的指导与提示，学生该如何独立解决？因此在高职实训项目安排时需适当安排一些具有创新性与挑战性的课题来锻炼，有的实训项目难度系数在学生能够承受范围以内，学生通过自己的努力能够独立解决并获得成功，教师给予高度的评价与表扬，学生增强了信心。有的实训项目较复杂，学生通过努力之后只做其中一部分，甚至失败，在实训的过程中，教师给予支持与鼓励，学生在实施实训项目的过程中积极查找解决问题的办法，查阅大量资料，即使以失败告终，学生会从中意识到自己的不足，更加发奋图强努力学习，众所皆知“失败乃成功之母”，是否这一道理也适用于高职实训项目开发？避免培养出来的学生在校没有经历困难，到企业实践时遇到挫折就退缩甚至跳槽，增加学生身心挫败感，更加不适应于社会。

(5) 引进企业高级技师参与教材编写，切实做到“双师”结合。高职实训课教材开发必须由两者结合，共同完成。高职教材要求体现实用性、先进性，反映现时生产过程中的实际技术水平。学生学过之后即能上岗操作，并能解决生产工艺中出现的技术问题。这样的教材单靠教师是很难完成的。只有教师和生产一线的技术专家紧密协作才能完成。企业的参与必不可少，高职人才应具备的能力和知识结构只有企业才最清楚。为此，我们聘请土木工程技术领域一些知名高级工程师共同研究教材开发。教师任主编，企业技师任主审。按①邀请企业专家进学校座谈，并与教师结成对子，共同研讨教材编写思路；②主编教师提出编写大纲，经讨论后交企业专家审定把关；③教师到企业调研，搜集资料；④教师执笔写作，遇到技术问题随时与企业技术专家碰面探讨；⑤编写完工讨论定稿后请企业专家终审的程序进行。

0.3 土木工程试验的发展方向及任务

土木工程试验技术的形成和发展，与建筑工程试验经验的积累和试验仪器设备、测量技术的发展有着极为密切的关系。土木工程试验因其具有很强的实用性而应用得十分广泛，几乎每一个建设工程都在使用着土木工程试验的成果。只有应用这些成果，建筑工程的设计和施工才有据可依。如建筑材料试验中的水泥试验、骨料和钢筋试验都需在施工现场二次复试以确认其可靠性，混凝土立方体抗压试验和砂浆试块抗压试验数据作为建设工程隐蔽工程施工结束后的质量评价依据，使工程的优劣一目了然，这都说明土木工程基础试验与建筑工程是紧密联系的。

蓬勃发展的建设事业为土木工程试验积累了越来越多的经验。另一方面，近代仪器设备和测量技术的发展，特别是非电量电测、自动控制和电子计算机等先进技术和设备应用于土木工程试验领域，为试验工作提供了有效的工具和先进的手段，使试验的加载控制、数据采集、数据处理及曲线图表绘制等实现了整个试验过程的自动化，使试验成果更加准

确、迅速，并减少了人力和时间的消耗。国内科研机构、高等院校及生产单位等土木工程试验和科技工作者对土木工程试验技术的研究，也为土木工程试验学科的发展在理论和物质上提供了有利条件。

目前，科学试验作为一种独立的社会实践，有力地促进了生产的发展，土木工程试验将与其他科学试验一样，对土木工程学科的发展产生巨大的促进和推动作用。

实训项目1　工 程 测 量 试 验

实训任务1.1　四 等 水 准 测 量

1.1.1　实验目的

（1）掌握四等水准测量的观测、记录、计算及校核方法。

（2）熟悉四等水准测量的主要限差要求，水准路线的布设及闭合差的计算。

1.1.2　实验器具

DS_3 水准仪 1 台，双面水准尺 1 对，尺垫 2 个，记录板 1 块。

1.1.3　实验内容

（1）用四等水准方法观测一闭合路线。

（2）进行高差闭合差的调整与高程计算。

（3）实验课时为 2～4 学时。

1.1.4　实验步骤

选好一条闭合水准路线，按下列顺序进行逐站观测：

（1）照准后视尺黑面，精平后，读取下、上、中三丝读数，记入手簿，照准后视尺红面，读取中丝读数，记入手簿。

（2）照准前视尺，重新精平，读黑面尺下、上、中三丝读数，再读红面尺中丝读数，记入手簿。以上观测顺序简称为“后—后—前—前”。

1.1.5　记录表格

1. 填写实训记录

将观测数据记入表 1.1 中相应栏中，并及时算出前后视距及前后视距差、视距差累积、红黑面读数差、红黑面高差及其差值。每项计算均有限差要求，当符合限差要求后，方可迁站，直至测完全程。

表 1.1　　四 等 水 准 测 量 手 簿

仪器：__________　日期：__________　观测者：__________　记录者：__________

<table>
<tr><td rowspan="4">测站编号</td><td rowspan="4">立尺点号</td><td rowspan="2">后尺</td><td>下丝</td><td rowspan="2">前尺</td><td>下丝</td><td rowspan="4">方向及尺号</td><td colspan="2" rowspan="2">水准尺读数（m）</td><td rowspan="4">K＋黑－红（mm）</td><td rowspan="4">高差中数（m）</td><td rowspan="4">备注</td></tr>
<tr><td>上丝</td><td>上丝</td></tr>
<tr><td colspan="2">后视距</td><td colspan="2">前视距</td><td rowspan="2">黑面</td><td rowspan="2">红面</td></tr>
<tr><td colspan="2">视距差 d（m）</td><td colspan="2">∑d（m）</td></tr>
<tr><td rowspan="4"></td><td rowspan="4"></td><td colspan="2"></td><td colspan="2">后</td><td></td><td></td><td></td><td></td><td></td><td></td></tr>
<tr><td colspan="2"></td><td colspan="2">前</td><td></td><td></td><td></td><td></td><td></td><td></td></tr>
<tr><td colspan="2"></td><td colspan="2">后一前</td><td></td><td></td><td></td><td></td><td></td><td></td></tr>
<tr><td colspan="2"></td><td colspan="2"></td><td></td><td></td><td></td><td></td><td></td><td></td></tr>
</table>

续表

测站编号	立尺点号	后尺 下丝 / 上丝	前尺 下丝 / 上丝	方向及尺号	水准尺读数（m）		K＋黑－红（mm）	高差中数（m）	备注
		后视距	前视距		黑面	红面			
		视距差 d（m）	$\sum d$（m）						
			后						
			前						
			后—前						
			后						
			前						
			后—前						
			后						
			前						
			后—前						
			后						
			前						
			后—前						
			后						
			前						
			后—前						
			后						
			前						
			后—前						
			后						
			前						
			后—前						
			后						
			前						
			后—前						

2. 内业计算

计算线路总长度。根据各站的高差中数，计算高差闭合差。当高差闭合差符合限差要求时，进行闭合差的调整及计算各待定点的高程。高差闭合差及高程计算按表1.2填写。

表1.2 **高差闭合差及高程计算表**

班级 日期 计算者 学号

点号	测站数或路线长度	测得高差（m）	高差改正数（m）	改正后高差（m）	高程（m）	点号

水准路线示意图：

高差闭合差：$f_h=\sum h=$

高差闭合差容许值：$f_{h容}=$

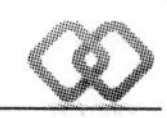

1.1.6 限差要求

（1）黑、红面读数差（即 K+黑－红）不得超过±3mm。

（2）一测站红、黑面高差之差不得超过±5mm。

（3）前、后视距差不得超过 5m，全程累积差不得超过 10m。

（4）视线高度以三丝均能在尺上读数为准，视线长度小于 100m。

（5）高差闭合差应不超过$\pm 20\sqrt{L}$或$\pm 6\sqrt{n}$。

1.1.7 注意事项

（1）观测的同时，记录员应及时进行测站计算检核，符合要求方可搬站，否则应重测。

（2）仪器未搬站时，后视尺不得移动；仪器搬站时，前视尺不得移动。

1.1.8 思考题

（1）四等水准测量在一测站的观测程序是怎样的？有哪些限差要求？

（2）四等水准测量在一个测站上有哪些限差规定？

（3）为什么要对视距差及累积视距差进行限制？

实训任务 1.2 测回法观测水平角

1.2.1 实验目的

（1）进一步熟悉经纬仪的使用。

（2）掌握测绘法测量水平角的方法步骤和具有观测、记录、计算能力。

（3）每个学生用测绘法对同一个角度观测仪测回，各测回角度互差符合要求。

1.2.2 实验器具

（1）每组领借：DJ_6 经纬仪 1 台套，花杆 2 根，雨伞 1 把，记录板 1 块。

（2）自备：铅笔，计算器，草稿纸。

1.2.3 实验内容

（1）每人用测绘法观测水平角易测回。

（2）实验课时为 2 学时。

1.2.4 实验步骤

（1）如图 1.1 所示，将仪器安置于测站点 O 上。

（2）盘左（正镜）。照准左方目标 A，转动度盘变换手轮使度盘读数在稍大于 0°上，关好手护盖，并检查是否照准目标，确认照准目标，读数 a 记入手簿。

（3）松开制动螺旋，顺时针方向旋转照准部，照准右目标 B，读数 b，记入手簿。则上半测回角值为

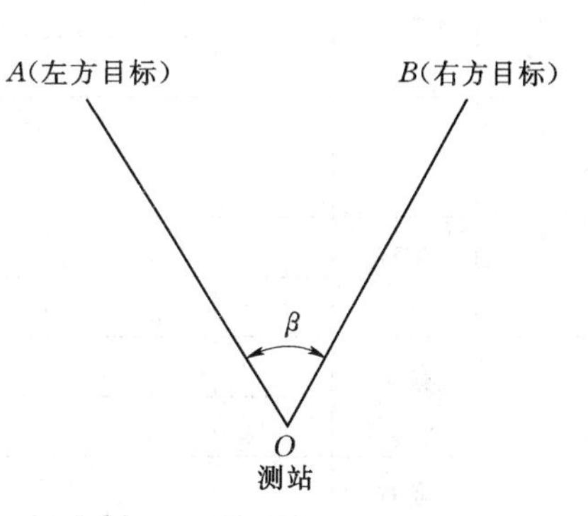

图 1.1 测量两方向间水平角

$$\beta_{左}=b-a$$

（4）盘右（倒镜）。倒镜反时针旋转照准右方目标 B 读数 b'，记录手簿。

（5）逆时针旋转照准左方目标 A，记录读数 a'，则下半测回角值为

$$\beta_{右}=b'-a'$$

（6）当上、下半测回角度之差符合要求，则一测回角值为

$$\beta=\frac{1}{2}(\beta_{左}+\beta_{右})$$

至此便完成了一个测回的观测。如上半测回角度值和下半测回角度值之差没有超限（不超过±40″），则取其平均值作为一测回的角度观测值，也就是这两个方向之间的水平角。

如果观测不止一个测回，而是要观测 n 个测回，要重新设置水平度盘起始读数。即对左方目标每测回在盘左观测时，水平度盘应设置 $180°/n$ 的整倍数来观测。

1.2.5　记录表格

填写实训记录表1.3。

表1.3　水平角观测记录表（测回法）

仪器编号：________　日期：________　小组：________　观测者：________

测站	竖盘位置	目标	水平度盘读数（° ′ ″）	半测回角值（° ′ ″）	一测回角值（° ′ ″）	各测回平均角值（° ′ ″）	备注
	盘左						
	盘右						
	盘左						
	盘右						
	盘左						
	盘右						
	盘左						
	盘右						
	盘左						
	盘右						

续表

测站	竖盘位置	目标	水平度盘读数 (° ′ ″)	半测回角值 (° ′ ″)	一测回角值 (° ′ ″)	各测回平均角值 (° ′ ″)	备注
	盘左						
	盘右						
	盘左						
	盘右						
	盘左						
	盘右						

1.2.6 限差要求

(1) 经纬仪对中误差在 3mm 以内。

(2) 照准部水准管气泡不能偏差 1 格。

(3) 半测回差、测回差规定见表 1.4。

表 1.4　　水平角观测限差　　单位：″

仪器	半测回差	测回差
DJ_6	40①	24
DJ_2	18	12

① 对于 DJ_6 经纬仪，由于度盘刻划误差大，没有规定半测回之差限度。

1.2.7 注意事项

(1) 一测回观测过程中，当水准管气泡偏离值大于 1 格时，应整平后重测。

(2) 所设观测目标不应过大，否则以单丝平分目标或双丝夹住目标均有困难。

1.2.8 思考题

(1) 简述测绘法观测水平角的操作步骤。

(2) 测绘法为何变换水平度盘的起始值？用经纬仪测水平角，为何要用盘左、盘右观测，且取平均值？

(3) 水平角测量时，若右目标小于左目标读数，如何计算水平角？

实训任务 1.3 视 距 测 量

1.3.1 实验目的

学会视距测量的观测、记录和计算。

1.3.2 实验器具

(1) 每组领借：经纬仪 1 台，水准尺 1 根，小钢尺 1 把，记录板 1 块。

（2）计算器（可编程序）1个。

1.3.3 实验内容

（1）练习经纬仪视距测量的观测与记录。

（2）每组同学各人轮换测量周围2～3个固定点，并用计算器算出水平距离与高差。

（3）实验课时为2学时。

1.3.4 实验步骤

（1）在测站上安置经纬仪，对中、整乎后，最取仪器高 i（精确到厘米），假定测站点地面高程为 H_O。

（2）选择若干个地形点，在每个点上立水准尺，读取上、下丝读数、中丝读数 v（可取与仪器高 i 相等，即 $v=i$）、竖盘读数 L。并分别记入视距测量手簿。竖盘读数时，竖盘指标水准管气泡应居中。

（3）用公式 $\alpha=90°-L$ 计算竖直角，用 $D=K_1\cos^2\alpha$ 及 $h=D\tan\alpha+i-v$ 计算平距和高差，用公式 $H_i=H_O+h$ 计算高程。

1.3.5 记录表格

视距测量观测计算见表1.5。

表1.5　　视距测量记录表

仪器编号________ 小组________ 观测者________ 记录者________

测站名称________ 测站高程________ 仪器高________ 日期________

立尺点号	视距读数		视距 K_1 (m)	中丝读数 V (m)	竖盘读数 L (° ′ ″)	竖直角 α (° ′)	平距 D (m)	高差 h (m)	测点高程 (m)	备注
	上丝 (m)	下丝 (m)								

1.3.6　限差要求

（1）水平角、竖直角读数到分，水平距离计算到 0.1m，高差计算至 0.01m。

（2）同一点所测的距离之差不大于±0.3m，高差之差不大于±0.03m。

1.3.7　注意事项

（1）视距测量前应校正竖盘指标差，使指标差小于 1′。

（2）标尺应严格竖直。

（3）用光学经纬仪中丝读数前，应使竖盘指标水准管气泡居中。

1.3.8　思考题

（1）简述视距测量方法步骤。

（2）视距测量如何设置视线水平？

实训任务 1.4　闭 合 导 线 测 量

1.4.1　实验目的

（1）掌握闭合导线的布设方法。

（2）掌握闭合导线的外业观测方法。

（3）掌握导线点内业的坐标计算方法。

1.4.2　实验器具

每组借领：DJ_6 光学经纬仪 1 台，测钎 3 个，钢尺 1 把，木桩 4 个，记录板 1 个。

1.4.3　实验内容

（1）如图 1.2 所示，在实训场地选取 A、B、C、D 四点，AB、BC、CD、DA 通视。

（2）每组完成 1 个闭合导线的水平角观测、导线边长丈量的任务。

（3）假定 A 点坐标（100.00、100.00），实测或假定 AB 边方位角，求出 B、C、D 点的坐标。

（4）外业测角、量距课时为 2 学时。

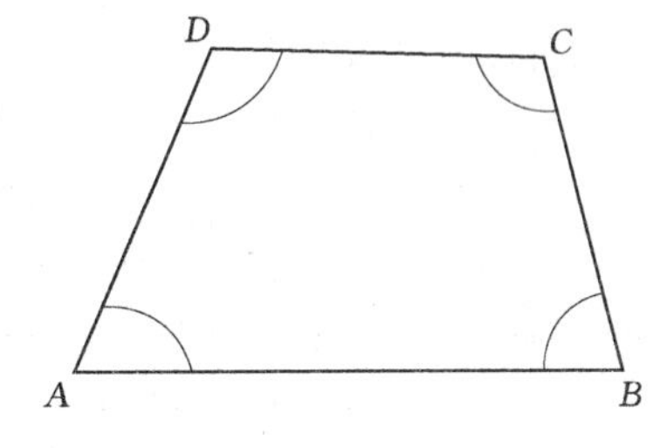

图 1.2　闭合导线示意图

1.4.4　实验步骤

（1）选点。根据选点注意事项，在测区内选定几个导线点组成闭合导线，在各导线点打下木桩，钉上小钉或用油漆标定点位，绘出导线略图。

（2）量距。用钢尺往、返丈量各导线边的边长（读至毫米），若相对误差小于1/3000，则取其平均值。

（3）测角。采用经纬仪测回法观测闭合导线各转折角（内角），每个角观测一个测回，如上、下半测回差不超±40″，则取平均值。若为独立测区，则需用罗盘仪观测起始边的方位角。

（4）计算角度闭合差和导线全长相对闭合差。外业成果合格后，内业计算各导线点的坐标。

1.4.5 记录表格

外业测量记录见表1.6所示。观测合格后，用表1.7计算各点坐标。

表1.6 导线测量外业记录表

日期：________ 天气：________ 仪器型号：________ 组号：________

观测者：________ 记录者：________ 参加者：________

测点	盘位	目标	水平度盘读数（°′″）	水平角		示意图与边长测量
				半测回值（°′″）	一测回值（°′″）	
						边长名：
						往测＝ m
						返测＝ m
						平均＝ m
						边长名：
						往测＝ m
						返测＝ m
						平均＝ m
						边长名：
						往测＝ m
						返测＝ m
						平均＝ m
						边长名：
						往测＝ m
						返测＝ m
						平均＝ m
						边长名：
						往测＝ m
						返测＝ m
						平均＝ m
						边长名：
						往测＝ m
						返测＝ m
						平均＝ m
						边长名：
						往测＝ m
						返测＝ m
						平均＝ m

续表

测点	盘位	目标	水平度盘读数（°′″）	水平角		示意图与边长测量
				半测回值（°′″）	一测回值（°′″）	
						边长名：
						往测＝　　m
						返测＝　　m
						平均＝　　m

表1.7　导线坐标计算表

日期：＿＿＿＿＿＿计算者：＿＿＿＿＿＿学号：＿＿＿＿＿＿

点号	观测角改正数（°′″）	改正后的角度（°′″）	坐标方位角（°′″）	边长 D	坐标增量		改正后坐标增量		坐标值	
					Δx	Δy	Δx	Δy	x	y
A										
B										
C										
D										
A										
B										
Σ										
辅助计算	$f_\beta=$　$f_{\beta容}=\pm60\sqrt{n}$　$f_x=$　$f_y=$ $f_D=\sqrt{f_x^2+f_y^2}=$　全长相对闭合差 $K=\frac{f_D}{\sum D}$　$K\leqslant1/2000$									

1.4.6　限差要求

（1）往返测量距离相对误差限于1/2000。每个角观测一个测回的上、下半测回差不超±40″。

（2）角度闭合差的限差为：$f_{\beta容}=\pm60\sqrt{n}$。

（3）全长相对闭合差 $K=\frac{f_D}{\sum D}$，$K\leqslant1/2000$。

（4）改正后的角度之和应为理论值，推算的 AB 方位角应为所测 AB 方位角，改正后的 $\sum\Delta x=0$、$\sum\Delta y=0$，推算的 A 点坐标应和假定 A 点坐标相等。

1.4.7　注意事项

（1）相邻导线点应相互同视，边长以60～80m为宜。

（2）如边长较短，测角时应特别注意对中和精确瞄准。

1.4.8 思考题

（1）导线布设的形式有哪些？各在什么情况下使用？

简述闭合导线外业测量程序及各项限差规定。

（2）简述闭合导线内业计算方法步骤。

实训任务 1.5 极坐标法放样

1.5.1 实验目的

（1）掌握极坐标法测设数据的计算及测设方法和要求。

（2）能正确设置水平度盘读数和进行钢尺量距。

（3）具有极坐标法测设建筑物的能力。

（4）每组完成一个建筑物的测设，并符合要求。

1.5.2 实验器具

（1）每组领借：经纬仪1台套，钢尺1把，木桩4个，斧子1把，雨伞1把，记录板1块。

（2）自备：铅笔，计算器，草稿纸。

1.5.3 实验内容

（1）极坐标法放样建筑物。如图1.3所注数据，测设4个房角点1、2、3、4。测设数据和检测记录应填入相应表中。

（2）实验计划2学时。

1.5.4 实验步骤

1. 计算放样数据。

如图1.4所示，A、B为已知平面控制点，其坐标值分别为$A(X_A、Y_A)$、$B(X_B、Y_B)$，P点为建筑物的一个角点，其坐标为$P(X_P、Y_P)$。现根据A、B两点，用极坐标法测设P点，其测设数据计算方法如下：

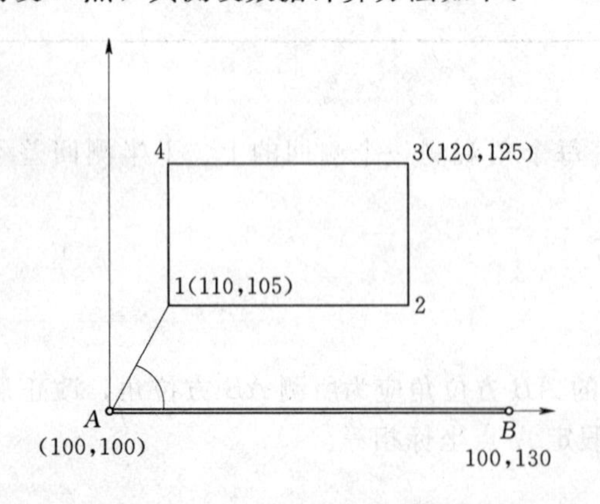

图1.3 极坐标法测设建筑物

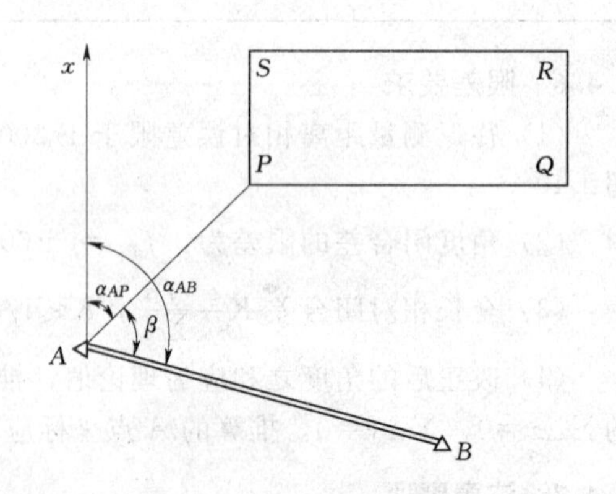

图1.4 极坐标法测设地物

（1）计算 AB 边的坐标方位角 α_{AB} 和 AP 边的坐标方位角 α_{AP}，按公式反算为

$$\alpha_{AB}=\arctan\frac{\Delta y_{AB}}{\Delta x_{AB}}$$

$$\alpha_{AP}=\arctan\frac{\Delta y_{AP}}{\Delta x_{AP}}$$

（2）AP 与 AB 之间的夹角为

$$\beta=\alpha_{AB}-\alpha_{AP}$$

（3）A、P 两点间的水平距离为

$$D_{AP}=\sqrt{(X_P-X_A)^2+(Y_P-Y_A)^2}$$

2. 点位的测设方法

（1）在 A 点安置经纬仪，瞄准 B 点，按逆时针方向测设 β 角，点出 AP 方向。

（2）沿 AP 方向自 A 点用钢尺测设水平距离 D_{AP}，点出 P 点，做出标志。

（3）用同样的方法测设 Q、R、S 点，全部测设完毕后，检查建筑物四角是否等于90°，各边长是否等于设计长度，其误差均应在限差范围内。

3. 检测

（1）实测四个内角，应为90°，误差不超过规定要求。

（2）实测四边边长，计算相对误差，应符合规定要求。

（3）实测对角线长，误差符合要求。

1.5.5 记录表格和示例

（1）记录表格见表1.8。检测表格见表1.9。

表1.8　　极坐标法放样点的记录表

点号	坐标值		方向	坐标差		坐标方位角 (° ′ ″)	应测设的 水平角 β (° ′ ″)	应测设的 水平距离 (m)	备注
	X (m)	Y (m)		Δx (m)	Δy (m)				

测设示意图：

表 1.9　　放样点的检测记录表

角号	实测角值 (° ′ ″)	理论值 (° ′ ″)	误差 (″)	线段	实测距离 (m)	设计距离 (m)	误差 (m)	相对误差

检测示意图：

(2) 测设点的平面位置示例及示意图见表 1.9，已知 A、B 控制点坐标和建筑物四个角点 P、Q、R、S 放样坐标。则测设数据为

$$\alpha_{AB}=\arctan\frac{Y_B-Y_A}{X_B-X_A}=\arctan\frac{150.000-100.000}{80.000-100.000}=111°48'05''$$

$$\alpha_{AP}=\arctan\frac{Y_P-Y_A}{X_P-X_A}=\arctan\frac{140.000-100.000}{130.000-100.000}=53°07'48''$$

$$\beta=\alpha_{AB}-\alpha_{AP}=111°48'05''-53°07'48''=58°40'17''$$

$$D_{AP}=\sqrt{(X_P-X_A)^2+(Y_P-Y_A)^2}$$

$$\sqrt{(130.000-100.000)^2+(140.000-100.000)^2}=50.000(\mathrm{m})$$

将测设数据填入表 1.10。测设方法如上所述。检测见表 1.11，检测结果符合限差规定要求。

1.5.6 限差要求

(1) 经纬仪对中误差不能超过±3mm。

(2) 放样角度的误差不能超过±36″。

(3) 放样距离的误差不能超过 1/3000。

表 1.10　　　　　　　　　　　极坐标法放样点的记录表

点号	坐标值		方向	坐标差		坐标方位角 (° ′ ″)	应测设的水平角β (° ′ ″)	应测设的水平距离 (m)	备注
	X (m)	Y (m)		Δx (m)	Δy (m)				
A	100.000	100.000							
B	80.000	150.000	AB	−20.000	50.000	111 48 05			
P	130.000	140.000	AP	30.000	40.000	53 07 48	58 40 17	50.000	
Q	130.000	185.000	AQ	30.000	85.000	70 33 36	41 14 29	90.139	
R	145.000	185.000	AR	45.000	85.000	62 06 10	49 41 56	96.177	
S	145.000	140.000	AS	45.000	40.000	41 38 01	70 10 04	60.208	

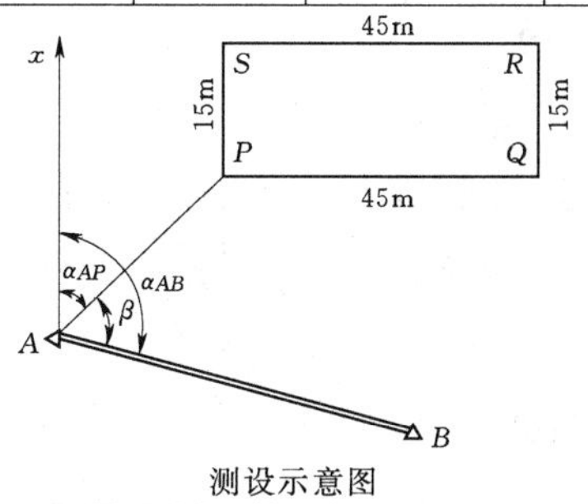

测设示意图

表 1.11　　　　　　　　　　　放样点的检测记录表

角号	实测角值 (° ′ ″)	理论值 (° ′ ″)	误差 (″)	线段	实测距离 (m)	设计距离 (m)	误差 (m)	相对误差
P	89 59 42	90 00 00	−18	PQ	45.008	45.000	8	1/5600
Q	89 59 54	90 00 00	−6	QR	15.002	15.000	2	1/7500
R	90 00 12	90 00 00	+12	RS	44.996	45.000	−4	1/11200
S	90 00 30	90 00 00	+30	SP	14.997	15.000	−3	1/5000
				PR	47.426	47.434	−8	1/5900
				QS	47.428	47.434	−6	1/7900

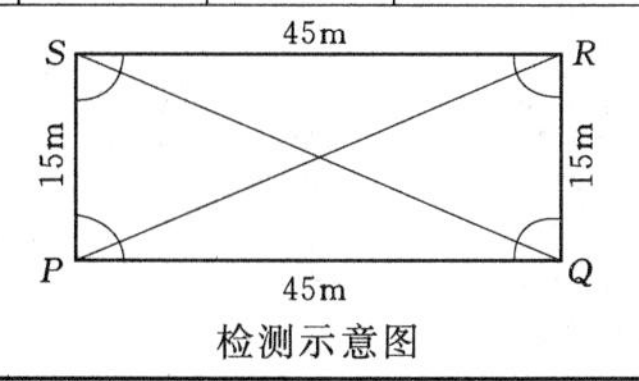

检测示意图

1.5.7 注意事项

(1) 仔细校核已知点的坐标和设计点的坐标与实地和设计图纸给定的数据相符。

(2) 尽可能用不同的计算工具或计算方法进行两人对算，以便互相检核。

(3) 用放样出的点进行相互检核。

1.5.8 思考题

(1) 如何计算放样数据?

(2) 简述极坐标法放样的方法步骤和技术要求。

实训任务1.6 全站仪认识与使用

1.6.1 实验目的

(1) 了解全站仪的基本构造、各部件的名称、功能，熟悉各旋钮、按键的使用方法

(2) 练习使用全站仪进行水平角、竖直角、水平距离、倾斜距离、高差等基本测量工作。

1.6.2 实验器具

(1) 每组借领：全站仪1套、记录板1块、测伞1把，对中杠2个。

(2) 自备：计算器、铅笔、草稿纸。

1.6.3 实验内容

(1) 了解全站仪各部件的名称、功能及作用。

(2) 掌握全站仪安置方法。

(3) 熟悉全站仪操作面板各按键名称及作用。

(4) 掌握角度测量、距离测量的方法。

(5) 实验课时安排4学时。

1.6.4 实验步骤

(1) 将仪器安置在三脚架上，精确进行对中和整平，其操作方法同光学经纬仪。

(2) 了解全站仪各个部件的功能及操作方法。

1) 各部件名称。南方NTS-350型全站仪，各部件的名称如图1.5 (a)、(b) 所示。

2) 键盘功能和信息显示。南方NTS-350型全站仪操作键名称及功能如图1.6及表1.12所示，显示符号的名称见表1.13。

表1.12 NTS型全站仪操作键功能

按键	名称	功能
ANG	角度测量键	进入角度测量模式（▲上移键）
◢	距离测量键	进入距离测量模式（▼下移键）
⊿	坐标测量键	进入坐标测量模式（◀左移键）

续表

按 键	名 称	功 能
MENU	菜单键	进入菜单模式（▶右移键）
ESC	退出键	返回上一级状态或返回测量模式
POWER	电源开关键	电源开关
F1 - F4	软键（功能键）	对应于显示的软键信息
0 - 9	数字键	输入数字和字母、小数点、负号
★	星键	进入星键模式

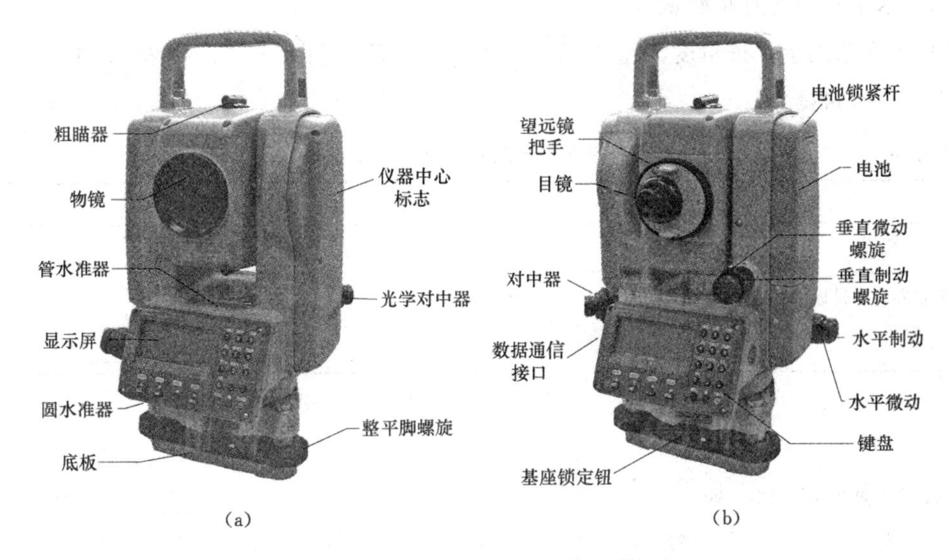

图 1.5 NTS - 350 型全站仪部键名称

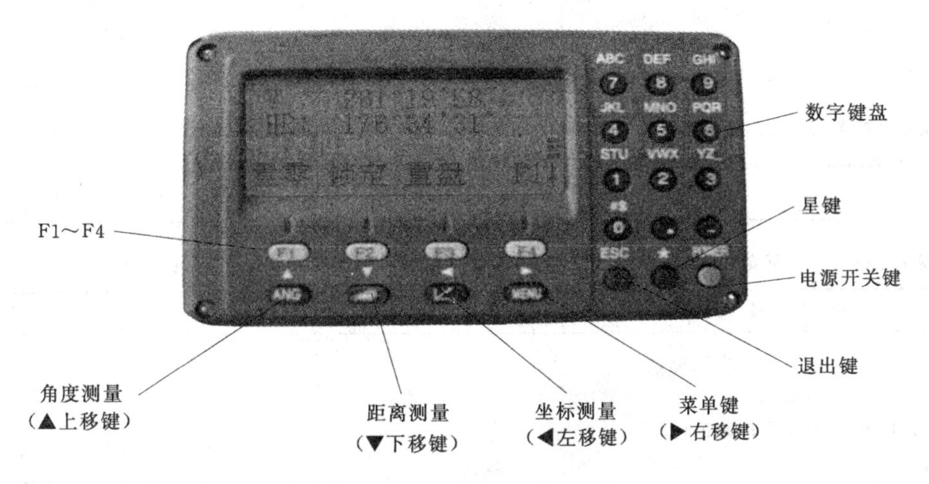

图 1.6 NTS 型 - 350 全站仪操作键

表 1.13　　显示符号及其含义

显示符号	内　容	显示符号	内　容
V%	垂直角（坡度显示）	E	东向坐标
HR	水平角（右角）	Z	高程
HL	水平角（左角）	*	EDM（电子测距）正在进行
HD	水平距离	m	以米为单位
VD	高差	ft	以英尺为单位
SD	倾斜	fi	以英尺与英寸为单位
N	北向坐标		

（3）水平角和垂直角测量。

1）水平角测量。按角度测量键 ANG 确认处于角度测量模式。按表 1.14 和表 1.15 进行水平角测量操作。

表 1.14　　上半测回水平角测量（盘左）操作步骤

操作过程	操　作	显　示
①照准第一个目标 *A*：	照准 *A*	V：　82°09′30″ HR：　90°09′30″ 置零　锁定　置盘　P1↓
②设置目标 *A* 的水平角为 0°00′00″ 按 F1（置零）键和 F3（是）键	F1 F3	水平角置零 >OK? —　—　[是]　[否] V：　82°09′30″ HR：　0°00′00″ 置零　锁定　置盘　P1↓
③照准第二个目标 *B*，显示目标 *B* 的 V/HR。上半测回水平角为 67°09′30″	照准目标 *B*	V：　92°09′30″ HR：　67°09′30″ 置零　锁定　置盘　P1↓

表 1.15　　水平角（右角/左角）切换和下半测回水平角测量（盘右）操作步骤

操作过程	操作	显　示
①按 F4（↓）键两次转到第 3 页功能	F4 两次	V：　122°09′30″ HR：　90°09′30″ 置零　锁定　置盘　P1↓ 倾斜　—　V%　P2↓ H—蜂鸣　R/L　竖角　P3↓

续表

操作过程	操作	显示
②按F2（R/L）键。右角模式（HR）切换到左角模式（HL）	F2	V：122°09′30″ HL：269°50′30″ H—蜂鸣 R/L 竖角 P3↓
③按F4（↓）键转到第1页功能，照准右方目标 *B* 置零，以左角 HL 模式进行测量	照准目标 *B* F1 F3	V：267°50′20″ HL：0°00′00″ 置零 锁定 置盘 P1↓
④照准左方目标 *A*，显示目标 *B* 的 V/HL。下半测回水平角为 67°09′40″	照准目标 *A*	V：277°50′20″ HL：67°09′40″ H—蜂鸣 R/L 竖角 P3↓

2）竖直角测量。按角度测量键［ANG］确认处于角度测量模式。按表 1.16 进行竖直角测量操作。

表 1.16　竖直角测量（盘左、盘右）操作步骤

操作过程	显示	备注
①盘左：照准目标 *P*，显示竖直角 $L=78°33'45''$	V：78°33′45″ HR：93°08′35″ 置零 锁定 置盘 P1↓	$\alpha_{左}=90°-L$ $\alpha_{右}=270°-R$ 仪器高：$i=1.28$m
②盘右：照准目标 *P*，显示竖直角 $R=271°26'20''$	V：271°26′20″ HR：273°08′36″ 置零 锁定 置盘 P1↓	

（4）距离和高差测量。在进行距离、高差测量前通常需要确认大气改正的设置和棱镜常数的设置，再进行距离、高差测量。大气改正的设置：预先测得测站周围的温度和气压，由距离测量或坐标测量模式按F3（S/A）键，再按键F3（T－P）输入温度与气压。按F4执行［回车］确认输入。棱镜常数的设置：由距离测量或坐标测量模式按F3（S/A），再按F1（棱镜）键输入棱镜常数，按F4执行［回车］确认输入。棱镜常数为－30,设置棱镜改正为－30，如使用其他常数的棱镜，则在使用之前应先设置一个相应的常数，即使电源关闭，所设置的值也仍被保存在仪器中。距离和高差测量操作步骤见表 1.17。

表 1.17 距离、高差测量操作步骤

操作过程	操作	显示
①照准棱镜中心	照准	V： 90°10′20″ HR： 170°30′20″ H—蜂鸣 R/L 竖角 P3↓
②按键，距离测量开始。 显示水平距离 HD 和仪器中心与棱镜中心之间高差 VD		HR： 170°30′20″ HD＊ [r] <<m VD： m 测量 模式 S/A P1↓ HR： 170°30′20″ HD＊ 235.343m VD： 36.551m 测量 模式 S/A P1↓
再次按键，显示变为水平角 HR、垂直角 V 和斜距 SD		V： 90°10′20″ HR： 170°30′20″ SD＊ 241.551m 测量 模式 S/A P1↓

1.6.5 记录表格

水平角观测记录表见表 1.18，竖直角观测记录表见表 1.19，距离和高差测量记录表见表 1.20。

表 1.18 测回法观测记录表

仪器编号：________ 日期：________ 小组：________ 观测者：________

测站	竖盘位置	目标	水平度盘读数 (° ′ ″)	半测回角值 (° ′ ″)	一测回角值 (° ′ ″)	各测回平均角值 (° ′ ″)	备注
	盘左						
	盘右						
	盘左						
	盘右						
	盘左						
	盘右						

续表

测站	竖盘位置	目标	水平度盘读数 (° ′ ″)	半测回角值 (° ′ ″)	一测回角值 (° ′ ″)	各测回平均角值 (° ′ ″)	备注
	盘左						
	盘右						
	盘左						
	盘右						
	盘左						
	盘右						

表 1.19　　竖直角观测记录表

仪器编号：＿＿＿＿＿＿　日期：＿＿＿＿＿＿　小组：＿＿＿＿＿＿　观测者：＿＿＿＿＿＿

测站	目标	竖盘位置	竖直度盘读数 (° ′ ″)	半测回竖直角值 (° ′ ″)	一测回竖直角值 (° ′ ″)	竖直指标差 (° ′ ″)	各测回平均竖直角 (° ′ ″)	备注
		盘左						
		盘右						
		盘左						
		盘右						
		盘左						
		盘右						
		盘左						
		盘右						
		盘左						
		盘右						
		盘左						
		盘右						
		盘左						
		盘右						

1.6.6 限差要求

(1) 全站仪对中误差不超过 3mm，整平误差长水准管气泡偏离不超过 1 格。

表 1.20　　　　　　**距离和高差测量表**

仪器编号：＿＿＿＿＿　日期：＿＿＿＿＿　小组：＿＿＿＿＿　观测者：＿＿＿＿＿

边名	温度（℃）	气压（hPa）	水平距离（m）	平均值（m）	高差（m）	平均值（m）	实际地面两点高差（m）	备注

（2）正确进行初始设置，包括气压设置、温度设置、棱镜常数设置等。

（3）水平角观测上、下半测回角值差不超过40′，各测回角值差不超过24′。

（4）竖直角观测，各测回角值差不超过25′，竖盘指标差之差不超过25′。

（5）距离测量一测回读数差不超过5mm。

1.6.7　注意事项

（1）仪器安装至三脚架上或拆卸时，要一只手先握住仪器，以防仪器跌落，注意安全操作。

（2）作业前应仔细全面检查仪器，确信仪器各项指标、功能、电源、初始设置和改正参数符合要求时再进行作业。

（3）严禁直接用望远镜瞄准太阳，以免造成电路板烧坏或眼睛失明，若在太阳下作业，应安装滤光器。

（4）确保仪器提柄固定螺栓和三角基座制动控制杆紧固可靠。

（5）操作过程中，旋转制动螺旋时用力不要太大，以免造成滑丝。

1.6.8　思考题

（1）全站仪主要有哪些部分组成？各起什么作用？

（2）在全站仪的角度测量中，如何进行左右角切换？怎样设置目标方向为 0°00′00″？

（3）如何进行温度、气压和棱镜常数设置？

实训任务 1.7　全站仪坐标测量

1.7.1　实验目的

（1）了解坐标测量原理。

（2）初步掌握坐标文件的建立与管理。

（3）掌握测站点坐标设置、后视点坐标设置、坐标测量的方法。

1.7.2　实验器具

（1）每组领借：全站仪 1 台套，对中杆 2 个，雨伞 1 把，记录板 1 块。

（2）自备：铅笔，计算器，草稿纸。

1.7.3　实验内容

（1）熟悉坐标测量的测站设置、后视点坐标或后视方向设置。

（2）进行待测点的三维坐标测量。

（3）建立和管理坐标测量文件。

（4）实验课时安排 4 学时。

（5）每人独立完成 2～4 个点的坐标测量。

1.7.4　实验步骤

1. 数据采集文件的选择

（1）在测站点安置全站仪，进行对中、整平。

（2）选择数据采集文件（测量文件）

首先必须选定一个数据采集文件存储测量数据，在启动数据采集模式之后即可出现文件选择显示屏，由此可选定一个文件，见表 1.21。

表 1.21　数据采集文件的选用或建立的方法步骤

操作过程	操作	显示
按下 MENU 键，仪器进入主菜单 1/3 模式	[MENU]	菜单　1/3 F1：　数据采集 F2：　放样 F3：　存储管理　P↓
①由主菜单 1/3 按[F1]（数据采集）键	[F1]	选择文件 FN：＿＿＿＿＿ 输入　调用　---　回车

续表

操作过程	操作	显示
②按F2（调用）键，显示文件目录 *1)	F2	SOUDATA /M0123 —> * LIFDATA /M0234 DIEDATA /M0355 --- 查找 --- 回车
③按［▲］或［▼］键使文件表向上下滚动，选定一个文件 *2)，3)	［▲］或［▼］	LIFDATA /M0234 DIEDATA /M0355 —>KLSDATA /M0038 --- 查找 --- 回车
④按F4（回车）键，文件即被确认显示数据采集菜单 1/2	F4	数据采集 1/2 F1： 输入测站点 F2： 输入后视点 F3： 测量 P↓

注 1. 如果您要创建一个新文件，并直接输入文件名，可按F1（输入）键，然后键入文件名。

2. 如果菜单文件已被选定，则在该文件名的左边显示一个符号“*”。

3. 按F2（查找）键可查看箭头所标定的文件数据内容。

选择文件也可由数据采集菜单 2/2 按上述同样方法进行。

2. 坐标文件选择（供数据采集用）

(1) 若需调用坐标数据文件中的坐标作为测站点或后视点坐标用，则预先应由数据采集菜单 2/2 选择一个坐标文件见表 1.22。当无需调用已知点坐标数据时，可省略选择坐标文件。

表 1.22　坐标文件选择的方法步骤

操作过程	操作	显示
①接上表，按F4进入数据采集菜单 2/2	F4	数据采集 2/2 F1： 选择文件 F2： 编码输入 F3： 设置 P↓
②按F1（选择文件）键	F1	选择文件 F1： 测量文件 F2： 坐标文件
③按F2（坐标文件）键，选择一个坐标文件或建立一个新坐标文件	F2	选择文件 FN： ________ 输入 调用 --- 回车

注 数据采集菜单 2/2 模式，按 F3 键设置“是/否”，选“是”表示数据采集时测量数据自动计算坐标并存入坐标文件，默认设置为“是”。

（2）直接键入坐标数据存储于坐标文件。若内存中没有所需点号的已知坐标数据，在选择坐标文件之前，放样点或控制点的坐标数据可直接由键盘输入，并可存入内存中的一个坐标文件内或新建的坐标文件内，然后才可选择该坐标文件用于调用。其步骤见表 1.23。

表 1.23　由键盘输入坐标数据存入内存中一个坐标文件内的方法步骤

操作过程	操作	显示
按下 MENU 键，仪器进入主菜单 1/3 模式	[MENU]	菜单　1/3 F1：　数据采集 F2：　放样 F3：　存储管理　P↓
①按[F3]（存储管理）键	[F3]	存储管理　1/3 F1：　文件状态 F2：　查找 F3：　文件维护　P↓
②按[F4]（P↓）键	[F4]	存储管理　2/3 F1：　输入坐标 F2：　删除坐标 F3：　输入编码　P↓
③按[F1]（输入坐标）键	[F1]	选择文件 FN：________ 输入　调用　---　回车
④按[F1]（输入），输入你想设置的文件名 按[F4]（ENT）键	[F1] 输入 FN [F4]	输入坐标数据 点号：________ 输入　调用　---　回车
⑤[F1]（输入）键，输入点号 按[F4]键	[F1] 输入点号 [F4]	N：　12.322 m E：　34.286 m Z：　1.5772 m 输入　---　---　回车
⑥用同样方法输入坐标数据进入下一个点输入显示屏点号，点号自动加 1	[F1] 输入坐标 [F4]	输入坐标数据 点号：SOUTH－100 输入　调用　---　回车

3. 测站点坐标的设置

测站点坐标可按如下两种方法设定：

（1）利用内存中的坐标数据来设定。

(2) 直接由键盘输入。

以利用内存中的坐标数据来设置测站点为例，其操作方法如表1.24所示。

表1.24 **设置测站点的操作步骤**

操 作 过 程	操 作	显 示
①由数据采集菜单1/2，按[F1]（输入测站点）键，即显示原有数据。	[F1]	点号 —>PT-01 标识符：________ 仪高： 0.000 m 输入 查找 记录 测站
②按[F4]（测站）键	[F4]	测站点 点号： PT-01 输入 调用 坐标 回车
③按[F1]（输入）键	[F1]	测站点 点号： PT-01 回退 空格 数字 回车
④输入点号，按[F4]键*1)	输入点号 [F4]	点号 —>PT-11 标识符： 仪高： 0.000 m 输入 查找 记录 测站
⑤输入标识符（可略），仪高	输入标识符 输入仪高	点号 —>PT-11 标识符： 仪高： 1.235 m 输入 查找 记录 测站
⑥按[F3]（记录）键	[F3]	点号 —>PT-11 标识符： 仪高—> 1.235 m 输入 查找 记录 测站 >记录？ [是][否]
⑦按[F3]（是）键，显示屏返回数据采集菜单1/2	[F3]	数据采集 1/2 F1： 输入测站点 F2： 输入后视点 F3： 测量 P↓

4. 后视点的设置

后视点定向角可按如下三种方法设定：

(1) 利用内存中的坐标数据来设定。

(2) 直接键入后视点坐标。

（3）直接键入设置的方位角：方位角的设置需要通过测量来确定。

以利用内存中的坐标数据来设定后视点为例，其操作方法如表 1.25 所示。

表 1.25　　输入点号设置后视点，将后视定向角数据寄存在仪器内

操作过程	操作	显示
①由数据采集菜单 1/2 按[F2]（后视），即显示原有数据	[F2]	后视点 −> 编码： 镜高：　0.000 m 输入　置零　测量　后视
②按[F4]（后视）键	[F4]	后视 点号−> 输入　调用　NE/AZ　[回车]
③按[F1]（输入）键	[F1]	后视 点号： 回退　空格　数字　回车
④输入点号，按[F4]（ENT）键 按同样方法，输入点编码，反射镜高	输入 PT # [F4]	后视点 −>PT-22 编码 ： 镜高 ：　0.000 m 输入　置零　测量　后视
⑤按[F3]（测量）键	[F3]	后视点　−>PT-22 编码 ： 镜高 ：　0.000 m 角度　*斜距　坐标　---
⑥照准后视点。 选择一种测量模式并按相应的键。 如[F2]（斜距）键，进行斜距测量，根据定向角计算结果设置水平度盘读数测量结果被寄存，显示屏返回到数据采集菜单 1/2	照准 [F2]	V：　90°00′00″ HR：　0°00′00″ SD *　<<< m >测量… 数据采集　1 / 2 F1：　输入测站点 F2：　输入后视点 F3：　测量　P↓

5. 进行待测点的测量并存储数据

待测点坐标测量步骤见表 1.26。

6. 查找记录数据

在运行数据采集模式时，您可以查阅记录数据。查找步骤见表 1.27。

表 1.26　　待测点坐标测量步骤

操作过程	操作	显示
①由数据采集菜单 1/2， 按 F3 （测量）键，进入待测点测量	F3	数据采集　1 / 2 F1：　测站点输入 F2：　输入后视 F3：　测量　P↓ 点号 —> 编码 ： 镜高 ：　0.000 m 输入　查找　测量　同前
②按 F1 （输入）键，输入点号后按 F4 确认	F1 输入点号 F4	点号　= PT - 01 编码 ： 镜高 ：　0.000 m 回退　空格　数字　回车 点号　= PT - 01 编码 —> 镜高 ：　0.000 m 输入　查找　测量　同前
③按同样方法输入编码，棱镜高	F1 输入编码 F4 F1 输入镜高 F4	点号 ：　PT - 01 编码　—>　SOUTH 镜高 ：　1.200 m 输入　查找　测量　同前 角度　*斜距　坐标　偏心
④按 F3 （测量）键	F3	
⑤照准目标点	照准	
⑥按 F1 到 F3 中的一个键 * 3，如 F2 （斜距）键，开始测量。 数据被存储，显示屏变换到下一个镜点	F2	V：　90°00′00″ HR：　0°00′00″ SD * [n]　<<< m >测量… < 完成>
⑦输入下一个镜点数据并照准该点		点号　—>PT - 02 编码：　SOUTH 镜高 ：　1.200 m 输入　查找　测量　同前

续表

操作过程	操作	显示
⑧按[F4]（同前）键。 按照上一个镜点的测量方式进行测量。 测量数据被存储。 按同样方式继续测量。 按[ESC]键即可结束数据采集模式	照准 [F4]	V: 90°00′00″ HR: 0°00′00″ SD＊ [n] <<< m >测量... < 完成> 点号 —>PT-03 编码： SOUTH 镜高： 1.200 m 输入 查找 测量 同前

表 1.27　　查阅记录数据步骤

操作过程	操作	显示
①接上表，运行数据采集模式期间可按[F2]（查找）键，此时在显示屏的右上方会显示出工作文件名［SOUTH］	[F2]	点号 —>PT-03 编码： 镜高： 1.200 m 输入 查找 测量 同前
②在三种查找模式中选择一种按[F1]～[F3]中的一个键	[F1]—[F3]	查找 [SOUTH] F1：第一个数据 F2：最后一个数据 F3：按点号查找

查找点号数据也可以在存储管理 1/3 模式下（表 1.26 第二行屏幕显示）按[F2]（查找）键，再选择相应测量或坐标文件查找点号的测量或坐标数据。

1.7.5 记录表格

在练习中，可以用已知的控制点作为测站点和后视点，也可以假设测站点坐标和 *AB* 边方位角进行测量待测点。每位学生测量 2～4 个点坐标并记录至表 1.28。

表 1.28　　坐标测量记录

仪器编号：__________ 日期：__________ 小组：__________ 观测者：__________

点号	北向坐标 x	东向坐标 y	高程 z	备注
A（测站点）				已知 *X*、*Y*、*Z*
B（后视点）				已知 *X*、*Y*
				新测点
				新测点
				新测点
				新测点
				新测点

续表

点 号	北向坐标 x	东向坐标 y	高程 z	备 注
				新测点
				新测点
				新测点
				新测点
				已知
				已知
				新测点
				新测点
				新测点
				新测点
				新测点
				新测点
				新测点
				新测点
				新测点
				新测点
				新测点
				新测点

1.7.6 限差要求

(1) 全站仪对中误差不超过3mm，整平误差长水准管气泡偏离量不超过1格。

(2) 照准后视测量后视点坐标的误差不超过5mm。

(3) 正确设置温度、气压和棱镜常数。

1.7.7 注意事项

(1) 注意仪器的安全操作。

(2) 要照准棱镜中心进行距离、高差和坐标测量。

1.7.8 思考题

(1) 在坐标测量时，测站坐标和后视点坐标如何设置？如何设置后视方向方位角？

(2) 如何建立和选择数据采集文件（测量文件）和坐标文件？测量文件和坐标文件有什么不同？

(3) 如何查看测量点坐标？在什么文件查看测量点角度、距离或高差？

实训任务1.8 全站仪坐标放样

1.8.1 实验目的

(1) 能够进行坐标放样设置。

（2）能够熟练掌握利用全站仪进行坐标放样的方法，具有放样建筑物的能力。

1.8.2 实验器具

（1）每组领借：全站仪 1 台套，棱镜 1 个，对中杆 1 个，雨伞 1 把，木桩 4 个，铁钉数个，锤子 1 把，钢尺 1 把，记录板 1 块。

（2）自备：铅笔，计算器，草稿纸。

1.8.3 实验内容

（1）管道中线的放样。布设如图 1.7 所示，在实习场地上选择一点，打下一木桩，桩顶画十字线或在木桩顶面上钉入钉子作为标定点，此点即为已知控制点 A。从 A 点用钢尺丈量一段 40.000m 的距离定出另一点，同样打木桩，桩顶画十字线或在木桩顶面上钉入小钉子作为标定点，此点即为已知控制点 B。设 A、B 点的坐标为 $X_A=100.000$m，$Y_A=100.000$m；$X_B=100.000$m，$Y_B=140.000$m。以上数据为控制点 A、B 的已知数据。（也可以试验前假定 AB 方位角为 $0°00'00''$，用全站仪测出 B 点坐标）。

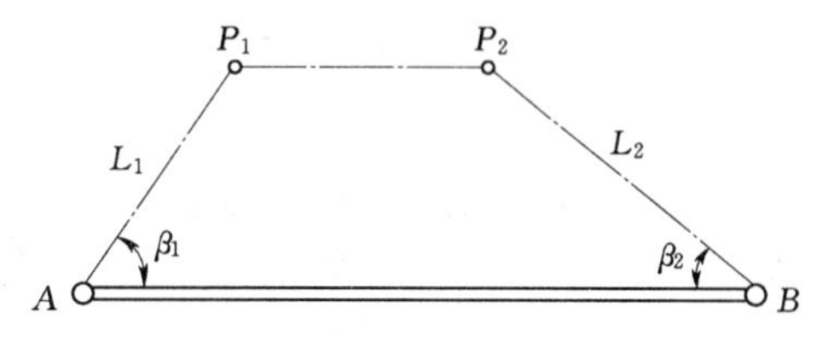

图 1.7 管道中线测量示意图

已知 P_1、P_2 为管道中线上的加桩，其设计坐标分别为 $X_{P1}=109.425$m，$Y_{P1}=107.286$m，$X_{P2}=109.425$m，$Y_{P2}=137.286$m。

放样时用 A 点设测站，B 点为后视点。用全站仪放样 P_1、P_2 点。再用放射法测量 P_1、P_2 点坐标来检测放样精度。

（2）实验课时安排 2～4 学时。

1.8.4 实验步骤

（1）在测站点安置全站仪，对中、整平。

（2）选择数据采集文件，使其所采集数据存储在该文件中。选择坐标数据文件。可进行测站坐标数据、后视坐标数据及放样点的坐标数据调用。

（3）设置测站点。设置测站点的方法有如下两种：

1）利用内存中的坐标设置。

2）直接键入坐标数据。

以直接输入测站点坐标为例，其操作过程见表 1.29。

表 1.29　　直接输入测站点坐标的方法步骤

操作过程	操作	显示
①由放样菜单 1/2 按[F1]（测站点号 输入）键，即显示原有数据	[F1]	测站点 点号：________ 输入　调用　坐标　回车

续表

操作过程	操作	显示
②按F3（坐标）键	F3	N：0.000 m E：0.000 m Z：0.000 m 输入 --- 点号 回车
③按F1（输入）键，输入坐标值按F4（ENT）键	F1 输入坐标 F4	N：10.000 m E：25.000 m Z：63.000 m 输入 --- 点号 回车
④按同样方法输入仪器高，显示屏返回到放样菜单 1/2	F1 输入仪高 F4	仪器高 输入 仪高：0.000 m 输入 --- --- 回车
⑤返回放样菜单	F1 输入 F4	放样 1 / 2 F1：输入测站点 F2：输入后视点 F3：输入放样点 P↓

（4）设置后视点。如下三种后视点设置方法可供选用：

1）利用内存中的坐标数据文件设置后视点。

2）直接键入坐标数据。

3）直接键入设置角。

以直接输入后视点坐标为例，其操作过程见表 1.30。

表 1.30　直接输入后视点坐标的方法步骤

操作过程	操作	显示
①由放样菜单 1/2 按F2（后视）键，即显示原有数据	F2	后视 点号 =： 输入 调用 NE/AZ 回车
②按F3（NE/AZ）键	F3	N-> 0.000 m E：0.000 m 输入 --- 点号 回车
③按F1（输入）键，输入坐标值按F4（回车）键 *1)，2)	F1 输入坐标 F4	后视 H（B）= 120°30′20″ >照准？ ［是］ ［否］

续表

操 作 过 程	操　作	显　示
④照准后视点	照准后视点	
⑤按 F3 （是）键，显示屏返回到放样菜单 1/2	照准后视点 F3	放样　　1/2 F1：输入测站点 F2：输入后视点 F3：输入放样点　　P↓

（5）实施放样。实施放样有两种方法可供选择：

1）通过点号调用内存中的坐标值。

2）直接键入坐标值。以调用内存中的坐标值为例进行放样，见表 1.31。

表 1.31　　放样方法操作步骤

操 作 过 程	操　作	显　示
①由放样菜单 1/2 按 F3 （放样）键	F3	放样　　1/2 F1：输入测站点 F2：输入后视点 F3：输入放样点　　P↓ 放样 点号：________ 输入　调用　坐标　回车
② F1 （输入）键，输入点号。 按 F4 （ENT）键	F1 输入点号 F4	镜高 输入： 镜高：　0.000 m 输入　---　---　回车
③按同样方法输入反射镜高，当放样点设定后，仪器就进行放样元素的计算。 HR：放样点的水平角计算值。 HD：仪器到放样点的水平距离计算值	F1 输入镜高 F4	计算 HR：　122°09′30″ HD：　245.777 m 角度　距离　---　---
④照准棱镜，按 F1 角度键。 点号：放样点。 HR：实际测量的水平角。 dHR：对准放样点仪器应转动的水平角 ＝实际水平角－计算的水平角。 当 dHR=0°00′00″时，即表明放样方向正确	照准 F1	点号：　LP-100 HR：　2°09′30″ dHR：　22°39′30″ 距离　---　坐标　---
⑤按 F1 （距离）键。 HD：实测的水平距离。 dHD：对准放样点尚差的水平距离。 ＝实测距离－计算距离。	F1	HD＊ [r]　　< m dHD：　　m dZ：　　m 模式　角度　坐标　继续 HD＊　　245.777 m dHD：　— 3.223 m dZ：　— 0.067m 模式　角度　坐标　继续

续表

操作过程	操作	显示
⑥按 F1 （模式）键进行精测	F1	HD* [r] < m dHD: m dZ: m 模式 角度 坐标 继续 HD* 244.789 m dHD: − 3.213 m dZ: − 0.047m 模式 角度 坐标 继续
⑦当显示值 dHR，dHD 和 dZ 均为 0 时，则放样点的测设已经完成	F1	
⑧按 F3 （坐标）键，即显示坐标值	F3	N: 12.322 m E: 34.286 m Z: 1.5772 m 模式 角度 --- 继续
⑨按 F4 （继续）键，进入下一个放样点的测设	F4	放样 点号：________ 输入 调用 坐标 回车

（6）放样完成后，用坐标测量方法测量出已放样点的坐标作为放样精度的检核。

1.8.5 记录表格

坐标放样和检测见表1.32。

表1.32 坐标放样和测量检验

点号	已知		测量（检测放样点）		备注
	x	y	x	y	
A（测站点）	100.000	100.000			已知点
B（后视点）	100.000	140.000			已知点
P_1	109.425	107.286			放样点
P_2	109.425	137.286			放样点

1.8.6 限差要求

(1) 对中误差不超过 3mm。

(2) 水准管气泡整平偏差不超过 1 格。

(3) 正确设置温度、气压和棱镜常数。

(4) 用全站仪坐标测量进行检验，点位绝对误差不超过 10mm。

1.8.7 注意事项

(1) 安全操作仪器。

(2) 后视点设置和放样时要瞄准棱镜中心。

(3) 在木桩顶面设立点位后，要符号限差要求并钉牢木桩。

1.8.8 思考题

(1) 放样设置和坐标测量设置有何不同?

(2) 当 dHD 为负值时，棱镜应向哪个方向移动?

(3) 简述坐标放样方法步骤。

实训任务 1.9 GPS 测 量 技 术

1.9.1 实验目的

了解 GPS 的基本功能和操作方法，学会用 GPS 建立测量控制网。

1.9.2 实验器具

(1) 班级分三个组以上，每组借 GPS 静态机 1 台，小钢尺一把，木桩若干，记录板 1 块。

(2) 每组 1 台计算机，GPS 数据处理软件。

(3) 打印机 1 台。

1.9.3 实验内容

(1) 使用 GPS 接收机进行外业观测。

(2) GPS 基线解算。

(3) GPS 三维平网、二维网平差。

(4) 实验课时为 4 课时。

1.9.4 实验步骤

(1) 在实习场地进行测量控制点的标定，要求不少于 3 个点。

(2) GPS（以中海达 HD8200X 为例）静态机测量外业操作步骤如下:

1) 在测量控制点架设仪器，对点器严格对中、整平。

2) 量取仪器高三次，各次间差值不超过 3mm，取中数，仪器高应由测量点标石中心量至仪器上盖与下盖结合处的防水橡胶圈中线位置，如图 1.8 所示。

3) 记录点名，仪器号，仪器高（注明斜高还是垂直高），开始记录时间，记录见表 1.32。

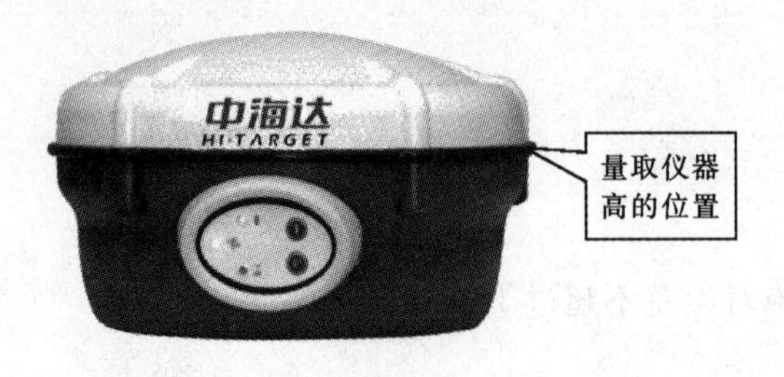

图 1.8 中海达 HD8200X

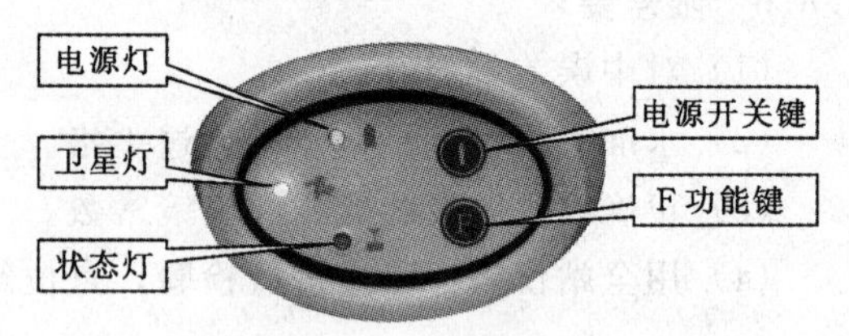

图 1.9 主机面板

4）8200X 静态机主机面板操作：HD8200X 静态机主机面板有按键两个，F 功能键和电源开关键，指示灯 3 个，分别为电源灯，卫星灯，状态灯。如图 1.9 所示。

下面介绍各按键的功能。

按住Ⓘ 1s 开机，卫星灯闪烁表示正在搜索卫星。卫星灯由闪烁转入长亮状态表示已锁定卫星。状态灯每隔数秒采集，间隔默认是 5s 闪一下，表示采集了一个历元。

双击Ⓕ（间隔大于 0.1s，小于 1.2s），进入“采样间隔”设置，按Ⓕ键有 1s、5s、10s、15s 循环选择，按Ⓕ确定。超过 10s 未按Ⓘ确定，则自动确定。

长按Ⓕ大于 3s，进入“卫星截止角”设置，按Ⓕ键有 5°、10°、15°、20°循环选择，按Ⓕ确定。超过 10s 未按Ⓕ确定，则自动确定。单击Ⓕ键，当未进入文件记录状态时，语音提示当前卫星数、采样间隔和卫星截止角。若已经进入文件记录状态，则仅卫星灯闪烁，闪烁次数表示当前卫星颗数。

5）测量完成后关机，记录关机时间，记录见表 1.33。

表 1.33　　GPS 外业观测手簿

观测者姓名________________　　日　期______年______月______日

测　站　名______________　　测 站 号________　　时段号________

天 气 状 况____________

测站近似坐标： 经度：E ________°________″ 纬度：N ________°________″ 高程：______________（m）	本测站为 __________新点 __________等大地点 __________等水准点

记录时间：　　北京时间　　UTC　　区时

开机时间______________________　　结束时间

接收机号______________　　天线型号

天线高（m）：

1.________　2.________　3.________　平均值________

天线高量取方式略图	测站略图及障碍物情况

备　注：

6）下载观测数据文件。

（3）静态 GPS 数据处理。

1）启动“HDS2003 数据处理软件包”，新建项目，导入观测数据文件。

2）基线解算，单击菜单“静态基线”→“处理全部基线”，系统将采用默认的基线处理设置，处理所有的基线向量。

3）坐标系和网平差的设置，进行网平差。其操作流程如图 1.10 所示。

4）成果输出。执行“处理报告”菜单下的“生成网平差报告”，上交打印网平差结果报告。

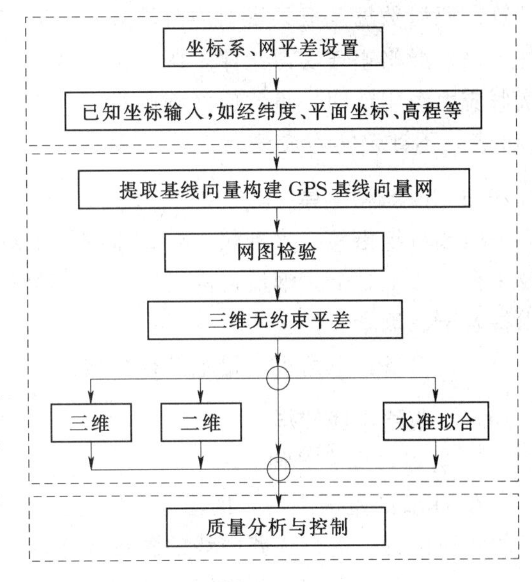

图 1.10 操作流程

1.9.5 记录表格

记录表格见表 1.33GPS 外业观测手簿。

1.9.6 注意事项

（1）观测员在作业期间不得擅自离开测站，并防止仪器受震动和被移动。

（2）一个时段观测过程中不得关闭接收机又重新启动。

1.9.7 思考题

（1）简述静态观测的作业方法。

（2）GPS 测量数据内业处理是如何实现的？

实训任务 1.10 线 路 测 量

1.10.1 实训目的和要求

通过该内容实训，使学生具有道路中线测量和管道施工测量的能力；进一步熟悉掌握水准仪、经纬仪和全站仪的技术操作，在各个实践环节培养应用测量基本理论综合分析问题和解决问题的能力。

1.10.2 实习组织及注意事项

1. 实习组织

以班级为单位设若干的小组，每组 5～6 人，设组长各 1 名。由指导教师布置实习任务和计划，组长负责全组的实习、生活安排、负责仪器管理工作。

2. 实习注意事项

（1）仪器借领、使用和保管应严格遵守有关规定。

（2）实习期间的各项工作，由组长全面负责，合理安排，以确保实习任务的顺利完成。

（3）每次出发和收工时均应清点仪器和工具。每天晚上应整理外业观测数据并进行内计算。原始数据及成果资料应整洁齐全，妥善保管。

(4) 严格遵守实习纪律，服从指导教师、班组长的分配。不得无故缺席或迟到早退，病假应由医生证明，事假应经教师批准，无故缺席者，作旷课论处。缺课超过实习时间的1/3者，不评定实习成绩。

1.10.3 仪器和工具

(1) 每组借领：水准仪1台、水准尺1对、尺垫2个、经纬仪1台、花杆3根。全站仪1台、棱镜2个；钢尺（皮尺）1把、测钎1组；记录板1块、工具包1个、锤子1把、木桩若干、测伞1把。

(2) 自备：三角板、铅笔及计算器。

1.10.4 道路中线放样

1. 实训内容和时间

在1km的范围之内，由指导老师选定一条公路导线，学生用木桩标定本组交点和转点的实地位置，进行道路中线的测量放样。

实习任务和完成时间由实习老师根据实际情况决定。

2. 实习步骤和技术要求

公路中线测量具体工作如下：

(1) 选点。在1km的范围之内，由指导教师选定一条公路导线（能够设置单曲线、同曲线、反向曲线、虚交、复曲线等），学生用木桩标定本组交点和转点的实地位置。

(2) 测角组工作。

1) 测角组工作内容为根据指导教师选定的路线导线，测定其路线偏角。角度的测量方法如下：

a. 右角的测定。在交点上安置经纬仪（或全站仪），采用测回法观测路线导线相邻边所夹右角，一测回中，上下半测回角值之差不超过±40″，取其平均值。

b. 计算转角，判断左偏还是右偏：①当$\beta<180°$时，$\alpha_{右}=180-\beta$，此时右偏；②当$\beta>180°$时，$\alpha_{左}=\beta-180°$，此时左偏。

c. 确定角平分线的方向：①当右偏时，分角线方向水平度盘读数$=\frac{1}{2}$（前视读数＋后视读数）；②当左偏时，分角线方向水平度盘读数$=\frac{1}{2}$（前视读数＋后视读数）＋180°。

用罗盘仪测定路线始边和终边的磁方位角。f_β不应超过±2°。

$$f_\beta=A_{终}-(A_{始}+\sum\alpha_{右}-\sum\alpha_{左})$$

2) 导线丈量。采用钢尺往返丈量路线导线边长，精度不大于1/2000。或用全站仪测量边长。

(3) 中桩组工作。

1) 中桩组工作内容。根据选线意图和测角组提供的偏角和导线边长，拟定圆曲线半径，计算曲线要素；设置中线里程桩号；敷设里程桩号。

2) 半径和曲线长度的拟定。根据选线意图及平面线形设计的有关规定，学生与指导老师进行半径的拟定。

3）进行曲线要素和主点里程的计算。

4）中线里程桩的设置。

a. 设置整桩。按地形条件和工程要求，从路线起点开始，直线段：沿路线每隔 20m 设置里程桩。用经纬仪定线、钢尺量距；也可用全站仪距离放样设置中桩。要求测设中桩的位置在纵向误差不大于$\frac{s}{1000}$+0.1m（s 为交点或转点到中桩的距离），横向误差不大于 10cm。曲线段：当平曲线半径 $R>50$m，每隔 20m 设置整桩；当 $R<50$m 时，每隔 10m 设置整桩；当 $R<20$m 时，每隔 5m 设置整桩。用经纬仪、钢尺采用切线支距法、偏角法放样细部点：切线支距法也可用全站仪坐标放样。曲线测设精度要求其曲线闭合差不超过 $L/1000$（L 为曲线长），沿半径方向的横向偏差不大于 10cm。

b. 设加桩。在地形变化或重要地物处设置里程加桩。加桩一般按下列情况设置：路线范围内纵向与横向地形有显著变化处，应钉设地形加桩；路线与水渠、管道、电信线、电力线等交叉点或建筑物点，有耕地及经济作物干扰地段的起、终点，应钉设地物加桩；路线与原有公路、铁路、便道交叉处，应钉设路线交叉加桩；小桥涵中心及大中桥、隧道的两端，应钉设桥涵隧道加桩；路线地形变化或病害地段的起、终点，应钉设地质加桩。

5）里程桩的敷设。关于里程桩的敷设教材有关内容。另外应注意将桩号标定在木桩上，并进行编号（一般从 0～9 循环编号），钉设时桩号背向路线前进方向；地面上无法定木桩时，可定水泥钉（拴红布），旁边设指示桩，指示桩上桩号指向水泥钉，木桩背面书写编号和到桩顶的距离。

注意：道路中线测量之前，先要进行定线测量（在现场标定交点和转点，既公路导线测量），定线测量方法有纸上定线和现场定线两种。二级以上公路沿线均建有导线控制点，因此交点、转点测设常采用控制点放样，如放点穿线法、拔角放射法、坐标法（用全站仪）测设交点。

1.10.5 管道开挖放样

1. 实训内容和时间

以组为单位，选择长度 200～300m 的狭长地段，由教师在场地指定位置打下木桩作为管线主点（起讫点、交点）和检查井等加桩位置，并假定起点桩号 0+000、管底高程 29.00m，槽底宽度 $b=0.4$m、管道设计坡度 $i=-3‰$；假设一水准点 BM 高程为 30.000m，根据现场场地情况由指导老师确定沟槽边坡系数 m。实训内容要求进行中桩测设，施工控制桩测设，管道开挖边界放线测量和坡度控制标志测设（坡度板法）。

实习任务和完成时间由实习老师根据实际情况决定。

2. 实习步骤和要求

（1）中桩测设。在施工前，按 20m 设置整桩，用经纬仪定线，钢尺往返丈量整桩、加桩距离（也可用全站仪测量距离），精度不大于 1/2000。所有测设出的中线桩，均应在木桩侧面用红油漆标明里程，即从管道起点沿管道中线到该桩点的距离。

（2）测设施工控制桩。在施工中，为了便于恢复中线和检查井位置，应在引测方便、易于保存的地方测设施工控制桩。管道施工控制桩分为中线控制桩和井位控制桩两类，如图 1.11 所示。中线控制桩测设在管道起止点及各转折点处中线的延长线上，井位控制桩

一般测设在垂直于管道中线的方向上。

(3) 槽口放线方法。槽口放线是根据土质情况、管径大小、埋没深度，确定开槽宽度，在地面上定出槽口开挖边线的位置，作为开槽的依据。当横断面坡度较平缓时，如图1.12，b 为槽底宽度，m 为沟槽边坡系数，h 为中线上挖土深度，槽口半宽可按下式计算

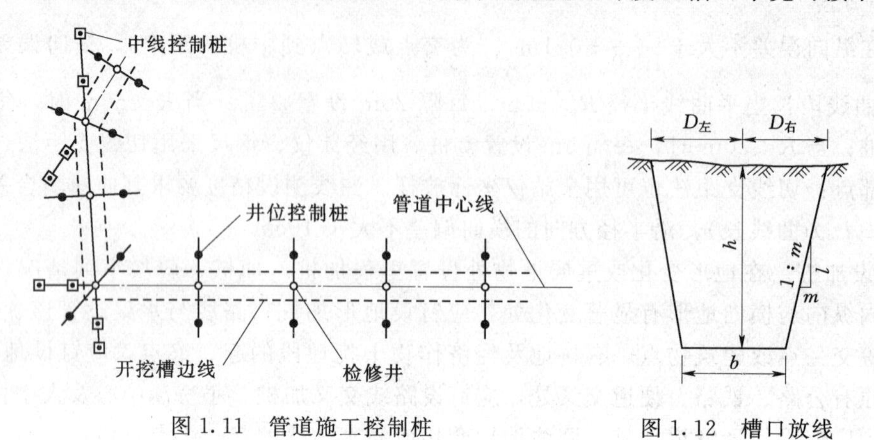

图1.11 管道施工控制桩　　图1.12 槽口放线

$$D_{左}\ D_{右}=b+mh$$

当横断面坡度较陡、管径大且埋设较深时，可在管线横断面图上量取中线两侧的槽口宽度。

求得中线左、右宽度后，按桩号将其宽度放线于地面上，并用白灰连线，即为管道开挖边界线，如图1.12所示。

(4) 地下管道施工控制标志的测设。管道施工测量的主要任务是控制管道中线和管底设计高程，以确保管道按中线方向和设计坡度敷设，所以在开槽前应设置控制管道中线和高程的施工标志。要求用坡度板法沿中线每隔20m处及检查井处跨槽设置坡度板。坡度板法测设方法如下。

1) 设置坡度板和中线钉。如图1.13所示，根据工程要求，若槽深小于2.5m，应于开槽时在槽口上设置；若槽深大于2.5m，应待管槽挖至距槽底2m左右时再在槽内设置。坡度板埋设要牢固，顶面应水平。根据中线控制桩，用经纬仪将管道中线投测到坡度板上，并钉上小钉（称中线钉）。此外，还需将里程桩号或检查井编号写在坡度板侧面。各坡度板上中线钉的连线就是管道的中线方向。在连线上挂垂球线可将中线位置投测到管槽内，以控制管道按中线方向敷设。

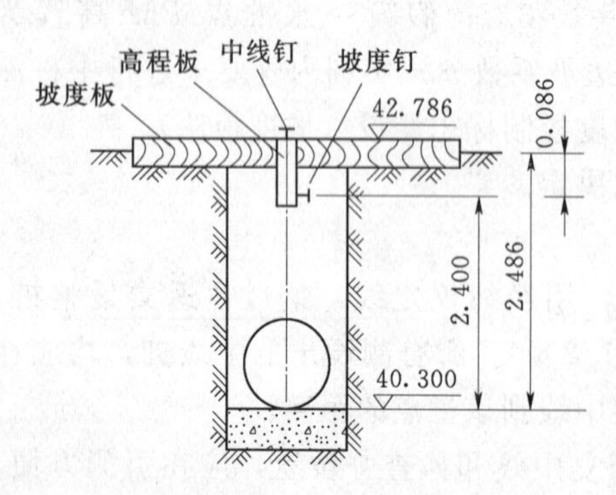

图1.13 地下管道施工测量龙门板法（单位：m）

2) 设置高程板和坡度钉。为了控制管槽开挖的深度，根据附近水准点 BM，用水准仪测出各坡度板顶高程。板顶高程与管底设计高程之差 k 就是板顶往下开挖至管底的深度，俗称下返数。由于各坡度板的板顶下返数 k 都不一致，且不是整数，无论施工或者检查都不方便，为了使下返数

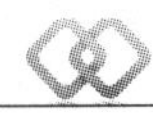

在同一段管线内均为同一整数值 c，则须由下式算出每一坡度板顶应向下或向上量的调整数 δ。

$$\delta=c-k=c-(H_{板顶}-H_{管底})$$

在坡度板中线钉旁钉一竖向小木板桩，称为高程板。根据计算的调整数 δ，在高程板上用小钢卷尺向下或向上量 δ 定出点位，再钉上小钉，称为坡度钉，如图 2.13 所示。如 $k=2.486$，取 $c=2.400$m，则调整数 $\delta=-0.086$m，即在高程板上向下量 0.086m 钉坡度钉，从坡度钉向下量 2.400m，便是管底设计高程。同法可钉出各处高程板和坡度钉。各坡度钉的连线即平行于管底设计的坡度线，各坡度钉下返数均为 c。施工时只需用一标有长度 c 的木杆就可随时检查是否挖到设计深度。坡度钉测设记录参见表 1.34。

表 1.34　　坡度钉测设记录

桩号	距离（m）	坡度（%）	板顶高程（m）	管底高程（m）	板顶下返数 k（m）	固定下返数 c（m）	调整数 δ（m）	坡度顶高程（m）
0+000								

3）检查坡度钉标高。所有坡度钉测设好后，应重新测量其高程，检查是否有误。在施工过程中，也应经常检查坡度钉的高程，以便管道施工的正确进行。

1.10.6 上交实习成果

（1）公路导线测量、中线测量记录表。

（2）曲线元素计算表等。

（3）管线测量、高程测量记录表。

（4）坡度钉测设记录表等。

（5）实习小结。

实训项目2　工 程 CAD 实 训

实训任务2.1　AutoCAD 基础知识

2.1.1　实训要点

学习新建、打开、关闭、保存图形文件。

2.1.2　实训实例

1. 创建新图

(1) 下拉菜单："菜单"→"新建"。

(2) 图标位置：在"标准工具栏"中。

(3) 输入命令：New↙（在本书中↙表示回车）。

当用户发出"新建"命令后，将弹出如图2.1所示的"选择样板"对话框。用鼠标选择所需样本文件后单击"打开"按钮即可；如果不需要样板，单击"打开"按钮右边的小三角按钮，在展开的菜单中选择"无样板打开-公制"选项，对话框将关闭并回到绘图状态，之后就可以开始绘图了。

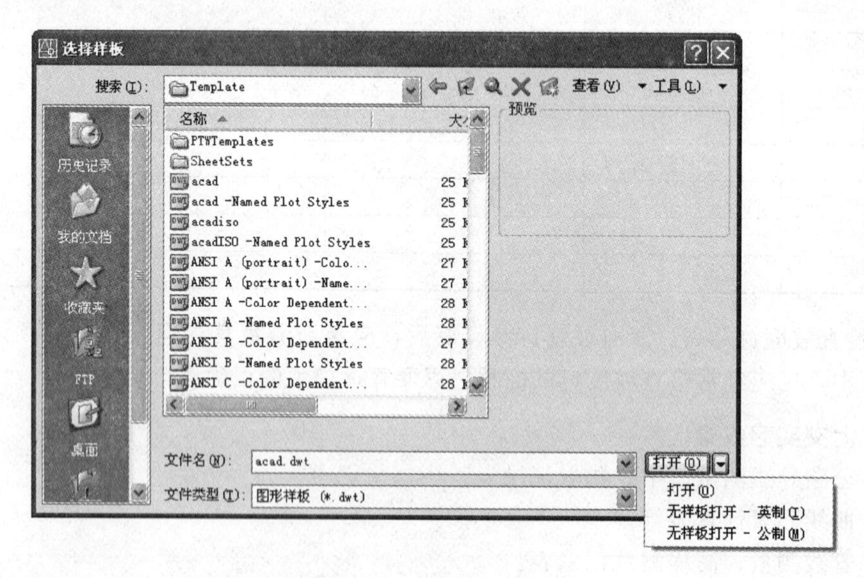

图2.1　"选择样板"对话框

2. 打开样板图形文件

(1) 下拉菜单："菜单"→"新建"或者图标位置：在"标准工具栏"中。

(2) 弹出如图2.1所示的"选择样板"对话框。选择所需样本文件后单击"打开"按

钮即可。

3. 打开已有图形文件

(1) 下拉菜单："菜单"→"新建"或者图标位置：在"标准工具栏"中。

(2) 弹出如图 2.2 所示的"选择文件"对话框。利用该对话框可打开现有的一个或多个 AutoCAD 图形文件，还可以局部、只读等方式打开。

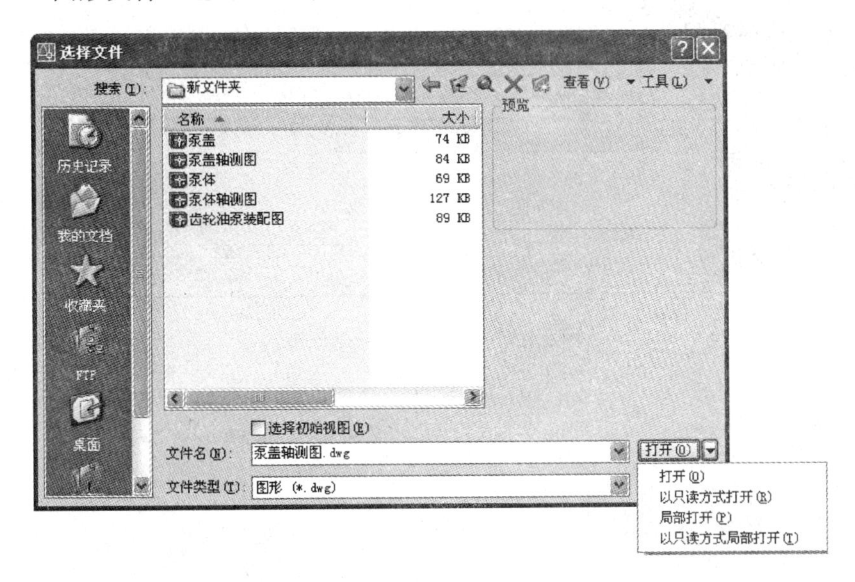

图 2.2 "选择文件"对话框

4. 使用自定义样板文件

使用自定义样板文件绘制如图 2.3 所示简单图形。

(1) 以自定义样板开始绘制新图。单击"新建"按钮，显示"选择样板"对话框，浏览到以上保存样板文件设置，选择自定义样板 mytemplate.dwt，单击"打开"，如图 2.4 所示。

(2) 单击保存按钮，显示"图形另存为"对话框，如图 2.5 所示，做以下操作：

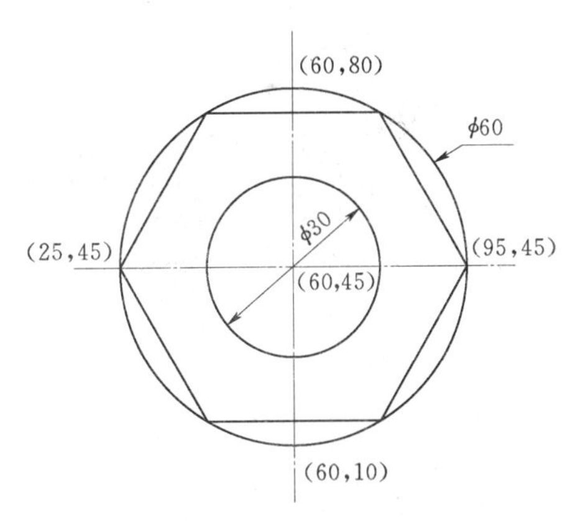

图 2.3 使用自定义样板文件绘制的图形

(1) 选择文件的保存位置。

(2) 输入文件名，例如"实例 1-3.dwg"。

新建图形，首先命名文件，并在设计绘图过程中不时地保存单击"保存"按钮，这是一个良好的操作习惯。文件首次被命名后，下次单击"保存"时将以原文件名及位置保存，而不再出现"图形另存为"对话框，如果需要换名保存，应选择"文件"→"另存为"命令。

(3) 以"点划线"为当前层，绘制中心线，操作如下：

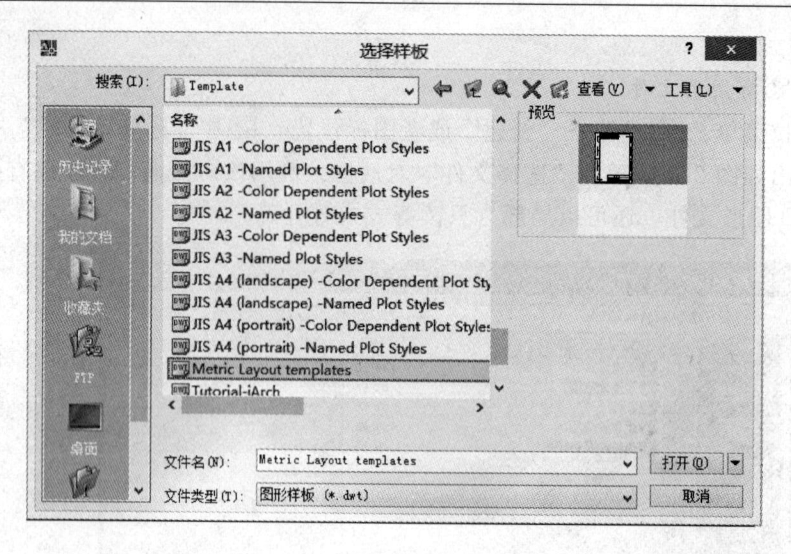

图 2.4 “选择样板”对话框

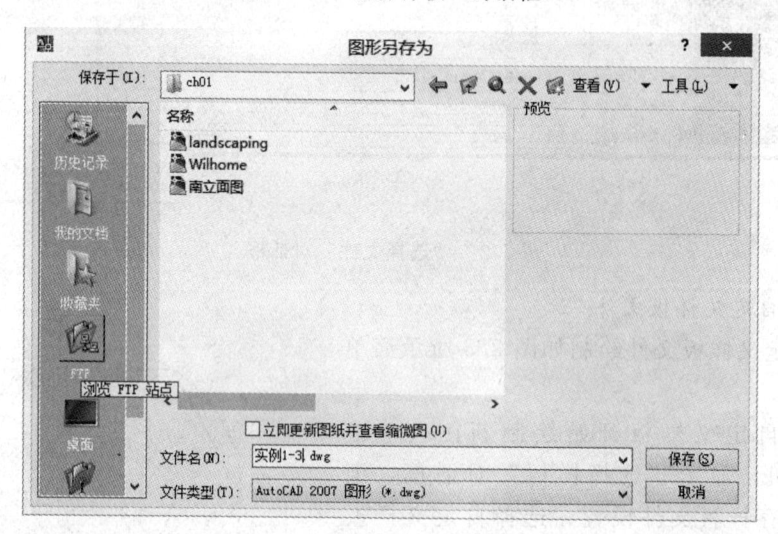

图 2.5 “图形另存为”对话框

命令:_line ; 单击，输入水平中心线左端点
指定第一点:25,45 ; 输入水平中心线右端点
指定下一点或〈放弃(u)〉95,45 ; 回车结束
命令:line
指定第一点:60,10 ; 按空格重复画直线,输入垂直中心线下端点
指定下一点或〈放弃(u)〉:60,80 ; 输入垂直中心线上端点
指定下一点〈放弃(u)〉: ; 回车结束

(4) 以“粗实线”为当前层，绘制圆与正六边形，操作如下：

命令:_circle ; 单击 输入圆命令
指定圆的圆心或〈三点(3p)/俩点(2p)/相切、相切、半径(T)〉:60,45 ; 输入圆心坐标
指定圆的半径或〈直径(D)〉:30 ; 输入大圆半径

命令：circle　；　按空格输入圆命令
指定圆的圆心或〈三点(3p)/俩点(2p)/相切、相切、半径(T)〉：60,45　；　输入圆心
指定圆的半径或〈直径(D)〉〈30.0000〉：15　；　输入小圆半径
命令：_polygon　；　单击 输入正多边形命令
Polygon 输入边的数目〈4〉：6　；　指定边数
指定正多边形的中心点或〈边(E)〉：60,45　；　多边形中心点
输入选项〈内接于圆(I)/外切于圆(C)〉〈I〉：I　；　选择画内切多边形
指定圆的半径：30　；　指定外接圆半径

（5）保存图形。

实训任务 2.2　图层和绘图辅助工具

2.2.1　实训要点

学习设置图层等基本设置操作，学习坐标点的输入方法。

2.2.2　实训实例

1. 设置图层

（1）启动“图层特性管理器”对话框，选择菜单栏“格式”→“图层”。单击工具栏上的“图层”按钮 。

命令：Layer（LA）。

（2）进入“图层特性管理器”对话框后操作，如图 2.6 所示。

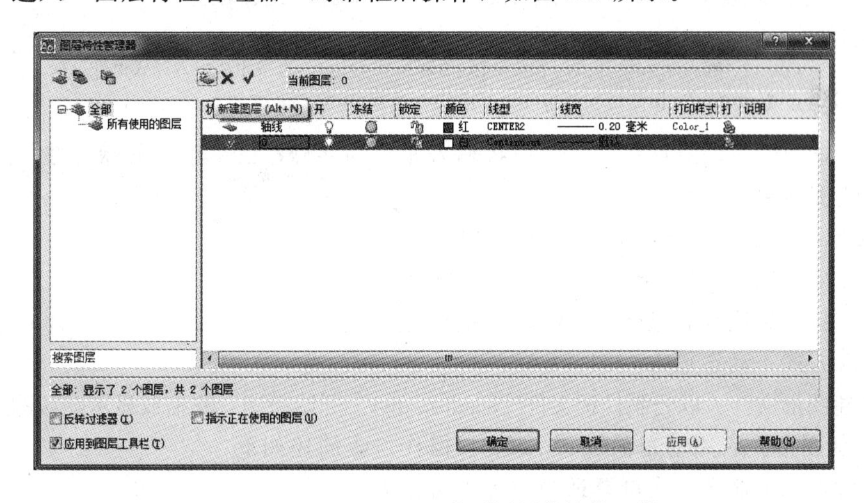

图 2.6　AutoCAD 2007 的“图层特性管理器”

1）单击“新建”图层按钮 ，一个新的图层“图层 1”出现在列表中。将“图层 1”改名（如“轴线”）。

2）单击相应的图层颜色名、线型名、线宽值，为该图层颜色、线型、线宽。如指定“轴线”层为红色、线宽 0.2mm 的点划线（Center2）。

3）重复步骤 1）、2）创建其他图层。

4）单击“应用”按钮保存图层设置，单击“确定”按钮退出对话框。

2. 利用直角坐标点输入绘制图形

（1）默认样板 acadiso.dwt 新建图形，创建图层“轮廓线”，设线宽为 0.35。

（2）以“轮廓线”为当前层，颜色、线型、线宽特性“Bylayer”。

（3）作图次序：先屋顶三角形，再屋外框，后门窗线，如图 2.7 所示。

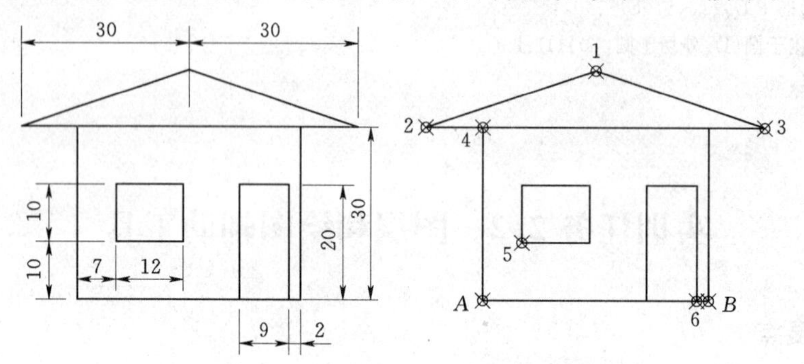

图 2.7　用直线命令绘制小屋立面

命令:LINE 指定第一点：　　　　(在绘图区域光标确定点 1)
指定下一点或[放弃(U)]:@－30,－10　　　(输入点 2 相对坐标)
指定下一点或[放弃(U)]:60　　　(直接输入距离绘出点 3)
指定下一点或 [闭合(C)/放弃(U)]: C　(闭合起点和终点,形成屋顶三角形)
命令:LINE 指定第一点:
指定第一点:10　(从点 2 追踪至点 4)　；　直接距离输入完成屋外框线
命令:LINE 指定第一点:fro ；　(捕捉自,可以用来确定与已知点不相连接的点)
基点:光标选择 A 点
<偏移>:@7,10　(输入点 5 与 A 点的相对坐标,捕捉到点 5)　；　直接距离输入完成窗外框线
指定第一个角点或[倒角(C)/标高(E)/圆角(F)/厚度(T)/线宽(W)]:

选择各选项的方法有两种：一是直接输入相应的字母；二是单击鼠标右键，弹出快捷菜单，在快捷菜单中选取。

3. 利用动态输入、极坐标输入绘制图形

绘图环境：以 acadiso.dwt 样板文件建新图。

辅助工具：启用动态输入“DYN”（采用默认设置）。

点输入方式：动态输入。

a. 新建图形文件。以公制样板文件“acadiso.dwt”开始新图，并缩放显示默认图形范围。

b. 绘制图形。启用动态输入“DYN”，操作过程简述如下：

（a）输入 line 命令，在屏幕适当位置单击作为点 1。

（b）右下移鼠标，在距离输入框输入“155”，按【Tab】键在角度框输入“20”回车至点 2。

（c）右下移鼠标，在距离输入框输入“62”，按【Tab】键在角度框输入“50”回车至点 3。

（d）右上移鼠标，在距离输入框输入“156”，按【Tab】键在角度框输入“40”回车至点 4。

(e) 左上移鼠标，在距离输入框输入“111”，按【Tab】键在角度框输入“130”回车至点 5。

(f) 左上移鼠标，在距离输入框输入“225”，按【Tab】键在角度框输入“175”回车至点 6。

(g) 输入“c”回车，闭合至点一，完成图形，如图 2.8 所示。

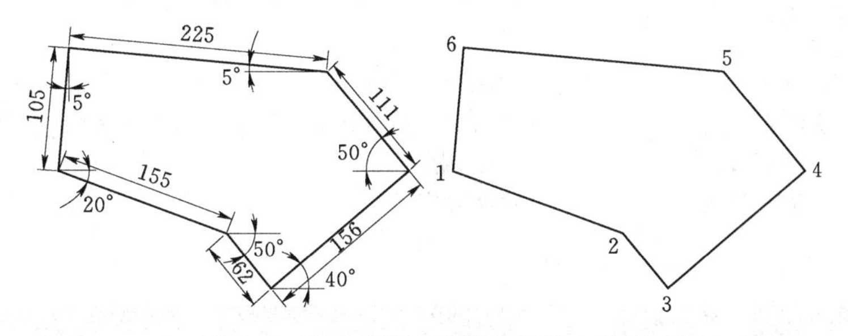

图 2.8 用动态输入和极坐标输入绘制

4. 利用“捕捉自”、极轴追踪、对象捕捉和对象追踪绘制图形

利用“捕捉自”确定点，绘制如图 2.9 所示的邮箱标志图形。

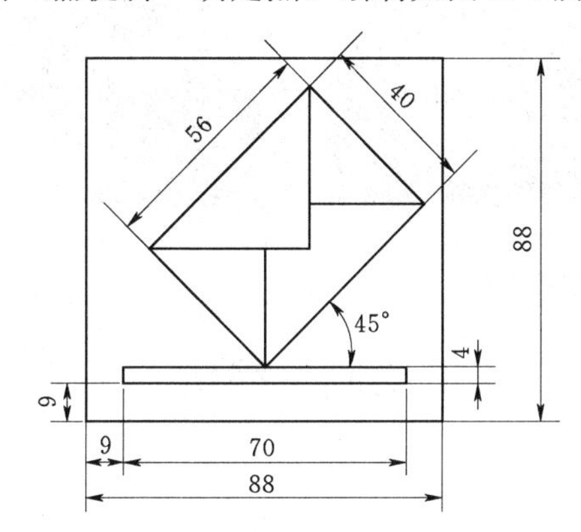

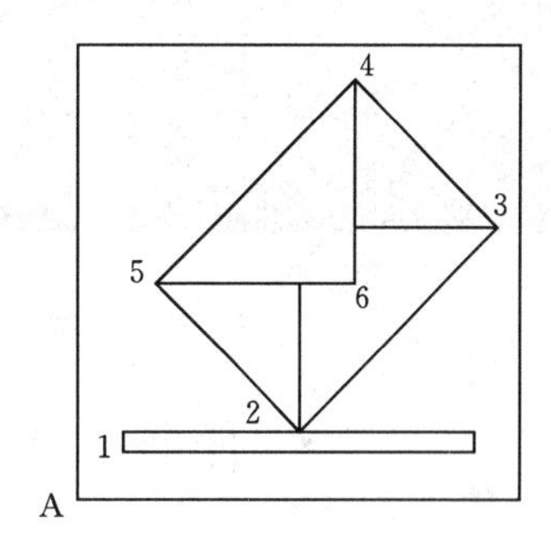

图 2.9 绘制标志图形

绘图环境：以 acadiso. dwt 样板文件建新图，设置图形界限 200×120。

辅助工具：设置自动捕捉，端点、中点、交点；临时捕捉，捕捉自（fro）；设置极轴增量角 45°；“开启对象追踪”。

点输入方式：直接距离输入、极轴追踪、对象捕捉、对象捕捉追踪。

(1) 直线绘制 80×80 正方形。

(2) 绘制小矩形 70×9，利用“捕捉自”功能确定点 1：

命令：_line	;单击直线按钮命令
指定第一点：fro	;输入“捕捉自”名“fro”回车，或单击捕捉自按钮
基点：	;捕捉端点 A 作为基点
〈偏移〉：@9,9	;输入点 1 对点 A 的偏移量(ΔX=9、ΔY=9)
回车得到点 1	;直接距离输入完成小矩形

(3) 绘制信封矩形，操作如下：

命令:line 指定第一点: ;激活命令,捕捉中点 2
指定下一点或〈放弃(u)〉:56 ;在 45°极轴下直接输入 56 回车
指定下一点或〈放弃(u)〉:40 ;在 135°极轴下直接输入 40 回车
指定下一点或〈闭合(c)/放弃(u)〉:56 ;在 225°极轴下直接输入 56 回车
指定下一点或〈闭合(c)/放弃(u)〉:c ;闭合矩形

(4) 绘制信封折合线(图 2.10),操作如下:

命令:line 指定第一点: ;激活命令,捕捉中点 4
指定下一点或〈放弃(u)〉: ;极轴向下,对象捕捉对齐点 5,单击确定点 6
指定下一点或〈放弃(u)〉: ;捕捉端点 5
指定下一点或〈闭合(c)/放弃(u)〉: ;回车结束
⋮ ⋮

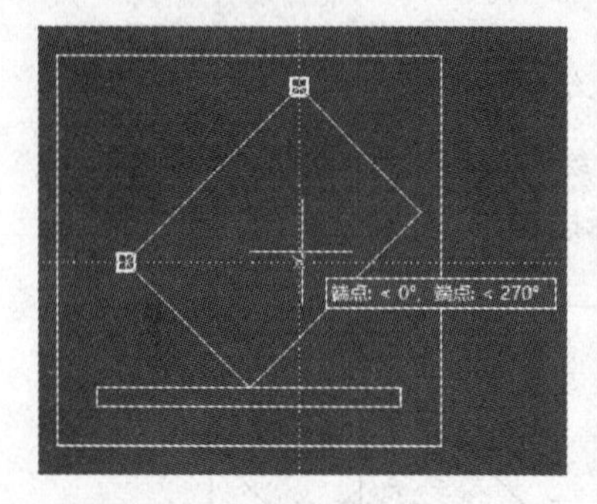
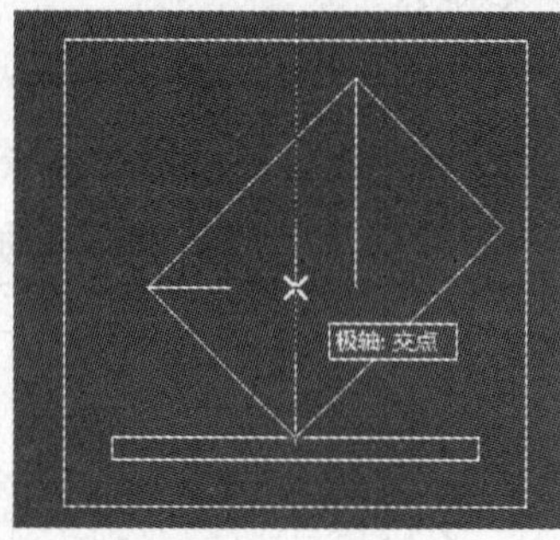

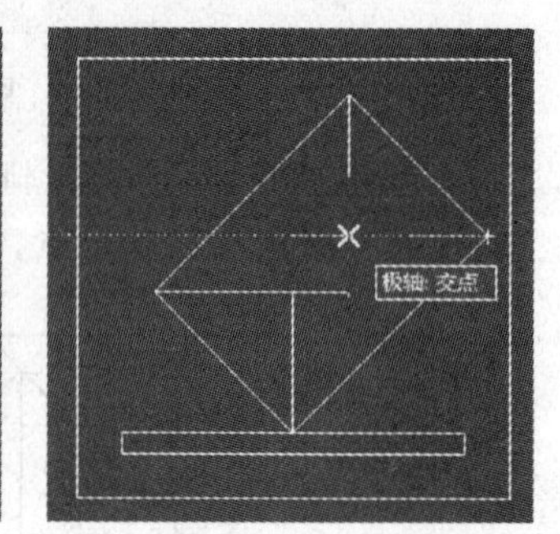

图 2.10 绘制信封折合线

实训任务 2.3 二维图形的绘制及编辑

2.3.1 实训要点

学习基本二维图形的绘制操作,学习对已有二维图形的修改和编辑操作。

2.3.2 实训实例

1. 直线命令绘制图形

(1) 说明。

1) 最初由两点决定一直线,若继续输入第三点,则画出第二条直线,以此类推。

2) 坐标输入时可用光标指点输入坐标,或用绝对坐标和相对坐标直接输入。

3) 在“From Point:”处直接打回车表示:下一条直线的起点将自动连接上次直线的终点;若最后做出的是弧,则从其终点及其切线方向作图,要求输入长度。

4) U (Undo)——撤销一次操作,即取消最后画的那条线。

5) C (Close)——自动闭合,即下一点自动捕捉该直线命令的起点,使同一命令下所有线条形成封闭图形,同时命令结束。

(2) 命令操作:绘制图 2.11 所示的直线类图形。

命令:LINE

指定第一点：80,70 ↙　　(指定 A 点坐标)
指定下一点或［放弃(U)］：@0,100 ↙　　(指定 B 点坐标)
指定下一点或［放弃(U)］：@60,0 ↙　　(指定 C 点坐标)
指定下一点或［闭合(C)/放弃(U)］：@40,−60 ↙　　(指定 D 点坐标)
指定下一点或［闭合(C)/放弃(U)］：@60<0 ↙　　(指定 E 点坐标)
指定下一点或［闭合(C)/放弃(U)］：@0,−40 ↙　　(指定 F 点坐标)
指定下一点或［闭合(C)/放弃(U)］：C ↙

2. 绘制正五边形

绘制图 2.12 所示边长为 50 的正五边形。

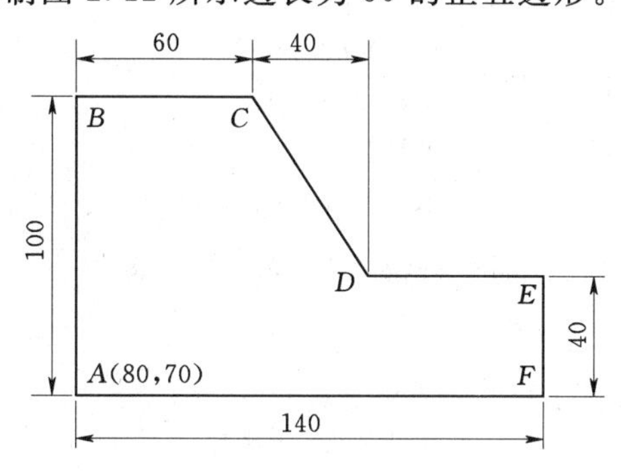

图 2.11　直线图形

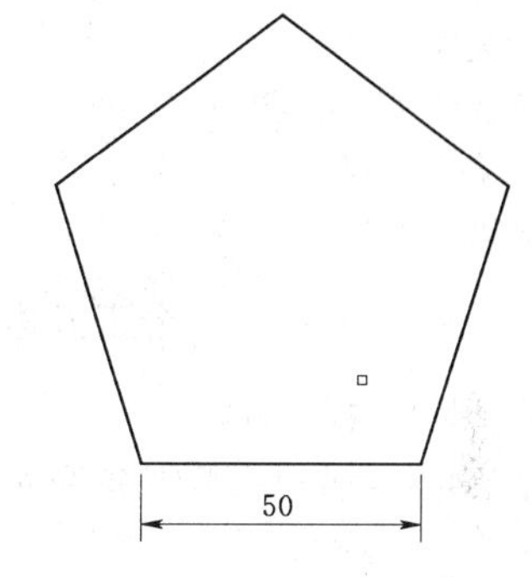

图 2.12　绘制指定边长正五边形

命令:POL
输入边的数目<6>:5　　(确定做正五边形)
指定正多边形的中心点或[边(E)]:e　　(确定用“边”的选项作图)
指定边的第一个端点:鼠标单击一点作为边的起点
指定边的第二个端点:50　　(直接输入距离 50,确定边长为 50,即可形成正五边形)

3. 绘制正多边形与圆形的组合图形

绘制图 2.13 所示正多边形和圆形组成的图形。

命令训练：Circle（圆）、Polygon（正多边形）。

辅助工具：极轴、对象捕捉。

(1) 用圆心半径方式绘图 $\phi 20$ 的圆，命令行操作如下：

命令:c(Circle);输入圆命令
指定圆的圆心或[三点(3p)/俩点(2p)相切、相切、半径(T)]:
　　;屏幕上适当位置点击,确定圆心
指定圆的半径或[直径(D)]:10　　;输入半径

(2) 作圆内接正三边形，命令行操作如下：

命令:pol(Polygon)　　;输入多边形命令
输入边的数目〈4〉:3　　;绘制正三边形
指定正多变形的中心点或[边(E)]:　　;捕捉 R10 的圆心
输入选项[内接于圆(I)/外切于圆(C)]〈I〉:　　;回车,作内接于圆的正三角形
指定圆的半径:　　;上移光标,捕捉极轴与圆的交点

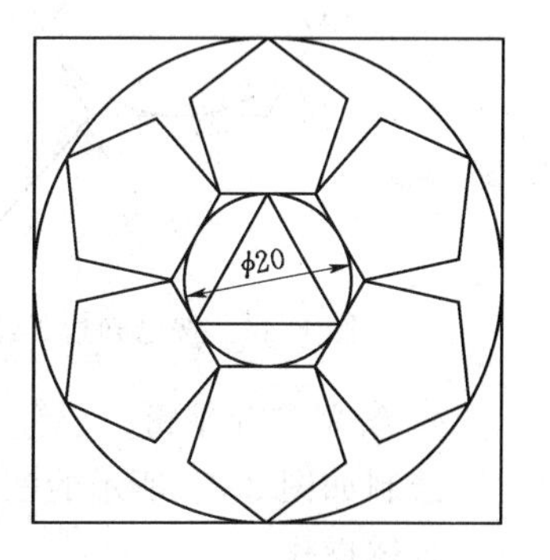

图 2.13　绘制图形

（3）作圆外切正六边形，命令行操作如下：

命令：Polygon
输入边的数目〈3〉：6　　　　　　　　；绘制正六边形
指定正多变形的中心点或[边(E)]：　　　　；捕捉 R10 的圆心
输入选项[内接于圆(I)/外切于圆(C)]〈I〉：C；回车，作内接于圆的正六角形
指定圆的半径：　　　　　　　　　　；上移光标，捕捉极轴与圆的交点

（4）以已知边长作正五边形，命令行操作如下：

命令：Polygon
输入边的数目〈3〉：5　　　　　　　　；绘制正五边形
指定正多变形的中心点或[边(E)]：e　　　　；选择"边 E"选项
指定边的第一个端点：　　　　　　　　；捕捉点 1
指定边的第二个端点：　　　　　　　　；捕捉点 2，参照图 2.14

（5）"三点"方式作六个正五边形的外接圆，命令行操作如下：

命令：c(Circle)；输入圆命令
指定圆的圆心或[三点(3p)/俩点(2p)相切、相切、半径(T)]：3p　　；选择"三点"(3p)
指定圆上的第一个点：　　　　　　　　；捕捉任意三个顶点
指定圆上的第二个点：
指定圆上的第三个点：

（6）作圆的外切正四边形，命令行操作如下：

命令：pol(Polygon)
输入边的数目〈5〉：4　　　　　　　　；绘制正四边形
指定正多变形的中心点或[边(E)]：　　　　；捕捉圆心
输入选项[内接于圆(I)/外切于圆(C)]〈c〉：　　；选择"外切于圆(c)"
指定圆的半径：　　　　　　　　　　；上移光标，捕捉极轴与圆的交点

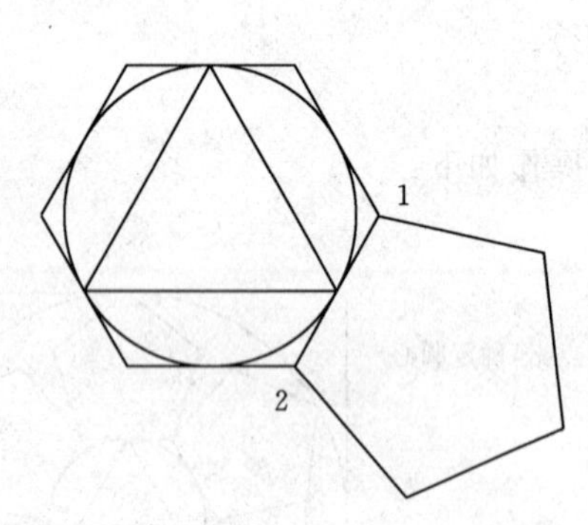

图 2.14　按已知边长绘制正多边形

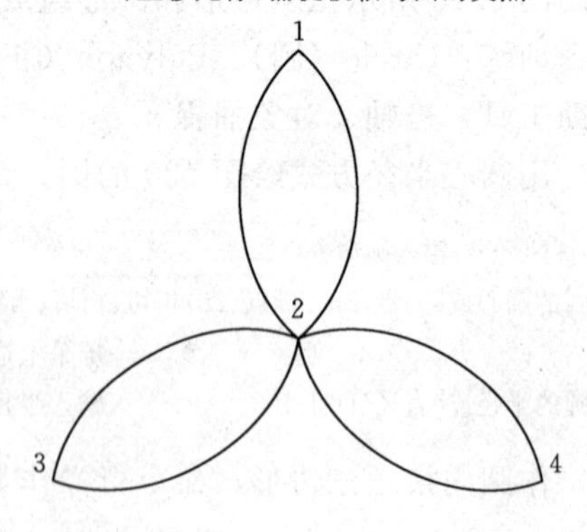

图 2.15　三叶草图

4. 绘制三叶草图

绘制如图 2.15 所示的三叶草图。

具体操作：

（1）选用"起点、端点、角度"画圆弧方式。

命令：ARC
指定圆弧的起点或［圆心(C)］：　　;选取圆弧起点 1
指定圆弧的第二个点或［圆心(C)/端点(E)］：E↙
指定圆弧的端点：　　;选取圆弧端点 2
指定圆弧的圆心或［角度(A)/方向(D)/半径(R)］：A↙
指定包含角：90°↙　　;输入圆弧的包含角度值

（2）点击回车键重复选择圆弧命令。

命令：ARC
指定圆弧的起点或[圆心(C)]：　　;输入圆弧起点 2
指定圆弧的第二个点或[圆心(C)/端点(E)]:E↙
指定圆弧的端点：　　;输入圆弧端点 1
指定圆弧的起点或[角度(A)/方向(D)半径(R)]:A↙
指定包含角:90°↙　　;输入圆弧的包含角度值

完成一片叶子的绘制。

（3）依此类推，绘制第二片、第三片叶子的绘制。

说明：所画圆弧是逆时针画弧。

5. 绘制面盆平面轮廓图

绘制如图 2.16 所示面盆平面轮廓图。

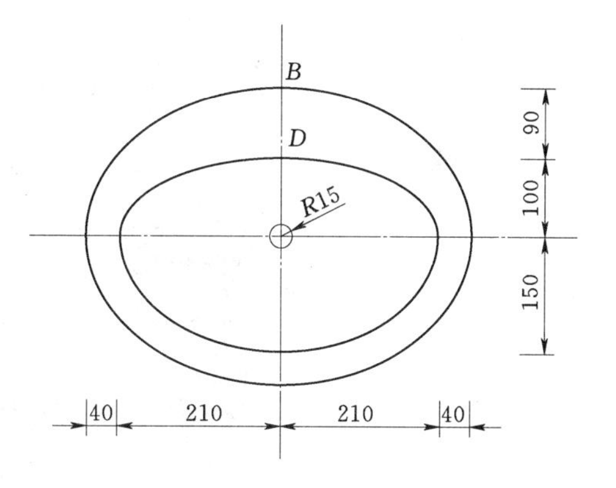

图 2.16　绘制图形

训练命令：Line（直线）、Circle（圆）、Ellipse（椭圆、椭圆弧）。

辅助工具：极轴、对象捕捉。

（1）公制样板新建图形文件。

（2）加载点划线（Center2）。打开线型控制列表，单击“其他”（图 2.17），显示“线型管理器”对话框（图 2.18）；单击“加载”按钮，显示“加载线型”对话框（图 2.19）选择点划线（Center2），单击“确定”，返回“线型管理器”对话框；单击“显示细节”按钮，输入“全局比例因子”为 2。

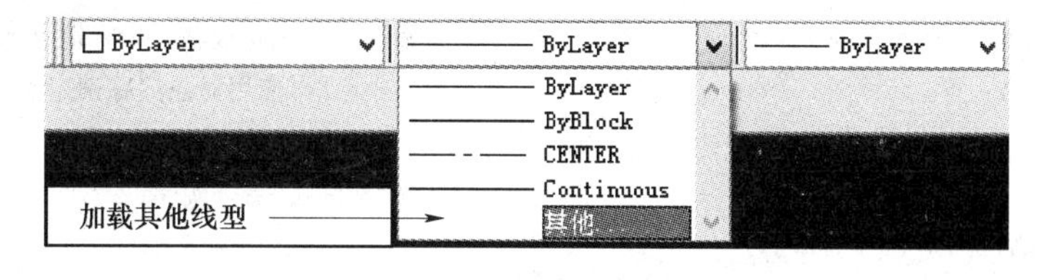

图 2.17　线型控制列表

（3）画图。所有图线均在 0 层绘制，命令行操作如下：

命令:Circle　　;先绘制 R15 的圆
指定圆的圆心或[三点(3p)/俩点(2p)相切、相切、半径(T)]:
指定圆的半径或[直径(D)]:15
命令_ellipse　　;选择椭圆命令
指定椭圆的轴端点或[圆弧(A)/中心点(c)]:c　　;选择“中心点(c)”
指定椭圆的中心点：　　;捕捉 R15 圆心作为椭圆中心

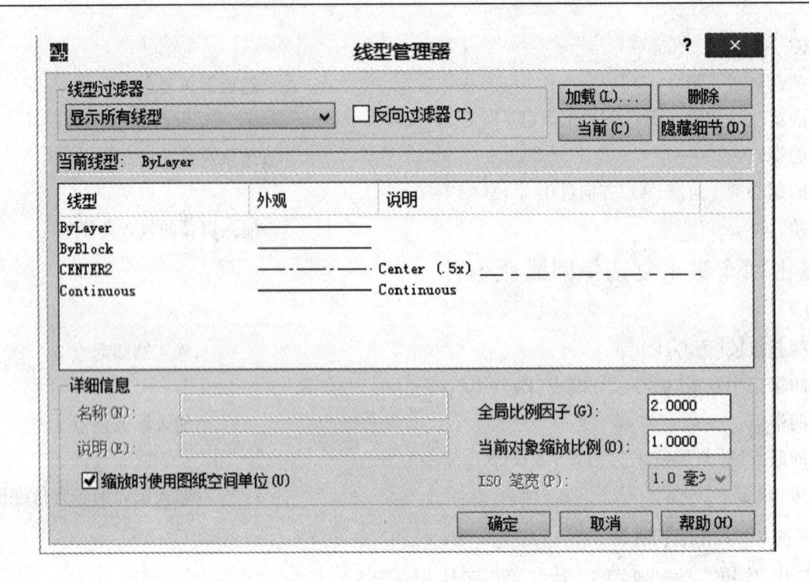

图 2.18　“线型管理器”对话框

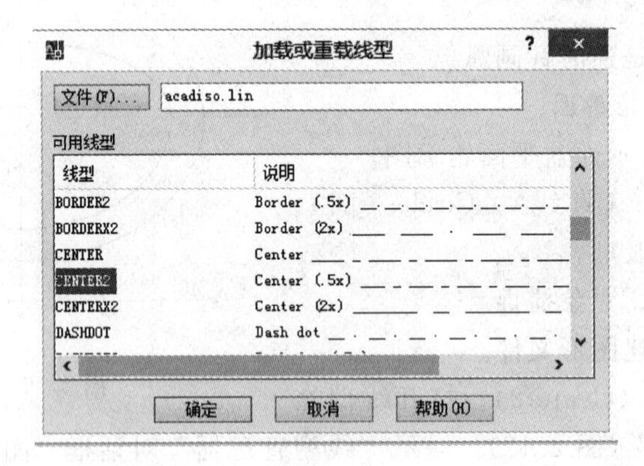

图 2.19　“加载或重载线型”对话框

指定轴的端点：250	；光标右移，在 0°极轴下确定端点 A
指定另一条半轴长度或[旋转(R)]：190	；光标上移，在 90°极轴下确定端点 B
命令：_line 指定第一点：	；绘制中心线，使用对象追踪确定点
⋮	⋮
命令_ellipse	；选择“椭圆弧”命令按钮
指定椭圆的轴端点或[圆弧(A)/中心点(c)]：a	
指定椭圆弧的轴端点或[中心点(c)]：c	；选择“中心点(c)”
指定椭圆弧的中心点：	；捕捉 R15 圆心作为椭圆中心
指定轴的端点：210	；光标右移，在 0°极轴下确定端点 C
指定另一条半轴长度或[旋转(R)]：100	；光标上移，在 90°极轴下确定端点 D
指定起始角度或[参数(p)]：0	；输入椭圆弧起始角 0°
指定终止角度或[参数(p)/包含角度(I)]：180	；输入椭圆弧终止角 180°

6. 绘制柱基础图形

绘制如图 2.20 所示柱基础图形。

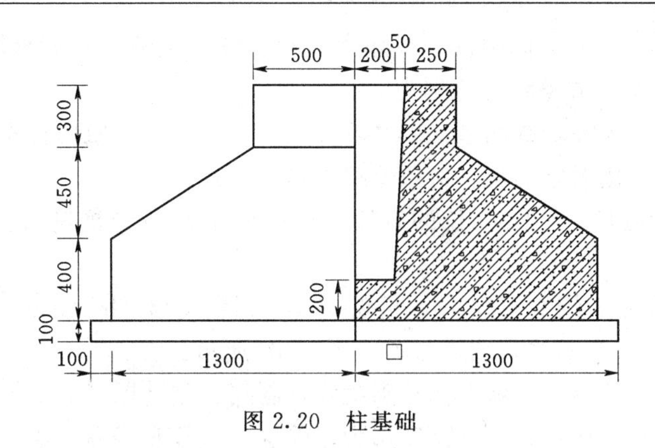

图 2.20　柱基础

操作过程如下：

(1) 以公制样板（acadiso.dwt）新建文件，单击“保存”按钮，将文件命名为“基础”，开始新图。

(2) 单击工具按钮，打开“图层特性管理器”（图 2.21），单击新建按钮，建立如图 2.22 所示图层。

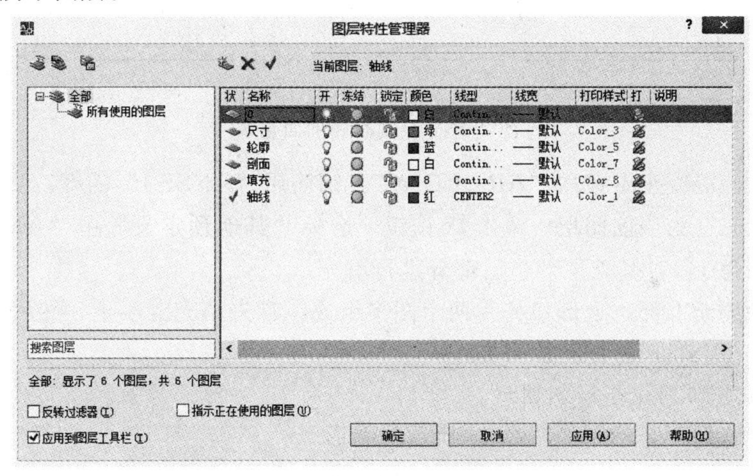

图 2.21　图层特性管理器建立图层

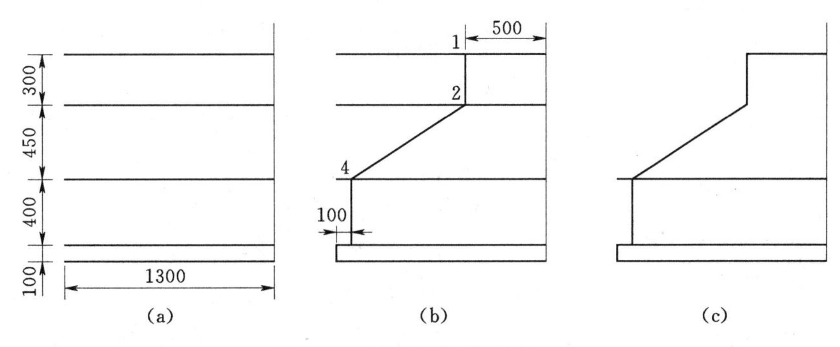

图 2.22　绘制左侧外形轮廓线

(3) 绘制轴线。以“轴线”层为当前层，绘制一条 1400 长度的垂直轴线。

(4) 调整视图。双击鼠标中键（或输入“Z空格E空格”），调整图形窗口至合适大小，输入“lts”回车，调整线型比例为5。

(5) 绘制基础左侧外轮廓图形。以“轮廓层”为当前层，使用直线、偏移、修剪等命令完成图形，注意使用对象捕捉、对象追踪等辅助工具。

1) 先绘制最下边一条1300长的直线，再使用偏移命令复制其他直线，如图2.23(a)所示。

2) 执行直线命令，绘制直线12、折现342，如图2.23(b)所示。

3) 修剪、删除多余图线，结果如图2.23(c)所示。

(6) 绘制右侧剖面图形。将左侧轮廓镜像复制到右侧[图2.23(a)]，并将镜像的右侧图线转移至“剖面”层；以“剖面”层为当前层，执行直线命令绘制折线567，结果如图2.23(b)所示。

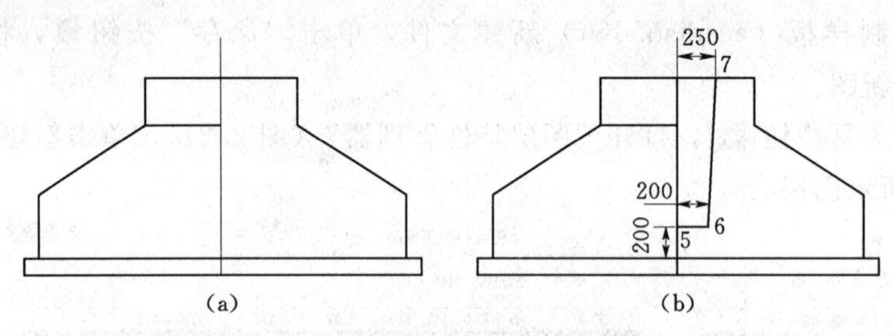

图2.23 绘制右侧剖面轮廓

(7) 填充。混凝土图案用“AR-CONC”，钢筋用“ANSI31”图案。

设置“填充”为当前图层，单击按钮，选择“其他预定义”中“AR-CONC”图案，设置比例为1，对基础下部垫层部分进行填充。

同样方法填充上部，上部填充为两个图案组成，首先填充混凝土，然后选择“ANSI”选项卡中的“ANSI31”，比例设为30。

7. 使用旋转阵列命令绘制图形

使用旋转阵列命令绘制如图2.24所示的图形

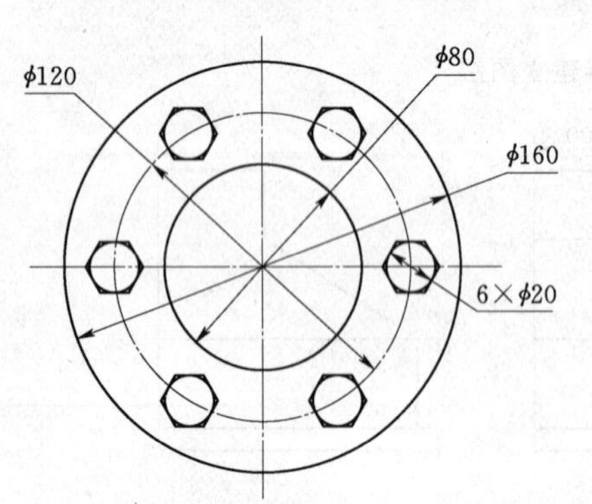

图2.24 用环形阵列命令绘制图形

操作步骤如下：

(1) 单击绘图工具栏上的“构造线”命令按钮，在绘图窗口中分别绘制一条水平和一条垂直构造线。

(2) 单击绘图工具栏上的“圆”命令按钮，并以构造线的交点为圆心，绘制半径分别为40、60、80的同心圆A、B、C，如图2.25所示。

(3) 以圆B与水平构造线的交点为圆心，绘制一个为10的圆。单击绘图工具栏上的“多边形”命令按钮，在命令行输入“6”（表示绘制六边形），捕捉小圆的圆心为在中心点，然后输入“C”（表示外切于圆），按回车键，输入“10”（表示内切圆的半径），如图2.26所示。

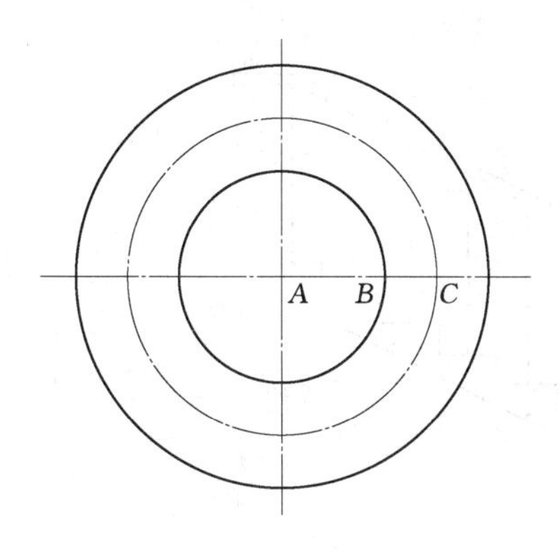

图 2.25 绘制同心圆 A、B、C

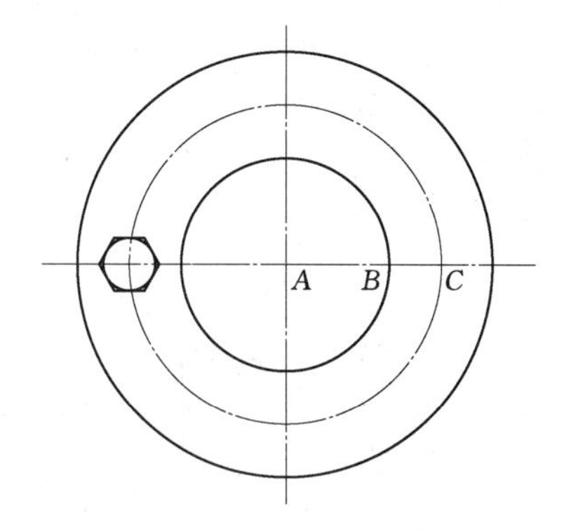

图 2.26 绘制小圆和多边形

(4) 单击修改工具栏上的“阵列”命令按钮，打开“阵列”对话框，选择“环形阵列”。

(5) 单击“中心点”按钮后面的“拾取中心点”按钮，然后在绘图窗口中选择圆 B 的圆心。

(6) 在“方法和值”设置区中选择创建方法为“项目总数和填充角度”，并设置“项目总数”为 6，“填充角度”为 360，如图 2.27 所示。

(7) 单击“选择对象”按钮，然后在绘图窗口中选择六边形和内切圆，按回车键或右键确认，返回“阵列”对话框。

(8) 单击“确定”按钮，关闭“阵列”对话框，阵列结果如图 2.28 所示。

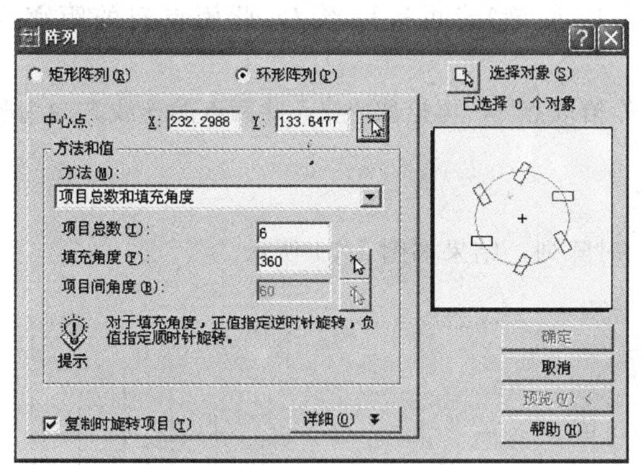

图 2.27 设置环形阵列参数

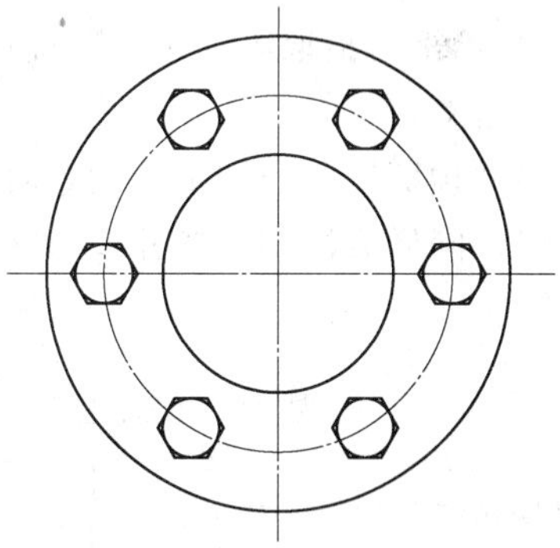

图 2.28 环形阵列的结果

8. 绘制楼梯立面图

绘制如图 2.29 所示楼梯立面图。

命令训练：Array（阵列）。

辅助工具：极轴、对象捕捉。

(1) 以公制样板新建文件，设置图形界限 6000×5000。单击保存按钮，将文件命名为“楼梯”，开始新图。

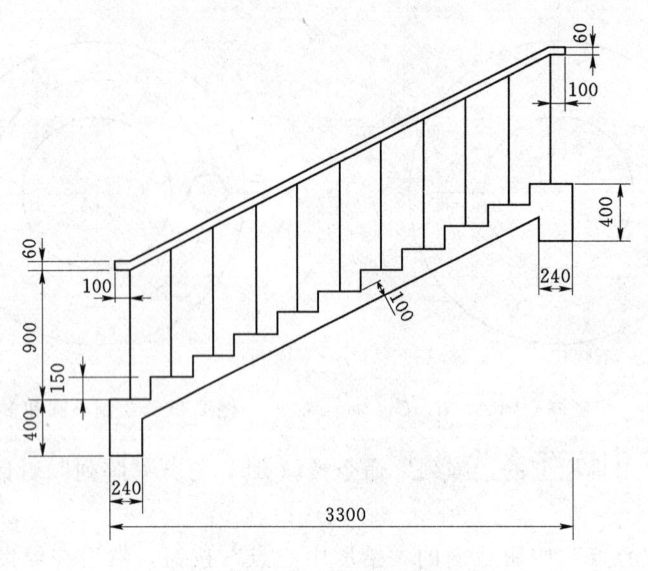

图 2.29 楼梯立面图

(2) 先绘制一级踏步，踏步宽 300，踏步高 150。

(3) 阵列踏步。单击阵列按钮打开“阵列”对话框，如图 2.30 所示设置与操作：

1) 选择“矩形阵列”。

2) 选择踏步为阵列对象。

3) 输入行数 1 列数 11。

4) 单击“拾取列偏移”按钮，先拾取点 1，再拾取点 2，此俩点间的距离为列偏移。

5) 单击“拾取阵列角度”按钮，先拾取点 1，再拾取点 2，此两点的连线方向为阵列方向（角度）。

6)“预览”阵列结果，满意后确定。

(4) 同样方法阵列栏杆或与踏步同时阵列，结果如图 2.31 所示。

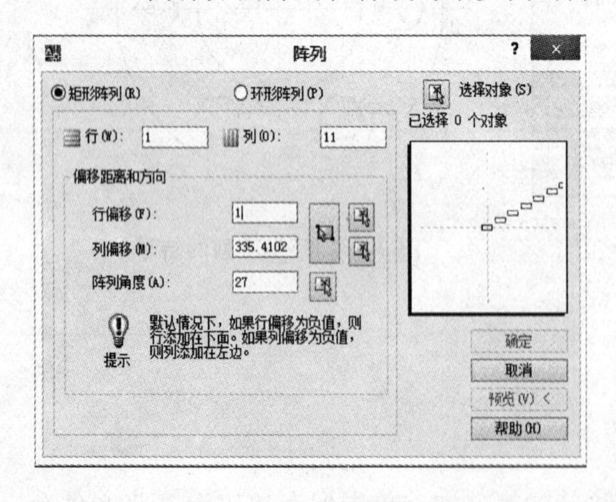

图 2.30 设置矩形阵列参数

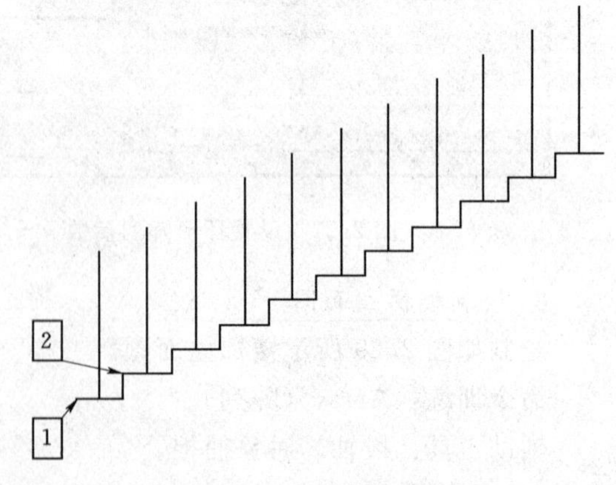

图 2.31 阵列踏步与栏杆

（5）绘制梯梁、梯段板。根据梯梁尺寸（240×400）利用“极轴”直接距离输入绘制其断面，如图 2.32（a）所示。连线点 3、4，偏移得到梯板，（板厚 100），如图 2.32（b）所示。

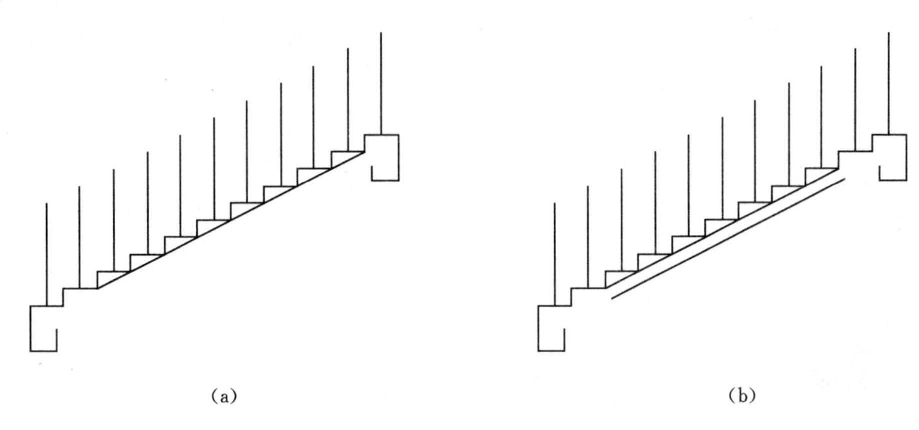

图 2.32　绘制梯梁、梯板

（6）编辑梯梁、梯段板，绘制扶手。

1）使用 Fillet（圆角）命令编辑梯板，参照图 2.33 操作如下：

命令：_fillet；单击 输入圆角命令

当前设置：模式＝修剪，半径＝0.0000；确认半径 R＝0

选择第一个对象或[放弃(U)/多段线(p) /半径(R)/修剪(T)/多个(M)]：　　；拾取直线 5

选择第二个对象，或按住 shift 键选择要应用角点的对象：　　；拾取直线 6

命令：_fillet

当前设置：模式＝修剪，半径＝0.0000

选择第一个对象或[放弃(U)/多段线(p) /半径(R)/修剪(T)/多个(M)]：　　；拾取直线 5

选择第二个对象，或按住 shift 键选择要应用角点的对象：　　；拾取直线 7

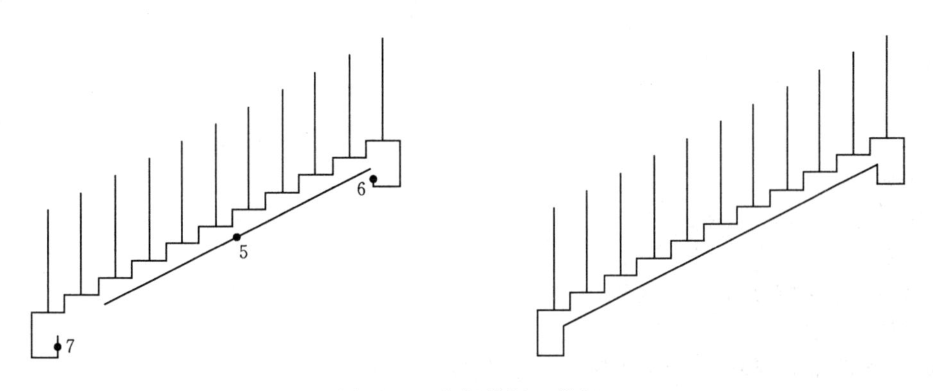

图 2.33　编辑梯梁、梯板

2）绘制扶手。用多段线绘制、偏移后端部封口，如图 2.34 所示。

9. 旋转并复制图形

旋转并复制如图 2.35 所示图形。

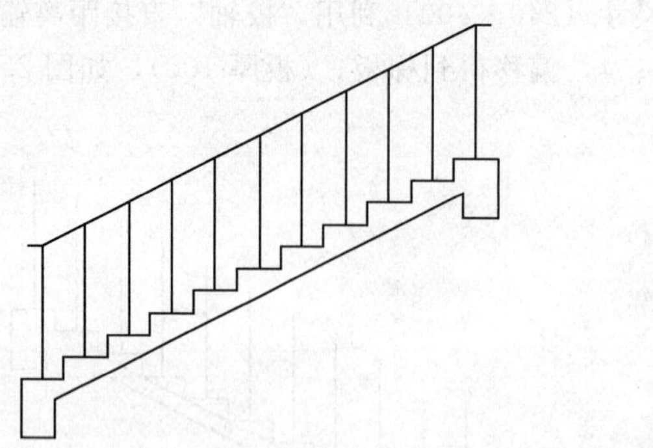
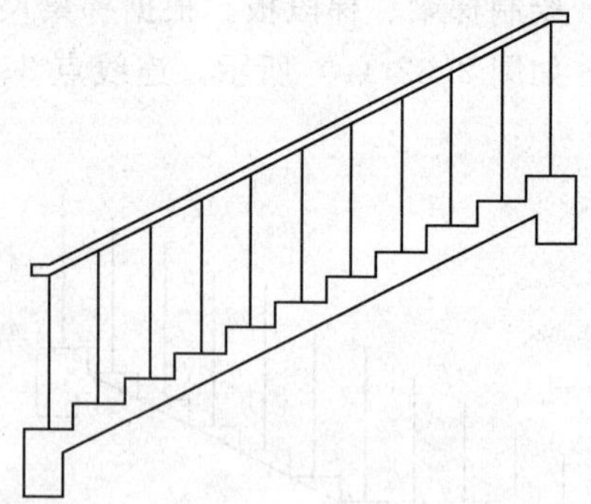

图 2.34 绘制扶手

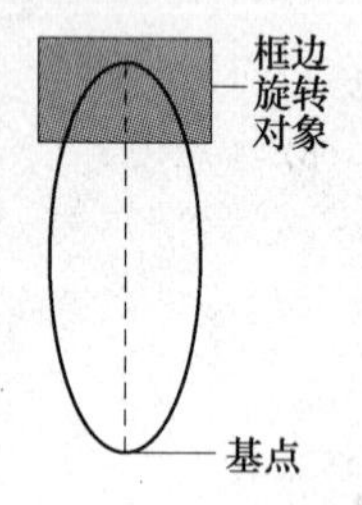

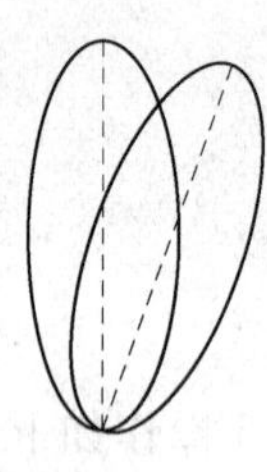
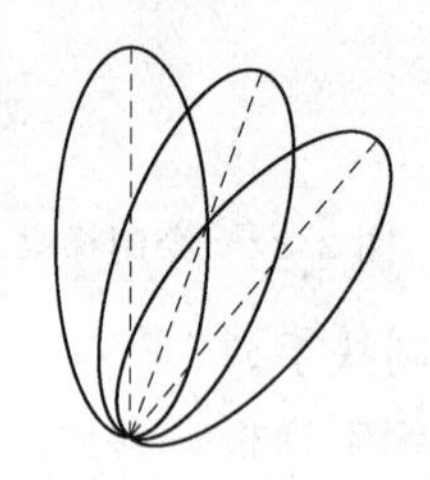
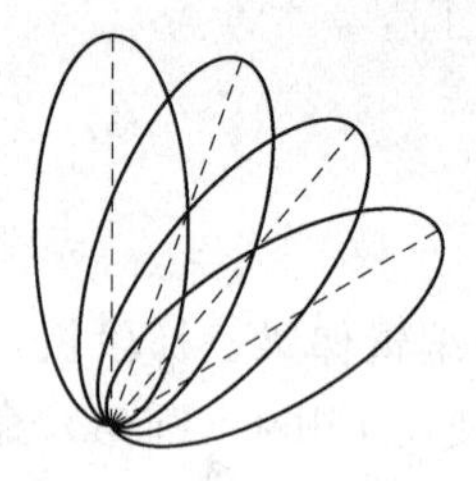

图 2.35 旋转并复制

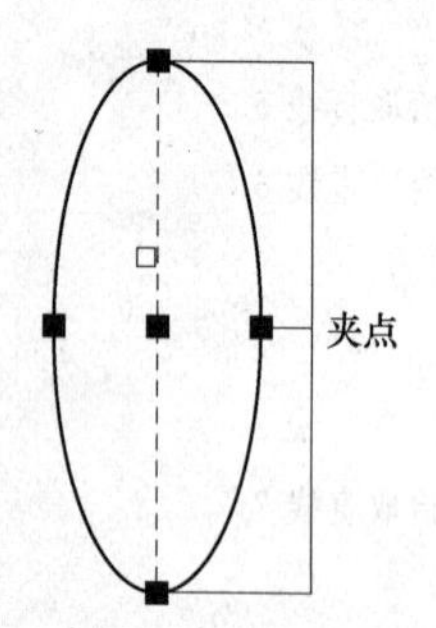

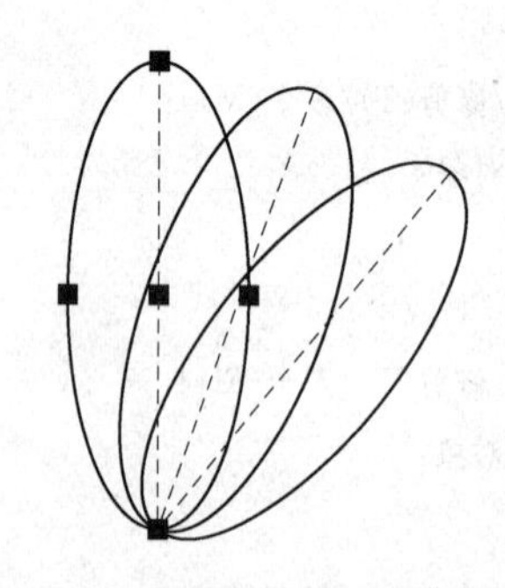

图 2.36 旋转并复制

使用“夹点编辑”。不需输入命令，直接选择旋转对象，本例选择椭圆及虚线长轴，选中对象显示其夹点（蓝色标记点）：直线的端点和中点，椭圆的象限点和中心点，如图 2.36 所示。单击直线下端夹点，该夹点由蓝色变为红色，回车俩次进入“旋转（多重）”操作模式，命令行序列如下：

```
命令：                                                          ;单击作为基点(旋转中心)的夹点
**拉伸**
指定拉伸点或[基点(B)/复制(C)/放弃(U)/退出(X)]：                   ;回车
**移动**
指定移动点或[基点(B)/复制(C)/放弃(U)/退出(X)]：                   ;回车
**旋转**
指定旋转角度或[基点(B)/复制(C)/放弃(U)/参照(R)/退出(X)]：c         ;选择“复制(C)”
**旋转(多重)**
指定旋转角度或[基点(B)/复制(C)/放弃(U)/参照(R)/退出(X)]：-20       ;输入旋转角度
**旋转(多重)**
指定旋转角度或[基点(B)/复制(C)/放弃(U)/参照(R)/退出(X)]：-40       ;旋转第二次[参见图 2.36]
**旋转(多重)**
```

指定旋转角度或[基点(B)/复制(C)/放弃(U)/参照(R)/退出(X)]:－60　　;旋转第三次
* * 旋转(多重) * *
指定旋转角度或[基点(B)/复制(C)/放弃(U)/参照(R)/退出(X)]:　　;回车结束,再按 ESC

10. 应用 TRIM 命令

应用 TRIM 命令修剪图 2.37（a）所示图形，修剪结果如图 2.37（b）所示

命令操作:
命令:TRIM
当前设置:投影＝UCS,边＝无
选择剪切边...
选择对象:找到 1 个　　(选择圆 A 作为剪切边界)
选择对象:找到 1 个,总计 2 个　　(选择圆 B 作为剪切边界)
选择对象:
选择要修剪的对象,按住 Shift 键选择要延伸的对象,或[投影(P)/边(E)/放弃(U)]:
(选择要修剪的对象圆 C)
选择要修剪的对象,按住 Shift 键选择要延伸的对象,或[投影(P)/边(E)/放弃(U)]:
(选择要修剪的对象圆 D)
选择要修剪的对象,按住 Shift 键选择要延伸的对象,或[投影(P)/边(E)/放弃(U)]:↙

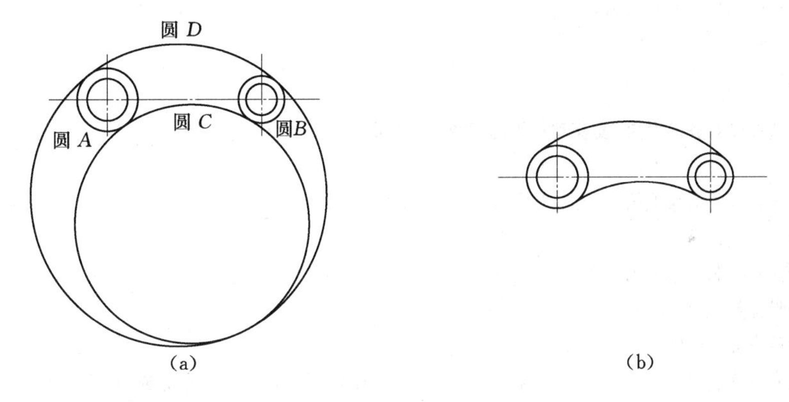

图 2.37　TRIM 实例
(a) 原图;(b) 剪切完成

结果如图 2.37（b）所示。

11. 应用倒角命令

应用倒角命令将图 2.38（a）中直角变成图 2.38（b）中倒角距离为 2 的斜角。

命令:CHA
CHAMFER
("修剪"模式)当前倒角距离 1＝0.0000,距离 2＝0.0000
选择第一条直线或[放弃(U)/多段线(P)/距离(D)/角度(A)/修剪(T)/方式(E)/多个(M)]:d (设置新的倒角距离)
指定第一个倒角距离<0.0000>:2　　(设置第一个倒角距离为 2)
指定第二个倒角距离<2.0000>:↙　　(设置第二个倒角距离为 2)
选择第一条直线或
[放弃(U)/多段线(P)/距离(D)/角度(A)/修剪(T)/方式(E)/多个(M)]:m (启用一次倒多个角)

选择第一条直线或[放弃(U)/多段线(P)/距离(D)/角度(A)/修剪(T)/方式(E)/多个(M)]:选择边1
选择第二条直线,或按住Shift键选择要应用角点的直线:选择边2,倒第一个角
选择第一条直线或[放弃(U)/多段线(P)/距离(D)/角度(A)/修剪(T)/方式(E)/多个(M)]:选择边3
选择第二条直线,或按住Shift键选择要应用角点的直线:选择边4,倒第二个角
……
依次选择需要倒角的两条边。

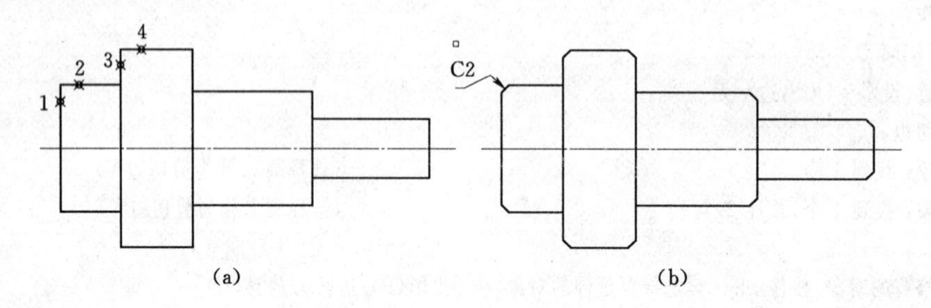

图2.38 倒角命令操作
(a)倒角前;(b)倒角后

12. 对齐操作

操作步骤如图2.39所示。

命令:AL
ALIGN
选择对象:(选择要对齐的对象,要移动位置的对象为源对象)
↙结束选择
指定第一个源点:(源对象上第一个点,如图2.39中点1)
指定第一个目标点:(目标位置的第一个点,如图2.39中点3)
指定第二个源点:(源对象上第二个点,如图2.39中点2)
指定第二个目标点:(目标位置的第二个点,如图2.39中点4)
指定第三个源点或<继续>:↙
是否基于对齐点缩放对象?[是(Y)/否(N)]<否>:(如果不需要缩放,直接回车完成指令)

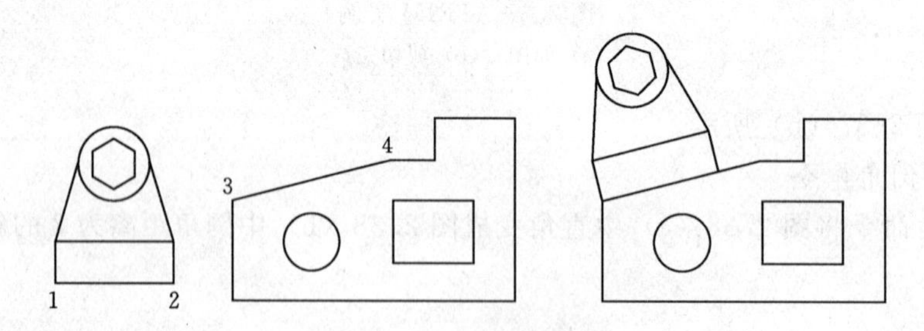

图2.39 对齐操作

13. 使用多线段绘制图形

使用多段线绘制如图2.40(a)所示图形的边框线。操作步骤如下:

(1)单击绘图工具栏上的“多段线”命令按钮。

(2)指定起点:在绘图窗口单击,确定多段线的起点为点1。

指定下一点或[圆弧(A)/闭合(C)/半宽(H)/长度(L)/放弃(U)/宽度(W)]：@－30，0↙

(确定点 2)

指定下一点或[圆弧(A)/闭合(C)/半宽(H)/长度(L)/放弃(U)/宽度(W)]：A↙

指定圆弧的端点或[角度(A)/圆心(CE)/闭合(CL)/方向(D)/半宽(H)/直线(L)/半径(R)/第二点(S)/放弃(U)/宽度(W)]：A↙

指定包含角：－180↙

指定圆弧的端点或[圆心(CE)/半径(R)]：R↙

指定圆弧半径：14↙

指定圆弧的弦方向：90↙　　(这时将确定点 3)

指定下一点或[圆弧(A)/闭合(C)/半宽(H)/长度(L)/放弃(U)/宽度(W)]：L↙

指定下一点或[圆弧(A)/闭合(C)/半宽(H)/长度(L)/放弃(U)/宽度(W)]：@32，0↙ 确定点 4

指定下一点或[圆弧(A)/闭合(C)/半宽(H)/长度(L)/放弃(U)/宽度(W)]：@0，－4↙ 确定点 5

指定下一点或[圆弧(A)/闭合(C)/半宽(H)/长度(L)/放弃(U)/宽度(W)]：A↙

指定圆弧的端点或[角度(A)/圆心(CE)/闭合(CL)/方向(D)/半宽(H)/直线(L)/半径(R)/第二点(S)/放弃(U)/宽度(W)]：A↙

指定包含角：180↙

指定圆弧的端点或[圆心(CE)/半径(R)]：R↙

指定圆弧半径：40↙

指定圆弧的弦方向：270↙　　(这时将确定点 6)

指定下一点或[圆弧(A)/闭合(C)/半宽(H)/长度(L)/放弃(U)/宽度(W)]：L↙

指定下一点或[圆弧(A)/闭合(C)/半宽(H)/长度(L)/放弃(U)/宽度(W)]：C↙

这时将得到一个封闭图形，如图 2.40（b）所示。

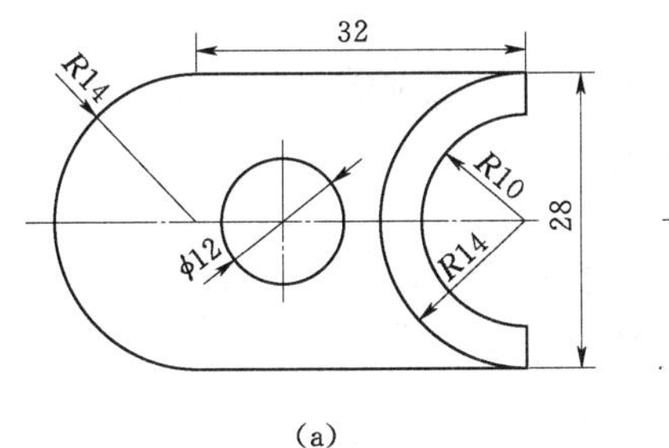

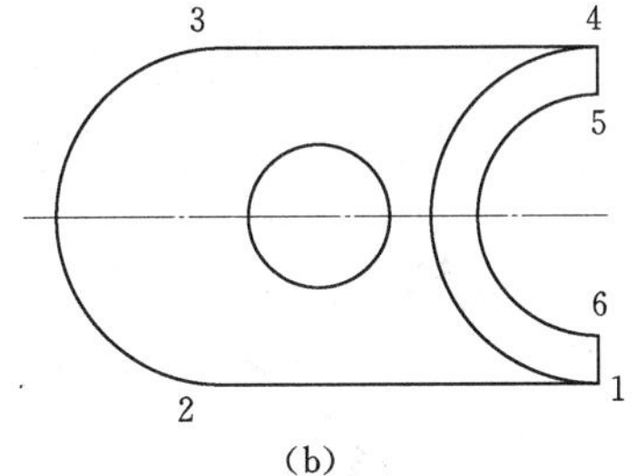

图 2.40　使用多段线绘制图形

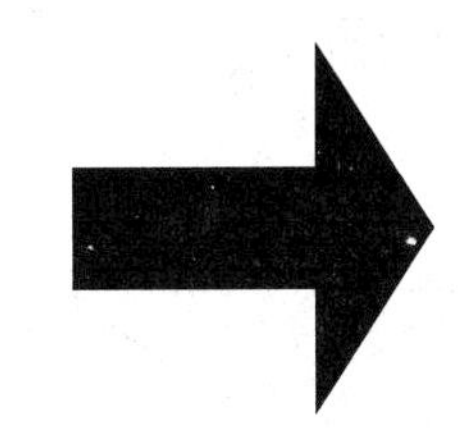

图 2.41　绘制箭头

14. 绘制箭头

创建有宽度的多段线——用 PLINE 命令绘制一个大箭头，如图 2.41 所示。

命令：Pline

制定起点：当前线宽为 0.0000

制定下一个点或[圆弧(A)/闭合(C)/半宽(H)/长度(L)/放弃(U)/宽度(W)]：W

指定起点宽度<0.0000>：10

指定端点宽度<10.0000>：↙　　(默认端点宽度与起点一致)

制定下一个点或[圆弧(A)/半宽(H)/长度(L)/放弃(U)/宽度(W)]：20　　(绘制长度为 20 的等宽线段)

制定下一个点或[圆弧(A)/闭合(C)/半宽(H)/长度(L)/放弃(U)/宽度(W)]：W

指定起点宽度<10.0000>：30　　(重新设置起点宽度为 30)

指定端点宽度<30.0000>:0 (设置端点宽度为0)

制定下一个点或[圆弧(A)/半宽(H)/长度(L)/放弃(U)/宽度(W)]:10 (绘制长度为10的箭头)

制定下一个点或[圆弧(A)/半宽(H)/长度(L)/放弃(U)/宽度(W)]:↙

15. 编辑多段线

如图2.42所示，画一个五角星，将其编辑为一条多段线，并设置多段线的宽度为5，编辑过程如下：

(1) 绘制一个正五边形，用直线将其不相邻顶点两两相连接，并修剪为五角星。

(2) 编辑多段线，操作如下：

命令:PL

选择多段线或[多条(M)]:m (选择多条线段)

选择对象:指定对角点:找到10个

选择对象:

是否将直线和圆弧转换为多段线？[是(Y)/(N)]？<Y>↙

输入选项[闭合(C)/打开(O)/合并(J)/宽度(W)/拟合(F)/样条曲线(S)/非曲线化(D)/线型生成(L)/放弃(U)]:J

合并类型=延伸

输入模糊距离或[合并类型(J)]<0.0000>:↙

多段线已增加9条线段

输入选项

输入选项[闭合(C)/打开(O)/合并(J)/宽度(W)/拟合(F)/样条曲线(S)/非曲线化(D)/线型生成(L)/放弃(U)]:W

指定所有线段的新宽度:5

输入选项[闭合(C)/打开(O)/合并(J)/宽度(W)/拟合(F)/样条曲线(S)/非曲线化(D)/线型生成(L)/放弃(U)]:↙

16. 使用多线绘制管道

使用多线绘制如图2.43所示的管道图形，其中中线为红色虚线，边线为黑色实线，管道宽为60。

图2.42 编辑多段线

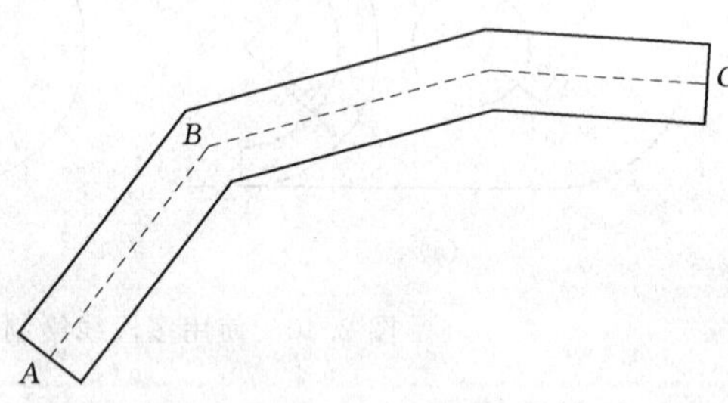

图2.43 管道

操作步骤如下：

(1) 单击“格式”→“多线样式”菜单，弹出“多线样式”对话框。

(2) 在“名称”框中输入线型名为“管道”，并单击“添加”按钮将其作为当前线型。

(3) 单击“元素特性”按钮，打开“元素特性”对话框。

(4) 单击“添加”按钮，增加一条新线，其偏移量为“0”。

(5) 单击中间线段（即偏移量为“0”的线段），其颜色变成蓝色，表示已被激活。单击“颜色”按钮，打开“选择颜色”对话框，选择红色，然后单击“确定”按钮。

(6) 单击“线型”按钮，打开“选择线型”对话框，再单击“加载”按钮，打开“加

载或重载线型”对话框，从中选择“DASHED”作为中间线条的线型，然后单击“确定”按钮返回“选择线型”对话框，选中该线型，单击“确定”按钮返回“元素特性”对话框。最后单击“确定”按钮又返回“多线样式”对话框。

(7) 单击“多线特性”按钮，打开“多线特性”对话框。

(8) 勾选“直线”行所对应的“起点”与“端点”开关，并在“角度”所在行中分别输入 90，以确定多线两端以直角封端。

(9) 线型设置完毕，单击“确定”按钮返回作图状态。

(10) 单击绘图工具栏上的“多线”命令按钮。

(11) 当前设置：对正＝上，比例＝1.00，样式＝STANDARD

指定起点或[对正(J)/比例(S)/样式(ST)]:J ↙
输入对正类型[上(T)/无(Z)/下(B)]:Z ↙
指定起点或[对正(J)/比例(S)/样式(ST)]:S ↙
输入多线比例< 1.00>:60 ↙
指定起点或[对正(J)/比例(S)/样式(ST)]: 拾取 A 点作为多线的起点
指定下一点或[放弃(U)]:拾取 B 点后
指定下一点或[放弃(U)]:拾取 C 点
指定下一点或[闭合(C)/放弃(U)]:C ↙

即可绘制出如图 2.43 所示的图形。

17. 绘制剖面线

如图 2.44 所示，绘制法兰盘剖视图中的剖面线。

操作步骤如下：

(1) 单击绘图工具栏上的“图案填充”按钮，打开“边界图案填充”对话框。

(2) 在“快速”选项卡的“类型”下拉列表框中选取“预定义”。单击“样例”框，弹出“填充图案控制板”，在“ANSI”中选取“ANSI31”图案，单击对话框中的“确定”按钮返回“边界图案填充”对话框。

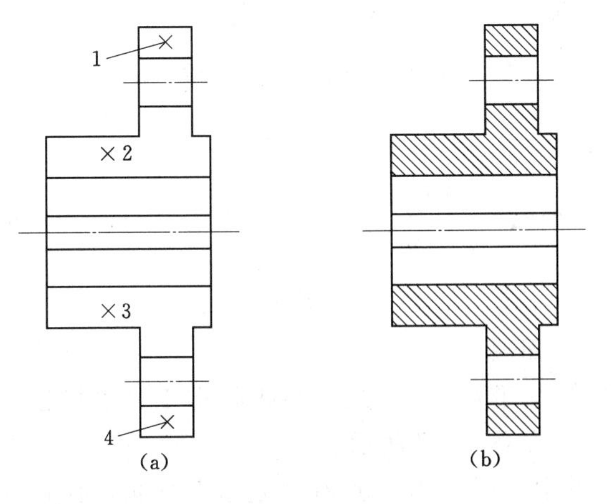

图 2.44 法兰盘剖视图中的剖面线
(a) 填充前；(b) 填充后

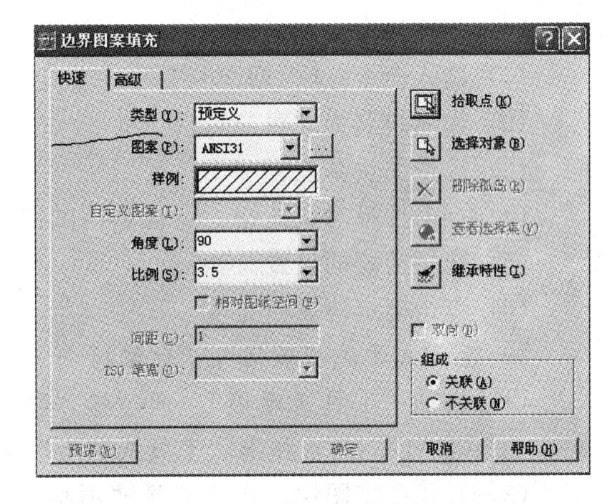

图 2.45 图案填充的参数设置

（3）在“快速”选项卡的“角度”下拉列表框中选取或输入旋转角度值“90”。

（4）在“快速”选项卡的“比例”下拉列表框中选取或输入比例值“3.5”。

设置结果如图 2.45 所示。

（5）单击“拾取点”按钮，对话框自动隐退，用光标在图中需要画剖面线的 1～4 区域内各点取一点，如图 2.44（a）所示，则选中的区域边界以虚线显示，按回车键或右键确认后返回对话框

（6）单击“预览”按钮，预览填充效果，按回车键或右键确认后返回“边界图案填充”对话框。如果不合适，可以修改有关设置，直到合适后单击“确定”按钮完成，结果如图 2.44（b）所示。

18. 绘制窗户图形

绘制如图 2.46（a）所示窗户图形。

(a)

(b)

图 2.46 创建“窗户”图块

利用创建块命令创建窗户图块，操作步骤如下：

（1）输入命令：b（回车）打开“块定义”对话框，对话框设置如图 2.47（b）。

（2）输入块名为“窗户”。

（3）选取图块基点。

（4）点击选择对象按钮，选择绘制的窗户图形。

（5）选择需要的设置。

（6）点击确定块制作完成。

19. 利用工具选项板插入“棕榈树—立面图”图块

（1）启动“工具选项板”：通过输入快捷键“CTRL＋3”或者单击标准工具栏按钮。AutoCAD2007 将弹出“工具选项板”窗口，如图 2.47 所示。

（2）寻找所需图块：在“工具选项板”窗口中（图 2.48）选择“建筑”面板，窗口中会显示系统提供的建筑工程类的图块。单击选中其中的一个图块，命令出现提示：

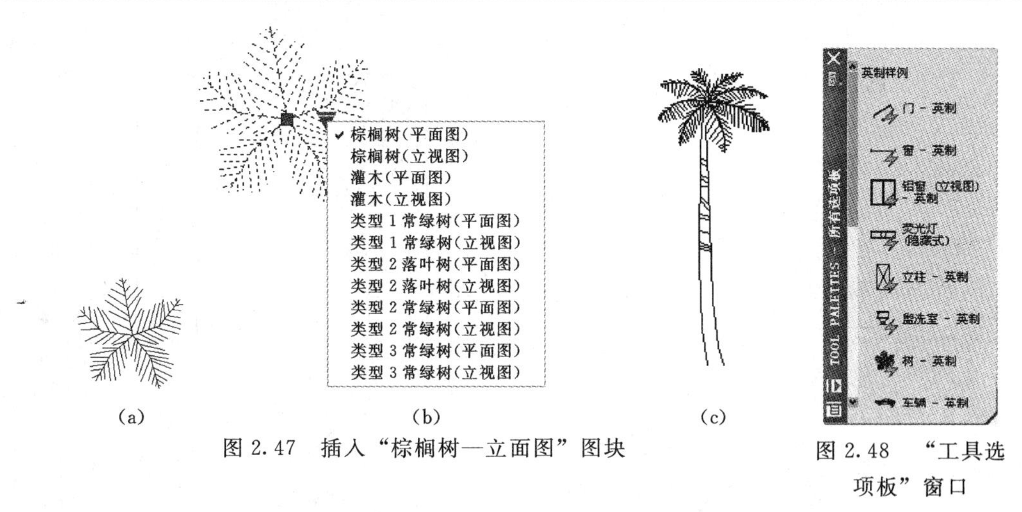

图 2.47　插入“棕榈树—立面图”图块

图 2.48　“工具选项板”窗口

指定插入点或 [基点(B)/比例(S)/X/Y/Z/旋转(R)]：

用户可以指定比例、旋转角度等参数，然后将光标移到窗口中，用鼠标左键在绘图窗口中指定棕榈树的插入位置。

用户也可以通过鼠标拖放方式将所选的图形文件插入到当前的图形文件中。

20. 自主练习图形

请用相关命令练习绘制图 2.49～图 2.54 所示图形。

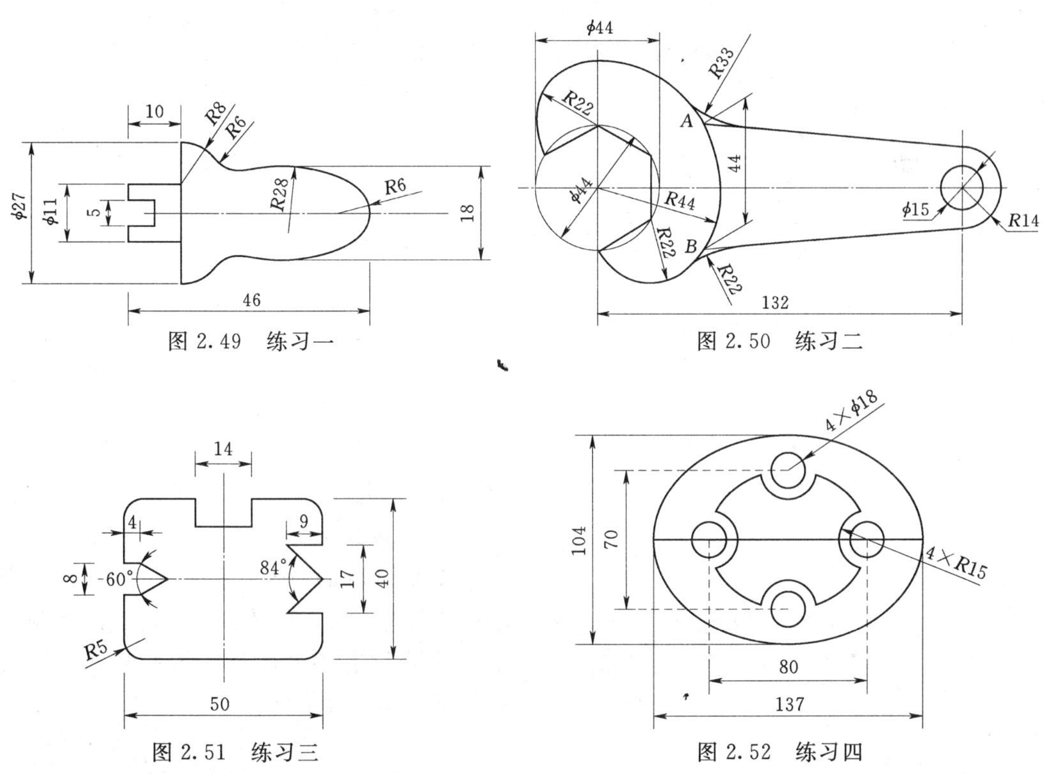

图 2.49　练习一

图 2.50　练习二

图 2.51　练习三

图 2.52　练习四

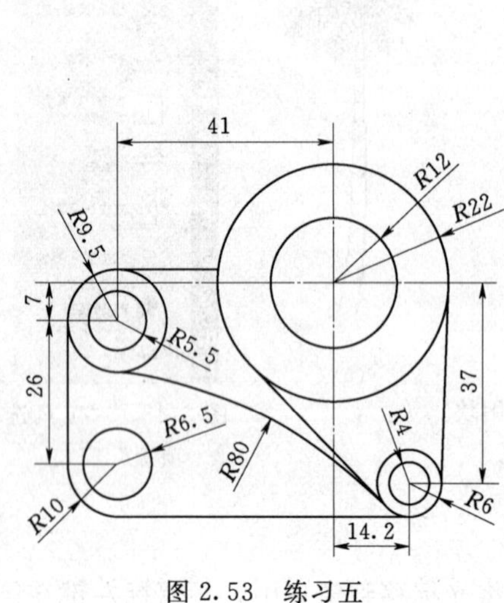

图 2.53 练习五

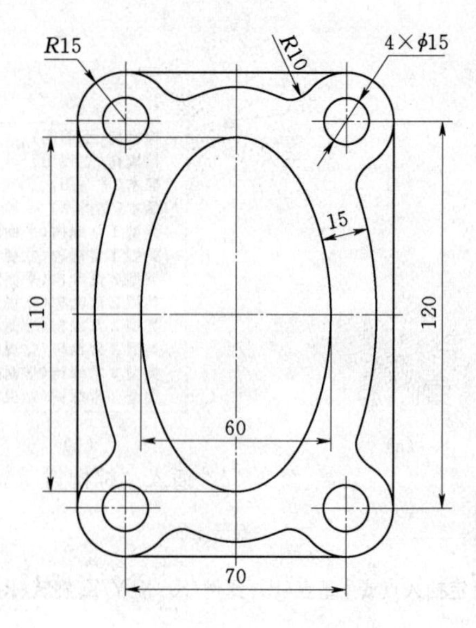

图 2.54 练习六

实训任务 2.4 尺 寸 标 注

2.4.1 实训要点

学习图形的尺寸标注、各种标注方法、各种标注格式，以及对标注内容的编辑。

2.4.2 实训实例

1. 标注图 2.55（b）所示尺寸

命令:DIMLINEAR

指定第一条尺寸界限原点或[选择对象]:(选 P1 点)

指定第二条尺寸界线原点:(选 P2 点)

指定尺寸线位置或

[多行文字(M)/文字(T)/角度(A)/水平(H)/垂直(V)/旋转(R)]：T↙

输入标注文字<29.48>：%%c30↙

指定尺寸线位置或

[多行文字(M)/文字(T)/角度(A)/水平(H)/垂直(V)/旋转(R)]:(鼠标单击 P3 点附近)

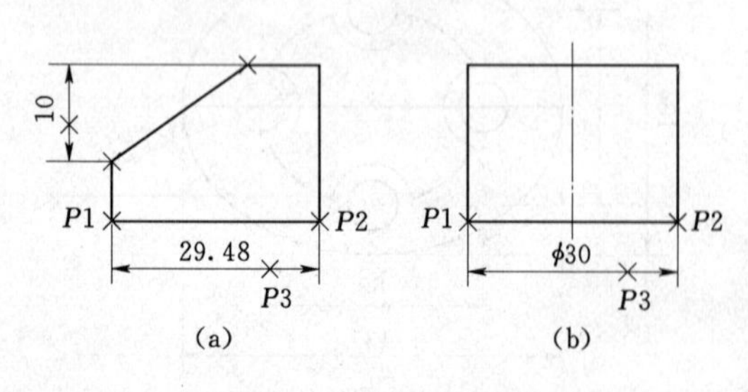

图 2.55 线性标注示例

结果如图 2.55 所示。

2. 基线标注

图 2.56（a）中尺寸 15 已标出，现要求标注尺寸 30、45（假定尺寸 15 是图形中绘制的第一个尺寸，并且其右侧的尺寸界线是第一条尺寸界线）。

命令:DIMBASELINE

移动鼠标可以看到，系统自动以尺寸 15 的第一条尺寸界线作为基准生成了基线标注的第一条尺寸线，同时命令行出现如下提示：

指定第二条尺寸界线原点或［放弃(U)/选择(S)］<选择>：(选 P1 点，生成尺寸 30)
指定第二条尺寸界线原点或［放弃(U)/选择(S)］<选择>：(选 P2 点，生成尺寸 45)

右击，在快捷菜单中选“确认”或按“Esc”键结束命令，结果如图 2.56 (b) 所示。

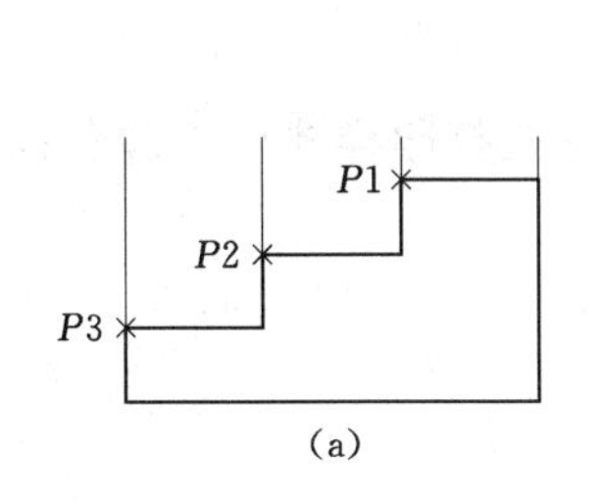

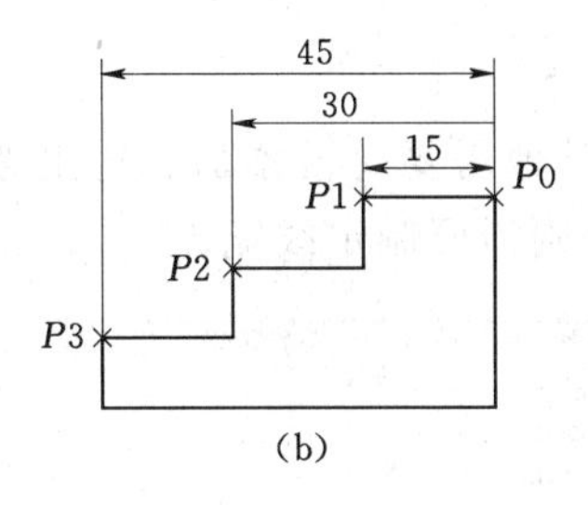

图 2.56　基线标注示例

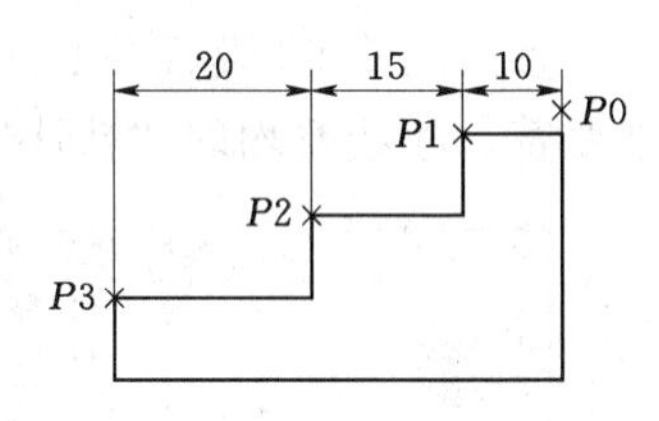

图 2.57　连续标注示例

3. 连续标注

图 2.57 中尺寸 10 已标出，现要求标注尺寸 15、20。

命令：DIMBASELINE

移动鼠标可以看到，系统自动以图形中某尺寸的某条尺寸界线作为基准生成了基线标注的第一条尺寸线，同时命令行出现如下提示：

指定第二条尺寸界线原点或［放弃(U)/选择(S)］<选择>：S↙
选择基准标注：(选择尺寸 10 左侧的尺寸界线或尺寸线上靠左的某点，此时移动鼠标可以看到，系统自动以尺寸 10 的左侧尺寸界线作为基准生成了连续标注的第一条尺寸线)
指定第二条尺寸界线原点或［放弃(U)/选择(S)］<选择>：(选 P2 点，生成尺寸 15)
指定第二条尺寸界线原点或［放弃(U)/选择(S)］<选择>：(选 P3 点，生成尺寸 20)

右击，在快捷菜单中选“确认”或按“Esc”键结束命令，结果如图 2.57 所示。

实训任务 2.5　专 业 图 绘 制

2.5.1　实训要点

学习建筑工程图的绘制。

2.5.2　实训实例

2.5.2.1　建筑图样板文件

为了避免画每一张图时都对图纸上一些相同的内容（如线型、线宽、文字样式、尺寸标注样式等）进行重新设置而影响绘图效率，同时使图形标准化，用户可以创建自己需要的样图，并能在“启动”对话框或执行“新建”命令时方便地调用它。

样图中的内容一般包括每张图纸中都需要设置的同样内容，诸如绘图单位、精度、图形界限，必要的图层（线型、线宽、颜色），线型比例，所需的文字样式、标注样式，常用的图块，与图形界限相应的图框标题栏等。

创建样图的方法有多种，常用的有“由新图形创建样图”、“由已有图形创建样图”、“由 AutoCAD 设计中心创建样图”等。下面创建某建筑工程图样板文件，主要步骤如下：

1. 图幅与单位

以公制样板“acadiso. dwt”新建图形，默认图形界限为 A3，这里暂不做修改，必要时再进行设置。

2. 图层

参照图 2.58 设置必要的图层，其他需要时再添加。这里考虑在打印样式中按颜色控制线宽，故线宽均取“默认”值，否则需要制定线宽。

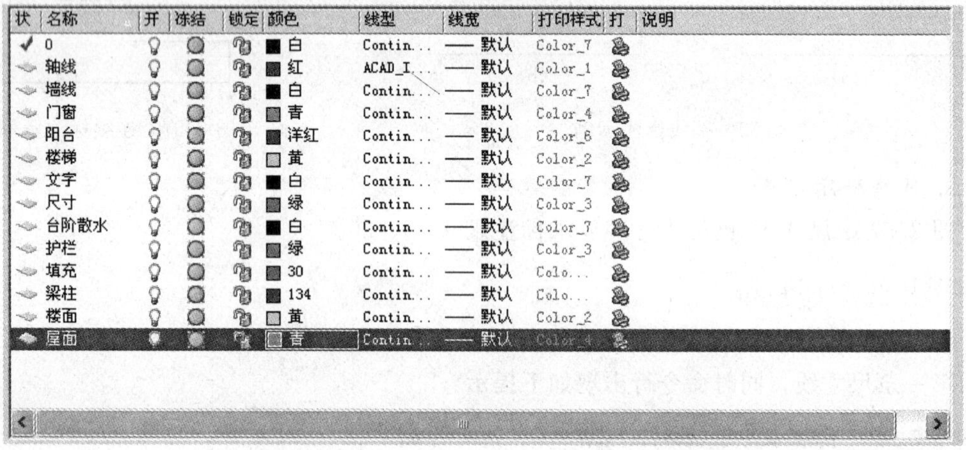

状	名称	开	冻结	锁定	颜色	线型	线宽	打印样式	打	说明
✓	0				白	Contin...	—— 默认	Color_7		
	轴线				红	ACAD_I...	—— 默认	Color_1		
	墙线				白	Contin...	—— 默认	Color_7		
	门窗				青	Contin...	—— 默认	Color_4		
	阳台				洋红	Contin...	—— 默认	Color_6		
	楼梯				黄	Contin...	—— 默认	Color_2		
	文字				白	Contin...	—— 默认	Color_7		
	尺寸				绿	Contin...	—— 默认	Color_3		
	台阶散水				白	Contin...	—— 默认	Color_7		
	护栏				绿	Contin...	—— 默认	Color_3		
	填充				30	Contin...	—— 默认	Colo...		
	梁柱				134	Contin...	—— 默认	Colo...		
	楼面				黄	Contin...	—— 默认	Color_2		
	屋面				青	Contin...	—— 默认	Color_4		

图 2.58 创建图层

3. 文字样式

参照表 2.1 设置三个文字样式

表 2.1 **建筑图文字样式设置**

样式名	字 体 名	效 果	说 明
gbeitc	gbeitc. shx+gbcbig. shx	默认	用于尺寸标注与小号汉字标注
complex	complex. shx	默认	轴号与门窗名称等
simsun	T 仿宋 _ GB2312	宽度比例 0.7，其余默认	图名、标题栏等

4. 尺寸样式

基于样式“ISO-25”新建名为“dim”的样式，设置如下：

(1) 公共参数：尺寸线“基线间距”取值 8，尺寸界线“超出尺寸线”取值 2；文字外观下“文字样式”选择“gbeitc”，“文字高度”取值 3.5。

(2)“线性”子样式：选择“固定长度的尺寸界线，”长度取值 15；箭头选择“建筑标记”，“箭头大小”取值 1.5。

(3)“角度”子样式：“文字对齐”选择“水平”。

(4)“半径”子样式：“文字对齐”选择“ISO 标准”；“调整选项”选择“文字”，“优化”选择“手动放置文字”。

(5)“直径”子样式：“文字对齐”选择“ISO 标准”；“调整选项”选择“文字”，“优化”选择“手动放置文字”。

其他未提及的均为默认设置。完成设置后，置“dim”为当前样式，如图 2.59 所示。

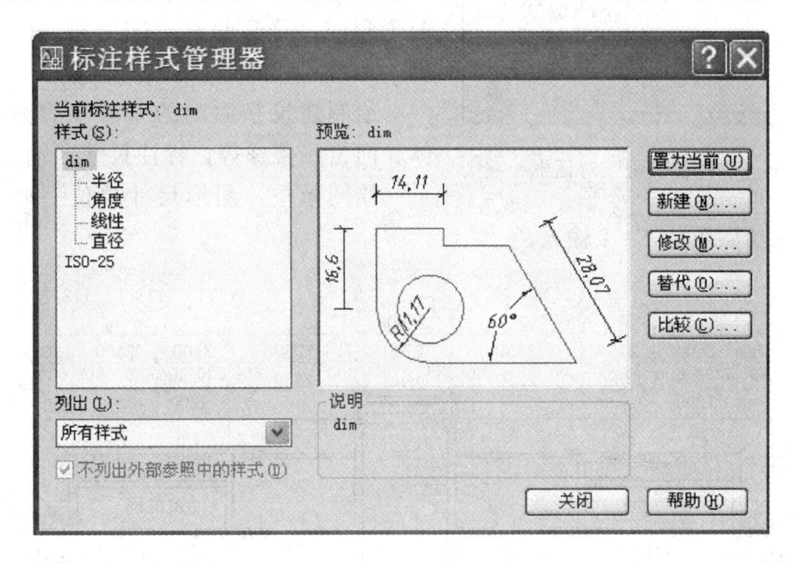

图 2.59　设置尺寸标注样式

5. 保存样板文件

执行“文件”—“另存为”命令，弹出“图形另存为”对话框，如图 2.60 所示。在对话框中的“文件类型”下拉列表中选择“AutoCAD 图形样板文件（*.dwt）”选项，然后输入样板文件名：“建筑样板”，指定存盘路径单击保存按钮，弹出“样板说明”对话框，如图 2.61 所示。在其中输入必要的文字说明，单击确定按钮，即将当前图形保存为样板文件。

图 2.60　“图形另存为”对话框

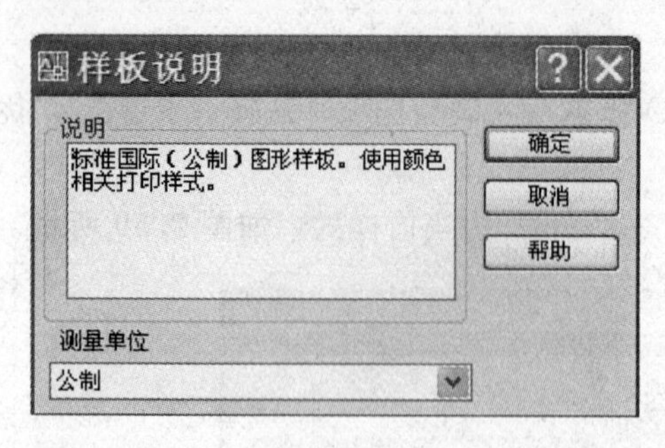

图 2.61 “样板说明”对话框

2.5.2.2 绘制建筑平面图

建筑平面图是将房屋从门窗洞口处水平剖切后的俯视图，如图 2.62 所示“底层平面图”是学生公寓的第一层平面图，从门洞大门进去有两个套间，每套间有三间卧室、公共厅、盥洗室、卫浴间和阳台。

绘制建筑平面图的一般步骤是：轴线、墙体、门窗、楼梯等，标注尺寸、轴号等。

绘图单位：图形尺寸单位一般为“毫米”，所以以毫米为绘图单位 1∶1 输入。

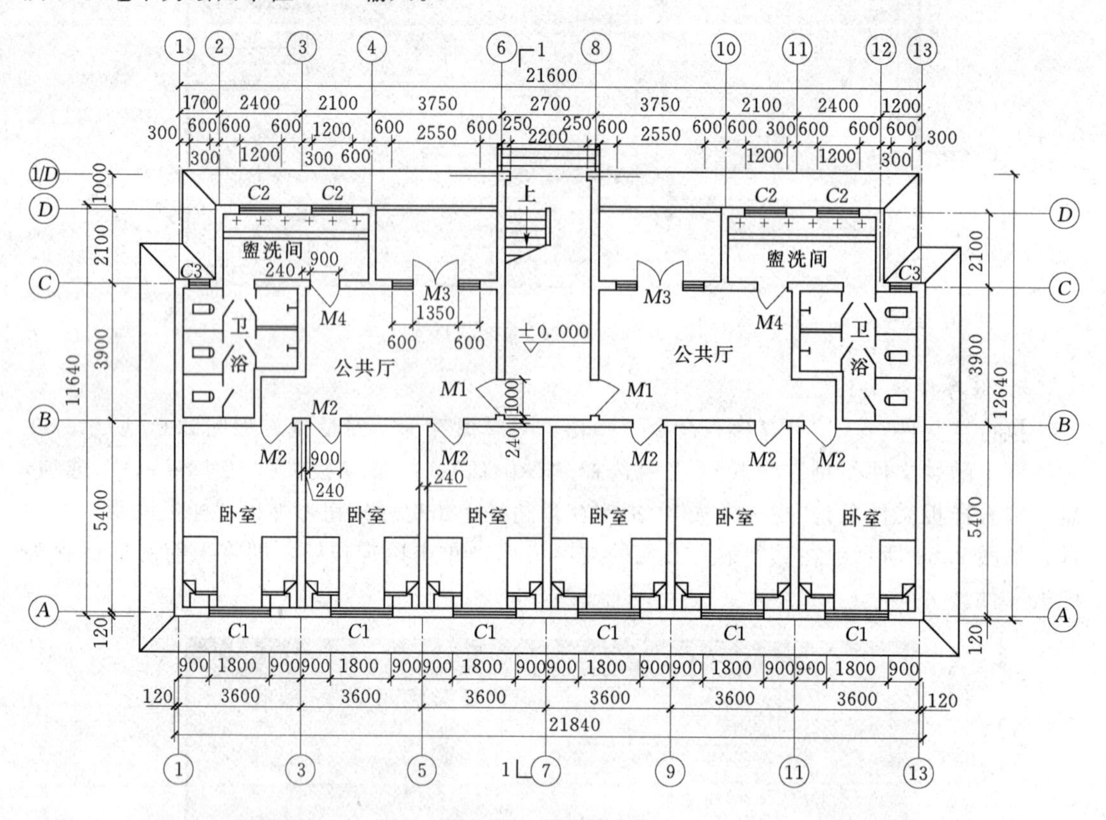

图 2.62 底层平面图

图幅与比例：图幅 A3，打印比例 1∶100。

绘图过程如下：

1. 绘图环境

以“建筑样板”开始新图，设置图形界限为 42000×29700（A3×100）；修改标注样式的“标注特征比例为 100；设置线型比例为 70”。

令：'_limits

重新设置模型空间界限：

指定左下角点或［开(ON)/关(OFF)］<0.0000,0.0000>：
指定右上角点 <420.0000,297.0000>：42000,297000
命令：ZOOM
指定窗口的角点，输入比例因子 (nX 或 nXP)，或者
［全部(A)/中心(C)/动态(D)/范围(E)/上一个(P)/比例(S)/窗口(W)/对象(O)］<实时>：a
正在重生成模型。
命令：lts
LTSCALE 输入新线型比例因子 <1.0000>：70
正在重生成模型。

2．绘制轴线

由于对称可以只绘制一半。以“轴线”为当前层，先以“直线”命令分别绘制一条水平和一条垂直轴线，再“偏移”得到其他轴线，如图2.63（a）所示。参考底层平面图的房间布置整理轴线，如图2.63（b）所示。轴号利用复制或者属性块定义皆可，文字样式选“complex”。尺寸标注样式选“dim”把标注特征比例设置为100即可。

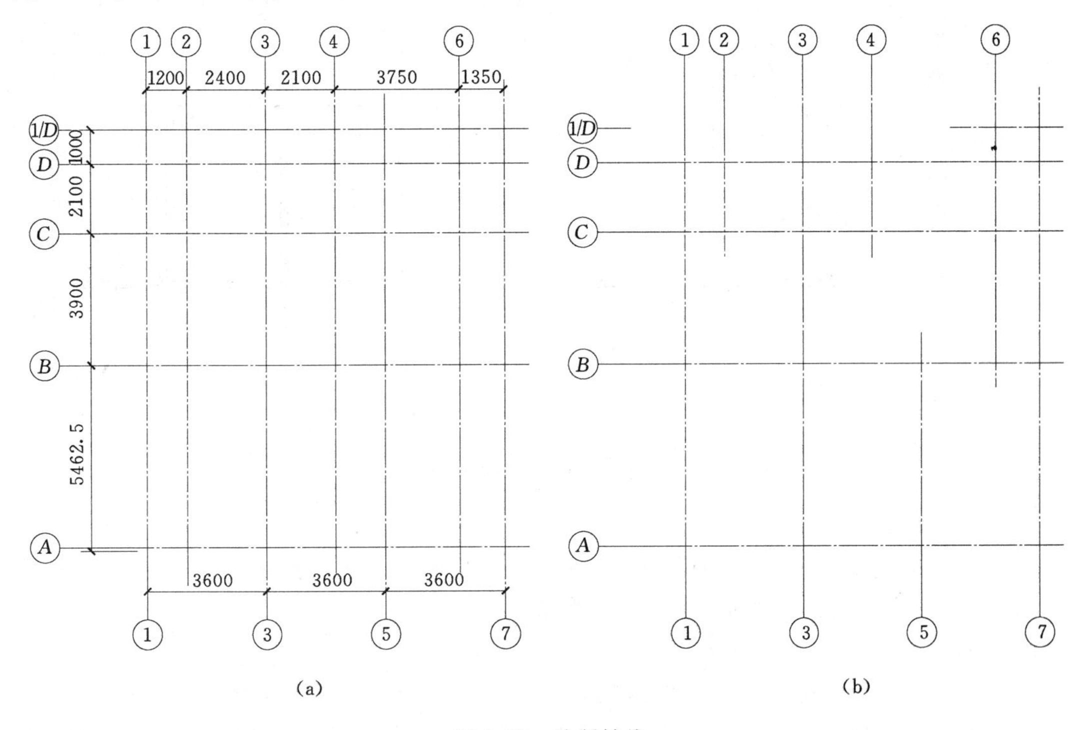

图2.63 绘制轴线

3．绘制墙体

以“墙线”为当前层，利用“多线”命令参考图2.64（a）、（b）先绘制外墙再绘制内墙，操作如下：

命令：ml
MLINE
当前设置：对正 = 上，比例 = 20.00，样式 = STANDARD

指定起点或[对正(J)/比例(S)/样式(ST)]：s

输入多线比例 <20.00>：240

当前设置：对正 = 上，比例 = 240.00，样式 = STANDARD

指定起点或[对正(J)/比例(S)/样式(ST)]：j

输入对正类型[上(T)/无(Z)/下(B)] <上>：z

当前设置：对正 = 无，比例 = 240.00，样式 = STANDARD

指定起点或[对正(J)/比例(S)/样式(ST)]：

指定下一点：

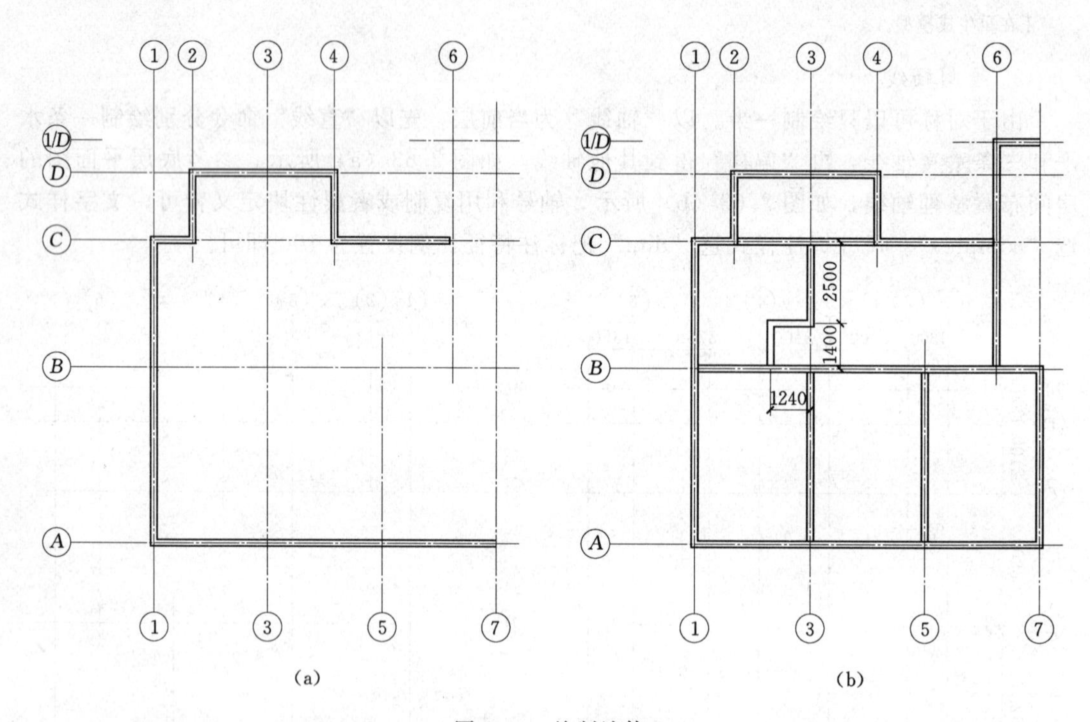

图 2.64 绘制墙体

4. 整理墙线

如图 2.65 所示，利用下拉菜单“修改”→“对象”→“多线”或多线编辑命令 Mledit 对交叉点位置进行修改（先不要分解多线）。

5. 门窗开洞

如图 2.66 所示。分解多线，根据门窗的定位和定型尺寸（见平面图）利用“偏移”（注意改变偏移后线条所在图层）确定门窗洞口位置。如果图中各门窗尺寸大小、间隔都相同可以利用“矩形阵列”或“复制”命令画出确定其他门窗洞口位置。然后利用“修剪”绘制门窗洞。

6. 绘制门窗符号

如图 2.67 (a)、(b) 所示，可以先分别定义门、窗图块再插入，也可以在“门窗”图层直接绘制。窗可以先利用“直线”绘制一条窗户线，再根据窗宽和图例特点利用“偏移”命令生成其他窗线。门的绘制可以利用“极轴追踪”画出门宽线，然后利用“圆弧”或“圆”和“修剪”命令画出门的轨迹线。

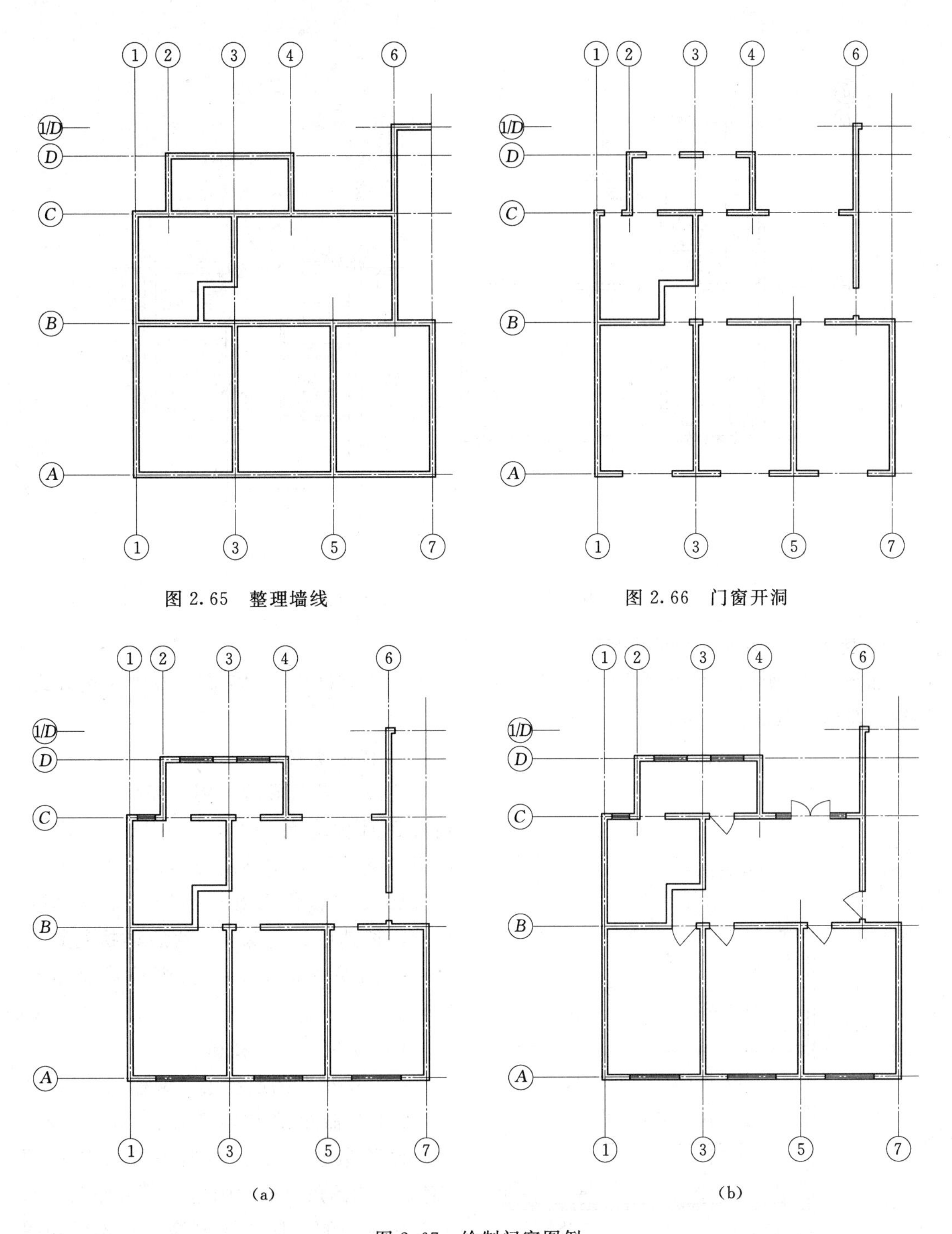

图 2.65　整理墙线

图 2.66　门窗开洞

图 2.67　绘制门窗图例

7. 其他

如图 2.68 所示，绘制阳台护栏、卫生间洁具及隔断、床等，注意切换当前图层。

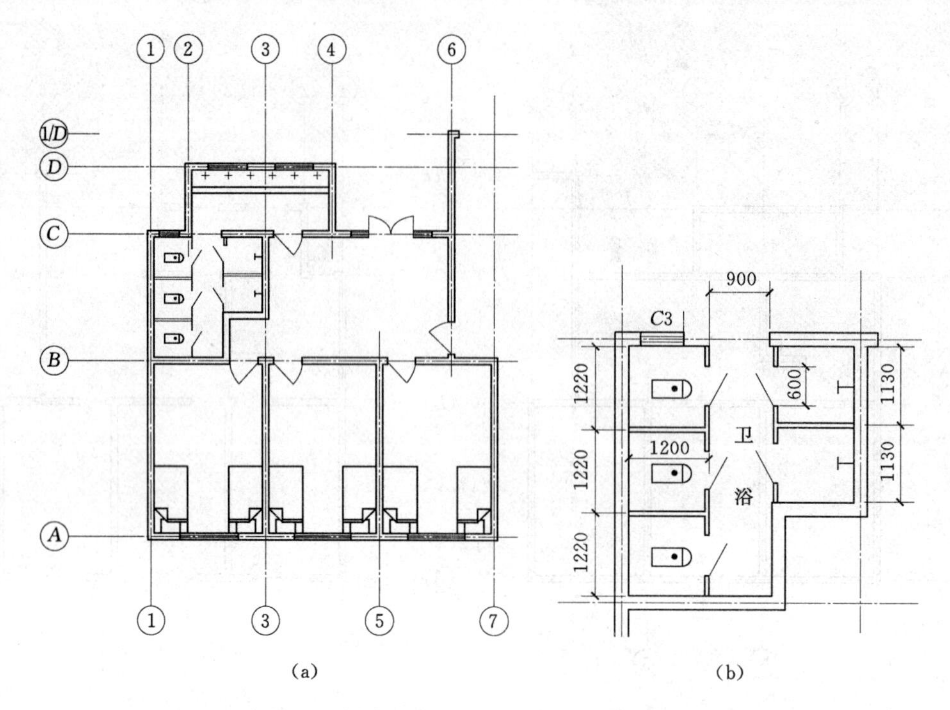

(a) (b)

图 2.68 绘制阳台护栏、卫生间洁具及隔断、床等

8. 输入门窗编号及相关文字

如图 2.69 所示。利用“单行文字”选择需要的“文字样式”、“字高”及“对正方式”绘制门窗编号及相关文字。

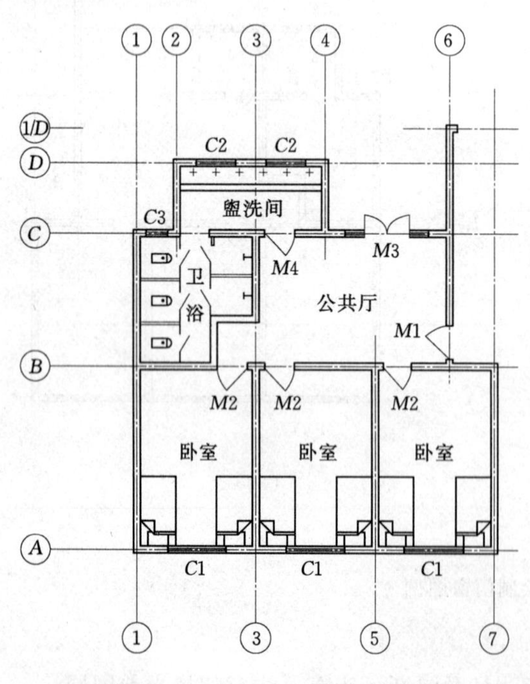

图 2.69 输入门窗编号及文字

9. 镜像复制

完成一半图形后，用“镜像”命令复制得到对称的另一半，如图 2.70 所示。如果“镜像”后文字反转的话，我们则需要调整文字镜像参数：命令行输入 Mirrtext，将其值设置为 0，然后再执行镜像命令。如果 Mirrtext＝1，则镜像文字会反转。

10. 绘制散水、楼梯、台阶

在“楼梯”图层利用“偏移”、“修剪”“多段线”命令绘制楼梯如图 2.71 (a)，在“台阶散水”图层根据需要灵活利用“偏移”、“倒角”或“圆角”、“延伸”、“修剪”命令绘制台阶、散水等，完成后如图 2.71 (b) 所示。

11. 标注

以“尺寸”图层为当前层，标注尺寸，

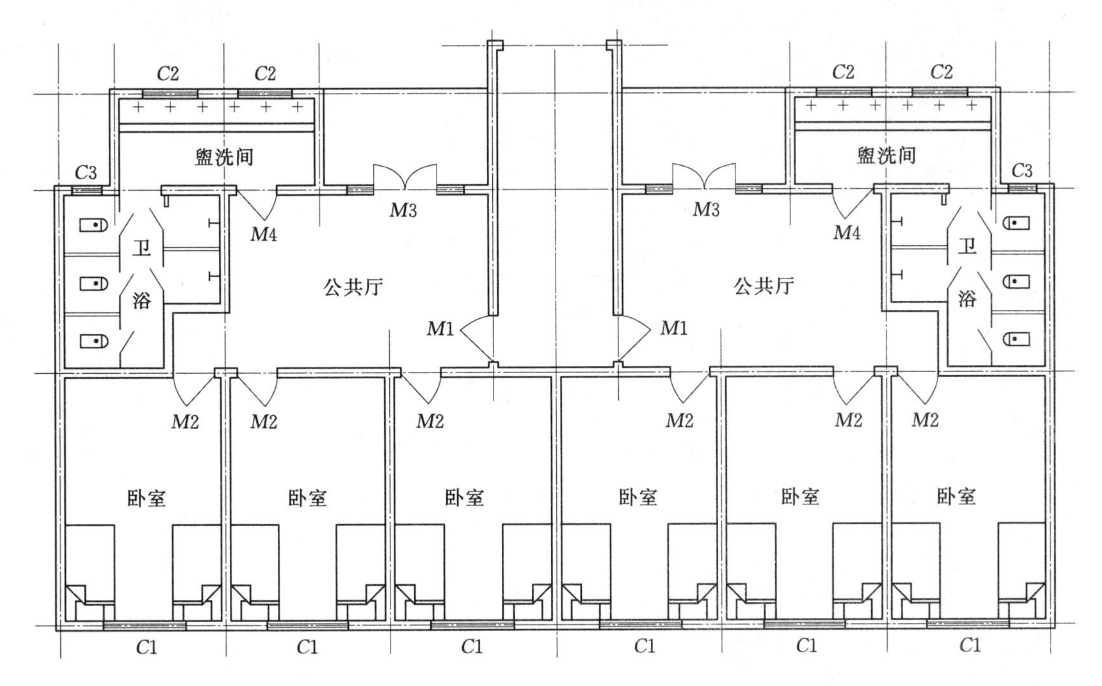

图 2.70 镜像复制成对称图形

在“文字”图层标注图名等。

(1) 标注尺寸时应该注意利用“连续标注”、“基线标注”快速准确的的标注出图形的尺寸。尺寸标注时也可以根据图形尺寸的特点利用“阵列”、“复制”、“镜像”等命令快速完成重复尺寸的标注。

(2) 轴号和标高的标注。

方法1：由于在建筑图形中要反复用到轴号和标高的标注，因此可以用“写块”命令将标高符号和轴号符号定义成图块存盘，而用“定义属性”命令将标高数值和轴号数值定义成图块的附带属性，然后做成图块，在标注时用“块插入”命令插入到指定位置设置为指定值。

方法2：绘制出基本的图形，输入文字，然后根据标注的特点利用“复制”“阵列”等命令得到其他的标注，再利用文字编辑命令（Ddedit）或下拉菜单“修改”→“对象”→“文字”修改其中的文字。

最后完成图形保存文件。

2.5.2.3 绘制建筑立面图

立面图是房屋在与外墙面平行的投影面上的投影，主要用来表示房屋的外部造型和装饰。立面图的外轮廓线之内的图形主要是门窗、阳台等构造的图例。

绘制建筑立面图的步骤是：绘制楼层定位线、门窗、掩盖、台阶、雨棚等，一半可以先绘制一层的立面，再按图形特点利用复制、阵列、镜像等复制得到其他楼层立面。

绘图单位、图幅与比例：与平面图相同。

下面以图 2.72 所示“正立面图”为例来说明立面图的绘制方法。

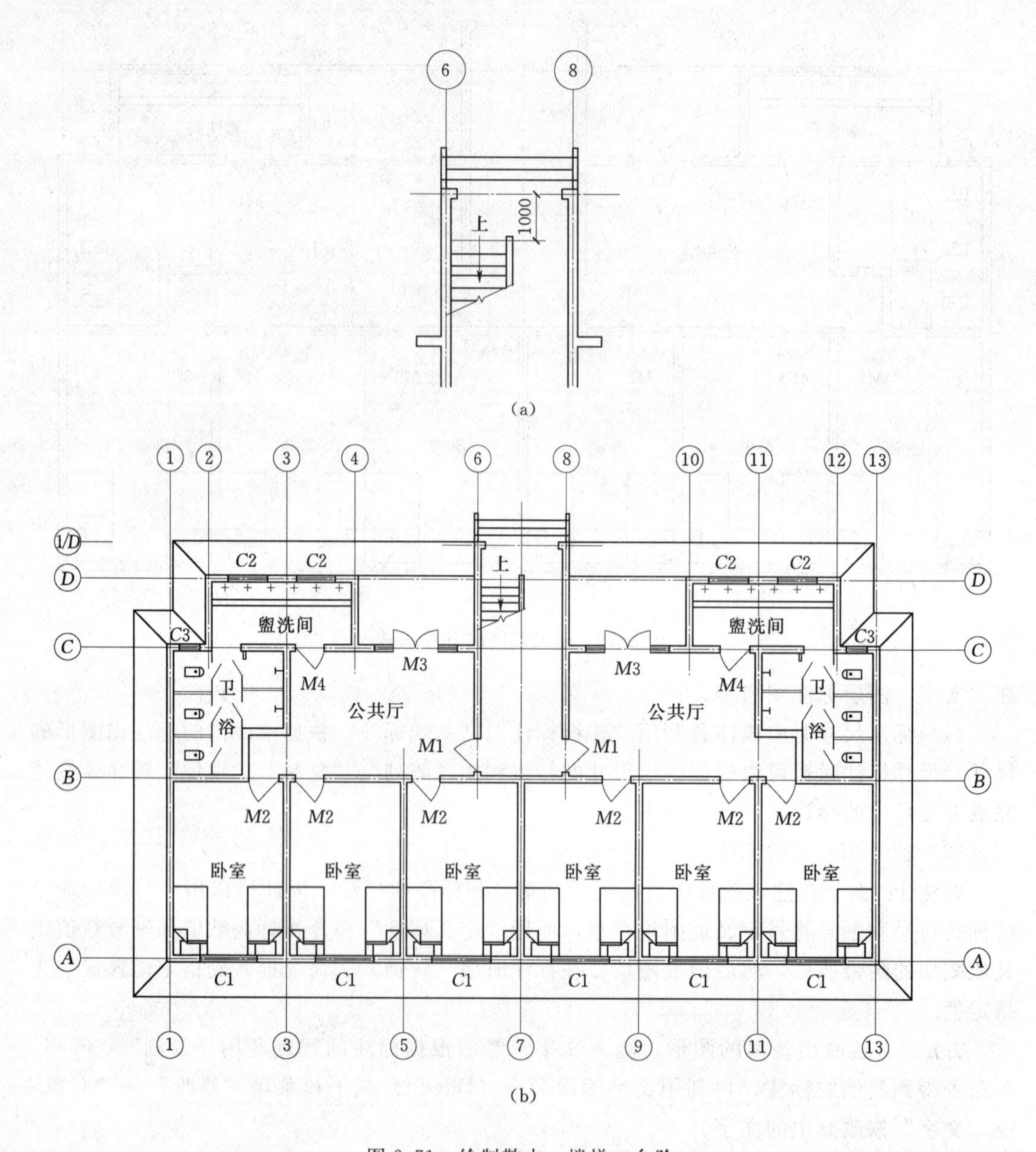

图 2.71 绘制散水、楼梯、台阶

1. 绘图环境

与平面图相同。

2. 绘制定位线

与该立面对应的轴线、各楼层的层面线以及室外地平线，如图 2.73 所示。画出定位轴线是为了确定立面上门窗、阳台等的位置。由于建筑立面图上一般只标注标高尺寸，而不标注房屋总长尺寸及门窗洞口的大小和平面定位尺寸，因此绘制时可以利用建筑平面图进行立面上窗户等构配件的定位。

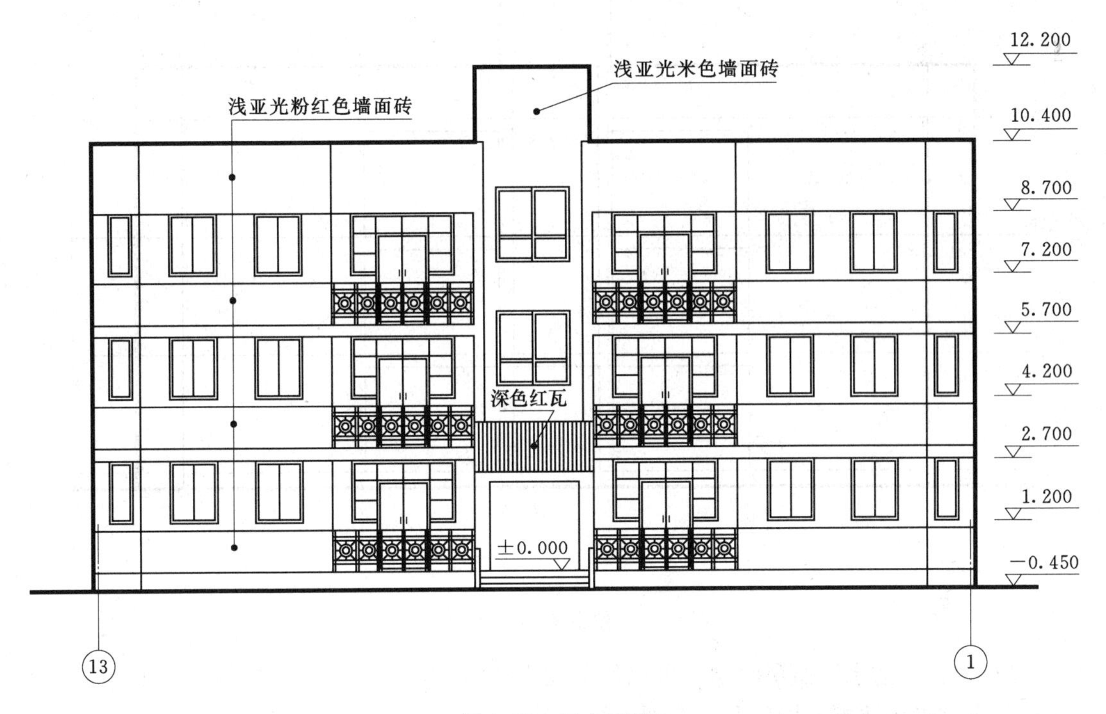

图 2.72 正立面图

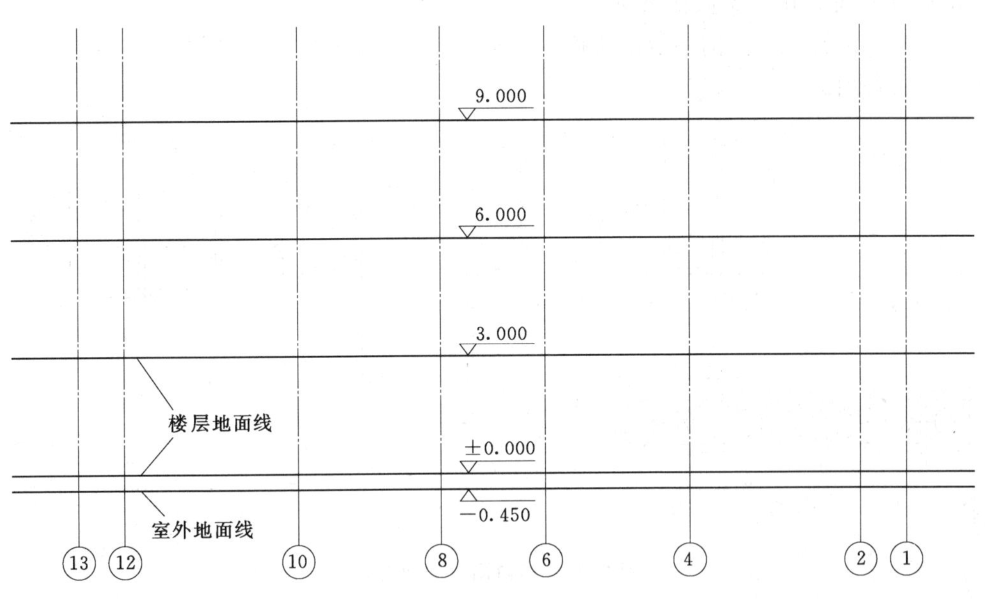

图 2.73 立面定位轴线

3. 绘制立面的主要轮廓

以“立面轮廓”为当前层绘制外轮廓及其他可见轮廓线，外轮廓画粗实线，其他轮廓为中实线。可以将外轮廓线用多段线绘制，设置宽度为 70（1∶100 打印出来为 0.7mm），

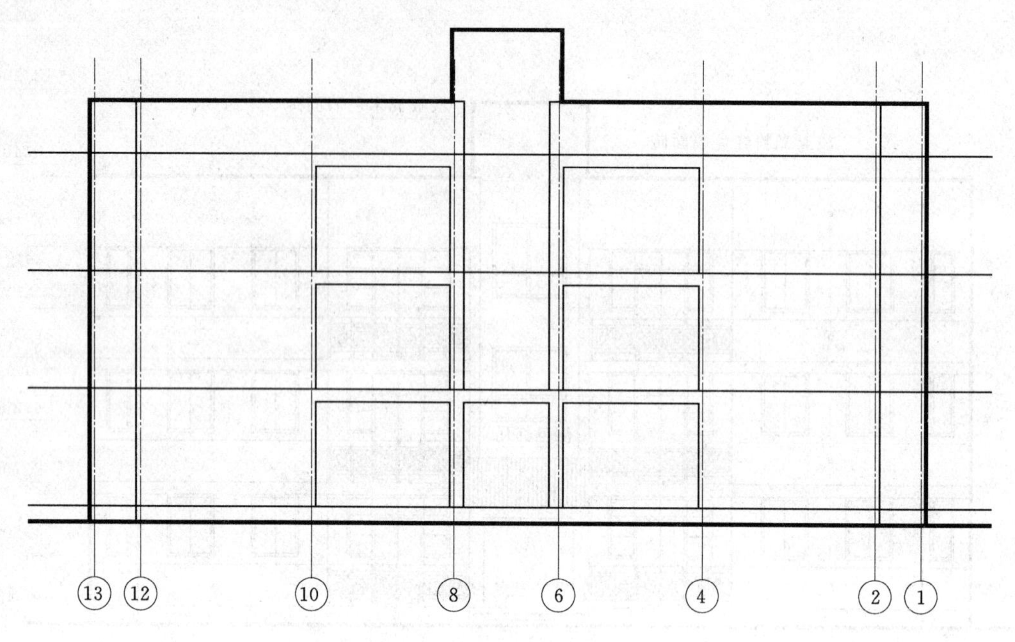

图 2.74 绘制立面主要轮廓线

地平线在“台阶散水”图层绘制，可以用宽度为 90 的多段线表示，如图 2.74 所示。利用“偏移”命令确定两侧外墙以及该墙面上阳台的对应线。

4. 创建门窗、阳台立面图例块

门、窗、阳台立面图例一般以块插入，如图 2.75 所示尺寸绘制门、窗、阳台护栏图例并创建块备用。

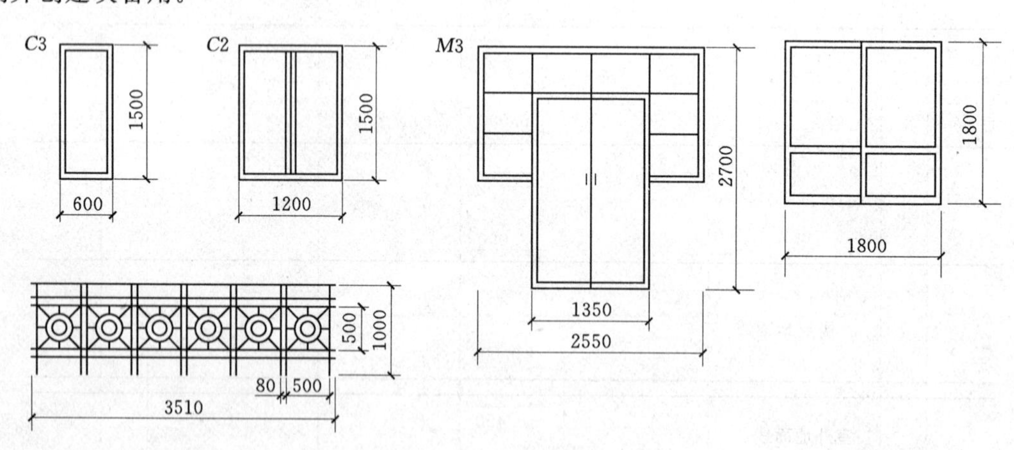

图 2.75 门窗阳台立面图例

注意：图形块在“0”层绘制，特性选择“随层”。

5. 插入门、窗、阳台立面图例

参照平面图的尺寸标注利用“偏移”命令确定门窗的立面位置。分别以“门窗”、“阳台”为当前层，使用 INSERT（插入）命令，插入已创建的门、窗、阳台护栏图块，如图 2.76 所示。

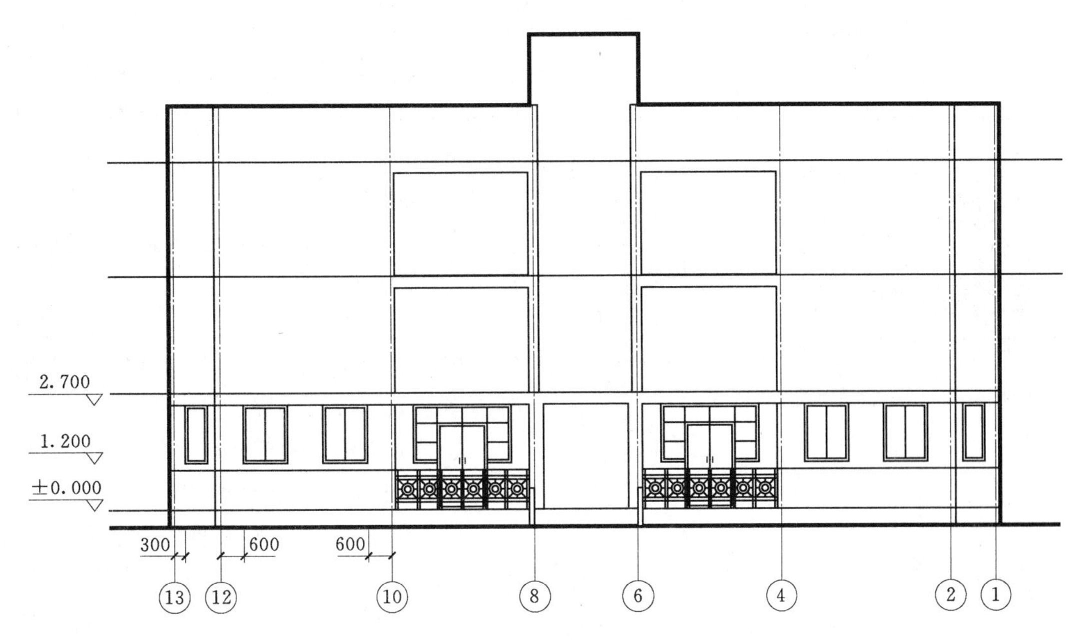

图 2.76 插入门窗阳台图例

6. 复制其他楼层

完成一层的一半后镜像、复制得到其他各层立面，删除不需要的定位线，如图 2.77 所示。

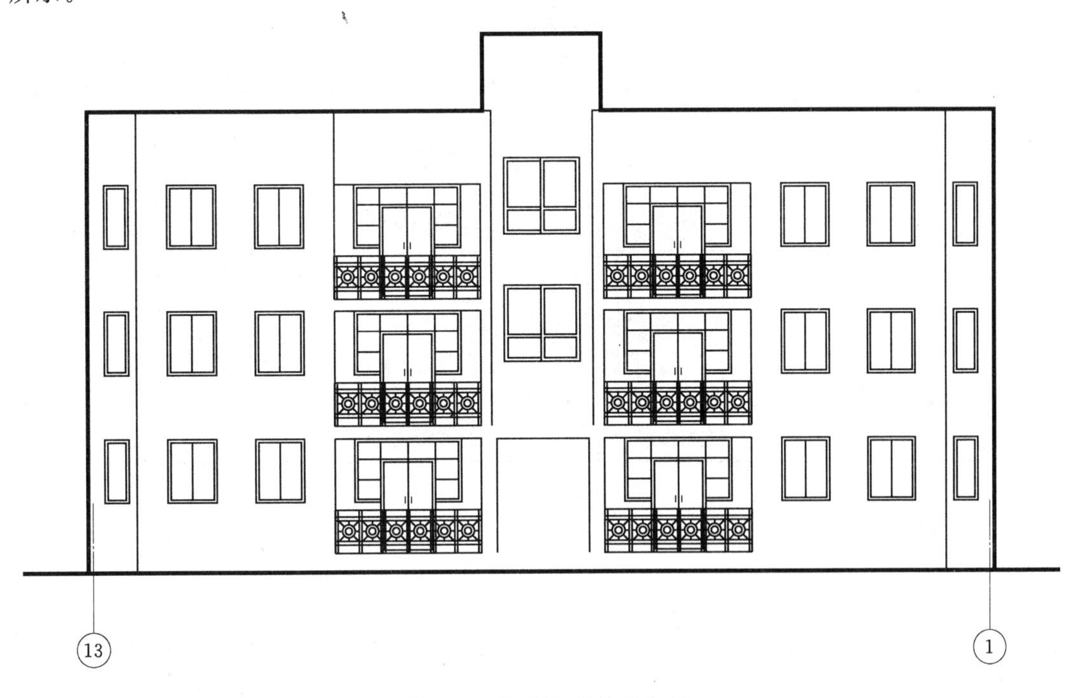

图 2.77 复制完成其他各层

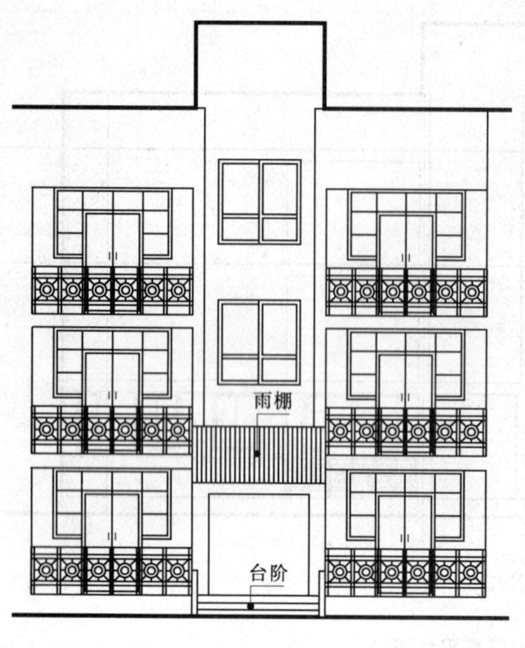

图 2.78 绘制雨棚、台阶

7. 绘制雨棚、台阶

以“屋面”为当前层绘制雨棚，以“台阶散水”为当前层绘制台阶，如图 2.78 所示。

8. 绘制引条线

在“立面轮廓”图层绘制装饰引条线，如图 2.79 所示。

9. 标注

标注立面装饰说明、标高等，与建筑平面图的标注方法相同。

最后完成图形并保存。

2.5.2.4 绘制建筑剖面图

建筑剖面图是房屋的垂直剖面图，主要用来表示房屋内部的分层、结构形式、构造方式、材料、做法、各部位间的联系及其高度等情况。

图 2.80 是学生公寓的楼梯间剖面图，剖切位置见底层平面图。建筑剖面图与建筑平面图、兼职立面图互相配合，表示房屋的全局。所以绘图时需要结合剖面图与立面图才能确定某些结构的形状和尺寸。

图 2.79 绘制装饰引条线

绘制兼职剖面图的步骤是：绘制定位线、墙体、楼面板、梁柱、门窗、楼梯等，一般可以先绘制一层的剖面，再复制得到其他各楼层剖面。

绘图单位、图幅与比例：与平面图相同。

下面以图 2.81 所示剖面图为例说明剖面图的绘制方法。

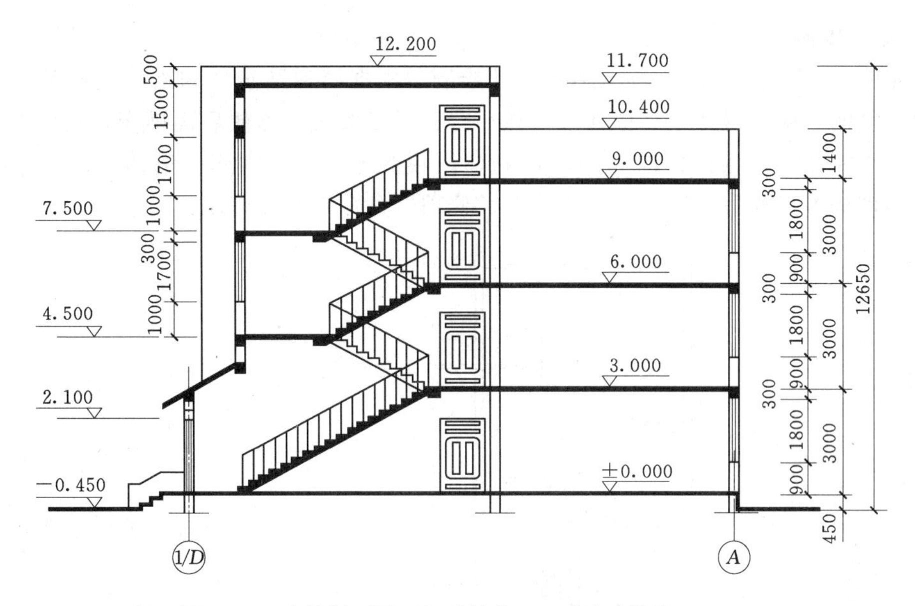

图 2.80 建筑剖面图（高程单位：m；尺寸单位：mm）

1. 绘图环境

与平面图相同。

2. 绘制定位线

与该剖切位置对应的轴线、各楼层的层面线以及室外地平线，如图 2.81 所示。可以利用建筑平面图进行房屋被剖切各部分宽度方向的对应位置的定位。

3. 绘制墙体、楼板等

在“墙线”图层绘制剖切到的墙体；在“楼面”图层绘制楼板（100mm 厚）、楼梯休息平台；在“屋面”图层绘制雨棚等，如图 2.82 所示。

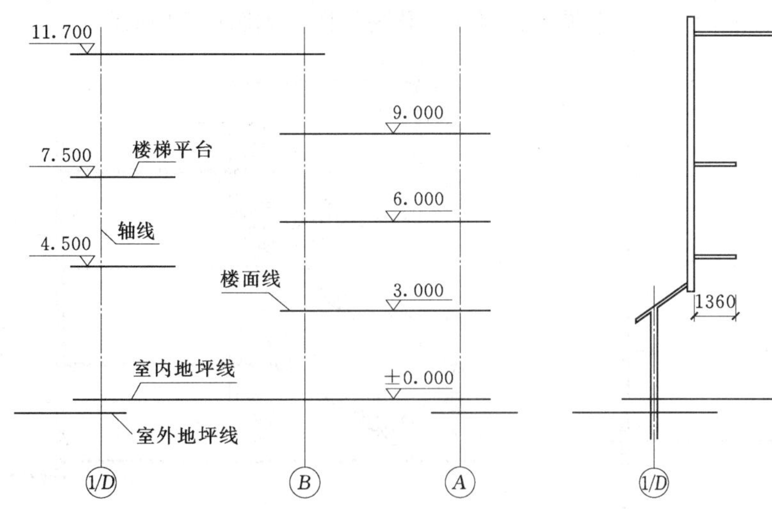

图 2.81 绘制剖面定位线（高程单位：m）

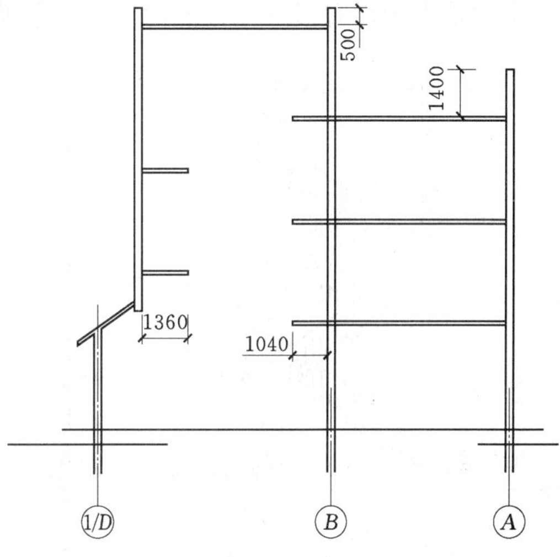

图 2.82 绘制墙体、雨棚等（单位：mm）

4. 绘制楼梯

参照图 2.83 (a)、(b) 所示踏步尺寸绘制。根据楼梯踏步宽和踏步高绘制一个踏步再利用“复制”命令得到整个楼梯段，然后合并成多段线，方便后面操作。也可以直接利用多段线绘制楼梯。连接梯段起始端得到梯段板的平行线，利用“偏移”命令绘制梯段板。根据楼梯特点利用“复制”、“镜像”、“修剪”命令得到楼梯图。

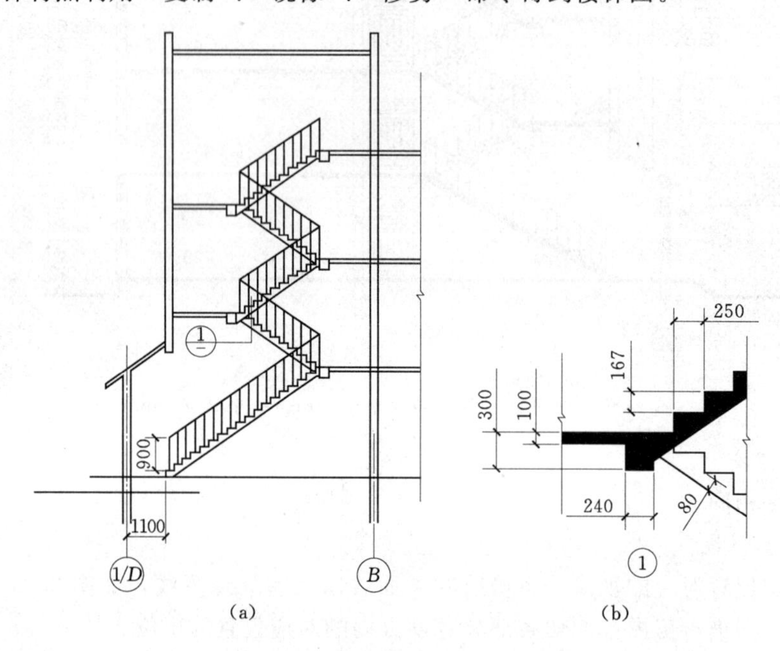

(a) (b)

图 2.83 绘制楼梯（单位：mm）

5. 绘制门窗

在“门窗”图层插入块或直接绘制门窗，包括剖切到的门窗图例以及未剖切到的立面图例，根据图形特点选择合适的“复制”图形的操作，快速绘图，如图 2.84 所示。

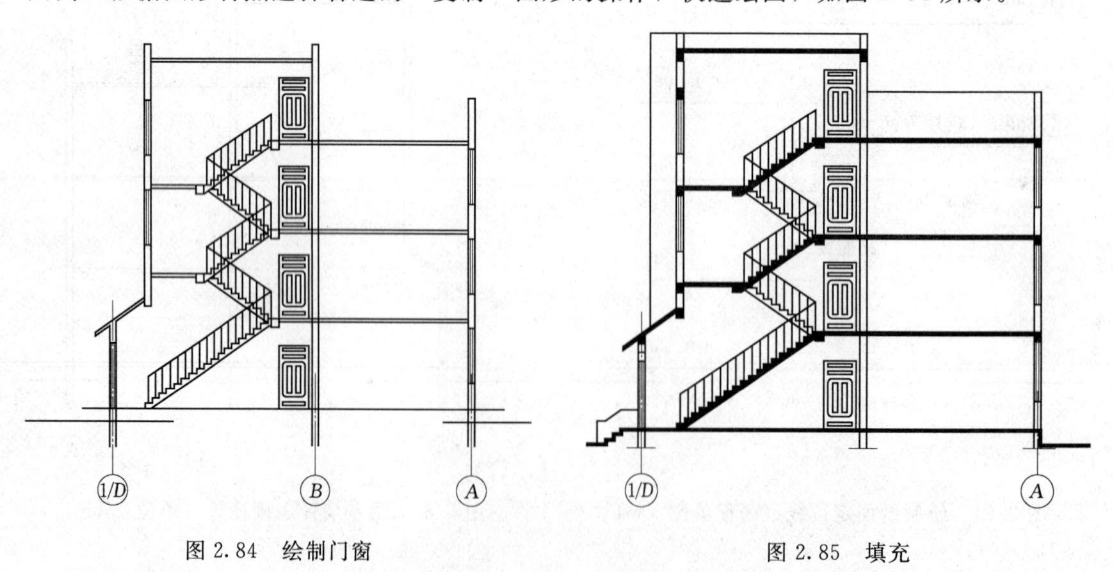

图 2.84 绘制门窗

图 2.85 填充

6. 填充

在“填充”图层填充被剖切到的梯段、楼板、过梁等，如图2.85所示。填充前首先把填充区域的线条剪切完毕，方便利用“拾取点”的方式选择填充区域。

7. 标注

在“尺寸”图层标注尺寸，可以利用属性图块标注标高。注意根据图形特点选择合适的标注方式快速准确标注。

最后保存图形。

实训项目3　建筑材料实训

实训任务3.1　水泥技术性质检测

3.1.1　水泥细度检测（筛析法）

本试验的依据为《水泥细度检验方法》(GB/T1345—2005)。

1. 试验目的

水泥细度是水泥的一个重要技术指标，水泥的许多性质都与细度有关，通过试验来检验水泥的粗细程度，作为评定水泥质量的依据之一；学会正确使用仪器与设备，并熟悉其性能。水泥细度检验有比表面积法和筛析法。比表面积法适合于硅酸盐水泥，筛析法适用于硅酸盐水泥、普通水泥、矿渣水泥、火山灰水泥、粉煤灰水泥以及指定采用本标准的其他品种水泥。筛析法可分为负压筛法、水筛法和手工干筛法。三种方法均以过筛后遗留0.080mm方孔筛上的筛余物的重量百分数来表示水泥样品的细度，鉴定结果有争议时，以负压筛为准。

2. 主要仪器设备

(1) 负压筛。负压筛采用边长为0.080mm方孔铜筛网和圆形筛框组成，筛框直径为142mm，高为25 mm（图3.1），并附有透明的筛盖。

(2) 负压筛析仪。负压筛析仪由筛座、负压筛、负压源及收尘器组成，其中筛座由转速为(30±2)r/min的喷气嘴、负压表、控制板、微电机及壳体等构成（图3.2），负压可调范围为4000～6000Pa，喷气嘴上口平面与筛网之间距离为2～8 mm。

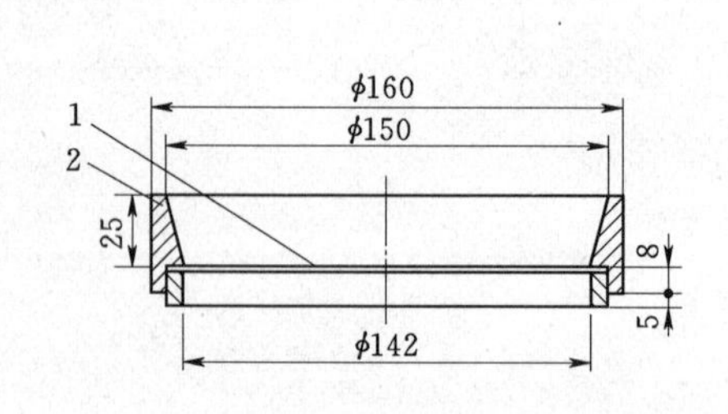

图3.1　负压筛（单位：mm）
1—筛网；2—筛框

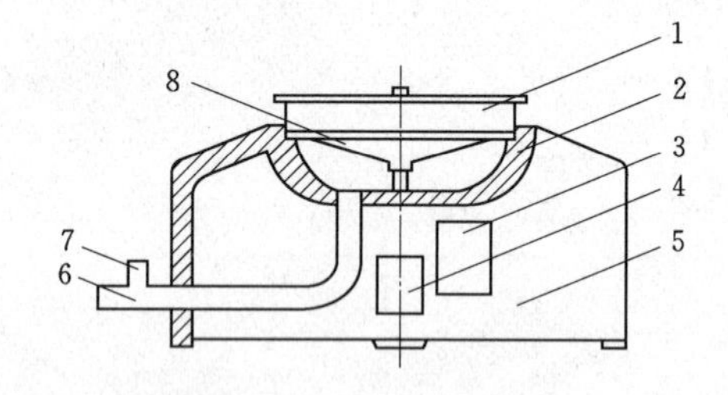

图3.2　负压筛析仪示意图
1—0.080mm方孔筛；2—橡胶垫圈；3—控制板；4—微电机；5—壳体；6—抽气口；7—风门（调节负压）；8—喷气嘴

(3) 天平。天平的最大称量为200g，感量0.05g。

(4) 水筛。水筛由圆形筛框和筛网组成（其结构尺寸如图3.3所示）。筛支座用天支撑筛布，并能带动筛子转动，转速为50r/min；喷头直径55mm，面上均匀分布90个

孔，孔径0.5～0.7mm，喷头底面和筛布之间的距离为35～75mm，水筛架和喷头如图3.4所示。

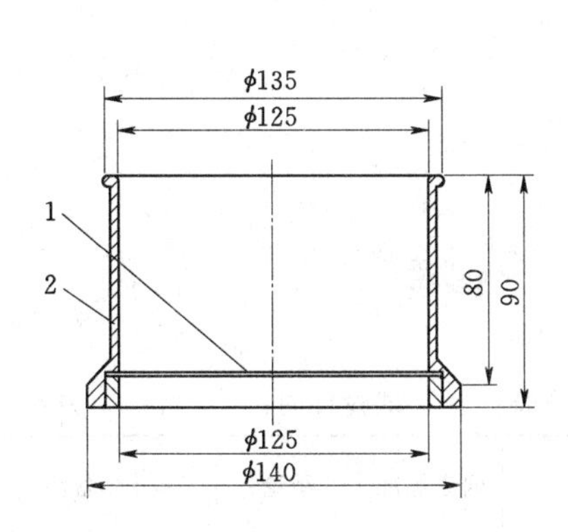

图3.3　水筛（单位：mm）
1—筛网；2—筛框

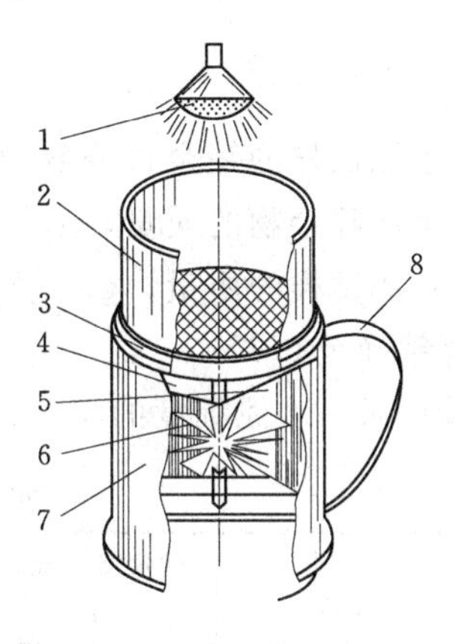

图3.4　水筛法装置系统图
1—喷头；2—标准筛；3—旋转托架；4—集水斗；5—出水口；6—叶轮；7—外筒；8—把手

（5）其他。其他仪器包括烘箱、料勺、搪瓷盘、毛刷等。

3. 试验步骤

（1）负压筛法。

1）筛析实验前，应把负压筛放在筛座上，盖上筛盖，接通电源，检查控制系统，调节负压至4000～6000Pa范围内。

2）称取水泥试样25g，置于洁净的负压筛中，盖上筛盖，放在筛座上，开动筛析仪连续筛析2min，在此期间，如有试样附着在筛盖上，可轻轻地敲击，使试样落下。

3）筛毕，用天平称量筛余物 R_s（精确到0.05g），计算筛余百分数 F，结果精确至0.1%。

4）当工作负压小于4000Pa时，应清理吸尘器内水泥，使负压恢复正常。

（2）水筛法。

1）筛析试验前，应调整好水压及水筛架的位置，使其能正常运转。喷头底面和筛网之间距离为35～75mm。

2）称取水泥试样50g，置于洁净的水筛中，立即用淡水冲洗至大部分细粉通过后，放在水筛架上，用水压为0.05MPa±0.02MPa的喷头连续冲洗3min。筛毕，用少量水把用筛余物冲至蒸发皿中，等水泥颗粒沉淀后，小心倒出清水，烘干并用天平称量筛余物 R_s。计算筛余百分数 F，结果精确至0.1%。

（3）手工干筛法。在没有负压筛仪和水筛的情况下，允许用手工干筛法测定。

1）称取水泥试样50g倒入0.08mm方筛筛内。

2）将水泥边筛边拍打，拍打速度约120次/min，每40次向同方向转动60°，直至每分钟通过的试样量不超过0.05g为止。

3）称量筛余物 R_s。计算筛余百分数 F，结果精确至0.1%。

4. 试验数据计算与评定

(1) 试验数据的计算公式。水泥试样筛余百分数按下式计算

$$F=\frac{R_s}{m}\times 100\% \tag{3.1}$$

式中 F——水泥试样的筛余百分数，%；

R_s——水泥筛余物的质量，g；

m——水泥试样的质量，g。

要求计算精确至0.1%。

(2) 实验记录。水泥细度的实验记录表见表3.1。

表3.1 水泥细度实验记录表 试验日期： 年 月 日

实验次数	试样质量 m (g)	筛余物质量 R_s (g)	筛余率 F (%)	国家标准	结论	备注
1				<10%		计算精度：0.1%
2						
平均筛余率						

试验者：________；日期：________；复核者：________；日期：________。

3.1.2 水泥标准稠度需水量检测

本试验的依据为《公路工程水泥及水泥混凝土试验规程》(JTGE30/0505—2005)。

1. 试验目的

水泥的凝结时间和安定性都与用水量有关，为了消除试验条件的差异而有利于比较，水泥净浆必须有一个标准的稠度。水泥达到标准稠度的净浆对标准试杆（或试锥）的沉入有一定的阻力。通过试验不同含水量水泥净浆的穿透性，以确定水泥标准稠度的净浆中所加水的量，以便为进行凝结时间和安定性试验做好准备。

本方法适用于硅酸盐水泥、普通硅酸盐水泥、矿渣硅酸盐水泥、粉煤灰硅酸盐水泥、火山灰质硅酸盐水泥、复合硅酸盐水泥、道路硅酸盐水泥以及指定采用本方法的其他品种水泥。

2. 主要仪器设备

(1) 标准法维卡仪。是标准稠度与凝结时间测定仪。如图3.5所示，锥体滑动部分的总质量为300g±2g，金属空心试锥锥底直径40mm，高50mm；锥模上口内径60mm，高75mm。

维卡仪上附有标准稠度测定用试杆［图3.5 (c)］，其有效长度为(50±1) mm，由直径为(10±0.05) mm的圆柱形耐腐蚀金属制成。另有盛装水泥净浆的试模由耐腐蚀并有足够硬度的金属制成。盛装水泥净浆的试模［图3.5 (b)］应由耐腐蚀的、有足够硬度的金属制成。试模深为(40±0.2) mm、顶内径为(65±0.5) mm、底内径为(75±0.5) mm的截顶圆锥体。每只试模应配备一个大于试模、厚度大于等于2.5mm的平板玻璃底板。

(2) 代用法维卡仪。基本同标准法维卡仪，用试锥取代试杆［图3.5 (b)］。

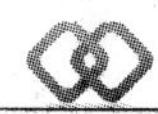

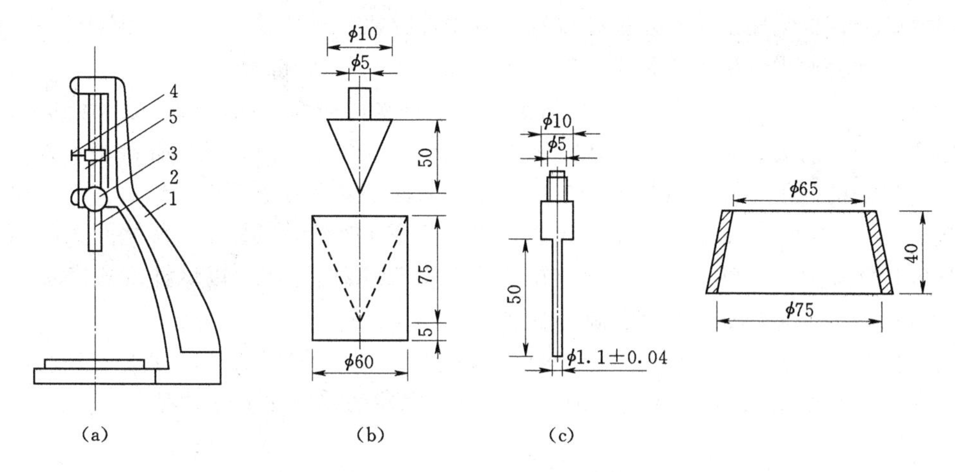

图 3.5　维卡仪（单位：mm）

(a) 试针支架；(b) 试锥和锥模；(c) 试针和圆模

1—铁座；2—金属圆棒；3—松紧螺丝；4—指针；5—标尺

（3）水泥净浆搅拌机。搅拌叶片、搅拌锅、传动机构和控制系统组成（图 3.6），搅拌叶片作旋转方向相反的公转和自转，控制系统可自动控制或手动控制。

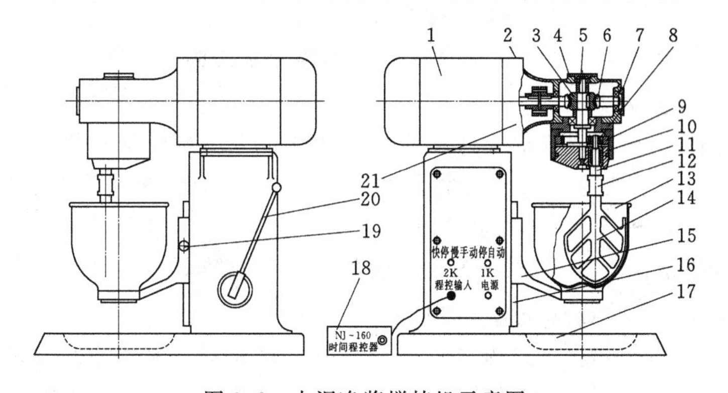

图 3.6　水泥净浆搅拌机示意图

1—双速电机；2—连接法兰；3—蜗轮；4—轴承盖；5—蜗杆轴；6—蜗轮轴；7—轴承盖；8—行星齿轮；9—内齿圈；10—行星定位套；11—叶片轴；12—调节螺母；13—搅拌锅；14—搅拌叶片；15—滑板；16—立柱；17—底座；18—时间控制器；19—定位螺钉；20—升降手柄；21—减速器

（4）量水器。最小刻度 0.1mL，精度 1%。

（5）天平。最大称量不小于 1000g，能准确称量至 1g。

3. 试验步骤

（1）标准法。

1）试验前检查。仪器金属棒应能自由滑动，调整指至试杆接触玻璃板时，指针应对准标尺的零点，搅拌机运转正常等。

2）水泥净浆制备。用湿布将搅拌锅和搅拌叶片擦一遍，将拌和用水倒入搅拌锅内，然后在 5～10s 内小心将称量好的 500g 水泥试样加入水中，防止水和水泥溅出；拌和时，先将锅放到搅拌机锅座上，升至搅拌位置，启动搅拌机，慢速搅拌120s，停拌15s，同时将叶片和锅壁上的水泥浆刮入锅中，接着快速搅拌120s后停机。

3）标准稠度用水量的测定。拌和完毕，立即将水泥净浆一次装入已置于玻璃板上的圆模内，用小刀插捣、轻轻振动数次，刮去多余净浆；抹平后迅速放到标准维卡仪上，并将其中心定在试杆下，降低试杆直至与水泥净浆表面接触，拧紧螺丝，然后突然放松，让试杆自由沉入净浆中。在试杆停止沉入或放松试杆30s时记录试杆距底板之间的距离，升起试杆后，立即擦净，整个操作过程应在搅拌后1.5min内完成。以试杆沉入净浆并距底板（6±1）mm的水泥净浆为标准稠度净浆。

当试杆距离玻璃板小于5mm时，应适当减水，重复水泥浆的拌制和上述过程；若试杆距离玻璃板大于7mm时，应适当加水，重复水泥浆的拌制和上述过程。

（2）代用法。

1）试验前必须检查测定仪的金属滑杆能否自由滑动，试锥降至锥模顶面位置时，指针应对准标尺的零点，搅拌机运转正常。

2）水泥净浆的拌制同标准法。

3）拌和用水量的确定。

采用代用法测定水泥标准稠度用水量可用调整用水量法和固定用水量法中任一方法测定。采用调整水量法时，拌和水量按经验取值。采用固定水量法时，拌和水量用142.5mL，水量准确至0.5mL，如有争议时以调整水量法为准。

4）标准稠度的测定。

a. 调整水量法。拌和用水量按经验找水。拌和结束后，立即将拌和好的净浆装入锥模，用小刀插捣、振动数次，刮去多余净浆；抹平后放到试锥下面的固定位置上，调整金属棒使锥尖接触净浆并固定松紧螺丝1～2s，然后突然放松，让试锥垂直自由地沉入水泥净浆中。当试锥下沉深度为（28±2）mm时的净浆为标准稠度净浆，其拌和用水量即为标准稠度用水量P，按水泥质量的百分比计。

b. 固定水量法。拌和用水量为142.5mL。拌和结束后，立即将拌和好的净浆装入锥模，用小刀插捣，振动数次，刮去多余净浆；抹平后放到试锥下面的固定位置上，调整金属棒使锥尖接触净浆并固定松紧螺丝1～2s，然后突然放松，让试锥垂直自由地沉入水泥净浆中。在试锥停止下沉或释放试锥30s时记录试锥下沉深度S。整个操作应在搅拌后1.5min内完成。

4. 试验数据计算与评定

（1）标准法。以试杆沉入净浆并距底板（6±1）mm的水泥净浆为标准稠度净浆。其拌和用水量为该水泥的标准稠度用水量P，以水泥质量的百分比计，按下式计算

$$P=\frac{W}{500}\times 100\% \tag{3.2}$$

式中 P——水泥的标准稠度用水量，%；

W——拌和用水量，g。

如超出范围，须另称试样，调整水量，重作实验，直至达到杆沉入净浆并距底板（6±1）mm时为止。

（2）代用法。

1）用固定水量方法测定时，根据测得的试锥下沉深度 S（mm），可从仪器上对应标尺读出标准稠度用水量（P）或按下面的经验公式计算其标准稠度用水量（P）（%）。

$$P=33.4-0.185S \tag{3.3}$$

当试锥下沉深度小于13mm时，应改用调整水量方法测定。

2）用调整水量方法测定时，以试锥下沉深度为（28±2）mm时的净浆为标准稠度净浆，其拌和用水量为该水泥的标准稠度用水量（P）（%），以水泥质量百分数计，计算公式同标准法。

如下沉深度超出范围，须另称试样，调整水量，重新试验，直至达到（28±2）mm为止。

（3）实验记录。水泥标准稠度需水量的实验记录表见表3.2。

表3.2 **标准稠度用水量实验记录表** 试验日期： 年 月 日

试验次数	标准法				代用法			
	试样质量（g）	用水量 W（mL）	试杆下沉深度 S（mm）	稠度用水量 P（%）	试样质量（g）	用水量 W（mL）	试锥下沉深度 S（mm）	标准稠度用水量 P（%）
1	500							
2	500							

试验者：________；日期：________；复核者：________；日期：________。

3.1.3 水泥凝结时间检测

本试验的依据为《公路工程水泥及水泥混凝土试验规程》（JTGE30/0505—2005）。

1. 试验目的

测定水泥加水后至开始凝结（初凝）以及凝结终了（终凝）所用的时间，用以评定水泥性质，并判定它是否符合技术标准要求，能否满足施工要求。本试验适合于硅酸盐水泥、普通硅酸盐水泥、矿渣硅酸盐水泥、火山灰硅酸盐水泥、粉煤灰硅酸盐水泥、复合硅酸盐水泥以及指定采用本方法的其他品种水泥的初凝时间和终凝时间的测定。

2. 主要仪器设备

（1）凝结时间维卡仪（图3.5）。与测定标准稠度所用的测定仪相同，但试杆（试锥）应换成初凝用试针［图3.7（a）］或换成终凝用试针［图3.7（b）］，试模与测定标准稠度用的试模相同。

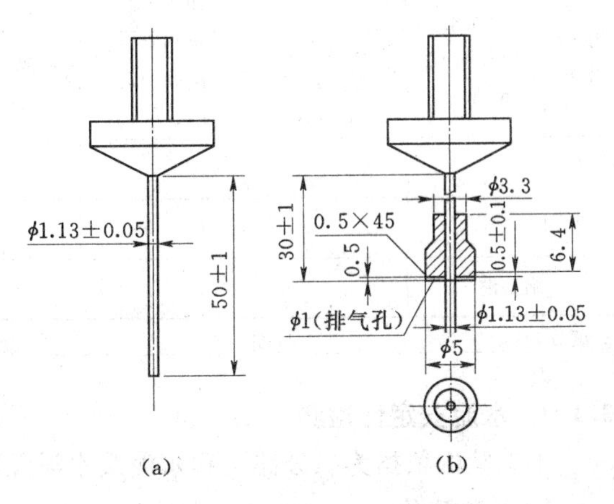

图3.7 水泥凝结时间测定用试针与试环（单位：mm）
（a）初凝用试针；（b）终凝用试针

（2）水泥净浆搅拌机。与测定标准稠度时所用相同（图3.6）。

（3）标准养护箱。温度为（20±1）℃，相对湿度不低于90%。

（4）量水器。最小刻度0.1mL，精

度1%。

(5) 天平。最大称量不小于1000g，能准确称量至1g。

3. 试验步骤

(1) 测定前，将圆模放在玻璃板上，在圆模的内侧涂上一层机油，调整凝结时间测定仪的试针接触玻璃板时，指针对准零点。

(2) 称取水泥试样500g，以标准稠度用水量加水，用水泥净浆搅拌机搅拌水泥净浆，方法同水泥标准稠度用水量试验，记录加水的时间作为凝结时间的起始时间 t_1。拌和结束后，立即将净浆一次装满圆试模中，振动数次后刮平，立即放入养护箱中。

(3) 试体在养护箱中养护至加水后30min时进行第一次测定。

(4) 测定时，从养护箱中取出试模放到试针下，降低试针与水泥净浆表面接触。拧紧螺丝1～2s后，突然放松，试针垂直自由地沉入水泥净浆，观察试针停止下沉或释放试针30s时指针的读数。

(5) 当试针沉至距底板（4±1）mm时，记下此时的时间为 t_2，为水泥达到初凝状态，由水泥全部加入水中至初凝状态的时间为水泥初凝时间，用"min"表示。

(6) 完成初凝时间测定后，立即将试模连同浆体以平移的方式从玻璃板取下，翻转180°。直径大端向上，小端向下放在玻璃板上，再放入养护箱中继续养护。临近终凝时间时每隔15min测定一次，当试针沉入试体0.5mm时，即环形附件开始不能在试体上留下痕迹时，记下此时的时间为 t_3，为水泥达到终凝状态。由水泥全部加入水中至终凝状态的时间为水泥的终凝时间，用"min"表示。

4. 试验数据计算与评定

(1) 计算时刻 t_1 至时刻 t_2 时所用时间，即初凝时间 $t_{初}=t_2-t_1$（用min表示）。

(2) 计算时刻 t_1 至时刻 t_3 时所用时间，即终凝时间 $t_{终}=t_3-t_1$（用min表示）。

(3) 实验记录。水泥凝结时间（初凝时间和终凝时间）的实验记录表见表3.3。

表3.3 **水泥凝结时间实验记录表** 试验日期： 年 月 日

试验次数	开始加水拌和时间 t_1（h：min）	初凝			终凝		
		试针沉入距底板的高度（mm）	出现初凝现象的时间 t_2（h：min）	初凝时间 $t_{初}$（min）	试针沉入深度（mm）	出现终凝现象的时间 t_3（h：min）	终凝时间 $t_{终}$（min）
①							
②							
结论							

试验者：__________；日期：__________；复核者：__________；日期：__________。

3.1.4 水泥安定性检测

本试验的依据为《公路工程水泥及水泥混凝土试验规程》(JTGE30/0505—2005)。

1. 试验目的

检验水泥浆在硬化过程中体积变化是否均匀，是否因体积变化不均匀而引起膨胀、裂缝或翘曲现象，以决定水泥是否可以使用。水泥安定性试验为沸煮法，用以检验水泥中游

离氧化钙过多造成的体积安定性不良。沸煮法又分为雷氏夹法（标准法）和试饼法（代用法），当两者的试验结果发生争议时，以雷氏法为准。雷氏法是观测由二个试针的相对位移所指示的水泥标准稠度净浆体积膨胀的程度，即水泥净浆在雷氏夹中沸煮后的膨胀值。试饼法是观测水泥标准稠度净浆试饼的外形变化程度。

2. 主要仪器设备

（1）沸煮箱。沸煮箱的内层由不易锈蚀的金属材料制成。箱内能保证实验用水在30min±5min由室温升到沸腾，并可始终保持沸腾状态3h以上。整个实验过程无须增添实验水量。箱体有效容积为410mm×240mm×310mm，一次可放雷氏夹试样36件或试饼30～40个。篦板与电热管的距离大于50mm。箱壁采用保温层以保证箱内各部位温度一致。

（2）雷氏夹。由铜质材料制成，其结构如图3.8所示。当一根指针的根部悬挂在一根金属丝或尼龙丝上，另一根指针的根部再挂上300g质量的砝码时，两根指针的针尖距离增加应在（17.5±2.5）mm范围（如图3.9中的$2x$）以内，当去掉砝码后针尖的距离能恢复到挂砝码前的状态。

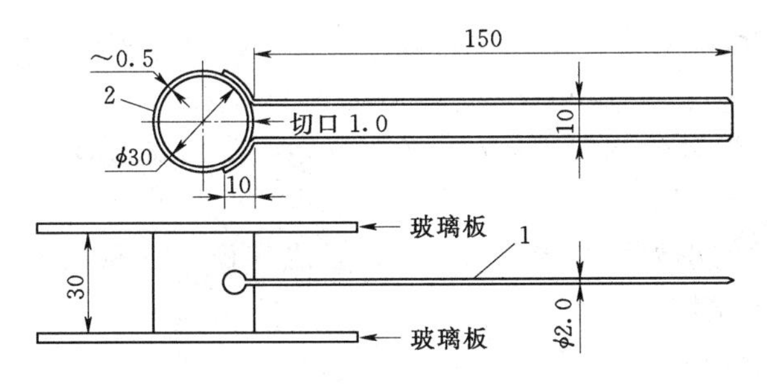

图3.8　雷氏夹（单位：mm）

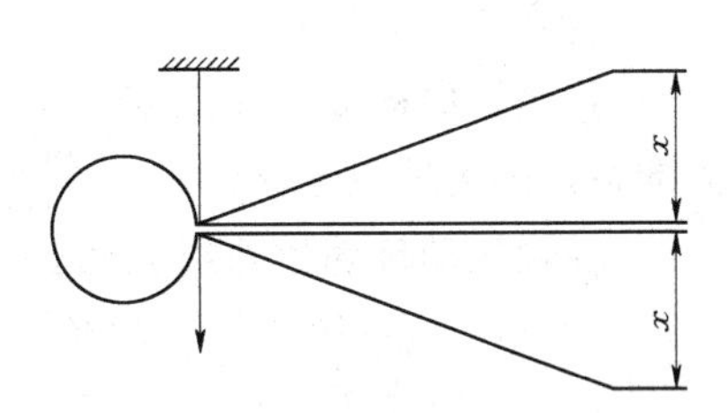

图3.9　雷氏夹受力示意图

（3）雷氏夹膨胀测定仪。如图3.10所示，雷氏夹膨胀测定仪标尺最小刻度为0.5mm。

（4）玻璃板。每个雷氏夹需配备质量约75～80g的玻璃板两块。若采用试饼法（代用法）时，一个样品需准备两块约100mm×100mm×4mm的玻璃板。

（5）其他同标准稠度用水量试验。

3. 试验步骤

（1）水泥标准稠度净浆的制备。称取500g水泥，以标准稠度用水量，用水泥净浆搅拌机搅拌水泥净浆。

（2）标准法（雷氏法）。

1）每个试样需成型两个试件，每个雷氏夹需配备质量约75～85g的玻璃板两块，凡与水泥净浆接触的玻璃板和雷氏夹内表面都要稍稍涂上一层油。

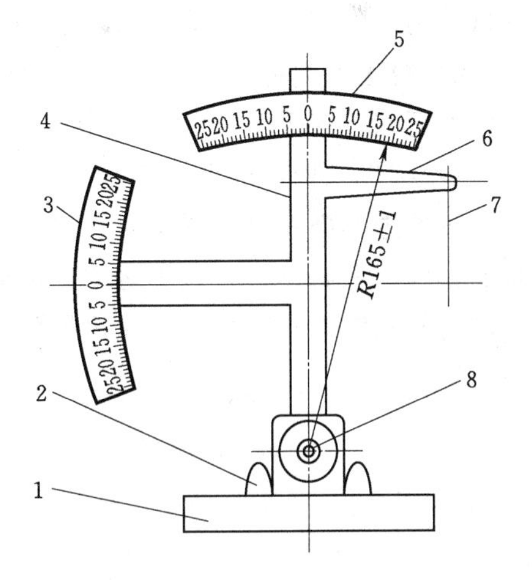

图3.10　雷氏夹膨胀测定仪

1—底座；2—模子座；3—测弹性标尺；4—立柱；5—测膨胀标尺；6—悬臂；7—悬丝；8—弹簧顶扭

2）将预先准备好的雷氏夹放在已稍擦油的玻璃板上，并立即将已制好的标准稠度净浆一次装满雷氏夹，装浆时一只手扶持雷氏夹，另一只手用宽约10mm的小刀插捣数次，然后抹平，盖上稍涂油的玻璃板，接着立即将试件移至湿气养护箱内养护24h±2h。

3）调整好沸煮箱内的水位，使能保证在整个沸煮过程中都超过试件，不需中途添补试验用水，同时又能保证在（30±5）min内升至沸腾。

4）脱去玻璃板取下试件，先测量雷氏夹指针尖端间的距离（*A*），精确到0.5mm，接着将试件放入沸煮箱水中的试件架上，指针朝上，然后在（30±5）min内加热至沸并恒沸（180±5）min。

5）结果判别。沸煮结束后，立即放掉沸煮箱中的热水，打开箱盖，待箱体冷却至室温，取出试件进行判别。测量雷氏夹指针尖端的距离（*C*），准确至0.5mm，当两试件煮后增加距离（*C*－*A*）的平均值不大于5.0mm时，即认为该水泥安定性合格，当两个试件的（*C*－*A*）值相差超过4.0mm时，应用同一样品立即重做一次试验。再如此，则认为该水泥为安定性不合格。

（3）代用法（试饼法）。

1）每个样品需要准备两块约100mm×100mm的玻璃板，凡与水泥净浆接触的玻璃板都要稍稍涂上一层油。

2）将制好的标准稠度净浆取出一部分分成两等份，每份约75g，使之成球形，放在预先准备好的玻璃板上。

3）轻轻振动玻璃板并用湿布擦过的小刀由边缘向中央抹，做成直径70～80mm，中心厚约10mm，边缘渐薄，表面光滑的试饼。

4）接着将试饼放入湿气养护箱内养护（24±2）h。

5）调整好沸煮箱内的水位，使其能保证在整个沸煮过程中都超过试件，不需中途添补试验用水，同时能保证在（30±5）min内加热至恒沸。

6）脱去玻璃板取下试饼，在试饼无缺陷的情况下，将试饼放在沸煮箱内水中的篦板上，然后在（30±5）min内加热至沸，并恒沸（180±5）min。

7）结果判别：沸煮结束后，即放掉沸煮箱中热水，打开箱盖，待箱体冷却至室温，取出试件进行判别。目测试饼未发现裂缝，用直尺检查也没有弯曲（使钢直尺和试饼底部紧靠，以两者间不透光为不弯曲）的试饼为安定性合格，反之为不合格（图3.11）。当两个试饼判别结果有矛盾时，该水泥的安定性也为不合格。安定性不合格的水泥禁止在工程中使用。

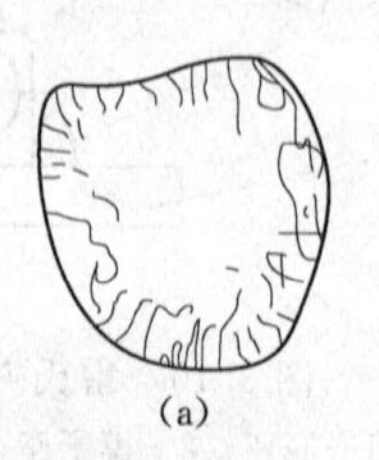
(a)

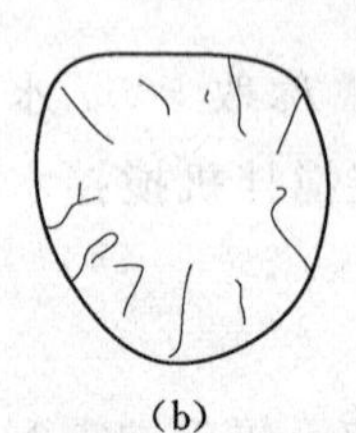
(b)

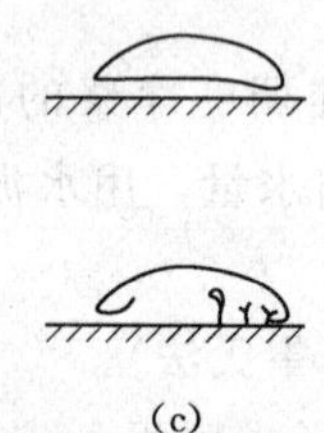
(c)

图3.11 安定性不合格的试饼
（a）崩溃；（b）放射性龟裂；（c）弯曲

4. 试验数据计算与评定

水泥体积安定性的实验记录表见表3.4。

表3.4　　**水泥安定性实验记录表**　　试验日期：　年　月　日

试验次数	试验前雷氏夹针尖间距 A（mm）	试验后雷氏夹针尖间距 C（mm）	增加距离 C−A（mm）	
①			单值	测定值
②				
结论				

试验者：＿＿＿＿＿＿；日期：＿＿＿＿＿＿；复核者：＿＿＿＿＿＿；日期：＿＿＿＿＿＿。

3.1.5　水泥胶砂强度检测（ISO法）

本试验的依据为《公路工程水泥及水泥混凝土试验规程》(JTGE30/0505—2005)。

1. 试验目的

通过检测不同龄期的抗压强度、抗折强度，确定水泥的强度等级或评定水泥强度是否符合标准要求。本方法适用于硅酸盐水泥、普通硅酸盐水泥、矿渣硅酸盐水泥、粉煤灰硅酸盐水泥、火山灰质硅酸盐水泥、复合硅酸盐水泥、道路硅酸盐水泥以及石灰石硅酸盐水泥的抗压强度和抗折强度的检测。

2. 主要仪器设备

(1) 行星式水泥胶砂搅拌机。应符合（ISO法）GB/T17671—1999要求，如图3.12所示。工作时搅拌叶片既绕自身轴线转动，又沿搅拌锅周边公转，运动轨道似行星式的水泥胶砂搅拌机。

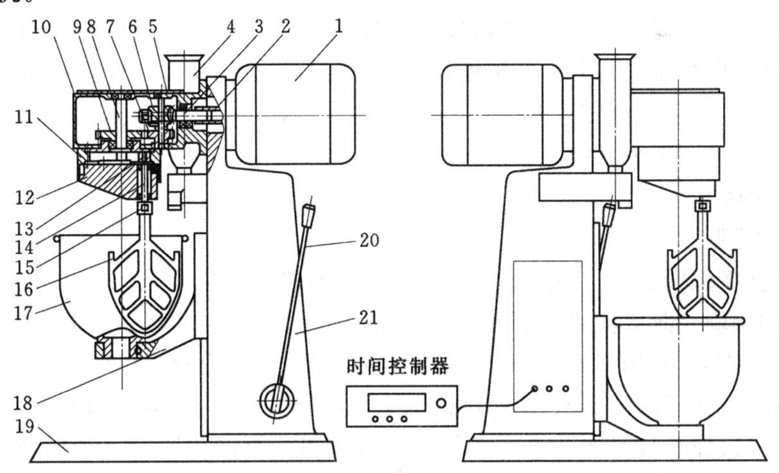

图3.12　胶砂搅拌机结构示意图

1—电机；2—联轴套；3—蜗杆；4—砂罐；5—传动箱盖；6—蜗轮；7—齿轮Ⅰ；8—主轴；9—齿轮Ⅱ；10—传动箱；11—内齿轮；12—偏心座；13—行星齿轮；14—搅拌叶轴；15—调节螺母；16—搅拌叶；17—搅拌锅；18—支座；19—底座；20—手柄；21—立柱

(2) 胶砂试体成型振实台。由可以跳动的台盘和使其跳动的凸轮等组成，如图3.13所示。振实台的振幅为15mm±0.3mm，振动频率60次/(60±2) s。

(3) 试模。为可装卸的三联模，由隔板、挡板、底板组成，如图3.14所示，组装后内壁各接触面应互相垂直。试模可同时成型三条为40mm×40mm×160mm的棱形实体。

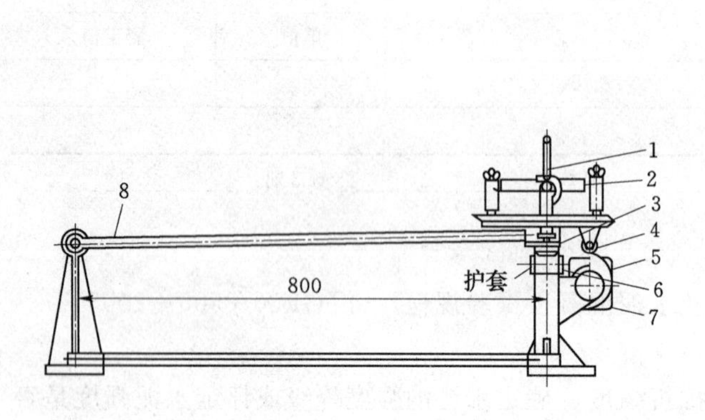

图3.13 胶砂振动台（单位：mm）
1—卡具；2—模套；3—突头；4—随动轮；
5—凸轮；6—止动器；7—同步电机；8—臂杆

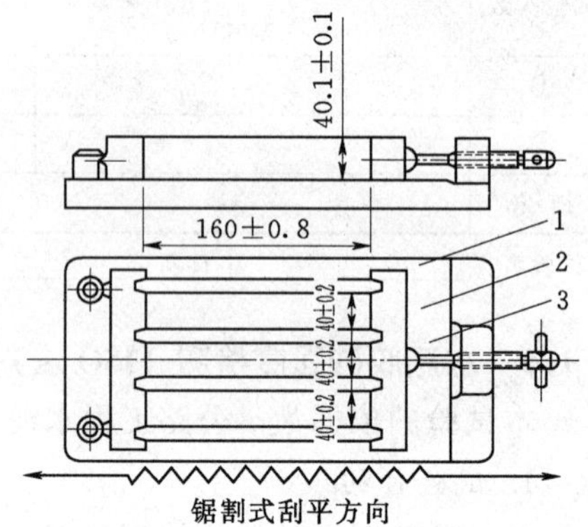

图3.14 水泥胶砂强度检验试模（单位：mm）
1—隔板；2—端板；3—底板

(4) 抗折试验机及其抗折夹具。一般采用双杠杆的，抗折强度也可用抗压强度试验机来测定，抗折夹具的加荷与支撑圆柱直径均为（10±0.1）mm，两个支撑圆柱中心距为（100±0.2）mm。抗折强度实验机应符合JC/T724的要求。

(5) 抗压试验机及其抗压夹具。抗压试验机以200～300kN为宜，在接近4/5量程范围内使用时，记录的荷载应有±1%精度，并具有按（2400±200）N/s速率的加荷能力。抗压夹具由硬质钢材制成。上、下压板长（40±0.1）mm，宽不小于40mm，加压面必须磨平。

(6) 金属直尺、天平（精度为±1g）等。

3. 试验步骤

(1) 试件成型。

1）成型前将试模擦净，四周的模板与底座的接触面上应涂黄干油，紧密装配，防止漏浆，内壁均匀刷一薄层机油。

2）按水泥试样、中国标准砂（ISO）、水，以质量计的配合比为1∶3∶0.5，一次成型三条试体，需称量水泥（450±2)g、(ISO）标准砂（1350±5)g、用水量（225±1)mL。

3）使搅拌机处于待工作状态，先将水加入锅里，再加入水泥，把锅放在固定架上，上升至固定位置。然后立即开动机器，低速搅拌30s后，在第二个30s开始的同时均匀地将砂子加入。把机器转至高速再拌30s。停拌90s，在第一个15s内用一胶皮刮具将叶片和锅壁上的胶砂刮入锅中间。在高速下继续搅拌60s。各个搅拌阶段，时间误差应在±1s以内。停机后，将粘在叶片上的胶砂刮下，取下搅拌锅。

4）在搅拌胶砂的同时，将试模和模套固定在振实台上。用一个适当的勺子直接从搅拌锅里将胶砂分两层装入试模，装第一层时，每个槽里约放300g胶砂，用大播料器垂直

架在模套顶部，沿每个模槽来回一次将料层播平，接着振实60次。再装第二层胶砂，用小播料器播平，再振实60次。移走模套，从振实台上取下试模，用一金属直尺以近似90°的角度架在试模模顶的一端，然后沿试模长度方向以横向锯割动作慢慢向另一端移动，一次将超过试模部分的胶砂刮去，并用同一直尺在近乎水平的情况下将试体表面抹平。

5）在试模上做标记或加字条表明试件编号和试件相对于振实台的位置。

6）试验前和更换水泥品种时，搅拌锅、叶片等须用湿布抹擦干净。

（2）试件养护。

1）将做好标记的试模放入雾室或湿箱的水平架子上养护，湿空气［温度保持在（20±1)℃，相对湿度应不低于90%］应能与试模各边接触。一直养护到规定的脱模时间(对于24h龄期的，应在破型试验前20min内脱模，对于24h以上龄期的应在成型后20～24h之间脱模）脱模。脱模前用防水墨汁或颜料笔对试体进行编号和做其他标记，两个龄期以上的试体，在编号时应将同一试模中的三条试体分在两个以上龄期内。

2）将做好标记的试件立即水平或竖直放在（20±1)℃水中养护，水平放置时刮平面应朝上；养护期间试件之间间隔或试体上表面的水深不得小于5mm，每个养护池只养护同类型的水泥试件。最初用自来水装满养护池，以后随时加水，保持适当的恒定水位，不允许在养护期间全部换水。

（3）强度试验。试件从水中取出后，在强度试验前应用湿布覆盖，各龄期试样强度测定的时间范围（见表3.5)。

表3.5　各龄期试样强度测定的时间范围

龄期	1d	2d	3d	7d	28d
时间范围	24h±15min	48h±30min	3d±45min	7d±2h	28d±8h

1）抗折强度试验。

a. 测定前须擦去试样表面的水分和砂粒，消除夹具上圆柱表面粘着的杂物。采用杠杆式抗折实验机进行抗折强度检测，在试样放入之前，应先将游动砝码移至零刻度线，调整平衡砣使杠杆处于平衡状态。试样放入后，调整夹具，使杠杆有一仰角，从而在试样折断时尽可能地接近平衡位置。然后，起动电机，丝杆转动带动游动砝码给试样加荷；加荷速度为（50±10）N/s。试样折断后从杠杆上可直接读出破坏荷载和抗折强度。

b. 保持两个半截棱柱体处于潮湿状态直至抗压试验。

c. 抗折强度值可在仪器的标尺上直接读出，也可在标尺上读出破坏荷载值，按下式计算（精确至0.1MPa）

$$R_f=\frac{1.5F_fL}{b^3}=0.00234F_f \quad (3.4)$$

式中 R_f——抗折强度，MPa；

F_f——折断时施加于棱柱体中部的荷载，N；

L——支撑圆柱之间的距离，mm；

b——棱柱体正方形截面的边长，mm。

d. 抗折强度的评定：以一组3个棱柱体抗折强度结果的平均值作为试验结果。当3

个强度值中有超出平均值±10%时，应剔除后再取平均值作为抗折强度试验结果。

2）抗压强度试验。

a. 抗折试验后的两个断块应立即进行抗压试验，抗压试验必须用抗压夹具进行，试验体受压面为40mm×40mm。试验时以半截棱柱体的侧面作为受压面，试体的底面靠近夹具定位销，并使夹具对准压力机压板中心。

b. 压力机加荷速度应控制在2400N/s±200N/s，均匀地加荷直至破坏。

c. 抗压强度 R_c 按下式计算

$$R_c=\frac{F_c}{A}=0.000625F_c \tag{3.5}$$

式中 R_c——抗压强度，MPa；

F_c——破坏时的最大荷载，N；

A——受压部分面积，即 40mm×40mm＝1600 mm²。

d. 抗压强度的评定：以一组3个棱柱体上得到的6个抗压强度测定值的算术平均值作为试验结果；如6个测定值中有一个超出6个平均值的±10%，就应剔除这个结果，以剩下5个的平均数为结果，如果5个测定值中再有超过它们平均数±10%的，则此组结果作废。

4. 试验数据计算与评定

将试验及计算所得到的各标准龄期抗折和抗压强度值，对照国家规范所规定的水泥各标准龄期的强度值，来确定或验证水泥强度等级。要求各龄期的强度值均不低于规范所规定的强度值。水泥胶砂强度测定的实验记录表见表3.6。

表3.6　水泥胶砂强度实验记录表　　试验日期：　　年　　月　　日

试件编号	龄期(d)	抗折强度					抗压强度			水泥强度等级
		破坏荷载(N)	支点间距(mm)	试体尺寸		抗折强度 R_f (MPa)	破坏荷载 F_c (N)	受压面积 A (mm²)	抗压强度 R_c (MPa)	
				宽度(mm)	高度(mm)					
①	3									
②										
③										
④	28									
⑤										
⑥										
结论	根据国家标准，该水泥强度等级为：									

试验者：＿＿＿＿＿＿；日期：＿＿＿＿＿＿；复核者：＿＿＿＿＿＿；日期：＿＿＿＿＿＿。

实训任务 3.2　混凝土用集料性质检测

3.2.1　粗集料的表观密度、堆积密度和空隙率检测

3.2.1.1　粗集料表观密度试验

1. 试验目的

测定粗集料的表观密度，即单位表观体积（含实体体积和闭口孔隙）的烘干质量。为水泥混凝土配合比设计提供依据。

2. 主要仪器设备

(1) 天平或浸水天平。可悬挂吊篮测定集料的水中质量，感量 1g。结构如图 3.15 所示。

(2) 吊篮。由耐锈蚀材料做成，直径和高度为 150mm 左右，四周和底部用 1～2mm 的筛网编制或具有密集的孔眼。

(3) 溢流水槽。在称量水中质量时能保持水面高度一定。

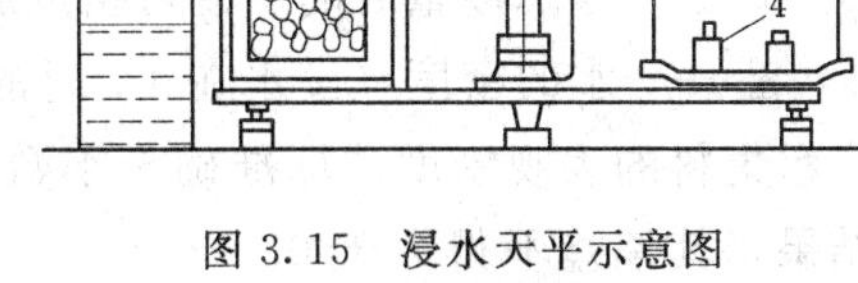

图 3.15　浸水天平示意图

1—天平；2—吊篮；3—盛水容器；4—砝码

(4) 烘箱。能控温在 (105±5)℃。

(5) 毛巾。由纯棉制成，洁净，也可用纯棉布代替。

(6) 其他。温度计、标准筛、盛水容器、刷子、搪瓷盘等。

3. 试验准备

(1) 将试样用标准筛过筛除去其中的细集料，对较粗的粗集料可用 4.75mm 筛过筛，对 2.36～4.75mm 的集料，或者在 4.75mm 以下石屑中的粗集料，则用 2.36mm 标准筛过筛，用四分法或分料器法缩分至要求的质量，分两份备用。

(2) 缩分后供测定表观密度的粗集料质量应符合表 3.7 的规定。

(3) 将每一份集料试样浸泡在水中，并适当搅动，仔细洗去附在集料表面的尘土和石粉，经多次漂洗干净至水完全清澈为止。清洗过程中不得丧失集料颗粒。

表 3.7　　测定表观密度所需要的试样最小质量

公称最大粒径 (mm)	4.75	9.5	16	19	26.5	31.5	37.5	63	75
每一份试样最小质量 (kg)	0.8	1	1	1	1.5	1.5	2	3	3

4. 试验步骤

(1) 取试样一份装入干净的搪瓷盘中，注入洁净的水，水面至少应高出试样 20mm，轻轻搅动石料，使附着在石料上的气泡完全逸出，在室温下保持浸水 24h。

(2) 将吊篮挂在天平的吊钩上，浸入溢流水槽中，向溢流水槽中注水，水面高度至水槽的溢流孔，将天平调零。吊篮的筛网应保证集料不会通过筛孔流失。

(3) 调节水温在 15～25℃范围内，将试样移入吊篮中，溢流水槽中的水面由水槽的溢流孔控制，维持不变。称取集料的水中质量（m_2）。

（4）提取吊篮，将试样至于浅盘中，放入（105±5）℃的烘箱中烘干至恒重（此时恒重系指相邻两次称量间隔时间大于3h的情况下，其前后两次称量之差小于该项试验所要求的称量精度，以下同）。取出放入带盖的容器中冷却至室温后，称出试验质量m_0。

（5）称量吊篮在同样温度的水中的质量m_1。称量时的环境要求同水中称集料条件，并且保证加水静置的最后2h起至试验结束，水温之差不超过2℃。

粗集料的表观密度按下式计算

$$\rho_a=\left(\frac{m_0}{m_0+m_1-m_2}-a_T\right)\rho_w \tag{3.6}$$

式中 ρ_a——粗集料的表观密度，g/cm³；

m_0——烘干后试样质量，g；

m_1——吊篮在水中的质量，g；

m_2——吊篮及试样在水中的质量，g；

a_T——考虑称量时的水温对密度影响的修正系数，见表3.8；

ρ_w——水的密度（设水在4℃时的密度为1g/cm³）。

粗集料的表观密度计算准确至小数点后3位（g/cm³）。以两次结果的平均值作为试验结果，其偏差不得大于0.02g/cm³。超出范围应重新取样进行试验。对颗粒材质不均匀，两次结果超出规定误差，可取4次的算术平均值作为试验结果。

表3.8 不同水温下水的密度 ρ_T 及水温修正系数表 α_T

水温（℃）	15	16	17	18	19	20
修正系数 α_T	0.002	0.003	0.003	0.004	0.004	0.005
水的密度 ρ_T(g/cm³)	0.99913	0.99897	0.99880	0.99862	0.9938	0.99822
水温（℃）	21	22	23	24	25	
修正系数 α_T	0.005	0.006	0.006	0.007	0.007	
水的密度 ρ_T(g/cm³)	0.99802	0.99779	0.99756	0.99733	0.99702	

3.2.1.2 粗集料的堆积密度和空隙率试验

1. 试验目的

测定粗集料的堆积密度，包括自然堆积状态、振实堆积状态、捣实堆积状态的堆积密度，以及堆积状态下的空隙率。

2. 主要仪器设备

（1）天平或台秤。感量不大于称量量的0.1%。

（2）容量筒。适用于粗集料堆积密度测定的容量筒应符合表3.9的要求。

（3）平头铁锹。

（4）烘箱。能控温（105±5）℃。

（5）振动台。频率为3000次/min，负荷下的振幅为0.35mm，空载时的振幅为0.5mm。

（6）捣棒。直径16mm、长600mm，一端为圆头的钢棒。

表 3.9　　容量筒的规格要求

粗集料公称最大粒径（mm）	容量筒容积（L）	容量筒规格（mm）			筒壁厚度
		内径	净高	底厚	
≤4.75	3	155±2	160±2	5.0	2.5
9.5～26.5	10	205±2	305±2	5.0	2.5
31.5～37.5	15	255±5	295±5	5.0	3.0
≥53	20	355±5	305±5	5.0	3.0

3. 试验准备

按表 3.10 要求取样，然后进行缩分，质量应满足试验要求，在（105±5)℃的烘箱中烘干，也可以摊在清洁的地面上风干，拌匀后分成两份备用。

表 3.10　　测定堆积密度所需要的试样最小质量

公称最大粒径（mm）	4.75	9.5	13.2	16	19	26.5	31.5	37.5	53	63	75
每一份试样最小质量（kg）	40	40	40	40	40	40	80	80	100	120	120

4. 试验步骤

（1）自然堆积密度。取试样一份，置于平整干净的水泥地（或铁板）上，用平头铁锹铲起试样，使石子自由落入容量筒内。此时，从铁锹的齐口至容量筒上口的距离应保持为 50mm 左右，装满容量筒并除去凸出筒口表面的颗粒，并以合适的颗粒填入凹陷空隙，使表面稍凸起部分和凹陷部分的体积大致相等，称取试样和容量筒总质量（m_2）。

（2）振实密度。按堆积密度试样步骤，将装满试样的容量筒放在振动台上，振动 3min，或者将试样分三层装入容量筒：装完一层后，在筒底垫放一根直径为 25mm 的圆钢筋，将筒按住，左右交替颠击地面各 25 下；然后装入第二层，用同样的方法颠实（但筒底所垫钢筋的方向应与第一层放置方向垂直）；然后再装入第三层，如上法进行颠实。待三层试样装填完毕后，加料填到试样超出容量筒口，用钢筋沿筒口边缘滚转，刮下高出筒口的颗粒，用合适的颗粒填平凹处，使表面稍凸起部分和凹陷部分的体积大致相等，称取试样和容量筒总质量（m_2）。

（3）捣实密度。根据沥青混合料的类型和公称最大粒径，确定起骨架作用的关键性筛孔（通常为 4.75 mm 或 2.36mm 等）。将矿料混合料中此筛孔以上颗粒筛出，作为试样装入符合要求规格容器中达 1/3 的高度，由边缘至中间用捣棒均匀捣实 25 次。再向容器中装入一定高度的试样，用捣棒均匀地捣实 25 次，捣实深度约至下层的表面。然后重复上一步骤，加最后一层，捣实 25 次，使集料与容器口齐平。用合适的集料填充表面的大空隙，用直尺大体刮平，目测估计表面凸起部分与凹陷部分的容积大致相等，称取容量筒与试样的总质量（m_2）。

（4）容量筒容积的标定。用水装满容量筒，测量水温，擦干筒外壁的水分，称取容量筒与水的总质量（m_W），并按水的密度对容量筒的容积作校正。

5. 结果处理

（1）容量筒的容积按下式计算

$$V=\frac{m_W-m_1}{\rho_T} \tag{3.7}$$

式中 V——容量筒的容积，L；

m_1——容量筒的质量，kg；

m_W——容量筒与水的总质量，kg；

ρ_T——试验温度T时水的密度，g/cm³，按表3.8选用。

(2) 堆积密度（包括自然堆积状态、振实状态、捣实状态）按下式计算（精确至小数点后2位）

$$\rho=\frac{m_2-m_1}{V} \tag{3.8}$$

式中 ρ——与各种状态相对应的堆积密度，t/m³；

m_1——容量筒的质量，kg；

m_2——容量筒与试样的总质量，kg；

V——容量筒的容积。

(3) 水泥混凝土用粗集料振实状态状态下的空隙率按下式计算

$$V_C=\left(1-\frac{\rho}{\rho_a}\right)\times100\% \tag{3.9}$$

式中 V_C——水泥混凝土用粗集料的空隙率，%；

ρ_a——粗集料的表观密度，t/m³；

ρ——粗集料的堆积表观密度，t/m³。

(4) 沥青混合料用粗集料骨架捣实状态下的间隙率按下式计算

$$VCA_{DRC}=\left(1-\frac{\rho}{\rho_b}\right)\times100\% \tag{3.10}$$

式中 VCA_{DRC}——捣实状态下粗集料骨架间隙率，%；

ρ_b——粗集料的毛体积密度，t/m³；

ρ——按捣实法测定的粗集料的堆积密度，t/m³。

(5) 以上试验均取两次平行试验结果的平均值作为测定值。

6. 试验记录

粗集料的表观密度、堆积密度和空隙率试验记录表见表3.11。

表3.11 粗集料的表观密度、堆积密度和空隙率试验记录表

	试验次数	粗集料试样质量 m_0 (g)	试样及吊篮在水中的质量 m_2 (g)	吊篮在水中的质量 m_1 (g)	粗集料的表观密度 ρ_a (kg/L)	
表观密度	①	②	③	④	⑤={②/[②-(③-④)]-α_T}ρ_W	⑥=($\rho_{a1}+\rho_{a2}$)/2
	1				ρ_{a1}=	
	2				ρ_{a2}=	

续表

	试验次数	容量筒容积 V(L)	容量筒质量 m_1(kg)	试样+容量筒质量 m_2(kg)	试样质量 m(kg)	粗集料的堆积密度 ρ(kg/L)	
堆积密度	①	②	③	④	⑤=④−③	⑥=⑤/②	⑦=$(\rho_1+\rho_2)/2$
	1					$\rho_1=$	
	2					$\rho_2=$	

	试验次数	粗集料的表观密度 ρ_a(kg/L)	粗集料的堆积密度 ρ(kg/L)	粗集料的空隙率 V_C(%)	
空隙率	①	②	③	④=(1−③/②)×100%	⑤=$(V_{C1}+V_{C2})/2$
	1			V_{C1}	
	2			V_{C2}	

试验者：＿＿＿＿＿＿；计算者：＿＿＿＿＿＿；校核者：＿＿＿＿＿＿；试验日期：＿＿＿＿＿＿。

3.2.2 细集料的表观密度、堆积密度和空隙率检测

3.2.2.1 细集料的表观密度

1. 试验目的

用容量瓶法测定细集料（天然砂、石屑、机制砂）在23℃时对水的表观密度。

2. 主要仪器设备

（1）天平。称量1kg，感量不大于1g。

（2）容量瓶。

（3）烘箱。能控温在（105±5）℃。

（4）烧杯。500mL。

（5）洁净水。

（6）其他。干燥器、浅盘、铝制料勺、温度计等。

3. 试验准备

将缩分至650g左右的试样在温度为（105±5）℃的烘箱中烘干至恒重，并在干燥器内冷却至室温，分成两份备用。

4. 试验步骤

（1）称取烘干的试样约300g（m_0），装入盛有半瓶洁净水的容量瓶中。

（2）摇转容量瓶，使试样在保温至（23±1.7）℃的水中充分搅动以排除气泡，塞紧瓶塞，在恒温条件下静置24h，然后用滴管添水，使水面与瓶颈刻度线平齐，再塞紧瓶塞，擦干瓶外水分，称其总质量（m_2）。

（3）倒出瓶中的水和试样，将瓶的内外表面洗净，再向瓶内注入同样温度的洁净水（温度不超过2℃）至瓶颈刻度线，塞紧瓶塞，擦干瓶外水分，称其总质量（m_1）。

说明：在砂的表观密度试验过程中应测量并控制水的温度，试验期间的温差不得超过1℃。

5. 结果处理

细集料的表观密度按下式计算（精确至小数点后3位）。

$$\rho_a=\left(\frac{m_0}{m_0+m_1-m_2}-\alpha_T\right)\rho_w \tag{3.11}$$

式中 ρ_a——细集料的表观密度，g/cm^3；

m_0——试样的烘干质量，g；

m_2——试样、水及容量瓶总质量，g；

m_1——水及容量瓶总质量，g；

ρ_w——在4℃时的密度，g/cm^3；

α_T——试验时水温对水密度的影响修正系数，按表3.8取用。

以两次平行试验结果的算术平均值作为测定值，如两次结果之差值大于$0.01g/cm^3$时，应重新取样进行试验。

3.2.2.2 细集料的堆积密度、紧装密度和空隙率试验

1. 试验目的

测定砂在自然状态下的堆积密度、紧装密度及空隙率。

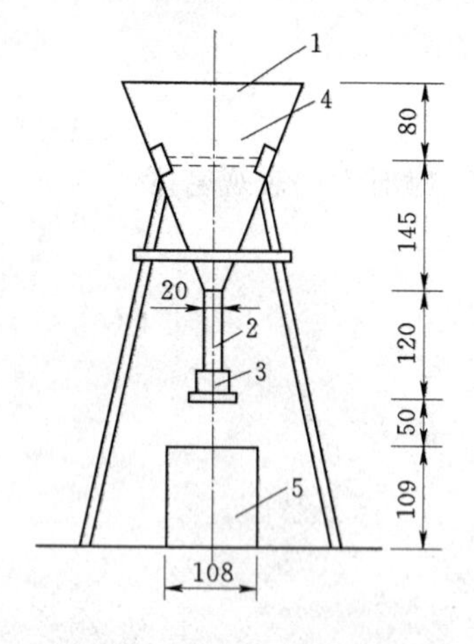

图3.16 标准漏斗

1—漏斗；2—ϕ20mm管子；3—活动门；4—筛；5—金属量筒

2. 主要仪器设备

(1) 台秤。称量5kg，感量5g。

(2) 容量筒。金属制，圆筒形，内径108mm，净高109mm，筒壁厚2mm，筒底厚5mm，容积约1L。

(3) 标准漏斗。如图3.16所示。

(4) 烘箱。能控温在105℃±5℃。

(5) 其他。小勺、直尺、浅盘等。

3. 试验准备

(1) 试样准备。用浅盘装试样约5kg，在温度为(105±5)℃的烘箱中烘干至恒重，取出并冷却至室温，分成大致相等的两份备用。

注意：试样烘干后如有结块，应在试验前先与捏碎。

(2) 容量筒容积的校正。以温度为(20±5)℃的洁净水装满容量筒，用玻璃板沿筒口滑移，使其紧贴水面，玻璃板与水面之间不得有空隙。擦干筒外壁水分，然后称量，用式(3.12)计算筒的容积。

$$V=m_2'-m_1' \tag{3.12}$$

式中 V——容量筒的容积，mL；

m_1'——容量筒和玻璃板总质量，g；

m_2'——容量筒、玻璃板和水总质量，g。

4. 试验步骤

(1) 堆积密度。将试样装入漏斗中，打开底部的活动门，将砂流入容量筒中，也可直接用小勺向容量筒中装样，但漏斗出料口或料勺距容量筒筒口均应为50mm左右，试样装满并超出容量筒筒口后，用直尺将多余的试样沿筒口中心线向两个相反方向刮平，称取质量(m_1)。

(2) 紧装密度。取试样一份，分两层装入容量筒。装完一层后，在筒底垫放一根直径约为 10mm 的钢筋，将筒按住，左右交替颠击地面各 25 下，然后装入第二层。

第二层装满后用同样方法颠实（但筒底所垫钢筋的方向应与第一层放置方向垂直）。两层装完并颠实后，添加试样超出容量筒筒口，然后用直尺将多余的试样沿筒口中心线向两个相反的方向刮平，称其质量（m_2）。

5. 结果处理

(1) 堆积密度及紧装密度分别按以下二式计算（精确至小数点后 3 位）

$$\rho=\frac{m_1-m_0}{V} \tag{3.13}$$

$$\rho'=\frac{m_2-m_0}{V} \tag{3.14}$$

上二式中　ρ——砂的堆积密度，g/cm³；

ρ'——砂的紧装密度，g/cm³；

m_0——容量筒的质量，g；

m_1——容量筒和堆积砂的总质量，g；

m_2——容量筒和紧装砂的总质量，g；

V——容量筒的容积，mL。

(2) 砂的空隙率按下式计算（精确至 0.1%）

$$n=\left(1-\frac{\rho}{\rho_a}\right)\times 100\% \tag{3.15}$$

式中　n——砂的空隙率，%；

ρ——砂的堆积或紧装密度，g/cm³；

ρ_a——砂的表观密度，g/cm³。

以两次试验结果的算术平均值作为测定值。

6. 试验记录

细集料的表观密度、堆积密度和空隙率试验记录表见表 3.12。

表 3.12　细集料的表观密度、堆积密度和空隙率试验记录表

	试验次数	细集料试样质量 m_0 (g)	试样+水+容量瓶的质量 m_2 (g)	水+容量瓶的质量 m_1 (g)	细集料的表观密度 ρ_a (kg/L)	
表观密度	①	②	③	④	⑤=[②/(②+④−③)−α_T]ρ_w	⑥=($\rho_{a1}+\rho_{a2}$)/2
	1				ρ_{a1}=	
	2				ρ_{a2}=	

	试验次数	容量筒容积 V(L)	容量筒质量 m_0(kg)	试样+容量筒质量 m_1(kg) 或 m_2(kg)	试样质量 m(kg)	细集料的堆积密度 ρ(kg/L)	
堆积密度	①	②	③	④	⑤=④−③	⑥=⑤/②	⑦=($\rho_1+\rho_2$)/2
	1					ρ_1=	
	2					ρ_2=	

续表

	试验次数	细集料的表观密度 ρ_a(kg/L)	细集料的堆积密度 ρ(kg/L)	细集料的空隙率 V_s(%)	
空隙率	①	②	③	④=(1−③/②)×100%	⑤=(V_{C1}+V_{C2})/2
	1			V_{S1}	
	2			V_{S2}	

试验者：________；计算者：________；校核者：________；试验日期：________。

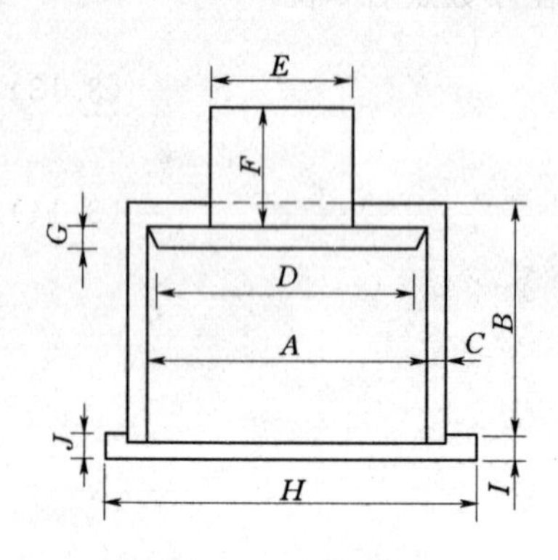

图 3.17 压碎指标值测定仪（单位：mm）

3.2.3 粗集料的压碎值检测

1. 试验目的

集料压碎值用于衡量石料在逐渐增加的荷载下抵抗压碎的能力，是衡量石料力学性质的指标，以评定其在公路工程中的适用性。

2. 主要仪器设备

（1）石料压碎值试验仪。由内径 150mm，两端开口的钢制圆形试筒、压柱和底板组成，其形状和尺寸见图 3.17 和表 3.13。试筒内壁、压柱的地面及底板的上表面等与石料接触的表面都应进行热处理，使表面硬化，达到维氏硬度 65°并保持光滑状态。

表 3.13 试筒、压柱和底板尺寸

部位	符号	名称	尺寸（mm）
试筒	*A*	内径	150±0.3
	B	高度	125～128
	C	壁厚	≥12
压柱	*D*	压头直径	149±0.2
	E	压杆直径	100～149
	F	压柱总长	100～110
	G	压头厚度	≥25
底板	*H*	直径	200～220
	I	厚度（中间部分）	6.4±0.2
	J	边缘厚度	10±0.2

（2）金属棒。直径 10mm，长 450～600 mm，一端加工成半球形。

（3）天平。称量 2～3kg，感量不大于 1g。

（4）标准筛。筛孔尺寸 13.2mm、9.5mm、2.36mm 方孔筛各 1 个。

（5）压力机。500kN，应能在 10min 内达到 400kN。

（6）金属筒。圆柱形，内径 112.0 mm，高 179.4 mm，容积 1767cm^3。

3. 试验准备

（1）采用风干的石料用 13.2mm 和 9.5mm 标准筛过筛，取 9.5～13.2mm 的试样 3

组各3000g，供试验用。如过于潮湿需加热烘干时，烘箱温度不得超过100℃，烘干时间不超过4h。试验前，石料应冷却至室温。

（2）每次试验的石料数量应满足按下述方法夯击后石料在试筒内的深度为100mm。在金属筒中确定石料数量的方法如下：

将试样分3次（每次数量大体相同）均匀装入试模中，每次均将试样表面整平，用金属棒的半球面端从石料表面上均匀捣实25次。最后用金属棒作为直刮刀将表面仔细整平。称取量筒中试样的质量（m_0）以相同质量的试样进行压碎值的平行试验。

4. 试验步骤

（1）将试筒安放在底板上。

（2）将要求质量的试样分3次（每次数量大体相同）均匀装入试模中，每次均将试样表面整平，用金属棒的半球面端从石料表面上均匀捣实25次。最后用金属棒作为直刮刀将表面仔细整平。

（3）将装有试样的试模放到压力机上，同时加压头放入试筒内石料表面上，注意使压头摆平，勿挤压试模侧壁。

（4）开动压力机，均匀地施加荷载，在10min左右的时间内达到总荷载400kN，稳压5s，然后卸载。

（5）将试模从压力机上取下，取出试样。

（6）用2.36mm的标准筛筛分经压碎的全部试样，可分几次筛分，均需筛到在1min内无明显的筛出物为止。

（7）称取通过2.36mm筛孔的全部细料质量（m_1），准确至1g。

5. 结果处理

石料压碎值按下式计算（精确至0.1%）

$$Q'_a=\frac{m_1}{m_0}\times 100 \tag{3.16}$$

式中　m_1——试验后通过2.36mm筛孔细料质量，g；

m_0——试验前试样质量，g；

Q'_a——石料压碎值，%。

以三个试样平行试验结果的算术平均值作为压碎值的测定值。

6. 试验记录

石料压碎值的试验记录见表3.14。

表3.14　　石料压碎值试验记录

	试样编号	外观描述	试验前试样质量 m_0（g）	试验后小于2.36mm的质量 m_1（g）	压碎值 Q'_a（%）	
压碎值	①	②	③	④	⑤	

试验者：＿＿＿＿＿；计算者：＿＿＿＿＿；校核者：＿＿＿＿＿；试验日期：＿＿＿＿＿。

3.2.4 粗集料的磨耗值检测（洛杉矶法）

1. 试验目的

测定标准条件下粗集料抵抗摩擦、撞击和边缘剪切等联合作用的性能，与单轴抗压强度试验结果共同确定岩石等级和适用性。本方法适用于各种规格集料的磨耗试验。

2. 主要仪器设备

（1）洛杉矶式磨耗试验机。结构如图 3.18 所示。圆筒内径 710mm±5mm，内侧长 510mm±5mm，两端封闭，投料口的钢盖通过紧固螺栓和橡胶垫与钢筒紧闭密封。钢筒的回转速率为（30～33）r/min。

（2）钢球。直径约 46.8mm，质量为 390～445g，大小稍有不同，以便按要求组合成符合要求的总质量。

（3）标准筛。符合要求的标准筛系列，以及筛孔为 1.7mm 的方孔筛 1 个。

（4）烘箱。能使温度控制在 105℃±5℃范围内。

（5）台秤。感量 5g。

（6）容器。搪瓷盘等。

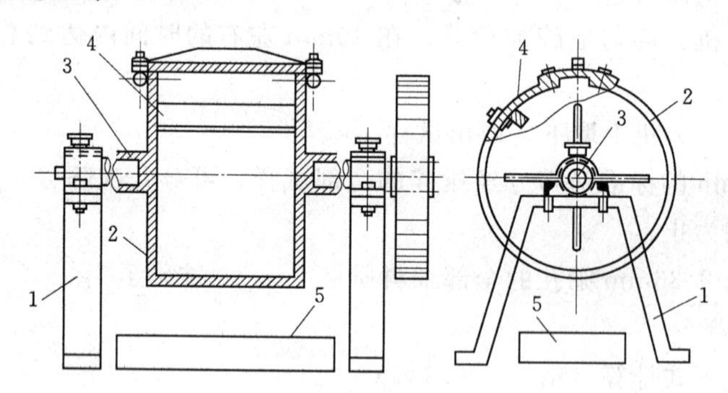

图 3.18 洛杉矶式磨耗机

1—支架；2—钢筒；3—筒轴；4—搁板；5—盛器

3. 试验方法

（1）将不同规格的集料用水冲洗干净，置于烘箱中烘干至恒重。

（2）对所使用的集料，根据实际情况按照表 3.15 选择最近的粒级类别，确定相应的试验条件，按规定的粒级组成备料、筛分。其中水泥混凝土用集料宜采用 A 级粒度：沥青路面及各种基层、底基层的粗集料，表中的 16mm 筛孔也可用 13.2mm 筛孔代替。对非规格材料，应根据材料的实际粒度，从表 3.15 中选择最接近的粒级类别及试验条件。

（3）分级称量（准确至 5g），称取总质量（m_1），装入磨耗机的圆筒中。

（4）选择钢球，使钢球的数量及总质量符合表中规定。将钢球加入钢筒中，盖好筒盖，紧固密封。

（5）将计数器调整到零位，设定要求的回转次数，对水泥混凝土集料，回转次数为 500 转，对沥青混合料集料，回转次数应符合表 3.15 的要求。开动磨耗机，以（30～33）r/min 的转速转动至要求的回转次数为止。

（6）取出钢球，将经过磨耗后的试样从投料口倒入接受容器中。

(7) 将试样用 1.7mm 的方孔筛过筛，筛去试样中被撞击磨碎的细屑。

(8) 用水冲干净留在筛上的碎石，置 (105±5)℃的烘箱中烘干至恒重（通常不少于 4h），准确称量（m_2）。

表 3.15　粗集料洛杉矶试验条件（仅适用于水泥混凝土集料）

粒度类别	粒级组成（方孔筛）(mm)	试样质量 (g)	试样总质量 (g)	钢球数量（个）	钢球总质量 (g)	转动次数（转）	适用的粗集料	
							规格	公称粒级
A	26.5～37.5 19.0～26.5 16.0～19.0 9.5～16.0	1250±25 1250±25 1250±10 1250±10	5000±10	12	5000±25	500		
B	19.0～26.5 16.0～19.0	2500±10 2500±10	5000±10	11	4850±25	500	S6 S7 S8	15～30 10～30 10～25
C	9.5～16.0 4.75～9.5	2500±10 2500±10	5000±10	8	3330±20	500	S9 S10 S11 S12	10～20 10～15 5～15 5～10
D	2.36～4.75	5000±10	5000±10	6	2500±15	500	S13 S14	3～10 3～5
E	63～75 53～63 37.5～53	2500±50 2500±50 5000±50	10000±100	12	5000±25	1000	S1 S2	40～75 40～60
F	37.5～53 26.5～37.5	5000±50 5000±25	10000±75	12	5000±25	1000	S3 S4	30～60 25～50
G	26.5～37.5 19～26.5	5000±25 5000±25	10000±50	12	5000±25	1000	S5	20～40

注　1. 表中 16mm 也可用 13.2mm 代替。

2. A 级适用于未筛碎石混合料及水泥混凝土用集料。

3. C 级中 S12 可全部采用 4.75～9.5mm 颗粒 5000g，S9 及 S10 可全部采用 9.5～16mm 颗粒 5000g。

4. E 级中 S2 中缺 63～75mm 颗粒可用 53～63mm 颗粒代替。

4. 结果处理

按下式计算粗集料洛杉矶磨耗损失（准确至 0.1%）

$$Q=\frac{m_1-m_2}{m_1}\times 100\% \tag{3.17}$$

式中　Q——洛杉矶磨耗损失，%；

m_1——装入圆筒中试样质量，g；

m_2——试验后在 1.7mm 方孔筛上的洗净烘干的试样质量，g。

粗集料的磨耗损失取两次平均试验结果的算术平均值作为测定值，两次试验的差值应不大于 2%，否则需重做试验。

5. 试验记录

粗集料磨耗试验（洛杉矶法）记录见表 3.16。

表 3.16 粗集料磨耗试验（洛杉矶法）记录

试验次数	试验前试样质量 m_1（g）	试验后过筛干质量 m_2（g）	磨耗率 Q（%）	平均值（%）
①	②	③	④	⑤
1				
2				
3				
结论				

试验者：__________；计算者：__________；校核者：__________；试验日期：__________。

3.2.5 集料的含水率检测

3.2.5.1 粗集料含水率试验

1. 试验目的

测定碎石或砾石等各种粗集料的含水率。

2. 主要仪器设备

(1) 烘箱。能使温度控制在（105±5)℃。

(2) 天平。称量 5kg，感量不大于 5g。

(3) 容器。如浅盘等。

3. 试验步骤

(1) 根据最大粒径，按表 3.17 的方法取代表性试样，分成两份备用。

表 3.17 粗集料含水率测定最小取样质量

公称最大粒径（mm）	4.75	9.5	13.2	16	19	26.5	31.5	37.5	53	63	75
每一份试样最小质量（kg）	2	2	2	2	2	2	3	3	4	4	6

(2) 将试样置于干净的容器中，称量试样和容器的总质量（m_2），并在（105±5)℃的烘箱中烘干至恒重。

(3) 取出试样，冷却后称取试样与容器的总质量（m_3）。

4. 结果处理

含水率按下式计算（精确至 0.1%）

$$\omega=\frac{m_2-m_3}{m_3-m_1}\times100\% \tag{3.18}$$

式中 ω——粗集料的含水率，%；

m_1——容器质量，g；

m_2——烘干前试样与容器总质量，g；

m_3——烘干后试样与容器总质量，g。

以两次平行试验结果的算术平均值作为测定值。

3.2.5.2 细集料含水率试验

1. 试验目的

测定细集料的含水率。

2. 主要仪器设备

(1) 烘箱。能使温度控制在 (105±5)℃。

(2) 天平。称量 2kg,感量不大于 2g。

(3) 容器。如浅盘等。

3. 试验步骤

取各约 500g 的代表性试样两份,分别放入已知质量 (m_1) 的干燥容器中称量,记下每盘试样与容器的质量 (m_2),将容器连同试样放入温度为 (105±5)℃的烘箱中烘干至恒重,称烘干后的试样与容器的总量 (m_3)。

4. 结果处理

含水率同式 (3.18) 计算,精确至 0.1%。

以两次平行试验结果的算术平均值作为测定值。

5. 试验记录

粗、细集料含水率试验记录见表 3.18。

表 3.18 粗、细集料含水率试验记录

试验次数	浅盘质量 m_1 (g)	浅盘+试样总质量 m_2 (g)	浅盘+烘干试样总质量 m_3 (g)	烘干后试样质量 (g)	含水质量 (g)	含水率 (%)	含水率平均值 (%)

试验者:__________;计算者:__________;校核者:__________;试验日期:__________。

3.2.6 细集料的筛分析(颗粒级配)检测

1. 试验目的

测定细集料(天然砂、人工砂、石屑)的颗粒级配及粗细程度。对水泥混凝土用细集料可采用干筛法,如果需要也可采用水洗法筛分;对沥青混合料及基层用细集料必须用水洗法筛分。

2. 主要仪器设备

(1) 标准筛。

(2) 天平。称量 1000g,感量不大于 0.5g。

(3) 烘箱。能控温在 (105±5)℃。

(4) 摇筛机。

(5) 其他。浅盘和硬、软毛刷等。

3. 试验方法

根据样品中最大粒径的大小,选用适宜的标准筛,通常为 9.5mm(水泥混凝土用天然砂)或 4.75mm 筛(沥青路面及基层用天然砂、石屑、机制砂等)筛除其中的超粒径材料。然后在潮湿状态下充分拌匀,用四分法缩分至每份不少于 550g 的试样两份,在

(105±5)℃的烘箱中烘干至恒重，冷却至室温后备用。

(1) 干筛法。

1) 准确称取烘干试样约 500g（m_1），准确至 0.5g，置于套筛的最上面一只，即 4.75mm 筛上，将套筛装入摇筛机，摇筛约 10min。然后取出套筛，再按筛孔大小顺序，从最大的筛号开始，在清洁的浅盘上逐个进行手筛，直到每分钟的筛出量不超过筛上剩余量的 0.1%为止，将筛出通过的颗粒并入下一号筛，和下一号筛中的试样一起过筛。以此顺序进行，直到各号筛全部筛完为止。

2) 称量各筛筛余试样的质量，精确至 0.5g。所有各筛的分计筛余量和底盘中剩余量的总量与筛分前的试样总量相比，其相差不得超过 1%。

(2) 水筛法。

1) 准确称取烘干试样约 500g（m_1），准确至 0.5g。

2) 将试样置一洁净容器中，加入足够数量的洁净水，将集料全部淹没。

3) 用搅棒充分搅动集料，将集料表面洗涤干净，使细粉悬浮于水中，但不得有集料从水中溅出。

4) 用 1.18mm 筛和 0.075mm 筛组成套筛。仔细将容器中混有细粉的悬浮液徐徐倒出，经过套筛流入另一容器中，但不得将集料倒出。

5) 重复以上步骤，直至倒出的水洁净为止。

6) 将容器中的集料倒入搪瓷盘中，用少量水冲洗，使容器上黏附的集料颗粒全部进入搪瓷盘中，将筛子反扣过来，用少量的水将筛上的集料冲入搪瓷盘中。操作过程中不得有集料散失。

7) 将搪瓷盘连同集料一起置于 (105±5)℃烘箱中烘干至恒重，称取干燥试样的总质量（m_2），准确至 0.1%。m_1 与 m_2 之差即为通过 0.075mm 筛的部分。

8) 将全部要求筛孔组成套筛（但不需 0.075mm 筛），将已经洗去小于 0.075mm 部分的干燥集料置于套筛上（一般为 4.75mm 筛），将套筛装入摇筛机，摇筛大约 10min，然后取出套筛。再按筛孔大小顺序，从最大的筛号开始，在清洁的浅盘上逐个进行手筛，直到每分钟的筛出量不超过筛上剩余量的 0.1%为止，将筛出通过的颗粒并入下一号筛，和下一号筛中的试样一起过筛。这样顺序进行，直到各号筛全部筛完为止。

9) 称量各筛筛余试样的质量，精确至 0.5g。所有各筛的分计筛余量和底盘中剩余量的总质量与筛分前的试样总量 m_2 相比，其相差不得超过 1%。

4. 结果处理

(1) 分计筛余百分率。各号筛的分计筛余百分率为各号筛上的筛余量除以试样总量（m_1）的百分率，准确至 0.1%。对沥青路面细集料而言，0.15mm 筛下部分即为 0.075mm 的分计筛余，由上述步骤 7）所测得的 m_1 与 m_2 之差即为小于 0.075mm 的筛底部分。

(2) 累计筛余百分率。各号筛的累计筛余百分率为该号筛及大于该号筛的各号筛的分计筛余百分率之和，准确至 0.1%。

(3) 质量通过百分率。各号筛的质量通过百分率等于 100%减去该号筛累计筛余百分率，准确至 0.1%。

(4) 根据各筛的累计筛余百分率或通过百分率，绘制级配曲线。

(5) 天然砂的细度模数按下式计算

$$M_x=\frac{(A_{0.15}+A_{0.3}+A_{0.6}+A_{1.18}+A_{2.36})-5A_{4.75}}{100-A_{4.75}} \tag{3.19}$$

式中　M_x——砂的细度模数；

$A_{0.15}$，$A_{0.3}$，…，$A_{4.75}$——0.15mm，0.3mm，…，4.75mm 各筛上的累计筛余百分率，%。

(6) 筛分试验应进行两次平行试验，以其试验结果的算术平均值作为测定值。如两次试验所得的细度模数之差大于 0.2 时，应重新进行试验。

5. 试验记录

细集料筛分试验记录表见表 3.19。

表 3.19　　细集料筛分试验记录表

筛孔尺寸 (mm)	各筛存留质量 (g)			分计筛余百分率 (%)	累计筛余百分率 (%)	通过百分率 (%)
	1	2	平均			
①	②	③	④	⑤	⑥	⑦
Σ						

试验者：＿＿＿＿；计算者：＿＿＿＿；校核者：＿＿＿＿；试验日期：＿＿＿＿。

3.2.7　粗集料的筛分析（颗粒级配）检测

1. 试验目的

测定粗集料（碎石、砾石、矿渣等）的颗粒组成，对水泥混凝土用粗集料可采用干筛法筛分，对沥青混合料及基层用粗集料必须采用水洗法试验。

2. 主要仪器设备

(1) 试验筛。根据需要选用规定的标准筛。

(2) 天平或台秤。感量不大于试样质量的 0.1%。

(3) 其他。盘子、铲子、毛刷等。

3. 试验方法

将来料用四分法缩分至表 3.20 要求的试样所需量，风干后备用。每种试样准备两份，分别供水洗法和干筛法筛分使用。根据需要可按要求的最大粒径的筛孔尺寸过筛，除去超粒径部分颗粒后，再进行筛分。对于水泥混凝土用粗集料，如果没有要求，也可不进行水洗，只进行干筛筛分。

表 3.20 粗集料筛分析试验所需试样的最少质量

公称最大粒径 (mm)	75	63	37.5	31.5	26.5	19	9.5	4.75
试样质量不少于 (kg)	10	8	5	4	2.5	2	1	0.5

(1) 干筛法。

1) 取试样一份置于 (105±5)℃烘箱中烘干至恒重，称取干燥试样的总质量 (m_0)，准确至0.1%。

2) 用搪瓷盘作筛分容器，按筛孔大小排列顺序逐个将集料过筛。人工筛分时，需使集料在筛面上同时有水平方向及上下方向的不停顿运动，使小于筛孔的集料通过筛孔，直至1min内通过筛孔的质量小于筛上残余量的0.1%为止。当采用摇筛机筛分时，应在摇筛机筛分后再逐个由人工补筛。将筛出通过的颗粒并入下一号筛，和下一号筛中的试样一起过筛，顺序进行，直至各号筛全部筛完为止。应确认1min内通过筛孔的质量确实小于筛上残余量的0.1%为止。

3) 如果某个筛上的集料过多，影响筛分作业时，可以分两次筛分。当筛余颗粒的粒径大于19mm时，筛分过程中允许用手指轻轻拨动颗粒，但不得逐颗塞过筛孔。

4) 称取每个筛上的筛余量，准确至总质量的0.1%。各筛分计筛余质量及筛底存量的总和 m_3 与筛分前试样的总质量 m_0 相比，其相差不得超过 m_0 的0.5%。

(2) 水洗法。

1) 取一份试样，将试样置于 (105±5)℃烘箱中烘干至恒重，称取干燥试样的总质量 (m_1)，准确至0.1%。

2) 将试样置一洁净容器中，加入足够数量的洁净水，将集料全部淹没。

3) 用搅棒充分搅动集料，使集料表面洗涤干净，使细粉悬浮于水中，但不得破碎集料或有集料从水中溅出。

4) 根据集料粒径大小选择组成一组套筛，其底部为0.075mm标准套筛，上部为2.36mm或4.75mm筛。仔细将容器中混有细粉的悬浮液倒出，经过套筛流入另一容器中，尽量不将粗集料倒出，以免损坏标准筛筛面。

5) 重复以上步骤，直至倒出的水洁净为止。

6) 将套筛每个筛子上的集料和容器中的集料全部回收在一个搪瓷盘中，容器上不得有黏附的集料颗粒。

说明：黏在0.075mm筛面上的细粉很难回收入搪瓷盘，此时需将筛子倒扣在搪瓷盘上用少量的水并助以毛刷将细粉刷落入搪瓷盘，并注意不要散失。

7) 在确保细粉不散失的前提下，小心算去搪瓷盘中的积水，将搪瓷盘连同集料一起置于 (105±5)℃烘箱中烘干至恒重，称取干燥试样的总质量 (m_2)，准确至0.1%。以 m_1 和 m_2 之差作为0.075mm的筛下部分。

8) 将回收的干燥集料按干筛法筛分出0.075mm筛以上各筛的筛余量，此时0.075mm筛下部分应为0，如果尚能筛出，则应将其并入水洗得到的0.075mm的筛下部分，且表示洗得不干净。

4. 结果处理

(1) 干筛法筛分结果的计算。

1）分计筛余百分率。各号筛上的分计筛余百分率按式（3.20）计算，但 0.075mm 筛不计算分计筛余，准确至 0.1%。

$$a_i=\frac{m_i}{m}\times 100\% \tag{3.20}$$

式中　a_i——各号筛上的分计筛余百分率，%；

m_i——各号筛上的分计筛余，g；

m——用于干筛的干燥集料总质量，g；

i——依次为 0.15mm，0.3mm，0.6mm，…至集料最大粒径。

2）累计筛余百分率。各号筛的累计筛余百分率为该号筛及大于该号筛的各号筛的分计筛余百分率之和。

3）各号筛的质量通过百分率。各号筛的质量通过百分率等于 100 减去该号筛累计筛余百分率，准确至 0.1%。

4）根据需要，绘制集料筛分曲线。

（2）水洗法筛分结果的计算。

1）集料中通过 0.075 的含量按下式计算（准确至 0.1%）

$$p_{0.075}=\frac{m_1-m_2}{m_1}\times 100\% \tag{3.21}$$

式中　$p_{0.075}$——集料中小于 0.075mm 的含量（通过率），%；

m_1——用于水洗后的干燥集料的总质量，g；

m_2——集料水洗后的干燥质量，g。

2）其他各筛的分计筛余百分率、累计筛余百分率、质量通过百分率，计算方法与干筛法相同。

5. 试验记录

粗集料筛分试验记录表见表 3.21。

表 3.21　粗集料筛分试验记录表

筛孔尺寸（mm）	各筛存留质量（g）			分计筛余（%）	累计筛余（%）	通过百分率（%）
	1	2	平均			
	③	④	⑤	⑥	⑦	⑧
Σ						

试验者：＿＿＿＿；计算者：＿＿＿＿；校核者：＿＿＿＿；试验日期：＿＿＿＿。

实训任务3.3　普通水泥混凝土性质检测

3.3.1　水泥混凝土拌和物取样及拌制

3.3.1.1　水泥混凝土拌和物的取样方法

(1) 水泥混凝土拌和物试验用料应根据不同的要求，从同一盘或同一车的混凝土中取出。取样应多于试验所需的1.5倍，且宜不小于20L。

(2) 水泥混凝土拌和物取样应具有代表性，宜采用多次采样的方法。一般在同一盘混凝土或同一车混凝土中的约1/4处、1/2处、3/4处之间分别取样，从第一次取样到最后一次取样不宜超过15min，然后人工拌制均匀。

(3) 从取样完毕到开始做各项性能试验不宜超过5min。

3.3.1.2　混凝土拌和物试样的制备方法

1. 一般规定

(1) 在试验室制备混凝土拌和物时，拌合物的原材料应符合有关技术要求。并提前24h搬进试验室，使材料的温度与试验室温度相同。试验室温度应保持在为(20±5)℃。

(2) 试验室拌和混凝土时，材料用量均以质量计。称量精度：集料为±0.5%；水、水泥、掺和料、外加剂±0.3%。

(3) 砂、石集料用量均以干燥状态下的质量为准。

(4) 拌制混凝土所用的各种用具(如搅拌机、拌合钢板和铁铲、抹刀等)，应预先用水湿润，使用完毕后必须清洗干净，上面不得有混凝土残留。

2. 主要仪器设备

(1) 搅拌机。容量50～100L，转速为18～22r/min。

(2) 拌和板(盘)。1.5m×2m。

(3) 称量设备。磅秤：称量50kg，感量50g；天平：称量5kg，感量1g。

(4) 量筒。200mL、1000mL各一只。

(5) 其他。拌和铲、盛器、抹布等。

3. 拌和方法

(1) 人工拌和法。

1) 按所定的配合比将各种材料称好备用。

2) 干拌。用湿布润湿拌和板及拌和铲，将砂平摊在拌和板上，再倒入水泥，用铲自拌和板一端翻拌至另一端，重复几次直至拌匀；加入石子，再翻拌至少三次至均匀为止。

3) 湿拌。在混合均匀的干料堆上做一凹槽，倒入已称量好的水(外加剂一般先溶于水)约一半，翻拌数次，并徐徐加入剩余的水，再仔细翻拌至少六次，直至拌和均匀。

4) 拌和从加水完毕时算起，应在10min内完成。

(2) 机械拌和法。

1) 按所定的配合比将各种材料称好备用。

2) 预拌。按混凝土配合比取少量水泥、水及砂，在搅拌机中搅拌(涮膛)，使水泥浆黏附满搅拌机的膛壁，刮去多余的砂浆。

3）拌和。向搅拌机内依次加入石子、水泥、砂子、水（外加剂一般先溶于水），开动搅拌机搅动 2～3min。

4）卸出拌和料，在拌和板上人工拌和 2～3 次，使之均匀。

3.3.2　水泥混凝土拌和物和易性检测

1. 试验目的

测定混凝土拌和物的和易性，为混凝土配合比设计、混凝土拌和物质量评定提供依据。

2. 主要仪器设备

（1）坍落度法。

1）坍落度筒。为底部内径（200±2）mm，顶部内径（100±2）mm，高度（300±2）mm 的截圆锥形金属筒，内壁必须光滑，如图 3.19、图 3.20 所示。

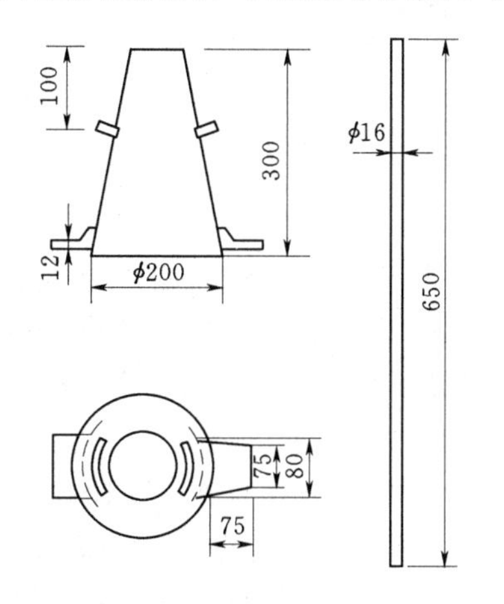

图 3.19　坍落度筒及捣棒（单位：mm）

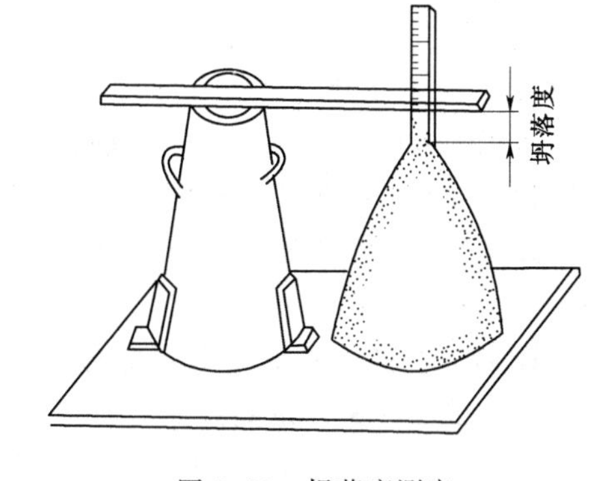

图 3.20　坍落度测定

2）其他。捣棒：直径 16mm、长 650mm 的钢棒，端部应磨圆；直尺、小铲、泥抹及漏斗。

（2）维勃稠度法（V·B 法）。

1）V·B 稠度仪。由振动台、容器、坍落度筒、旋转架四部分组成，如图 3.21 所示。

2）其他。同坍落度法。

3. 试验方法

（1）坍落度法。

1）试验目的。坍落度为表示混凝土拌合物稠度的一种指标，测定的目的是判定混凝土稠度是否满意要求，同时作为混凝土配合比设计提供依据；本试验适用于集料最大粒径不大于 37.5mm、坍落度不小于 10mm 的混凝土。

2）试验步骤。

a. 润湿坍落度筒及其他用具，把筒放在不吸水的刚性水平底板上，双脚踩住脚踏板，使坍落度筒在装料时保持位置固定。

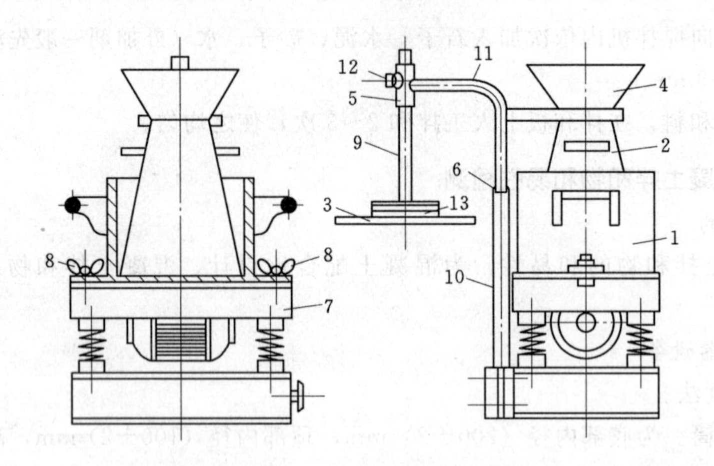

图 3.21 混凝土拌和物维勃稠度测定仪

1—容量筒；2—坍落度筒；3—圆盘；4—漏斗；5—套筒；6—定位螺丝；7—振动台；8—固定螺丝；9—测杆；10—支柱；11—旋转架；12—测杆螺丝；13—荷重块

b. 用小铲将试样分三层装入筒内，捣实后每层高度为筒高的 1/3 左右。每层用捣棒在截面上沿螺旋方向由外向中心均匀插捣 25 次。插捣底层时，捣棒应贯穿整个深度；插捣第二层和顶层时，捣棒应插捣至下一层 10～20mm。顶层装填应灌至高出筒口，插捣过程中，如混凝土沉落至低于筒口，应随时添加。顶层插捣完后，刮去多余的混凝土并用抹刀抹平。

c. 清除筒边混凝土并垂直平稳地提起坍落度筒（提离过程应在 5～10s 内完成），将筒放在拌和物试件一旁，量测筒高与坍落后混凝土试体顶部中心点之间的高度差（mm），即为坍落度值，精确至 1mm。从开始装料至提起坍落度筒的整个过程应不间断进行，并应在 2～3min 内完成。

d. 坍落度筒提离后，如混凝土发生崩坍或一边剪坏现象，则应重新取样再测。若第二次仍出现上述现象，则表示该混凝土和易性不好，应予记录。

e. 观察黏聚性。用捣棒在已坍落的混凝土锥体侧面轻轻敲打，若锥体逐渐下沉，表示黏聚性良好；若锥体倒坍、部分崩裂或出现离析现象，则表示黏聚性不好。

f. 观察保水性。保水性以混凝土拌和物中稀浆析出程度来评定（分多量、少量、无三级）。①多量是指提起坍落筒后，有较多水分从底部析出；②少量是指提起坍落筒后，有少量水分从底部析出；③无是指提起坍落筒后，没有水分从底部析出。

g. 评判插捣时的棍度（分上、中、下三级），以综合判定黏聚性：①上表示容易插捣；②中表示插捣时稍有阻滞感觉；③下表示很难插捣。

h. 评定镘刀抹平程度（多、中、少三级），综合判定含砂情况：

（a）多：用镘刀抹混凝土拌合物时，抹 1～2 次就可使混凝土表面平整无蜂窝。

（b）中：抹 4～5 次就可使混凝土表面平整无蜂窝。

（c）多：抹面困难，抹 8～9 后混凝土表面仍不能消除蜂窝。

3）结果计算及注意事项。

a. 混凝土拌合物坍落度以毫米计，结果精确至 5mm。

b. 在测定新拌混凝土工作性时，实测坍落度若与要求坍落度不符，要求调整材料组成，重新拌和，重新测定，直至符合要求为止，提出基准配合比。

4）试验记录。混凝土拌和物坍落度试验记录表见表 3.22。

表 3.22　　水泥混凝土坍落度试验记录表

试样编号			试样来源		
试样名称			初拟用途		
试验次数	坍落度	棍度	含砂情况	黏聚性	保水性
1					
2					
3					
结果评定：					

试验者：____________；计算者：____________；校核者：____________；试验日期：____________。

（2）维勃稠度法。

1）试验目的。本试验是用维勃时间来测定混凝土拌合物的稠度，适用于集料最大粒径不大于 37.5mm、V·B 稠度在 5～30s 之间的干硬性混凝土的稠度测定。

2）试验步骤。

a. 用湿布润湿容器、坍落度筒等用具。

b. 装试样同测坍落度方法。

c. 提起坍落度筒，将 V·B 稠度仪上的透明圆盘转至混凝土锥体试样顶面。

d. 开启振动台并启动秒表，在透明圆盘底面被试样布满的瞬间停表计时，关闭振动台。

e. 记录秒表上的时间（精确至 1s），即为该混凝土拌和物的 V·B 值。

3）结果处理。路面混凝土的稠度对照分级，见表 3.23。

表 3.23　　路面混凝土的稠度对照分级表

级别	维勃时间（s）	坍落度（mm）	级别	维勃时间（s）	坍落度（mm）
特干硬	18～32	—	低 塑	3～5	25～75
很干稠	10～18	—	塑 性	0～3	75～125
干稠	5～10	0～25	液 态	—	>125

4）试验记录。水泥混凝土维勃稠度试验记录表见表 3.24。

3.3.3　水泥混凝土的力学强度检测

3.3.3.1　水泥混凝土的抗压强度试验

1. 试验目的

测定混凝土立方体抗压强度，评定混凝土的质量。

表 3.24　　水泥混凝土维勃稠度试验记录表

试样编号		试样来源	
试样名称		初拟用途	
试验次数	坍落度（mm）	维勃时间（s）	平均值（s）
	(1)	(2)	(3)
1			
2			
3			
结果评定：			

试验者：__________；计算者：__________；校核者：__________；试验日期：__________。

2. 主要仪器设备

(1) 压力试验机。精度不低于±2%，其量程应能使试件的预期破坏荷载值不少于安全值。

(2) 试模。由铸铁和钢制成，应具有足够的刚度并便于拆装。试模尺寸应根据集料最大粒径确定。

(3) 捣实设备。可选用下列两种之一：①振动台：频率为（50±3）Hz，空载时振幅约为 0.5mm；②捣棒：直径 16mm，长 650mm，一端为弹头形。

(4) 养护室。标准养护室温度应为（20±3)℃，相对湿度在 95%以上。

3. 试验方法

(1) 试件成型试验方法如下：

1) 制作试件前检查试模，拧紧螺栓并清刷干净。在其内壁涂上一薄层矿物油脂。一般以三个试件为一组。

2) 依混凝土设备条件、现场施工方法及混凝土稠度可采用下列两种方法之一进行成型。

a. 振动台成型（坍落度小于 90mm)：将拌和物一次装入试模，振动应持续到表面呈现水泥浆为止。

b. 人工插捣（坍落度大于 90mm)：每层装料厚度不应大于 100mm，用捣棒按螺旋方向从边缘向中心均匀进行插捣。每层插捣次数依试件截面而定，一般每 100cm 不少于 12 次。

c. 试件成型后，在混凝土初凝前 1～2h 需将表面抹平。用湿布或塑料布覆盖，在(20±5)℃室内静置 1d（不得超过 2d)，然后编号拆模。拆模后的试件，应立即送养护室养护，试件之间应保持 10～20mm 的距离，并应避免用水直接冲淋试件。

(2) 破型。

1) 试件从养护地点取出后，应尽快试验，以免试件内部的温度和湿度发生变化。

2) 试压前应先擦拭表面，测量尺寸（精确至 1mm）并检查其外观。

3) 将试件安放在试验机下压板上，试件中心与下压板中心对准，试件承压面应与成型时的顶面垂直。开动试验机，当上压板与试件接近时，调整球座，均衡接触，以 0.3～

0.5MPa/s 的速度连续而均匀地加荷，当试件接近破坏而开始迅速变形时，应停止调整油门，直至破坏，然后记录破坏荷载。

4. 结果计算与评定

（1）混凝土立方体抗压强度，按下式计算（精确至 0.1MPa）

$$f_{cu}=\frac{P}{A} \tag{3.22}$$

式中　P——试件破坏荷载，N；

A——时间受压面积，mm²。

（2）以三个试件测值的算术平均值作为该组试件的抗压强度值。三个测值中的最大值或最小值，若有一个与中间值的差值超过中间值的 15%时，则把最大值及最小值一并舍去，取中间值作为该组试件的抗压强度值。若有两个测值与中间值的差超过中间值的 15%，则该组试件的试验结果无效。

（3）取 150mm×150mm×150mm 试件的抗压强度为标准值。用其他尺寸试件测得的强度值均应乘以换算系数，换算系数见表 3.25。

表 3.25　抗压强度试件尺寸及换算系数

集料最大粒径（mm）	试件尺寸（mm×mm×mm）	尺寸换算系数
30	100×100×100	0.95
40	150×150×150	1.00
60	200×200×200	1.05

（4）试验记录。水泥混凝土立方体抗压强度试验记录表见表 3.26。

表 3.26　水泥混凝土立方体抗压强度试验记录表

<table>
<tr><td colspan="2">试样编号</td><td colspan="4"></td><td colspan="2">试样来源</td><td colspan="4"></td></tr>
<tr><td colspan="2">试样名称</td><td colspan="4"></td><td colspan="2">初拟用途</td><td colspan="4"></td></tr>
<tr><td rowspan="2">试件编号</td><td rowspan="2">制备日期</td><td rowspan="2">试验日期</td><td rowspan="2">龄期 t</td><td rowspan="2">最大荷载 F</td><td colspan="2">试件尺寸</td><td rowspan="2">试件截面积（mm²）</td><td colspan="2">抗压强度 f_{cu}</td><td rowspan="2">换算系数 k</td><td rowspan="2">换算后的抗折强度 $f_{cu,k}$</td></tr>
<tr><td>长度 a</td><td>宽度 b</td><td>单个值</td><td>平均值</td></tr>
<tr><td></td><td></td><td></td><td></td><td></td><td></td><td></td><td></td><td></td><td></td><td></td><td></td></tr>
<tr><td></td><td></td><td></td><td></td><td></td><td></td><td></td><td></td><td></td><td></td><td></td><td></td></tr>
<tr><td></td><td></td><td></td><td></td><td></td><td></td><td></td><td></td><td></td><td></td><td></td><td></td></tr>
<tr><td></td><td></td><td></td><td></td><td></td><td></td><td></td><td></td><td></td><td></td><td></td><td></td></tr>
<tr><td></td><td></td><td></td><td></td><td></td><td></td><td></td><td></td><td></td><td></td><td></td><td></td></tr>
<tr><td></td><td></td><td></td><td></td><td></td><td></td><td></td><td></td><td></td><td></td><td></td><td></td></tr>
</table>

试验者：＿＿＿＿＿＿；计算者：＿＿＿＿＿＿；校核者：＿＿＿＿＿＿；试验日期：＿＿＿＿＿＿。

3.3.3.2　混凝土抗弯拉强度试验

1. 试验目的

本试验规定了测定混凝土抗弯拉（抗折）极限强度的方法，以提供设计参数，检查混凝土施工品质和确定抗折弹性模量试验加荷标准，适用于道路混凝土的直角小梁试件。

2. 主要仪器设备

（1）试验机。50～300kN抗折试验机或万能试验机。

（2）抗折试验装置。即三分点处双点加荷和三点自由支承式混凝土抗折强度与抗折弹性模量试验装置。

3. 试验准备

混凝土抗折强度试件为直角棱柱体小梁，标准时间尺寸为150mm×150mm×550mm，集料粒径应不大于37.5mm，如确有必要，容许采用100mm×100mm×400mm试件，集料粒径应不大于26.5mm。

混凝土抗弯拉强度试件应取同龄期者为一组，每组为同条件制作和养护的试件3个。

4. 试验步骤

（1）试验前先检查试件，如试件中部1/3长度内有蜂窝（如大于ϕ7mm×2mm），该试件应立即作废，否则应在记录中注明。

（2）在试件中部量出其宽度和高度，精确至1mm。

（3）调整两个可移动支座，使其与试验机下压头中心距离各为225mm，并旋紧两支座，将试件安放在支座上，试件成型时的侧面朝上，内侧对中后，缓缓加一荷载，约1kN，然后以0.5～0.7MPa/s的加荷速度，均匀而连续地加荷（低标号时用较低速度）。当试件接近破坏而开始迅速变形时，应停止调整试验机油门，直至试件破坏，记下最大荷载。

5. 结果整理

当断面发生在两个加荷点之间时，抗折强度按下式计算

$$f_{cf}=\frac{FL}{bh^2} \tag{3.23}$$

式中：f_{cf}——抗折强度，MPa；

F——试件破坏荷载，N；

L——支座间距，mm；

b——试件宽度，mm；

h——试件高度，mm。

如断面位于加荷点外侧，则该试件之结果无效；如有两根试件之结果无效，则该组结果作废。

抗弯拉强度测定值的计算及异常数据取舍原则，同混凝土抗压强度试验规定一样。结果计算精确至0.1MPa。

说明：断面位置在试件断块短边一侧的底面中轴线上量得。

采用100mm×100mm×400mm非标准试件时，在三分点加荷的试验方法同前，但所取得的抗折强度值应乘以尺寸换算系数0.85。

6. 试验记录

水泥混凝土抗弯拉强度试验记录表见表3.27。

表 3.27　水泥混凝土抗弯拉强度试验记录表

试样编号						试样来源					
试样名称						初拟用途					
试件编号	制备日期	试验日起	龄期	试件尺寸		断面与邻近支点距离 x	极限荷载	抗折强度 f_{cf}		换算系数	换算后的抗折强度 $f_{cf,k}$
				宽度 b	高度 h			个别值	平均值		
其他说明（养护条件、试件破坏情况等描述）											

试验者：__________；计算者：__________；校核者：__________；试验日期：__________。

3.3.4　水泥混凝土的表观密度检测

1. 试验目的

测定混凝土拌和物的表观密度，计算 $1m^3$ 混凝土的实际材料用量。同时，作为混凝土试验室配合比计算的依据。

2. 主要仪器设备

（1）容量筒。其容积及尺寸见表 3.28。

（2）其他。振动台、捣棒、台秤等。

表 3.28　容 量 筒 选 择

集料粒径（mm）	内径（mm）	高度（mm）	容积（L）
40	186±2	186±2	5
80	267	267	15
150（120）	467	467	80

3. 试验方法

（1）用湿布擦净筒内外，称出筒重，精确至 50g。

（2）根据拌和物稠度确定装料及捣实方法。坍落度大于 70mm 时，用捣棒捣实为宜。用 5L 容量筒时，分两层装入，每层插捣 15 次。用 15L、80L 的容量筒时，每层高度不应大于 150mm，分别为 35 次、72 次。对坍落度不大于 70mm 的混凝土，以振动台振实为宜。一次将拌和物灌到高出容量筒口，装料时可用捣棒稍加插捣，振动过程中如混凝土沉落到低于筒口，应随时加混凝土，振动直至表面出浆为止。

（3）用刮刀刮平筒口，表面若有凹陷应填平。将容量筒外壁擦净，称出混凝土与容量筒总质量，精确至 50g。

4. 结果计算

混凝土拌和物在捣实状态下的表观密度按下式计算（精确至 10 kg/m^3）

$$\rho=\frac{m_2-m_1}{V} \tag{3.24}$$

式中 ρ——混凝土表观密度，kg/m^3；

m_1——容量筒的质量，kg；

m_2——捣实或振实后混凝土和容量筒总质量，kg；

V——容量筒的容积，L。

5. 试验记录

混凝土拌和物表观密度试验记录表见表3.29。

表3.29　　混凝土拌和物表观密度试验记录表

试验次数	试样筒质量 m_1（kg）	试样筒+混凝土质量 m_2（kg）	量筒容积 V（L）	混凝土密度（kg/m^3）	平均值

试验者：＿＿＿＿＿＿；计算者：＿＿＿＿＿＿；校核者：＿＿＿＿＿＿；试验日期：＿＿＿＿＿＿。

实训任务3.4　建筑砂浆性质检测

3.4.1　建筑砂浆的取样及试样制备

1. 砂浆的取样

(1) 砂浆试验用料应根据不同要求，可从同一盘搅拌机或同一车运送的砂浆中取出，或在试验室用机械或人工单独拌制。

(2) 施工中取样进行砂浆试验时，其取样方法和原则按相应的施工验收规范执行。一般应在使用地点的砂浆槽中、运送车内或搅拌机出料口，从不同部位，至少取3处，取样数量应是试验用量的1～2倍。

(3) 砂浆拌和物取样后，应尽快进行试验。现场取来的试样，试验前应经人工略翻拌，使其质量均匀。

2. 建筑砂浆试样制备

(1) 拌和用的材料应提前运入室内，室温应保持在(20±5)℃（需要模拟施工条件下所用的砂浆时，试验室原材料的温度宜保持与施工现场一致）。

(2) 试验用水泥和其他原料应与现场使用材料一致。水泥如有结块应通过0.9mm筛过筛。采用中砂为宜，其最大粒径小于5mm。

(3) 材料用量以质量计，称量的精确度：水泥、外加剂等为±0.5%；砂、石灰膏、黏土膏、粉煤灰和磨细生石灰粉为±1%。

(4) 应采用机械搅拌，搅拌量不宜少于搅拌机容量的20%。搅拌时间对水泥砂浆和水泥混合砂浆，不得小于120s；对掺用粉煤灰和外加剂的砂浆，不宜小于180s。

3.4.2　建筑砂浆的稠度试验

1. 试验目的

检验砂浆配合比，评定和易性；施工过程中控制砂浆的稠度，以达到控制用水量的

目的。

2. 主要仪器设备

(1) 砂浆稠度测定仪。主要构造有支架、底座、齿条侧杆、带滑杆的圆锥体，如图3.22所示。带滑杆的圆锥体质量为300g，圆锥体高度为145mm，锥底直径为75mm；刻度盘及盛砂浆的圆锥形金属筒，筒高为180mm，锥底内径为150mm。

(2) 钢制捣棒。直径10mm、长350mm。

(3) 其他。秒表等。

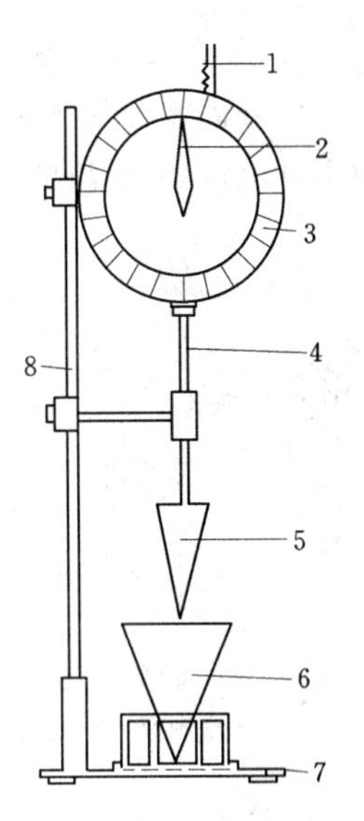

图3.22 砂浆稠度测定仪
1—齿条测杆；2—指针；3—刻度盘；4—滑杆；5—圆锥体；6—圆锥桶；7—底座；8—支架

3. 试验方法

(1) 盛浆容器和试锥表面用湿布擦干净，并用少量润滑油轻擦滑杆滑动，使滑杆能自由。

(2) 将砂浆拌和物一次装入金属筒内，砂浆表面约低于筒口10mm。

(3) 用捣棒自筒边向中心插捣25次，然后轻轻地将筒摇动和敲击5～6下，使砂浆表面平整，然后将筒移至测定仪底座上。

(4) 拧开试锥杆的制动螺丝，向下移动滑杆，当试锥尖端与砂表面接触时，拧紧制动螺丝，使齿条侧杆下端刚接触滑杆上端，并将指针对准零点上。

(5) 拧开制动螺丝，同时记时间。待10s后立即固定螺丝，将齿条测杆下端接触滑杆上端，从刻度盘上读出下沉深度（精确至1mm）即为砂浆稠度值。

(6) 圆锥筒内砂浆只允许测定一次稠度，重复测定时应重新取样。如测定的稠度值不符合要求时，可酌情加水或石灰膏，经重新拌和后再测定，直至稠度满足要求为止，但自拌和加水时算起，不得超过30min。

4. 结果处理

(1) 取两次试验结果的算术平均值，计算精确至1mm。

(2) 两次试验值之差如大于20mm，则应另取砂浆搅拌后重新测定。

5. 试验记录

砂浆稠度试验记录表见表3.30。

表3.30　砂浆稠度、分层度试验记录表

拌制方法：

配合比（质量比）					平均值
稠度（mm）	1		2		
分层度（mm）	1		2		

3.4.3 建筑砂浆的分层度试验

1. 试验目的

测定砂浆拌和物在运输或停放时内部组分的稳定性，用来评定和易性。

2. 主要仪器设备

(1) 砂浆分层度测定仪。由上、下两层金属圆筒及左右两根连接螺栓组成。圆筒内径为150mm，上节高度为200mm，下节带底净高为100mm。上、下层连接处需加宽到3～5mm，并设有橡胶垫圈，如图3.23所示。

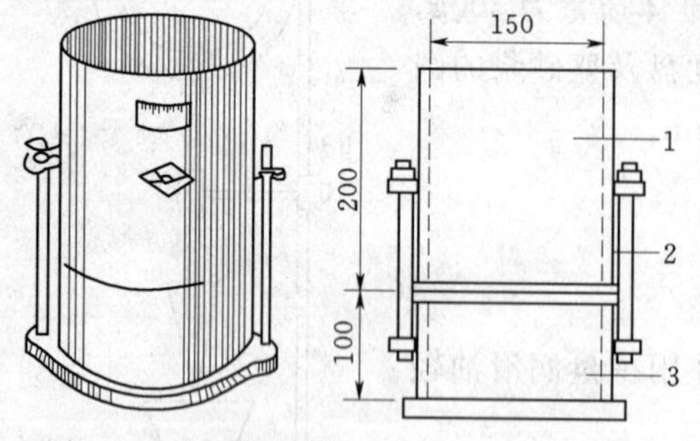

图3.23 砂浆分层度测定仪（单位：mm）
1—无底圆筒；2—连接螺栓；3—有底圆筒

(2) 水泥胶砂振动台。SI-085型，频率为（50±3）Hz。

(3) 其他。稠度仪、木锤等。

3. 试验方法

分层度试验一般采用标准法（也称为静置法），也可采用快速法，但如有争议时，则以标准法为准。

(1) 标准法。

1) 首先将砂浆拌和物按稠度试验方法测其稠度（沉入度）K_1。

2) 将砂浆拌和物一次装入分层度筒内，待装满后，用木锤在容器周围距离大致相等的4个不同位置分别轻轻敲击1～2下，如砂浆沉落到低于筒口，则应随时添加，然后刮去多余砂浆并用抹刀抹平。

3) 静置30min后，去掉上节200mm砂浆，将剩余的100mm砂浆倒出放在拌和锅内拌2min，按上述稠度测定方法测其稠度K_2。

(2) 快速法。

1) 按稠度试验方法测其稠度K_1。

2) 将分层度筒预先固定在振动台上，砂浆一次装入分层度筒内，振动20s。去掉上节200mm砂浆，剩余100mm砂浆倒出放在拌和锅内拌2min，再按稠度试验方法测其稠度K_2。

4. 结果处理

(1) 两次测得的稠度之差，为砂浆分层度值，以mm计，即$\Delta=K_1-K_2$。

(2) 取两次试验结果的算术平均值作为该砂浆的分层度值。

(3) 两次分层度试验值之差如果大于20mm，应重作试验。

5. 试验记录

砂浆分层度试验记录见表3.30。

3.4.4 建筑砂浆立方体抗压强度试验

1. 试验目的

通过砂浆的抗压强度试验，检测砂浆配合比和强度等级是否满足设计要求、施工要求。

2. 主要仪器设备

(1) 砂浆试模。尺寸为70.7mm×70.7mm×70.7mm的带底试模，由铸铁或钢制成，应具有足够的刚度并拆装方便。试模的内表面应机械加工，其不平度应为每100mm不超

过 0.05mm，组装后各相邻面的不垂直度不应超过±0.5°。

(2) 钢制捣棒。直径为 10mm，长为 350mm，端部应磨圆。

(3) 压力试验机。精度为 1%，试件破坏荷载应不小于压力机量程的 20%，且不大于全量程的 80%。

(4) 垫板。试验机上、下压板及试件之间可垫以钢垫板，垫板的尺寸应大于试件的承压面，其不平度应为每 100mm 不超过 0.02mm。

(5) 振动台。空载中台面的垂直振幅应为 (0.5±0.05) mm，空载频率应为 (50±3) Hz，空载台面振幅均匀度不大于 10%，一次试验至少能固定（或用磁力吸盘）3 个试模。

3. 试验方法

(1) 试件制作。

1) 采用立方体试件，每组试件 3 个。

2) 应用黄油等密封材料涂抹试模的外接缝，试模内涂刷薄层机油或脱模剂，将拌制好的砂浆一次性装满砂浆试模，成型方法根据稠度而定。当稠度大于等于 50mm 时采用人工振捣成型，当稠度小于 50mm 时采用振动台振实成型。

a. 人工振捣。用捣棒均匀地由边缘向中心按螺旋方式插捣 25 次，插捣过程中如砂浆沉落低于试模口，应随时添加砂浆，可用油灰刀插捣数次，并用手将试模一边抬高 5～10mm 各振动 5 次，使砂浆高出试模顶面 6～8mm。

b. 机械振动。将砂浆一次装满试模，放置到振动台上，振动时试模不得跳动，振动 5～10s或持续到表面出浆为止；不得过振。

3) 待表面水分稍干后，将高出试模部分的砂浆沿试模顶面刮去并抹平。

(2) 试件养护。

1) 试件制作后应在室温为 (20±5)℃的环境下静置 (24±2) h，当气温较低时，可适当延长时间，但不应超过两昼夜，然后对试件进行编号、拆模。

2) 试件拆模后应立即放入温度为 (20±2)℃，相对湿度为 90%以上的标准养护室中养护。养护期间，试件彼此间隔不小于 10mm，混合砂浆试件上面应覆盖以防有水滴在试件上。

(3) 立方体试件抗压强度试验。

1) 试件从养护地点取出后应及时进行试验。试验前将试件表面擦拭干净，测量尺寸，并检查其外观。并据此计算试件的承压面积，如实测尺寸与公称尺寸之差不超过 1mm，可按公称尺寸进行计算。

2) 将试件安放在试验机的下压板（或下垫板）上，试件的承压面应与成型时的顶面垂直，试件中心应与试验机下压板（或下垫板）中心对准。

3) 开动试验机，当上压板与试件（或上垫板）接近时，调整球座，使接触面均衡受压。承压试验应连续而均匀地加荷，加荷速度应为每秒钟 0.25～1.5kN（砂浆强度不大于 5MPa 时，宜取下限，砂浆强度大于 5MPa 时，宜取上限），当试件接近破坏而开始迅速变形时，停止调整试验机油门，直至试件破坏，然后记录破坏荷载。

4. 结果计算与评定

砂浆立方体抗压强度应按下式计算

$$f_{m,cu}=\frac{N_u}{A} \tag{3.25}$$

式中 $f_{m,cu}$——砂浆立方体试件抗压强度，MPa，精确至0.1MPa；

N_u——破坏荷载，N；

A——试件承压面积，mm^2。

砂浆立方体试件抗压强度应精确至0.1MPa。

以3个试件测值的算术平均值的1.3倍作为该组试件的砂浆立方体试件抗压强度平均值（精确至0.1MPa）。

当3个测值的最大值或最小值中如有一个与中间值的差值超过中间值的15%时，则把最大值及最小值一并舍除，取中间值作为该组试件的抗压强度值；如有两个测值与中间值的差值均超过中间值的15%时，则该组试件的试验结果无效。

5. 试验记录

砂浆立方体试块抗压试验记录表见表3.31。

表3.31 砂浆立方体试块抗压试验记录表

设计强度等级： 养护条件： 龄 期：

组别	试块尺寸（边长）(mm)	受压面积 A (mm^2)	破坏荷重 N_u (N)			抗压强度测定值 (MPa)			平均值 (MPa)
			1	2	3	1	2	3	
1									
2									
3									

实训任务3.5 公路工程无机结合料稳定材料检测

3.5.1 含水量试验方法（烘干法）

1. 适用范围

本方法适用于测定水泥、石灰、粉煤灰及无机结合料稳定材料的含水量。

2. 仪器设备

（1）水泥、粉煤灰、生石灰粉、消石灰和消石灰粉、稳定细粒土

1）烘箱。量程不小于110℃，控温精度为±2℃。

2）铝盒。直径约50mm，高25～30mm。

3）电子天平。量程不小于150g，感量0.01g。

4）干燥器。直径200～250mm，并用硅胶做干燥剂（用指示硅胶做干燥剂，而不用氯化钙。因为许多黏土烘干后能从氯化钙中吸收水分。）

（2）稳定中粒土。

1）烘箱。量程不小于110℃，控温精度为±2℃。

2）铝盒。能放样品 500g 以上。

3）电子天平。量程不小于 1000g，感量 0.1g。

4）干燥器。直径 200～250mm，并用硅胶做干燥剂。

（3）稳定粗粒土。

1）烘箱。量程不小于 110℃，控温精度为±2℃。

2）大铝盒。能放样品 2000g 以上。

3）电子天平。量程不小于 3000g，感量 0.1g。

4）干燥器。直径 200 ～250mm，并用硅胶做干燥剂。

3. 试验步骤

（1）水泥、粉煤灰、生石灰粉、消石灰和消石灰粉、稳定细粒土。

1）取清洁干燥的铝盒，称其质量 m_1，并精确至 0.01g；取约 50g 试样（对生石灰粉、消石灰和消石灰粉取 100g），经手工木锤粉碎后松放在铝盒中，应尽快盖上盒盖，尽量避免水分散失，称其质量 m_2，并精确至 0.01g。

2）对于水泥稳定材料，将烘箱温度调到 110℃；对于其他材料，将烘箱调到 105℃。待烘箱达到设定的温度后，取下盒盖，并将盛有试样的铝盒放在盒盖上，然后一起放入烘箱中进行烘干，需要的烘干时间随试样种类和试样数量而改变。当冷却试样连续两次称量的差（每次间隔 4h）不超过原试样质量的 0.1%时，即认为样品已烘干。

3）烘干后，从烘箱中取出盛有试样的铝盒，并将盒盖盖紧。

4）将盛有烘干试样的铝盒放入干燥器内冷却。然后称铝盒和烘干试样的质量 m_3，并精确至 0.01g。

（2）稳定中粒土。

1）取清洁干燥的铝盒，称其质量 m_1，并精确至 0.1g。取 500g 试样（至少 300g）经粉碎后松放在铝盒中，盖上盒盖，称其质量 m_2，并精确至 0.1g。

2）对于水泥稳定材料，将烘箱温度调到 110℃；对于其他材料，将烘箱调到 105℃。待烘箱达到设定的温度后，取下盒盖，并将盛有试样的铝盒放在盒盖上，然后一起放入烘箱中进行烘干，需要的烘干时间随土类和试样数量而改变。当冷却试样连续两次称量的差（每次间隔 4h）不超过原试样质量的 0.1%时，即认为样品已烘干。

3）烘干后，从烘箱中取出盛有试样的铝盒，并将盒盖盖紧，放置冷却。

4）称铝盒和烘干试样的质量 m_3，并精确至 0.1g。

（3）稳定粗粒土。

1）取清洁干燥的铝盒，称其质量 m_1，并精确至 0.1g。取 2000g 试样经粉碎后松放在铝盒中，盖上盒盖，称其质量 m_2，并精确至 0.1g。

2）对于水泥稳定材料，将烘箱温度调到 110℃；对于其他材料，将烘箱调到 105℃。待烘箱达到设定的温度后，取下盒盖，并将盛有试样的铝盒放在盒盖上，然后一起放入烘箱中进行烘干，需要的烘干时间随土类和试样数量而改变。当冷却试样连续两次称量的差（每次间隔 4h）不超过原试样质量的 0.1%时，即认为样品已烘干。

3）烘干后，从烘箱中取出盛有试样的铝盒，并将盒盖盖紧，放置冷却。

4）称铝盒和烘干试样的质量 m_3，并精确至 0.1g。

4. 计算

用下式计算无机结合料稳定材料的含水量

$$w=\frac{m_2-m_3}{m_3-m_1}\times 100\% \tag{3.26}$$

式中 w——无机结合料稳定材料的含水量，%；

m_1——铝盒的质量，g；

m_2——铝盒和湿稳定材料的合计质量，g；

m_3——铝盒和干稳定材料的合计质量，g。

5. 结果整理

本试验应进行两次平行测定，取算术平均值，保留至小数点后两位。允许重复性误差应符合表3.32的要求。

表3.32 含水量测定的允许重复性误差值

含水量（%）	允许误差（%）
≤7	≤0.5
7～40	≤1
>40	≤2

6. 记录

本试验的记录格式见表3.33。

表3.33 无机结合料稳定材料含水量测定记录表（烘干法）

工程名称：______ 试验者：______

试样位置：______ 校核者：______

试样编号：______ 试验日期：______

试验方法：______ 试验温度：______

盒 号		
盒的质量 m_1（g）		
盒+湿试样的质量 m_2（g）		
盒+干试样的质量 m_3（g）		
水的质量 m_2-m_3（g）		
干试样的质量 m_3-m_1（g）		
含水量（%）		

3.5.2 水泥或石灰稳定材料中水泥或石灰剂量测定方法（EDTA滴定法）

1. 适用范围

（1）本方法适用于在工地快速测定水泥和石灰稳定材料中水泥和石灰的剂量，并可用于检查现场拌和和摊铺的均匀性。

（2）本办法适用于在水泥终凝之前的水泥含量测定，现场土样的石灰剂量应在路拌后尽快测试，否则需要用相应龄期的EDTA二钠标准溶液消耗量的标准曲线确定。

（3）本方法也可以用来测定水泥和石灰综合稳定材料中结合料的剂量。

2. 仪器设备

（1）滴定管（酸式）：50mL，1支。

（2）滴定台：1个。

（3）滴定管夹：1个。

（4）大肚移液管：10mL、50mL，10支。

(5) 锥形瓶（即三角瓶）：200mL，20个。

(6) 烧杯：2000mL（或1000mL），1只；300mL，10只。

(7) 容量瓶：1000mL，1个。

(8) 搪瓷杯：容量大于1200mL，10只。

(9) 不锈钢棒（或粗玻璃棒）：10根。

(10) 量筒：100mL和5mL，各1只；50mL，2只。

(11) 棕色广口瓶：60mL，1只（装钙红指示剂）。

(12) 电子天平：量程不小于1500g，感量0.01g。

(13) 秒表：1只。

(14) 表面皿：ϕ9cm，10个。

(15) 研钵：ϕ12～13cm，1个。

(16) 洗耳球：1个。

(17) 精密试纸：pH12～14。

(18) 聚乙烯桶：20L（装蒸馏水和氯化铵及EDTA二钠标准溶液），3个；5L（装氢氧化钠），1个；5L（大口桶），10个。

(19) 毛刷、去污粉、吸水管、塑料勺、特种铅笔、厘米纸。

(20) 洗瓶（塑料）：500mL，1只。

3. 试剂

(1) 0.1mol/m^3 乙二胺四乙酸二钠（EDTA二钠）标准溶液（简称EDTA二钠标准溶液）。准确称取EDTA二钠（分析纯）37.23g，用40～50℃的无二氧化碳蒸馏水溶解，待全部溶解并冷却至室温后，定容至1000mL。

(2) 10%氯化铵（NH_4Cl）溶液。将500g氯化铵（分析纯或化学纯）放在10L的聚乙烯桶内，加蒸馏水4500mL，充分振荡，使氯化铵完全溶解。也可以分批在1000mL的烧杯内配制，然后倒入塑料桶内摇匀。

(3) 1.8%氢氧化钠（内含三乙醇胺）溶液。用电子天平称18g氢氧化钠（NaOH）（分析纯），放入洁净干燥的1000mL烧杯中，加1000mL蒸馏水使其全部溶解，待溶液冷却至室温后，加入2mL三乙醇胺（分析纯），搅拌均匀后储于塑料桶中。

(4) 钙红指示剂。将0.2g钙试剂羧酸钠（分子式 $C_{21}H_{13}N_2NaO_7S$，分子量460.39）与20g预先在105℃烘箱中烘1h的硫酸钾混合。一起放入研钵中，研成极细粉末，储于棕色广口瓶中，以防吸潮。

4. 准备标准曲线

(1) 取样。取工地用石灰和土，风干后用烘干法测其含水量（如为水泥，可假定含水量为0）。

(2) 混合料组成的计算。

1) 计算式为

$$干料质量=\frac{湿料质量}{(1+含水量)}$$

2) 计算步骤如下：

a. 干混合料质量＝湿混合料质量/（1＋最佳含水量）

b. 干土质量＝干混合料质量/（1＋石灰或水泥剂量）

c. 干石灰或水泥质量＝干混合料质量－干土质量

d. 湿土质量＝干土质量×（1＋土的风干含水量）

e. 湿石灰质量＝干石灰质量×（1＋石灰的风干含水量）

f. 石灰土中应加入的水＝湿混合料质量－湿土质量－湿石灰质量

（3）准备5种试样，每种两个样品（以水泥稳定材料为例），如为水泥稳定中、粗粒土，每个样品取1000g左右（如为细粒土，则可称取300g左右）准备试验。为了减少中、粗粒土的离散，宜按设计级配单份掺配的方式备料。

5种混合料的水泥剂量应为：水泥剂量为0，最佳水泥剂量左右、最佳水泥剂量±2%和＋4%，每种剂量取两个（为湿质量）试样，共10个试样，并分别放在10个大口聚乙烯桶（如为稳定细粒土，可用搪瓷杯或1000mL具塞三角瓶）；如为粗粒土，可用5L的大口聚乙烯桶）内。土的含水量应等于工地预期达到的最佳含水量，土中所加的水应与工地所用的水相同。

（4）取一个盛有试样的盛样器，在盛样器内加入两倍试样质量（湿料质量）体积的10%氯化铵溶液（如湿料质量为300g，则氯化铵溶液为600mL；如湿料质量为1000g，则氯化铵溶液为2000mL）。料为300g，则搅拌3min（每分钟搅110～120次）；料为1000g，则搅拌5min。如用1000mL具塞三角瓶，则手握三角瓶（瓶口向上）用力振荡3min（每分钟120次±5次），以代替搅拌棒搅拌。放置沉淀10min，然后将上部清液转移到300mL烧杯内，搅匀，加盖表面皿待测。

（5）用移液管吸取上层（液面上1～2cm）悬浮液10.0mL放入200mL的三角瓶内，用量管量取1.8%氢氧化钠（内含三乙醇胺）溶液50mL倒入三角瓶中，此时溶液pH值为12.5～13.0（可用pH12～14精密试纸检验），然后加入钙红指示剂（质量约为0.2g），摇匀，溶液呈玫瑰红色。记录滴定管中EDTA二钠标准溶液的体积V_1，然后用EDTA二钠标准溶液滴定，边滴定边摇匀，并仔细观察溶液的颜色；在溶液颜色变为紫色时，放慢滴定速度，并摇匀；直到纯蓝色为终点，记录滴定管中EDTA二钠标准溶液体积V_2（以mL计，读至0.1mL）。计算V_1-V_2，即为EDTA二钠标准溶液的消耗量。

（6）对其他几个盛样器中的试样，用同样的方法进行试验，并记录各自的EDTA二钠标准溶液的消耗量。

（7）以同一水泥或石灰剂量稳定材料EDTA二钠标准溶液消耗量（mL）的平均值为纵坐标，以水泥或石灰剂量（%）为横坐标制图。两者的关系应是一根顺滑的曲线，如图3.24所示。如素土、水泥或石灰改变，必须重做标准曲线。

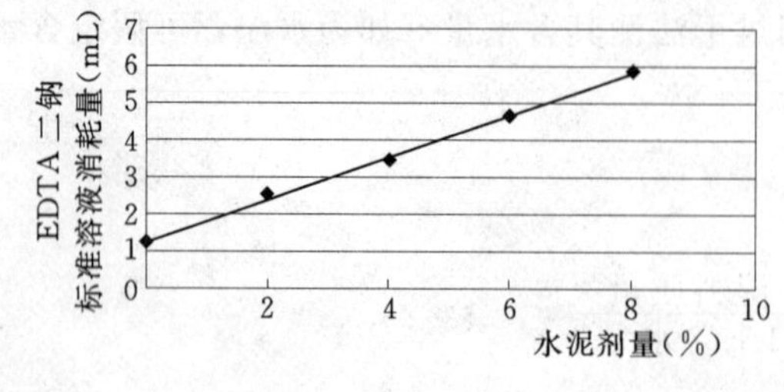

图3.24 EPDA标准曲线

5. 试验步骤

（1）选取有代表性的无机结合料稳定材料，对稳定中、粗粒土取试样约3000g，对稳定细粒土取试样约1000g。

（2）对水泥或石灰稳定细粒土，称300g

放在搪瓷杯中，用搅拌棒将结块搅散，加 10%氯化铵溶液 600mL；对水泥或石灰稳定中、粗粒土，可直接称取 1000g 左右，放入 10%氯化铵溶液 2000mL，然后如前述步骤进行试验。

(3) 利用所绘制的标准曲线，根据 EDTA 二钠标准溶液消耗量，确定混合料中的水泥或石灰剂量。

6. 结果整理

本试验应进行两次平行测定，取算术平均值，精确至 0.1mL。允许重复性误差不得大于均值的 5%，否则，重新进行试验。

7. 报告

试验报告应包括以下内容：

(1) 无机结合料稳定材料名称。

(2) 试验方法名称。

(3) 试验数量 n。

(4) 试验结果极小值和极大值。

(5) 试验结果平均值 $\overline{X}$。

(6) 试验结果标准差 S。

(7) 试验结果变异系数 C_v。

8. 记录

本试验的记录表见表 3.34。

表 3.34　　水泥或石灰剂量测定记录表

工程名称：____________　　试验方法：____________

结构层名称：____________　　试验者：____________

稳定剂种类：____________　　校核者：____________

试样编号：____________　　试验日期：____________

标准曲线制定

平行试样	1			2			平均 EDTA 二钠标准溶液消耗量（mL）
剂量	V_1（mL）	V_2（mL）	EDTA 二钠标准溶液消耗量（mL）	V_1（mL）	V_2（mL）	EDTA 二钠标准溶液消耗量（mL）	
标准曲线公式							

试样编号	V_1（mL）	V_2（mL）	EDTA 二钠标准溶液消耗量（mL）	平均 EDTA 二钠标准溶液消耗量（mL）	结合料剂量（%）
1					
2					

3.5.3 石灰稳定材料中石灰剂量测定方法（直读式测钙仪法）

1. 适用范围

本方法适用于测定新拌石灰土中石灰的剂量。

2. 仪器设备

（1）钙离子选择性电极（PVC 薄膜）：1 支。

（2）饱和甘汞电极：232（或 330）型，1 支。

（3）直读式测钙仪：1 台。

（4）电子天平：量程不小于 1500g，感量 0.01g；分析天平：量程不小于 50g，感量 0.0001g，各 1 台。

（5）量筒：1000mL、200mL、50mL，各 1 只。

（6）具塞三角瓶：1000mL，10 个（或搪瓷杯 10 个）；500mL，4 个。

（7）大口聚乙烯桶：SL，4 个。

（8）烧杯：2000mL，1 个；300mL，10 个；50mL，15 个。

（9）容量瓶：1000 mL，1 个。

（10）塑料瓶：10L，2 个；1000mL，3 个；250 mL，2 个。

（11）大肚移液管：100mL，1 支。

（12）干燥器：1 个。

（13）表面皿：ϕ90mm，10 个；ϕ50mm，15 个。

（14）计时器：1 只。

（15）搅拌子：20 只。

（16）电炉、石棉网：各 1 个。

（17）洗瓶：500mL，1 个。

（18）其他：吸水管，洗耳球，粗、细玻璃棒，试剂勺。

3. 制备溶液

（1）10%氯化铵溶液。将 100g 氯化铵放入大烧杯中，加蒸馏水 900mL，搅拌均匀后，存放于塑料桶内保存。

（2）20%氢氧化钠溶液。用感量 0.01g 的电子天平迅速称取 40g 分析纯氢氧化钠（NaOH）放入 300mL 烧杯中，加入 160mL 新煮沸并已冷却的蒸馏水。用玻璃棒充分搅匀后，转入塑料瓶中备用（若用玻璃瓶装，瓶塞应改用橡皮塞，避免因久放瓶塞打不开）。

（3）0.1mol/m^3 氯化钙标准溶液。将分析纯碳酸钙（$CaCO_3$）在 180℃烘箱中烘 2h 后，取出放入干燥器内冷却 45min。用分析天平准确称取碳酸钙 10.009g 放入 300mL 烧杯中。用少许蒸馏水润湿后，从杯口用吸水管沿杯壁逐滴滴入 1∶5 稀盐酸（18mL 盐酸加 90mL 蒸馏水）并轻摇杯子，使碳酸钙全部溶解。然后用洗瓶吹洗杯壁，移至电炉上加热至微沸，并保持微沸 5min，以驱除二氧化碳。冷却后转移至 1000mL 容量瓶中，用蒸馏水多次沿杯壁冲洗烧杯，将冲洗的水一并倒入容量瓶中。当蒸馏水加到约 950mL 左右时，再用 20%氢氧化钠调至中性，使 pH 值为 7。最后用蒸馏水稀释至刻度，反复摇匀，静置后倒入 1000mL 塑料瓶中备用。

（4）0.01mol/m³ 氯化钙标准溶液。用大肚移液管吸取 0.01mol/m³ 氯化钙标准溶液 100mL 放入 1000mL 容量瓶中，加蒸馏水稀释到刻度后，充分摇匀，转入 1000mL 塑料瓶中备用。

（5）0.001mol/m³ 氯化钙标准溶液。用大肚移液管吸取 0.001mol/m³ 氯化钙标准溶液 100mL 放入 1000mL 容量瓶中，加蒸馏水稀释到刻度，充分摇匀，转入 1000mL 塑料瓶中备用。

（6）氯化钾饱和溶液。用感量 0.01g 的电子天平称分析纯氯化钾（KCl）70g，放入 300mL 烧杯中，用量筒取 200mL 蒸馏水倒入烧杯内，用玻璃棒充分搅动，溶液中应留有结晶（溶液呈过饱和状态），移入塑料瓶中备用。

4. 准备仪器和电极

（1）钙电极（图 3.25）：在测定前一天，应将内参比电极从套管中取出，向管中滴入 0.1mol/m³ 氯化钙标准溶液 15 滴左右。再将内参比电极装回管内。在每天进行测定之前，将钙电极从套管中取出，将有薄膜的一端放在 0.01mol/m³ 氯化钙标准溶液中浸泡 2h，使电极活化。使用前取出电极，用水冲洗并用软纸吸干电极上的水分。

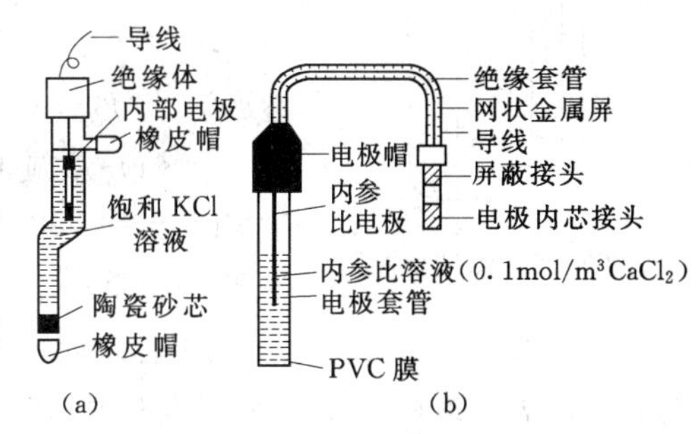

图 3.25　甘汞电极和钙电极
（a）甘汞电极；（b）钙电极

（2）甘汞电极：检查内液面是否与上部加液口平，若内液面低时，拔去加液口橡皮帽并用滴管添加氯化钾饱和溶液。测定时拔去上端加液口橡皮帽和下端橡皮帽。用水冲洗并用软纸吸干水分。

（3）仪器：在测定前接通测钙仪电源，使仪器预热 20min。

5. 准备石灰土标准剂量浸提液

（1）测定土和石灰的风干含水量。

（2）确定石灰土的最佳含水量。

（3）计算 6%，14%石灰土中石灰、土和水的质量。

（4）石灰土标准剂量浸提液的制备。用准备好的土和石灰配制 6%，14%的石灰土标准剂量浸提液供标定仪器用。用电子天平按本方法（3）中计算所得的量分别称取准备好的土样和石灰，制备以上两种剂量的石灰稳定材料。石灰稳定细粒土各制备 300g 湿混合料，分别放入 1000mL 具塞三角瓶（或搪瓷杯）中，混匀。再用量筒加入 10%氯化钙溶液 600mL，盖紧塞子用手振荡（或用搅拌棒搅拌）3min，保持每分钟（120±15）次。对石灰稳定中、粗粒土各制备 1000g 湿混合料，分别放入 5L 聚乙烯桶中，混匀。再用量筒加入 10%氯化钙溶液 2000mL，用搅拌棒搅拌 5min。

以上溶液静置 10min 后，将上部清液用移液管转移到干燥、洁净的 500mL 具塞三角瓶中，摇匀，瓶外加贴标签，供以后标定仪器时用。

当石灰品种、土质和水质相同时，制备的 6%，14%石灰土标准剂量浸提液可供连续标定 10d 之用。

6. 标定仪器

(1) 将上述制备好的标准液分别移出25～30mL至干燥、洁净的50mL烧杯中，各加入一只搅拌子。先将6%标准液放在直读式测钙仪上，待仪器开始搅拌后放入钙电极和甘汞电极，如图3.26所示，停止搅拌后，调整校正Ⅰ旋钮，使之显示6.0；采样读数结束。将电极提起，取下6%标准液。用水冲洗电极并用软纸吸干电极上的水。

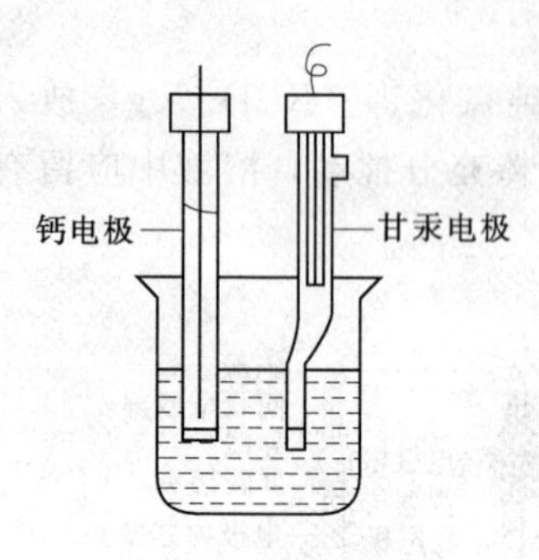

图3.26 测试示意图

(2) 再将装有14%标准液的烧杯放在直读式测钙仪上，开始搅拌后，放入钙电极和甘汞电极。停止搅拌后，调整校正Ⅱ旋钮，使之显示14.0g。

(3) 如此重复2～3次。每次用6%和14%标准液校正均能显示6.0和14.0时，仪器标定即完毕。

7. 试验步骤

(1) 从施工现场同一位置取具有代表性的石灰稳定中、粗粒土约3000g，石灰稳定细粒土试样约1000g，经进一步拌匀后备用。

(2) 用感量0.01g的电子天平称取两份石灰稳定细粒土试样各300g，并分别放入两个1000mL具塞三角瓶中，每个三角瓶中加10%氯化铵溶液600mL。盖紧塞子用手振荡(或用不锈钢棒搅拌) 2min，保持每分钟(120±5)次。用感量0.01g的电子天平称取两份石灰稳定中、粗粒土试样各1000g，并分别放入5L聚乙烯桶中，加10%氯化铵溶液2000mL用搅拌棒搅拌5min。

(3) 以上溶液静置10min后，将25～30mL待测液用移液管移入干燥、洁净的50mL烧杯中。加入一只搅拌子并放在直读式测钙仪上，仪器开始搅拌后，放入钙电极和甘汞电极，待停止搅拌后，仪器显示的数值即为该样品的石灰剂量。

8. 结果整理

(1) 试验结果精确至0.1%。

(2) 本试验应进行两次平行测定，取两次测试结果的平均值。

9. 报告

试验报告应包括以下内容：

(1) 无机结合料稳定材料名称。

(2) 试验方法名称。

(3) 试验数量n。

(4) 试验结果极小值和极大值。

(5) 试验结果平均值$\overline{X}$。

(6) 试验结果标准差S。

(7) 试验结果变异系数C_v。

10. 记录

本试验的记录表见表3.35。

表 3.35　　水泥或石灰剂量测定记录表

工程名称：________　试验方法：________

结构层名称：________　试验者：________

稳定剂种类：________　校核者：________

试样编号：________　试验日期：________

试样编号		
结合料剂量（%）		

3.5.4　石灰细度试验方法

1. 适用范围

本方法适用于生石灰、生石灰粉和消石灰粉的细度试验。

2. 仪器设备

（1）试验筛：0.6mm、0.15mm，1 套。

（2）羊毛刷：4 号。

（3）天平：量程不小于 500g，感量 0.01g。

3. 试样准备

取 300g 生石灰粉或消石灰粉试样，在 105℃烘箱中烘干备用。

4. 试验步骤

称取试样 50g，记录为 m，倒入 0.6mm、0.15mm 方孔套筛内进行筛分。筛分时一只手握住试验筛，并用手轻轻敲打，在有规律的间隔中，水平旋转试验筛，并在固定的基座上轻敲试验筛，用羊毛刷轻轻地从筛上面刷，直至 2min 内通过量小于 0.1g 时为止。分别称量筛余物质量 m_1、m_2。

5. 计算

筛余百分含量按以下二式计算

$$X_1=\frac{m_1}{m}\times 100\% \tag{3.27}$$

$$X_2=\frac{m_1+m_2}{m}\times 100\% \tag{3.28}$$

式中　X_1——0.6mm 方孔筛筛余百分含量，%；

X_2——0.6mm、0.15mm 方孔筛，两筛上的总筛余百分含量，%；

m_1——0.6mm 方孔筛筛余物质量，g；

m_2——0.15mm 方孔筛筛余物质量，g；

m——试样质量，g。

6. 结果整理

（1）计算结果保留小数点后两位。

（2）取 3 个试样进行平行试验，然后取平均值作为 X_1、X_2 的值。3 次试验的重复性误差均不得大于 5%，否则应另取试样重新试验。

7. 报告

试验报告应包括以下内容：

(1) 石灰来源。

(2) 试验方法名称。

(3) 0.6mm方孔筛筛余百分含量。

(4) 0.15mm方孔筛筛余百分含量。

8. 记录

本试验的记录表见表3.36。

表3.36 石灰有效氧化钙和氧化镁含量试验记录表

工程名称：________ 试验方法：________

结构层名称：________ 试验者：________

稳定剂种类：________ 校核者：________

试样编号：________ 试验日期：________

盐酸标准溶液的摩尔浓度滴定

碳酸钠质量(g)	滴定管中盐酸标准溶液体积		盐酸标准溶液消耗量 V (mL)	摩尔浓度 N (mol/L)	平均摩尔浓度 $\overline{X}$
	V_1 (mL)	V_2 (mL)			

石灰的钙镁含量滴定

试验编号	石灰质量(g)	滴定管中盐酸标准溶液体积		盐酸标准溶液消耗量 V_5 (mL)	石灰钙镁含量 X (%)
		V_3 (mL)	V_4 (mL)		
1					
2					

3.5.5 无机结合料稳定材料取样方法

1. 适用范围

本方法适用于无机结合料稳定材料室内试验、配合比设计以及施工过程中的质量抽检等。本方法规范了无机结合料及稳定材料的现场取样操作。

2. 分料

可用下列方法之一将整个样品缩小到每个试验所需材料的合适质量。

(1) 四分法。

1) 需要时应加清水使主样品变湿。充分拌和主样品：在一块清洁、平整、坚硬的表面上将试料堆成一个圆锥体，用铲翻动此锥体并形成一个新锥体，这样重复进行3次。在形成每一个锥体堆时，铲中的料要放在锥顶，使滑到边部的那部分料尽可能分布均匀，使锥体的中心不移动。

2) 将平头铲反复交错垂直插入最后一个锥体的顶部，使锥体顶变平，每次插入后提起铲时不要带有试料。沿两个垂直的直径，将已变成平顶的锥体料堆分成四部分，尽可能使这四部分料的质量相同。

3) 将对角的一对料（如一、三象限为一对，二、四象限为另一对）铲到一边，将剩

余的一对料铲到一块。重复上述拌和以及缩小的过程，直到达到要求的试样质量。

(2) 分料器法。如果集料中含有粒径 2.36mm 以下的细料，材料应该是表面干燥的。将材料充分拌和后通过分料器，保留一部分，将另一部分再次通过分料器。这样重复进行，直到将原样品缩小到需要的质量。

3. 料堆取料

在料堆的上部、中部和下部各取一份试样，混合后按四分法分料取样。

4. 试验室分料

(1) 目标配合比阶段各种石料应逐级筛分，然后按设定级配进行配料。

(2) 生产配合比阶段可采用四分法分料，且取料总质量应大于分料取样后每份质量的 4～8 倍。

5. 施工过程中混合料取样

(1) 在进行混合料验证时，宜在摊铺机后取料，且取料应分别来源于 3～4 台不同的料车，然后混合到一起进行四分法取样，进行无侧限抗压强度成型及试验。

(2) 在评价施工离散性时，宜在施工现场取料。应在施工现场的不同位置按随机取样原则分别取样品，对于结合料剂量还需要在同一位置的上层和下层分别取样，试样应单独成型。

3.5.6 无机结合料稳定材料振动压实试验方法

1. 适用范围

本方法适用于在室内对水泥、石灰、石灰粉煤灰稳定粒料土基层材料进行振动压实试验，以确定这些材料在振动压实条件下的含水量一干密度曲线，确定其最佳含水量和最大干密度。

2. 仪器设备

(1) 钢模：内径 152mm、高 170mm、壁厚 10mm；钢模套环：内径 152mm、高 50mm、壁厚 10mm；筒内垫块：直径 151mm、厚 20mm；钢模底板：直径 300mm、厚 10mm。以上各部件如图 3.27 所示，可用螺栓固定成一体。

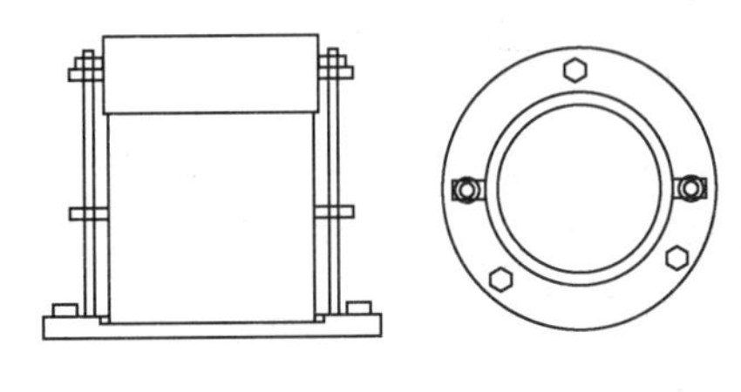

图 3.27 钢模、钢模套环及钢模底板示意图

(2) 振动压实机：如图 3.28 所示，配有中 150mm 的压头，静压力、激振力和频率可调。

(3) 电子天平：量程 15kg，感量 0.1g；量程 4000g，感量 0.01g。

(4) 方孔筛：孔径 37.5mm、31.5mm、26.5mm、19mm、9.5mm、4.75mm、2.36mm、0.6mm 以及 0.075mm 的标准筛各 1 个。

(5) 量筒：50mL、100mL 和 500mL 的量筒各 1 个。

(6) 直刮刀：长 200～250mm、宽 30mm、厚 3mm，一侧开口的直刮刀，用以刮平和修饰粒料大试件的表面。

(7) 工字形刮平尺：30mm×50mm×310mm，上下两面和侧面均刨平。

(8) 拌和工具：约 400mm×600mm×70mm 的长方形金属盘、拌和用平头小铲等。

(9) 脱模器。

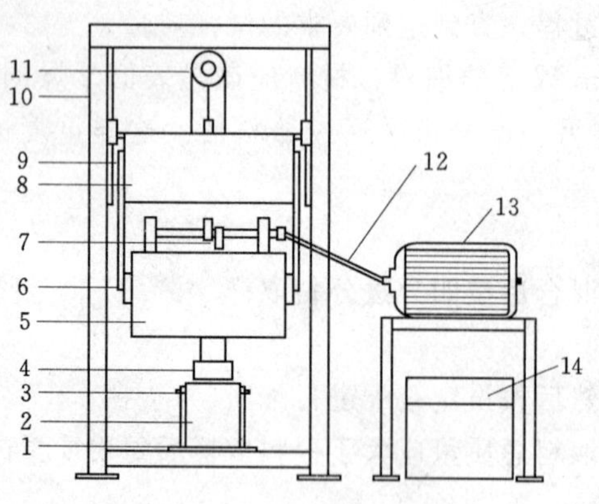

图 3.28 振动压实机示意图

1—钢模底盘；2—钢模；3—钢模套环；4—压头；5—下车系统；6—减振块；7—偏心块；8—上车系统；9—导向柱；10—机架；11—手动葫芦；12—传动轴；13—电动机；14—变频器

(10) 测定含水量用的铝盒、烘箱等其他用具。

(11) 用于固紧试模螺栓的扳手、钳子，用于调节偏心块夹角的小榔头等。

3. 试验准备

(1) 对集料进行筛分，按预定级配配好集料。如果集料的最大公称粒径不大于 37.5mm，则直接备料；如果大于 37.5mm 的粒径含量超过 10%，则过 37.5mm 筛备用，筛分后记录超尺寸颗粒的百分率。

(2) 在预定做击实试验的前一天，取有代表性的试料测定其风干含水量。对于细料，试样应不少于 100g；对于中粒料，试样应不少于 1000g；对于粗粒料，试样应不少于 2000g。同时测定石灰和水泥的含水量。

4. 试验步骤

(1) 调节振动压实机上下车的配重块数、偏心块夹角和变频器的频率。对无机结合料稳定粒料一般选用面压力约为 0.1MPa，激振力约 6800N，振动频率为 28～30Hz 的振实条件。

(2) 将准备好的各种粗、细集料按照预定的混合料级配配制 5～6 份，每份试料的干质量约为 5.5～6.5kg。

(3) 预定 5～6 个不同含水量，依次相差 1%～2%，且其中至少有两个大于和两个小于最佳含水量。

(4) 按预定含水量制备试样。将 1 份试料平铺于金属盘内，将事先计算得到的该份试料中应加的水量均匀地喷洒在试料上，用小铲将试料充分拌和到均匀状态，然后装入密闭容器或塑料口袋内浸润备用。

应加水量可按下式计算

$$m_w=\left(\frac{m_n}{1+0.1w_n}+\frac{m_c}{1+0.01w_c}\right)\times 0.01w-\frac{m_n}{1+0.01w_n}\times 0.01w_n-\frac{m_c}{1+0.01w_c}\times 0.01w_c \tag{3.29}$$

式中 m_w——混合料中应加的水量，g；

m_n——混合料中集料的质量，g，其原始含水量为 w_n，即风干含水量，%；

m_c——混合料中水泥或石灰的质量，g，其原始含水量为 w_c，%；

w——要求达到的混合料的含水量，%。

(5) 将所需要的结合料，如水泥加到浸润后的试料中，并用小铲、泥刀或其他工具充分拌和到均匀状态。加有水泥的试料拌和后，应在 1h 内完成振实试验。拌和后超过 1h 的试样，应予作废（石灰稳定和石灰粉煤灰稳定除外）。

(6) 将钢模套环、钢模及钢模底板紧密联结，然后将其放在坚实地面上。将拌和好的混合料按四分法分成 4 份，将对角的两份依次倒入筒内，一边倒一边用直径 2cm 左右的

木棒插捣。混合料应分两次装完，整平其表面并稍加压紧，然后将钢模连同混合料放在振动压实机的钢模底板上，用螺栓将钢模底板与振动压实机底板固定在一起。

(7) 将振动压头对准钢模后，拉动手动葫芦放下振动器，使振动压头与钢模内的混合料紧密接触，然后取下手动葫芦吊钩，放好手动葫芦拉链。检查振动压实机上的螺栓及相关联结处，确定没有任何物品放在振动压实机上。

(8) 启动振动压实机开关，开始振动压实。仔细观察振实压实情况，在振动压头回弹跳起时关闭机器，记下振动压实时间。

(9) 用手动葫芦拉起振动压头。用刮土刀或螺丝刀将已振实层的表面拉毛，然后将剩下的混合料加入试模中，一边倒一边用直径 2cm 左右的木棒插捣，整平其表面并稍加压紧，重复上述振动试验。

(10) 振动完毕后，用手动葫芦拉起振动压头。松开钢模底板的螺栓，将钢模连同经过振实的混合料一起卸下。用刮土刀沿套环内壁稍稍挖松振实后的混合料，以便使混合料与套环脱离，松开螺栓后小自扭动并取下钢模套环，然后检查钢模内振实后的材料高度是否合适。经过振实的混合料不能低于钢模的边缘，同时，振实后的混合料也不能高出钢模边缘 10mm，否则作废。

(11) 齐钢模顶用刮土刀仔细刮平混合料，如混合料顶面略突出筒外或有孔洞，则应仔细刮平或修补。拆除底板，擦净钢模外壁，称取钢模与混合料的质量 m_1。

(12) 用脱模器推出钢模内混合料。用锤将经过振实的混合料打碎后，从其中心部分取 2000～2500g 的混合料，装入金属盆中。将金属盆连同混合料一起放入 110℃ 的烘箱中烘干 12h，测定其含水量，并计算相应的干密度。擦净试筒，称其质量 m_2。

5. 计算

(1) 稳定材料湿密度计算。按下式计算每次击实后稳定材料的湿密度

$$\rho_w=\frac{m_1-m_2}{V} \tag{3.30}$$

式中　ρ_w——稳定材料的湿密度，g/cm³；

m_1——试筒与湿试样的合质量，g；

m_2——试筒的质量，g；

V——试筒的容积，cm³。

(2) 稳定材料干密度计算。按下式计算每次击实后稳定材料的干密度

$$\rho_d=\frac{\rho_w}{1+0.01\omega} \tag{3.31}$$

式中　ρ_d——稳定材料的干密度，g/cm³；

ρ_w——稳定材料的湿密度，g/cm³；

ω——稳定材料的含水量，%。

(3) 制图。

1) 以干密度为纵坐标、含水量为横坐标，在普通直角坐标纸上绘制干密度一含水量关系曲线。凸形曲线顶点的纵横坐标分别为稳定材料的最大干密度和最佳含水量。

2) 如试验点不足以连成完整的驼峰形曲线，则应该进行补充试验。

3) 按上述方法测定并计算不同含水量下的试件的干密度，绘制干密度-含水量关系曲

线。确定最佳含水量、最大干密度和最佳压实状态下的振动压实时间。

6. 结果整理

(1) 混合料密度计算应保留小数点后3位有效数字，含水量应保留小数点后1位有效数字。

(2) 应作两次平行试验，两次试验最大干密度的差不应超过0.05g/cm³（稳定细粒土）和0.08g/cm³（稳定中粒土和粗粒土），最佳含水量的差不应超过0.5%（最佳含水量小于10%）和1.0%（最佳含水量大于10%）。

7. 报告

试验报告应包括以下内容：

(1) 试样的最大粒径、超尺寸颗粒的百分率。

(2) 水泥的种类和强度等级，或石灰中有效氧化钙和氧化镁的含量（%）。

(3) 无机结合料类型及剂量。

(4) 所用振动压实机的各参数。

(5) 最大干密度（g/cm³）。

(6) 最佳含水量（%），并附振实曲线。

8. 记录

本试验的记录格式见表3.37。

表3.37　　稳定材料振动压实试验记录表

工程名称：______　结合料含水量（%）：______
试样编号：______　试验方法：______
混合料名称：______　试验者：______
结合料剂量（%）：______　校核者：______
集料含水量（%）：______　试验日期：______
振动参数：频率______　面压力______　激振力______

试验序号		1	2	3	4	5	6
干密度	加水量（g）						
	筒＋湿试样的质量（g）						
	筒的质量（g）						
	湿试样质量（g）						
	湿密度（g/cm³）						
	干密度（g/cm³）						
含水量	盒号						
	盒＋湿试样的质量（g）						
	盒＋干试样的质量（g）						
	盒的质量（g）						
	水的质量（g）						
	干试样的质量（g）						
	含水量（%）						
	平均含水量（%）						
备注（振动状态）							

3.5.7 无机结合料稳定材料养生试验方法

1. 适用范围

(1) 本方法适用水泥稳定材料类和石灰、二灰稳定材料类的养生。

(2) 标准养生方法是指无机结合料稳定类材料在规定的标准温度和湿度环境下强度增长的过程。快速养生是为了提高试验效率，采用提高养生温度缩短养生时间的养生方法。

(3) 本方法规定了无机结合料稳定材料的标准养生和快速养生的试验方法和步骤。在采用快速养生时，应建立快速养生条件下与标准养生条件下，混合料的强度发展的关系曲线，并确定标准养生的长龄期强度对应的快速养生短龄期。

2. 仪器设备

(1) 标准养护室。标准养护室温度 (20±2)℃，相对湿度在95%以上。

(2) 高温养护室。能保持试件养生温度 (60±1)℃，相对湿度 95 %以上。容积能满足试验要求。

3. 试验步骤

(1) 标准养生方法。

1) 试件从试模内脱出并量高称质量后，中试件和大试件应装入塑料袋内。试件装入塑料袋后，将袋内的空气排除干净，扎紧袋口，将包好的试件放入养护室。

2) 标准养生的温度为 (20±2)℃，标准养生的湿度为不小于95%。试件宜放在铁架或木架上，间距至少10～20mm。试件表面应保持一层水膜，并避免用水直接冲淋。

3) 对无侧限抗压强度试验，标准养生龄期是7d，最后一天浸水。对弯拉强度、间接抗拉强度，水泥稳定材料类的标准养生龄期是90d，石灰稳定材料类的标准养生龄期是180d。

4) 在养生期的最后一天，将试件取出，观察试件的边角有无磨损和缺块，并量高称质量，然后将试件浸泡于 (20±2)℃水中，应使水面在试件顶上约2.5cm。

(2) 快速养生方法。

1) 快速养生龄期的确定。

a. 将一组无机结合料稳定材料，在标准养生条件下［(20±2)℃，湿度不小于95%］养生180d（石灰稳定类材料养生180d，水泥稳定类材料养生90d）测试抗压强度值。

b. 将同样的一组无机结合料稳定材料，在高温养生条件下［(60±1)℃，湿度不小于95%］下养生7d、14d、21d、28d等，进行不同龄期的抗压强度试验，建立高温养生条件下强度一龄期的相关关系。

c. 在强度一龄期关系曲线上，找出标准养生长龄期强度对应的高温养生的短龄期。并以此作为快速养生的龄期。

2) 快速养生试验步骤。

a. 将高温养护室的温度调至规定的温度 (60±1)℃，湿度也保持在95%以上，并能自动控温控湿。

b. 将制备的试件量高称质量后，小心装入塑料袋内。试件装入塑料袋后，将袋内的空气排除干净，并将袋口扎紧，将包好的试件放入养护箱中。

c. 养生期的最后一天，将试件从高温养护室内取出，晾至室温（约2h），再打开塑料袋取出试件，观察试件有无缺损，量高称质量后，浸入（20±2）℃恒温水槽中，水面高出试件顶2.5cm。浸水24h后，取出试件，用软布擦去可见自由水，称质量、量高后，立即进行相关的试验。

4. 结果整理

（1）如养生期间有明显的边角缺损，试件应该作废。

（2）对养生7d的试件，在养生期间，试件质量损失应符合下列规定：小试件不超过1g；中试件不超过4g；大试件不超过10g。质量损失超过此规定的试件，应予作废。

（3）对养生90d和180d的试件，在养生期间，试件质量的损失应符合下列规定：小试件不超过1g；中试件不超过10g；大试件不超过20g。质量损失超过此规定的试件，应予作废。

5. 报告

试验报告应包括以下内容：

（1）材料的颗粒组成。

（2）水泥的种类和强度等级，或石灰的等级。

（3）重型击实的最佳含水量（%）和最大干密度（g/cm^3）。

（4）无机结合料类型及剂量。

（5）试件干密度（保留小数点后3位，g/cm^3）或压实度。

（6）该材料在高温下龄期与强度的对应关系。

（7）与标准长龄期强度所对应的快速养生的龄期。

6. 记录

本试验的记录格式根据所养生的试件类型，采取相应的梁式试件和圆柱形试件的记录表格。圆柱形试件养生记录表见表3.38。在记录内容里增加养生的起始日前和终止日期，养生的温度、湿度和养生结束后的试验内容。

表3.38　稳定材料圆柱形试件养生记录表

工程名称＿＿＿＿＿＿＿＿　混合料名称＿＿＿＿＿＿＿＿

土质类型＿＿＿＿＿＿＿＿　结合料类型及剂量（%）＿＿＿＿＿＿＿＿

最佳含水量（%）＿＿＿＿＿＿＿＿　最大干密度（g/cm^3）＿＿＿＿＿＿＿＿

试件压实度（%）＿＿＿＿＿＿＿＿　试件标准质量（g）＿＿＿＿＿＿＿＿

养生开始日期＿＿＿＿＿＿＿＿　饱水日期＿＿＿＿＿＿＿＿

养生温度＿＿＿＿＿＿＿＿　养生湿度＿＿＿＿＿＿＿＿

试验人员＿＿＿＿＿＿＿＿　试验目的＿＿＿＿＿＿＿＿

编号	直径（mm）				高度（mm）				质量（g）	误差（%）
	1	2	3	平均	1	2	3	平均		
1										
2										
3										
4										

续表

编号	直径（mm）				高度（mm）				质量（g）	误差（%）
	1	2	3	平均	1	2	3	平均		
饱水前质量和尺寸										
1										
2										
3										
4										
饱水后质量和尺寸										
1										
2										
3										
4										

3.5.8 无机结合料稳定材料弯拉强度试验方法

1. 适用范围

本方法适用于测定无机结合料稳定材料的弯拉强度，并为无机结合料稳定材料的弯拉疲劳试验、弯拉模量试验确定加荷标准提供基础参数。试验采用三分点加压的方法进行。

2. 仪器设备

（1）压力机或万能试验机（也可用路面强度试验仪和测力计）：压力机应符合现行《液压式压力试验机》（GB/T 3722）及《试验机通用技术要求》（GB/T 2611）中的要求，其测量精度为±1%，同时应具有加载速率指示装置或加载速率控制装置。上下压板平整并有足够刚度，可以均匀地连续加载卸载，可以保持固定荷载。开机停机均灵活自如，能够满足试件吨位要求，且压力机加载速率可以有效控制在 50mm/min。

（2）加载模具（图 3.29）。

（3）标准养护室。

（4）球形支座。

（5）电子天平：量程 15kg，感量 0.1g，量程 4000g，感量 0.01g。

（6）台秤：量程 50kg，感量 5g。

3. 试件制备和养护

（1）根据混合料粒径的大小，选择不同尺寸的试件尺寸：小梁，50mm×50mm×200mm，适用于细粒土；中梁，100mm×100mm×400mm，适用于中粒土；大梁，150mm×150mm×550mm，适用于粗粒土。

（2）按照规程规定的方法成型梁式试件。

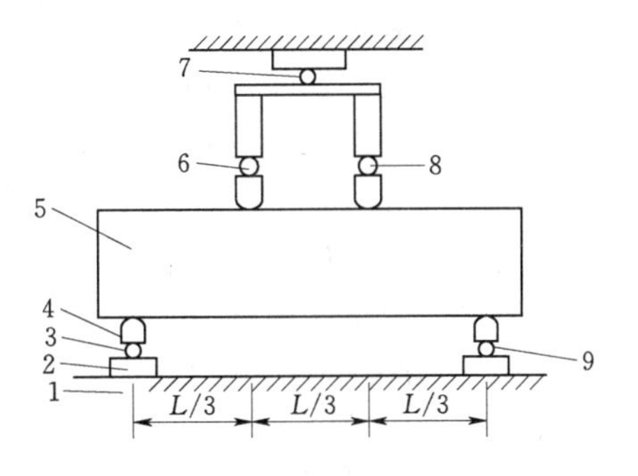

图 3.29 弯拉强度试验装置图（单位：mm）

1—机台；2—活动支座；3、8—两个钢球；4—活动船形垫块；5—试件；6、7、9——个钢球

(3) 养生时间视需要而定，水泥稳定材料、水泥粉煤灰稳定材料的养生龄期应是90d，石灰稳定材料和石灰粉煤灰稳定材料的养生龄期应是180d。按照本规程标准养生方法进行养生。

(4) 为保证试验结果的可靠性和准确性，每组试件的试验数目要求为：小梁试件不少于6根；中梁不少于12根；大梁不少于15根。

4. 试验步骤

(1) 根据试验材料的类型和一般的工程经验，选择合适量程的测力计和试验机，对被测试件施加的压力应在量程的20%～80%范围内。如采用压力机系统，需调试设备，设定好加载速率。

(2) 球形支座涂上机油，使球形支座能够灵活转动，并安放在上压块上。在上下压块的左右两个半圆形压头上涂上机油。

(3) 试件取出后，用湿毛巾覆盖并及时进行试验，保持试件干湿状态不变。

(4) 在试件中部量出其宽度和高度，精确至1mm。

(5) 在试件侧面（平行于试件成型时的压力方向）标出三分点位置。

(6) 将试件安放在试架上，荷载方向与试件成型时的压力方向一致，上下压块应位于试件三分点位置。

(7) 安放球形支座。

(8) 根据试验要求，在梁跨中安放位移传感器，测量破坏极限荷载时的跨中位移。

(9) 加载时，应保持均匀、连续，加载速率为50mm/min，直至试件破坏。

(10) 记录破坏极限荷载P（N）或测力计读数。

5. 计算

按下式计算弯拉强度

$$R_s=\frac{PL}{b^2h} \tag{3.32}$$

式中　R_s——弯拉强度，MPa；

P——破坏极限荷载，N；

L——跨距，也就是两支点间的距离，mm；

b——试件宽度，mm；

h——试件高度，mm。

6. 结果整理

(1) 弯拉强度保留两位小数。

(2) 同一组试件试验中，采用3倍均方差方法剔除异常值，小梁可以有1个异常值，中梁1～2个异常值，大梁2～3个异常值。异常值数量超过上述规定的试验重作。

(3) 同一组试验的变异系数C_v（%）符合下列规定，方为有效试验：小梁$C_v\leqslant6\%$；中梁$C_v\leqslant10\%$；大梁$C_v\leqslant15\%$。如不能保证试验结果的变异系数小于上述规定，则应按允许误差10%和90%概率重新计算所需的试件数量，增加试件数量并另作新试验。新试验结果与老试验结果一并重新进行统计评定，直到变异系数满足上述规定。

7. 报告

试验报告应包括以下内容：

(1) 集料的颗粒组成。

(2) 水泥的种类和强度等级，或石灰的有效钙和氧化镁含量（%）。

(3) 重型击实的最佳含水量（%）和最大干密度（g/cm^3）。

(4) 无机结合料类型及剂量。

(5) 试件干密度（保留 3 位小数，g/cm^3）或压实度。

(6) 吸水量以及测间接抗拉强度时的含水量（%）。

(7) 弯拉强度（MPa），用两位小数表示。

(8) 若干个试验结果的最小值和最大值、平均值$\overline{R}_s$、标准差 S、变异系数 C_v 和 95%保证率的值 $R_{s0.95}$（$R_{s0.95}=\overline{R}_s-1.645S$）。

8. 记录

本试验的记录表见表 3.39。

表 3.39　　弯拉强度试验记录表

工程名称________________　试件尺寸（cm）________________

路段范围________________　养生龄期（d）________________

混合料名称________________　加载速率（mm/min）________________

结合料剂量（%）________________　试验者________________

最大干密度（g/cm^3）________________　校核者________________

试件压实度（%）________________　试验日期________________

试件号					
试件制备方法					
制件日期					
养生前试件质量 m^2（g）					
浸水前试件质量 m_3（g）					
浸水后试件质量 m_4（g）					
养生期间的质量损失 m_2-m_3（g）					
吸水量 m_4-m_3（g）					
养生前试件的高度 h_0（mm）					
破坏载荷 P（N）					
弯拉强度 R_s（MPa）					

平均值（MPa）		变异系数（%）		代表值（MPa）	

3.5.9　无机结合料稳定材料温缩试验方法

1. 目的和适用范围

本方法适用于测定无机结合料稳定材料在温度降低时的收缩系数。测定无机结合料稳定材料在含水量不变（干燥）情况下的温度收缩系数。如采用在非干燥条件下，测定温度和失水的共同收缩，测试方法同干燥情况，但同时需要增加试件测试试件的失水率，将失水收缩系数计入。

2. 仪器设备

(1) 游标卡尺。

(2) 高低温交变试验箱。可以控制升降温速率和具有保温功能、保湿功能，具有可编程控制降温功能。

(3) 仪表法。

1) 千分表或位移计。

2) 收缩仪。收缩仪必须为殷钢制，否则要安装标准块，标定收缩仪在温度收缩下的变形。

3) 支脚。采用薄的有机玻璃片，如载玻片。

4) 光滑玻璃棒。

(4) 应变片法。

1) 静态电阻应变仪。具有相对固定的灵敏系数；提供应变信号采集和记录。

2) 应变片。阻值为120Ω、标距为80mm的箔式电阻应变片。

3) 应变胶。为502胶。

4) 手持式电动砂轮磨光机，粗砂纸、细砂纸。

5) 电烙铁、焊锡、连接导线、细塑料套管、胶布。

6) 温度补偿标准件（温度补偿片）。采用陶瓷片。

3. 试件制备和养护

(1) 根据混合料粒径的大小，选择不同尺寸的试件：小梁，50mm×50mm×200mm，适用于细粒土；中梁，100mm×100mm×400mm，适用于中粒土；大梁，150mm×150mm×550mm，适用于粗粒土。

(2) 按照规程要求确定无机结合料稳定材料的最佳含水量和最大干密度。

(3) 试件数量。同一配比的混合料3个试件为一组，测定材料的收缩变形。

(4) 按照规程规定的方法制备试件。

(5) 按照规程规定的标准养生方法进行养生，一般龄期为7d。养生龄期的1d，试件饱水24h。

(6) 温缩试验的温度确定需根据材料所在环境的温度要求和试验目的确定。可采用的温度范围是−25～60℃。

4. 试验步骤

(1) 仪表法。

1) 养生结束后，将试件放入105℃的烘箱中烘10～12h至恒量，使试件中没有自由水存在。烘干后将试件放到干燥通风的地方至常温。

2) 试验前用游标卡尺测量试件的初始长度，长度测量应在试件的两端和中间部位各测量1次，取3次测量的平均值。

3) 在收缩仪的底面放上涂有润滑剂的玻璃棒。

4) 对试件的端部进行打磨处理或直接在端部贴上支脚（薄的玻璃片）。

5) 将试件的光面朝下，安放到收缩仪上，装置好千分表，千分表的表头应在贴好的

玻璃片中间位置。

6）设定高低温交变试验箱的控温程序，包括温缩试验的温度以及降温速率（0.5℃/min)、保温时间（3h）。

7）将试件放入高低温交变试验箱中，将千分表顶到玻璃片上使表走动到较大的数值，待一批试件统一架好后归零。

8）试验从高温开始，逐级降温，并测定试件相应的收缩量。每个试件一般测定5～6个温度级别，每个级别的温度差一般为10℃。按照降温速率的要求，当温度降到设定的级位时，保温3h。在保温结束前的5min内读取千分表读数。两只千分表伸长的和为试件在降温过程中缩短的总长度。

（2）应变片法。

1）将达到龄期的试件放入温度为105℃的烘箱中烘10～12h至恒量。

2）试件表面处理。

a. 对于表面较平整且相对较致密的试件，可在试件两侧面表面中心位置比应变片面积稍大的范围内用砂纸磨平或用电动砂轮轻轻磨平，并用电吹风吹掉表面浮灰。

b. 对于表面粗糙的试件来说，在烘干前应在两个对应侧面上预定的贴片区用相应的结合料浆（水泥稳定类用水泥浆，二灰稳定类用二灰浆）涂抹一层，试件烘干后需要对涂层进行打磨。打磨的标准是：涂层能够填充试件表面的孔隙或坑槽，但不能独立成层。

3）粘贴应变片。

a. 用铅笔和直尺画出试件两侧的长和宽方向的中轴线，供贴应变片参照。取出两个电阻应变片，分别在底面涂上应变胶，并立即粘于试件两侧表面，压上塑料纸，并排去应变片与试件之间的气泡，应变片在长和宽两个方向上均应位于试件中轴线上。

b. 温度补偿片表面平整，不需要表面处理。应变片粘贴方法同上，一组待测试件共用一个温度补偿标准件。

c. 电线连接。应变片粘贴完毕且应变胶固化后可以连线。试件上的两个电阻应变片采用串联的方法如图3.30所示。为防止应变片相邻两引线接触短路，宜在引线端部套上细的塑料套管，并把端部引线用胶布固定在试件上。连线时各导线的端头用电烙铁焊接。温度补偿片上的两个应变片采用相同的连接方法。当所有试件和温度补偿片上的应变片连接完毕后，分别将各自的引线接入静态应变仪。电线和应变片的连接方式参考应变仪的说明书。

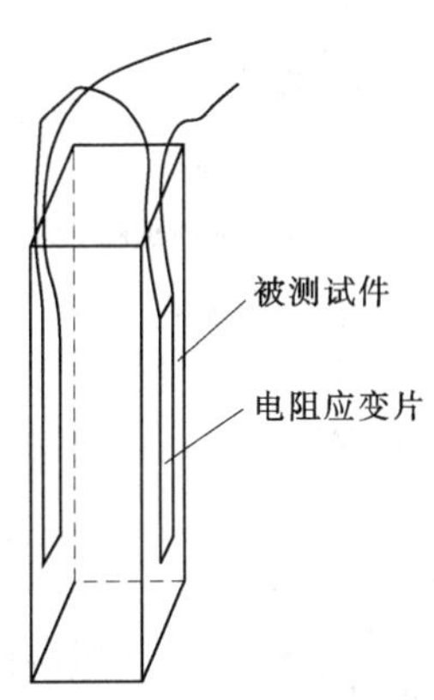

图3.30 应变片粘贴示意图

4）高低温交变试验箱温度变化的设定同千分表法。

5）将连接好的试件和温度补偿片一同放入最高温度已经设定好的高低温交变试验箱中，试件可以横向卧式放置，底面最好垫置可滚动的光圆钢筋。也可以将试件竖向放置，关好箱门。启动试验箱控温程序，平衡应变仪各测试通道，开始读数并记录应变值。

6）人工读数应该在恒温段的最后5 min内完成。采用计算机控制自动读数时，应该与试验箱控温程序相协调。

5. 计算

(1) 仪表法。温缩变形的结果是两个千分表变形的和除以试件的长度，用百分率表示。

温缩应变为

$$\varepsilon_i=\frac{l_i-l_{i+1}}{L_0} \tag{3.33}$$

温缩系数为

$$\alpha_i=\frac{\varepsilon_i}{t_i-t_{i+1}} \tag{3.34}$$

上二式中 l_i——第 i 个温度区间的千分表读数和的平均值，mm；

t_i——温度控制程序设定的第 i 个温度区间，℃；

L_0——试件的初始长度，由于相对于试件的长度而言，温缩变形很小，因此以试验前测定的试件长度 L_0 计，mm；

ε_i——第 i 个温度下的平均收缩应变，%；

α_i——温缩系数，指单位温度变化下材料的线收缩系数。

(2) 应变片法。

温缩系数为

$$\alpha_i=\frac{\varepsilon_i}{t_i-t_{i-1}}+\beta_s \tag{3.35}$$

式中 β_s——温度补偿标准件的线膨胀系数。

6. 结果整理

每种混合料进行 3 个样本的平行试验。当 3 个试件的级差不超过 3 个试件平均值的 30%时，为有效试验，取平均值作为这种混合料的温缩系数；否则重新进行试验。温缩系数保留 4 位有效数字。

7. 报告

试验报告应包括以下内容：

(1) 集料的颗粒组成。

(2) 水泥的种类和强度等级，或石灰的有效钙和氧化镁含量（%）。

(3) 重型击实的最佳含水量（%）和最大干密度（g/cm^3）。

(4) 无机结合料类型及剂量。

(5) 试件干密度或压实度。

(6) 环境温度和湿度。

(7) 试件平均温缩系数。

(8) 需要说明的其他内容。

8. 记录

本试验的记录表见表 3.40。

表3.40 无机结合料温缩试验记录表

工程名称________ 试件标准长度________
路段范围________ 试件标准质量________
材料名称________ 试验者________
试样编号________ 校核者________
最大粒径________ 试验日期________

温度级别（℃）	记录时间（min）	左表读数（0.001mm）	右表读数（0.001mm）	温缩变形量（0.001mm）	温缩系数

实训任务3.6 钢筋性质检测

3.6.1 钢筋取样与验收规则

（1）钢筋混凝土用热轧钢筋，同一截面尺寸和同一炉罐号组成的钢筋应分批检验和验收，每批重量不大于60t。

（2）钢筋应有出厂证明书或试验报告单。验收时应抽样检验，其检验项目主要有拉伸试验与冷弯试验两项；钢筋在使用中如有脆断、焊接性能不良或机械性能显著不正常时，尚应进行化学成分分析，验收时还包括尺寸、表面及重量偏差等检验。

（3）钢筋拉伸与冷弯试验用的试样不允许进行车削加工，试验应在10～35℃控制条件下进行。否则应在报告中注明。

（4）验收取样时，自每批钢筋中任取2根（与每根距端部500mm处各取一套试样）截取拉伸试样2根，任取2根截取冷弯试样。在拉伸试验的2根试件中，若其中有1根试件的屈服点、抗拉强度和伸长率等3个指标中有1个达不到标准中的规定值，或冷弯试验的2根试件中有1根不符合标准要求，则在同1批中再抽取双倍数量的试样进行该不合格项目的复验，复验结果中只要有1个指标不合格，则该试验项目判为不合格，整批不得交货。

3.6.2 钢筋的拉伸性能检测

1. 试验目的

了解钢筋拉伸试验的工作原理，掌握钢筋拉伸试验的试验方法。测定钢筋屈服强度、抗拉极限强度、伸长率的技术指标，作为评定钢筋力学性能的技术依据。

2. 主要仪器设备

（1）万能试验机。其示值误差不大于1%。量程的选择：试验时达到最大荷载时，指针最好在第三象限（180°～270°）内，或者数显破坏荷载在量程的50%～75%之间。

(2) 其他。钢筋划线机、游标卡尺(精度为0.1mm)、天平等。

3. 试验步骤

(1) 试件制作和准备。

1) 试件分为比例试件和非比例试件。试件原始标距与原始横截面积有$L_0=K\sqrt{S_0}$关系者称为比例试件。国际上使用的比例系数K的值为5.65,原始标距应不小于15mm。当试件横截面积太小,以致采用比例系数K为5.65的值不能符合这一最小标距要求时,可以采用较高的值(优先采用11.3的值)或采用非比例试样。非比例试样其原始标距(L_0)与其原始横截面积(A_0)无关。

2) 拉伸试验用钢筋试件不得进行车削加工,可以用两个或一系列等分小冲点或细划线标出试件原始标距(标记不应影响试样断裂)。

3) 试件原始尺寸的测定。

a. 测量标距长度L_0,精确至0.1mm,如图3.31所示。

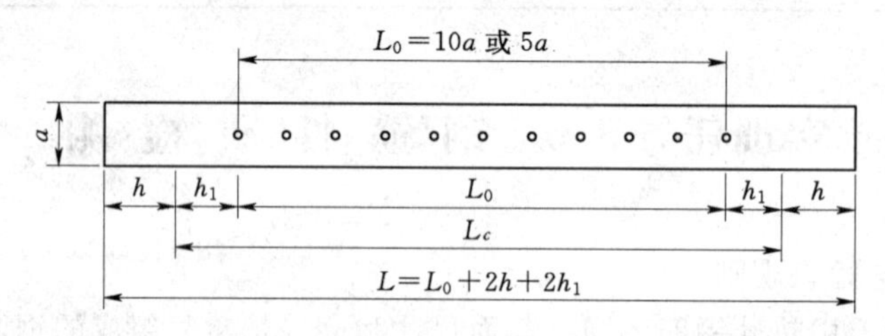

图3.31 钢筋拉伸试验试件

a—试样原始直径;L_0—标距长度;h_1—取(0.5~1)a;h—夹具长度

b. 圆形试件横断面直径应在标距的两端及中间处两个相互垂直的方向上各测一次,取其算术平均值,选用三处测得的横截面积中最小值,横截面积按下式计算

$$A_0=\frac{1}{4}\pi d_0^2 \tag{3.36}$$

式中 A_0——试件的横截面积,mm^2;

d_0——圆形试件原始横断面直径,mm。

c. 也可以根据公称直径按表3.41所示选取公称横截面积,mm^2。

表3.41 钢筋的公称横截面积

公称直径(mm)	公称横截面面积(mm^2)	公称直径(mm)	公称横截面面积(mm^2)
8	50.27	22	380.1
10	78.54	25	490.9
12	113.1	28	615.8
14	153.9	32	804.2
16	201.1	36	1018
18	254.5	40	1257
20	314.2	50	1964

(2) 试验操作步骤。将试件上端固定在试验机上夹具内，调整试验机零点，装好描绘器、纸、笔等，再用下夹具固定试件下端。

1) 开动试验机进行拉伸，拉伸速度为：屈服前应力增加速度为10MPa/s；屈服后试验机活动夹头在荷载下移动速度不大于$0.5L_c$/min，直至试件拉断。

2) 拉伸过程中，测力度盘指针停止转动时的恒定荷载，或第一次回转时的最小荷载，即为屈服荷载F_s(N)。向试件继续加荷直至试件拉断，读出最大荷载F_b(N)。

3) 测量试件拉断后的标距长度L_1。将已拉断的试件两端在断裂处对齐，尽量使其轴线位于同一条直线上。

如拉断处距离邻近标距端点大于$L_0/3$时，可用游标卡尺直接量出L_1。如拉断处距离邻近标距端点小于或等于$L_0/3$时，可按下述移位法确定L_1：在长段上自断点起，取等于短段格数得B点，再取等于长段所余格数［偶数如图3.32（a）所示］之半得C点；或者取所余格数［奇数如图3.32（b）所示］减1与加1之半得C与C_1点。则移位后的L_1分别为$AB+2BC$或$AB+BC+BC_1$

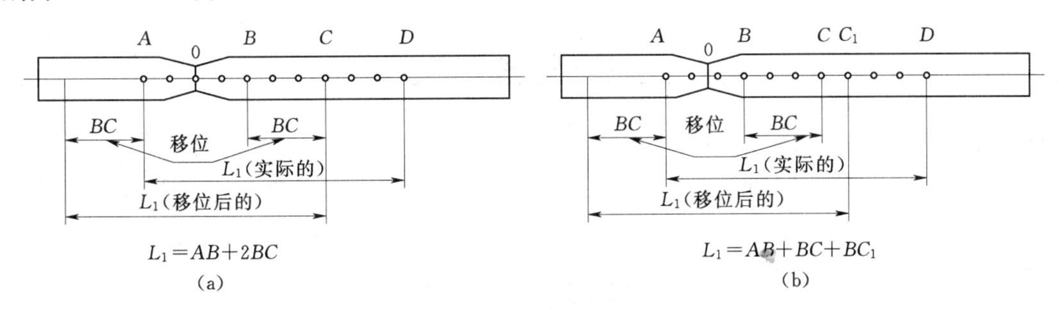

图3.32 用移位法计算标距

4) 断面收缩率的测定。测定时，如需要将试样部分仔细地配接在一起，使其轴线处于同一直线，对于圆形横截面试样，在缩颈最小处相互垂直方向测量直径，取其算术平均值计算最小横截面积；对于矩形横截面试样，测量缩颈处的最大宽度和最小厚度，两者之乘积为断后最小横截面积。原始横截面积与断后最小横截面积之差除于原始横截面积的百分率得到断面收缩率。

4. 结果评定

(1) 钢筋的屈服点σ_s和抗拉强度σ_b按下式计算

$$\sigma_s=\frac{F_s}{A_0} \tag{3.37}$$

$$\sigma_b=\frac{F_b}{A_0} \tag{3.38}$$

式中 σ_s、σ_b——钢筋的屈服点和抗拉强度，MPa；

F_s、F_b——钢筋的屈服荷载和最大荷载，N；

A_0——试件的公称横截面积，mm^2。

当σ_s、σ_b大于1000MPa时，应计算至10MPa，按“四舍六入五单双法”修约；为200～1000MPa时，计算至5MPa，按“二五进位法”修约；小于200MPa时，计算至1MPa，小数点数字按“四舍六入五单双法”处理。

（2）钢筋的伸长率按下式计算

$$\delta_n=\frac{L_1-L_0}{L_0}\times 100\% \tag{3.39}$$

式中　δ_n——试件的断后伸长率（精确至1%）；

L_1——拉断后标距长度，mm；

L_0——原标距长度，mm，精确至0.1mm；

（3）试件断面收缩率按下式计算

$$\psi=\frac{A_0-A_1}{A_0}\times 100\% \tag{3.40}$$

式中　ψ——试件的断后收缩率，%；

A_1——横截最大缩减面积，mm^2；

A_0——原始横截面积，mm^2。

5. 实验记录

钢筋拉伸的实验记录表见表3.42。

表3.42　　钢筋拉伸实验记录表　　试验日期：　年　月　日

编号	钢材名称	牌号	试件尺寸		原始标距（mm）	荷载		断后标距（mm）	横截缩减面积（mm^2）	强度		伸长率（%）	断后收缩率（%）
			公称尺寸（mm）	公称面积（mm^2）		屈服（kN）	极限（kN）			屈服（MPa）	极限（MPa）		
1													
2													

试验者：＿＿＿＿；日期：＿＿＿＿；复核者：＿＿＿＿；日期：＿＿＿＿。

3.6.3　钢筋的弯曲（冷弯）性能检测

1. 试验目的

掌握钢筋冷弯试验的测定方法，检验钢筋承受规定弯曲程度的变形性能，确定其可加工性能，并显示其缺陷。

2. 主要仪器设备

万能机，附有冷弯支座和弯心，支座和弯心顶端圆柱应有一定的硬度，以免受压变形。亦可采用特制冷弯试验机。

3. 试验步骤

（1）试件制备。

1）试件的弯曲外表面不得有划痕。

2）试样加工时，应去除剪切或火焰切割等形成的影响区域。

3）当钢筋直径小于35mm时，不需加工，直接实验；若实验机能量允许时，直径不大于50mm的试件亦可用全截面的试件进行实验。

4）当钢筋直径大于35mm时，应加工成直径25mm的试件。加工时应保留一侧原表面，弯曲实验时，原表面应位于弯曲的外侧。

5）弯曲试件长度根据试件直径和弯曲实验装置而定，通常按下式确定试件长度

$$L=5d+150(\text{mm})$$

（2）按图3.33（a）调整两支辊之间的距离，使其距离 $L_1=a+2.5d$。

（3）将试件按图3.33（a）安放好后，平稳地加荷，在荷载作用下，钢筋贴着冷弯压头，钢筋弯曲至规定角度（90°或180°）后，停止冷弯，如图3.33（b）和图3.33（c）所示。

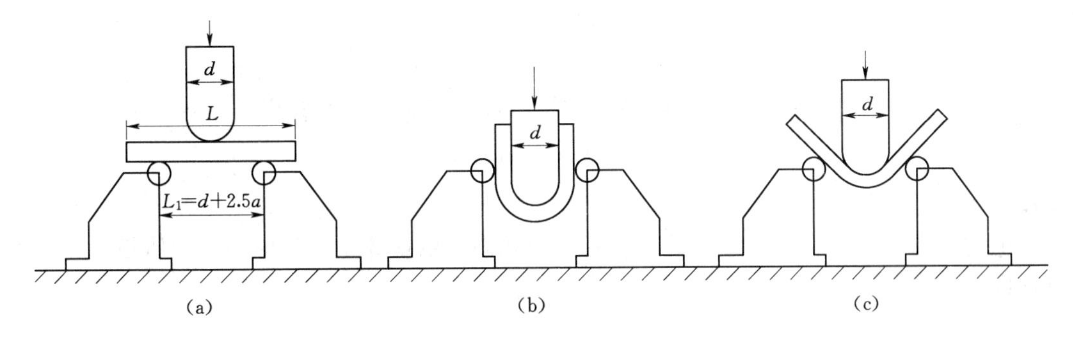

图3.33 钢筋冷弯试验装置示意图

（a）冷弯试件和支座；（b）弯曲180°；（c）弯曲90°

4. 实验结果评定

按以下五种实验结果评定方法进行，若无裂纹、裂缝或裂断，则评定试件合格。

（1）完好。试件弯曲处的外表面金属基本上无肉眼可见因弯曲变形产生的缺陷时，称为完好。

（2）微裂纹。试件弯曲外表面金属基本上出现细小裂纹，其长度不大于2mm，宽度不大于0.2mm时，称为微裂纹。

（3）裂纹。试件弯曲外表面金属基本上出现裂纹，其长度大于2mm，而小于或等于5mm，宽度大于0.2mm，而小于或等于0.5mm时，称为裂纹。

（4）裂缝。试件弯曲外表面金属基本上出现明显开裂，其长度大于5mm，宽度大于0.5mm时，称为裂缝。

（5）裂断。试件弯曲外表面出现沿宽度贯穿的开裂，其深度超过试件厚度的1/3时，称为裂断。

说明：在微裂纹、裂纹、裂缝中规定的长度和宽度，只要有一项达到某规定范围，即应按该级评定。

实训项目4　土　工　试　验

实训任务4.1　环刀法测定土的密度

4.1.1　试验目的

测定土的湿密度，以了解土的疏密和干湿状态，供换算土的其他物理性质指标和工程设计以及控制施工质量之用。

4.1.2　试验原理

土的湿密度ρ是指土的单位体积质量，是土的基本物理性质指标之一，其单位为g/cm^3。环刀法是采用一定体积环刀切取土样并称土质量的方法，环刀内土的质量与体积之比即为土的密度。密度试验方法有环刀法、蜡封法、灌水法和灌砂法等。对于细粒土，宜采用环刀法；对于易碎裂、难以切削的土，可用蜡封法；对于现场粗粒土，可用灌水法或灌砂法。

4.1.3　仪器设备

（1）环刀：内径6～8cm，高2～3cm。

（2）天平：称量500g，分度值0.01g。

（3）其他：切土刀、钢丝锯、凡士林等。

4.1.4　操作步骤

（1）量测环刀：取出环刀，称出环刀的质量，并涂一薄层凡士林。

（2）切取土样：将环刀的刀口向下放在土样上，然后用切土刀将土样削成略大于环刀直径的土柱，将环刀垂直下压，边压边削使土样上端伸出环刀为止，然后将环刀两端的余土削平。

（3）土样称量：擦净环刀外壁，称出环刀和土的质量。

4.1.5　试验注意事项

（1）称取环刀前，把土样削平并擦净环刀外壁。

（2）如果使用电子天平称重则必须预热，称重时精确至小数点后两位。

4.1.6　计算公式

按下式计算土的湿密度

$$\rho=\frac{m}{V}=\frac{m_1-m_2}{V} \tag{4.1}$$

式中　ρ——密度，计算至$0.01g/cm^3$；

m——湿土质量，g；

m_1——环刀加湿土质量，g；

m_2——环刀质量，g；

V——环刀体积，cm^3。

密度试验需进行二次平行测定，其平行差值不得大于 0.03g/cm^3，取其算术平均值。

4.1.7 试验记录

本实训任务的试验记录表见表 4.1。

表 4.1 密度试验记录表（环刀法）

工程名称________ 试验者________

工程编号________ 计算者________

试验日期________ 校核者________

试样编号	环刀号	湿土质量 (g)	试样体积 (cm^3)	湿密度 (g/cm^3)	试样含水率 (%)	干密度 (g/cm^3)	平均干密度 (g/cm^3)

实训任务 4.2 灌砂法测土的密度

4.2.1 试验的目的和适用范围

本方法适用于现场测定细粒土、砂类土和砾类土的密度。试样的最大粒径不得大于 15mm，测定密度层的厚度为 150～200mm。

说明：①在测定细粒土的密度时，可以采用 ϕ100 的小型罐砂筒；②如最大粒径超过 15 mm，则应相应地增大灌砂筒和标定罐的尺寸，例如，粒径达 40～60mm 的粗粒土，灌砂筒和现场试洞的直径应为 150～200mm。

4.2.2 仪器设备

（1）灌砂筒：内径为 100mm，总高 360mm。灌砂筒分上下两部分：上部为储砂筒，筒深 270mm（容积约 2120cm^3），筒底中心有一个直径为 10mm 的圆孔；下部装一倒置的圆锥形漏斗。在储砂筒筒底与漏斗顶端铁板之间设有开关。

（2）标定罐：内径 100mm，高 150mm 和 200mm 的金属罐各一个，上端周围有一罐缘。

如由于某种原因，试坑小是 150mm 或 200 mm 时，标定罐的深度应与拟挖试坑深度相同。

（3）基板：一个边长 350mm，深 40mm 的金属方盘，盘中心有一直径为 100mm 的圆孔。

（4）打洞及取土的合适工具：如凿子、铁锤、长把勺、毛刷等。

（5）玻璃板：边长 500mm 的方形板。

（6）饭盒若干或比较结实的塑料袋。

(7) 台秤：称量10～15kg，感量5g。

(8) 其他：铝盒、天平、烘箱等。

4.2.3 量砂

粒径为0.25～0.5mm清洁干燥的均匀砂约20～40kg。应先烘干，并放置足够时间，使其与空气的湿度达到平衡。

4.2.4 仪器标定

确定灌砂筒下部锥体砂的质量，其步骤如下：

(1) 在灌砂筒内装满量砂。筒内砂的高度与筒顶的距离不超过15mm。称筒内砂的质量m_1，准确至1g。每次标定及以后的试验都维持这个质量不变。

(2) 将开关打开，让砂流出，并使流出的砂的体积与工地所挖试洞的体积相当（或等于标定罐的容积）。然后关上开关，并称量筒内砂的质量m_5，准确至1g。

(3) 将灌砂筒放在玻璃板上。打开开关，让砂流出，直到筒内砂不再下流时，关上开关，并细心地取走灌砂筒。

(4) 收集并称量留在玻璃板或称量筒内的砂，准确至1g。玻璃板上的砂就是灌砂筒的锥砂。

(5) 重复上述试验至少三次。最后取其平均值m_2，准确至1g。

4.2.5 标定量砂的密度（g/cm³）

(1) 用水确定标定罐的容积V(cm³)，方法为：将空罐放在台秤上，使罐的上口处于水平状态，读记罐的质量m_7，准确至1g。向标定罐内灌水，将一直尺放在罐顶，当罐中水面快要接近直尺时，用滴管往罐中加水，直到水面接触直尺。移去直尺，测罐和水的总质量m_8。重复测量时，仅需用滴管从罐中取出少量水，并用滴管重新将水加满到接触直尺。标定罐的体积按下式计算

$$V=m_8-m_7 \tag{4.2}$$

(2) 在灌砂筒内装入质量为m_1的砂，并将灌砂筒放在标定罐上，打开开关，让砂流出，直到储砂筒内的砂不再下流时，关闭开关。取下灌砂筒，称筒内剩余的砂质量，准确至1g。

(3) 重复上述测定，至少三次，最后取其平均值m_3，准确至1g。

(4) 按下式计算填满标定罐所需砂的质量m_a（g）

$$m_a=m_1-m_2-m_3 \tag{4.3}$$

式中 m_1——灌入标定罐前所需砂的质量，g；

m_2——灌砂筒下部锥砂的平均质量，g；

m_3——灌砂入标定罐后，筒内剩余砂的质量，g。

(5) 按下式计算量砂的密度ρ_s（g/cm³）

$$\rho_s=\frac{m_a}{V} \tag{4.4}$$

式中 V——标定罐的体积，cm³。

4.2.6 试验步骤

(1) 在试验地点，选一块约 40cm×40cm 的平坦表面，并将其清扫干净。将基板放在此平坦表面上。如此表面的粗糙度较大，则将盛有量砂 m_5 的灌砂筒放在基板中间的圆孔上。打开灌砂筒开关，让量砂流入基板的中孔内，直到灌砂筒内的砂不再下流时关闭开关。取下灌砂筒，并称筒内砂的质量 m_6，准确至 1g。

(2) 取走基板，将留在试验地点的量砂收回，重新将表面清扫干净。将基板放在清扫干净的表面上，沿基板中孔凿洞，洞的直径为 100mm。试洞的深度应等于碾压层的厚度。凿洞毕，称全部试样和密封容器的质量，准确至 1g。减去已知容器的质量后，即为试样的总质量 m_t。

(3) 从挖出的全部试样中取代表性的样品，放入铝盒中，测定其含水量 w。取样数量：对于细粒土，不少于 100g；对于粗粒土，不少于 50g。

(4) 将基板安放在试洞上，将灌砂筒安放在基板中间（灌砂筒内放满至恒量 m_1），使灌砂筒的下口对准基板中间及试洞。打开灌砂筒开关，让量砂流入试洞内。关闭开关。仔细取走灌砂筒，称灌砂筒内剩余砂的质量 m_4，准确至 1g。

(5) 如清扫干净的平坦表面上，粗糙度不大，则不需放基板，将灌砂筒直接放在已挖好的试洞上。打开灌砂筒开关，让量砂流入试洞内。关闭开关。仔细取走灌砂筒，称灌砂筒内剩余砂的质量 m_4，准确至 1g。

(6) 取出试洞内的量砂，以备下次再用。

(7) 如试洞中有较大孔隙时，则应按试洞外形，松弛地放入一层柔软的纱布。然后再进行灌砂工作。

4.2.7 试验结果与数据整理

(1) 按式（4.5）和式（4.6）计算填满试洞所需量砂的质量 m_b（g）。

灌砂时试洞上放有基板时，有

$$m_b = m_1 - m_4 - (m_5 - m_6) \tag{4.5}$$

灌砂时试洞上不放基板时，有

$$m_b = m_1 - m_4 - m_2 \tag{4.6}$$

式中 m_1——灌砂入试洞前筒内砂的质量，g；
m_2——灌砂筒下部锥砂的平均质量，g；
m_4——灌砂入试洞后，筒内剩余砂的质量，g；
$(m_5 - m_6)$——灌砂筒下部锥砂及基板和粗糙表面间砂的总质量，g。

(2) 按下式计算试验地点土的湿密度 ρ(g/cm^3)

$$\rho = \frac{m_t}{m_b}\rho_s \tag{4.7}$$

式中 m_t——试洞中取出试样的全部土样的质量，g；
m_b——填满试洞所需砂的质量，g；
ρ_s——量砂的密度，g/cm^3。

(3) 按式（5.8）计算土的干密度

$$\rho_d = \frac{\rho}{1 + 0.01\omega} \tag{4.8}$$

（4）记录表格，本试验记录表见表4.2所示。

表4.2　　　　　　　　　　密度试验记录（灌砂法）

工程名称：＿＿＿＿＿＿＿＿　试验者：＿＿＿＿＿＿＿＿

土样说明：＿＿＿＿＿＿＿＿　计算者：＿＿＿＿＿＿＿＿

试验日期：＿＿＿＿＿＿＿＿　校核者：＿＿＿＿＿＿＿＿

砂的密度：＿＿＿＿＿＿g/cm³　锥砂质量：＿＿＿＿＿＿＿＿g

取样桩号									
取样位置									
试洞中湿土样质量		g	m_1						
灌满试洞后剩余砂的质量		g	m_4						
试洞内砂的质量		g	m_b						
湿密度		g/cm³	ρ						
含水量测定	盒号								
	盒＋湿土质量	g							
	盒＋干土质量	g							
	盒质量	g							
	干土质量	g							
	水分质量	g							
	含水量								
干密度		g/cm³	ρ_d						

4.2.8　试验注意事项

（1）在标定锥砂质量、量砂密度或进行试验时，灌砂筒内的量砂均避免振动、摇晃等。

（2）在进行标定罐容积标定时，罐外的水一定要擦干。

（3）试验时，在凿洞过程中，应注意不使凿出的试样丢失，并随时将凿松的试样取出，放在已知质量的密封容器内，防止水分丢失。

（4）若量砂的湿度已发生变化或量砂中混有杂质，则应将量砂重新烘干、过筛，并放置一段时间，使其与空气的湿度达到平衡后再用。

实训任务4.3　界限含水率试验——液限、塑限联合测定法

4.3.1　试验目的

测定黏性土的液限ω_L和塑限ω_p，并由此计算塑性指数I_p、液性指数I_L，进行黏性土的定名及判别黏性土的软硬程度。

4.3.2　试验原理

液限、塑限联合测定法是根据圆锥仪的圆锥入土深度与其相应的含水率在双对数坐标

上具有线性关系的特性来进行的。利用圆锥质量为 76g 的液塑限联合测定仪测得土在不同含水率时的圆锥入土深度，并绘制其关系直线，在上查得圆锥下沉深度为 17mm 所对应得含水率即为液限，查得圆锥下沉深度为 2mm 所对应的含水率即为塑限。

4.3.3 试验设备

（1）液塑限联合测定仪：如图 4.1 所示，有电磁吸锥、测读装置、升降支座等，圆锥质量 76g，锥角 30°，试样杯等。

（2）天平：称量 200g，分度值 0.01g。

（3）其他：调土刀、不锈钢杯、凡士林、称量盒、烘箱、干燥器等。

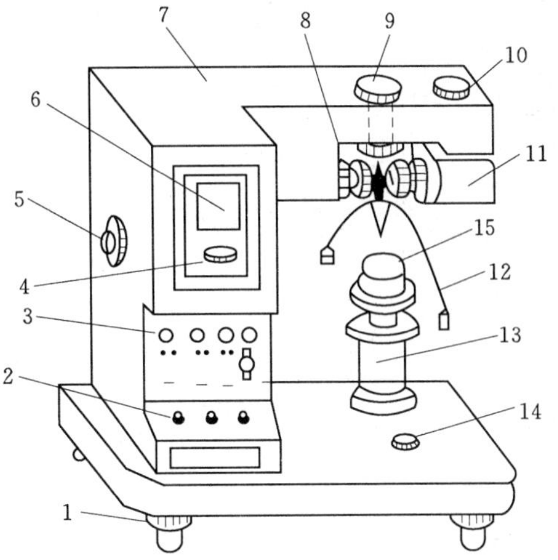

图 4.1 光电式液塑限仪结构示意

1—水平调节螺丝；2—控制开关；3—指示灯；4—零线调节螺钉；5—反光镜调节螺钉；6—屏幕；7—机壳；8—物镜调节螺钉；9—电池装置；10—光源调节螺钉；11—光源装置；12—圆锥仪；13—升降台；14—水平泡；15—盛土杯

4.3.4 操作步骤

1. 土样制备

当采用风干土样时，取通过 0.5mm 筛的代表性土样约 200g，分成 3 份，分别放入不锈钢杯中，加入不同数量的水，然后按下沉深度约为 4～5mm、9～11mm、15～17mm 范围制备不同稠度的试样。

2. 装土入杯

将制备的试样调拌均匀，填入试样杯中，填满后用刮土刀刮平表面，然后将试样杯放在联合测定仪的升降座上。

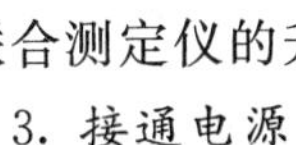

3. 接通电源

在圆锥仪锥尖上涂抹一薄层凡士林，接通电源，使电磁铁吸住圆锥。

4. 测读深度

调整升降座，使锥尖刚好与试样面接触，切断电源使电磁铁失磁，圆锥仪在自重下沉入试样，经 5s 后测读圆锥下沉深度。

5. 测含水率

取出试样杯，测定试样的含水率。重复以上步骤，测定另两个试样的圆锥下沉深度和含水率。

4.3.5 试验注意事项

（1）土样分层装杯时，注意土中不能留有空隙。

（2）每种含水率设三个测点，取平均值作为这种含水率所对应土的圆锥入土深度，如三点下沉深度相差太大，则必须重新调试土样。

4.3.6 计算及绘图

（1）各试样的含水率为

$$\omega=\frac{m_\omega}{m_s}\times100\%=\frac{m_1-m_2}{m_2-m_0}\times100\% \tag{4.9}$$

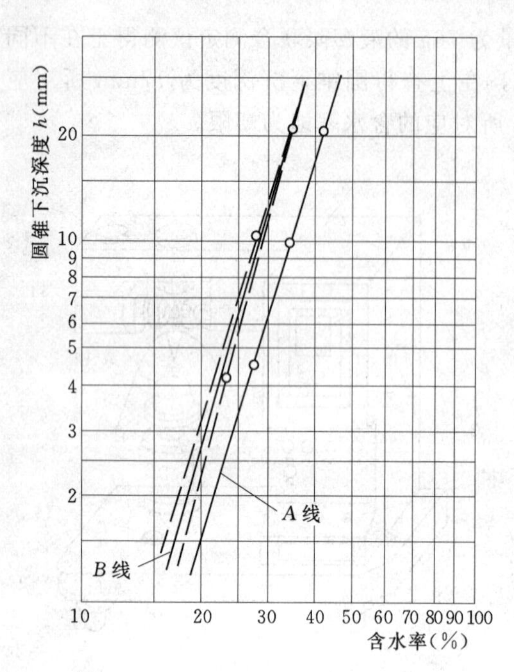

图 4.2 圆锥入土深度与含水率关系

式中 符号意义与含水率试验相同。

(2) 以含水率为横坐标，圆锥下沉深度为纵坐标，在双对数坐标纸上绘制关系曲线，三点连一直线（如图 4.2 中的 A 线）。当三点不在一直线上，可通过高含水率的一点与另两点连成两条直线，在圆锥下沉深度为 2mm 处查得相应的含水率。当两个含水率的差值不小于 2%时，应重作试验。当两个含水率的差值小于 2%时，用这两个含水率的平均值与高含水率的点连成一条直线（如图 4.2 中的 B 线）。

(3) 在圆锥下沉深度与含水率的关系上，查得下沉深度为 17mm 所对应的含水率为液限；查得下沉深度为 2mm 所对应的含水率为塑限。

4.3.7 试验记录

本实训任务的试验记录表见表 4.3。

表 4.3 **液限、塑限联合试验记录表**

工程名称＿＿＿＿＿＿ 试验者＿＿＿＿＿＿

工程编号＿＿＿＿＿＿ 计算者＿＿＿＿＿＿

试验日期＿＿＿＿＿＿ 校核者＿＿＿＿＿＿

试样编号	圆锥下沉深度（mm）	盒号	湿土质量（g）	干土质量（g）	含水率（%）	液限（%）	塑限（%）	塑性指数
			(1)	(2)	$(3)=\left[\frac{(1)}{(2)}-1\right]\times100\%$	(4)	(5)	(4)－(5)

实训任务 4.4 直接剪切试验——快剪法

4.4.1 试验目的

直接剪切试验是测定土的抗剪强度的一种常用方法。通常采用四个试样为一组，分别在不同的垂直压力 σ 下，施加水平剪应力进行剪切，求得破坏时的剪应力 τ，然后根据库仑定律确定土的抗剪强度参数内摩擦角 ϕ 和凝聚力 C。直剪试验分为快剪、固结快剪和慢剪三种试验方法。在教学中可采用快剪法。

4.4.2 试验原理

快剪试验是在试样上施加垂直压力后立即快速施加水平剪切力，以 0.8～1.2mm/min

的速率剪切，一般使试样在 3～5min 内剪破。快剪法适用于测定黏性土天然强度。

4.4.3 仪器设备

（1）应变控制式直接剪切仪：如图 4.3 所示，有剪力盒、垂直加压框架、测力计及推动机构等。

（2）其他：量表、砝码等。

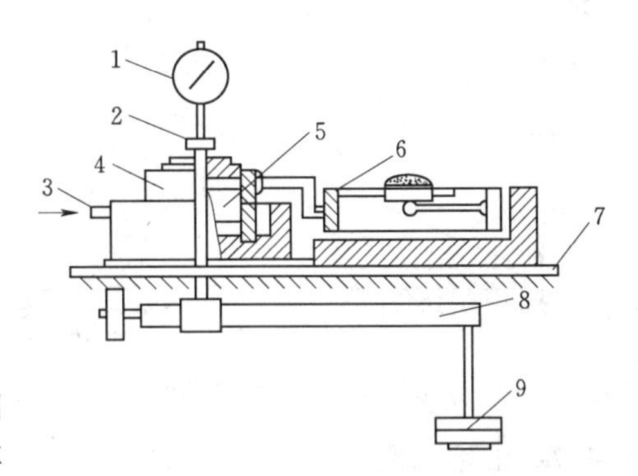

图 4.3 应变控制式直剪仪结构示意

1—垂直变形百分表；2—垂直加压框架；3—推动座；4—剪切盒；5—试样；6—测力计；7—台板；8—杠杆；9—砝码

4.4.4 试验步骤

1. 切取试样

按工程需要用环刀切取一组试样，至少四个，并测定试样的密度及含水率。如试样需要饱和，可对试样进行抽气饱和。

2. 安装试样

对准上下盒，插入固定销钉。在下盒内放入一透水石，上覆隔水蜡纸一张。将装有试样的环刀平口向下，对准剪切盒，试样上放隔水蜡纸一张，再放上透水石，将试样徐徐推入剪切盒内，移去环刀。

3. 施加垂直压力

转动手轮，使上盒前端钢珠刚好与测力计接触，调整测力计中的量表读数为零。顺次加上盖板、钢珠压力框架。每组四个试样，分别在四种不同的垂直压力下进行剪切。在教学上，可取四个垂直压力分别为 100kPa、200kPa、300kPa、400kPa。

4. 进行剪切

施加垂直压力后，立即拔出固定销钉，开动秒表，以 4～6 转/min 的均匀速率旋转手轮（在教学中可采用 6r/min）。使试样在 3～5min 内剪破。如测力计中的量表指针不再前进，或有显著后退，表示试样已经被剪破。但一般宜剪至剪切变形达 4mm。若量表指针再继续增加，则剪切变形应达 6mm 为止。手轮每转一圈，同时测记测力计量表读数，直到试样剪破为止。

5. 拆卸试样

剪切结束后，吸去剪切盒中的积水，倒转手轮，尽快移去垂直压力、框架、上盖板，取出试样。

4.4.5 试验注意事项

（1）先安装试样，再装量表。安装试样时要用透水石把土样从环刀推进剪切盒里，试验前量表中的大指针调至零。

（2）加荷时，不要摇晃砝码；剪切时要拔出销钉。

4.4.6 计算及绘图

（1）按下式计算各级垂直压力下所测的抗剪强度

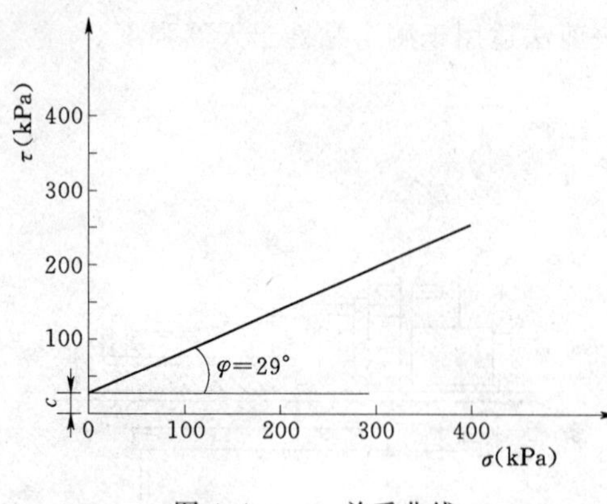

图 4.4 $\tau-\sigma$ 关系曲线

$$\tau_f = CR \tag{4.10}$$

式中 τ_f——土的抗剪强度，kPa；

C——测力计率定系数，N/0.01mm；

R——测力计量表读数，0.01mm。

(2) 绘制 τ_f-σ 曲线。以垂直压力 σ 为横坐标，以抗剪强度 τ_f 为纵坐标，纵横坐标必须同一比例，根据中各点绘制 τ_f-σ 关系曲线，该直线的倾角为土的内摩擦角 φ，该直线在纵轴上的截距为土的黏聚力 C，如图 4.4 所示。

4.4.7 试验记录

本实训任务的试验记录表见表 4.4。

表 4.4 直接剪切试验记录表

土样编号：________ 仪器编号：________ 试验方法：________

小组成员：________ 记录者：________

土样说明：________ 测力计率定系数：________ 校核者：________

实验室温度：________℃ 手轮转数：________ 试验日期：________

仪器编号	垂直压力 σ (kPa)	测力计读数 R (0.01mm)	抗剪强度 τ_f (kPa)

实训任务 4.5 击 实 试 验

4.5.1 试验目的

在击实方法下测定土的最大干密度和最优含水率，是控制路堤、土坝和填土地基等密实度的重要指标。

4.5.2 试验原理

土的压实程度与含水率、压实功能和压实方法有密切的关系。当压实功能和压实方法不变时，土的干密度随含水率增加而增加，当干密度达到某一最大值后，含水率继续增加反而使干密度减小，能使土达到最大密度的含水率，称为最优含水率 ω_{op}，与其相应的干密度称为最大干密度 $\rho_{d\max}$。

4.5.3 仪器设备

(1) 击实仪：如图 4.5 所示。锤质量 2.5kg，筒高 116mm，体积 947.4cm^3。

(2) 天平：称量 200g，分度 0.01g。

(3) 台称：称量 10kg，分度值 5g。

(4) 筛：孔径 5mm。

(5) 其他：喷水设备、碾土器、盛土器、推土器、修土刀等。

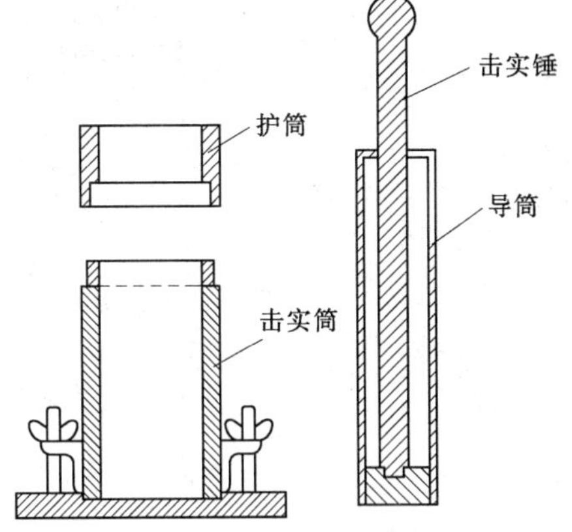

图 4.5 击实仪示意图

4.5.4 操作步骤

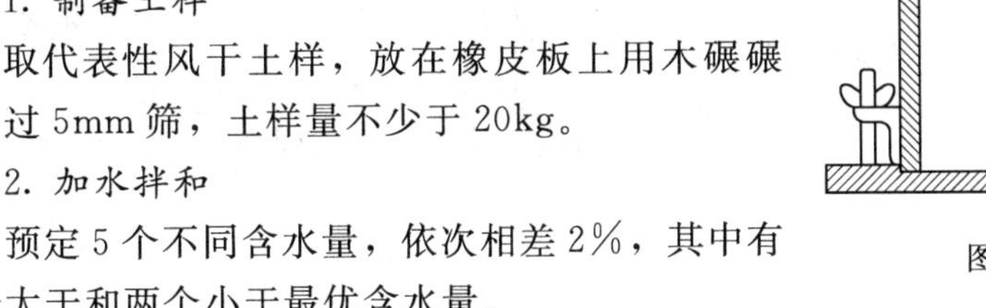

1. 制备土样

取代表性风干土样，放在橡皮板上用木碾碾散，过 5mm 筛，土样量不少于 20kg。

2. 加水拌和

预定 5 个不同含水量，依次相差 2%，其中有两个大于和两个小于最优含水量。

所需加水量按下式计算

$$m_{\omega}=\frac{m_{\omega 0}}{1+\omega_{o}}(\omega-\omega_{o}) \tag{4.11}$$

式中 m_{ω}——所需加水质量，g；

$m_{\omega 0}$——风干含水率时土样的质量，g；

ω_{o}——土样的风干含水率，%；

ω——预定达到的含水率，%。

按预定含水率制备试样，每个试样取 2.5kg，平铺于不吸水的平板上，用喷水设备向土样均匀喷洒预定的加水量，并均匀拌和。

3. 分层击实

取制备好的试样 600～800g，倒入筒内，整平表面，击实 25 次，每层击实后土样约为击实筒容积 1/3。击实时，击锤应自由落下，锤迹须均匀分布于土面。重复上述步骤，进行第二、三层的击实。击实后试样略高出击实筒（不得大于 6mm）。

4. 称土质量

取下套环，齐筒顶细心削平试样，擦净筒外壁，称土质量，精确至 0.1g。

5. 测含水率

用推土器推出筒内试样，从试样中心处取 2 个各约 15～30g 土测定含水率，平行差值不得超过 1%。按 2～4 步骤进行其他不同含水率试样的击实试验。

4.5.5 试验注意事项

(1) 试验前，击实筒内壁要涂一层凡士林。

(2) 击实一层后，用刮土刀把土样表面刨毛，使层与层之间压密，同理，其他两层也是如此。

(3) 如果使用电动击实仪，则必须注意安全。打开仪器电源后，手不能接触击实锤。

4.5.6 计算及绘图

按下式计算干密度

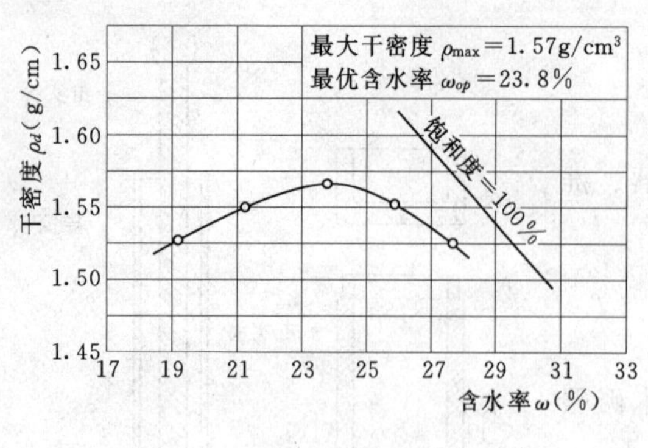

图 4.6 ρ_d -ω 关系曲线

$$\rho_d=\frac{\rho}{1+\omega} \tag{4.12}$$

式中 ρ_d——干密度，g/cm³；

ρ——湿密度，g/cm³；

ω——含水率，%。

以干密度 ρ_d 为纵坐标，含水率 ω 为横坐标，绘制干密度与含水率关系曲线（图4.6）。曲线上峰值点所对应的纵横坐标分别为土的最大干密度和最优含水率。如曲线不能绘出准确峰值点，应进行补点。

4.5.7 试验记录

本实训任务的试验记录表见表4.5。

表4.5 击实试验记录表

工程名称________ 试验者________

试样编号________ 计算者________

试验日期________ 校核者________

试验序号	预估最优含水率___%					风干含水率___%				试验类别___	
	筒加试样质量(g)	筒质量(g)	试样质量(g)	筒体积(cm³)	湿密度(g/cm³)	干密度(g/cm³)	盒号	湿土质量(g)	干土质量(g)	含水率(%)	平均含水率(%)
	(1)	(2)	(3)=(1)-(2)	(4)	(5)=(8)/(4)	(8)=$\frac{(5)}{(1)+0.01(10)}$		(7)	(8)	(9)=$\left[\frac{(7)}{(8)}-1\right]\times100$	(10)

实训任务4.6 快速法固结试验

4.6.1 试验目的

测定试样在侧限与轴向排水条件下的压缩变形 Δh 和荷载 P 的关系，以便计算土的单位沉降量 S_1、压缩系数 a_v 和压缩模量 E_s 等。

4.6.2 试验原理

土的压缩性主要是由于孔隙体积减少而引起的。在饱和土中，水具有流动性，在外力作用下沿着土中孔隙排出，从而引起土体积减少而发生压缩，试验时由于金属环刀及刚性护环所限，土样在压力作用下只能在竖向产生压缩，而不可能产生侧向变形，故称为侧限

压缩。

4.6.3　仪器设备

（1）固结仪：如图 4.7 所示，试样面积 30cm^2，高 2cm。

（2）量表：量程 10mm，最小分度 0.01mm。

（3）其他：刮土刀、电子天平、秒表。

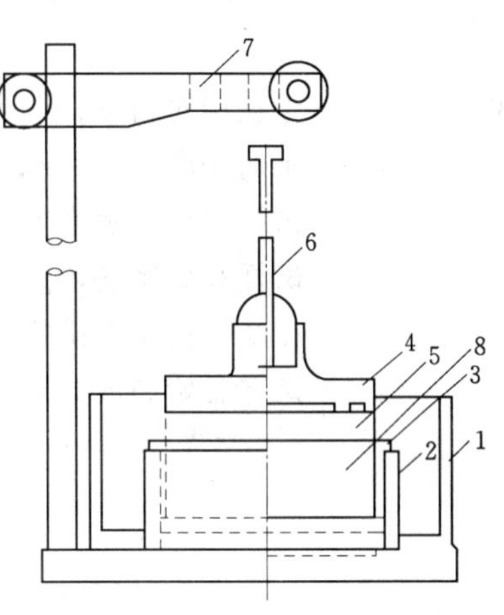

图 4.7　固结仪示意图

1—水槽；2—护环；3—环刀；4—加压上盖；5—透水石；6—量表导杆；7—量表架；8—试样

4.6.4　操作步骤

1. 切取试样

用环刀切取原状土样或制备所需状态的扰动土样。

2. 测定试样密度

取削下的余土测定含水率，需要时对试样进行饱和。

3. 安放试样

将带有环刀的试样安放在压缩容器的护环内，并在容器内顺次放上底板、湿润的滤纸和透水石各一，然后放入加压导环和传压板。

4. 检查设备

检查加压设备是否灵敏，调整杠杆使之水平。

5. 安装量表

将装好试样的压缩容器放在加压台的正中，将传压钢珠与加压横梁的凹穴相连接。然后装上量表，调节量表杆头使其可伸长的长度不小于 8mm，并检查量表是否灵活和垂直（在教学试验中，学生应先练习量表读数）。

6. 施加预压

为确保压缩仪各部位接触良好，施加 1kPa 的预压荷重，然后调整量表读数至零处。

7. 加压观测

（1）荷重等级一般为 50kPa、100kPa、200kPa、400kPa。

（2）如系饱和试样，应在施加第一级荷重后，立即向压缩容器注满水。如系非饱和试样，需用湿棉纱围住加压盖板四周，避免水分蒸发。

（3）压缩稳定标准规定为每级荷重下压缩 24h，或量表读数每小时变化不大于 0.005mm 认为稳定（教学试验可另行假定稳定时间）。测记压缩稳定读数后，施加第二级荷重。依次逐级加荷至试验结束。

（4）试验结束后迅速拆除仪器各部件，取出试样，必要时测定试验后的含水率。

4.6.5　试验注意事项

（1）首先装好试样，再安装量表。在装量表的过程中，小指针需调至整数位，大指针调至零，量表杆头要有一定的伸缩范围，固定在量表架上。

（2）加荷时，应按顺序加砝码；试验中不要震动实验台，以免指针产生移动。

4.6.6　计算及绘图

（1）按下式计算试样的初始孔隙比

$$e_o=\frac{G_s\rho_w(1+\omega_o)}{\rho_o}-1 \tag{4.13}$$

(2) 计算各级荷重下压缩稳定后的孔隙比 e_i

$$e_i=e_o-(1+e_o)\frac{\sum\Delta h_i}{h_o} \tag{4.14}$$

式中 G_s——土粒相对密度；

ρ_w——水的密度，g/cm³；

ω_o——试样起始含水率，%；

ρ_o——试样起始密度，g/cm³；

$\sum\Delta h_i$——在某一荷重下试样压缩稳定后的总变形量，其值等于该荷重下压缩稳定后的量表读数减去仪器变形量之差(mm)。

h_o——试样起始高度，即环刀高度，mm。

(3) 绘制压缩曲线。以孔隙比 e 为纵坐标，压力 p 为横坐标，绘制孔隙比与压力的关系曲线，如图4.8所示。并求出压缩系数 a_v 与压缩模量 E_s。

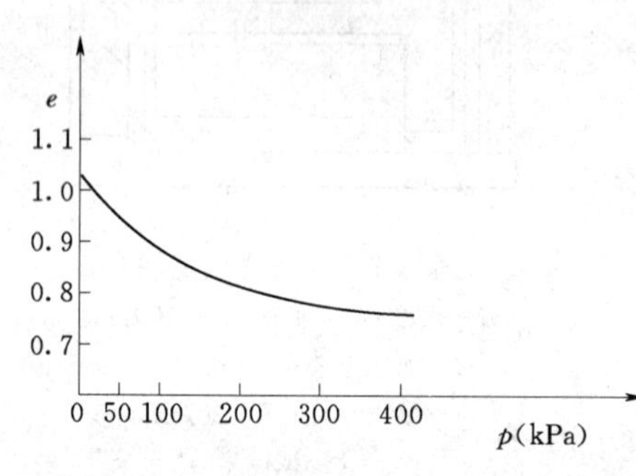

图4.8 $e-p$ 关系曲线

4.6.7 试验记录

本实训任务的试验记录表见表4.6。

表4.6 固结试验记录表(快速法)

工程名称＿＿＿＿ 土样面积＿＿＿＿ 试验者＿＿＿＿

土样编号＿＿＿＿ 起始孔隙比＿＿＿＿ 计算者＿＿＿＿

试验日期＿＿＿＿ 起始高度＿＿＿＿ 校核者＿＿＿＿

加压历时(h)	压力(kPa)	试样变形量(mm)	压缩后试样高度(mm)	孔隙比	压缩系数(MPa^{-1})	压缩模量(MPa)	固结系数(cm^2/s)
	p	$\sum\Delta h_i$	$h=h_0-\sum\Delta h_i$	$e_i=e_0-\frac{\sum\Delta h_1\ (1+e_0)}{h_0}$	$a_v=\frac{e_i-e_{i+1}}{p_{i+1}-p_i}$	$E_s=\frac{1+e_0}{a_v}$	$c_v=\frac{T_vh^2}{t}$
0							
24							
24							

实训任务4.7 土的相对密度

土的相对密度是试样在105～110℃下烘至恒重时，土粒质量与同体积4℃时的水质量的比值。

4.7.1 试验目的

测定土的相对密度，它是土的物理性质基本指标之一，为计算土的孔隙比、饱和度以

及为其他土的物理力学试验（如颗粒分析的比重计法试验、压缩试验等）提供必需的数据。

4.7.2 试验方法

通常采用比重瓶法测定粒径小于5mm的颗粒组成的各类土。

用比重瓶法测定土粒体积时，必须注意所排除的液体体积能代表固体颗粒的实际体积。土中含有的气体，试验时必须把它排尽，否则会影响测试精度。可用沸煮法或抽气法排除土内气体，所用的液体为纯水。若土中含有大量的可溶盐类、有机质、胶粒时，则可用中性溶液，如煤油、汽油、甲苯等，此时，必须采用抽气法排气。

4.7.3 仪器设备

（1）比重瓶：容量100mL或50mL，分长径和短径两种。

（2）天秤：称量200g，最小分度值0.001g。

（3）砂浴：应能调节温度的（可调电加热器）。

（4）恒温水槽：准确度应为±1℃。

（5）温度计：测定范围刻度为0～50℃，最小分度值为0.5℃。

（6）真空抽气设备。

（7）其他：烘箱、纯水、中性液体、小漏斗、干毛巾、小洗瓶、磁钵及研棒、孔径为2mm及5mm筛、滴管等。

4.7.4 操作步骤

（1）试样制备。取有代表性的风干的土样约100g，碾散并全部过5mm的筛。将过筛的风干土及洗净的比重瓶在105～110℃下烘干，取出后置于干燥器内冷却至室温称量后备用。

（2）将比重瓶烘干，冷却后称得瓶的质量。

（3）称烘干试样15g（当用50mL的比重瓶时，称烘干试样10g）经小漏斗装入100mL比重瓶内，称得试样和瓶的质量，准确至0.001g。

（4）为排出土中空气，将已装有干试样的比重瓶，注入半瓶纯水，稍加摇动后放在砂浴上煮沸排气。煮沸时间自悬液沸腾时算起，砂土应不少于30min，黏土、粉土不得少于1h。煮沸后应注意调节砂浴温度，比重瓶内悬液不得溢出瓶外。然后，将比重瓶取下冷却。

（5）将事先煮沸并冷却的纯水（或排气后的中性液体）注入装有试样悬液的比重瓶中，如用长颈瓶，用滴管注水恰至刻度处，擦干瓶内、外刻度上的水，称瓶、水土总质量。如用短颈比重瓶，将纯水注满瓶塞紧瓶塞，使多余水分自瓶塞毛细管中溢出。将瓶外水分擦干后，称比重瓶、水和试样总质量，准确至0.001g。然后立即测出瓶内水的温度，准确至0.5℃。

（6）根据测得的温度，从已绘制的温度与瓶、水总质量关系曲线中查得各试验比重瓶、水总质量。

（7）用中性液体代替纯水测定可溶盐、黏土矿物或有机质含量较高的土的土粒密度时，常用真空抽气法排除土中空气。抽气时间一般不得少于1h，直至悬液内无气泡逸出为止，其余步骤同前。

4.7.5　注意事项

（1）用中性液体，不能用煮沸法。

（2）煮沸（或抽气）排气时，必须防止悬液溅出瓶外，火力要小，并防止煮干。必须将土中气体排尽，否则影响试验成果。

（3）必须使瓶中悬液与纯水的温度一致。

（4）称量必须准确，必须将比重瓶外水分擦干。

（5）若用长颈式比重瓶，液体灌满比重瓶时，液面位置前后几次应一致，以弯液面下缘为准。

（6）本试验必须进行两次平行测定，两次测定的差值不得大于0.02，取两次测值的平均值，精确至0.01g/cm³。

4.7.6　计算公式

土粒相对密度 d_s 应按下式计算

$$d_s=\frac{m_d}{m_{bw}+m_d-m_{bws}}G_{iT} \tag{4.15}$$

式中　m_d——试样的质量，g；

m_{bw}——比重瓶、水总质量，g；

m_{bws}——比重瓶、水、试样总质量，g；

G_{iT}——T℃时纯水或中性液体的相对密度。

水的密度见表4.7，中性液体的相对密度应实测，称量准确至0.001g。

表4.7　　不同温度时水的密度

水温（℃）	4～5	6～15	16～21	22～25	26～28	29～32	33～35	36
水的密度（g/cm³）	1.000	0.999	0.998	0.997	0.996	0.995	0.994	0.993

4.7.7　试验记录

比重瓶法测定土的试验记录表见表4.8。

表4.8　　相对密度试验记录（比重瓶法）

工程名称：＿＿＿＿＿＿＿＿＿＿　试验者：＿＿＿＿＿＿＿＿＿＿

土样编号：＿＿＿＿＿＿＿＿＿＿　计算者：＿＿＿＿＿＿＿＿＿＿

试验日期：＿＿＿＿＿＿＿＿＿＿　校核者：＿＿＿＿＿＿＿＿＿＿

试样编号	比重瓶号	温度（℃）	液体相对密度查表	比重瓶质量（g）	干土质量（g）	瓶＋液体质量（g）	瓶＋液体＋干土总质量（g）	与干土同体积的液体质量（g）	相对密度	平均值
		①	②	③	④	⑤	⑥	⑦	⑧	⑨

实训任务 4.8 渗 透 试 验

渗透系数是土的币要力学指标之一，它将用来分析堤坝、基坑开挖边坡的渗透稳定性，也是确定堤坝断面，计算堤坝和地基的渗透流量的重要参数。

土的渗透系数和许多因素有关，除了土质因素外还和试验条件（如水力坡降、土体饱和程度、试验用水处理及温度、所用仪器设备及试验方法的选择等）有关。本书主要介绍在常水头或变水头条件下，用 70 型和南－55 型渗透仪测定土的渗透系数。

试验用水应采用实际作用于土体的天然水，如有困难允许用蒸馏水或一般经过滤的清水。试验用水必须在试验前用抽气法或煮沸法进行脱气。

4.8.1 常水头渗透试验

本试验适用于渗透性大的土（$K>10^{-3}$cm/s），如砾石和砂土，试验采用的纯水，应在试验前用抽气法或煮沸法脱气。试验时的水温，宜高于室温 3～4℃。

4.8.1.1 试验目的

本试验的目的是测定砂性土的渗透系数。

4.8.1.2 试验设备和仪器

(1) 70 型渗透仪。如图 4.9 所示，封底圆筒高为 40cm，直径为 10cm；金属孔板置于距金属圆筒底 6cm 处；3 个测压孔的中心距为 10cm，与筒壁连接处装有铜丝布；玻璃管内径为 0.6cm 左右，用橡皮管与测压孔连接并固定于有同一刻度的木板上，测记水位。

(2) 其他附属设备。木击锤、秒表、天平、温度计等。

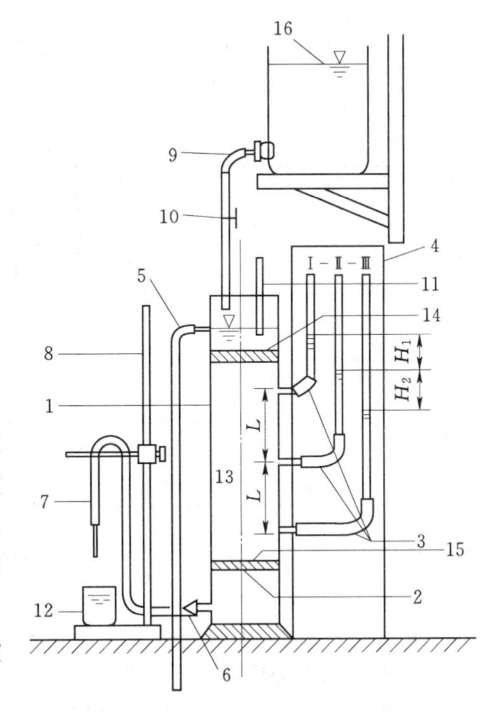

图 4.9 常水头（70 型）渗透仪装置

1—金属圆筒；2—金属孔板；3—测压孔；4—测压管；5—溢水孔；6—渗水孔；7—调节管；8—滑动支架；9—供水管；10—止水夹；11—温度计；12—量杯；13—试样；14—砾石层；15—铜丝筛布滤网；16—供水瓶

4.8.1.3 试验原理和计算公式

达西定律是水在土中渗透的基本定律，表明渗透速度与水力坡降呈线性关系，比例系数 K 即水力坡降 $i=1$ 时的渗透速度，称为渗透系数，它表示土的渗透性强弱的指标，试验中的计算公式均由达西定律导出。

(1) 按下式计算试样的干密度 ρ_d 及孔隙比 e

$$m_s=\frac{m}{1+0.01\omega},\rho_d=\frac{m_s}{Ah},e=\frac{\rho_w d_s}{\rho_d}-1 \qquad (4.16)$$

(2) 按下式计算渗透系数 K_t 及 K_{20}

$$K_t=\frac{QL}{AHt},K_{20}=K_t\frac{\eta_t}{\eta_{20}} \qquad (4.17)$$

以上式中 m_s——试样干质量，g；

m——风干试样总质量，g；

ω——风干含水率，%；

ρ_d——试样干密度，g/cm^3；

ρ_w——水的密度，可近似取 1g/cm^3；

A——试样断面积，cm^2；

h——试样高度，cm；

e——试样孔隙比；

d_s——土粒比重；

K_t——水温 t℃时试样的渗透系数，cm/s；

Q——时间 t(s) 内的渗透水量，cm^3；

L——两侧压孔中心间的试样高度，10cm；

H——平均水位差，cm；

t——时间，s；

K_{20}——水温为 20℃时试样的渗透系数，cm/s；

η_t——温度为 t 时水的动力黏滞系数，Pa·s；

η_{20}——20℃水的动力黏滞系数，Pa·s。

η_t/η_0 与温度的关系见表 4.9。

表 4.9　　比值 η_t/η_{20} 与温度的关系表

温度（℃）	5.0	5.5	6.0	6.5	7.0	7.5	8.0	8.5	9.0	9.5	10.0	11.5	11.0	11.5
η_t/η_{20}	1.50	1.48	1.46	1.44	1.41	1.39	1.37	1.35	1.33	1.32	1.30	1.28	1.26	1.24
温度（℃）	12.0	12.5	13.0	13.5	14.0	14.5	15.0	15.5	16.0	16.5	17.0	17.5	18.0	18.5
η_t/η_{20}	1.23	1.21	1.19	1.18	1.16	1.15	1.13	1.12	1.10	1.09	1.08	1.07	1.05	1.04
温度（℃）	19.0	19.5	20.0	20.5	21.0	21.5	22.0	22.5	23.0	24.0	25.0	26.0	27.0	28.0
η_t/η_{20}	1.03	1.01	1.00	0.99	0.98	0.96	0.95	0.94	0.93	0.91	0.89	0.87	0.85	0.83
温度（℃）	29.0	30.0	31.0	32.0	33.0	34.0	35.0							
η_t/η_{20}	0.82	0.80	0.78	0.77	0.75	0.74	0.72							

4.8.1.4　试验步骤

（1）装好仪器，量测滤网至筒顶的高度，将调节器与供水管相连，从渗水孔向圆筒充水至水位略高于金属孔板，关止水夹。

（2）取具有代表性的风干试样 3～4kg，称质量（准至 1.0g），测定其风干含水率。

（3）将试样分层装入仪器，何层厚 2～3cm，用木锤轻轻击实，使达一定厚度，以控制其孔隙比。第一层试样装好后，微开止水夹，使试样逐渐饱和，当水面与试样顶面齐平时，关止水夹。

（4）依上述步骤逐层装样，至试样高出测压孔 3～4cm 为止，在试样上端铺约 2cm 厚的砾石作缓冲层，并使水位上升至溢水孔有水溢出时，关止水夹。

（5）试样装好后，量测试样顶面至仪器上面的剩余高度，计算净高，称剩余试样质量

(准确至1.0g)，计算装入试样总质量。

(6) 静置数分钟后，检查各测压管水位是否与溢水孔齐平，如不齐平，说明试样中或测压管接头处有集气阻隔，可用吸水球对水位低的管口吸水排气。

(7) 提高调节管使高于溢水孔，然后将调节管与供水管分开，并将供水管置于试样筒内，开止水夹，使水由上部注入筒内。

(8) 降低调节管口使位于试样上部1/3处，造成水位差，水即渗过试样，经调节管流出。在渗透过程中，应调节供水管夹，使供水流量略多于渗出水量，溢水孔始终有些水溢出，以保持常水位。

(9) 测压管水位稳定后，记录其水位。开动秒表，同时用量筒接取经一定时间的渗水量，并重复一次。接取渗水量时，调节管口不可没入水中。

(10) 测记进水与出水处的水温，取其平均值。

(11) 降低调节管口至试样中部及下部1/3处，以改变水力坡降，按步骤(8)～(10)重复进行测定。

4.8.1.5 试验记录

常水头渗透试验的试验记录表见表4.10。

表4.10 常水头渗透实验记录表

工程名称：＿＿＿＿＿＿ 试验者：＿＿＿＿＿＿ 试样高度：＿＿＿＿＿＿

土样编号：＿＿＿＿＿＿ 试样高度：＿＿＿＿＿＿ 孔隙比 e：＿＿＿＿＿＿

试验日期：＿＿＿＿＿＿ 测压孔间距：＿＿＿＿＿＿ 计算者：＿＿＿＿＿＿

试验次数				1	2	3	4	5	6
经过时间(s)		(1)							
测水压位管(cm)	Ⅰ管	(2)							
	Ⅱ管	(3)							
	Ⅲ管	(4)							
水位差(cm)	h_1	(5)	(2)－(3)						
	h_2	(6)	(3)－(4)						
	平均 h	(7)	(5)＋(6)/2						
水力坡降		(8)	0.1(7)						
渗透水量 cm^3		(9)							
渗透系数 cm/s		(10)	(9)/A×(8)×(1)						
平均水温℃		(11)							
校正系数 η_t/η_{20}		(12)							
水温20℃渗透系数 cm/s		(13)	(10)×(12)						
平均渗透系数 cm/s									

根据计算的渗透系数，应取3～4个在允许差值范围内的数据的平均值，用以作为试样在该孔隙比下的渗透系数(允许差值不大于 2×10^{-n})。

4.8.2　变水头渗透试验

本试验方法适用于渗透小的土，如粉土、黏性土。试验采用的纯水应在试验前用抽气法或煮沸法进行脱气。试验时的水温，宜高于室温3～4℃。

4.8.2.1　试验目的

本试验的目的是测定黏性土的渗透系数。

4.8.2.2　试验设备和仪器

(1) 变水头渗透装置（南—55型渗透仪）：由渗透容器、变水头管、供水瓶、进水管等组成如图4.10所示；渗透容器由环刀、透水石、套环上盖和下盖组成。透水石的渗透系数，应大于试样的渗透系数。变水头管的内径，根据试样的渗透系数选择不同尺寸，长度宜为1m以上。

(2) 其他：切土器、100mL量筒、秒表、温度计、削土刀、钢丝锯、凡士林等。

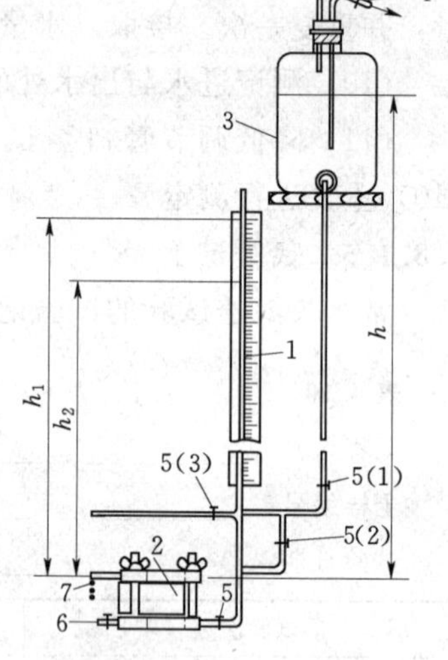

图4.10　变水头渗透试验装置
1—变水头管；2—渗透容器；3—供水瓶；4—接水源管；5—进水管夹；6—排气管；7—出水管

4.8.2.3　试验原理与计算公式

变水头试验是以截面积为a的水头管在t时间内的水位降落来计算渗透流量的，根据达西定律以及流经水头管与土样的流量相等的原理得其计算公式。渗透系数K_t的计算式如下

$$K_t=2.3\frac{aL}{At}\lg\frac{h_1}{h_2} \tag{4.18}$$

式中　a——水头管截面积，cm^2；

L——渗径，等于试样高度，cm；

h_1——开始水头，cm；

h_2——终了水头，cm；

A——试样断面积，cm^2；

t——时间，s；

其余符号同前。

4.8.2.4　试验步骤

(1) 根据需要，用环刀在垂直或平行土样层面切取原状试样，或制备成给定重度的扰动试样，并进行充水饱和。切土时，宜将环刀缓慢平稳地压入土样中，边压边修去侧面余土，直至试样伸出环刀为止。最后用钢丝锯削去两端余土，使其平整，但切忌用修土刀反复涂抹试样表面，以免堵塞表面的孔隙或使试样受到压缩，影响试验成果。

(2) 将容器套筒内壁涂上一薄层凡士林，然后将装有试样的环刀推入套筒并压入止水垫圈，刮去挤出的凡士林。装好带有渗水石和垫圈的上下盖，并用螺丝拧紧，勿使漏气漏水。

(3) 把装好试样的容器的进水面与供水装置连通，关止水夹。向供水瓶注满水。

(4) 把容器侧立，排气管向上，并打开排气管管夹。然后打开止水夹及进水面管夹，排除容器底部的空气，直至水中无夹带气泡溢出为止。关闭排气管止水夹，平放好容器。

(5) 在不大于200cm水头作用下，静置某一时间，待容器上出水口有水溢出后，开

始测定。

（6）使变水头管充水至预定高度，关止水夹，开动秒表，同时测记起始水头 h_1，经过时间 t 后，再测记终了水头 h_2。如此连续测记 2～3 次，再使水头管水位回升至需要高度，再连续测记数次，前后须 6 次以上，同时一测记出水口的水温。

4.8.2.5　试验记录

变水头渗透试验的试验记录表见表 4.11。

表 4.11　变水头渗透实验记录表

工程名称：________实验日期：________试样编号：________

仪器编号：________小组成员：________

实验室温度：________℃ 记录者：________ 校核者：________

开始时间 t_1（日　时　分）	终了时间 t_2（日　时　分）	经过时间 t（s）	开始水头 h_1（cm）	终了水头 h_2（cm）	$2.3\frac{aL}{At}$
(1)	(2)	(3)	(4)	(5)	(6)
		(2) － (1)			$2.3\frac{aL}{A(3)}$
$\lg\frac{h_1}{h_2}$	水温 t℃时的渗透系数 $K_t\times10^{-}$ cm/s	水温	校正系数 η_t/η_{20}	渗透系数 $K_{20}\times10^{-}$ cm/s	平均渗透系数 $K_{20}\times10^{-}$ cm/s
(7)	(8)	(9)	(10)	(11)	(12)
$\lg\frac{(4)}{(5)}$	(6) × (7)			(8) × (10)	
备注	1. 土样说明：________ 2. 试样面积：________ 3. 水头管截面积：________ 4. 试样高度：________				

实训任务 4.9　土的承载比（CBR）试验

4.9.1　目的和适用范围

（1）本试验方法只适用于在规定的试筒内制件后，对各种土和路面基层、地基层材料进行承载比试验。

（2）试样的最大粒径宜控制在 20mm 以内，最大不得超过 40mm 且含量不超过 5%。

4.9.2　试验设备

(1) 圆孔筛：孔径40mm、20mm及5mm筛各一个。

(2) 试筒：内径152mm、高170mm的金属圆筒；套环，高50mm；筒内垫块，直径151mm、高50mm；夯击底板，同击实仪，也可以用击实试验的大击实筒。

(3) 夯锤和导管：夯锤的底面直径50mm，总质量4.5kg。夯锤在导管内的总行程为450mm，夯锤的形式和尺寸与重型击实试验法所用夯锤相同。

(4) 贯入杆：端面直径50mm、长约100mm的金属柱。

(5) 路面材料强度仪或其他载荷装置：能量不小于50kN，能调节贯入速度至每分钟贯入1mm，可采用测力计式。

(6) 百分表：3个。

(7) 荷载板：直径150mm，中心孔眼直径52mm，每块质量1.25kg，共四块，并沿直径分为两个半圆块，如图4.11所示。

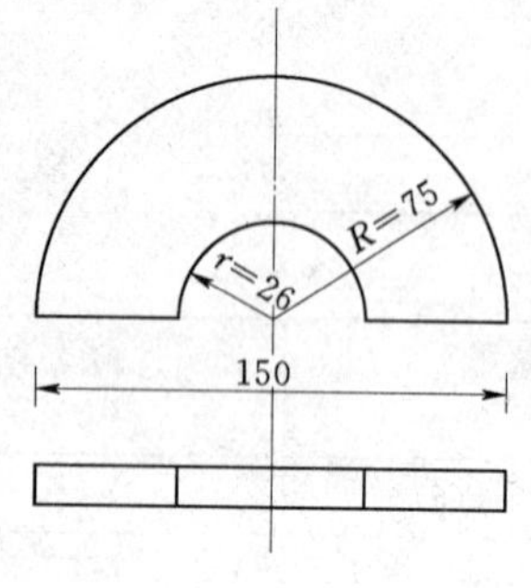

图4.11　荷载板
（单位：mm）

(8) 水槽：浸泡试件用，槽内水面应高出试件顶面25mm。

(9) 其他：台秤，感量为试件用量的0.1%。

(10) 拌和盘、直尺、滤纸、脱模器等与击实试验相同。

4.9.3　试样

(1) 将具有代表性的风干试料（必要时可在50%烘箱内烘干），用木碾捣碎，但应尽量注意不使土或粒料的单个颗粒破碎。土团均应捣碎到通过5mm的筛孔。

(2) 采取有代表性的试料50kg，用40mm筛筛除大于40mm的颗粒，并记录超尺寸颗粒的百分数。将已过筛的试料按四分法取出约25kg。再用四分法将取出的试料分成4份，每份质量6kg，供击实试验和制试件之用。

(3) 在预定做击实试验的前一天，取有代表性的试料测定其风干含水率。测定含水率用的试样数量可参照表4.12采取。

表4.12　　测定含水率用试样的数量表

最大粒径(mm)	试样质量(g)	个数	最大粒径(mm)	试样质量(g)	个数
<5	15～20	2	约20	约250	1
约5	约50	1	约40	约500	1

4.9.4　试验步骤

(1) 称试筒本身质量（m_1），将试筒固定在底板上，将垫块放入筒内，并在垫块上放一张滤纸，安上套环。

(2) 将试料按表4.13中Ⅱ-2规定的层数和每层击数进行击实，求试料的最大干密度和最佳含水率。

(3) 将其余3份试料，按最佳含水率制备3个试件。将一份试料平铺于金属盘内，按事先计算的该份试料应加的水量均匀地喷洒在试料上，水量按式（4.19）计算。

表 4.13 击实试验方法种类表

试验方法	类别	锤底直径(cm)	锤质量(kg)	落高(cm)	试筒尺寸		试样尺寸		层数	每层击数	击实功(kJ/m³)	最大粒径(mm)
					内径(cm)	高(cm)	高度(cm)	体积(cm³)				
轻型	Ⅰ-1	5	2.5	30	10	12.7	12.7	997	3	27	598.2	20
	Ⅰ-2	5	2.5	30	15.2	17	17	2177	3	59	598.2	40
重型	Ⅱ-1	5	4.5	45	10	12.7	12.7	997	5	27	2687.0	20
	Ⅱ-2	5	4.5	45	15.2	17	17	2177	3	98	2677.2	40

$$m_w=\frac{m_i}{1+0.01\omega_i}\times 0.01(w-w_i) \tag{4.19}$$

式中 m_w——所需的加水量，g；

m_i——含水率为 w_i 时土样的质量，g；

ω_i——土样原有含水率，%；

ω——要求达到的含水率，%。

用小铲将试料拌和到均匀状态，然后装入密闭容器或塑料口袋内浸润备用。

浸润时间：重黏土不得少于 24h，轻黏土可缩短到 12h，砂土可缩短到 1h，天然砂砾可缩短到 2h 左右。

制备每个试件时，都要取样测定试件的含水率。

说明：需要时，可制备 3 种干密度试件。如每种干密度试件制备 3 个，则共需 9 个试件。每层击数分别为 30 次、50 次和 98 次，使试件的干密度从低于 95%到等于 100%的最大干密度。这样，9 个试件共需试料约 55kg。

（4）将试筒放在坚硬的底面上，取制好的试样分 3 次倒入筒内（视最大料径而定），每层需试样 1700g 左右（其量应使击实后的试样高出 1/3 筒高 1～2mm）。整平表面，并稍加压紧，然后按规定的击数进行第一层试样的击实，击实时锤应自由垂直落下，锤迹必须均匀分布于试样面上。第一层击实后，将试样层面“拉毛”，然后再装入套筒，重复上述方法进行其余每层试样的击实。大试筒击实后，试样不宜高出筒高 10mm。

（5）卸下套环，用直刮刀沿试筒顶修平击实的试件，表面不平整处用细料修补。取出垫块，称试筒和试件的质量（m_2）。

（6）泡水测膨胀量的步骤如下：

1）在试件制成后，取下试件顶面的破残滤纸，放一张好滤纸，并在其上安装附有调节杆的多孔板，在多孔板上加 4 块荷载板。

2）将试筒与多孔板一起放入槽内（先不放水），并用拉杆将模具拉紧，安装百分表，并读取初读数。

3）向水槽内放水，使水自由进到试件的顶部和底部。在泡水期间，槽内水面应保持在试件顶面以上大约 25mm。通常试件要泡水 4 昼夜。

4）泡水终了时，读取试件上百分表的终读数，并用下式计算膨胀量。

$$膨胀量=\frac{泡水后试件高度变化}{原试件高(高\ 120mm)}\times 100\%$$

5）从水槽中取出试件，倒出试件顶面的水，静置15min，让其排水，然后卸去附加荷载和多孔板、底板及滤纸，并称量（m_3），以计算试件的湿度和密度的变化。

（7）贯入试验步骤如下：

1）将泡水试验终了的试件放到路面材料强度试验仪的升降台上，调整偏球座，对准、整平并使贯入杆与试件顶面全面接触，在贯入杆周围放置4块荷载板。

2）先在贯入杆上施加45N荷载，然后将测力和测变形的百分表指针均调整至整数，并记读起始读数。

3）加荷使贯入杆以1～1.25mm/min的速度压入试件，同时测记三个百分表的读数。记录测力计内百分表的读数。记录测力计内百分表某些整读数（如20、40、60）时的贯入量，并注意使贯入量为2.5mm时，能有5个以上的读数。因此，测力计内的第一个读数应是贯入量0.3mm左右。

4.9.5　整理结果

（1）以单位压力p为横坐标，贯入量l为纵坐标，绘制$p-l$关系曲线，如图4.12所示。图上曲线1是合适的。曲线2开始端是凹曲线，需要进行修正。修正时在变曲率点引一切线与纵坐标交于O'点，O'即为修正后的原点。

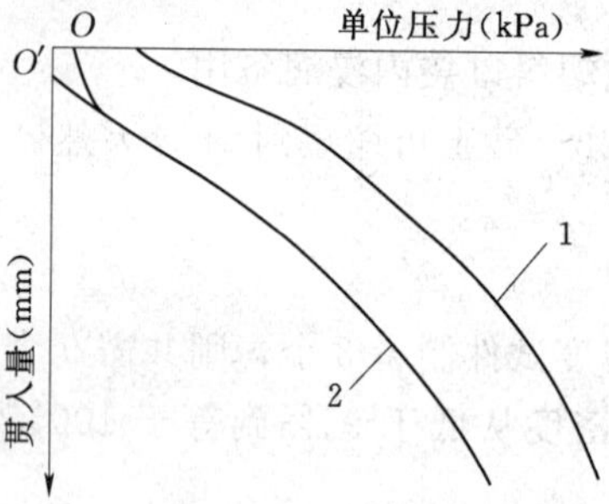

图4.12　单位压力与贯入量的关系曲线

（2）一般采用贯入量为2.5mm时的单位压力与标准压力之比作为材料印承载比（CBR），即

$$CBR=\frac{p}{7000}\times 100\% \quad (4.20)$$

式中　CBR——承载比，%，计算至0.1；

p——单位压力，kPa。

同时计算贯入量为5mm时的承载比为

$$CBR=\frac{p}{10500}\times 100\% \quad (4.21)$$

如贯入量为5mm时的承载比大于2.5mm时的承载比，则试验应重作。如结果仍然如此，则采用5mm时的承载比。

（3）试件的湿密度按下式计算

$$\rho=\frac{m_2-m_1}{2177} \quad (4.22)$$

式中　ρ——试件的湿密度，g/cm^3，计算至0.01g/cm^3；

m_2——试筒和试件的总质量，g；

m_1——试筒的质量，g；

2177——试筒的容积，cm^3。

（4）试件的干密度按下式计算

$$\rho_d=\frac{\rho}{1+0.01\omega} \quad (4.23)$$

式中　ρ_d——试件的干密度，g/cm^3，计算至0.01g/cm^3；

ω——试件的含水率。

（5）泡水后试件的吸水量按下式计算

$$\omega_a = m_3 - m_2 \tag{4.24}$$

式中 ω_a——泡水后试件的吸水量，g；

m_3——泡水后试筒和试件的总质量，g；

m_2——试筒和试件的总质量，g。

4.9.6 精密度和允许差

如根据 3 个平行试验结果计算的承载比变异系数 $C_v>12\%$，则去掉一个偏离大的值，取其余两个结果的平均值。如 $C_v<12\%$，且 3 个平行试验结果计算的干密度偏差小于 0.03g/cm^3，则取 3 个结果的平均值；如 3 个试验结果计算的干密度偏差超过 0.03g/cm^3，则去掉一个偏离大的值，取其余两个结果的平均值。

承载比小于 100，相对偏差不大于 5%；承载比大于 100，相对偏差不大于 10%。

实训项目 5　力　学　试　验

实训任务 5.1　拉　伸　试　验

5.1.1　目的

（1）测定低碳钢的屈服极限 σ_s、强度极限 σ_b、延伸率 δ 和断面收缩率 ψ。

（2）测定铸铁的强度极限 σ_b。

（3）观察拉伸过程中的各种现象（屈服、强化、颈缩、断裂特征等），并绘制拉伸图（$P-\Delta L$ 曲线）。

（4）比较塑性材料和脆性材料力学性质特点。

5.1.2　原理

将画好刻度线的标准试件，安装于万能试验机的上下夹头内。开启试验机，由于油压作用，便带动活动平台上升。因下夹头和蜗杆相连，一般固定不动。上夹头在活动平台里，当活动平台上升时，试件便受到拉力作用，产生拉伸变形。变形的大小可由引伸仪测得，力的大小通过指针直接从测力度盘读出，$P-\Delta L$ 曲线可以从自动绘图器上得到。

低碳钢是典型的塑性材料，试样依次经过弹性（OA 段）、屈服（BC 段）、强化（CD 段）和颈缩（DE 段）四个阶段。用试验机的自动绘图器绘出低碳钢和铸铁的拉伸图（图 5.1）。对于低碳钢试件，在比例极限内，力与变形成线性关系，拉伸图上是一段斜直线，A 点对应的应力称为比例极限。

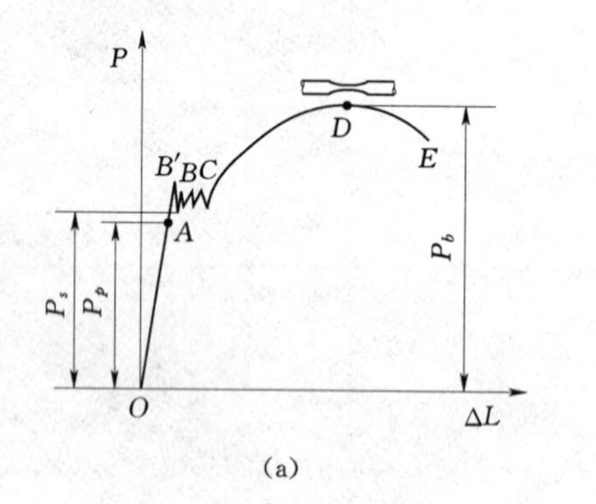

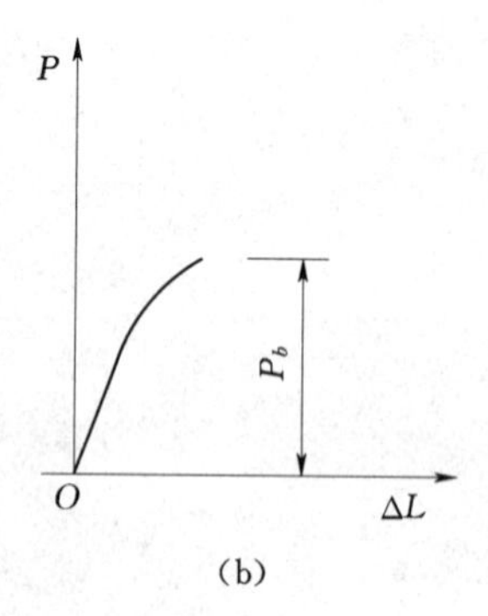

图 5.1　钢材的拉伸图

（a）低碳钢拉伸图；（b）铸铁拉伸图

低碳钢的屈服阶段在试验机上表现为测力指针来回摆动，而拉伸图上则绘出一段锯齿形线，出现上下两个屈服荷载。对应于 B' 点的为上屈服荷载。上屈服荷载受试件变形速度和表面加工的影响，而下屈服荷载则比较稳定，所以工程上均以下屈服荷载作为计算材

料的屈服极限。屈服极限是材料力学性能的一个重要指标，确定 P_s 时，须缓慢而均匀地使试件变形，仔细观察。

试件拉伸达到最大荷载 P_b 以前，试样材料因塑性变形其内部晶体组织结构重新得到了调整，其抵抗变形的能力有所增强，随着拉力的增加，伸长变形也随之增加，拉伸曲线继续上升。即材料的变形抵抗力提高，塑性降低。在强化阶段卸载，弹性变形会随之消失，塑性变形将会永久保留下来。拉伸曲线到达顶点时的抗拉强度称之为极限强度，它也是材料强度性能的重要指标。对于塑性材料来说，在承受拉力 P_b 以前，试样发生的变形各处基本上是均匀的。在达到 P_b 以后，变形主要集中于试样的某一局部区域，该处横截面面积急剧减小，这种现象即是“颈缩”现象，此时拉力随着下降，直至试样被拉断，其断口形状呈碗状，如图 5.2（a）所示。试样拉断后，弹性变形立即消失，而塑性变形则保留在拉断的试样上。

铸铁试件在变形极小时，就达到最大载荷 P_b，而突然发生断裂。没有屈服和颈缩现象，是典型的脆性材料，拉伸曲线见图 5.2（b）。

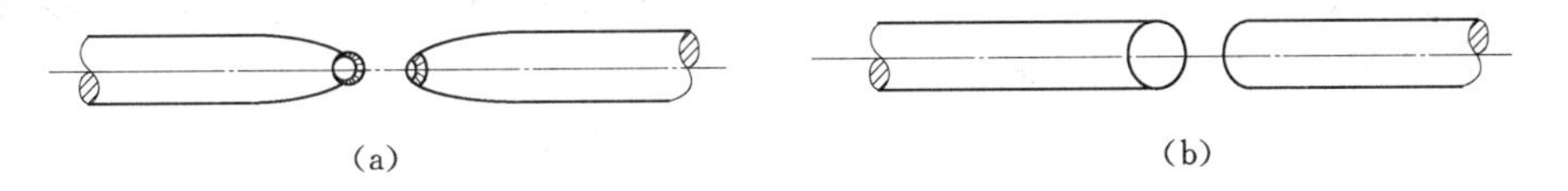

图 5.2　拉伸试样断口形状

铸铁试样作拉伸试验时，利用试验机的自动绘图器绘出铸铁的拉伸曲线，如图 5.1（b）所示。在整个拉伸过程中变形很小，无屈服、颈缩现象，拉伸曲线无直线段，可以近似认为经弹性阶段直接断裂，其断口是平齐粗糙的，如图 5.2（b）所示。

5.1.3　仪器设备

（1）液压式万能试验机。

（2）划线器。

（3）游标卡尺。

5.1.4　试件

试件一般制成圆形或矩形截面，圆形截面形状如图 5.3 所示，试件中段用于测量拉伸变形，此段的长度 L_0 称为“标距”。两端较粗部分是头部，为装入试验机夹头内部分，试件头部形状视试验机夹头要求而定，可制成圆柱形［图 5.3（a）］、阶梯形［图 5.3（b）］、螺纹形［图 5.3（c）］。

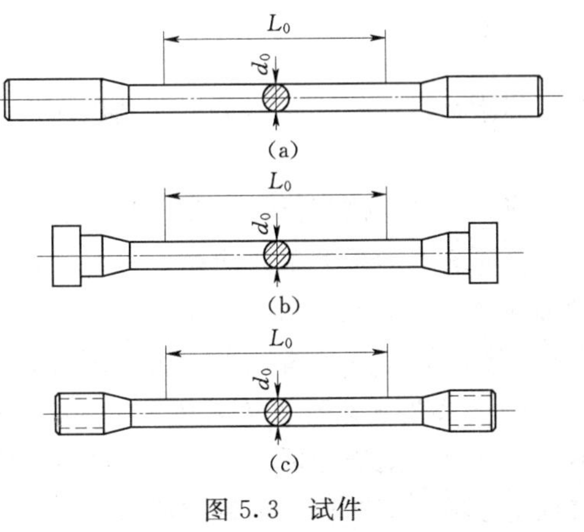

图 5.3　试件

试验表明，试件的尺寸和形状对试验结果会有影响。为了避免这种影响，便于各种材料力学性能的数值互相比较，所以对试件的尺寸和形状国家都有统一规定，即所谓“标准试件”，其形状尺寸的详细规定参阅国家标准。标准试件的直径为 d_0，则标距 L_0

$=10d_0$ 或 $L_0=5d_0$，d_0 一般取 10mm 或 20mm。矩形截面试件标距 L 与横截面面积 A 的比例为 $L_0=11.3\sqrt{A}$ 或 $L_0=5.65\sqrt{A}$。

5.1.5 低碳钢的拉伸试验步骤

1. 测量试件尺寸

用游标卡尺在试件标距长度 L_0 范围内，测量两端及中间等三处截面的直径 d_0，在每一处截面垂直交叉各测量一次，三处共需测量六次。取三处中最小一处之平均直径 d_0 作为计算截面面积 A_0 之用（要求测量精度精确到 0.02mm）。在试件的标距长度内，用划线器划出 100mm 的两根端线作为试件的原长 L_0。

2. 选择度盘

根据试件截面尺寸估算最大荷载（$P_{\max}=A_0\sigma_b$），并选择合适的测力度盘。配置好相应的砣（摆锤），调节好相应回油缓冲器的刻度。

3. 指针调零

打开电源，按下（绿色）油泵启动按钮，关闭回油阀（手感关好即可，不用拧得太紧），打开进油阀（开始时工作油缸里可能没有液压油，需要开大一些油量，以便压力油快速进入工作油缸，使活动平台加速上升）。当活动平台上升 5～10mm 左右，便关闭进油阀（如果活动平台已在升起的合适位置时，则不必先打开进油阀，仅将进油阀关好即可；如果活动平台升得过高，试件无法装夹，则需打开回油阀，将活动平台降到合适的位置并关好即可）。移动平衡锤使摆杆保持铅垂（铅垂的标准是摆杆右侧面和标示牌的刻画线对齐重合）。然后轻轻地旋转螺杆使主动针对准度盘上的零点，并轻轻按下测力度盘中间的从动针拨钩拨动从动针与主动针靠拢，并使从动针靠在主动针的右边。同时调整好自动绘图器，装好纸和笔并打下绘图笔。

4. 安装试件

先将试件安装在试验机上夹头内，再开动下夹头升降电机（或转动下夹头升降手轮）使其达到适当的位置，然后把试件下端夹紧，夹头应夹住试件全部头部。

5. 检查

先请指导教师检查以上步骤完成情况，并经准许后方可进行下步实验。

6. 进行试验

用慢速加载（一般进油阀顺手转 2～3 下，即 1 圈左右），缓慢均匀地使试件产生变形。当指针转动较快时，关小一些进油量，指针转动较慢时，增大一些进油量。

7. 试件受拉的过程

应注意观察测力指针的转动和自动绘图器上的 $P-\Delta L$ 曲线的轨迹。当测力指针倒退时（有时表现为指针来回摆动，说明材料已进入屈服阶段，注意观察屈服现象，此时不要增加油量也不要减少油量，让材料慢慢屈服，并抓住时机，记录屈服时的最小载荷 P_s（下屈服点），也就是指针来回摆动时的最小值。

8. 当主动针开始带动从动针往前走，说明材料已过屈服阶段，并进入强化阶段

这时可以适当的再增大一些进油量，即用快一点的速度加载。在载荷未达到强度极限之前把载荷全部卸掉，重新加载以观察冷作硬化现象，继续加载直至试件断裂。在试件断

裂前，注意指针移动，当主动针往回走，此时材料已进入颈缩阶段，注意观察试件颈缩现象，这时可以适当地减少一些进油量。当听到断裂声时，立即关闭进油阀，并记录从动针指示的最大载荷 P_b。

9. 结束工作

取下试件，并关闭电源。将试件重新对接好。用游标卡尺测量断后标距长 L_1（即断后的两个标记刻画线之间的距离）。和断口处的直径 d_1。（在断口处两个互相垂直方向各测量一次），最后观察断口形状和自动绘图器上的拉伸曲线图是否与理论相符。

5.1.6 铸铁的拉伸试验

试验步骤与低碳钢基本相同，但拉伸图没有明显的四个阶段，只有破坏荷载 P_b，而且数值较小，变形也不大。因此加载时速度一定要慢，进油阀不要开得过大，断裂前没有任何预兆，突然断裂，是典型的脆性材料。最后观察断口形状和自动绘图器上的拉伸曲线图是否与理论相符。其断口形状与低碳钢有何不同。

5.1.7 数据处理

根据材料的屈服载荷 P_s 和最大载荷 P_b，计算屈服极限 σ_s 和强度极限 σ_b。

$$\sigma_s=\frac{P_s}{A_0}$$

$$\sigma_b=\frac{P_b}{A_0}$$

根据试件试验前后标距长度及断面面积计算得到

$$\delta=\frac{L_1-L_0}{L_0}\times 100\%$$

$$\psi=\frac{A_1-A_0}{A_0}\times 100\%$$

5.1.8 注意事项

（1）未经指导教师同意不得开动机器。试件夹紧后，不得再开动下夹头的升降电机。否则要烧坏电机。

（2）开始加载要缓慢，防止油门开得过大，引起载荷冲击突然增加，造成事故。

（3）操作者要严格遵守操作规程，不得随意离开操纵台。进行试验时，必须专人负责，坚守岗位，如发生机器声音异常，立即停机。

（4）试验结束后，切记关闭进油阀，取下试件，打开回油阀，并关闭电源。

（5）初加载时要注意测力指针，防止加载过快，卸载时要注意试件，虽然有时指针尚未遇到零点，但试件已经松动，应立即关闭马达。

5.1.9 常温下静载金属拉伸性能试验报告

姓　名：________　实验室温度：__________℃　日期：_____年_____月_____日

同组人：____________________________________　成绩：____________________

1. 实验目的

2. 实验仪器设备

试验机名称型号：＿＿＿＿＿＿＿＿＿＿＿＿＿＿＿＿＿＿＿＿＿＿＿＿

低碳钢选用量程：＿＿＿＿＿＿＿＿＿＿kN　读数精度：＿＿＿＿＿＿＿＿＿＿kN

铸铁选用量程：＿＿＿＿＿＿＿＿＿＿＿kN　读数精度：＿＿＿＿＿＿＿＿＿＿kN

量具名称：＿＿＿＿＿＿＿＿＿＿＿＿＿＿　读数精度：＿＿＿＿＿＿＿＿＿＿mm

3. 原始数据记录（表5.1～表5.3）

表5.1　　低碳钢试样试验前测量

实验材料	试件规格	试件尺寸						
		测量部位	沿正交方向测直径		平均值（mm）	最小平均值 d_0（mm）	截面面积 A_0（mm^2）	标距 L_0（mm）
低碳钢		上	1					
			2					
		中	1					
			2					
		下	1					
			2					

表5.2　　低碳钢材料数据记录

屈服载荷 P_s（kN）	破坏载荷 P_b（kN）	断后标距 L_1（mm）	断口截面尺寸			
			沿正交方向测直径（mm）		最小平均值 d_1（mm）	截面面积 A_1（mm^2）
			1			
			2			

表5.3　　铸铁试样原始数据

实验材料	试件规格	试件尺寸						破坏载荷 P_b（kN）
		测量部位	沿正交方向测直径		平均值（mm）	最小平均值 d_0（mm）	截面面积 A_0（mm^2）	
铸铁		上	1					
			2					
		中	1					
			2					
		下	1					
			2					

4. 数据处理（计算结果保留到整数位）

（1）低碳钢拉伸。

屈服极限

$$\sigma_s=\frac{P_s}{A_0}$$

强度极限
$$\sigma_b=\frac{P_b}{A_0}$$

延伸率
$$\delta=\frac{L_1-L_0}{L_0}\times 100\%$$

截面收缩率
$$\psi=\frac{A_1-A_0}{A_0}\times 100\%=\frac{d_0^2-d_1^2}{d_0^2}\times 100\%$$

(2) 铸铁拉伸强度极限为

$$\sigma_b=\frac{P_b}{A_0}$$

5. 简答下列问题

(1) 画出两种材料 σ-ε 关系曲线。

(2) 试比较低碳钢和铸铁拉伸时的力学性质。

(3) 试解释比例极限、强度极限、强度极限截面收缩率、延伸率等几个概念。

实训任务 5.2 拉伸时材料弹性模量 E 和泊松比 μ 的测定

5.2.1 实验目的

(1) 用电测法测量低碳钢的弹性模量 E 和泊松比 μ。

(2) 在弹性范围内验证胡克定律。

(3) 了解电测法的基本原理和方法，初步熟悉电阻应变仪的使用方法。

5.2.2 实验设备

(1) 多功能电测实验装置。

(2) 智能全数字式静态应变仪。

(3) 游标卡尺。

5.2.3 实验原理和方法

测定材料的弹性模量 E，通常采用比例极限内的拉伸试验。金属杆件在承受拉伸时，应力在比例极限以内，它与应变的关系遵循虎克定律其关系式为

$$\sigma=E\varepsilon=P/A_0$$

由此可得
$$E=\frac{P}{\varepsilon A_0}=\frac{\Delta P}{\Delta\varepsilon A_0}$$

式中 E——弹性模量；

P——载荷；

A_0——试样的截面积；

ε——应变；

ΔP、$\Delta\varepsilon$——载荷增量和应变增量。

由材料力学还可知，在比例极限内，试件的横向线应变与纵向线应变之间存在着一定的关系，即

$$\varepsilon_{横}=-\mu\varepsilon_{纵}$$

式中 μ——横向变形系数，即泊松比。

弹性模量 E 与泊松比 μ 是材料的两个重要力学性能数据。在杆件的变形计算、稳定计算以及用实验方法测定构件的应力时，都是重要的计算依据。因此，测定 E 和 μ 是具有实际意义的。

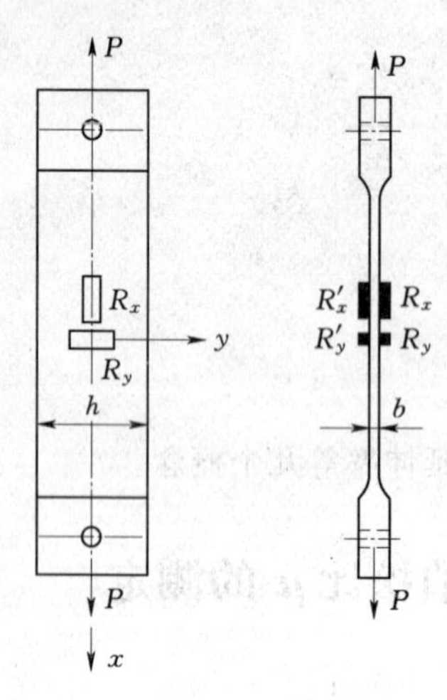

图 5.4 试件及贴片布置图

本实验用板状拉伸试件进行。在试件的正反面各贴上纵向电阻应变片 R_x 和横向电阻应变片 R_y 各一个，如图 5.4 所示，令纵向为 x 轴，横向为 y 轴。其上每个电阻应变片都是工作片，分别与温度补偿片按半桥测量法接入桥路进行测量。

由以上分析，若在载荷 P 时测得各片的应变值，根据下式计算 E、μ。

$$E=\frac{P}{A_0\varepsilon_x}$$

$$\mu=-\frac{\varepsilon_y}{\varepsilon_x}$$

为了检验实验进行是否正常，验证胡克定律，并减少测试中的误差，一般采取“增量法”进行实验。所谓增量法，就是把欲加的最大载荷分为若干等份，逐级加载来测量试件的变形或应变。若各级载荷增量相同并等于 ΔP，各片应变增量分别为 $\Delta\varepsilon_x\Delta\varepsilon_y$ 则有

$$E=\frac{\Delta P}{\Delta\varepsilon_x A_0}$$

$$\mu=-\frac{\Delta\varepsilon_y}{\Delta\varepsilon_x}=\left|\frac{\Delta\varepsilon_y}{\Delta\varepsilon_x}\right|$$

实验正常，在各级载荷增量 ΔP 相等时，各片相应的应变增量也基本相等，这就验证了胡克定律。

5.2.4 实验步骤

(1) 根据拟定的加载方案，选择度盘，调整好相应的摆锤。

(2) 记下试件编号，尺寸，电阻应变片的 R，K 值。

(3) 将试件妥善安装在 U 形夹具单，不要偏斜，并将补偿片板挂在试件附近。

(4) 分别将各片的导线与补偿片的导线接到应变仪的预调平衡箱上，按半桥测量法连接。

(5) 将应变仪上的灵敏系数旋钮置于所用应变片的 K 值位置（或对应的标定数）然后开启电源，预热仪器。

(6) 试拉 1～2 遍，载荷不能超过加载方案的最大载荷 P_{max}。然后按加载方案进行加载测读。即从 P_0 到 P_{max}，在各点载荷下记下各片的读数，记入记录表格，并随时求出应变增量，以检验实验是否正常，重复 2～3 次。

(7) 整理实验数据，经教师检查通过后，结束实验，整理机器、仪器与试件。

5.2.5 实验报告要求及实验记录表

(1) 内容应包括实验目的、设备、测试原理与方法，试件贴片情况图，实验数据与

结果。

(2) 在坐标纸上作 $\sigma-\varepsilon$ 图，验证其符合虎克定律的程度。对于载荷与应变值均分别减去其初载荷时读数，并取正反两面纵向电阻应变片的数据的平均值作为纵向 ε 值。这样画出的直线通过坐标原点。

(3) 记录表格参考格式见表 5.4。

表 5.4 实验数据记录表

姓 名：＿＿＿＿＿＿ 实验室温度：＿＿＿＿℃ 日期：＿＿年＿＿月＿＿日

同组人：＿＿＿＿＿＿＿＿＿＿＿＿＿＿成绩：＿＿＿＿＿＿

荷载	纵向片（$\mu\varepsilon$）				横向片（$\mu\varepsilon$）			
	纵 1（R_x）		纵 2（R_x'）		横 1（R_y）		横 2（R_y'）	
	读数	差（$\Delta\varepsilon_x$）	读数	差（$\Delta\varepsilon_x$）	读数	差（$\Delta\varepsilon_x$）	读数	差（$\Delta\varepsilon_x$）
P_0								
P_1								
P_2								
⋮								
P_{max}								
平均								

实训任务 5.3 扭 转 实 验

5.3.1 实验目的

观察和比较低碳钢（Q235 钢）和铸铁的受扭过程及其破坏现象，并测定低碳钢的扭转屈服极限 τ_s、扭转强度极限 τ_b、铸铁的扭转强度极限 τ_b。

5.3.2 实验设备

(1) NJ—100B 扭转试验机。

(2) 游标卡尺。

5.3.3 实验概述

扭转试件为圆截面，两端部铣成六方形以便夹持。当把扭转试件装在扭力机上进行实验时，机器能自动绘出扭曲图如图 5.5 所示。

低碳钢在开始的扭转阶段，T 和 Φ 成线性关系，其横截面上的剪应力按线性分布。扭转图直线部分 A 端所对应的扭矩为 T_p，这时横截面上扭转剪应力等于比例极限 τ_b。

扭矩超过 T_p 后，试件横截面上的剪应力分布发生变化，在靠近边缘处，材料由于屈服而形成塑性区，同时扭转图变成曲线，此后随着变形的增加，试件的塑性区也不断向内扩展，扭转图到达 B 点时趋于平坦，此时塑性区占据了几乎全部截面。根据 B 点的扭矩 T_s，可以近似地算出扭转屈服极限 τ_s：

$$\tau_s=\frac{3}{4}\frac{T_s}{W_t}$$

式中 $W_t = \pi d^3/16$；

d——圆截面直径。

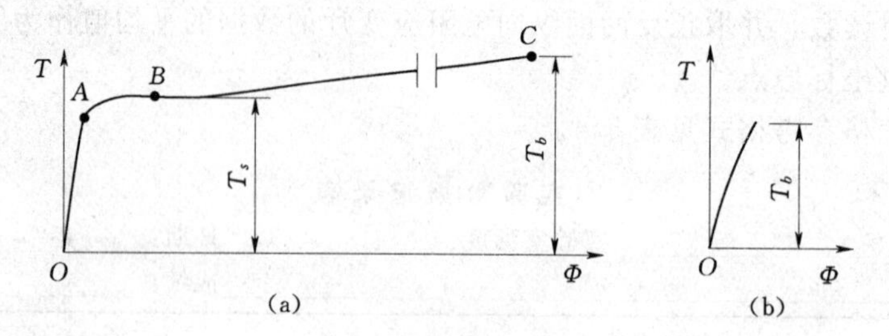

图 5.5 扭转图

(a) 低碳钢；(b) 铸铁

而后，试件继续变形，材料进一步强化，扭转曲线缓慢上升，直到 C 点时试件沿横截面被扭断。根据 C 点的扭矩可以近似地算出扭转强度极限 τ_b 为

$$\tau_b \approx \frac{3}{4}\frac{T_b}{W_t}$$

铸铁的扭转曲线近似一根直线，如图 5.5（b）所示。按线弹性应力公式算出扭转强度极限 τ_b 为

$$\tau_b = \frac{T_b}{W_t}$$

试件受扭，材料处于纯剪切应力状态，横截面和纵截面受剪应力作用，在与杆轴线成 $\pm 45^\circ$角的面上，分别受到主应力 $\sigma_1 = \tau$，$\sigma_3 = -\tau$ 的作用，低碳钢的抗剪能力比抗拉能力弱，故从横截面剪断；而铸铁的抗拉能力较抗剪能力弱，故沿与轴线成 45°方向被拉断，断口呈螺旋面，如图 5.6 所示。

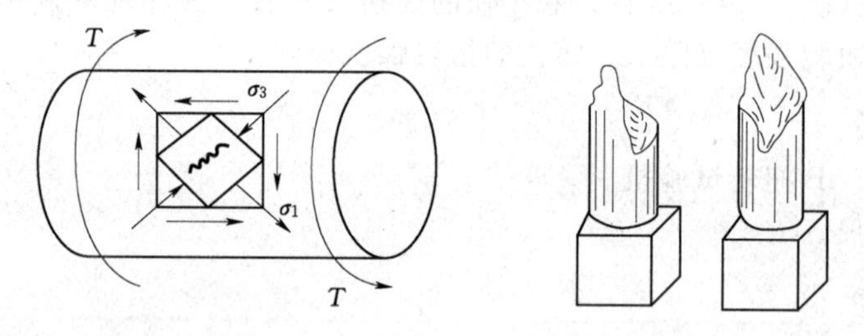

图 5.6 扭转轴力受力分析及断口形状图

5.3.4 实验步骤

（1）测量试件直径，其方法与拉伸实验中类似。在试件表面沿轴线方向划一条母线，以便观察试件表面的变形情况。

（2）选择测力盘并相应调整度盘，调整机器的零点与机器的转速。

（3）安装试样，调整自动绘图装置。

（4）开动马达，加载，注意观察试样的变形情况，并记下 T_s、和 T_b。低碳钢试样加载到 T_s 以后可改为快速。

（5）试样扭断后，立即关闭马达，取下断裂的试样（试件），绘制断口破坏草图。

5.3.5　注意事项

（1）要搞清扭力试验机的传动机构和操作机构。

（2）在开动马达以前，一定要检查机器各部分是否正常，以便确保安全运转。

5.3.6　实验报告要求

（1）试描述你在实验过程中所观察的低碳钢与铸铁两种材料受扭时的扭转图及变形破坏特征。

（2）铸铁受扭时，为什么沿 45°螺旋面破坏？而低碳钢受扭则沿横截面扭断？

（3）试验记录表见表 5.5。

表 5.5　　　　　　　　**实验数据记录表**

姓　名：________________　实验室温度：____℃　日期：________年________月________日

同组人：____成绩：________________

<table>
<tr><th rowspan="2">实验材料</th><th colspan="5">试　件　直　径</th><th rowspan="2">抗扭截面模量 W_t（mm³）</th><th rowspan="2">屈服扭矩 T_s（N·m）</th><th rowspan="2">破坏扭矩 T_b（N·m）</th></tr>
<tr><th>测量部位</th><th colspan="2">沿正交方向测直径</th><th>平均值（mm）</th><th>最小平均值 d_0（mm）</th></tr>
<tr><td rowspan="6">低碳钢</td><td rowspan="2">上</td><td>1</td><td></td><td rowspan="2"></td><td rowspan="6"></td><td rowspan="6"></td><td rowspan="6"></td><td rowspan="6"></td></tr>
<tr><td>2</td><td></td></tr>
<tr><td rowspan="2">中</td><td>1</td><td></td><td rowspan="2"></td></tr>
<tr><td>2</td><td></td></tr>
<tr><td rowspan="2">下</td><td>1</td><td></td><td rowspan="2"></td></tr>
<tr><td>2</td><td></td></tr>
<tr><td rowspan="6">铸铁</td><td rowspan="2">上</td><td>1</td><td></td><td rowspan="2"></td><td rowspan="6"></td><td rowspan="6"></td><td rowspan="6"></td><td rowspan="6"></td></tr>
<tr><td>2</td><td></td></tr>
<tr><td rowspan="2">中</td><td>1</td><td></td><td rowspan="2"></td></tr>
<tr><td>2</td><td></td></tr>
<tr><td rowspan="2">下</td><td>1</td><td></td><td rowspan="2"></td></tr>
<tr><td>2</td><td></td></tr>
</table>

实训任务 5.4　梁弯曲正应力试验

5.4.1　试验目的

（1）掌握电测法测定应力的基本原理和电阻应变仪的使用。

（2）验证梁的理论计算中正应力公式的正确性，以及推导该公式时所用假定的合理性。

5.4.2　原理

梁弯曲理论的发展，一直是和实验有着密切的联系。如在纯弯曲的条件下，根据实验现象，经过判断，推理，提出了如下假设：梁变形前的横截面在变形后仍保持为平面，并

且仍然垂直于变形后梁的轴线，只是绕截面内的某一轴旋转了一定角度。这就是所说的平面假设。以此假设及单向应力状态假设为基础，推导出直梁在纯弯曲时横截面上任一点的正应力公式为

$$\sigma=\frac{M}{I_z}y \tag{5.1}$$

式中　M——横截面上的弯矩；

I_z——横截面轴惯性矩；

y——所求应力点矩中性轴的距离。

整梁弯曲试验采用矩形截面的低碳钢单跨简支梁，梁承受荷载如图5.7所示。

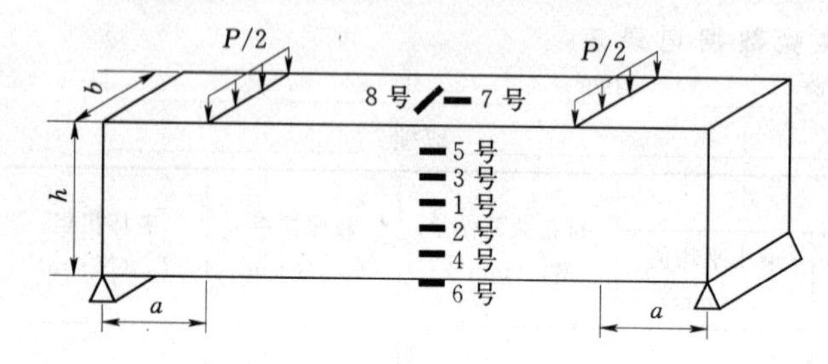

图5.7　整梁弯曲试验装置

在这种载荷的作用下，梁中间段受纯弯曲作用，其弯矩为$1/2pa$，而在两侧长度各为a的两段内，梁受弯曲和剪切的联合作用，这两段的剪力各为$\pm1/2p$。实验时，在梁纯弯曲段沿横截面高度自上而下选八个测点，在测点表面沿梁轴方向各粘贴一枚电阻应变片，当对梁施加弯矩M时，粘贴在各测点的电阻应变片的阻值将发生变化。从而根据电测法的基本原理，就可测得各测点的线应变值ε_j（角标j为测点号，$j=1$，2，3，…，8）。由于各点处于单向应力状态，由胡克定律求得各测点实测应力值$\sigma_{实j}$，即

$$\sigma_{实j}=E\varepsilon_j \tag{5.2}$$

梁表面的横向片是用来测量横向应变的，可用纵向应变与横向应变的关系求得横向变形系数μ值。

所谓叠梁，是两根矩形截面梁上下叠放在一起，两界面间加润滑剂，如图5.8所示。两根梁的材料可相同，也可不同；两根梁的截面高度尺寸可相同，亦可相异。只要保证在变形时两梁界面不离开即可。叠梁在弯矩M的作用下，可以认为两梁界面处的挠度相等，并且挠度远小于梁的跨度；上下梁各自的中性轴，在小变形的前提下，各中性层的曲率近似相等。从而，可以应用平衡方程和弯曲变形的基本方程等建立弯矩M，M_1和M_2之间的关系如下式：

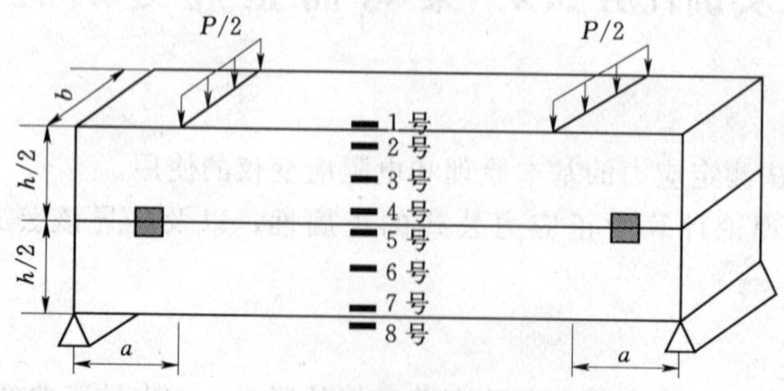

图5.8　叠梁弯曲实验装置

$$\left.\begin{aligned} M &= \sum_{i=1}^{2} M_i \\ \frac{1}{\rho_i} &= \frac{M_i}{E_i I_{zi}} \end{aligned}\right\} \tag{5.3}$$

式中　M——总弯矩；

M_i——上下梁各自承担的弯矩；

E_i、I_{zi}、ρ_i——上下梁的材料弹性模量，轴惯性矩，曲率半径。

由此关系即可确定上下梁各自承担的弯矩 M_1 和 M_2。实验时，在梁纯弯曲段沿横截面高度自上而下选八个测点，在测点表面沿梁轴方向各粘贴一枚电阻应变片，当对梁施加弯矩 M 时，粘贴在各测点的电阻应变片的阻值将发生变化。从而根据电测法的基本原理，就可测得各测点的线应变值 ε_j（角标 j 为测点号，$j=1$，2，3，…，8）。由于各点处于单向应力状态，由胡克定律求得各测点实测应力值 $\sigma_{实j}$，即

$$\sigma_{实j} = E\varepsilon_j \tag{5.4}$$

根据此实验结果，分析式（5.1）的有效性，并按式（5.1）分别计算出上、下梁的应力值 $\sigma_{理j}$。然后将 $\sigma_{实j}$ 与 $\sigma_{理j}$ 进行比较，通过该试验，以明确叠梁，整梁横截面上的应力分布规律。

5.4.3 试验仪器

（1）弯曲梁试验台。

（2）静态电阻应变仪及预调平衡箱。

（3）拉、压力传感器及数字测力仪。

5.4.4 试验步骤

（1）安装试验梁。梁的各测点应事先贴上电阻应变片，测量梁截面的尺寸，支点及加力点的距离。

（2）将各测点的工作应变片及补偿应变片按顺序接入预平衡箱上，并逐点调整“0”位。

（3）检查各项准确工作及线路无误后，即可均匀缓慢加载，载荷大小的选定应根据梁的尺寸及材料的比例极限估算确定。

（4）按规定载荷测试，可重复几遍，观察试验结果。

（5）测毕，卸掉载荷，关闭电源，拆下接线。

（6）根据试验数据计算各测点正应力；在坐标纸上按比例绘制应力分布曲线，并与理论计算应力比较。

注意：叠梁理论应力的计算上，可根据上、下梁交界弯曲曲率相等，做出其中性层曲率近似相等的假设来进行。

5.4.5 注意事项

（1）应遵守电阻应变仪的操作规程。参阅电阻应变仪介绍。

（2）加载要缓慢均匀。操作稳着，切忌急躁，以防超加而压弯试验梁。

5.4.6 结果整理

常温下纯弯曲梁正应力试验报告

姓　名：____________ 实验室温度：________℃ 日期：____年____月____日

同组人：____________________________________ 成绩：________________

1．实验目的

2．实验仪器

仪器名称型号：____

仪器选用量程：________________读数精度：__________仪器调节灵敏度：________

电阻应变片规格：__________应变片电阻值________Ω应变片灵敏度______________

3．实验原始记录

梁试件的截面尺寸 $b=$ ________ mm；$h=$ ________ mm；主梁的跨度 L ________ mm；副梁的跨度 l ________ mm；支座与力作用点的距离 a ________ mm；弹性模量 E ________ MPa；ΔP ________ N

4．数据处理（结果保留到小数点后一位）

将各类数据（包括原始数据，实验记录数据）整理，以表格形式列出应力计算。根据测量结果 $\Delta\varepsilon_j$ 用公式 $\Delta\sigma_{实i}=E_j\Delta\varepsilon_j$ 计算相应的实测应力值，并根据 ΔP 和梁的几何尺寸用公式 $\Delta\sigma_{理j}=\dfrac{\Delta M_j}{I_{zj}}y_j$ 计算理论应力值。各类数据表见表5.6和表5.7。

表5.6　　测试数据记录参考表

载荷 P（kN）	电阻应变仪读数											
	A_1	ΔA_1	A_2	ΔA_2	A_3	ΔA_3	A_4	ΔA_4	A_5	ΔA_5	A_6	ΔA_6

表5.7　　正应力试验结果与理论计算值比较表　　单位：MPa

测　点	A_1	A_2	A_3	A_4	A_5	A_6
实验值						
理论值						
相对误差（%）						

用坐标纸按比例绘出整梁及叠梁横截面上正应力分布图，并将实验结果与理论计算结果作比较。

实训任务 5.5　冲　击　试　验

5.5.1　实验目的

(1) 掌握冲击弯曲实验方法。

(2) 了解冲击实验的意义与用途。

(3) 测定低碳钢和铸铁的冲击韧性。

5.5.2　仪器设备与试件

摆锤式冲击试验机，游标卡尺，低碳钢和铸铁试件各 5 个，形状和尺寸如图 5.9 所示(铸铁为无缺口)。

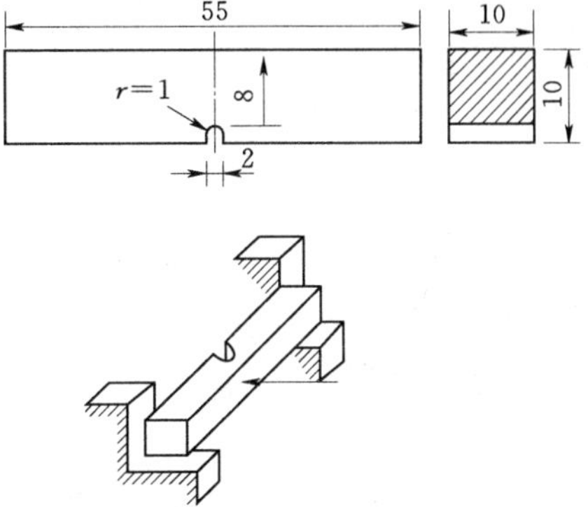

图 5.9　冲击试件

5.5.3　实验原理

按照《金属材料　夏比摆锤冲击试验方法》(GB/T 229—2007) 标准规定，冲击实验的试件可采用 V 形和 U 形缺口试件，试件的中央做一切口，因为在切口处断面形状急剧的变化，而产生很大的局部应力集中，所以大部分冲击能量均为该处附近的材料所承受。

冲击试验机用于测定材料的冲击韧性。常见的冲击试验机一般为摆锤一简支梁式，即冲击能量由摆锤提供，而试件设置成简支梁形式。

设摆锤质量为 G，摆锤处在挂摆位置时，其质心相对于试件中心的高度为 H，摆锤冲断试件通过支座后的最大上升高度为 h，则冲击过程中摆锤势能的改变量为 $G(H-h)$。如果忽略摩擦损耗，则可以认为这部分能量完全消耗于对试件做功，即试件折断时吸收的能量等于 $G(H-h)$。因此，摆锤的冲击功 W 与试件吸收的能量 A、相等，即 $W=A_k=G(H-h)$，冲击试验机的测量系统中的摆捶和指针刻度就是按照这一关系设计的，冲击试验机结构如图 5.10 所示。

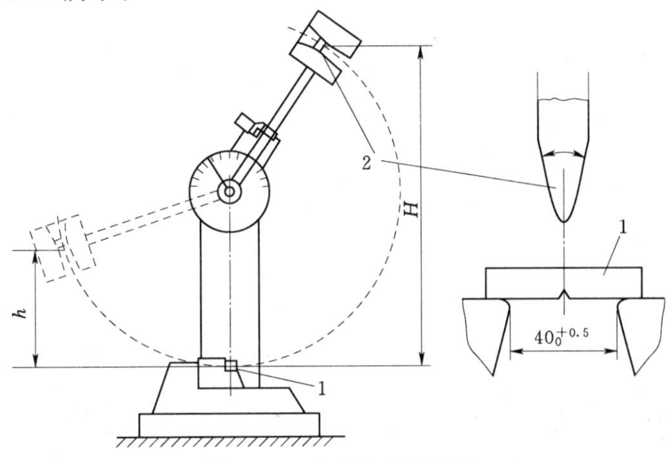

图 5.10　冲击试验机结构

5.5.4　实验步骤

（1）测量试件尺寸（长、宽、高、切口处断面尺寸）。

（2）调节两个支座之间的距离，使其关于摆锤刀刃中线对称。

（3）将试件放在试验机的支座上，使试件缺日对准刀刃中线，并背向摆锤刀刃。

（4）把摆锤举起、钩住。注意此时在摆的摆动范围内禁有人站立。

（5）将指针拨向最大值位置。

（6）放下摆锤。

（7）待摆锤冲过试件后，即刹住。

（8）记录指针在刻度盘上指出的功能数值。

5.5.5　结果整理

冲击试验实验报告

姓　名：____________　实验室温度：______℃ 日期：____年____月____日

同组人：______________________________　成绩：____________

1. 实验目的

2. 实验仪器

仪器名称型号：______________仪器量程：________读数精度：________

3. 实验数据记录及处理

根据试件尺寸和冲击功，计算冲击韧性，并将其值记入表5.8。

$$a_k=\frac{A_k}{S_0}$$

式中　S_0——为切口处的横截面面积；

　　A_k——吸收功数值。

表5.8　　冲击实验记录表

试验材料	试样缺口处截面			冲击功 A_k(J)		冲击韧度 a_k (J/cm²)	缺口特征
	宽（mm）	高（mm）	截面积（mm²）	三次冲击	平均值		
低碳钢							
铸铁							

实训任务 5.6　简支梁弯曲变形试验

5.6.1　试验目的

（1）测定简支梁弯曲时的挠度 f 和转角 θ。

（2）验证理论公式的正确性。

（3）学习测量位移的简单方法。

5.6.2　试验设备

（1）简支梁试验台。

（2）百分表、游标卡尺、卷尺。

5.6.3　试验试件

矩形等截面钢梁一根。

5.6.4　实验原理

简支梁中点受集中力作用时，由理论计算知道，其中点挠度为

$$f=\frac{PL^3}{48EI}$$

两端支座处截面的转角为

$$\theta=\frac{PL^2}{16EI}$$

式中　P——集中力的大小；

L——梁的跨度；

EI——梁的截面抗弯刚度。

砝码加载，用百分表测量梁端的竖向位移以计算梁端转角，其读数用 B 表示，用百分表测量梁中点的挠度 f，其读数用 C 表示，本次试验在弹性范围内进行，采用增量法分段加载。

5.6.5　实验方法及步骤

1. 实验准备

（1）用卡尺测量梁的截面尺寸。

（2）将量好尺寸的试件安装在试验台上，调整好支座间的距离，将支架固定紧。

（3）用卷尺测量梁的跨度 L 及力作用电的位置于 $\frac{L}{2}$ 处，并将百分表垂直地置于临近处。

（4）将另 100 份表置于梁上距支座 10cm 处。

2. 进行试验

（1）均匀缓慢加初荷 P_0，记下两个百分表读数。

（2）逐级加荷载 ΔP，加 5 次。分别记下两个百分表的相应的读数。

3. 结束试验

试验结束后，卸掉荷载，将所有工具放回原处。

5.6.6 结果整理

梁的弯曲变形实验报告

姓　名：________________ 实验室温度：________℃ 日期：____年____月____日

同组人：____ 成绩：________________

1. 实验目的

2. 实验设备

3. 实验数据

（1）梁的尺寸：宽度：b ______ mm；梁高：h ______ mm；跨度：L ______ mm。

（2）百分表位置：S_1 ________ mm；S_2 ________ mm。

4. 数据处理

（1）转角 θ。

$$\tan\theta=\frac{B}{100}=\_\_\_\_\_\_\_\_\_\_\_\_$$

$$\theta=\arctan\left(\frac{B}{100}\right)=\_\_\_\_\_\_\_\_\_\_\_\_$$

（2）理论值与实践值进行比较，以理论值为准，求出它们的偏差的百分数，误差应不超过10%。

数据记录表见表5.9和表5.10。

表5.9　弯曲变形记录表

荷 载	跨中挠度 C（mm）	两端挠度 B（mm）	备 注
P_0			
$P_0+\Delta P$			
$P_0+2\Delta P$			
$P_0+3\Delta P$			
$P_0+4\Delta P$			

表5.10　简支梁变形误差计算表

项目	转角 θ	跨中挠度 f	备注
实验值			
理论值			
误差（%）			

实训项目6　沥青及沥青混合料实训

实训任务6.1　沥　青　取　样

6.1.1　目的与适用范围

（1）本方法适用于在生产厂、储存或交货验收地点为检查沥青产品质量而采集各种沥青材料的样品。

（2）进行沥青性质常规检验的取样数量为黏稠或固体沥青不少于4.0kg；液体沥青不少于1L；沥青乳液不少于4L。

进行沥青性质非常规检验及沥青混合料性质试验所需的沥青数量，应根据实际需要确定。

6.1.2　仪具与材料

（1）盛样器：根据沥青的品种选择。液体或黏稠沥青采用广口、密封带盖的金属容器（如锅、桶等）；乳化沥青也可使用广口、带盖的聚氯乙烯塑料桶；固体沥青可用塑料袋，但需有外包装，以便携运。

（2）沥青取样器：金属制，带塞，塞上有金属长柄提手，形状如图6.1所示。

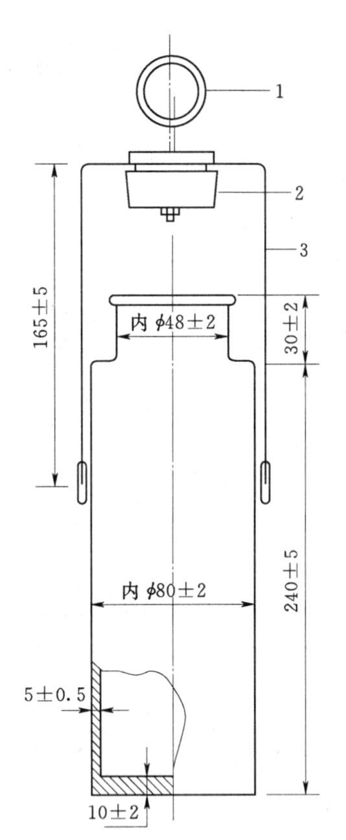

图6.1　沥青取样器（单位：mm）

1—吊环；2—聚四氟乙烯塞；3—手柄

6.1.3　方法与步骤

1. 准备工作

检查取样和盛样器是否干净、干燥，盖子是否配合严密。使用过的取样器或金属桶等盛样容器必须洗净、干燥后才可使用。对供质量仲裁用的沥青试样，应采用未使用过的新容器存放，且由供需双方人员共同取样，取样后双方在密封上签字盖章。

2. 试验步骤

（1）从贮罐中取样。

1）无搅拌设备的贮罐。

a. 液体沥青或经加热已经变成流体的黏稠沥青取样时，应先关闭进油阀和出油阀。然后取样。

b. 用取样器按液面上、中、下位置（液面高各为1/3等分处，但距罐底不得低于总液面高度的1/6）各取规定数量样品。每层取样后，取样器应尽可能倒净。当贮罐过深时，亦可在流出口按不同流出深度分3次取样。对静态存取的沥青，不得仅从罐顶用小桶取样，也不能仅从罐底阀门流出少量沥青取样。

c. 将取出的3个样品充分混合后取规定数量样品作为试样，样品也可分别进行检验。

2）有搅拌设备的贮罐。将液体沥青或经加热已经变成流体的黏稠沥青充分搅拌后，用取样器从沥青层的中部取规定数量试样。

（2）从槽车、罐车、沥青洒布车中取样。

1）设有取样阀时，可旋开取样阀，待流出至少4kg或4kg后再取样。取样阀如图6.2所示。

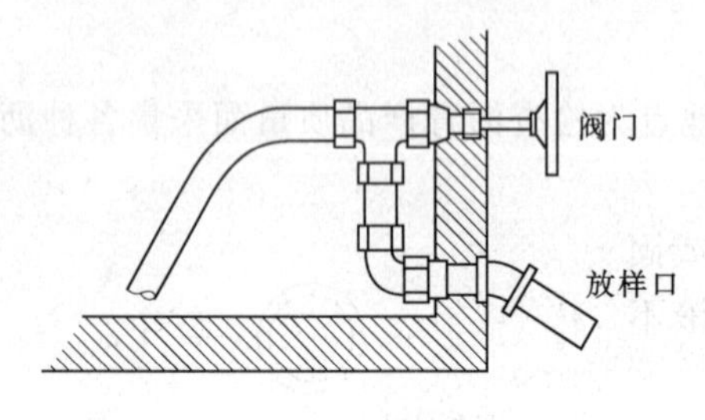

图6.2　沥青取样阀

2）仅有放料阀时，待放出全部沥青的一半时再取样。

3）从顶盖处取样，可用取样器从中部取样。

（3）在装料或卸料过程中取样。在装料或卸料过程中取样时，要按时间间隔均匀地取至少3个规定数量样品，然后将这些样品充分混合后取规定数量样品作为试样。样品也可分别进行检验。

（4）从沥青储存池中取样。沥青储存池中的沥青应待加热熔化后，经管道或沥青泵流至沥青加热锅之后取样。分间隔每锅至少取3个样品，然后将这些样品充分混匀后再取4.0kg作为试样，样品也可分别进行检验。

（5）从沥青运输船取样。沥青运输船到港后，应分别从每个沥青仓取样，每个仓从不同的部位取3个4.0kg样品，混合在一起，充分混合后再从中取出4kg，作为一个仓的沥青样品供检验用。在卸油过程中取样时，应根据卸油量，大体均匀的分间隔3次从卸油口或管道途中的取样口取样，然后混合作为一个样品供检验用。

（6）从沥青桶中取样。

1）当能确认是同一批生产的产品时，可随机取样。如不能确认是同一批生产的产品时，应根据桶数按照表6.1规定或按总捅数的立方根数随机选出沥青桶数。

2）将沥青桶加热使桶中沥青全部熔化成流体后，按罐车取样方法取样。每个样品的数量，以充分混合后能满足供检验用样品的规定数量要求为限。

表6.1　　选取沥青样品筒数

沥青桶总数	选取桶数	沥青桶总数	选取桶数
2～8	2	217～343	7
9～27	3	344～512	8
28～64	4	513～729	9
65～125	5	730～1000	10
126～216	6	1001～1331	11

3）若沥青桶不便加热熔化沥青时，亦可在桶高的中部将桶凿开取样，但样品应在距桶壁5cm以上的内部凿取，并采取措施防止样品散落地面沾有尘土。

（7）固体沥青取样。从桶、袋、箱装或散装整块中取样，应在表面以下及容器侧面以

内至少 5cm 处采取。如沥青能够打碎，可用一个干净的工具将沥青打碎后取中间部分试样；若沥青是软塑的，则用一个干净的热工具切割取样。

3. 试样的保护与存放

（1）除液体沥青、乳化沥青外，所有需加热的沥青试样必须存放在密封带盖的金属容器中，严禁灌入纸袋、塑料袋中存放。试样应存放在阴凉干净处，注意防止试样污染。装有试样的盛样器应加盖、密封，外部擦拭干净，并在其上标明试样来源、品种、取样日期、地点及取样人。

（2）冬季乳化沥青试样要注意采取妥善防冻措施。

（3）除试样的一部分用于检验外，其余试样应妥善保存备用。

（4）试样需加热采取时，应一次取够一批试验所需的数量装入另一盛样器，其余试样密封保存，应尽量减少重复加热取样口用于质量仲裁检验的样品，重复加热的次数不得超过两次。

实训任务 6.2 沥青试样准备方法

6.2.1 目的与适用范围

（1）本方法规定了按本规程 T0601 取样的沥青试样在试验前的试样准备方法。

（2）本方法适用于黏稠道路石油沥青、煤沥青等需要加热后才能进行试验的沥青试样，按此法准备的沥青供立即在试验室进行各项试验使用。

（3）本方法也适用于在试验室按照乳化沥青中沥青、乳化剂、水及外加剂的比例制备乳液的试样进行各项性能测试使用。每个样品的数量根据需要决定，常规测定宜不少于 600g。

6.2.2 仪具与材料

（1）烘箱：200℃，装有温度调节器。

（2）加热炉具：电炉或其他燃气炉（丙烷石油气、天然气）。

（3）石棉垫：不小于炉具上面积。

（4）滤筛：筛孔孔径 0.6mm。

（5）沥青盛样器皿：金属锅或瓷坩埚。

（6）乳化剂。

（7）烧杯：1000mL。

（8）温度计：0～100℃及 200℃，分度为 0.1℃。

（9）天平：称量 200g，感量不大于 1g，称量 100g，感量不大于 0.1g。

（10）其他：玻璃棒、溶剂、洗油、棉纱等。

6.2.3 方法与步骤

1. 热沥青试样制备

（1）将装有试样的盛样器带盖放入恒温供箱中，当石油沥青试样中含有水分时，烘箱温度 80℃左右，加热至沥青全部熔化后供脱水用。当石油沥青中无水分时，烘箱温度宜为软化点温度以上90℃，通常为135℃左右。对取来的沥青试样不得直接采用电炉或煤气炉明火加热。

(2) 当石油沥青试样中含有水分时，将盛样器皿放在可控温的砂浴、油浴、电热套上加热脱水，不得已采用电炉、煤气炉加热脱水时必须加放石棉垫。时间不超过30min，并用玻璃棒轻轻搅拌，防止局部过热。在沥青温度不超过100℃的条件下，仔细脱水至无泡沫为止，最后的加热温度不超过软化点以上100℃（石油沥青）或50℃（煤沥青）。

(3) 将盛样器中的沥青通过0.6mm的滤筛过滤，不等冷却立即一次灌入各项试验的模具中。根据需要也可将试样分装入擦拭干净并干燥的一个或数个沥青盛样器皿中，数量应满足一批试验项目所需的沥青样品并有富余。

(4) 在沥青灌模过程中如温度下降可放入供箱中适当加热，试样冷却后反复加热的次数不得超过2次，以防沥青老化影响试验结果。注意在沥青灌模时不得反复搅动沥青，应避免混进气泡。

(5) 灌模剩余的沥青应立即清洗干净，不得重复使用。

2. 乳化沥青试样制备

(1) 取有乳化沥青的盛样器适当晃动使试样上下均匀，试样数量较少时，宜将盛样器上下倒置数次，使上下均匀。

(2) 将试样倒出要求数量，装入盛样器皿或烧杯中，供试验使用。

(3) 当乳化沥青在试验室自行配制时，可按下列步骤进行：

1) 按上述方法准备热沥青试样。

2) 根据所需制备的沥青乳液质量及沥青、乳化剂、水的比例计算各种材料的数量。

a. 沥青用量按下式计算

$$m_b = m_E P_b \tag{6.1}$$

式中　m_b——所需的沥青质量，g；

m_E——乳液总质量，g；

P_b——乳液中沥青含量，%。

b. 乳化剂用量按下式计算

$$m_e = m_E P_E / P_e \tag{6.2}$$

式中　m_e——乳化剂用量，g；

P_E——乳液中乳化剂的含量，%；

P_e——乳化剂浓度（乳化剂中有效成分含量），%。

c. 水的用量按下式计算

$$m_w = m_E - m_E P_b \tag{6.3}$$

式中　m_w——配制乳液所需水的质量，g。

3) 称取所需的乳化剂量放入1000mL烧杯中。

4) 向盛有乳化剂的烧杯中加入所需的水（扣除乳化剂中所含水的质量）。

5) 将烧杯放到电炉上加热并不断搅拌，直到乳化剂完全溶解，如需调节pH值时可加入适量的外加剂，将溶液加热到40～60℃。

6) 在容器中称取准备好的沥青并加热到120～150℃。

7）开动乳化机，用热水先把乳化机预热几分钟，然后把热水排净。

8）将预热的乳化剂倒入乳化机中，随即将预热的沥青徐徐倒入，待全部沥青乳液在机中循环 1min 后放出，进行各项试验或密封保存。

在此要说明的是在倒入沥青过程中，需随时观察乳化情况，如出现异常，应立即停止倒入沥青，并把机中的沥青乳化剂混合液放出。

实训任务 6.3　沥青密度与相对密度试验

6.3.1　目的与适用范围

本方法适用于使用比重瓶测定沥青材料的密度与相对密度。非特殊要求，本方法宜在试验温度 25℃及 15℃下测定沥青密度与相对密度。

6.3.2　仪具与材料

（1）比重瓶：玻璃制、瓶塞下部与瓶口须经仔细研磨、瓶塞中间有一个垂直孔，其下部为凹形，以便由孔中排除空气。比重瓶的容积为 20～30mL，质量不超过 40g，形状和尺寸如图 6.3 所示。

（2）恒温水槽：控温的准确度为 0.1℃。

（3）烘箱：200℃，装有温度自动调节器。

（4）天平：感量不大于 1mg。

（5）滤筛：0.6mm，2.36mm 各 1 个。

（6）温度计：0～50℃，分度为 0.1℃。

（7）烧杯：600～800mL。

（8）真空干燥器。

（9）洗液：玻璃仪器清洗液，三氯乙烯（分析纯）等。

（10）蒸馏水（或去离子水）

（11）表面活性剂：洗衣粉（或洗涤灵）。

（12）其他：软布、滤纸等。

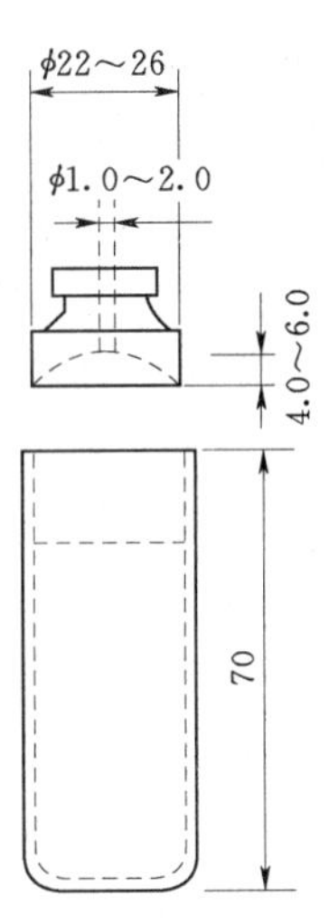

图 6.3　比重瓶（单位：mm）

6.3.3　方法与步骤

1. 准备工作

（1）用洗液、水、蒸馏水先后仔细洗涤比重瓶，然后烘干称其质量（m_1），准确至 1mg。

（2）将盛有新煮沸并冷却的蒸馏水的烧杯浸入恒温水槽中一同保温，在烧杯中插入温度计、水的深度必须超过比重瓶顶部 40mm 以上。

（3）使恒温水槽及烧杯中的蒸馏水达至规定的试验温度±0.1℃。

2. 比重瓶水值的测定步骤

（1）将比重瓶及瓶塞放入恒温水槽中，烧杯底浸没水中的深度应不少于 100mm。烧杯口露出水面，并用夹具将其固牢。

（2）待烧杯中水温再次达至规定温度后并保温 30min 后，将瓶塞塞入瓶口，使多余的水由瓶塞上的毛细孔中挤出。注意，比重瓶内不得有气泡。

(3) 将烧杯从水槽中取出，再从烧杯中取出比重瓶。立即用干净软布将瓶塞顶部擦拭一次，再迅速擦干比重瓶外面的水分，称其质量 (m_2)。准确至1mg注意瓶塞顶部只能擦拭一次，即使由于膨胀瓶塞上有小水滴也不能再擦拭。

(4) 以 m_2-m_1 作为试验温度时比重瓶的水值。

3. 液体沥青试样的试验步骤

(1) 将试样过筛 (0.6mm) 后注入干燥比重瓶中至满，注意不要混入气泡。

(2) 将盛有试样的比重瓶及瓶塞移入恒温水槽 (测定温度±0.1℃) 内盛有水的烧杯中，水面应在瓶口下约40mm注意勿使水浸入瓶内。

(3) 从烧杯内的水温达到要求的温度后起算保温30min后，将瓶塞塞上，使多余的试样由瓶塞的毛细孔中挤出。仔细用蘸有三氯乙烯的棉花擦净孔口挤出的试样。并注意保持孔中充满试样。

(4) 从水中取出比重瓶，立即用干净软布仔细地擦去瓶外的水分或黏附的试样 (注意不得再揩孔口) 后，称其质量 (m_3)。准确至1mg。

4. 黏稠沥青试样的试验步骤

(1) 按本规程T0602方法准备沥青试样，沥青的加热温度不高于估计软化点以上100℃ (石油沥青) 或50℃ (煤沥青)，仔细注入比重瓶中，约至2/3高度。注意勿使试样黏附瓶口或上方瓶壁，并防止混入气泡。

(2) 取出盛有试样的比重瓶、移入干燥器中，在室温下冷却不少于1h，连同瓶塞称其质量 (m_4)，准确至1mg。

(3) 从水槽中取出盛有蒸馏水的烧杯，将蒸馏水注入比重瓶，再放入烧杯中 (瓶塞也放进烧杯中)，然后把烧杯放回已达试验温度的恒温水槽中，从烧杯中的水温达到规定温度时起算保温30min后，使比重瓶中气泡上升到水面，用细针挑除。保温至水的体积不再变化为止。待确认比重瓶已经恒温且无气泡后，再用保温在规定温度水中的瓶塞塞紧，使多余的水从塞孔中溢出，此时应注意不得带入气泡。

(4) 保温30min后，取出比重瓶，按前述方法迅速揩干瓶外水分后称其质量 (m_5)，准确至1mg。

5. 固体沥青试样的试验步骤

(1) 试验前，如试样表面潮湿，可用干燥、清洁的空气吹干，或置50℃烘箱中烘干。

(2) 将50～100g试样打碎，过0.6mm及2.36mm筛。取0.6～2.36mm的粉碎试样不少于5g放入清洁、干燥的比重瓶中，塞紧瓶塞后称其质量 (m_6)，准确至1mg。

(3) 取下瓶塞，将恒温水槽内烧杯中的蒸馏水注入比重瓶，水面高于试样约10mm，同时加入几滴表面活性剂溶液 (如1%洗衣粉、洗涤灵)，并摇动比重瓶使大部分试样沉入水底，必须使试样颗粒表面上附气泡逸出。注意，摇动时勿使试样摇出瓶外。

(4) 取下瓶塞，将盛有试样和蒸馏水的比重瓶置真空干燥箱 (器) 中抽真空，逐渐达到真空度98kPa不少于15min。如比重瓶试样表面仍有气泡，可再加几滴表面活性剂溶液，摇动后再抽真空。必要时，可反复几次操作，直至无气泡为止。

(5) 将保温烧杯中的蒸馏水再注入比重瓶中至满，轻轻的塞好瓶塞，再将带塞的比重

瓶放入盛有蒸馏水的烧杯中，并塞紧瓶塞。

(6) 将有比重瓶的盛水烧杯再置恒温水槽（试验温度±0.1℃）中保持至少 30min 后，取出比重瓶，迅速揩干瓶外水分后称其质量（m_7），准确至 1mg。

6.3.4 计算

(1) 试验温度下液体沥青试样的密度或相对密度按以下两式计算

$$\rho_b=\frac{m_3-m_1}{m_2-m_1}\rho_w \tag{6.4}$$

$$\gamma_b=\frac{m_3-m_1}{m_2-m_1} \tag{6.5}$$

式中 ρ_b——试样在试验温度下的密度，g/cm³；

γ_b——试样在试验温度下的相对密度；

m_1——比重瓶质量，g；

m_2——比重瓶与盛满水时的合计质量，g；

m_3——比重瓶与盛满试样时的合计质量，g；

ρ_w——试验温度下水的密度，15℃水的密度为 0.9991g/cm³，25℃水的密度为 0.9971g/cm³。

(2) 试验温度下枯稠沥青试样的密度或相对密度按以下两式计算

$$\rho_b=\frac{m_4-m_1}{(m_2-m_1)-(m_5-m_4)}\rho_w \tag{6.6}$$

$$\gamma_b=\frac{m_4-m_1}{(m_2-m_1)-(m_5-m_4)} \tag{6.7}$$

上二式中 m_4——比重瓶与沥青试样合计质量，g；

m_5——比重瓶与试样和水合计质量，g。

(3) 试验温度下固体沥青试样的密度或相对密度按以下两式计算

$$\rho_b=\frac{m_6-m_1}{(m_2-m_1)-(m_7-m_6)}\rho_w \tag{6.8}$$

$$\gamma_b=\frac{m_6-m_1}{(m_2-m_1)-(m_7-m_6)} \tag{6.9}$$

上二式中 m_6——比重瓶与沥青试样合计质量，g；

m_7——比重瓶与试样和水合计质量，g。

6.3.5 报告

同一试样应平行试验两次。当两次试验结果的差值符合重复性试验的精密度要求时，以平均值作为沥青的密度试验结果，并准确至 3 位小数，试验报告应注明试验温度。

6.3.6 精密度或允许差

(1) 对黏稠石油沥青及液体沥青，重复性试验的允许差为 0.003g/cm³；复现性试验的允许差为 0.007g/cm³。

(2) 对固体沥青，重复性试验的允许差为 0.01g/cm³，复现性试验的允许差为 0.02g/cm³。

(3) 相对密度的精密度要求与密度相同（无单位）。

实训任务6.4　沥青针入度试验

6.4.1　目的与适用范围

本方法适用于测定道路石油沥青、聚合物改性沥青针入度以及液体石油沥青蒸馏或乳化沥青蒸发后残留物的针入度，以0.1mm计。其标准试验条件为温度25℃，荷重100g，贯入时间5s。

针入度指数PI用以描述沥青的温度敏感性，宜在15℃、25℃、30℃等3个或3个以上温度条件下测定针入度后按规定的方法计算得到，若30℃时的针入度值过大，可采用5℃代替。当量软化点T_{800}是相当于沥青针入度为800时的温度，用以评价沥青的高温稳定性。当量脆点$T_{1.2}$是相当于沥青针入度为1.2时的温度，用以评价沥青的低温抗裂性能。

6.4.2　仪具与材料

(1) 针入度仪：凡能保证针和针连杆在无明显摩擦下垂直运动，并能指示针贯入深度准确至0.1mm的仪器均可使用。针和针连杆组合件总质量为50g±0.05g，另附50g±0.05g砝码一只，试验时总质量为100g±0.05g。当采用其他试验条件时，应在试验结果中注明。仪器设有放置平底玻璃保温皿的平台，并有调节水平的装置，针连杆应与平台相垂直。仪器设有针连杆制动按钮，使针连杆可自由下落。针连杆易于装拆，以便检查其质量。仪器还设有可自由转动与调节距离的悬臂，其端部有一面小镜或聚光灯泡，借以观察针尖与试样表面接触情况。当为自动针入度仪时，各项要求与此项相同，温度采用温度传感器侧定，针入度值采用位移计测定，并能自动显示或记录，且应对自动装置的准确性经常校验。为提高测试精密度，不同温度的针入度试验宜采用自动针入度仪进行。

(2) 标准针：由硬化回火的不锈钢制成，洛氏硬度HRC54～60，表面粗糙度$Ra0.2$～$0.3\mu m$，针及针杆总质量2.5g±0.05g，针杆上应打印有号码标志，针应设有固定用装置盒（筒），以免碰撞针尖，每根针必须附有计量部门的检验单，并定期进行检验，其尺寸及形状如图6.4所示。

(3) 盛样皿：金属制，圆柱形平底。小盛样皿的内径55mm，深35mm（适用于针入度小于200)；大盛样皿内径70mm，深45mm（适用于针入度200～350)；对针入度大于350的试样需使用特殊盛样皿，其深度不小于60mm，试样体积不少于125mL。

(4) 恒温水槽：容量不少于10L，控温的准确度为0.1℃。水槽中应设有一带孔的搁架，位于水面下不得少于100mm，距水槽底不得少于50mm处。

(5) 平底玻璃皿：容量不少于1L，深度不少于80mm。内设有一不锈钢三脚支架，能使盛祥皿稳定。

(6) 温度计：0～50℃，分度为0.1℃。

(7) 秒表：分度0.1s。

(8) 盛样皿盖：平板玻璃，直径不小于盛样皿开口尺寸。

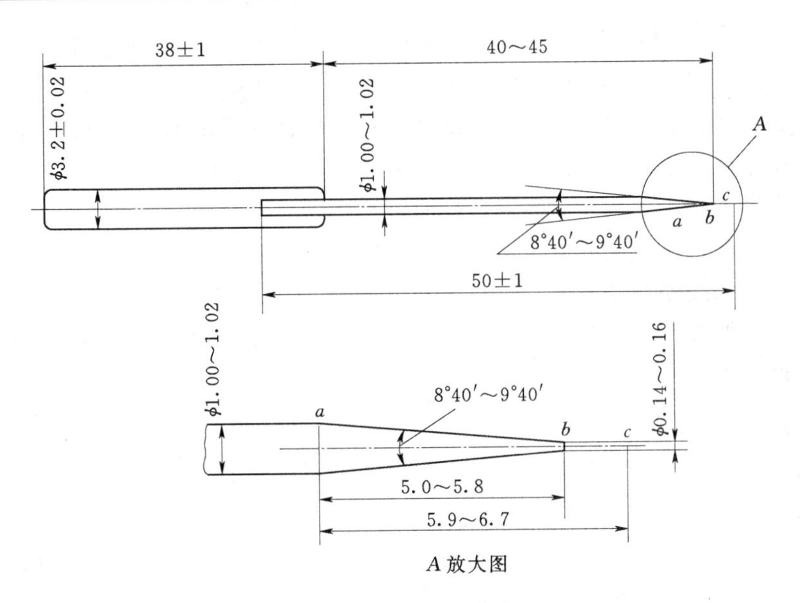

图6.4 针入度标准针（单位：mm）

（9）溶剂：三氯乙烯等。

（10）其他：电炉或砂浴、石棉网、金属锅或瓷把坩埚等。

6.4.3 方法与步骤

1. 准备工作

（1）按试验要求将恒温水槽调节到要求的试验温度25℃，或15℃，30℃（5℃）等，保持稳定。

（2）将试样注入盛样皿中，试样高度应超过预计针入度值10mm，并盖上盛样皿，以防落入灰尘。盛有试样的盛样皿在15～30℃室温中冷却1～1.5h（小盛样皿）、1.5～2h（大盛样皿）或2～2.5h（特殊盛样皿）后移入保持规定试验温度±0.1℃的恒温水槽中1～1.5h（小盛样皿），1.5～2h（大试样皿）或2～2.5h（特殊盛样皿）。

（3）调整针入度仪使之水平。检查针连杆和导轨，以确认无水和其他外来物，无明显摩擦。用三氯乙烯或其他溶剂清洗标准针，并拭干。将标准针插入针连杆，用螺丝固紧。按试验条件，加上附加砝码。

2. 试验步骤

（1）取出达到恒温的盛样皿，并移入水温控制在试验温度±0.1℃（可用恒温水槽中的水）的平底玻璃皿中的三脚支架上，试样表面以上的水层深度不少于10mm。

（2）将盛有试样的平底玻璃皿置于针入度仪的平台上。慢慢放下针连杆，用适当位置的反光镜或灯光反射观察，使针尖恰好与试样表面接触。拉下刻度盘的拉杆，使与针连杆顶端轻轻接触，调节刻度盘或深度指示器的指针指示为零。

（3）开始试验，按下释放键，这时计时与标准针落下贯入试样同时开始，至5s时自动停止。

（4）读取位移计或刻度盘指针的读数，准确至0.1mm。

（5）同一试样平行试验至少3次，各测试点之间及与盛样皿边缘的距离不应少于10mm。每次试验后应将盛有盛样皿的平底玻璃皿放入恒温水槽，使平底玻璃皿中水温保持试验温度，每次试验应换一根干净标准针或将标准针取下用蘸有三氯乙烯溶剂的棉花或布揩净，再用干棉花或布擦干。

（6）测定针入度大于200的沥青试样时，至少用3支标准针，每次试验后将针留在试样中，直至3次平行试验完成后，才能将标准针取出。

（7）测定针入度指数 PI 时，按同样的方法在15℃、25℃、30℃（或5℃）3个或3个以上（必要时增加10℃、20℃等）温度条件下分别测定沥青的针入度，但用于仲裁试验的温度条件应为5个。

6.4.4　计算

根据测试结果可按以下方法计算针入度指数、当量软化点及当量脆点。

1. 诺模图法

将3个或3个以上不同温度条件下测试的针入度值绘于图6.5的针入度温度关系诺模图中，按最小二乘法法则绘制回归直线，将直线向两端延长，分别与针入度为800及1.2的水平线相交，交点的温度即为当量软化点 T_{800} 和当量脆点 $T_{1.2}$。以图中0点为原点，绘制回归直线的平行线，与 PI 线相交，读取交点处的 PI 值即为该沥青的针入度指数。

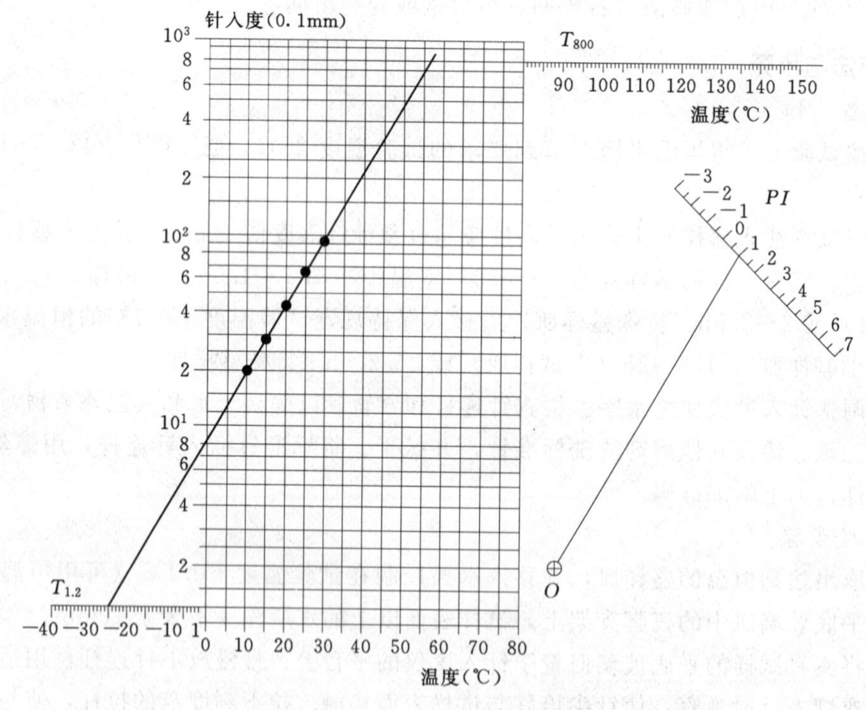

图6.5　确定道路沥青 PI、T_{800}、$T_{1.2}$ 的针入度温度关系诺模图

此法不能检验针入度对数与温度直线回归的相关系数，仅供快速草算时使用。

2. 公式计算法

对不同温度条件下测试的针入度值取对数，令 $y=\lg P$，$x=T$，按式（6.10）的针入

度对数与温度的直线关系，进行 $y=a+bx$ 一元一次方程的直线回归，求取针入度温度指数 A_{lgPen}。

$$\lg P=K+A_{lgPen}\times T \tag{6.10}$$

式中　$\lg P$——不同温度条件下测得的针入度值的对数；

T——试验温度，℃；

K——回归方程的常数项 a；

A_{lgPen}——回归方程的系数 b。

按式（6.10）回归时必须进行相关性检验，直线回归相关系数 R 不得小于 0.997（置信度 95%），否则，试验无效。

沥青的针入度指数 PI 按下式计算

$$PI=\frac{20-500A_{lgPen}}{1+50A_{lgPen}} \tag{6.11}$$

沥青的当量软化点 T_{800} 按下式计算

$$T_{800}=\frac{\lg 800-K}{A_{lgPen}}=\frac{2.9031-K}{A_{lgPen}} \tag{6.12}$$

沥青的当量脆点 $T_{1.2}$ 按下式计算

$$T_{1.2}=\frac{\lg 1.2-K}{A_{lgPen}}=\frac{0.0792-K}{A_{lgPen}} \tag{6.13}$$

沥青的塑性温度范围 ΔT 按下式计算

$$\Delta T=T_{800}-T_{1.2}=\frac{2.8239}{A_{lgPen}} \tag{6.14}$$

6.4.5　报告

（1）应报告标准温度（25℃）时的针入度 T_{25} 以及其他试验温度 T 所对应的针入度 P，及由此求取针入度指数 PI，当量软化点 T_{800}、当量脆点 $T_{1.2}$ 的方法和结果，当采用公式计算法时，应报告按式（6.10）回归的直线相关系数 R。

（2）同一试样 3 次平行试验结果的最大值和最小值之差在表 6.2 所列允许偏差范围内时，计算 3 次试验结果的平均值，取整数作为针入度试验结果，以 0.1mm 为单位。

表 6.2　　针入度及允许偏差的关系

针入度（0.1mm）	允许偏差（0.1mm）	针入度（0.1mm）	允许偏差（0.1mm）
0～49	2	150～249	12
50～149	4	250～500	20

当试验值不符合表 6.2 的要求时，应重新进行。

本实训任务的记录表见表 6.3。

表 6.3　　　　　　　　沥青针入度、延度、软化点试验记录表

	试验次数	试验温度(℃)	试验荷载(g)	经历时间(s)	指针读数		针入度(单个值)$P=P_a-P_b$(1/10mm)	针入度(平均值)P(1/10mm)
					标准针与试样表面接触时的读数 P_a	标准针经历试验后的读数 P_b		
针入度	1	25	100	5				
	2	25	100	5				
	3	25	100	5				

	试验温度 t_0(℃)	拉伸速度 v(cm/min)	延度 D(cm)			
			试件 1	试件 2	试件 3	平均值
延度		5				
		5				

软化点	试样编号	室内温度(℃)	烧杯内液体名称	开始加热时液体温度(℃)	烧杯中液体在下列各分钟末温度上升记录(℃)															试样下垂与底板接触时的温度(℃)	软化点 t_{R-B}(℃)
					1	2	3	4	5	6	7	8	9	10	11	12	13	14	15		
	1		蒸馏水																		
	2		蒸馏水																		

试验者：＿＿＿＿＿＿＿＿　记录者：＿＿＿＿＿＿＿＿　试验日期：＿＿＿＿＿＿＿＿

6.4.6　精密度或允许差

（1）当试验结果小于 50mm 时，重复性试验的允许差为 2（0.1mm），复现性试验的允许差为 4（0.1mm）。

（2）当试验结果不小于 50mm 时，重复性试验的允许差为平均值的 4%，复现性试验的允许差为平均值的 8%。

实训任务 6.5　沥青延度试验

6.5.1　目的与适用范围

（1）本方法适用于测定道路石油沥青、聚合物改性沥青、液体石油沥青蒸馏残留物和乳化沥青蒸发残留物等材料的延度。

（2）沥青延度的试验温度与拉伸速率可根据要求采用，通常采用的试验温度为 25℃、15℃、10℃或 5℃，拉伸速度为 5cm/min ±0.25cm/min。当低温采用（1±0.5）cm/min 拉伸速度时，应在报告中注明。

6.5.2　仪具与材料技术要求

（1）延度仪：其测量长度不宜大于 150cm，仪器应有自动控温、控速系统。应满没于水中，能保持规定的试验温度及规定的拉伸速度拉伸试件，且试验时应无明显振动。该仪

器的形状及组成如图 6.6 所示。

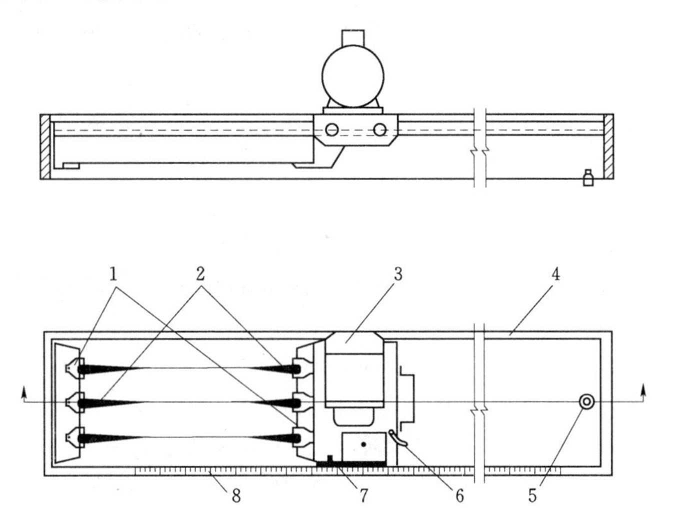

图 6.6　延度仪

1—试模；2—试样；3—电机；4—水槽；5—泄水孔；
6—开关柄；7—指针；8—标尺

（2）试模：由黄铜制成。由两个端模和两个侧模组成，试模内侧表面粗糙度 Ra 为 0.2μm。其形状及尺寸如图 6.7 所示。

（3）试模底板：玻璃板或磨光的铜板、不锈钢板（表面粗糙度 Ra 为 0.2μm）。

（4）恒温水槽：容量不少于 10L，控制温度的准确度为 0.1℃，水槽中应设有带孔搁架，搁架距水槽底不得少于 50mm。试件浸入水中深度不小于 100mm。

（5）温度计：0～50℃，分度为 0.1℃。

（6）砂浴或其他加热炉具。

（7）甘油滑石粉隔离剂（甘油与滑石粉的质量比 2∶1）。

（8）其他：平刮刀、石棉网、酒精、食盐等。

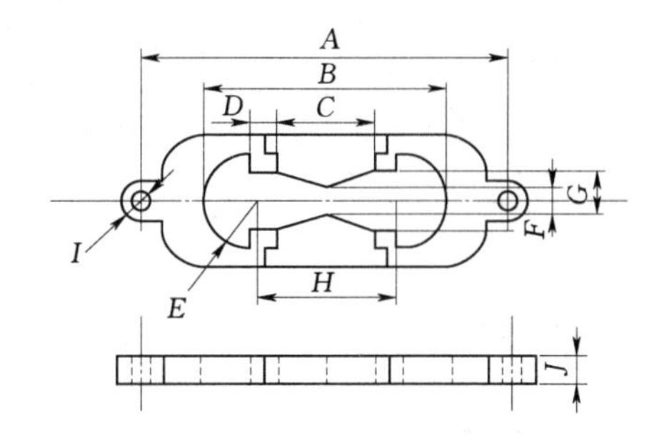

图 6.7　延度仪试模

A—两端模环中心点距离 111.5～13.5mm；B—试件总长 74.5～75.5mm；C—端模间距 29.7～30.3mm；D—肩长 6.8～7.2mm；E—半径 15.75～16.25mm；F—最小横断面宽 9.9～10.1mm；G—端模口宽 19.8～20.2mm；H—两半圆心间距离 42.9～43.1mm；I—端模孔直径 6.5～6.7mm；J—厚度 9.9～10.1mm

6.5.3　方法与步骤

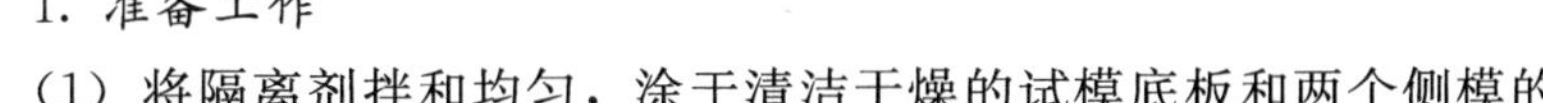

1. 准备工作

（1）将隔离剂拌和均匀，涂于清洁干燥的试模底板和两个侧模的内侧表面，并将试模在试模底板上装妥。

（2）按本规程试验 2 规定的方法准备试样，然后将试样仔细自试模的一端至另一端往返数次缓缓注入模中，最后略高出试模，灌模时应注意勿使气泡混入。

（3）试件在室温中冷却 30～40min，然后置于规定试验温度±0.1℃的恒温水槽中，保持30min后取出，用热刮刀刮除高出试模的沥青，使沥青面与试模面齐平。沥青的刮法应自试模的中间刮向两端，且表面应刮得平滑。将试模连同底板再浸入规定试验温度的水槽中1～1.5h。

（4）检查延度仪延伸速度是否符合规定要求，然后移动滑板使其指针正对标尺的零点。将延度仪注水，并保温达试验温度±0.5℃。

2. 试验步骤

（1）将保温后的试件连同底板移入延度仪的水槽中，然后将盛有试样的试模自玻璃板或不锈钢板上取下，将试模两端的孔分别套在滑板及槽端固定板的金属柱上，并取下侧模。水面距试件表面应不小于25mm。

（2）开动延度仪，并注意观察试样的延伸情况。此时应注意，在试验过程中，水温应始终保持在试验温度规定范围内，且仪器不得有振动，水面不得有晃动，当水槽采用循环水时，应暂时中断循环，停止水流。在试验中，当发现沥青细丝浮于水面或沉入槽底时，应在水中加入酒精或食盐，调整水的密度至与试样相近后，重新试验。

（3）试件拉断时，读取指针所指标尺上的读数，以厘米表示，在正常情况下，试件延伸时应成锥尖状，拉断时实际断面接近于零。如不能得到这种结果，则应在报告中注明。

6.5.4　报告

同一试样，每次平行试验不少于3个，如3个测定结果均大于100cm，试验结果记作“＞100cm”；特殊需要也可分别记录实测值。如3个测定结果中，有一个以上的测定值小于100cm时，若最大值或最小值与平均值之差满足重复性试验精密度要求，则取3个测定结果的平均值的整数作为延度试验结果，若平均值大于100cm；若最大值或最小值与平均值之差不符合重复性试验精密度要求时，试验应重新进行。

6.5.5　精密度或允许差

当试验结果小于100cm时，重复性试验的允许差为平均值的20%，复现性试验的允许差为平均值的30%。

本实训任务的记录表见表6.3。

实训任务6.6　沥青软化点试验（环球法）

6.6.1　目的与适用范围

本方法适用于测定道路石油沥青、煤沥青的软化点，也适用于测定液体石油沥青经蒸馏或乳化沥青破乳蒸发后残留物的软化点。

6.6.2　仪具与材料

（1）软化点试验仪：如图6.8所示，由下列部件组成：

1）钢球：直径9.53mm，质量（3.5±0.05）g。

2）试样环：黄铜或不锈钢等制成，形状尺寸如图6.9所示。

3）钢球定位环：黄铜或不锈钢制成，形状尺寸如图6.10所示。

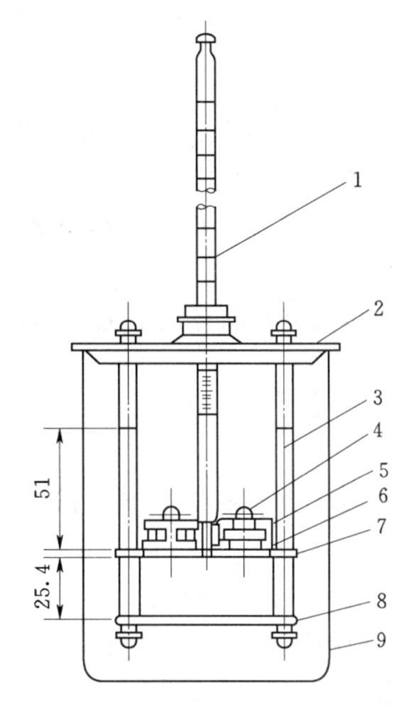

图 6.8　软化点试验仪（单位：mm）
1—温度计；2—上盖板；3—立杆；
4—钢球；5—钢球定位环；
6—金属环；7—中层板；
8—下底板；9—烧杯

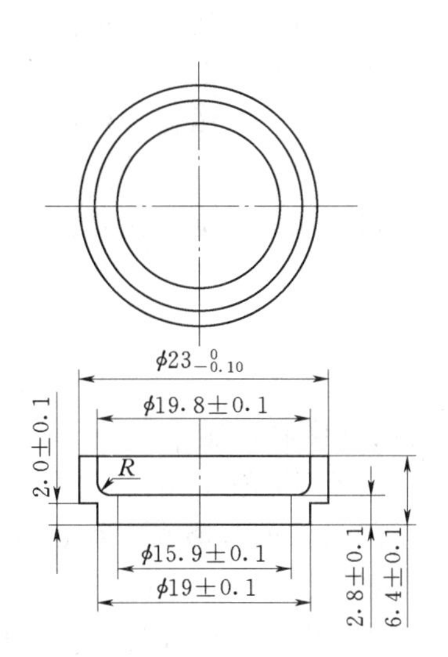

图 6.9　试样环
（单位：mm）

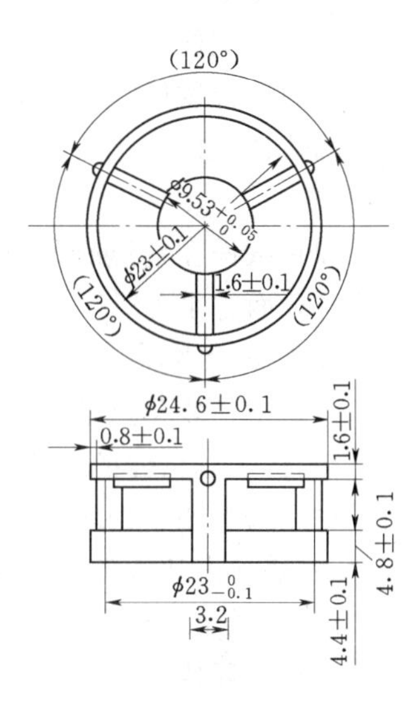

图 6.10　钢球定位环
（单位：mm）

4）金属支架：由两个主杆和三层平行的金属板组成。上层为一圆盘，直径略大于烧杯直径，中间有一圆孔，用以搁放温度计。中层板形状尺寸如图 6.11，板上有两个孔，各放置金属环，中间有一小孔可支持温度计的测温端部。一侧立杆距环上面 51mm 处刻有水高标记。环下面距下层底板为 25.4mm，而下底板距烧杯底不少于 12.7mm，也不得大于 19mm。三层金属板和两个主杆由两螺母固定在一起。

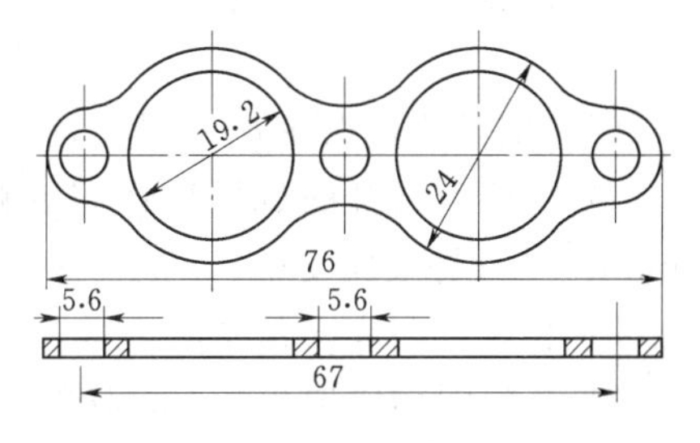

图 6.11　中层板（单位：mm）

5）耐热玻璃烧杯：容量 800～1000mL，直径不小于 86mm，高不小于 120mm。

6）温度计：0～100℃，分度为 0.5℃。

（2）装有温度调节器的电炉或其他加热炉具（液化石油气、天然气等）：应采用带有振荡搅拌器的加热电炉，振荡子置于烧杯底部。

（3）试样底板：金属板（表面粗糙度应达 Ra 为 0.8μm）或玻璃板。

（4）恒温水槽：控温的准确度为 0.5℃。

（5）平直刮刀口。

（6）甘油滑石粉隔离剂（甘油与滑石粉的比例为质量比 2∶1）。

（7）新煮沸过的蒸馏水。

（8）其他：石棉网。

6.6.3　方法与步骤

1. 准备工作

(1) 将试样环置于涂有甘油滑石粉隔离剂的试样底板上口按实训任务 6.2 中的方法将准备好的沥青试样徐徐注入试样环内至略高出环面为止。

如估计试样软化点高于 120℃，则试样环和试样底板（不用玻璃板）均应预热至 80～100℃。

(2) 试样在室温冷却 30min 后，用环夹夹住试样杯，并用热刮刀刮除环面上的试样，务使与环面齐平。

2. 试验步骤

(1) 试样软化点在 80℃以下者：

1) 将装有试样的试样环连同试样底板置于 5℃±0.5℃水的恒温水槽中至少 15min；同时将金属支架、钢球、钢球定位环等亦置于相同水槽中。

2) 烧杯内注入新煮沸并冷却至 5℃的蒸馏水，水面略低于立杆上的深度标记。

3) 从恒温水槽中取出盛有试样的试样环放置在支架中层板的圆孔中，套上定位环；然后将整个环架放入烧杯中，调整水面至深度标记，并保持水温为 (5±0.5)℃。环架上任何部分不得附有气泡。将 0～80℃的温度计由上层板中心孔垂直插入，使端部测温头底部与试样环下面齐平。

4) 将盛有水和环架的烧杯移至放有石棉网的加热炉具上，然后将钢球放在定位环中间的试样中央，立即开动振荡搅拌器，使水微微振荡，并开始加热，使杯中水温在 3min 内调节至维持每分钟上升 (5±0.5)℃。在加热过程中、应记录每分钟上升的温度值，如温度上升速度超出此范围时，则试验应重作。

5) 试样受热软化逐渐下坠，至与下层底板表面接触时，立即读取温度，准确至 0.5℃。

(2) 试样软化点在 80℃以上者：

1) 将装有试样的试样环连同试样底板置于装有 (32±1)℃的甘油的恒温槽中至少 15min；同时将金属支架、钢球、钢球定位环等亦置于甘油中。

2) 在烧杯内注入预先加热至 32℃的甘油，其液面略低于立杆上的深度标记。

3) 从恒温槽中取出装有试样的试样环，按上述方法进行测定，准确至 1℃。

6.6.4　报告

同一试样平行试验两次，当两次测定值的差值符合重复性试验精密度要求时，取其平均值作为软化点试验结果，准确至 0.5℃。

6.6.5　精密度或允许差

(1) 当试样软化点小于 80℃时。重复性试验的允许差为 1℃，复现性试验的允许差为 4℃。

(2) 当试样软化点等于或大于 80℃时，重复性试验的允许差为 2℃，复现性试验的允许差为 8℃。

本实训任务的记录表见表 6.3。

实训任务 6.7　沥青闪点与燃点试验（克利夫兰开口杯法）

6.7.1　目的与适用范围

本方法适用于克利夫兰开口杯（简称 COC）测定黏稠石油沥青、聚合物改性沥青及闪点在 79℃以上的液体石油沥青材料的闪点和燃点，以评定施工的安全性。

6.7.2　仪具与材料

（1）克利夫兰开口杯式闪点仪：形状及尺寸如图 6.12 所示，它由下列部分组成：

1）克利夫兰开口杯：用黄铜或铜合金制成，内口直径 ϕ63.5mm±0.5mm，深（33.6±0.5）mm，在内壁与杯上口的距离为（9.4±0.4）mm 处刻有一道环状标线，带一个弯柄把手，形状及尺寸如图 6.13 所示。

2）加热板：黄铜或铸铁制，直径 145～160mm，厚约 6.5mm 的金属板，上有石棉垫板，中心有圆孔，以支承金属试样杯。在距中心 58mm 处有一个与标准试焰大小相当的 ϕ（4.0±0.2）mm 电镀金属小球，供火焰调节的对照使用。加热板如图 6.14 所示。

3）温度计：0～400℃，分度为 2℃。

4）点火器：金属管制，端部为产生火焰的尖嘴，端部外径约为 1.6mm，内径为 0.7～0.8mm。与可燃气体压力容器（如液化丙烷气或天然气）连接，火焰大小可以调节。点火器可以 150mm 半径水平旋转，且端部恰好通过坩埚中心上方 2mm 以内，也可采用电动旋转点火用具，但火焰通过金属试验杯的时间应为 1.0s 左右。

5）铁支架：高约 500mm，附有温度计夹及试样杯支架，支脚为高度调节器。使加热顶保持水平。

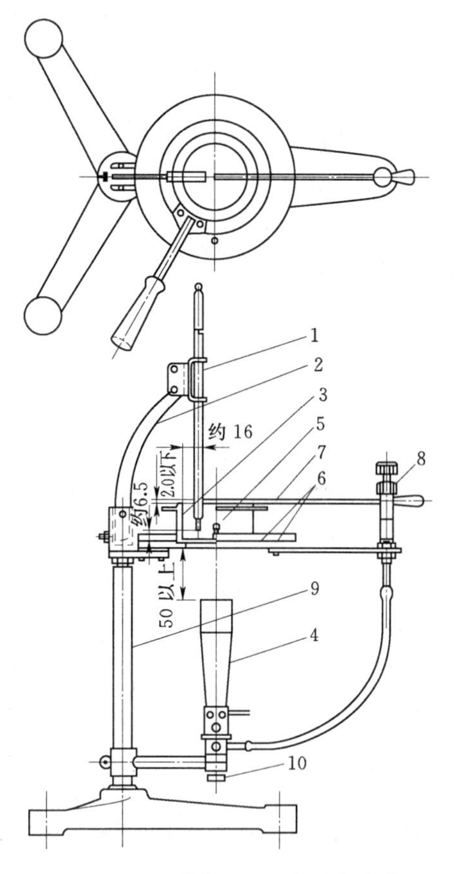

图 6.12　克利夫兰开口杯式闪点仪
（单位：mm）
1—温度计；2—温度计支架；3—金属试验杯；4—加热器具；5—试验标准球；6—加热板；7—试验火焰喷嘴；8—试验火焰调节开关；9—加热板支架；10—加热器调节钮

（2）防风屏：由金属薄板制，三面将仪器围住挡风，内壁涂成黑色，高约 600mm。

（3）加热源附有调节器的 1kW 电炉或燃气炉：根据需要，可以控制加热试样的升温速度为 14～17℃/min、（5.5±0.5）℃/min。

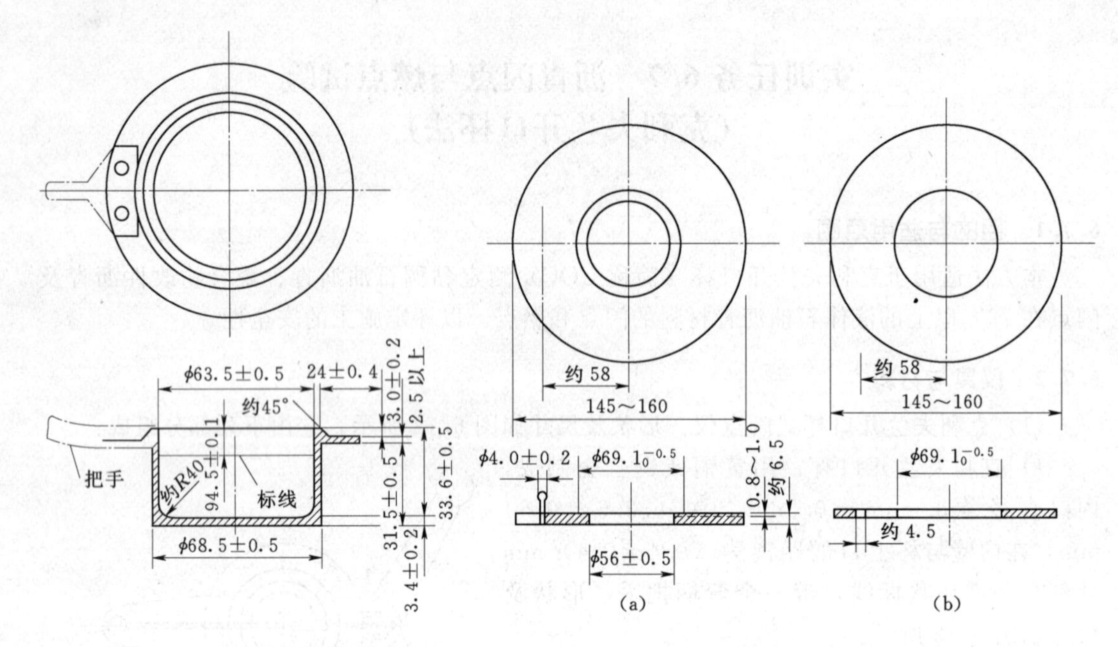

图 6.13 克利夫兰开口杯（单位：mm）

图 6.14 加热板（单位：mm）

(a) 金属板；(b) 硬质石棉板

6.7.3 方法与步骤

1. 准备工作

(1) 将试样杯用溶剂洗净、烘干，装置于支架上。加热板放在可调电护上，如用燃气炉时，加热板距炉口约 50mm，接好可然气管道或电源。

(2) 安装温度计，垂直插入试样杯中，温度计的水银球距杯底约 6.5mm，位置在与点火器相对一侧距杯边缘约 16mm 处。

(3) 将准备好的试样，注入试样杯中至标线处，并使试样杯其他部位不沾有沥青。

(4) 全部装置应置于室内光线较暗且无显著空气流通的地方，并用防风屏三面围护。

(5) 将点火器转向一侧，试验点火，调节火苗在成标准球的形状或成直径为（4±0.8）mm 的小球形试焰。

2. 试验步骤

(1) 开始加热试样，升温速度迅速地达到 14～17℃/min。待试样温度达到预期闪点前 56℃时，调节加热器降低升温速度，以便在预期闪点前 28℃时能使升温速度控制在 (5.5±0.5)℃/min。

(2) 试样温度达封预期闪点前 28℃时开始，每隔 2℃将点火器的试焰沿试验杯口中心以 150mm 半径作弧水平扫过一次；从试验杯口的一边至另一边所经过的时间约 1s。此时应确认点火器的试焰为直径（4±0.8）mm 的火球，并位于坩埚口上方 2～2.5mm 处。

(3) 当试样液面上最初出现一瞬即灭的蓝色火焰，立即从温度计上读记温度，作为试样的闪点。注意勿将试焰四周的蓝白色火焰误认为是闪点火焰。

(4) 继续加热，保持试样升温速度（5.5±0.5)℃/min，并按上述操作要求用点火器

点火试验。

（5）当试样接触火焰立即着火，并能继续燃烧不少于 5s 时，停止加热，并读记温度计上的温度，作为试样的燃点。

3. 报告

（1）同一试样至少平行试验两次，两次测定结果的差值不超过重复性试验允许差 8℃时，取其平均值的整数作为试验结果。

（2）当试验时大气压在 93.5kPa 以下时，应对闪点或燃点的试验结果进行修正，若大气压为 93.5～84.5kPa 时，修正值为增加 2.8℃，当大气压为 84.5～73.3kPa 时，修正值为增加 5.5℃。

4. 精密度或允许差

重复性试验的允许差为：闪点 8℃，燃点 8℃；

复现性试验的允许差为：闪点 16℃，燃点 14℃。

本实训任务的试验记录表见表 6.4。

表 6.4　　沥青闪点试验记录表

样品盲号：　　　　　　　　　　　　　　　　　　编　号：

样品名称		试验日期		
沥青标号		用 途		
试样编号	开始加热时升温速度（℃/min）	预期闪点前 28℃时升温速度（℃/min）	闪点（℃）	平均值（℃）

试验方法：

试验：　　　　　　　　　　　　　　计算：　　　　　　　　　　　　　　复核：

实训任务6.8　沥青混合料取样法

6.8.1　目的与适用范围

本方法适用于在拌和厂及道路施工现场采集热拌沥青混合料或常温沥青混合料试样。供施工过程中的质量检验或在试验室测定沥青混合料的各项物理力学性质。所取的试样应有充分的代表性。

6.8.2　仪具与材料

(1) 铁锹。

(2) 手铲。

(3) 搪瓷盘或其他金属盛样容器、塑料编织袋。

(4) 温度计：分度为1℃。宜采用有金属插杆的热电偶沥青温度计，金属插杆的长度应不小于150mm，量程0～300℃。

(5) 其他：标签、溶剂（汽油）、棉纱等。

6.8.3　取样方法

1. 取样数量

取样数量应符合下列要求：

(1) 试样数量根据试验目的决定，宜不少于试验用量的2倍。按现行规范规定进行沥青混合料试验的每一组代表性取样如表6.5。

表6.5　常用沥青混合料试验项目的样品数量

试验项目	目的	最少试样量（kg）	取样量（kg）
马歇尔试验、抽提筛分	施工质量检验	12	20
车辙试验	高温稳定性检验	40	60
浸水马歇尔试验	水稳定性检验	12	20
冻融劈裂试验	水稳定性检验	12	20
弯曲试验	低温性能检验	15	25

平行试验应加倍取样。在现场取样直接装入试模或盛样盒成型时，也可等量取样。

(2) 取样材料用于仲裁试验时，取样数量除应满足本取样方法规定外，还应保留一份有代表性试样，直到仲裁结束。

2. 取样方法

(1) 沥青混合料取样应是随机的，并具有充分的代表性。以检查拌和质量（如油石比、矿料级配）为目的时，应从拌和机一次放料的下方或提升斗中取样，不得多次取样混合后使用。以评定混合料质量为目的时，必须分几次取样，拌和均匀后作为代表性试样。

(2) 热拌沥青混合料在不同地方取样的要求。

1) 在沥青混合料拌和厂取样。在拌和厂取样时，宜用专用的容器（一次可装5～8kg）装在拌和机卸料斗下方（图6.15），每放一次料取一次样，顺次装入试样容器中，

每次倒在清扫干净的平板上，连续几次取样，混合均匀，按四分法取样至足够数量。

2）在沥青混合料运料车上取样。在运料汽车上取沥青混合料样品时，宜在汽车装料一半后，分别用铁锹从不同方向的3个不同高度处取样；然后混在一起用手铲适当拌和均匀，取出规定数量。在施工现场的运料车上取样时，应在卸料一半后从不同方向取样，样品宜从3辆不同的车上取样混合使用。

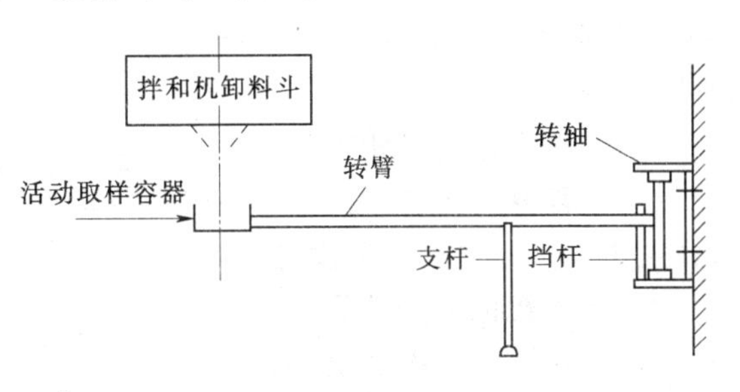

图6.15 装在拌和机上的沥青混合料取样装置

3）在道路施工现场取样。在道路施工现场取样时，应在摊铺后未碾压前于摊铺宽度的两侧1/2～1/3位置处取样，用铁锹将摊铺层的全厚铲出，但不得将摊铺层下的其他层料铲入。每摊铺一车料取一次样，连续3车取样后，混合均匀按四分法取样至足够数量。对现场制件的细粒式沥青混合料，也可在摊铺机经螺旋拨料杆拌匀的一端一边前进一边取样。

(3) 对热拌沥青混合料每次取样时，都必须用温度计测量温度，准确至1℃。

(4) 乳化沥青常温混合料试样的取样方法与热拌沥青混合料相同，但宜在乳化沥青破乳水分蒸发后装袋，对袋装常温沥青混合料亦可直接从储存的混合料中随机取样。取样袋数不少于3袋，使用时将3袋混合料倒出作适当拌和，按四分法取出规定数量试样。

(5) 液体沥青常温沥青混合料的取样方法同上，当用汽油稀释时，必须在溶剂挥发后方可封袋保存。当用煤油或柴油稀释时，可在取样后即装袋保存，保存时应特别注意防火安全。其余与热拌沥青混合料同。

(6) 从碾压成型的路面上取样时，应随机选取3个以上不同地点，钻孔、切割或刨取混合料至全厚度，仔细清除杂物及不属于这一层的混合料，需重新制作试件时，应加热拌匀按四分法取样至足够数量。

3. 试样的保存与处理

(1) 热拌热铺的沥青混合料试样需送至中心试验室或质量检测机构作质量评定且二次加热会影响试验结果（如车辙试验）时，必须在取样后趁高温立即装入保温桶内，送试验室立即成型试件，试件成型温度不得低于规定要求。

(2) 热混合料需要存放时，可在温度下降至60℃后装入塑料编织袋内，扎紧袋口并宜低温保存，应防止潮湿、淋雨等，且时间不要太长。

(3) 在进行沥青混合料质量检验或进行物理力学性质试验时，由于采集的热拌混合料试样温度下降或稀释沥青溶剂挥发结成硬块已不符合试验要求时，宜用微波炉或烘箱适当加热重塑，且只容许加热一次，不得重复加热。不得用电炉或燃气炉明火局部加热。用微波炉加热沥青混合料时不得使用金属容器和带有金属的物件。沥青混合料的加热温度以达到符合压实温度要求为度，控制最短的加热时间，通常用供箱加热时不宜超过4h，用工业微波炉加热约5～10min。

6.8.4 样品的标记

(1) 取样后当场试验时，可将必要的项目一并记录在试验记录报告上。此时，试验报告必须包括取样时间、地点、混合料温度、取样数量、取样人等栏目。

(2) 取样后转送试验室试验或存放后用于其他项目试验时，应附有样品标签。标签应记载下列内容：

1) 工程名称、拌和厂名称。

2) 沥青混合料种类及摊铺层次、沥青品种、标号、矿料种类、取样时混合料温度及取样位置或用以摊铺的路段桩号等。

3) 试样数量及试样单位。

4) 取样人、取样日期。

5) 取样目的或用途。

实训任务6.9　沥青混合料试件制作方法

6.9.1　击实法

1. 目的与适用范围

(1) 本方法适用于标准击实法或大型击实法制作沥青混合料试件，以供试验室进行沥青混合料物理力学性质试验使用。

(2) 标准击实法适用于马歇尔试验、间接抗拉试验（劈裂法）等所使用的ϕ101.6mm×63.5mm圆柱体试件的成型。大型击实法适用于ϕ152.4mm×95.3mm的大型圆柱体试件的成型。

(3) 沥青混合料试件制作时的矿料规格及试件数量应符合如下规定：

1) 沥青混合料配合比设计及在试验室人工配制沥青混合料制作试件时，试件尺寸应符合试件直径不小于集料公称最大粒径的4倍，厚度不小于集料公称最大粒径的1～1.5倍的规定。对直径的试件，集料公称最大粒径应不大于26.5mm。对粒径大于26.5mm的粗粒式沥青混合料，其大于26.5mm的集料应用等量的13.2～26.5mm集料代替（替代法），也可采用直径为152.4mm的大型圆柱体试件。大型圆柱体试件适用于集料公称最大粒径不大于37.5mm的情况。试验室成型的一组试件的数量不得少于4个，必要时宜增加至5～6个。

2) 用拌和厂及施工现场采集的拌和沥青混合料成品试样制作直径为101.6mm的试件时，按下列规定选用不同的方法及试件数量：

a. 当集料公称最大粒径小于或等于26.5mm时，可直接取样（直接法）。一组试件的数量通常为4个。

b. 当集料公称最大粒径大于26.5mm，但不大于31.5mm，宜将大于26.5mm的集料筛除后使用（过筛法），一组试件数量仍为4个，如采用直接法，一组试件的数量应增加至6个。

c. 当集料公称最大粒径大于31.5mm时，必须采用过筛法。过筛的筛孔为26.5mm，一组试件仍为4个。

2. 仪具与材料

(1) 标准击实仪：由击实锤、ϕ98.5mm平圆形压实头及带手柄的导向棒组成。用人

工或机械将压实锤举起。从（457.2±1.5）mm 高度沿导向棒自由落下击实，标准击实锤质量（4536±9）g。

（2）大型击实仪：由击实锤 ϕ149.5mm 平圆形压实头及带手柄导向棒（直径 15.9mm）组成。用机械将压实锤举起，从（457.2±2.5）mm 高度沿导向棒自由落下击实，大型击实锤质量（10210±10）g。

（3）标准击实台：用以固定试模，在 200mm×200mm×457mm 的硬木墩上面有一块 305mm×305mm×25mm 的钢板，木墩用 4 根型钢固定在下面的水泥混凝土板上。木墩采川青冈栎、松或其他干密度为 0.67～0.77g/cm^3 的硬木制成。人工击实或机械击实均必须有此标准击实台。

自动击实仪是将标准击实锤及标准击实台安装一体并用电力驱动使击实锤连续击实试件且可自动记数的设备，击实速度为（60±5）次/min。大型击实法电动击实的功率不小于 250W。

（4）试验室用沥青混合料拌和机：能保证拌和温度并充分拌和均匀，可控制拌和时间，容量不小于 10L。如图 6.16 所示。搅拌叶自转速度 70～80r/min，公转速度 40～50r/min。

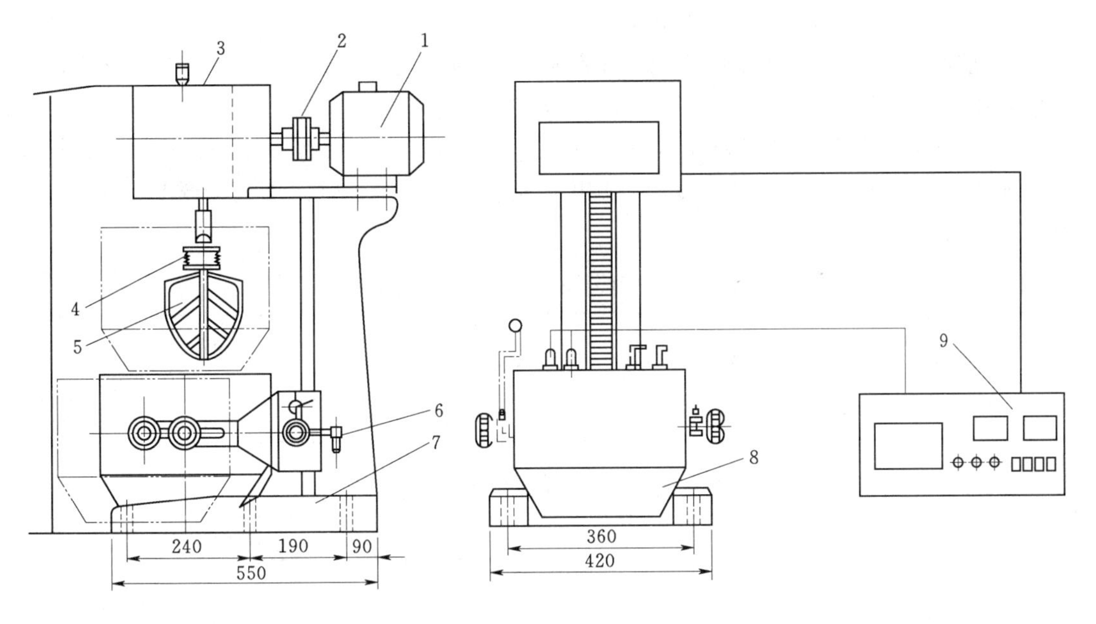

图 6.16　试验室用沥青混合料拌和机（单位：mm）

1—电机；2—联轴器；3—变速箱；4—弹簧；5—拌和叶片；6—升降手柄；7—底座；8—加热拌和锅；9—温度时间控制仪

（5）脱模器：电动或手动，可无破损地推出圆柱体试件。备有标准圆柱体试件及大型圆柱体试件尺寸的推出环。

（6）试模：由高碳钢或工具钢制成，每组包括内径（101.6±0.2）mm，高 87mm 的圆柱形金属筒、底座（直径约 120.6mm）和套筒（内径 101.6 mm，高 70mm）各 1 个。

大型圆柱体试件的试模与套筒如图 6.17 所示。套筒外径 165.1mm，内径（155.6±

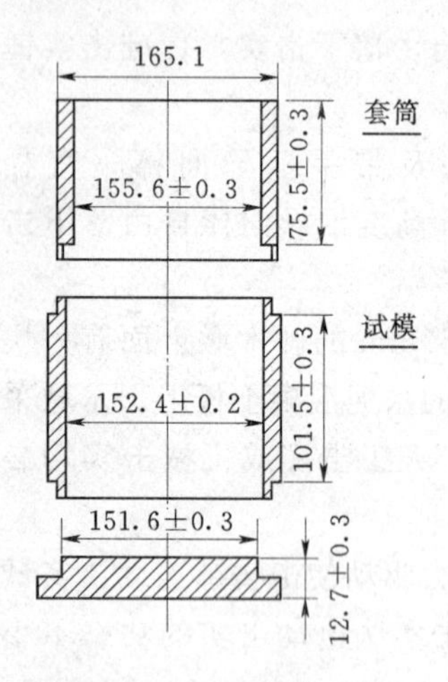

图 6.17　大型圆柱体试件的试模与套筒（单位：mm）

0.3）mm，总高 83mm。试模内径（152.4±0.2）mm。总高 115mm，底座板厚（12.7±0.3）mm，直径 172mm。

（7）烘箱：大、中型各一台，装有温度调节器。

（8）天平或电子秤：用于称量矿料的，感量不大于 0.5g；用于称量沥青的，感量不大于 0.1g。

（9）沥青运动黏度测定设备：毛细管黏度计、赛波特重油黏度计或布洛克菲尔德黏度计。

（10）插刀或大螺丝刀。

（11）温度计：分度为 1℃。宜采用有金属插杆的热电偶沥青温度计，金属插杆的长度不小于 300mm。量程 0～300℃，数字显示或度盘指针的分度 0.1℃，且有留置读数功能。

（12）其他：电炉或煤气炉、沥青熔化锅、拌和铲、标准筛、滤纸（或普通纸）、胶布、卡尺、秒表、粉笔、棉纱等。

3. 准备工作

（1）确定制作沥青混合料试件的拌和温度与压实温度。

1）按本规程测定沥青的黏度，绘制黏度曲线。按表 6.6 的要求确定适宜于沥青混合料拌和及压实的等黏温度。

2）当缺乏沥青黏度测定条件时，试件的拌和与压实温度可按表 6.7 选用，并根据沥青品种和标号作适当调整。针入度小、稠度大的沥青取高限；针入度大、稠度小的沥青取低限；一般取中值。

表 6.6　　沥青混合料拌和及压实的沥青等黏温度

沥青结合料种类	黏度与测定方法	适宜于拌和的沥青结合料黏度	适宜于压实的沥青结合料黏度
石油沥青	表观黏度，T0625	0.17Pa·s±0.02Pa·s	0.28Pa·s±0.03Pa·s

表 6.7　　沥青混合料拌和及压实温度参考表

沥青结合料种类	拌和温度（℃）	压实温度（℃）
石油沥青	140～160	120～150
改性沥青	160～175	140～170

3）对改性沥青，应根据实践经验、改性剂的品种和用量，适当提高混合料的拌和和压实温度；对大部分聚合物改性沥青，通常在普通沥青的基础上提高 10～20℃；掺加纤维时，尚需再提高 10℃左右。

4）常温沥青混合料的拌和及压实在常温下进行。

（2）按实训任务 6.1 在拌和厂或施工现场采集沥青混合料试样。将试样置于烘箱中或加热的砂浴上保温，在混合料中插入温度计测量温度，待混合料温度符合要求后成型。需要适当拌和时可倒入已加热的小型沥青混合料拌和机中适当拌和，时间不超过 1min。但

不得用铁锅在电炉或明火上加热炒拌。

（3）在试验室人工配制沥青混合料时，材料准备按下列步骤进行：

1）将各种规格的矿料置（105±5）℃的烘箱中烘干至恒重（一般不少于 4～6h）。

2）将烘干分级的粗细集料，按每个试件设计级配要求称其质量，在一金属盘中混合均匀，矿粉单独加热，置烘箱中预热至沥青拌和温度以上约 15℃（采用石油沥青时通常为 163℃；采用改性沥青时通常需 180℃）备用。一般按一组试件（每组 4～6 个）备料，但进行配合比设计时宜对每个试件分别备料。当采用替代法时，对粗集料中粒径大于 26.5mm 的部分，以 13.2～26.5mm 粗集料等量代替。常温沥青混合料的矿料不应加热。

3）将采集好的沥青试样，用恒温烘箱或油浴、电热套熔化加热至规定的沥青混合料拌和温度备用，但不得超过 175℃。当不得已采用燃气炉或电炉直接加热进行脱水时，必须使用石棉垫隔开。

4. 拌制沥青混合料

（1）黏稠石油沥青或煤沥青混合料。

1）用蘸有少许黄油的棉纱擦净试模、套筒及击实座等，置 100℃左右烘箱中加热 1h 备用。常温沥青混合料用试模不加热。

2）将沥青混合料拌和机提前预热至拌和温度 10℃左右。

3）将加热的粗细集料置于拌和机中，用小铲子适当混合；然后加入需要数量的沥青（如沥青已称量在一专用容器内时，可在倒掉沥青后用一部分热矿粉将沾在容器壁上的沥青擦拭掉并一起倒入拌和锅中），开动拌和机一边搅拌一边使拌和叶片插入混合料中拌和 1～1.5min；暂停拌和，加入加热的矿粉，继续拌和至均匀为止，并使沥青混合料保持在要求的拌和温度范围内。标准的总拌和时间为 3min。

（2）液体石油沥青混合料。将每组（或每个）试件的矿料置于加热至 55～100℃的沥青混合料拌和机中，注入要求数量的液体沥青，并将混合料边加热边拌和，使液体沥青中的溶剂挥发至 50%以下。拌和时间应事先试拌决定。

（3）乳化沥青混合料。将每个试件的粗细集料，置于沥青混合料拌和机（不加热，也可用人工炒拌）中；注入计算的用水量（阴离子乳化沥青不加水）后，拌和均匀并使矿料表面完全湿润；再注入设计的沥青乳液用量，在 1min 内使混合料拌匀；然后加入矿粉后迅速拌和，使混合料拌成褐色为止。

5. 成型方法

（1）击实法的成型步骤。

1）将拌好的沥青混合料，用小铲适当拌和均匀，称取一个试件所需的用量（标准马歇尔试件约 1200g，大型马歇尔试件约 4050g）。当已知沥青混合料的密度时，可根据试件的标准尺寸计算并乘以 1.03 得到要求的混合料数量。当一次拌和几个试件时，宜将其倒入经预热的金属盘中，用小铲适当拌和均匀分成几份，分别取用。在试件制作过程中，为防止混合料温度下降，应连盘放在烘箱中保温。

2）从烘箱中取出预热的试模及套筒，用蘸有少许黄油的棉纱擦拭套筒、底座及全实锤底面二将试模装在底座上，放一张圆形的吸油性小的纸，用小铲将混合料铲入试模字，用插刀或大螺丝刀沿周边插捣 15 次，中间捣 10 次。插捣后将沥青混合料表面整平。对大型击实法的试件，混合料分两次加入，每次插捣次数同上。

3）插入温度计至混合料中心附近，检查混合料温度。

4）待混合料温度符合要求的压实温度后，将试模连同底座一起放在击实台上固定。在装好的混合料上面垫一张吸油性小的圆纸，再将装有击实锤及导向棒的压实头放入试模中。开启电机，使击实锤从457 mm的高度自由落下到击实规定的次数（75次或50次）。对大型试件，击实次数为75次（相应于标准击实的50次）或112次（相应于标准击实75次）。

5）试件击实一面后，取下套筒，将试模翻面，装上套筒；然后以同样的方法和次数击实另一面。

乳化沥青混合料试件在两面击实后，将一组试件在室温下横向放置24h；另一组试件置温度为（105±5）℃的烘箱中养生24h。将养生试件取出后再立即两面锤击各25次。

6）试件击实结束后，立即用镊子取掉上下面的纸，用卡尺量取试件离试模上口的高度并由此计算试件高度。高度不符合要求时，试件应作废，并按式（6.15）计算。调整试件的混合料质量，以保证高度符合（63.5±1.3）mm（标准试件）或（95.3±2.5）mm（大型试件）的要求。

$$\text{调整后混合料质量}=\frac{\text{要求试件高度}\times\text{原用混合料质量}}{\text{所得试件的高度}} \tag{6.15}$$

（2）卸去套筒和底座，将装有试件的试模横向放置冷却至室温后（不少于12h），置脱模机上脱出试件。用作现场马歇尔指标检验的试件，在施工质量检验过程中如急需试验，允许采用电风扇吹冷1h或浸水冷却3min以上的方法脱模，但浸水脱模法不能用于测量密度、空隙率等各项物理指标。

（3）将试件仔细置于干燥洁净的平面上，供试验用。

6.9.2　轮碾法

1. 目的与适用范围

（1）本方法规定了在试验室用轮碾法制作沥青混合料试件的方法，以供进行沥青混合料物理力学性质试验时使用。

（2）轮碾法适用于300mm×300mm×50mm（或40mm）或300mm×300mm×100mm板块状试件的成型，由此板块状试件用切割机切制成棱柱体试件，或在试验室用心样钻机钻取试样，成型试件的密度应符合马歇尔标准击实试样密度100%±1%的要求。

（3）沥青混合料试件制作时的试件厚度可根据集料粒径大小及工程需要进行选择。对于集料公称最大粒径小于或等于19mm的沥青混合料，宜采用长300mm×宽300mm×厚50mm的板块试模成型；对于集料公称最大粒径大于或等于26.5mm的沥青混合料，宜采用长300mm×宽300mm×厚（80～100）mm的板块试模成型。

2. 仪具与材料技术要求

（1）轮碾成型机：如图6.18所示，它具有与钢筒式压路机相似的圆弧形碾压轮，轮宽300mm，压实线荷载为300N/mm，碾压行程等于试件长度，经碾压后的板块状试件可达到马歇尔试验标准击实密度的100%±1%。

（2）试验室用沥青混合料拌和机：能保证拌和温度并充分拌和均匀，可控制拌和时间

宜采用容量大于 30L 的大型沥青混合料拌和机，也可采用容量大于 10L 的小型拌和机。

(3) 试模：由高碳钢或工具钢制成，试模尺寸应保证成型后符合要求试件尺寸的规定。试验室制作车辙试验板块状试件的标准试模如图 6.19 所示。内部平面尺寸为长 300mm×宽 300mm×厚（50～100）mm。

图 6.18　轮碾成型机

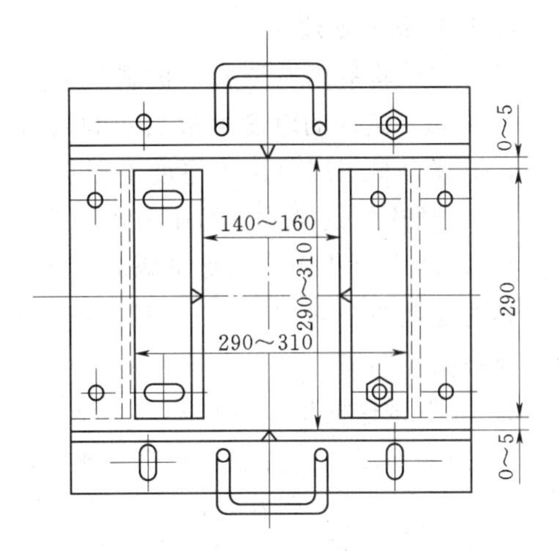

图 6.19　车辙试验试模（单位：mm）

(4) 切割机：试验室用金刚石锯片锯石机（单锯片或双锯片切割机）或现场用路面切割机，有淋水冷却装置，其切割厚度不小于试件厚度。

(5) 钻孔取心机：用电力或汽油机、柴油机驱动，有淋水冷却装置。金刚石钻头的直径根据试件直径的大小选择（100mm 或 150mm）。钻孔深度不小于试件厚度，钻头转速不小于 1000r/min。

(6) 烘箱：大、中型各 1 台，装有温度调节器。

(7) 台秤、天平或电子秤：称量 5kg 以上的，感量不大于 1g；称量 5kg 以下的，用于称量矿料的感量不大于 0.5g，用于称量沥青的感量不大于 0.1g。

(8) 沥青黏度测定设备：布洛克菲尔德黏度计、真空减压毛细管。

(9) 小型击实锤：钢制端部断面 80mm×80mm，厚 10mm，带手柄，总质量 0.5kg 左右。

(10) 温度计：分度值 1℃。宜采用有金属插杆的插入式数显温度计，金属插杆的长度不小于 150mm。量程 0～300℃。

(11) 其他：电炉或煤气炉、沥青熔化锅、拌和铲、标准筛、滤纸、胶布、卡尺、秒表、粉笔、垫木、棉纱等。

3. 准备工作

(1) 按规定的方法决定制作沥青混合料试件的拌和与压实温度。常温沥青混合料的拌和及压实在常温下进行。

(2) 在拌和厂或施工现场采取代表性的沥青混合料，如混合料温度符合要求，可直接用于成型。常温沥青混合料的矿料不加热。

(3) 将金属试模及小型击实锤等置 100℃左右烘箱中加热 1h 备用。常温沥青混合料用试模不加热。

(4) 按规定的方法拌制沥青混合料。当采用大容量沥青混合料拌和机时，宜一次拌和；当采用小型混合料拌和机时，可分两次拌和。混合料质量及各种材料数量由试件的体积按马歇尔标准密度乘以 1.03 的系数求得。常温沥青混合料的矿料不加热。

4. 轮碾成型方法

(1) 在试验室用轮碾成型机制备试件。试件尺寸可为长 300mm×宽 300mm×厚 (50～100) mm。试件的厚度可根据集料粒径大小选择，同时根据需要厚度也可以采用其他尺寸，但混合料一层碾压的厚度不得超过 100mm。

1) 将预热的试模从烘箱中取出，装上试模框架；在试模中铺一张裁好的普通纸（可用报纸)，使底面及侧面均被纸隔离；将拌和好的全部沥青混合料（注意不得散失，分两次拌和的应倒在一起)，用小铲稍加拌和后均匀地沿试模由边至中按顺序转圈装入试模，中部要略高于四周。

2) 取下试模框架，用预热的小型击实锤由边至中转圈夯实一遍，整平成凸圆孤形。

3) 插入温度计，待混合料达到规定的压实温度（为使冷却均匀试模底下可用垫木支起）时，在表面铺一张裁好尺寸的普通纸。

4) 成型前将碾压轮预热至 100℃左右；然后，将盛有沥青混合料的试模置于轮碾机的平台上，轻轻放下碾压轮，调整总荷载为 9kN（线荷载 300N/cm)。

5) 启动轮碾机，先在一个方向碾压 2 个往返（4 次)；卸荷；再抬起碾压轮，将试件调转方向；再加相同荷载碾压至马歇尔标准密实度 (100±1)%为止。试件正式压实前，应经试压，测定密度后，确定试件的碾压次数。对普通沥青混合料，一般 12 个往返（24 次）左右可达要求（试件厚为 50mm)。

6) 压实成型后，揭去表面的纸，用粉笔在试件表面标明碾压方向。

7) 盛有压实试件的试模，置室温下冷却，至少 12h 后方可脱模。

(2) 在工地制备试件。

1) 按规定采取代表性的沥青混合料样品，数量需多于 3 个试件的需要量。

2) 按试验室方法称取一个试样混合料数量装入符合要求尺寸的试模中，用小锤均匀击实。试模应不妨碍碾压成型。

3) 碾压成型。在工地上，可用小型振动压路机或其他适宜的压路机碾压，在规定的压实温度下，每一遍碾压 3～4s，约 25 次往返，使沥青混合料压实密度达到马歇尔标准密度 (100±1)%。

4) 如将工地取样的沥青混合料送往试验室成型时，混合料必须放在保温桶内，不使其温度下降，且在抵达试验室后立即成型；如温度低于要求，可适当加热至压实温度后，用轮碾成型机成型。如属于完全冷却后经二次加热重塑成型的试件，必须在试验报告上注明。

5. 用切割机切制棱柱体试件

试验室用切割机切制棱柱体试件的步骤如下：

(1) 按试验要求的试件尺寸，在轮碾成型的板块状试件表面规划切割试件的数目，但边缘 20mm 部分不得使用。

（2）切割顺序如图6.20所示，首先在与轮碾法成型垂直的方向，沿$A—A$切割第1刀作为基准面，再在垂直的$B—B$方向切割第2刀，精确量取试件长度后切割$C—C$切下的部分大致相等。使用金刚石锯片切割时，一定要开放冷却水。

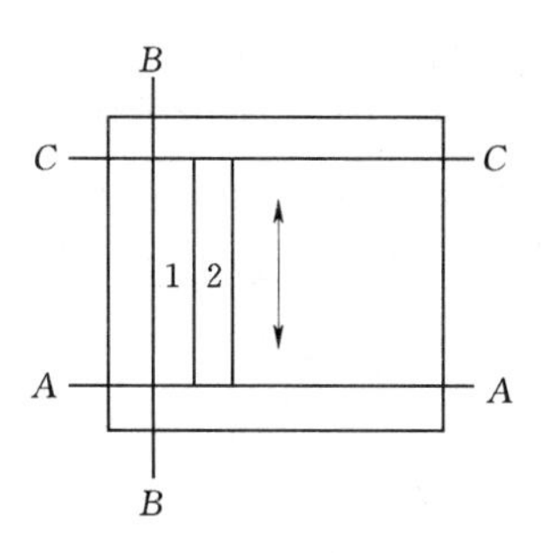

图6.20　切割棱柱体试件的顺序

（3）仔细量取试件切割位置，如图6.20所示。顺碾压方向（$B—B$方向）切割试件，使试件宽度符合要求。锯下的试件应按顺序放在平玻璃板上排列整齐，然后再切割试件的底面及表面。将切割好的试件立即编号，供弯曲试验用的试件应用胶布贴上标记，保持轮碾机成型时的上下位置，直至弯曲试验时上下方向始终保持不变，试件的尺寸应符合各项试验的规格要求。

（4）将完全切割好的试件放在玻璃板上，试件之间留有10mm以上的间隙，试件下垫一层滤纸，并经常挪动位置，使其完全风干。如急需使用，可用电风扇或冷风吹干，每隔1～2h挪动试件一次，使试件加速风干，风干时间宜不小于24h。在风干过程中，试件的上下方向及排序不能搞错。

6. 用钻心法钻取圆柱体试件

（1）在试验室用芯样钻机从板块状试件钻取圆柱体试件的步骤。

1）将轮碾成型机成型的板块状试件脱模，成型的试件厚度应不小圆柱体试件的厚度。

2）在试件上方做出取样位置标记，板块状试件边缘部分的20mm内不得使用。根据需要，可选用直径100mm或150mm的金刚石钻头。

3）将板块状试件置于钻机平台上固定，钻头对准取样位置。

4）在钻孔位置堆放干冰，使试件迅速冷却。一边开动钻机，一边添加干冰，冷却钻头和试件。如没有干冰时，可开放冷却水，开动钻机，均匀地钻透试块。为保护钻头，在试块下可垫上木板等。

5）提起钻机，取出试件。

6）按上述方法将试件吹干备用。

（2）根据需要，可再用切割机切去钻心试件的一端或两端，达到要求的高度，但必须保证端面与试件轴线垂直且保持上下平行。

6.9.3　沥青混合料试件制作方法（静压法）

1. 目的与适用范围

（1）本方法规定了用静压法制作沥青混合料试件的方法，以供在试验室进行沥青混合料物理力学性质试验。

（2）凡采用静压法制作的试件，有条件时均可用振动压实或搓揉成型设备代替，成型试件以密度达到马歇尔标准击实试件密度的（100±1）%控制。

（3）沥青混合料试件制作时的试件尺寸应符合试件直径不小于集料最大粒径的4倍，试件厚度不小于集料最大粒径的1～1.5倍的规定，其矿料规格及试件数量应符合相关的规定。

2. 仪具与材料技术要求

(1) 压力机或带压力表的千斤顶：不小于300kN。

(2) 试验室用沥青混合料拌和机：能保证拌和温度并充分拌和均匀，可控制拌和时间，拌和机的容量为10L（小型）或30L（大型）。

(3) 电动脱模器：需无破损地推出圆柱体试件，并备有相应尺寸的推出环。

(4) 各种试模：包括压头，每种至少3组，由高碳钢或工具钢制成，试模尺寸应保证成型后符合要求试件尺寸的规定。

1) 抗压试验圆柱体试模：采用中ϕ100mm×100mm的试件尺寸时，试模内径与试模高180mm，上下压头直径100mm，上压头高50mm，下压头高90mm。

2) 三轴试验圆柱体试模：采用ϕ100mm×200mm的试件尺寸时，内径与试件直径相同，试模高300mm，上下压头直径100mm，上压头高50mm，下压头高90mm。试模也可由一个分成两半的内套和一个圆柱形外套组成。

(5) 烘箱：大、中型各1台，装有温度调节器。

(6) 台秤、天平或电子秤：称量5kg以上的感量不大于1g；称量5kg以下时，用于称量矿料的感量不大于0.5g，用于称量沥青的感量不大于0.1g。

(7) 插刀或大螺丝刀及垫块。

(8) 温度计：分度值1℃。宜采用有金属插杆的插入式数显温度计，金属插杆的长度不小于150mm，量程0～300℃。

(9) 其他：电炉或煤气炉、沥青熔化锅、拌和铲、标准筛、胶布、卡尺、秒表、粉笔、棉纱等。

3. 准备工作

(1) 按规程规定的方法确定制作沥青混合料试件的拌和与压实温度。常温沥青混合料的拌和及压实在常温下进行。

(2) 按规程规定，在拌和厂或施工现场采集沥青混合料试样。如混合料温度符合要求，可直接用于成型。在试验室人工配制沥青混合料时，按本规程规定的方法准备矿料及沥青并加热备用。常温沥青混合料的矿料不加热。

(3) 将金属试模及压头等置100℃左右烘箱中加热1h备用。常温沥青混合料用试模不加热。

(4) 按规程规定的方法拌制沥青混合料，数量略多于试件质量需要。插入温度计检测温度。待温度符合成型温度时用于装模。

4. 成型方法

(1) 按试件要求尺寸，准确称取混合料数量，应为1个试件的体积与马歇尔标准击实密度的乘积。

(2) 将试模钢筒和承压头从烘箱中取出，立即在钢筒内部和承压头底面涂以很少量的润滑油。并将下承压头置于钢筒中。为使承压头凸出钢筒底口2～3mm，下承压头应加垫圈或垫块，并在下承压头上放置一张圆形薄纸。

(3) 用小铲将符合成型温度要求的混合料分2次（高为100mm的试件）或3次（高为200mm的试件）仔细铲入钢筒中，随之用插刀沿钢筒周边插捣15次，中间10次；然

后，用热铲平整混合料表面。

(4) 插入温度计至混合料中心附近，待混合料温度符合要求的压实温度时，垫上一层薄纸及盖好上承压头（上下承压头伸进试模的高度应大体相同）。

(5) 将装有混合料的试模及垫圈（块）一并置于压力机或千斤顶的平台上，加载至1MPa（对 ϕ100 的试件约为 7.85kN）后撤去下面的垫圈（块），再逐渐均匀加载至要求下试件高度（约 20～30MPa），并保持 3min 后卸荷，记录荷载。

(6) 从试模中取出上、下承压头后，稍事降温，在未完全冷却时趁热置脱模器上推出试件，制成试件的高度与标准高度的误差不得大于 2.0mm，否则应予废弃。注意，脱模温度不能太低，低了不仅脱模困难，还有可能损伤试件。

(7) 将试件竖立在平台上在室温下冷却 24h，测定试件密度、空隙率，不符要求的应予以废弃。

实训任务 6.10　压实沥青混合料密度试验

6.10.1　表干法

1. 目的与适用范围

(1) 本方法适用于测定吸水率不大于 2%的各种沥青混合料试件，包括密级配沥青混凝土、沥青玛琋脂碎石混合料（SMA）和沥青稳定碎石等沥青混合料试件的毛体积相对密度和毛体积密度。标准温度为 (25±0.5)℃。

(2) 本方法测定的毛体积相对密度和毛体积密度适用于计算沥青混合料试件的空隙率、矿料间隙率等各项体积指标。

2. 仪具与材料技术要求

(1) 浸水天平或电子天平：当最大称量在 3kg 以下时，感量不大于 0.1g；最大称量3kg 以上时，感量不大于 0.5g。应有测量水中重的挂钩。

(2) 网篮。

(3) 溢流水箱：如图 6.21 所示，使用洁净水，有水位溢流装置，保持试件和网篮浸入水中后的水位一定。能调整水温至(25±0.5)℃。

(4) 试件悬吊装置：天平下方悬吊网篮及试件的装置，吊线应采用不吸水的细尼龙线绳，并有足够的长度。对轮碾成型机成型的板块状试件可用铁丝悬挂。

(5) 秒表、毛巾、电风扇或烘箱。

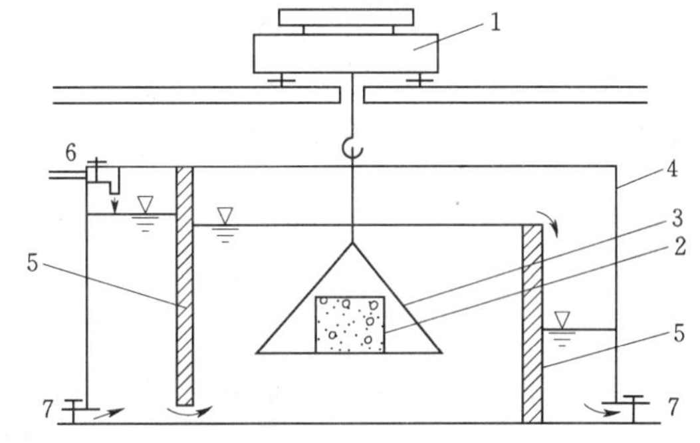

图 6.21　溢流水箱及下挂法水中重称量方法示意图
1—浸水天平或电子天平；2—试件；3—网篮；4—溢流水箱；5—水位搁板；6—注入口；7—放水阀门

3. 方法与步骤

(1) 准备试件。本试验可以采用室内成型的试件，也可以采用工程现场钻心、切割等方法获得的试件。当采用现场钻心取样时，应按照规范规定的方法进行。试验前试件宜在阴凉处保存（温度不宜高于35℃），且放置在水平的平面上，注意不要使试件产生变形。

（2）选择适宜的浸水天平或电子天平，最大称量应满足试件质量的要求。

（3）除去试件表面的浮粒，称取干燥试件的空中质量（m_a），根据选择的天平的感量读数，准确至0.1g或0.5g。

（4）将溢流水箱水温保持在（25±0.5）℃。挂上网篮，浸入溢流水箱中，调节水位，将天平调平并复零，把试件置于网篮中（注意不要晃动水）浸水中3～5min，称取水中质量（m_w）。若天平读数持续变化，不能很快达到稳定，说明试件吸水较严重，不适用于此法测定，应改用蜡封法测定。

（5）从水中取出试件，用洁净柔软的拧干湿毛巾轻轻擦去试件的表面水（不得吸走空隙内的水），称取试件的表干质量（m_f）。从试件拿出水面到擦拭结束不宜超过5s，称量过程中流出的水不得再擦拭。

（6）对从工程现场钻取的非干燥试件，可先称取水中质量（m_w）和表干质量（m_f）。然后用电风扇将试件吹干至恒重［一般不少于12h，当不需进行其他试验时，也可用（60±5）℃烘箱烘干至恒重］，再称取空中质量（m_a）。

4. 计算

（1）按下式计算试件的吸水率（取1位小数）。

$$S_a=\frac{m_f-m_a}{m_f-m_w} \tag{6.16}$$

式中　S_a——试件的吸水率，%；

m_a——干燥试件的空中质量，g；

m_w——试件的水中质量，g；

m_f——试件的表干质量，g。

（2）按式（6.17）和式（6.18）计算试件的毛体积相对密度和毛体积密度，取3位小数。

当试件的吸水率符合$S_a<2\%$要求时，试件的毛体积相对密度和毛体积密度按式（61.7）及式（6.18）计算。当吸水率$S_a>2\%$要求时，应改用蜡封法测定。

$$\gamma_f=\frac{m_a}{m_f-m_w} \tag{6.17}$$

$$\rho_f=\frac{m_a}{m_f-m_w}\times\rho_w \tag{6.18}$$

上二式中　γ_f——用表干法测定的试件毛体积相对密度；

ρ_f——用表干法测定的试件毛体积密度，g/cm³；

ρ_w——常温水的密度，≈1 g/cm³。

（3）按下式计算试件的空隙率（取1位小数）。

$$V_V=\left(1-\frac{\gamma_f}{\gamma_t}\right)\times100\% \tag{6.19}$$

式中　V_V——试件的空隙率，%；

γ_t——沥青混合料理论最大相对密度可计算或实测得到，无量纲；

γ_f——试件的毛体积相对密度，用表干法测定，当试件吸水率 $S_a>2\%$时，由蜡封法或体积法测定；当按规定容许采用水中重法测定时，也可用表观相对密度 γ_a 代替。

（4）按下式计算试件的理论最大相对密度或理论最大密度（取 3 位小数）。

$$\gamma_t=\frac{100+P_a}{\frac{p_1}{\gamma_1}+\frac{p_2}{\gamma_2}+\cdots+\frac{p_n}{\gamma_n}+\frac{p_n}{\gamma_a}} \tag{6.20}$$

式中 γ_t——理论最大相对密度；

P_a——油石比，%；

γ_a——沥青的相对密度（25℃/25℃）；

p_1，…，p_n——各种矿料占矿料总质量的百分率，%；

γ_1，…，γ_n——各种矿料的相对密度。

（5）按下式计算矿料的合成表观相对密度（取 3 位小数）

$$\gamma_{sa}=\frac{100}{\frac{p_1}{\gamma_1'}+\frac{p_2}{\gamma_2'}+\cdots+\frac{p_n}{\gamma_n'}} \tag{6.21}$$

式中 γ_{sa}——矿料的合成表观相对密度；

γ_1'，γ_2'，…，γ_n'——各种矿料的表观相对密度。

（6）确定矿料的有效相对密度，取 3 位小数。

1）对非改性沥青混合料，采用真空法实测理论最大相对密度，取平均值。按式（6.22）计算合成矿料的有效相对密度 γ_{se}。

$$\gamma_{se}=\frac{100-P_b}{\frac{100}{\gamma_t}-\frac{P_b}{\gamma_b}} \tag{6.22}$$

式中 γ_{se}——合成矿料的有效相对密度；

P_b——沥青用量，即沥青质量占沥青混合料总质量的百分比，%；

γ_t——实测的沥青混合料理论最大相对密度；

γ_b——25℃时沥青的相对密度。

2）对改性沥青及 SMA 等难以分散的混合料，有效相对密度宜直接由矿料的合成毛体积相对密度与合成表观相对密度按式（6.23）计算确定，其中沥青吸收系数 C 值根据材料的吸水率由式（6.24）求得，合成矿料的吸水率按式（6.25）计算。

$$\gamma_{se}=C\gamma_{sa}+(1-C)\gamma_{sb} \tag{6.23}$$

$$C=0.033w_x^2-0.2936w_x+0.9339 \tag{6.24}$$

$$\omega_x=\left(\frac{1}{\gamma_{sb}}-\frac{1}{\gamma_{sa}}\right)\times100\% \tag{6.25}$$

式中 C——沥青吸收系数；

ω_x——合成矿料的吸水率，%。

（7）确定沥青混合料的理论最大相对密度，取 3 位小数。

1）对非改性的普通沥青混合料，采用真空法实测沥青混合料的理论最大相对密度 γ_t。

2)对改性沥青或SMA混合料宜按式(6.26)或式(6.27)计算沥青混合料对应油石比的理论最大相对密度。

$$\gamma_t=\frac{100+P_a}{\frac{100}{\gamma_{se}}+\frac{P_a}{\gamma_b}} \tag{6.26}$$

$$\gamma_t=\frac{100+P_a+P_x}{\frac{100}{\gamma_{se}}+\frac{P_a}{\gamma_b}+\frac{P_x}{\gamma_x}} \tag{6.27}$$

$$P_a=[P_b/(100-P_b)]\times100\%$$

式中　γ_t——计算沥青混合料对应油石比的理论最大相对密度；

P_a——油石比，即沥青质量占矿料总质量的百分比，%；

P_x——纤维用量，即纤维质量占矿料总质量的百分比，%；

γ_x——25℃时纤维的相对密度，由厂方提供或实测得到；

γ_{se}——合成矿料的有效相对密度；

γ_b——25℃时沥青的相对密度。

3) 对旧路面钻取心样的试件缺乏材料密度、配合比及油石比的沥青混合料，可以采用真空法实测沥青混合料的理论最大相对密度 γ_t。

(8) 按式(6.28)～式(6.30)计算试件的空隙率、矿料间隙率 V_{MA} 和有效沥青的饱和度 V_{FA}，取1位小数。

$$V_V=\left(1-\frac{\gamma_f}{\gamma_t}\right)\times100\% \tag{6.28}$$

$$V_{MA}=\left(1-\frac{\gamma_f}{\gamma_{sb}}\frac{P_s}{100}\right)\times100\% \tag{6.29}$$

$$V_{FA}=\frac{V_{MA}-V_V}{V_{MA}}\times100\% \tag{6.30}$$

$$P_s=100-P_b$$

式中　V_V——沥青混合料试件的空隙率，%；

V_{MA}——沥青混合料试件的矿料间隙率，%；

V_{FA}——沥青混合料试件的有效沥青饱和度，%；

P_s——各种矿料占沥青混合料总质量的百分率之和，%；

γ_{sb}——矿料的合成毛体积相对密度。

(9) 按式(6.31)～式(6.33)计算沥青结合料被矿料吸收的比例及有效沥青含量、有效沥青体积百分率，取1位小数。

$$P_{ba}=\frac{\gamma_{se}-\gamma_{sb}}{\gamma_{se}\gamma_{ab}}\gamma_b\times100\% \tag{6.31}$$

$$P_{be}=P_b-\frac{P_{be}}{100}P_s \tag{6.32}$$

$$V_{be}=\frac{\gamma_f P_{be}}{\gamma_b} \tag{6.33}$$

式中　P_{ba}——沥青混合料中被矿料吸收的沥青质量占矿料总质量的百分率，%；

P_{be}——沥青混合料中的有效沥青含量，%；

V_{be}——沥青混合料试件的有效沥青体积百分率，%。

（10）按下式计算沥青混合料的粉胶比（取 1 位小数）。

$$FB=\frac{P_{0.075}}{P_{be}} \tag{6.34}$$

式中　FB——粉胶比，沥青混合料的矿料中 0.075mm 通过率与有效沥青含量的比值；

$P_{0.075}$——矿料级配中 0.075mm 的通过百分率（水洗法），%。

（11）按式（6.35）计算集料的比表面积，按式（6.36）计算沥青混合料沥青膜有效厚度。各种集料粒径的表面积系数按表 6.8 取用。

$$SA=\sum(P_iFA_i) \tag{6.35}$$

$$DA=\frac{P_{be}}{\rho_b\times P_s\times SA}\times1000 \tag{6.36}$$

式中　SA——集料的比表面积，m^2/kg；

P_i——集料各粒径的质量通过百分率，%；

FA_i——各筛孔对应集料的表面积系数，m^2/kg，按表 6.8 确定；

DA——沥青膜有效厚度，μm；

ρ_b——沥青 25℃时的密度，g/cm^3。

表 6.8　集料的表面积系数及比表面积计算示例

筛孔尺寸（mm）	19	16	13.2	9.5	4.75	2.36	1.18	0.6	0.3	0.15	0.075
表面积系数 FA_i（m^2/kg）	0.0041	—	—	—	0.0041	0.0082	0.0164	0.0287	0.0614	0.1229	0.3277
集料各粒径的质量通过百分率 P_i（%）	100	92	85	76	60	42	32	23	16	12	6
集料的比表面积 $FA_i\times P_i$（m^2/kg）	0.41	—	—	—	0.25	0.34	0.52	0.66	0.98	1.47	1.07
集料比表面积总和 SA（m^2/kg）	SA=0.41+0.25+0.34+0.52+0.66+0.98+1.47+1.97=6.60										

（12）粗集料骨架间隙率可按式（6.37）计算，取 1 位小数。

$$VCA_{mix}=100-\frac{\gamma_f}{\gamma_{ca}}P_{ca} \tag{6.37}$$

式中　VCA_{mix}——粗集料骨架间隙率，%；

P_{ca}——矿料中所有粗集料质量占沥青混合料总质量的百分率，%，按式（6.38）

$$P_{ca}=P_sPA_{4.75}/100 \tag{6.38}$$

$PA_{4.75}$——矿料级配中 4.75mm 筛余量，即 100 减去 4.75 通过率，$PA_{4.75}$对于一般沥青混合料为矿料级配中 4.75mm 筛余量，对于公称最大粒径不大于 9.5mm 的 SMA 混合料为 2.36mm 筛余量，对特大粒径根据需要可以选择其他筛孔。

γ_{ca}：矿料中所有粗集料的合成毛体积相对密度，按式（6.39）计算；

$$\gamma_{ca}=\frac{P_{1c}+P_{2c}+\cdots+P_{nc}}{\frac{P_{1c}}{\gamma_{1c}}+\frac{P_{2c}}{\gamma_{2c}}+\cdots+\frac{P_{nc}}{\gamma_{nc}}} \tag{6.39}$$

式中 P_{1c}，…，P_{nc}——矿料中各种粗集料占矿料总质量的百分比，%；

γ_{1c}，…，γ_{nc}——矿料中各种粗集料的毛体积相对密度。

5. 报告

应在试验报告中注明沥青混合料的类型及测定密度采用的方法。

6. 允许误差

试件毛体积密度试验重复性的允许误差为0.020g/cm³。试件毛体积相对密度试验重复性的允许误差为0.020。

6.10.2 压实沥青混合料密度试验测定之蜡封法

1. 目的与适用范围

(1) 蜡封法适用于测定吸水率大于2%的沥青混凝土或沥青碎石混合料试件的毛体积相对密度或毛体积密度。标准温度为（25±0.5)℃。

(2) 本方法测定的毛体积相对密度适用于计算沥青混合料试件的空隙率、矿料的空隙率等各项体积指标。

2. 仪具与材料

(1) 浸水天平或电子秤：当最大称量在3kg以下时，感量不大于0.1kg；最大称量3kg以上时，感量不大于0.5g；最大称量10kg以上时，感量不大于5g，应有测量水中重的挂钩。

(2) 网篮。

(3) 溢流水箱：使用洁净水，有水位溢流装置，保持试件和网篮浸入水中后的水位一定。

(4) 试件悬吊装置：天平下方悬吊网篮及试件的装置，吊线应该采用不吸水的细尼龙线绳，并有足够的长度。对轮碾成型机成型的板块状试件可用铁丝悬挂。

(5) 熔点已知的石蜡。

(6) 冰箱，可保持温度为4～5℃。

(7) 铅或铁块等重物。

(8) 滑石粉。

(9) 秒表。

(10) 电风扇。

(11) 其他：电炉或燃气炉。

3. 方法与步骤

(1) 选择适宜的浸水天平或电子天平，最大称量应满足试件质量的要求。

(2) 称取干燥试件的空中质量（m_a），根据选择的天平感量读数，准确至0.1g或0.5g。当为钻心法取得的非干燥试件时，应用电风扇吹干12h以上至恒重作为空中质量，但不得用烘干法。

(3) 将试件置于冰箱中，在4～5℃条件下冷却不少于30min。

(4) 将石蜡熔化至其熔点以上（5.5±0.5)℃。

(5) 从冰箱中取出试件立即浸入石蜡液中，至全部表面被石蜡封住后迅速取出试件，

在常温下放置 30min，称取蜡封试件的空中质量（m_p）。

（6）挂上网篮、浸入水箱中，调节水位，将天平调平或复零。调整水温并保持在（25±0.5）℃内。将蜡封试件放入网篮浸水约 1min，读取水中质量（m_c）。

（7）如果试件在测定密度后还需要做其他试验时，为便于除去石蜡，可事先在干燥试件表面涂一薄层滑石粉，称取涂滑石粉后的试件质量（m_s），然后再蜡封测定。

（8）用蜡封法测定时，石蜡对水的相对密度按下列步骤实测确定：

1）取一块铅或铁块之类的重物，称取空中质量（m_g）；

2）测定重物在水温（25±0.5）℃的水中质量（m_g'）；

3）待重物干燥后，按上述试件蜡封的步骤将重物蜡封后测定其空中质量（m_d）及水温在（25±0.5）℃时的水中质量 m_d'。

4）按式（6.40）计算石蜡对水的相对密度

$$\gamma_p=\frac{m_d-m_g}{(m_d-m_g)-(m_d'-m_g')} \tag{6.40}$$

式中 γ_p——在 25℃温度条件下石蜡对水的相对密度；

m_g——重物的空中质量，g；

m_g'——重物的水中质量，g；

m_d——蜡封后重物的空中质量，g；

m'_d——蜡封后重物的水中质量，g。

4. 计算

（1）计算试件的毛体积相对密度，取 3 位小数。

1）蜡封法测定的试件毛体积相对密度按下式计算

$$\gamma_f=\frac{m_a}{(m_p-m_c)-(m_p-m_a)/\gamma_p} \tag{6.41}$$

式中 γ_f——由蜡封法测定的试件毛体积相对密度；

m_a——试件的空中质量，g；

m_p——蜡封试件的空中质量，g；

m_c——蜡封试件的水中质量，g。

2）涂滑石粉后用蜡封法测定的试件毛体积相对密度按下式计算

$$\gamma_f=\frac{m_a}{(m_p-m_c)-[(m_p-m_s)/\gamma_p+(m_s-m_a)/\gamma_s]} \tag{6.42}$$

式中 m_s——试件涂滑石粉后的空中质量，g；

γ_s——滑石粉对水的相对密度。

3）试件的毛体积密度按下式计算

$$\rho_f=\lambda_f\rho_w \tag{6.43}$$

式中 ρ_f——蜡封法测定的试件毛体积密度，g/cm^3；

ρ_w——在 25℃温度条件下水的密度，取 0.9971g/cm^3。

（2）按试验规程规定的方法计算试件的理论最大相对密度及空隙率、沥青的体积百分率、矿料间隙率、粗集料骨架间隙率、沥青饱和度等各项体积指标。

5. 报告

应在试验报告中注明沥青混合料的类型及采用的测定密度的方法。

实训任务6.11 沥青混合料马歇尔稳定度试验

6.11.1 目的与适用范围

（1）本方法适用于马歇尔稳定度试验和浸水马歇尔稳定度试验，以进行沥青混合料的配合比设计或沥青路面施工质量检验。浸水马歇尔稳定度试验（根据需要，也可进行真空饱水马歇尔试验）供检验沥青混合料受水损害时抵抗剥落的能力时使用，通过测试其水稳定性检验配合比设计的可行性。

（2）本方法适用于按本规程制作成型的标准马歇尔试件圆柱体和大型马歇尔试件圆柱体。

6.11.2 仪具与材料技术要求

（1）沥青混合料马歇尔试验仪：分为自动式和手动式。自动马歇尔试验仪应具备控制装置、记录荷载一位移曲线、自动测定荷载与试件的垂直变形，能自动显示和存储或打印试验结果等功能。手动式由人工操作，试验数据通过操作者目测后读取数据。

对用于高速公路和一级公路的沥青混合料宜采用自动马歇尔试验仪。

1）当集料公称最大粒径小于或等于26.5mm时，宜采用ϕ101.6mm×63.5mm的标准马歇尔试件，试验仪最大荷载不得小于25kN，读数准确至0.1kN，加载速率应能保持（50±5）mm/min。钢球直径（16±0.05）mm，上下压头曲率半径为（50.8±0.08）mm。

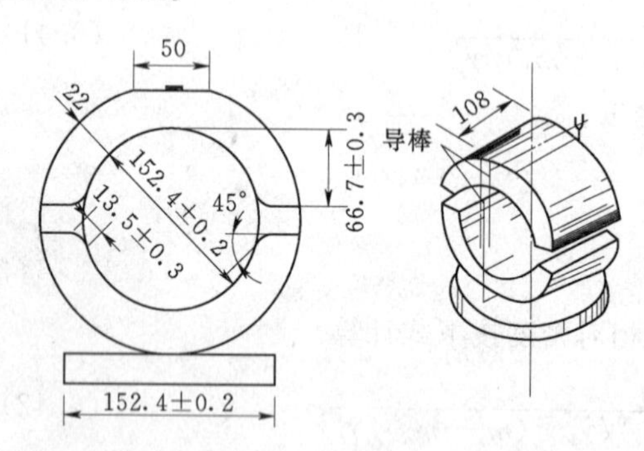

图6.22 大型马歇尔试验的压头（单位：mm）

2）当集料公称最大粒径大于26.5mm时，宜采用ϕ152.4mm×95.3mm大型马歇尔试件，试验仪最大荷载不得小于50kN，读数准确至0.1kN。上下压头的曲率内径为ϕ（152.4±0.2）mm，上下压头间距（19.05±0.1）mm。大型马歇尔试件的压头尺寸如图6.22所示。

（2）恒温水槽：控温准确度为1℃，深度不小于150mm。

（3）真空饱水容器：包括真空泵及真空干燥器。

（4）烘箱。

（5）天平：感量不大于0.1g。

（6）温度计：分度为1℃。

（7）卡尺。

（8）其他：棉纱，黄油。

6.11.3 标准马歇尔试验方法

1. 准备工作

(1) 按标准击实法成型马歇尔试件，标准马歇尔尺寸应符合直径 ϕ（101.6±0.2）mm、高（63.5±1.3）mm 的要求。对大型马歇尔试件，尺寸应符合直径（152.4±0.2）mm，高（95.3±2.5）mm 的要求。一组试件的数量最少不得少于 4 个，并符合规范的规定。

(2) 测量试件的直径及高度：用卡尺测量试件中部的直径，用马歇尔试件高度测定器或用卡尺在十字对称的 4 个方向量测离试件边缘 10mm 处的高度，准确至 0.1mm，并以其平均值作为试件的高度。如试件高度不符合（63.5±1.3）mm 或（95.3±2.5）mm 要求或两侧高度差大于 2mm 时，此试件应作废。

(3) 按本规程规定的方法测定试件的密度、空隙率、沥青体积百分率、沥青饱和度、矿料间隙率等物理指标。

(4) 将恒温水槽调节至要求的试验温度，对黏稠石油沥青或烘箱养生过的乳化沥青混合料为（60±1)℃，对煤沥青混合料为（33.3±1)℃，对空气养生的乳化沥青或液体沥青混合料为（25±1)℃。

2. 试验步骤

(1) 将试件置于已达规定温度的恒温水槽中保温，保温时间对标准马歇尔试件需 30～40min，对大型马歇尔试件需 45～60min。试件之间应有间隔，底下应垫起，离容器底部不小于 5cm。

(2) 将马歇尔试验仪的上下压头放入水槽或烘箱中达到同样温度。将上下压头从水槽或烘箱中取出擦拭干净内面。为使上下压头滑动自如，可在下压头的导棒上涂少量黄油。再将试件取出置于下压头上，盖上上压头，然后装在加载设备上。

(3) 在上压头的球座上放妥钢球，并对准荷载测定装置的压头。

(4) 当采用自动马歇尔试验仪时，将自动马歇尔试验仪的压力传感器、位移传感器与计算机或 X-Y 记录仪正确连接，调整好适宜的放大比例。调整好计算机程序或将 X-Y 记录仪的记录笔对准原点。

(5) 当采用压力环和流值计时，将流值计安装在导棒上使导向套管轻轻地压住上压头，同时将流值计读数调零。调整压力环中百分表，对零。

(6) 启动加载设备，使试件承受荷载，加载速度为（50±5）mm/min。计算机或 X-Y 记录仪自动记录传感器压力和试件变形曲线并将数据自动存入计算机。

(7) 当试验荷载达到最大值的瞬间，取下流值计，同时读取压力环中百分表读数及流值计的流值读数。

(8) 从恒温水槽中取出试件至测出最大荷载值的时间，不得超过 30s。

6.11.4 浸水马歇尔试验方法

浸水马歇尔试验方法与标准马歇尔试验方法的不同之处在于，试件在已达规定温度恒温水槽中的保温时间为 48h，其余均与标准马歇尔试验方法相同。

6.11.5 真空饱水马歇尔试验方法

试件先放入真空干燥器中，关闭进水胶管，开动真空泵，使干燥器的真空度达到

98.3kPa以上，维持15min，然后打开进水胶管，靠负压进入冷水流使试件全部浸入水中，浸水15min后恢复常压，取出试件再放入已达规定温度的恒温水槽中保温48h，其余均与标准马歇尔试验方法相同。

6.11.6 计算

1. 试件的稳定度及流值

(1) 当采用自动马歇尔试验仪时，将计算机采集的数据绘制成压力和试件变形曲线，或由X-Y记录仪自动记录的荷载-变形曲线。取相应于荷载最大值时的变形作为流值(*FL*)，以mm计，准确至0.1mm。最大荷载即为稳定度(*MS*)，以kN计，准确至0.01kN。

(2) 采用压力环和流值计测定时，根据压力环标定曲线，将压力环中百分表的读数换算为荷载值，或者由荷载测定装置读取的最大值即为试样的稳定度(*MS*)，以kN计，准确至0.01kN。由流值计及位移传感器测定装置读取的试件垂直变形，即为试件的流值(*FL*)，以mm计，准确至0.1mm。

2. 试件的马歇尔模数计算

$$T=MS/FL \tag{6.44}$$

式中 T——试件的马歇尔模数，kN/mm；

MS——试件的稳定度，kN；

FL——试件的流值，mm。

3. 试件的浸水残留稳定度计算

$$MS_0=MS_1/MS\times100\% \tag{6.45}$$

式中 MS_0——试件的浸水残留稳定度，%；

MS_1——试件浸水48h后的稳定度，kN。

4. 试件的真空饱水残留稳定度计算

$$MS_0'=MS_2/MS\times100\% \tag{6.46}$$

式中 MS_0'——试件的真空饱水残留稳定度，%；

MS_2——试件真空饱水后浸水48h后的稳定度，%。

6.11.7 报告

(1) 当一组测定值中某个测定值与平均值之差大于标准差的k倍时，该测定值应予舍弃，并以其余测定值的平均值作为试验结果。当试件数目n为3，4，5，6个时，k值分别为1.15，1.46，1.67，1.82。

(2) 采用自动马歇尔试验时，试验结果应附上荷载-变形曲线原件或自动打印结果，并报告马歇尔稳定度、流值、马歇尔模数，以及试件尺寸、试件的密度、空隙率、沥青用量、沥青体积百分率、沥青饱和度、矿料间隙率等各项物理指标。

本实训任务的试验记录表见表6.9。

表 6.9 **沥青混合料稳定度试验记录表**

沥青混合料用途	矿质集料品种		矿粉密度 $\rho_{t(F)}$ (g·cm^{-3})		拌和温度 (℃)	
沥青混合料类型	粗集料表观密度 $\rho'_{t(c)}$ (g·cm^{-3})		沥青品种		击实温度 (℃)	
沥青混合料配比	细集料表观密度 $\rho'_{t(a)}$ (g·cm^{-3})		沥青密度 $\rho_{t(a)}$ (g·cm^{-3})		击实次数	

试件编号	沥青用量 q_a (%)	试件高度			试件在空气中质量 m_0 (g)	试件在水中质量 m_1 (g)	试件表观密度 ρ_0 (g/cm^3)	试件理论真密度 ρ_t (g/cm^3)	试件中沥青体积百分率 V_A(%)	试件空隙率 V_V (%)	试件矿料空隙率 VMA (%)	沥青饱和度 VFA (%)	稳定度			流值 FL [(1/10)mm]	马歇尔模数 T (kN/mm)	浸水稳定度 MS_1 (kN)	残留稳定度 MS_0 (%)
		个别值		平均高度 h (cm)									测力环百分表读数 [(1/100)mm]	测力环百分表读数 [kN/(100mm)]	稳定度值 MS(kN)				
		h_1 (cm)	h_2 (cm)																
①	②	③	④	⑤＝(③＋④)/2	⑥	⑦	⑧＝⑥/(⑥－⑦)	⑨	⑩＝③×⑧/$\rho_{t(a)}$	⑪＝(1－⑧/⑨)×100	⑫＝⑩＋⑪	⑬＝⑩/⑫	⑭	⑮	⑯＝⑭×⑮	⑰	⑱＝⑯×10/⑰	⑲	⑳＝100×⑲/⑯
Ⅰ-1																			
Ⅰ-2																			
Ⅰ-3																			
平均																			
Ⅱ-1																			
Ⅱ-2																			
Ⅱ-3																			
平均																			
Ⅲ-1																			
Ⅲ-2																			
Ⅲ-3																			
平均																			

沥青混合料马歇尔稳定度试验报告

1. 试验目的

2. 试验方法

3. 试验记录

4. 试验日期

表 6.10　　　沥青混合料马歇尔稳定度试验记录

矿实名称												沥青密度 (g/cm^3)	沥青用量 (%)
矿料视密度 (g/cm^3)													
矿料比例 (%)													
编号	试件高度		试件空气中质量 (g)	试件水中质量 (g)	理论密度 (g/cm^3)	实测密度 (g/cm^3)	沥青体积百分率 (%)	空隙率 (%)	矿料间隙率 (%)	沥青饱和度 (%)	稳定度 (kN)	流值 0.1mm	马氏模数
	单值	平均											
平均值													
备注													

5. 计算过程及结果

6. 分析与说明

实训任务 6.12　沥青混合料车辙试验

6.12.1　目的与适用范围

（1）本方法适用于测定沥青混合料的高温抗车辙能力，供沥青混合料配合比设计的高温稳定性检验使用，也可用于现场沥青混合料的高温稳定性检验。

（2）车辙试验的试验温度与轮压可根据有关规定和需要选用，非经注明，试验温度为60℃，轮压为 0.7MPa。根据需要，如在寒冷地区也可采用 45℃，在高温条件下采用 70℃等，对重载交通的轮压可增加至 1.4MPa，但应在报告中注明。计算动稳定度的时间原则上为试验开始后 45～60min 之间。

（3）车辙试验用的试件是采用轮碾法制成，尺寸为 300mm×300mm×(50～100)mm 的板块状试件。

6.12.2　试验仪具

（1）车辙试验机：如图 6.23 所示，它主要由以下部分组成：

1）试件台：可牢固地安装两种宽度（300mm 和 150mm）的规定尺寸试件的试模。

2）试验轮：橡胶制的实心轮胎，外径 200mm，轮宽 50mm，橡胶层厚 115mm，橡胶硬度（国际标准硬度）20℃时为 84±4；60℃时为 78±2。试验轮行走距离为（230±10）mm，往返碾压速度为（42±1）次/min（21 次往返/min）。采用曲柄连杆驱动加载轮往返运行方式。

图 6.23　车辙试验机

3）加载装置：使试验轮与试件的接触压强在 60℃时为（0.7±0.05）MPa，施加的总荷载为 780N 左右，根据需要可以调整接触压强大小。

4）试模：钢板制成，由底板及侧板组成，试模内侧尺寸长为 300mm，宽为 300mm，厚为 50～100mm，也可根据需要对厚度进行调整。

5）变形测量装置：自动检测车辙变形并记录曲线的装置，通常用 LVDT，电测百分表或非接触位移计。位移测量范围 0～130mm，精度±0.01mm。

6）温度检测装置：自动检测并记录试件表面及恒温室内温度的温度传感器、温度计（精度 0.5℃）。温度应能自动连续记录。

（2）恒温室：车辙试验机安放在恒温室内，装有加热器、气流循环装置及装有自动温度控制设备，能保持恒温室温度（60±1)℃［试件内部温度（60±0.5)℃］，根据需要也可采用其他试验温度。

(3) 台秤：称量15kg，分度值不大于5g。

6.12.3 方法与步骤

1. 准备工作

(1) 试验轮接地压强测定。测定在60℃时进行，在试验台上放置一块50mm厚的钢板，其上铺一张毫米方格纸，上铺一张新的复写纸，以规定的700N荷载后试验轮静压复写纸，即可在方格纸上得出轮压面积，并由此求得接地压强。当压强不符合(0.7±0.05)MPa，荷载应予适当调整。

(2) 在试验室或工地制备成型的车辙试件，其标准尺寸为300mm×300mm×(50～100)mm。(厚度根据需要确定)。也可从路面切割得到需要尺寸的试件。

(3) 当直接在拌和厂取拌和好的沥青混合料样品制作车辙试验试件检验生产配合比设计或混合料生产质量时，必须将混合料装入保温桶中，在温度下降至成型温度之前迅速送达试验室制作试件。如果温度稍有不足，可放在烘箱中稍事加热(时间不超过30min)后成型，但不得将混合料放冷却后二次加热重塑制作试件。重塑制件的试验结果仅供参考，不得用于评定配合比设计检验是否合格的标准。

(4) 如需要，将试件脱模按本规程规定的方法测定密度及空隙率等各项物理指标。

(5) 试件成型后，连同试模一起在常温条件下放置的时间不得少于12h。对聚合物改性沥青混合料，放置的时间以48h为宜，使聚合物改性沥青充分固化后方可进行车辙试验，室温放置时间不得长于一周。

2. 试验步骤

(1) 将试件连同试模一起，置于已达到试验温度(60±1)℃的恒温室中，保温不少于5h，也不得超过12h。在试件的试验轮不行走的部位上，粘贴一个热电偶温度计(也可在试件制作时预先将热电偶导线埋入试件一角)，控制试件温度稳定在(60±0.5)℃。

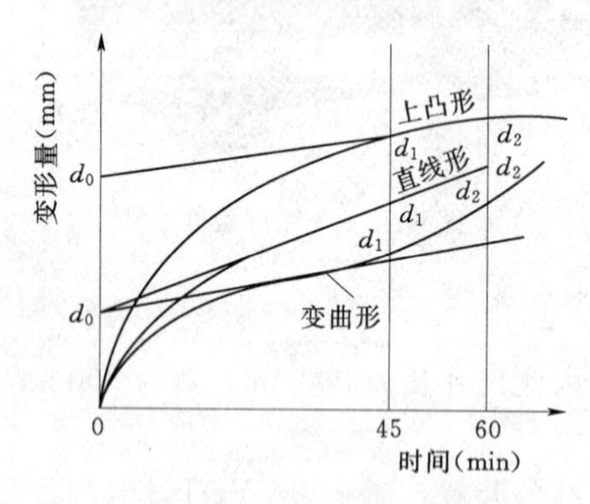

图6.24　车辙试验自动记录的变形曲线

(2) 将试件连同试模移置于轮辙试验机的试验台上，试验轮在试件的中央部位，其行走方向须与试件碾压或行车方向一致。开动车辙变形自动记录仪，然后启动试验机，使试验轮往返行走，时间约1h，或最大变形达到25mm时为止。试验时，记录仪自动记录变形曲线(图6.24)及试件温度。

6.12.4 计算

(1) 从图7.24上读取45min(t_1)及60min(t_2)时的车辙变形d_1及d_2，准确至0.01mm。

当变形过大，在未到Q_{min}变形已达25mm时，则以达到25mm(d_2)的时间为t_2，将其前15min为t_1，此时的变形量为d_1。

(2) 沥青混合料试件的动稳定度按下式计算

$$DS=\frac{(t_2-t_1)N}{d_2-d_1}C_1C_2 \qquad (6.47)$$

式中　DS——沥青混合料的动稳定度，次/mm；

d_1——时间 t_1（一般为 45min）的变形量，mm；

d_2——时间 t_2（一般为 60min）的变形量，mm；

N——试验轮每分钟行走次数，次/min；

C_1——试验机类型修正系数，曲柄连杆驱动试件的变速行走方式为 1.0，链驱动试验轮的等速方式为 1.5；

C_2——试件系数，试验室制备的宽 300mm 的试件为 1.0，从路面切割的宽 150mm 的试件为 0.8。

6.12.5　报告

（1）同一沥青混合料或同一路段路面，至少平行试验 3 个试件。当 3 个试件动稳定度变异系数不大于 20%时，取其平均值作为试验结果；变异系数大于 20%时应分析原因，并追加试验。如计算动稳定度值大于 6000 次/mm，记作大于 6000 次/mm。

（2）试验报告应注明试验温度、试验轮接地压强、试件密度、空隙率及试件制作方法等。

6.12.6　允许误差

重复性试验动稳定度变异系数不大于 20%。

本实训任务试验记录表见表 6.11。

表 6.11　沥青混合料车辙试验记录表

试验温度：　　试验轮接地压强：

试件密度：　　空隙率：　　试件制作方法：

沥青用量：　　混合料类型：

试验次数	试验时刻 t_1（min）	实验时刻 t_2（min）	对应于时刻 t_1 的变形量 d_1（mm）	对应于时刻 t_2 的变形量 d_2（mm）	试验机类型修正系数 C_1	试件系数 C_2	试验轮往返碾压速度 N（次/min）	沥青混合料的动稳定度 $DS=\frac{(t_2-t_1)N}{d_2-d_1}C_1C_2$（次/mm）	
								单个值	平均值
1									
2									
3									
4									
5									
6									

试验者______　记录者______　计算者______　测试日期______

实训项目7 工程施工技术实训

实训任务7.1 工程施工图的识读实训

7.1.1 房屋建筑施工图

房屋建筑是供人们生产、生活、学习及娱乐的场所。按其使用功能和使用对象的不同通常可分为厂房、库房等生产性建筑与商场、住宅和体育场馆等民用建筑。各种不同的房屋尽管它们在使用要求、空间组合、外部形状、结构形式等方面各自不同，但是它们的基本构造是类似的。一般是由基础、墙或柱、楼面及地面、屋顶、楼梯和门窗等部分组成。它们各处在不同的部位，发挥着各自的作用。

一幢完整的房屋施工图按其内容与作用的不同可分为以下三大类。

(1) 建筑施工图（简称建施图）。主要用来表示建筑物的规划位置、外部造型、内部各房间的布置、内外装修、构造及施工要求等。它的主要内容包括施工图首页、总平面图、各层平面图、立面图、剖面图及详图。

(2) 结构施工图（简称结施图）。主要表示建筑物承重结构的结构类型、结构布置、构件种类、数量、大小及做法。它的内容包括结构设计说明、结构平面布置图及构件详图。

(3) 设备施工图（简称设施图）。主要表达建筑物的给水排水、暖气通风、供电照明、燃气等设备的布置和施工要求等。它主要包括各种设备的布置图、系统图和详图等内容。

7.1.1.1 施工图首页

施工图中除各种图样外，还包括图纸目录、设计说明、工程做法表、门窗统计表等文字性说明。这部分内容通常集中编写，放置于施工图的前部，一些中小工程内容较少时，可以全部绘制于施工图的第一张图纸上，成为施工图首页。

施工图首页服务于全套图纸，但习惯上由建筑设计人员编写，可认为是建筑施工图的一部分。

1. 图纸目录

图纸目录的主要作用是便于查找图纸，常置于全套图的首页，一般以表格形式编写，说明该套施工图有几类，各类图纸分别有几张，每张图纸的图名、图号、图幅大小等。

2. 设计说明

建筑设计说明主要用于说明建筑概况、设计依据、施工要求及需要特别注意的事项等。有时，其他专业的设计说明可以和建筑设计说明合并为整套图纸的总说明，放置于所有施工图的最前面。

3. 门窗表

为了方便门窗的下料、制作和安装，需将建筑的门窗进行编号，统计汇总后列成表格。门窗统计表用于说明门窗类型，每种类型的名称、洞口尺寸、每层数量和总数量以及可选用的标准图集、其他备注等。

4. 工程做法表

对房屋的屋面、楼地面、顶棚、内外墙面、踢脚、墙裙、散水、台阶等建筑细部，根据其构造做法可以绘出详图进行局部图示，也可以用列成表格的方法集中加以说明，这种表格称为工程做法。

当大量引用通用图集中的标准做法时，使用工程做法表十分方便高效。工程做法表的内容一般包括：工程构造的部位、名称、做法及备注说明等，因为多数工程做法属于房屋的基本土建装修，所以又称为建筑装修表。

7.1.1.2　总平面图

1. 总平面图的形成和用途

建筑总平面图是表明一项建设工程总体布置情况的图纸。它是在建设基地的地形图上，把已有的、新建的和拟建的建筑物、构筑物以及道路、绿化等按与地形图同样比例绘制出来的平面图。

建筑总平面图主要表明新建平面形状、层数、室内外地面标高，新建道路、绿化、场地排水和管线的布置情况，并表明原有建筑、道路、绿化等和新建筑的相互关系以及环境保护方面的要求等。由于建设工程的性质、规模及所在基地的地形、地貌的不同，建筑总平面图所包括的内容有的较为简单，有的则比较复杂，必要时还可分项绘出竖向布置图、管线综合布置图及绿化布置图等。

总平面图是新建房屋定位、放线以及布置施工现场的依据。

2. 总平面图的图示方法

由于总平面图包括地区较大，国家制图标准（以下简称“图标”）规定：总平面图的比例应用 1∶500、1∶1000、1∶2000 来绘制。实际工程中，总平面图常用 1∶500 的比例绘制。由于比例较小，总平面图上的房屋、道路、桥梁、绿化等都用图例表示。

3. 总平面图的内容

（1）总平面施工图的内容主要有以下两方面。

1）为建设用地及相邻地带的现状（地形与地物）。

2）为新建建筑及设施的平面与竖向定位，以及道路、绿化设计。

前者多由城建规划部门提供并附有建设要求，构成设计前提条件。后者则是建筑师运作的设计内容。两者在图纸内均应充分、正确的表达，才能便于施工。此点与单体建筑施工图有所不同。

（2）总平面图应表达有以下几方面内容。

1）保留的地形和地物。

2）测量坐标网、坐标值。

3）场地四界的测量坐标（或定位尺寸），道路红线和建筑红线或用地界线的位置。

4）场地四邻原有及规划道路的位置（主要坐标值或定位尺寸），以及主要建筑物和构筑物的位置、名称、层数。

5）建筑物、构筑物的名称或编号、层数、定位坐标或相互关系尺寸。

6）广场、停车场、运动场地、道路、无障碍设施、排水沟、挡土墙、护坡的定位（坐标或相互关系）尺寸。

7）指北针或风玫瑰图。

8）建筑物、构筑物使用编号时，应列出“建筑物和构筑物名称编号表”。

9）注明施工图设计的依据、尺寸单位、比例、坐标及高程系统补充图例等。

4. 识读建筑总平面图的一般方法和步骤

（1）看图名、比例及相关的文字说明。对图纸作概括了解。

（2）看新建建筑物在规划用地范围内的平面布置情况，了解新建建筑物的位置及平面轮廓形状与层数、道路、绿化、地形等情况。

（3）看指北针及风向频率玫瑰图，明确新建建筑物的朝向和该地区的全年风向。

7.1.1.3 建筑平面图的识读

在建筑施工图中，平面图是最基本、最重要的图样，尤其是首层平面图，含有大量的工程信息，是需要重点识读的对象。

1. 平面图的识读

（1）先看图名，为首层平面还是楼层平面图，比例是多少。

（2）根据右上角绘有指北针，可知房屋朝向。

（3）根据图纸判断本建筑为工业建筑还是民用住宅，共多少个单元，一梯几户。从平面图的形状和总长总宽尺寸，可计算出房屋的占地面积。

（4）从墙体的分隔情况和房间的名称，了解房屋内部各房间的配置、用途、数量及其相互间的联系情况。

（5）从图中定位轴线的编号及其间距，可了解到各承重构件的位置及房间的大小。根据图中标注的尺寸，从各道尺寸的标注，可了解各房间的开间、进深、外墙与门窗及室内设备的大小和位置。

2. 局部平面图的识读

对于各层平面图中，图形、设施太小，无法清晰表达，需要放大绘出的，应根据图示的定位轴线和编号，可以在各层平面图中确定此图样的位置。

7.1.1.4 建筑立面图的识读

建筑立面图主要用来表明房屋的外形外貌，反映房屋的高度、层数，屋顶的形式，墙面的做法，门窗的形式、大小和位置，以及窗台、阳台、雨篷、檐日、勒脚、台阶等构造和配件各部位的标高。

识读建筑立面图的一般方法及步骤如下：

先根据图名，确定立面名称，比例是多少，与平面图对照阅读。

从图中可看到房屋的立面外貌形状，了解屋顶、门窗、阳台、雨篷等细部的形式和位置。

看尺寸标注。了解主要部位，如室外地坪、台阶、窗台、门窗洞口、阳台、雨篷等的尺寸及标高。

看其他。如索引符号及文字说明等，了解建筑物的外装修材料及做法等。

综合分析各立面图，明确建筑物各立面的造型和施工要求。

7.1.1.5　建筑剖面图的识读

剖面图主要用来表示房屋内部的竖向分层、结构形式、构造方式、材料、做法、各部位间的联系及高度等情况。如楼板的竖向位置、梁板的相互关系、屋面的构造层次等。它与建筑平面图、立面图相配合，是建筑施工图中不可缺少的基本图样之一。

识读建筑剖面图的一般方法和步骤如下：

（1）看图名、比例。根据图名在底层平面图中找到对应的剖切符号，明确剖切位置和投射方向。

（2）看建筑物内部的空间布置。了解建筑物的分层、各层间的交通联系楼梯位置及形式等。

（3）看墙、柱等构配件的关系及材料做法等。

（4）看尺寸标注和标高。了解建筑物的各层高度、楼地面等部位的标高及其他相关尺寸。

（5）综合分析，明确剖面情况。

7.1.2　结构施工图

建筑结构由上部结构和下部结构组成。上部结构有墙体、柱、梁、板及屋架等构件，下部结构有基础和地下室。

结构施工图阅读主要包括下列内容。

（1）阅读结构设计说明，包括抗震设计与防火要求，地基与基础，地下室，钢筋混凝土各结构构件，砖砌体，后浇带与施工缝等部分选用的材料类型、规格、强度等级，施工注意事项等。很多设计单位已把上述内容逐一详列在一张“结构说明”图纸上，供设计者选用。

（2）阅读结构平面图，包括以下几类。

1）基础平面图，工业建筑还有设备基础布置图。

2）楼层结构平面布置图，工业建筑还包括柱网、吊车梁、柱间支撑、联系梁布置等。

3）屋面结构平面图，包括屋面板、天沟板、屋架、天窗架及支撑系统布置等。

（3）阅读构件详图，包括以下几类。

1）梁、板、柱及基础构件详图。

2）楼梯结构详图。

3）屋架结构详图。

4）其他结构详图。

7.1.3　给排水施工图的识读

给水排水工程是由各种管道及配件、水的处理、储存设备等组成的。整个工程可分为给水工程、排水工程、室内给排水工程等。给水工程是指水源取水、水质净化、净水输送、配水使用等工程，排水工程是指污水（生活、生产污水及雨水）排除、污水处理、处理后的污水排入江河湖泊等工程。

给水排水平面图是建筑给水排水工程图中的最基本的图样。底层给水排水平面图应单独绘制。给水管画粗线并注出管道类别“J”，废水管画粗线并注出管道类别“F”，污水管画粗线并注出管道类别“W”。

室内给水系统一般为：进户管（引入管）→水表→干管→支管→用水设备；室内排水系统的一般流程为：排水设备→横管→立管→用户排出管。

在给水与排水工程图中，为准确表明它们的空间走向，一般都用轴测图直观地表达。轴测图一般按以下方法识读：

（1）识读给水排水系统轴测图必须与给水排水平面图配合。在底层给水排水平面图中，可按系统编号找出相应的管道系统；在各楼层的给水排水平面图中，可根据该系统的立管代号及相应的位置找出相应的管道系统。

（2）给水系统轴测图根据水流流程方向，依次循序渐进。一般可按引入管、干管、立管、横管、支管、配水器具等顺序进行。如设有屋顶水箱分层供水时，则立管穿过各楼层后进入水箱。再从水箱出水管、干管、立管、横管、支管、配水器具等顺序进行。

（3）排水系统轴测图。一般可按卫生器具或排水设备的存水弯、器具排水支管、排水横管、立管、排出管、检查井（窨井）等的顺序进行。

7.1.4 道路工程图的识读

1. 路线和地物

道路是供车辆行驶和行人步行的带状结构物，其受地形、地物和地质条件的限制，在平面上有直线或弯曲的变化、在纵向上有平坡和上下坡的变化。道路工程图主要由道路路线平面图、纵断面图和横断面图等组成。

道路路线平面图表示路线的方向、线形（直线或曲线）状况和沿线一定范围内的地形、地物（河流、房屋、桥涵和挡土墙）等的水平投影图。平面图中的地形由等高线或标高表示，地物由符号表示。

（1）路线。一般在公路路线平面图中，只能在地形图中依路线中心线画一条粗实线来表示路线；也可以按比例画出道路的宽度和车、人行道的分布。图 7.1 表示，当线路较长，需要把路线分段画在各张图纸上，使用时再将图纸拼接起来。通常情况下，道路工程由于长度方向的尺寸远大于宽度方向的尺寸，故在绘制道路平面图时，往往纵横方向选用不同的比例尺绘制，如图 7.2 所示。

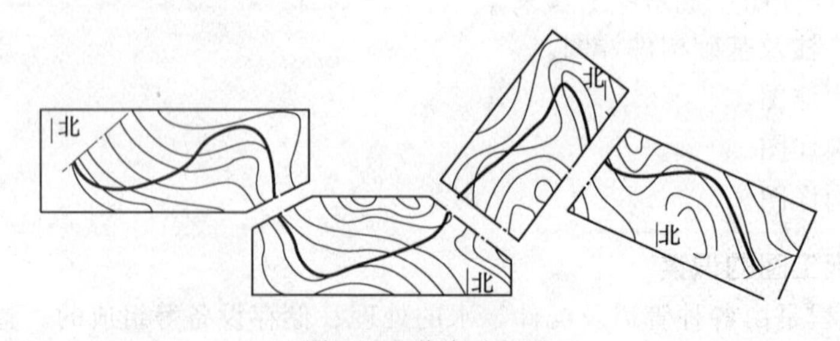

图 7.1 道路平面图

（2）地物。在路线平面图中常采用国标规定的图例（表 7.1），其中稻田和经济作物等图例的画注位置均应朝向正北方向。

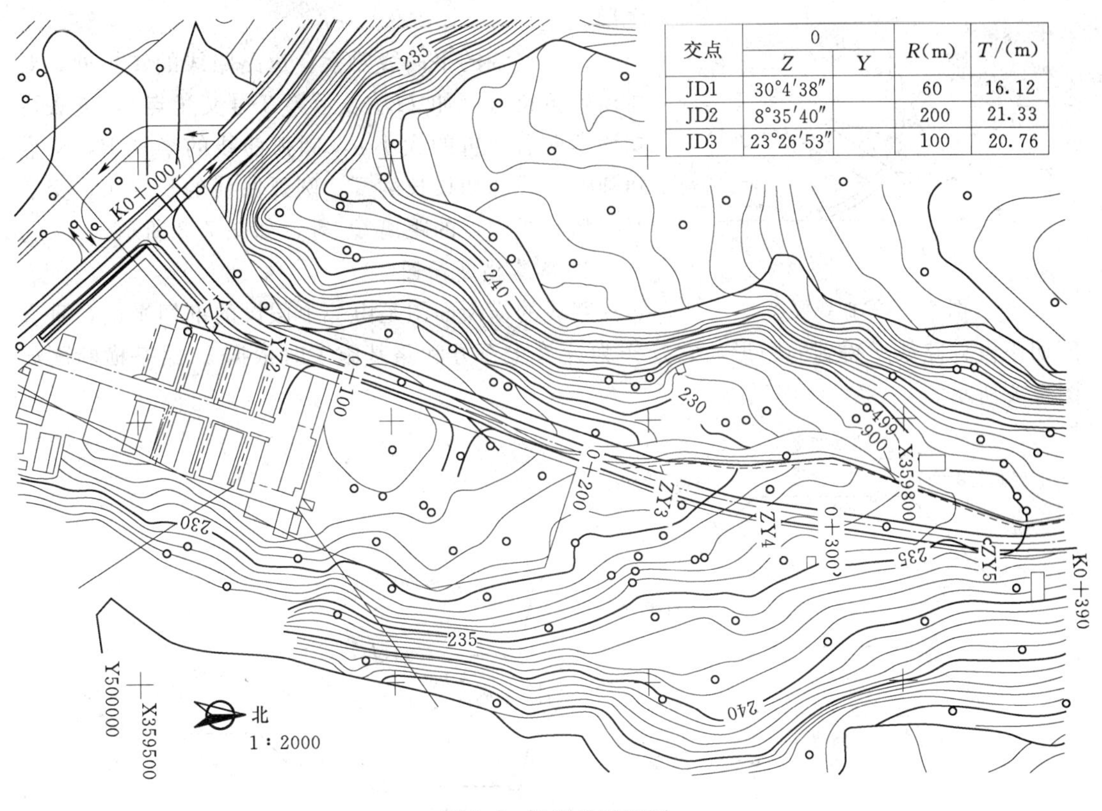

交点	0		R(m)	T/(m)
	Z	Y		
JD1	30°4′38″		60	16.12
JD2	8°35′40″		200	21.33
JD3	23°26′53″		100	20.76

图 7.2　地形及平面图

表 7.1　　道路平面图常用图例

名　称	图　例	名　称	图　例	名　称	图　例
水渠（有堤岸）		公路		房屋	#2
水渠（有沟堑）		原有道路行道树		水稻田	
河流		变电所（室）		旱田	
冲沟		电线塔		果园	
主要土堤		配电线		树林	

（3）里程桩号。为了清楚地看出路线的总长和各段之间的长度，一般在路线上从起点到终点，沿前进方向的左侧注写里程桩（km）。

（4）水准点。沿路线每隔一定的距离设有水准点，作为附近路线上测定线路桩的高差

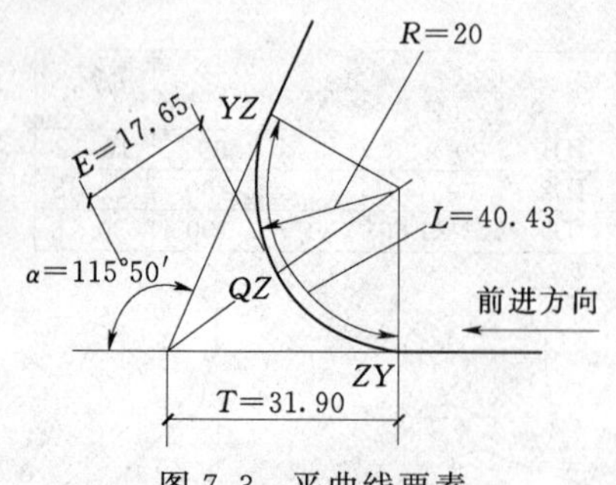

图 7.3 平曲线要素

之用。

(5) 路线的平曲线要素。道路路线的转折处，要注出转折符号（如 JD_3 表示第 3 号交角点），查表可知该角向右转折的大小 α，圆弧曲线的半径 R，交点到圆弧曲线的切线长度 T，圆弧曲线的长度 L，交点到圆弧曲线中点的距离 Q_z 等，如图 7.3 所示。

2. 路基横断面图

路线的横断面图是由一个假设的剖切平面，垂直剖切于设计路线所得到的图形，它是作为计算土石方和路基施工时依据 。路基横断面如图 7.4 所示。

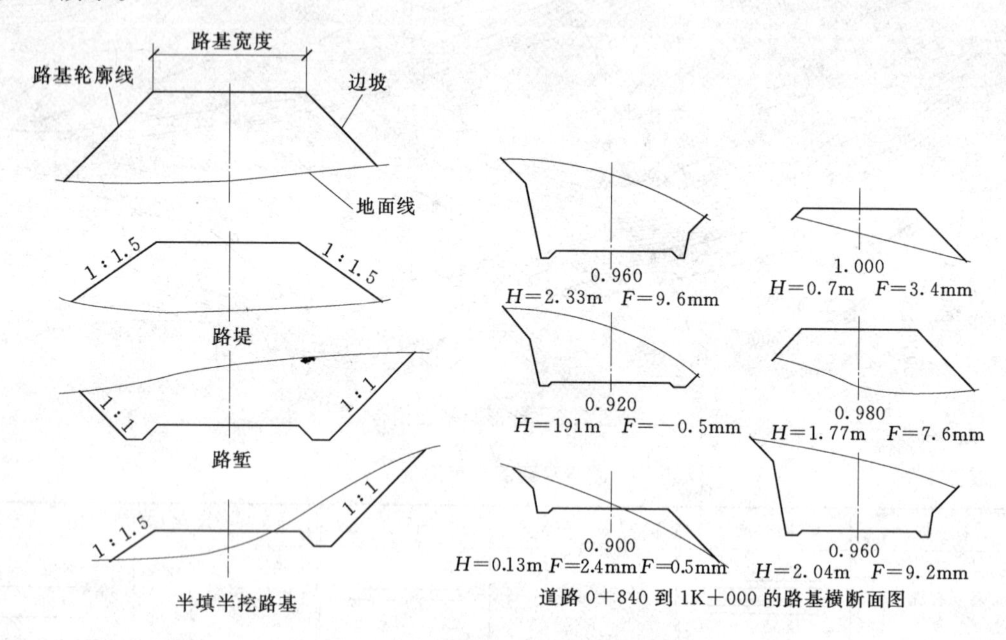

图 7.4 路基横断面图

路基横断面图包括以下主要内容：

(1) 图名、比例。

(2) 路基横断面图画在透明方格纸上，便于计算断面的填挖面积。

(3) 沿道路路线一般每隔 20m 画一路基横断面图。

(4) 每个图形下面注有桩号，断面面积 F，地面中心到路基中心的高差 H。

(5) 断面的地面线一律画细实线，设计线一律画粗实线。

(6) 每张路基横断面右上角应画角标，填写图纸序号及总张数，在最后一张图的右下角绘制图标。

3. 路线纵断面图的形成

路线纵断面图是以假想的铅垂剖切面沿道路的中心线进行剖切展平后获得的。其作用是表示路线中心的纵向线型以及地面起伏、地质和沿线设置构筑物的状况。路线纵断面图包括图样和资料表两部分，图样画在图纸的上方，资料表放在图纸的下方。如图 7.5

所示。

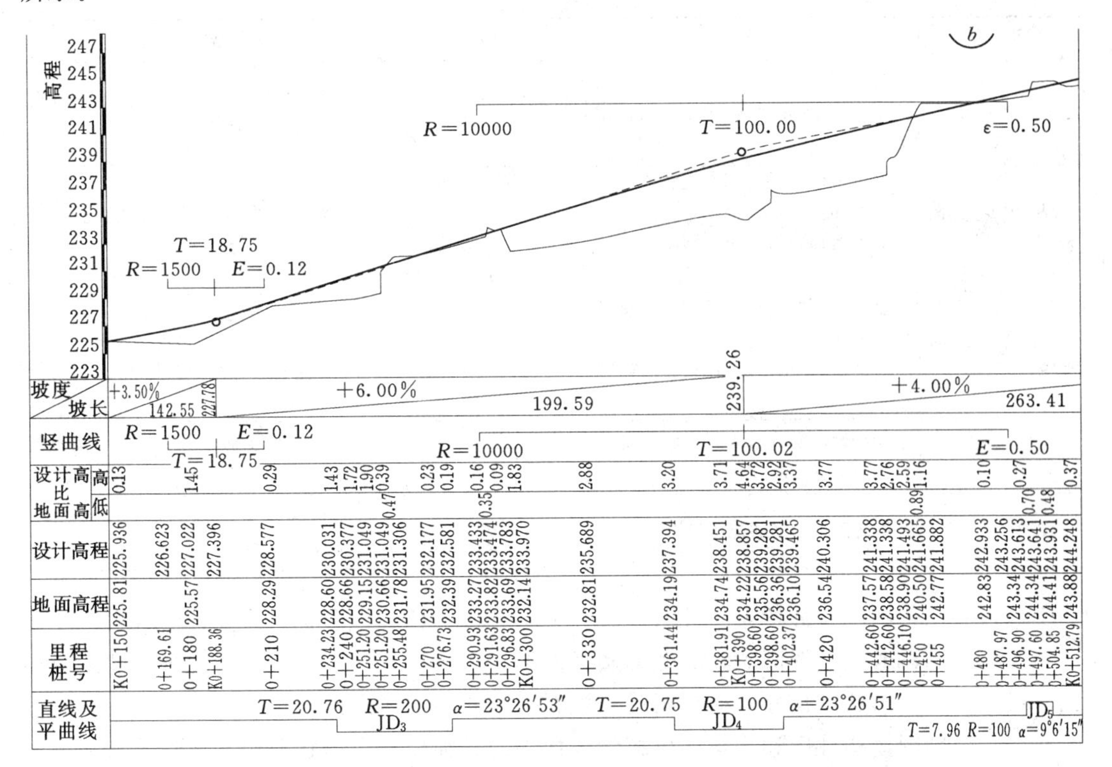

图 7.5　路线纵断面图

画路线纵断面应注意以下几点：

(1) 将路线纵断面图画在方格纸上。

(2) 从左至右按里程顺序画出。先画资料表及左侧竖标尺，按比例确定纵横高程、里程位置。

(3) 在资料表中填入地质说明栏、桩号及地面标高、平曲线的内容。

(4) 根据各桩号地面标高画出地面线。

(5) 根据地面线定纵坡和坡长，并据此定各桩号的设计标高，画出设计线。

(6) 根据设计标高和地面标高计算各桩号填、挖数据。

(7) 标出水准点、竖曲线、桥涵构筑物等。

7.1.5　桥梁工程图的识读

桥梁是公路工程中常见的工程构筑物。道路跨越河流、峡谷或道路需立体交叉时要修建桥梁。建造一座桥梁，从设计到施工要绘制很多图样，这些图样大致可分为：①桥位平面图；②桥位地质断面图；③桥梁总体布置图；④构件结构图；⑤构件详图。

桥梁图读图步骤如下：

(1) 先看图纸的标题栏和附注，了解桥梁名称、种类、下梁技术指标、施工措施、比例、尺寸单位等。读桥位平面图、桥位地质断面图，了解桥的位置、水文、地质状况，以及与河道或道路的相交情况。桥梁比例线型可以参考表 7.2。

表7.2　　桥梁比例线型参考表

图名	说明	常用比例	线型
桥位平面图	表示桥梁在线路上的位置以及周围地质、地貌、地形、农田、房屋等	1∶500 1∶2000	桥道路用粗实线，等高线的计曲线用中线，其余用细实线
桥位地质断面图	表示桥位处的河床、地质断面及水文等。 高度方向比例比水平方向比例大数倍	高度方向 1∶500～1∶100 水平方向： 1∶2000～1∶500	河床底用粗实线，其他如土质及材料代号均为细实线
桥梁总体布置图	表示桥梁的全貌、长度、高度及桥梁各构件的相互联系。 横断面图可以跟立面图比例不统一	1∶500～1∶50	立面图、平面图用中实线，纵、横剖面图用粗实线，其余用细实线
结构图	表示梁、桥台、人行道和栏杆等构件的构造	1∶50～1∶10	构件外形投影用中实线，剖、断图外轮廓用细实线，钢筋用粗实线
详图	钢筋图、钢筋的焊接等	1∶10～1∶3	钢筋用粗实线，其余一般用细实线

(2) 看总体图：掌握桥型、孔数、跨径大小、墩台数日、总长、总高，了解河床断面及地质情况。再看立面图同时对照侧面和平面图，了解桥宽、人行道尺寸和下梁的断面形式、尺寸，墩台形状和尺寸，对桥梁的全貌有一个初步的概念。

(3) 分别阅读构件图和大样图。搞清各构件的详细尺寸、形状及相互之间的联系。

(4) 阅读工程数量表、钢筋明细表和图中文字说明、材料断面符号等，了解桥梁各部分使用的建筑材料及数量。

7.1.6 水利工程图的识读

1. 读图要求

作为初次接触水工图，读图时不要求完全了解图中有关水利水电工程的专业知识和专业名称。应将重点放在读懂水工建筑物形体及其组成部分，每个组成部分的形状、大小和构造；了解水工图的图示特点和表达方法。

2. 读图步骤

读水工图的步骤一般由枢纽布置图到建筑物结构图，由主要结构到其他结构，由大轮廓到小的构件。在读懂各部分的结构形状之后，综合起来想出整体形状。

读枢纽布置图时，一般以总平面图为主，并和有关的视图（如上、下游立面图，纵剖视图等）相互配合，了解枢纽所在地的地形、地理方位、河流情况以及各建筑物的位置和相互关系。对图中采用的简化画法和示意图，先了解它们的意义和位置，待阅读这部分结构图时，再作深入了解。

读建筑物结构图时，如果枢纽有几个建筑物，可先读主要建筑物的结构图，然后再读其他建筑物的结构图。根据结构图可以详细了解各建筑物的构造、形状、大小、材料及各部分的相互关系。对于附属设备，一般先了解其位置和作用，然后通过有关的图纸作进一步了解。

3. 读图方法

首先，了解建筑物的名称和作用。从图纸上的“说明”和标题栏可以了解建筑物的名称、作用、比例等。

其次，弄清各图形的由来并根据视图对建筑物进行形体分析。了解该建筑物采用了哪些视图、剖视图、断面图、详图，有哪些特殊表达方法；了解各剖视图、断面图的剖切位置和投射方向，各视图的主要作用等。然后以一个特征明显的视图或结构关系较清楚的剖视图为主，结合其他视图概略了解建筑物的组成部分及其作用，以及各组成部分的建筑材料等。

根据建筑物各组成部分的构造特点，可分别沿建筑物的长度、宽度或高度方向把它分成几个主要组成部分。必要时还可进行线面分析，弄清各组成部分的形状。

然后，了解和分析各视图中各部分结构的尺寸，以便了解建筑物整体大小及各部分结构的大小。

最后，根据各部分的相互位置想象出建筑物的整体形状，并明确各组成部分的建筑材料。

实训任务 7.2 基础工程施工实训

7.2.1 天然地基上的浅基础施工实训

7.2.1.1 龙门板测设

1. 实训任务

学院模拟实训场厂房轴线测设，轴线如图 7.6 所示。

2. 目的

按设计意图以一定精度在地面上把建筑物平面位置及高程位置在地面上测设出来，以方便后续工作的施工。

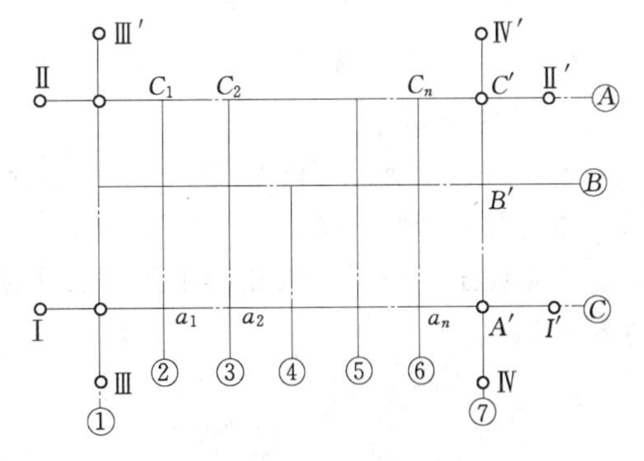

图 7.6 放线定轴线图

3. 准备工作

（1）了解设计意图、参加图纸会审；检校仪器，研究放线顺序，做好放线准备。

（2）接受建筑红线及坐标桩位。

（3）引水准基点。各地的水准基点都是由国家测绘部门测定的。新建筑的±0.000 标高所用的相对标高值，就根据该水准点加以确定。

（4）工具及仪器设备的准备。木桩、水准仪、经纬仪、钢卷尺、木板、铁钉、白灰、灰铲等。

4. 龙门板的测设

钉设龙门板的步骤如下：

（1）钉龙门桩。在基槽开挖线外 1.0～1.5m 处（应根据土质情况和挖槽深度等确定）钉设龙门桩，龙门桩要钉得竖直、牢固，木桩外侧面与基槽平行。

（2）测设±0.000标高线。根据建筑场地水准点，用水准仪在龙门桩上测设出建筑物±0标高线，其若现场条件不允许，也可测设比±0.000稍高或稍低的某一整分米数的标高线，并标明之。龙门桩标高测设的误差一般应不超过±5mm。

（3）钉龙门板。沿龙门桩上±0.000标高线钉龙门板，使龙门板上沿与龙门桩上的±0.00标高对齐如图7.7所示。钉完后应对龙门板上沿的标高进行检查，常用的检核方法有仪高法、测设已知高程法等。

（4）设置轴线钉。采用经纬仪定线法或顺小线法，将轴线投测到龙门板上沿，并用小钉标定，该小钉称为轴线钉。投测点的容许误差为±5mm。

（5）检测。用钢尺沿龙门板上沿检查轴线钉间的间距，是否符合要求。一般要求轴线间距检测值与设计值的相对精度为1/2000～1/5000。

（6）设置施工标志。以轴线钉为准，将墙边线、基础边线与基槽开挖边线等标定于龙门板上沿。然后根据基槽开挖边线拉线，用石灰在地面上撒出开挖边线。

5. 测设成果

要求通过测设，放出条形基础的边线，如图7.8所示。

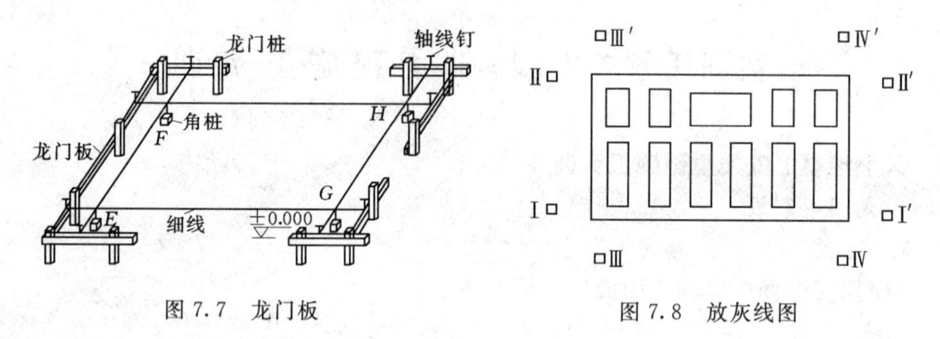

图7.7 龙门板　　图7.8 放灰线图

7.2.1.2 轻型井点降水施工

1. 实训任务

某建筑物基坑井点降水施工——井点管的制作、安装。

轻型井点降水（图7.9）施工适用于基坑、沟槽等的降水施工，适用的含水层为人工填土、黏性土、粉质黏土和砂土等。含水层的渗透系数$K=0.1\sim20.0$m/d，降水深度可达6～12m。

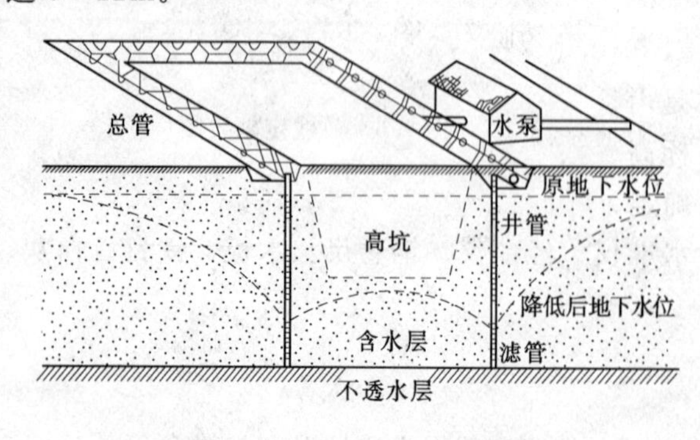

图7.9 轻型井点降水全貌图

2. 材料要求

（1）井点管：直径38mm或51mm、长5～7m的钢管。

（2）弯联管：连接井点管和集水总管。

（3）集水总管：直径100～127mm的无缝钢管，每段长4m，其上装有与井点管连接的短接头，间距0.8m或1.2m。

(4) 滤管：如图 7.10 所示，为进水设备，通常采用长 1.0～1.5m、直径 38mm 或 51mm 的无缝钢管，管壁钻有直径为 12～19mm 的滤孔。骨架管外面包以两层孔径不同的生丝布或塑料布滤网。为使流水畅通，在骨架管与滤网之间用塑料管或梯形钢丝隔开，塑料管沿骨架管绕成螺旋形。滤网外面再绕一层粗钢丝保护网、滤管下端为一铸铁塞头。滤管上端与井点管连接。

(5) 抽水设备：这是由真空泵、离心泵和水气分离器（又称为集水箱）等组成。

(6) 滤料：一般为粗砂，宜选用磨圆度较好的圆形、亚圆形硬质砂。滤料应洁净无杂质，无风化，颗粒均匀。

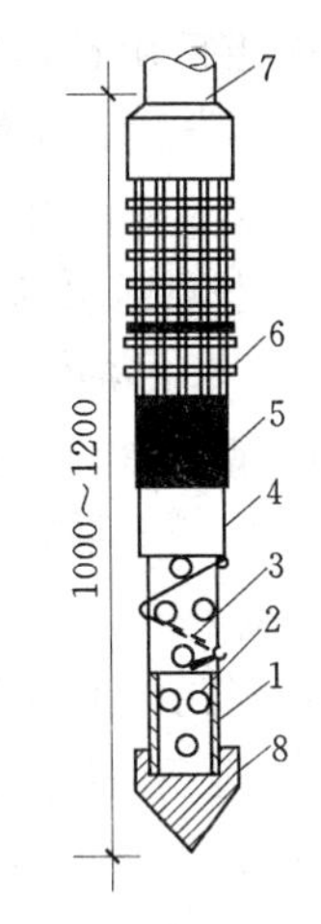

图 7.10 滤管构造
(单位：mm)
1—钢管；2—管壁上的小孔；3—缠绕的塑料管；4—细滤网；5—粗滤网；6—粗钢丝保护网；7—井点管；8—铸铁头

3. 机具设备

(1) 成孔设备：长螺旋钻机、起重机、冲管、高压胶管、高压水泵。

(2) 洗井设备：工作压力不小于 0.7MPa 空气压缩机。

(3) 降水设备：井点管、高压连接软管、集水总管（75～150mm 钢管）、抽水机组合排水管（150～250mm）。

4. 作业条件

(1) 施工场地达到“三通一平”，施工作业范围内的地上、地下障碍物及市政管线已改移或保护完毕。

(2) 滤料、井点管和设备已到齐，并完成了必要的配套加工工作。

(3) 基坑部分的施工图纸及地质勘察资料齐全，可以根据基底标高确定降水深度，并进行降水设计，可以进行基坑平面位置复测和井点孔位测放。

(4) 轻型井点降水施工前应根据施工要求按国家现行标准的有关规定进行降水工程设计。

5. 操作工艺

(1) 工艺流程。操作工艺流程为：测设井位→钻机就位→钻（冲）井孔→沉设井点管→投放滤料→洗井→连接、固定集水总管→黏性土封填孔口→安装轴水机组→安装排水管→试抽、验收→正式抽水→井点拆除。

(2) 操作方法。

1) 测设井位、铺设总管。

a. 根据设计要求测设井位、铺设总管。为增加降深，集水总管平台应尽量放低，当低于地面时，应挖沟使集水总管平台标高符合要求。当地下水位降深小于 6m 时，宜用单级真空井点；当降深 6～12m 且场地条件允许时，宜用多级井点，井点平台的级差宜为 4～5m。

b. 开挖排水沟。

c. 根据实地测放的孔位排放集水总管，集水总管应远离基坑一侧。

d. 布置观测孔。观测孔应布置在基坑中部、边角部位和地下水的来水方向。

2) 钻机就位。

a. 当采用长螺旋钻机成孔时，钻机应安装在测设的孔位上，使其钻杆轴线垂直对准钻孔中心位置，孔位误差不得大于150mm。使用双侧吊线锥的方法校正调整钻杆垂直度，钻杆倾斜度不得大于1%。

b. 当采用水冲法成孔时，起重机应安装在测设的孔位上，用高压胶管连接冲管与高压水泵，起吊冲管对准钻孔中心，冲管倾斜度不得大于1%。

3）钻（冲）井孔。

a. 对于不易产生塌孔缩孔的地层，可采用长螺旋钻孔机施工成孔，孔径为300～400mm。

b. 对易产生塌孔缩孔的松软地层采用水冲法成孔。冲水压力根据土层的坚实程度确定：砂土层采用0.5～1.25MPa；黏性土采用0.25～1.50MPa。

4）井点管。埋设井点管应缓慢，保持井点管位于孔正中位置，禁止剐蹭管底和插入井底，井点管应高于地面300mm。管口应临时封闭以免杂物进入。

5）投放滤料。投放滤料应均匀地从四面围投，保持井点管居中，并随时探测滤料深度，以免堵塞架空。滤料填好后再用黏土封孔。

6）洗井。投放滤料后应及时洗净，以免泥浆与滤料产生胶结，增大洗井难度。洗井可用清水循环法和空压机法。应注意采取措施防止洗出的浑水回流入孔内。洗井后如果滤料下沉应补投滤料。

a. 清水循环法。可用集水总管连接供水水源和井点管，将清水通过井点管循环洗井，浑水从管外返出，水清后停止，立即用黏性土将管外环状间隙进行封闭以免塌孔。

b. 空气压缩机法。采用直径20～25mm的风管将压缩空气送入井点管底部过滤器位置，利用气体反循环的原理将滤料空隙中的泥浆洗出。宜采用洗、停间隔进行的方法洗井。

7）连接、固定集水总管。井点管施工完成后应使用高压软管与集水总管连接，接口必须密封。各集水总管之间宜设置阀门，以便对井点进行维修。

8）安装抽水机组。抽水机组应稳固地设置在平整、坚实、无积水的地基上，水箱吸水口与集水总管处于同一高程。机组宜设置在集水总管中部，各接口必须密封。

9）安装集水管。集水管径应根据排水量确定，并连接严密。

10）试抽、验收。各组井点系统安装完毕，应及时进行试抽水，核验水位降深、出水量、管路连接质量、井点出水和泵组工作压力、真空度及运转情况等。

11）正式抽水。

a. 降水期间应按规定观测记录地下水的水位、流量、降水设备的运转情况以及天气情况。雨季降水应加大观测频率。

b. 当基础结构施工完成，降水可以停止。

12）井点拆除。多层井点拆除应从低层开始，逐层向上进行，在下层井点拆除时，上层井点应继续降水。井点管拔出后，应及时用砂将井孔回填密实。

轻型井点施工质量检验标准见表7.3。

表 7.3　　　　轻型井点施工质量检验标准

检 查 项 目		允许偏差或允许值	检 查 方 法
过滤器	骨架管孔隙率（%）	≥15	用钢尺量、计算
	缠丝间隙＝滤料 D10 的倍数	1.0	取土样作筛分试验
	网眼尺寸＝砂土类含水层 d50 的倍数	1.5～2.5	
滤料规格	D50＝砂土类含水层 d50 的倍数	6～8	
	D50＝碎石土类含水层 d20 的倍数	6～8	
	不均匀系数 η	≤2	
抽排水含砂量（体积比）		<1/10000	取水样作试验
井管间距（与设计对比）（mm）		≤150	用钢尺量
井管垂直度（%）		1	插管时目测
井管垂直度（%）		1	插管时目测
井管插入深度（与设计对比，mm）		≤200	水准仪
过滤砂砾料填灌（与设计对比，%）		≤5	检查回填料用量
井管真空度（kPa）		>60	真空度表

6. 成品保护

（1）降水期间应对抽水设备的运行状况进行维护检查，每天不应少于 3 次并做好记录。发现有地下管线漏水、地表水入渗时，应及时采取断水、堵漏、隔水等措施进行治理。

（2）检查抽水设备时，除采用仪器仪表量测外，也可采用摸、听等方法并结合经验对井点出水情况逐个进行判断。

（3）当发现井点管不出水时，应判别井点管是否淤塞。发现井点失效，严重影响降水效果时，应及时拔管进行处理。

7. 应注意的问题

（1）质量要求。

1）井点系统应以单根集水总管为单位，围绕基坑布置。当井点环宽度超过 40m 时，应在中部设置临时井点系统进行辅助降水。当井点环不能封闭时，应在开口部位向基坑外侧延长 1/2 井点环宽度作为保护段，以确保降水效果。

2）发现基坑出水中含砂量突然增大，应立即查明原因进行处理，以防发生事故。

3）应采用双路供电或备发电机，以备停电时也能保证正常降水。

（2）安全操作要求。

1）钻（冲）井孔时，应及时排除泥浆，清除弃土，保持地面平整坚硬，防止人员跌伤。

2）吊装或起拔井点管时，应遵守起重设备操作规程，注意避开电缆或照明电线，防止触电。

3）现场用电应符合《施工现场临时用电安全技术规范》（JGJ 46—2005）的有关规定，确保安全。

(3) 环保措施。

1) 井点施工产生的泥浆、弃土应及时清运，运输时必须覆盖，避免产生扬尘和遗撒。

2) 排除的地下水经过沉淀处理后方可排入市政管道。

3) 施工现场应遵守现《建筑施工场界环境噪声排放标准》(GB 12523—2011) 规定的噪声限值，发现超标应及时采取措施纠正。

7.2.1.3 基坑验槽

1. 验槽的目的

为了防止建筑物不均沉降，应对地基进行严格检查，检查地基土与工程地质勘察报告及设计图样的要求是否相符；有无破坏原土结构或发生较大的扰动现象，以保证建筑物不发生不均匀的沉降。

2. 验槽方法

(1) 表面检查验槽法。

1) 根据槽壁土层分布情况及走向，初步判明全部基底是否已挖至设计所要求的土层。

2) 检查槽底是否已挖至原（老）土，是否需继续下挖或进行处理。

3) 检查整个槽底土的颜色是否均匀一致，土的坚硬程度是否一样，有否局部过松软或过坚硬的部位；有否局部含水量异常现象，走上去有没有颤动的感觉等。如有异常部位，要会同设计等有关单位进行处理。

(2) 钎探检查验槽法。基坑挖好后，用锤把钢钎打入槽底的基土内，根据每打入一定深度的锤击次数，来判断地基土质情况。

1) 钢钎的规格和质量。钢钎用直径22～25mm的钢筋制成，钎尖呈60°尖锥状，长度1.8～2.0m。大锤用重3.6～4.5kg铁锤。打锤时举高离钎顶50～70cm，将钢钎垂直打入土中，并记录每打入土层30cm的锤击数。

2) 钎孔布置和钎探深度。钎孔布置和钎探深度应根据地基土质的复杂情况和基槽宽度、形状而定，一般可参考表7.4。

表7.4　钎孔布置　单位：m

槽宽	排列方式及图示	间距	钎探深度
<0.8	中心一排	1～2	1.2
0.8～2	两排错开	1～2	1.5
>2	梅花形	1～2	2.0
柱基	梅花形	1～2	≥1.5m 并不浅于短边宽度

注　对于较软弱的新近沉积黏性土和人工杂填土的地基，钎孔间距应不大于1.5m。

钎探记录和结果分析：先绘制基槽平面图，在图上根据要求确定钎探点的平面位置，并依次编号制成钎探平面图。钎探时按钎探平面图标定的钎探点顺序进行，最后整理成钎探记录表。

全部钎探完后，逐层地分析研究钎探记录，逐点进行比较，将锤击数显著过多或过少的钎孔在钎探平面图上做上记号，然后再在该部位进行重点检查，如有异常情况，要认真进行处理。

(3) 洛阳铲法。在黄土地区基坑挖好后或大面积基坑挖土前，根据建筑物所在地区的具体情况或设计要求，对基槽底以下的土质、古墓、洞穴用专用洛阳铲进行钎探检查。

1) 探孔的位置。探孔布置可参考表7.5。

表7.5　　　　探　孔　布　置　　　　单位：m

槽宽	排列方式及图示	间距	钎探深度
<2	L	1.5～2.0	3.0
>2	L	1.5～2.0	3.0
柱基		1.5～2.0	3.0 (荷载较大时为4.0～5.0)
加孔	L	<2.0 (如基础过宽时中间再加孔)	3.0

2) 探查记录和成果分析。先绘制基础平面图，在图上根据要求确定探孔的平面位置，并依次编号，再按编号顺序进行探孔。探查过程中，一般每3～5铲看一下土，查看土质变化和含有杂物的情况。遇有土质变化或含有杂物等情况，应测量深度并用文字记录清楚。遇有墓穴、地道、地窖、废井等时，应在此部位缩小探孔距离(一般为1m左右)，沿其周围仔细探查清楚其大小、深浅、平面形状，并在探孔平面图中标注出来。全部探查完后，绘制探孔平面图和各探孔不同深度的土质情况表，为地基处理提供完整的资料。探完以后，尽快用素土或灰土将探孔回填。

3. 基底人工钎探

(1) 材料：中砂、粗砂，用于填孔。

(2) 机具设备：轻便触探器：穿心锤质量10kg，锥头直径40mm，锥角60°，触探杆直径25mm，长度1.8～2.5m；其他：麻绳或铅丝、凳子、手推车、钎杆夹具、撬棍和钢卷尺等。

(3) 作业条件：

1) 基坑(槽)已挖至基底设计标高，土层符合设计要求，表面平整，无虚土，坑(槽)位置及其长、宽均符合设计图纸要求。

2）夜间作业时，现场应有足够的照明设施。

3）技术准备。

a. 按设计要求布设钎探孔位平面布置图，并对钎探孔位进行编号。当采用轻型动力触探进行基槽检验时，检验深度及间距按表7.6执行。

表7.6　　钎探孔的排列方式、检验深度和间距

槽　宽（m）	排列方式	检验深度（m）	检验间距
小于0.8	中心一排	1.5	1.0～1.5m，视地层复杂情况定
0.8～2.0	两排错开	1.5	
大于2.0	梅花型	2.1	

b. 安排钎探顺序，防止错打或漏打。

钎杆上预先划好30cm横线。

（4）操作工艺。工艺流程为放钎探孔位→就位打钎→拔钎→移位→灌砂回填→整理记录→记录锤击次数。

（5）施工工艺流程。

1）放钎探孔位。按钎探孔平面布置图放线，孔位钉上小木桩或撒上白灰点。

2）就位打钎。将触探杆尖对准孔位，再把穿心锤套在除探杆上，扶正触探杆，拉起穿心锤，使其自由下落，落距为500mm，把触探杆垂直打入土层中。

3）记录锤击次数。钎杆每打入土层300mm时，记录一次锤击数。钎探深度应符合设计要求，如设计无要求时，一般按国家规范执行。

4）用麻绳和撬棍拔钎，钎杆拔出后，将孔盖上。

5）移位。将触探器移到下一孔位，继续钎探。

6）灌砂回填。打完的钎孔，经过检查孔深与记录无误后，即可进行灌砂。灌砂时，每填入30mm左右可用木棍或钢筋棒捣实一次，直到填满。

7）整理记录。按钎孔顺序编号，将每个孔的锤击数填入记录表格内。字迹要清楚，再经过打钎人员和技术人员签字后归档。

（6）质量标准。

1）主控项目：钎探深度必须符合要求，准确记录锤击数。

2）一般项目：①钎位准确，探孔不得遗漏；②钎孔灌砂密实。

（7）成品保护。钎探完成后，应做好标记，保护好钎孔，未经检查和复验，不得堵塞钎孔或对钎孔灌砂。

（8）应注意的问题。

1）将钎孔平面布置图上的钎探孔编号与记录表上的钎探孔编号对照检查，发现错误，及时纠正，以免记录与实位不符。

2）在钎孔平面布置图上，注明过硬或过软的孔号的位置，把洞穴、枯井或坟墓等标注在钎孔平面布置图上，以便勘察设计人员或有关部门验槽时分析处理。

3）打不下去的钎探孔，应经有关人员研究后移位打钎，操作人员不得擅自处理。

7.2.2 排水管道的闭水试验

1. 试验目的

为了检查管节接缝的严密性和防止渗漏，一般在管节接缝腰箍打好后，待水泥砂浆强度达到设计要求时，进行密闭性检验。

2. 适用范围

污水管要求每节管道都进行检验，雨水管在流砂地区要求每四节管道检验一节管道；雨污水合流管道、倒虹吸管和其他设计要求闭水的管道需作闭水试验。

3. 试验条件

闭水试验前，施工现场应具备以下条件：

(1) 管道及检查井的外观质量及“量测”检验均已合格。

(2) 管道两端的管堵（砖砌筑）应封堵严密、牢固，下游管堵设置放水管和截门，管堵经核算可以承受压力。

(3) 现场的水源满足闭水需要，不影响其他用水。

(4) 选好排放水的位置，不得影响周围环境。

4. 试验步骤

在具备了闭水条件后，即可进行管道闭水试验。试验从上游往下游分段进行，上游实验完毕后，可往下游充水，倒段试验以节约用水。试验各阶段说明如下：

(1) 注水浸泡。闭水试验的水位，应为试验段上游管内顶以上2m，将水灌至接近上游井口高度。注水过程应检查管堵、管道、井身，无漏水和严重渗水，在浸泡管和井1～2d进行闭水试验。

(2) 闭水试验。闭水试验是在要检查的管段内充满水，并具有一定的作用水头，在规定的时间内观察漏水量的多少。污水、雨污水合流及湿陷土、膨胀土地区的雨水管道，在回填土前应采取闭水法进行严密性试验，以防止造成地下污染，如图7.11所示。试验管道应按井距分隔，长度不宜大1km，带井试验。将水灌至规定的水位，开始记录，对渗水量的测定时间，不少于30min，根据井内水面的下降值计算渗水量，渗水量不超过规定的允许渗水量即为合格。

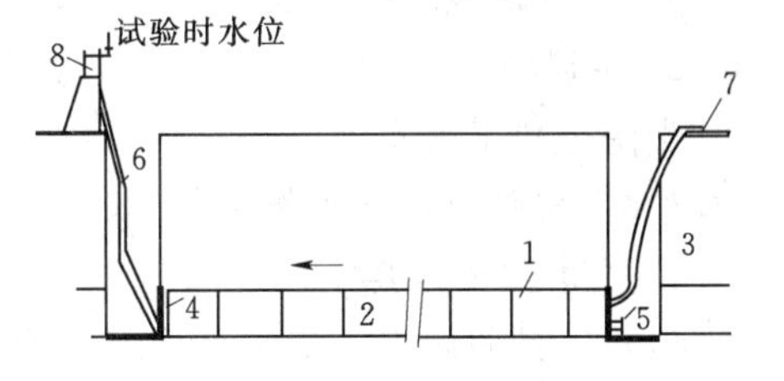

图7.11 闭水试验示意

1—试验管段；2—接口；3—检查井；4—堵头；5—闸门；6、7—胶管；8—水筒

(3) 实测渗水量计算。

$$q=\frac{W}{TL}$$

式中 q——实测渗水量，L/(min·m)；

W——补水量，L；

T——实测渗水观测时间，min；

L——试验管段的长度，m。

(4) 当$q\leqslant$允许渗水量时（表7.7），试验即为合格。

表7.7 允许渗入或渗出水量

管材种类 \ 管径(mm)	1km长的管道在一昼夜内允许渗入或渗出水量(m^3)												
	150	200	250	300	350	400	450	500	600	700	800	900	1000
钢筋混凝土管、混凝土管或石棉水泥管	7	20	24	28	30	32	34	36	40	44	48	53	58
陶土管	7	12	15	18	20	21	22	23	23	—	—	—	—

实训任务7.3 砌筑工程施工实训

7.3.1 砌筑常用工具及机具认知

7.3.1.1 实训要求

(1) 掌握常用工具的种类和作用。

(2) 学会正确使用和合理保养工具。

(3) 了解质量检测工具的名称，掌握使用方法。

(4) 了解常用设备的种类、性能及使用、维护方法。

7.3.1.2 实训准备

1. 工具准备

1) 手工常用工具和检测工具：瓦刀、大铲、托线板、塞尺等。

2) 常用机具：筛子、运砖车、砖夹等。

3) 幻灯机或者投影仪。

2. 实训场地

学院土建工程实训场。

7.3.1.3 相关知识与操作要领

1. 手工常用工具

(1) 工具的认识。

1) 瓦刀：又称泥刀，分片刀和条刀两种。

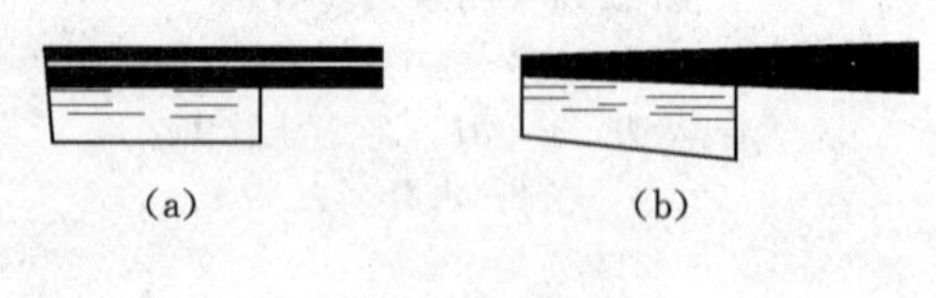

图7.12 瓦刀
(a) 片刀；(b) 条刀

a. 片刀叶片较宽，重量较大，我国北方打砖、打灰条及发喧用，如图7.12 (a) 所示；

b. 条刀叶片较窄，重量较轻，我国南方砌筑各种砖墙的主要工具，如图7.12 (b) 所示。

2) 大铲：分传统型大铲（长三角形、桃形、刀形）和鸳鸯砌铲，均由铲板、铲程、铲箍和铲把组成。砌筑时铲灰、铺灰与刮灰用的工具，多用于我国北方地区。如图7.13所示。

3) 刨锛：用以打砍砖块，也可当做小锤与大铲配合使用，如图7.14所示。

4) 钢凿：又称錾子。用45号钢锻造，其直径一般为20～28mm，长约150～250mm，端部有尖、扁两种。与手锤配合用于开凿石料、异形砖，如图7.15所示。

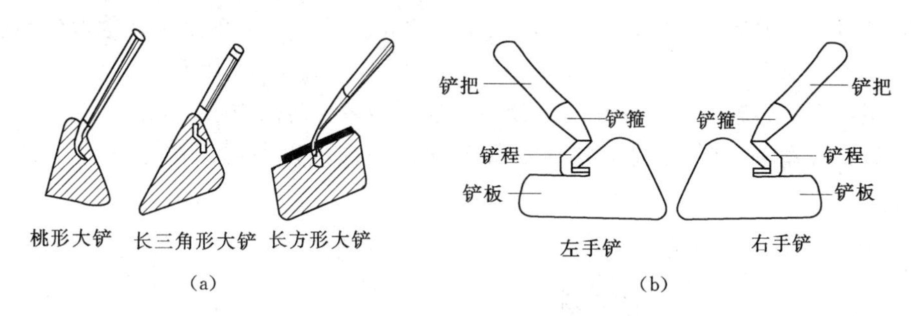

图 7.13 大铲

(a) 统型大铲；(b) 鸳鸯砌铲

5）摊灰尺：用不易变形的木材制作，用于控制灰缝及摊铺砂浆，如图 7.16 所示。

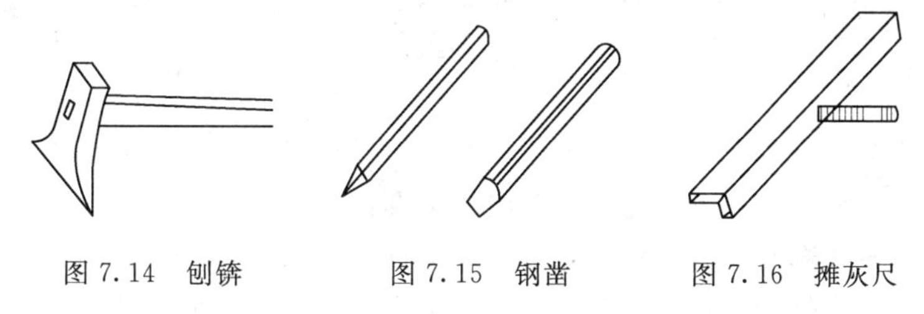

图 7.14 刨锛　　图 7.15 钢凿　　图 7.16 摊灰尺

6）溜子：又称灰匙、勾缝刀，用 $\phi 8$ 钢筋打扁成型，并装上木柄，用于清水墙勾缝，如图 7.17 所示。

7）抿子：用 0.8～1mm 厚钢板制成，并装上木柄，用于石墙抹、勾缝，如图 7.18 所示。

8）灰板：用不易变形的木材制作，勾缝时，用于承托砂浆，如图 7.19 所示。

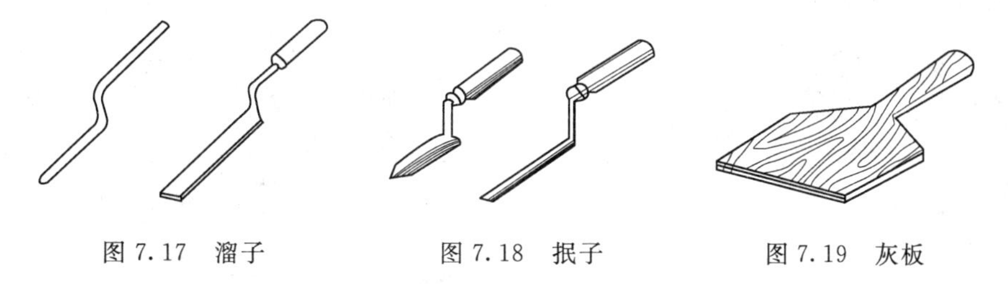

图 7.17 溜子　　图 7.18 抿子　　图 7.19 灰板

2. 常用工具、机具

(1) 筛子：用于筛分砂子，常用筛孔尺寸有 4mm、6mm、8mm 等几种，如图 7.20 所示。

(2) 铁锹：分尖头和方头两种，用于挖工、装车、筛砂等工作，如图 7.21 所示。

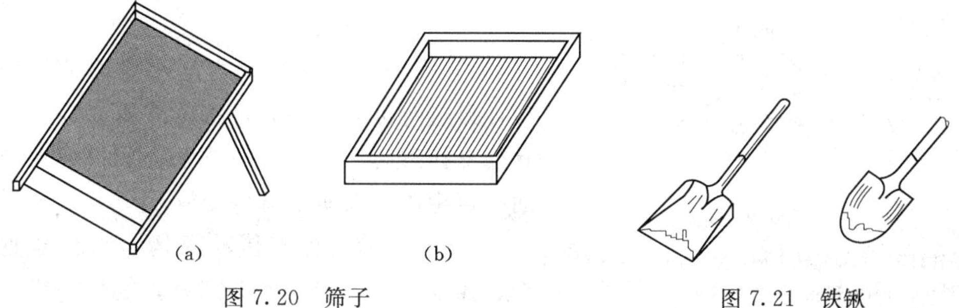

图 7.20 筛子　　图 7.21 铁锹

(3) 工具车：轮轴小于900mm，容量约0.12m^3，用于运输砂浆和其他散装材料，如图7.22所示。

(4) 运砖车：运输砖块的专用车，使用方便，能减少砖的破损，如图7.23所示。

(5) 砖夹：用ϕ6钢筋锻造，用于装卸砖块，一次可以夹起四块标准砖，如图7.24所示。

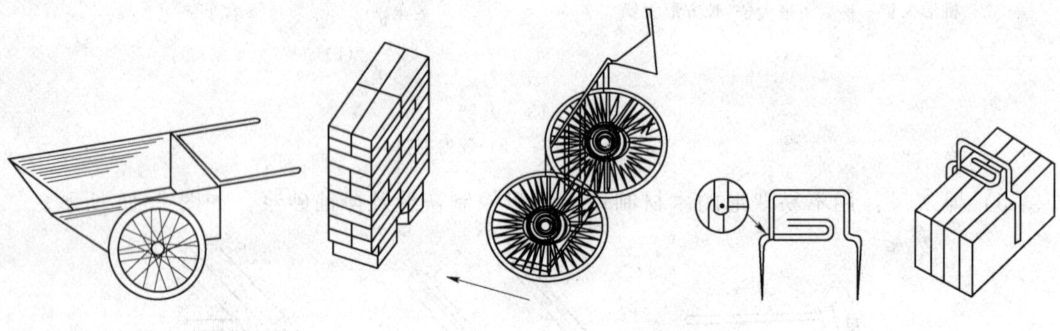

图7.22　工具手推车　　图7.23　运砖车　　图7.24　砖夹

(6) 砖笼：塔吊施工时，垂直吊运砖块的工具，如图7.25所示。

(7) 料斗：塔吊施工时，垂直吊运砂浆的工具，如图7.26所示。

(8) 灰斗：用于存放砂浆。用1～2mm厚的黑铁皮制成，如图7.27所示。

(9) 灰桶：又称泥桶，分木制、铁制、橡胶制三种，供短距离传递砂浆及临时贮存砂浆用，如图7.28所示。

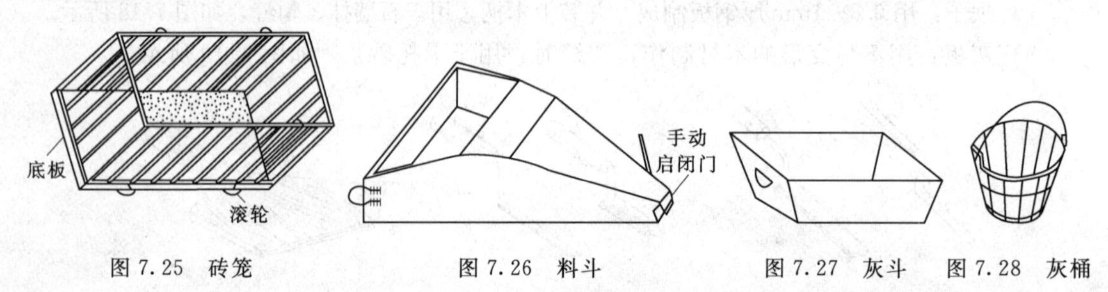

图7.25　砖笼　　图7.26　料斗　　图7.27　灰斗　　图7.28　灰桶

图7.29　砂浆搅拌机

1—水管；2—上料操纵手柄；3—出料操纵手柄；4—料斗；5—变速箱；6—搅拌斗；7—出料门

3. 搅拌机械

砂浆搅拌机，简称灰浆机，用于搅拌砂浆。常用规格有200L和325L两种，台班产量分别为18m^3、26m^3。如图7.29所示。

(1) 使用要点。

1) 安装搅拌机的地方应平整夯实，固定式搅拌机应有可靠的基础，移动式机械应用方木或具他支撑架起、固定，保持水平。机座要离开地面一定距离，以便于出料。

2) 作业前，检查传动机构，工作装置和防护、操作装置，保证各部完好，操作灵活。起动

后，先空运转，检查搅拌叶旋转方向与机壳标注方向一致，方可加水加料，进行拌和作业。

3）所有砂子必须过筛，防止石块、木棒等杂物进入搅拌筒内。

4）运转中不得用木棒等物伸进搅拌筒内或在筒门清理灰浆。

5）作业中如发生故障不能继续运转时，应立即切断电源，将筒内灰浆倒出，进行检修或排除故障。

6）固定式搅拌机的上料斗能在轨道上平稳移动，并可停在任何位置。料斗提升时，严禁斗下有人。

7）作业后要清除机械内、外砂浆和积料，用水冲洗干净。

(2) 维护与保养。

1）搅拌机的维护和保养应严格按各厂家使用说明书规定执行。

2）搅拌叶片与筒壁的间隙应保持在 3～5mm 范围，超过此值时应进行调整。

3）经常检查搅拌轴两端密封性能，发现漏浆，要及时更换密封件。

4）定期检查减速器油面高度和油质情况，一般在运转 500h 后更换新油。

5）及时调整三角皮带松紧度。

6）每班作业后，要对各润滑点加注润滑油。

4. 检测工具

(1) 塞尺：如图 7.30 所示，检查墙面平整时用其确定偏差数值。

(2) 百格网：如图 7.31 所示，检查灰浆饱满程度。

(3) 托线板、靠尺：如图 7.32 所示，用以检查墙面垂直和平整。

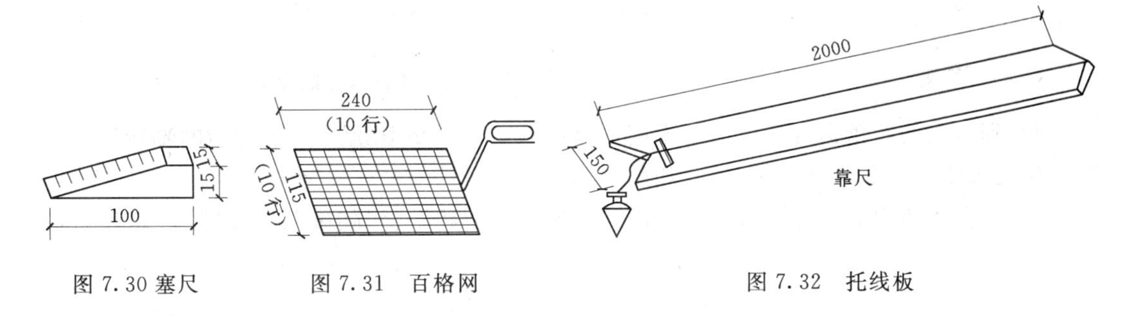

图 7.30 塞尺　　图 7.31 百格网　　图 7.32 托线板

7.3.1.4 操作练习

(1) 根据工具实物，能够说出它的正确名称、作用及使用方法。

(2) 用幻灯机或者一投影仪进行机械图片的辨认。

7.3.2 墙体的砌筑

7.3.2.1 实训要求

(1) 掌握砖砌体的组砌方法和工艺要求。

(2) 掌握砌砖操作技术，达到砌砖操作规范化。

(3) 熟练掌握砌砖操作中的基本方法。

(4) 了解砖砌体质量要求、允许偏差及质量检查方法。

7.3.2.2　实训准备

(1) 材料准备：黏土砖 80 块，拌制好的石灰砂浆约 0.8m³。

(2) 工具准备：瓦刀、大铲、钢卷尺、水平尺等常用工具。

7.3.2.3　实习场地

学院土建工程实训场

7.3.2.4　相关知识与操作要领

1. 相关知识

(1) 砖与灰缝的名称。

1) 黏土砖的尺寸：240mm×115mm×53mm，如图 7.33 所示。

2) 240mm×115mm 的面称为大面；240mm×53mm 的面称为条面；115mm×53mm 的面称为顶面，如图 7.33 所示。

3) 砌筑中可以砍成不同尺寸的砖："七分头"、"半砖"、"二寸条"和"二寸头"，如图 7.34 所示。

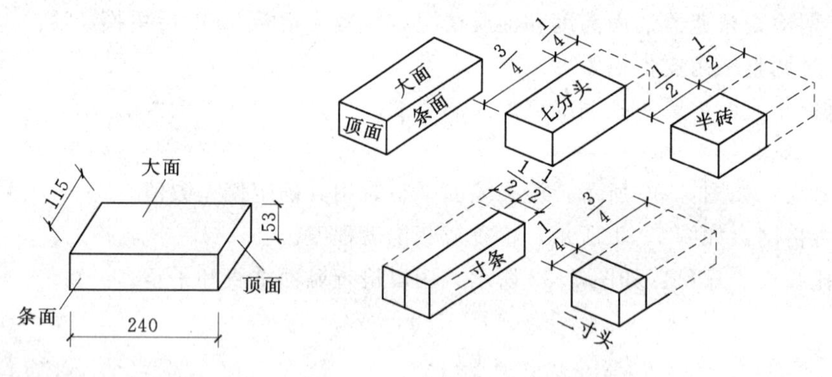

图 7.33　普通黏土砖　　　图 7.34　砍成不同尺寸的砖图

4) 砌体内的砖依据砌筑方向的不同可分：顺砖（砖的长度方向平行墙的轴线）和丁砖（砖的长度方向垂直墙的轴线），如图 7.35 所示。

5) 砖在砌体内的位置可分为："卧砖"（或称"眠砖"）、"陡砖"、"立砖"，如图 7.36 所示。

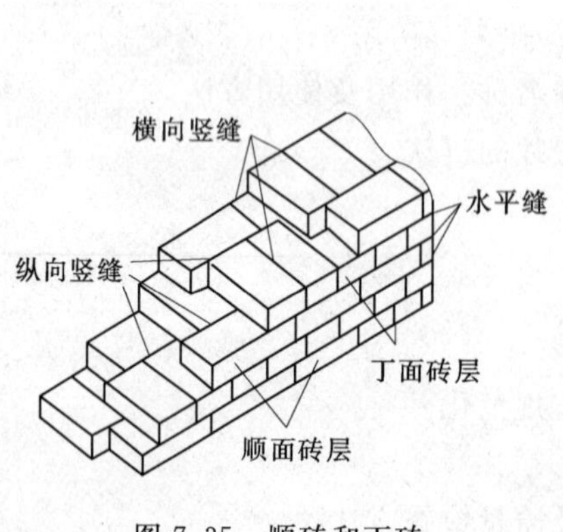

图 7.35　顺砖和丁砖

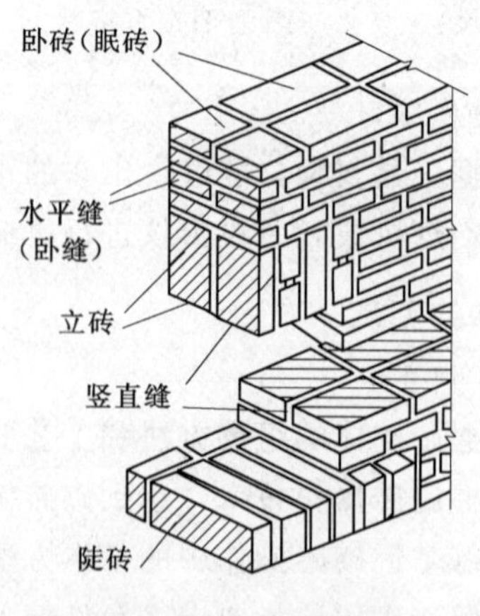

图 7.36　砖与灰缝图

6）灰缝。砖与砖之间的缝，可分为水平缝（水平方向的缝）和竖直缝（垂直方向的缝），如图7.36所示。

（2）组砌原则。

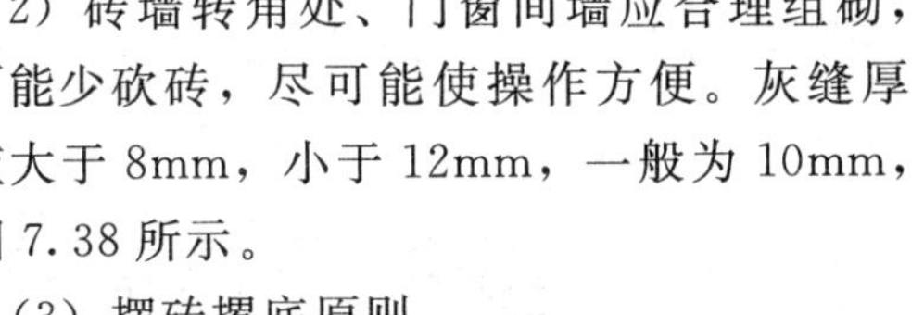

1）为了使砌体搭接牢靠、受力性能好，上下砖层必须错缝1/4砖长，且丁面、顺面排列有序，如图7.37所示。

2）砖墙转角处、门窗间墙应合理组砌，尽可能少砍砖，尽可能使操作方便。灰缝厚度应大于8mm，小于12mm，一般为10mm，如图7.38所示。

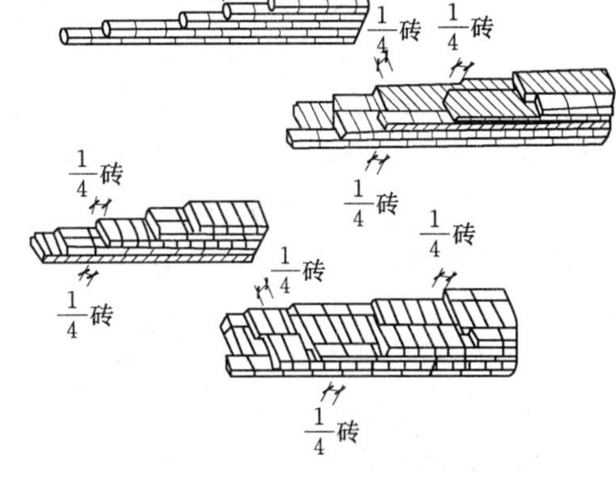

图7.37 砖的错缝砌筑

（3）摆砖撂底原则。

1）摆砖（照确定的组砌形式将砖摆好）与撂底（将摆好的砖砌筑固定）是砌体砌筑前必须要进行的工作。

在基础墙上弹好砖墙的中心线和边线。注意把墙转角、交接处的砖摆好。撂底时，要找正标高。四周的水平缝须在同一水平线上。

2）选方整、平直的砖，按组砌形式试摆。防止用偏差大的砖撂底，造成上部砖缝的混乱。

3）摆砖应从一端开始向另一端有序排摆，不能从两端同时向中间或任意起点摆砖，如图7.39所示。

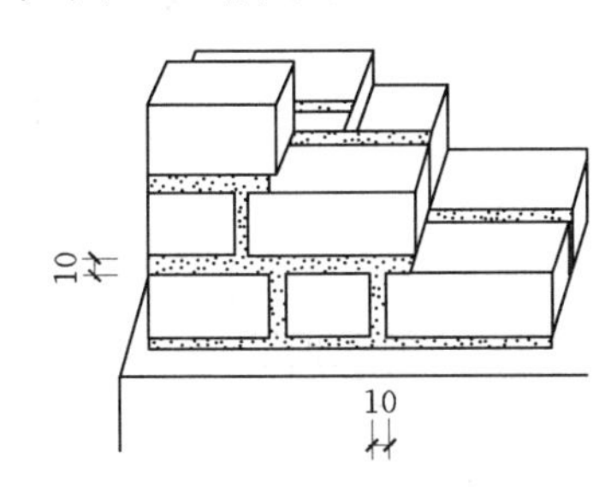

图7.38 灰缝厚度

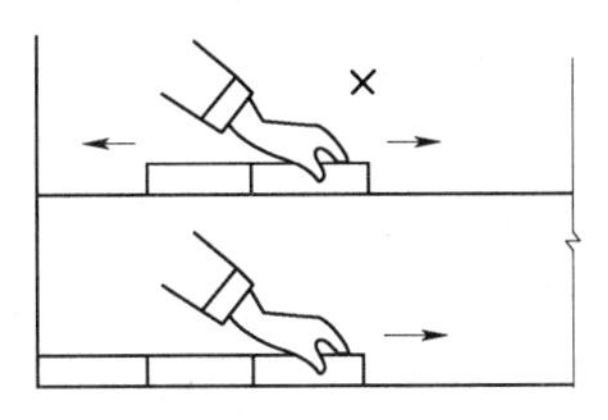

图7.39 摆砖

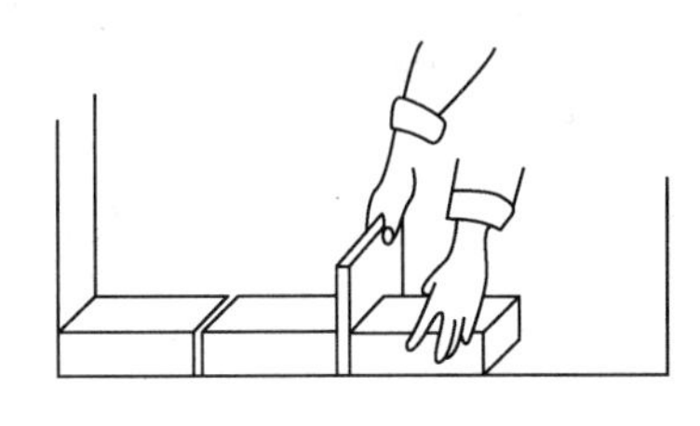
图7.40 木条板摆砖

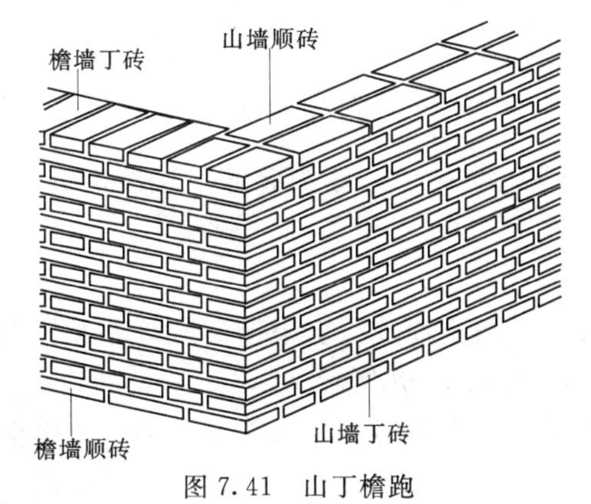

图7.41 山丁檐跑

4）摆砖前，应先做一块与立缝宽度（8～12mm）相同的木条板，摆砖时将木条板紧贴前一块砖后，再摆后一块砖，以保证竖缝宽度尺寸准确，如图7.40所示。

5）摆砖时，应遵循“山丁檐跑”的规则。即山墙为丁砖时檐墙应为条砖，如图7.41所示。

6）门窗间墙，要排成符合砖的模数，如不合适，可将门窗口位置适当调整。

7）尽量避免一道墙上连续出现两皮砖都有

七分头砖。清水墙面不允许出现二寸头砖，如发生可将七分头排到窗台下或中部。

(4) 24厚实心墙的组砌、摆砖与接头。

1）一顺一丁（满丁满条）组砌法。

a. 十字缝组砌法。由一层顺砖、一层丁砖间隔组砌而成。其特点是上下顺砖对齐；上下层竖缝相互错开1/4砖长，如图7.42所示。

b. 十字缝摆砖。先将角部两块七分头准确定位（跟顺砖走），然后按“山丁檐跑”的原则依次摆好砖，如图7.43所示。

图7.42 十字缝组砌法

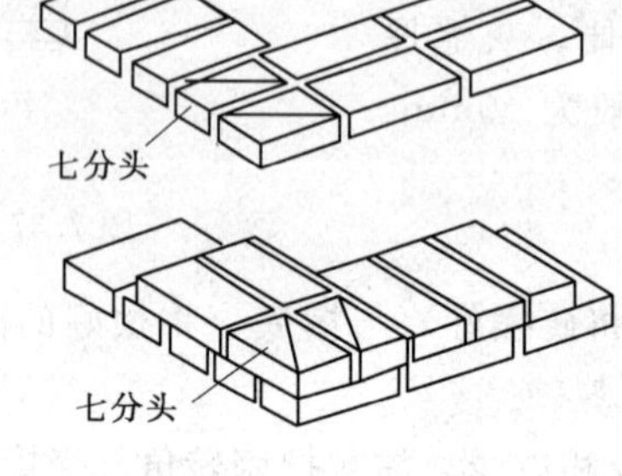

图7.43 十字缝摆砖

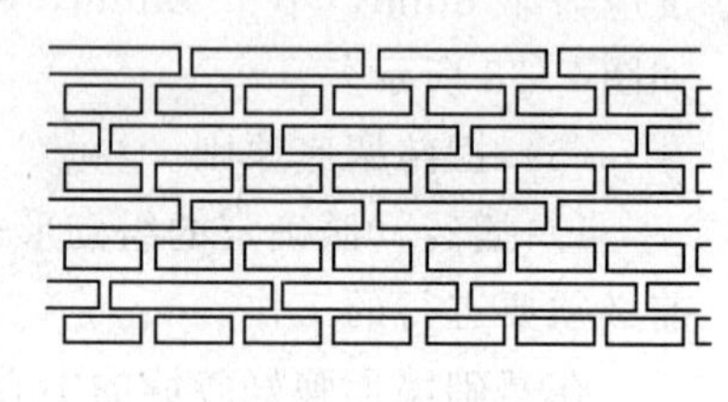

图7.44 骑马缝组砌法

c. 骑马缝组砌法。由一层顺砖、一层丁砖间隔组砌而成。其特点是上下顺砖层错开半砖，上下层竖缝相互错开1/4砖长，如图7.44所示。

d. 骑马缝摆砖。先将角部两块七分头准确定位（跟顺砖走），其后隔层摆一丁砖，再按“山丁檐跑”的原则依次摆好砖，如图7.45所示。

2）梅花丁（沙包式）组砌法。

a. 组砌法。同一皮砖内一块顺砖、一块丁砖间隔组砌，丁砖必须在顺砖的中间。上下皮竖缝相互错开1/4砖长，如图7.46所示。

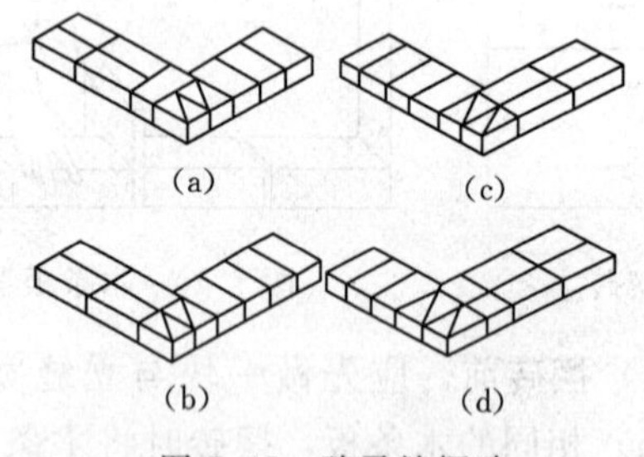

图7.45 骑马缝摆砖

图7.46 梅花丁组砌法

b. 摆砖。角部任一皮砖，均常用整砖、七分头、半砖、二寸头砖各一块准确定位，然后按一丁一顺依次摆好砖，如图7.47所示。

3）三顺一丁组砌法。

a. 组砌法。采用三皮顺砖间隔一皮丁砖相互交替组砌而成。上下顺砖竖缝相互错开1/2砖长，上下丁砖与顺砖竖缝相互错开1/4砖长，如图7.48所示。

b. 摆砖。角部用一整砖标准定位，其后摆七分头。在角砖和七分头确定后，依次摆好顺砖和丁砖即可，如图7.49所示。

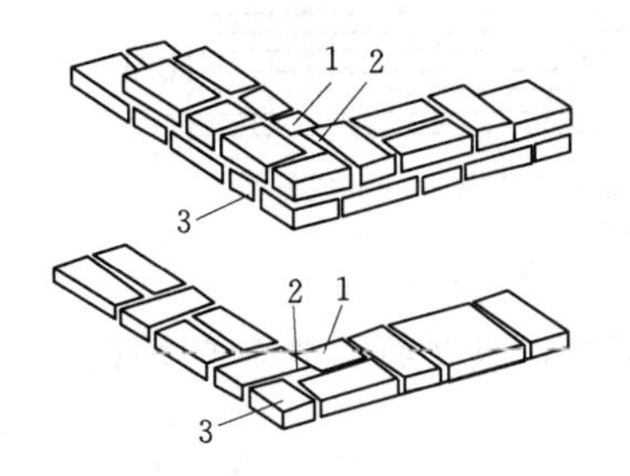

图 7.47　梅花丁摆砖
1—半砖；2—1/4 砖；3—七分砖

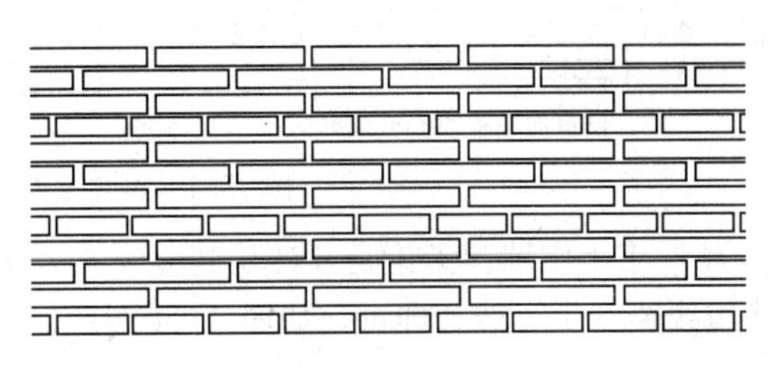

图 7.48　三顺一丁组砌法

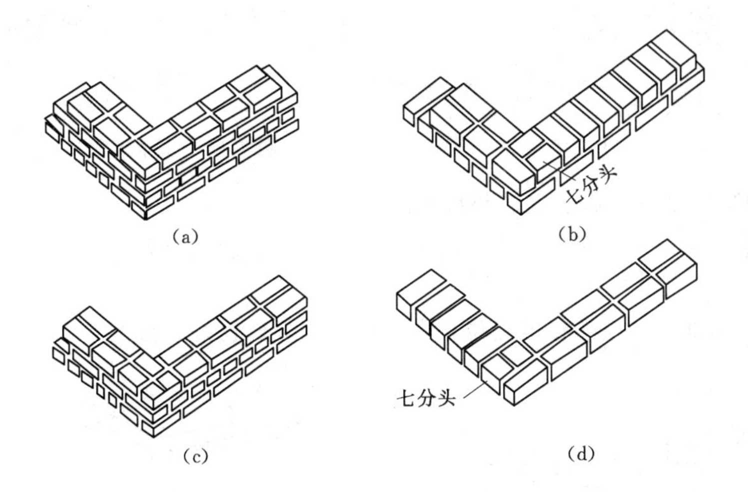

图 7.49　三顺一丁摆砖
(a) 第一皮（第五皮开始循环）；(b) 第二皮；(c) 第三皮；(d) 第四皮

4）窗间墙组砌法（以一顺一丁组砌法为例）。

a. 窗角正是七分头成好活；窗间墙尺寸符合砖的模数，洞口边的顺砖为七分头，如图 7.50 所示。

b. 条砖单丁。窗间墙的尺寸符合砖的模数，顺砖层中间组砌一块丁砖，洞口边的顺砖为七分头，如图 7.51 所示。

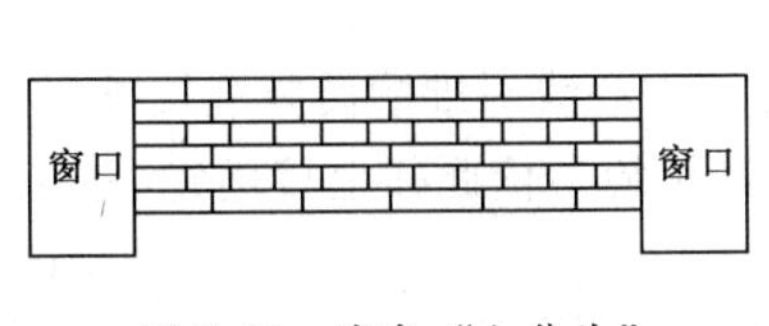

图 7.50　窗角“七分头”

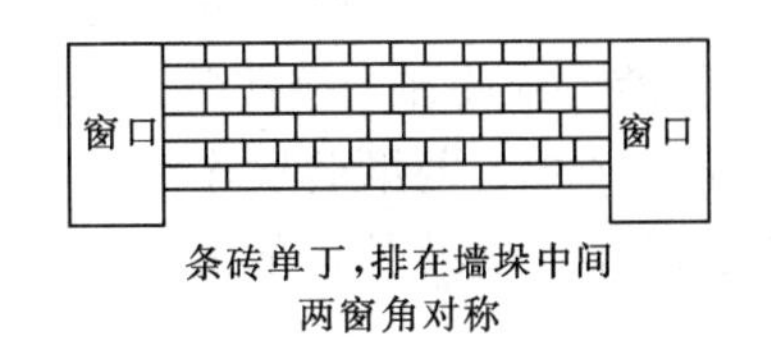

图 7.51　条砖单丁

c. 窗间墙的尺寸不符合砖的模数，向左或右位移 60mm 成好活，如图 7.52 所示。

5）纵、横墙接头处摆砖。

a. 一顺一丁丁字墙。顺砖层相交时，内角相交处竖缝应错开 1/4 砖长；丁砖层相交时在横墙端头加砌七分头，如图 7.53 所示。

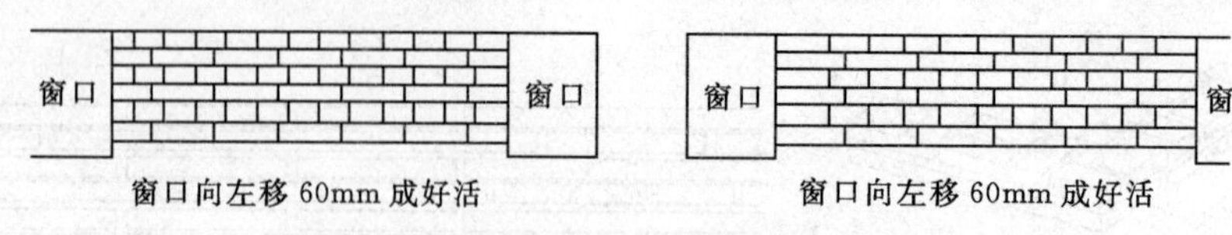

图 7.52　右移或左移

b. 一顺一丁十字墙。无论是顺砖层还是丁砖层相交，只要将先摆砖的墙的立缝与后摆砖的墙边线错开 1/4 砖长即可，如图 7.54 所示。

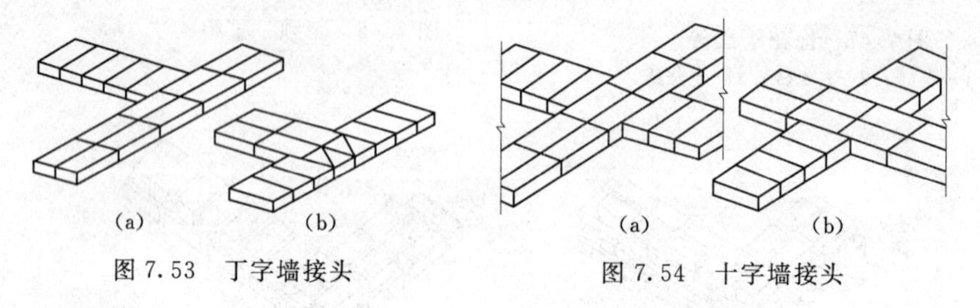

图 7.53　丁字墙接头　　　图 7.54　十字墙接头

(5) 12 厚实心墙的组砌、摆砖与接头。

1) 条砌法组砌。每皮砖全部用顺砖砌筑，上下皮竖缝相互错开 1/2 砖长，如图 7.55 所示。

2) 摆砖。角部用一整砖标准定位，然后依次把顺砖摆好，如图 7.56 所示。

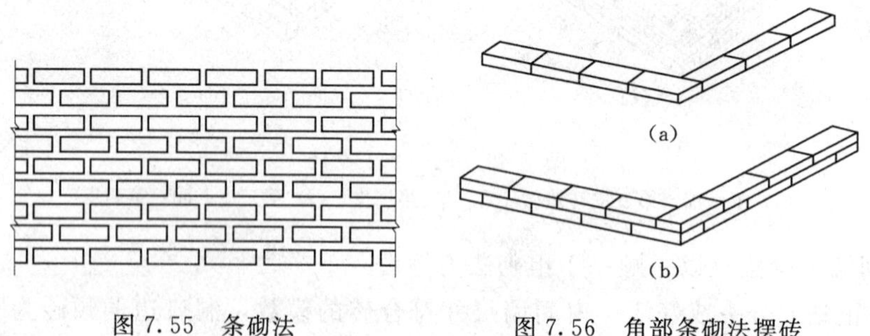

图 7.55　条砌法　　　图 7.56　角部条砌法摆砖

3) 纵、横墙接头处摆砖。

a. 丁字墙接头。

(a) 12 墙接 12 墙。下皮竖墙不伸进横墙只紧靠砖中间接排，上皮竖墙伸进横墙两边用两块七分头错缝。依此往上接摆砖，如图 7.57 所示。

(b) 12 墙接 24 墙。与顺砖层连接时，12 墙中心线对准顺砖竖缝接排；与丁砖层连接时，12 墙伸进 24 墙 1/2 砖长，顶头用一块半砖错缝。依此往上接摆砖，如图 7.58 所示。

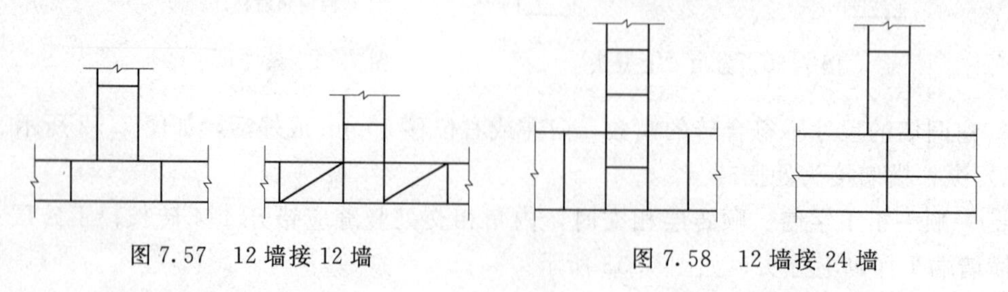

图 7.57　12 墙接 12 墙　　　图 7.58　12 墙接 24 墙

b. 十字墙接头。第一皮砖中有一道墙需用两块七分头错缝；第二皮砖中另一道墙仍需用两块七分头错缝。依此往上接摆砖。

（6）墙体之间的连接。为使建筑物的纵横墙互相连接成一整体，增强其抗震能力，要求墙的转角和连接处应尽量同时砌筑。如墙体不能同时砌筑时，必须留槎或加连接筋连接。

1）墙体留茬。

a. 斜茬（踏步茬，退茬）。

（a）斜茬的留置方法是在墙体连接处将待接砌墙的茬口砌成台阶形式，如图7.59所示。

（b）斜茬的高度一般不大于1.2m（一步架），长度不小于高度的2/3。

（c）留茬宽度应与连接墙体的宽度尺寸一致。

（d）茬的侧面及茬齿，沿高度必须达到顺直，伸出、退进尺寸准确，并且垂直度符合要求。

（e）茬各面的灰缝均应达到砂浆饱满、样齿牢固。

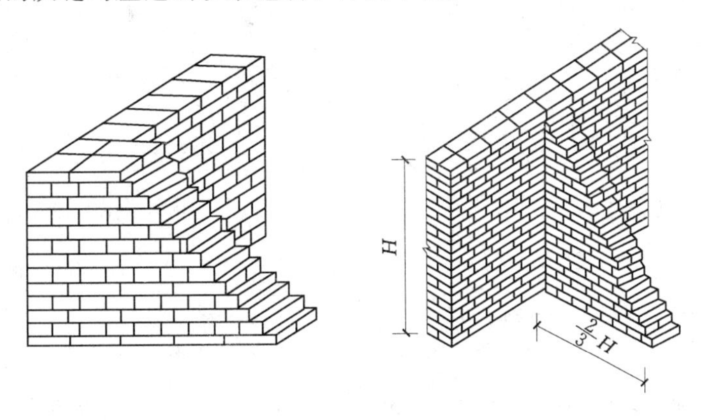

图7.59 斜茬

斜茬优点：留、接茬均比较方便，接茬砌筑时砂浆容易饱满，接头质量易保证。斜茬缺点：留接头量大，占工作面多。因斜茬能保证墙体质量，留茬时应尽量采用这种形式。

b. 马牙茬（阳马牙茬）。

（a）留茬时突出墙边砌一丁砖后，往上再每隔一皮砌条砖，并比丁砖多伸出1/4砖长，作为接茬用，如图7.60所示。

（b）必须在竖向每隔500mm配置Φ6钢筋（放置在墙中）作为拉结筋。伸出及埋入墙内各500mm长，拉结筋每道不少于2根，如图7.60所示。其他同斜茬（c）、（d）。

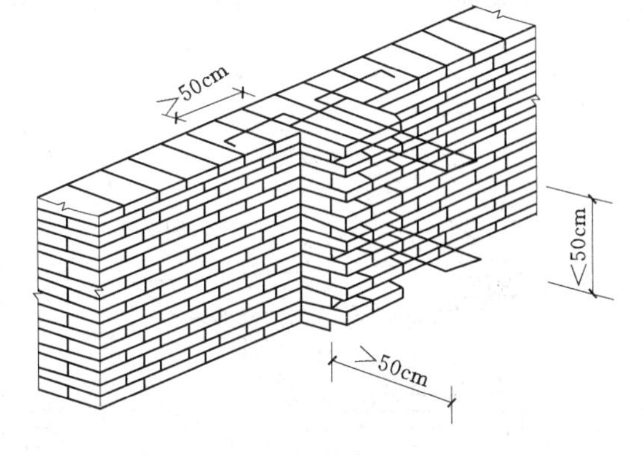

图7.60 直茬（马牙茬）

马牙茬优点：留茬、接茬均比较方便。马牙茬缺点：接茬灰缝不易饱满，即使在接砌时砂浆很密实，但由于两次不同时间砌筑的砂浆因收缩变形情况不同，接茬处的砂浆仍不可能饱满。

c. 大马牙茬（罗汉茬）。

(a) 钢筋混凝土构造柱处的砖墙应砌成大马牙茬。每一马牙茬沿高度方向的尺寸不宜超过300mm，如图7.61所示。

(b) 大马牙茬应先退后进，按砖的皮数以四退四出为宜（符合尺寸要求时也可五退五出），如图7.61所示。

(c) 操作时，先按构造柱截面尺寸边线退60mm（1/4砖长）砌四皮砖，之后再在柱边伸出60mm（1/4砖长）砌四皮砖，如此重复砌筑即成大马牙茬。

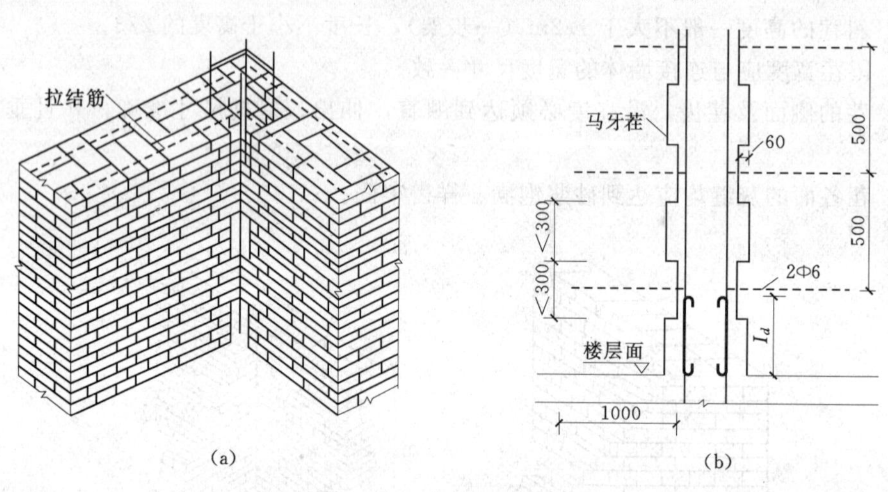

图7.61 大马牙茬（单位：mm）
(a) 大马牙茬的构造示意图；(b) 大马牙茬处钢筋布置

钢筋混凝土构造柱主筋配4Φ12；箍筋Φ4～Φ6，间距不大于250mm。构造柱截面尺寸：240mm×240mm。柱上端与本层圈梁连接，下端与下一楼层圈梁连接或伸入基础。沿墙每500mm设置2Φ6水平拉筋，每边伸入墙内应不小于1.0m，如图7.61(b)所示。

2) 墙体接茬。

a. 接茬时，应将茬齿清理干净，并检查其平整度、垂直度是否符合要求，如图7.62所示。

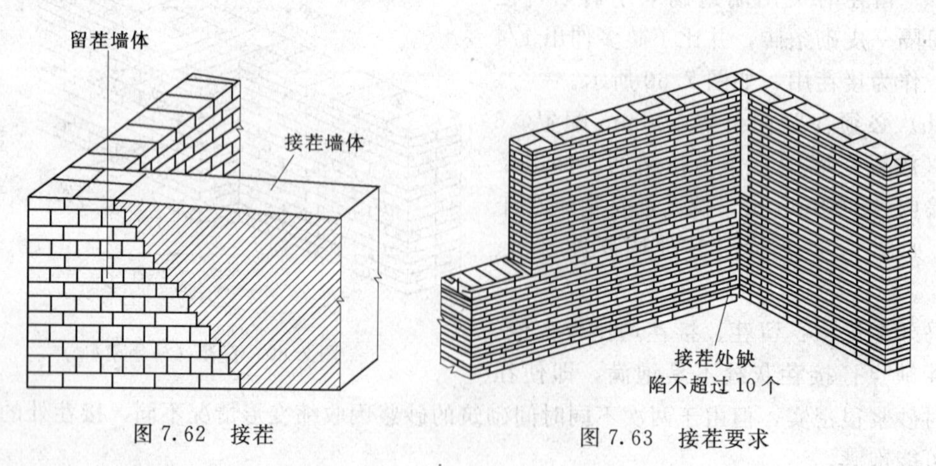

图7.62 接茬

图7.63 接茬要求

b. 砌筑方法同砌实心墙。接茬处灰浆密实，缝、砖平直。每处接茬部位水平灰缝厚度小于 5.0mm 或透亮的缺陷不超过 10 个，如图 7.63 所示。

（7）砖砌体的砌筑。

1）施工前的准备工作。

a. 熟悉、审核施工图纸和设计说明。重点掌握墙身与轴线的关系、门窗洞口的位置和标高、预制构件的位置和标高、砂浆和砖的品种与强度等级等。

b. 按设计图纸复核墙轴线、外包线及洞口的位置和尺寸。

c. 绘制和钉立皮数杆。

d. 翻样和提加工订货单。主要包括墙体加筋及拉结筋的翻样加工、木砖的规格和数量、预埋铁件等。

e. 施工机具和脚手的准备。主要包括砂浆拌和机、垂直和水平运输设备、脚手架等。

2）砌筑施工工艺及保证质量措施。

砌筑的施工工序有：找平、放线、摆砖、立皮数杆和砌砖、清理等。

a. 找平。砌墙前应在基础防潮层或楼面上定出各层标高，并用 M7.5 水泥砂浆或 C10 细石混凝土找平，使各段砖墙底部标高符合设计要求。找平时，需使上下两层外墙之间不致出现明显的接缝。

b. 放线。根据龙门板上给定的轴线及图纸上标注的墙体尺寸，在基础顶面上用墨线弹出墙的轴线和墙的宽度线，并分出门洞口位置线。二楼以上墙的轴线可以用经纬仪或垂球将轴线引上，并弹出各墙的宽度线，画出门洞口位置线。

c. 摆砖。摆砖是指在放线的基面上按选定的组砌方式用干砖试摆。一般在房屋外纵墙方向摆顺砖，在山墙方向摆丁砖。摆砖由一个大角摆到另一个大角，砖与砖留 10mm 缝隙。摆砖的目的是为了校对所放出的墨线在门窗洞口、附墙垛等处是否符合砖的模数，以尽可能减少砍砖，并使砌体灰缝均匀，组砌得当。

d. 立皮数杆。皮数杆，是指在其上划有每皮砖和砖缝厚度以及门窗洞口、过梁、楼板、梁底、预埋件等标高位置的一种木制标杆（图 7.64）。它是砌筑时一控制砌体竖向尺寸的标志，同时还可以保证砌体的垂直度。

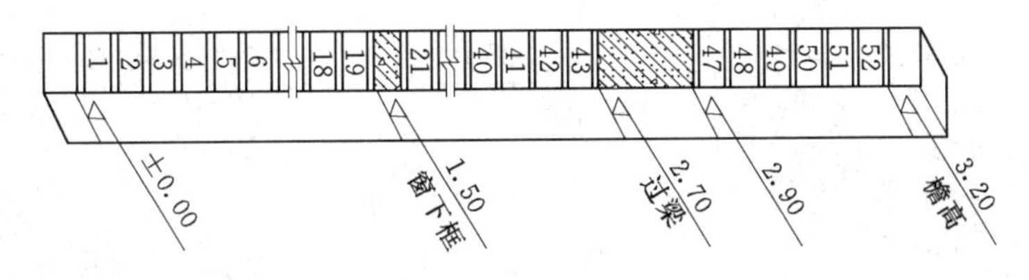

图 7.64 皮数杆

皮数杆一般立于房屋的四大角、内外墙交接处、楼梯间以及洞口多的地方，大约可隔 10～15m 立一根。皮数杆的设立，应由两个方向斜撑或用锚钉加以固定，以保证其牢固、垂直。一般每次开始砌砖前应检查一遍皮数杆的垂直度和牢固程度。同时还要检查皮数杆的竖立情况，弄清皮数杆上的±0.000 与测定点处的±0.000 是否吻合，各皮数杆的±0.000 标高是否在同一水平上，如图 7.65 所示。

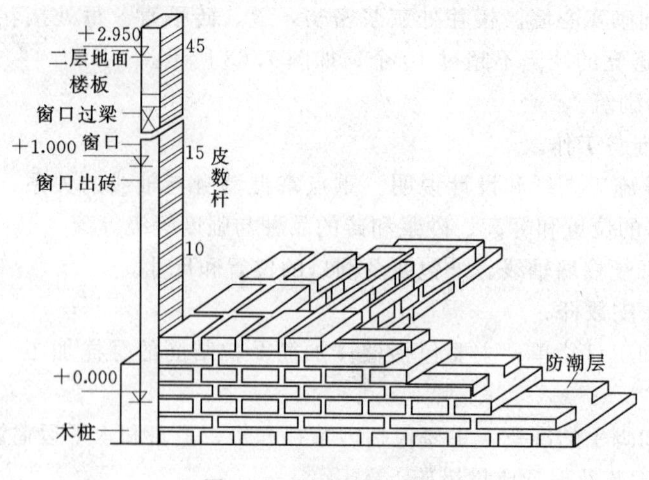

图 7.65 皮数杆的设立

e. 砌筑。

(a) 筑砖墙必须拉通线，砌一砖半以上的墙必须双面挂线。砖瓦工砌墙时主要依靠准线来掌握墙体的平直度，所以挂线工作十分重要。外墙大角挂线的办法是用线拴上半截砖头，挂在大角的砖缝里，然后用别线棍把线别住，别线棍的直径约为 1.0mm，放在离开大角 20～40mm 处。砌筑内墙时，一般采用先拴立线，再将准线挂在立线上的办法砌筑，这样可以避免因茬口砖偏斜带来的误差。当墙面比较长，挂线长度超过 20m 时，线就会因自重而下垂，这时要在墙身的中间砌上一块挑出 30～40mm 的腰线砖，托住准线，然后从一端穿看平直，再用砖将线压住。大角挂线的方式如图 7.66 (a) 所示，内墙挂线的方法如图 7.66 (b) 所示。挑线的办法如图 7.67 所示。

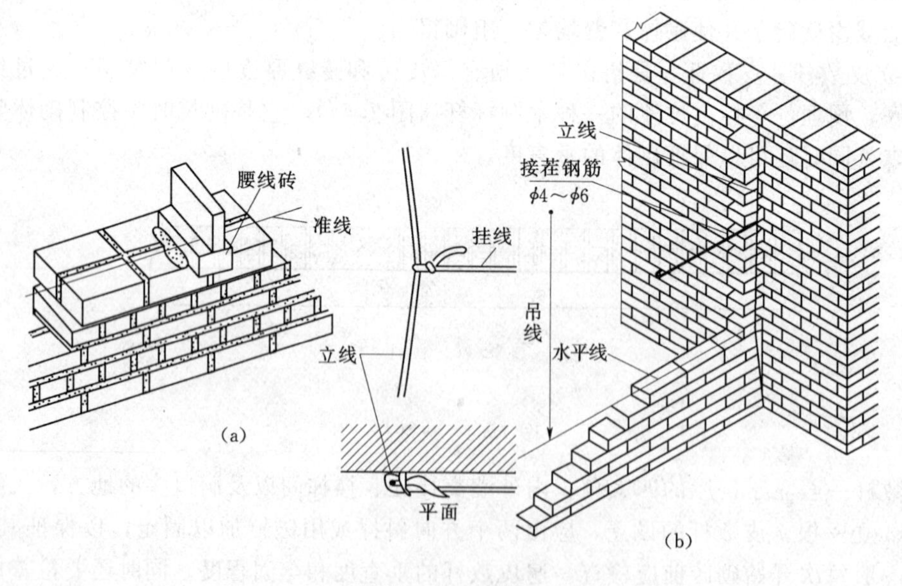

图 7.66 挂线

(a) 大角挂线；(b) 内墙挂线

（b）外墙大角的砌筑。外墙大角就是砖墙在外墙的拐角处，由于房屋的形状不同，可有钝角、锐角和直角之分，本处仅介绍直角形式的大角砌法。

大角处的 1.0m 范围内，要挑选方正和规格较好的砖砌筑，砌清水墙时尤其要如此。大角处用的“七分头”一定要棱角方正、打制尺寸正确，一般先打好一批备用，拣其中打制尺寸较差的用于次要部分。开始时先砌 3～5 皮砖，用方尺检查其方正度，用线锤检查其垂直度。当大角砌到 1.0m 左右高时，应使用托线板认真检查大角的垂直度。再继续往上砌时，操作者一要用眼“穿”看已砌好的角，根据三点共线的原理来掌握垂直度，另外，还要不断用托线板检查垂直度。砌墙时砖块一定要摆平整，否则容易出现垂直偏差。砌房屋大角的人员应相对固定，避免因操作者手艺手法的不同而造成大角垂直度不稳定的现象。砌墙砌到翻架子（由下一层脚手翻到上一层脚手砌筑）时，特别容易出现偏差，那是因为人蹲在脚手板上砌筑，砖层低于人的脚底，一方面人容易疲劳，另一方面也影响操作者视力的穿透，这时候要加强检查工作，随时纠正偏差。

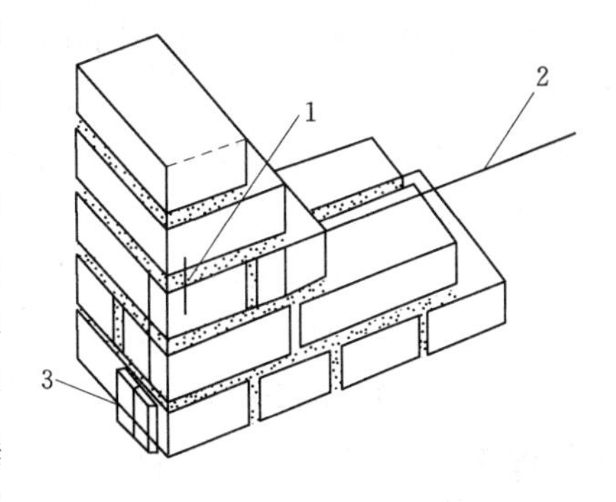

图 7.67　挑线
1—别线棍；2—挂线；3—简易挂线锤

（c）门窗洞口处的砌筑。门口是在一开始砌墙时就要遇到的，如果是先立门框，砌砖时要离开门框边 3mm 左右，不能顶死，以免门框受挤压而变形。同时要经常检查门框的位置和垂直度，随时纠正，门框与砖墙用燕尾木砖拉结，如图 7.68（a）所示。如后立门框或者叫嵌樘子，应按墨斗线砌筑（一般所弹的墨斗线比门框外包尺寸宽 20mm），并根据门框高度安放木砖，第一次的木砖应放在第三或第四皮砖上；第二次的木砖应放在 1m 左右高度，因为这个高度一般是安装门锁的高度；如果是 2.0m 高的门口，第三次木砖放在从上往下数第三、四皮砖上，如果是 2.0m 以上带腰头的门，第三次木砖放在 2.0m 左

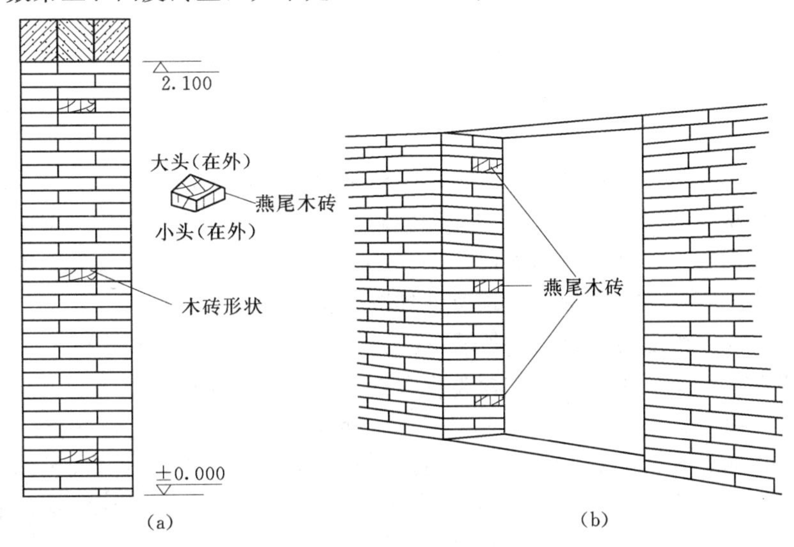

图 7.68　门窗洞口木砖的放法
（a）先立樘子木砖放法；（b）后嵌樘子木砖放法

右高度，即中冒头以下；在门上口以下第三、四皮砖处还要放第四次木砖。金属门框不用放木砖，另用铁件或射钉固定。窗框两边的墙同样处理，一般无腰头的窗放两次木砖，上下各离窗洞口2～3皮砖，有腰头的窗要放三次，即除了上下各一次以外中间还要放一次。这里所说的“次”，是指每次在每一个门窗口左右各放一块的意思。嵌樘子的木砖放法如图7.68（b）所示。要注意的是木砖必须经过防腐处理。

（d）窗台的砌筑。窗口处除了要放木砖外，还有窗台如何砌的问题。砖墙砌到1.0m左右就要分窗口，在砌窗间墙之前一般要砌窗台，窗台有出平砖（出60mm厚平砖）和出虎头砖（出120mm高侧砖）两种。出墙砖的做法是在窗台标高下一皮砖，根据窗口线把出墙砖砌过分口线60mm，挑出墙面60mm，砌时两端操作者先砌2～3块挑砖，将准线移到挑砖口上，中间的操作者依据准线砌挑砖。砌挑砖时，挑出部分的砖头上要用披灰法打上竖缝，砌通窗台时，也采用同样办法。因为窗台挑砖由于上部是空口容易使砖碰掉，成品保护比较困难，因此可以采取只砌窗间墙下压住的挑砖，窗口处的挑砖可以等到抹灰以前再砌。出虎头砖的办法与此相仿，只是虎头砖一般是清水，要注意选砖。竖缝要披足嵌严，并且要向外出20mm的泛水。如图7.69所示。

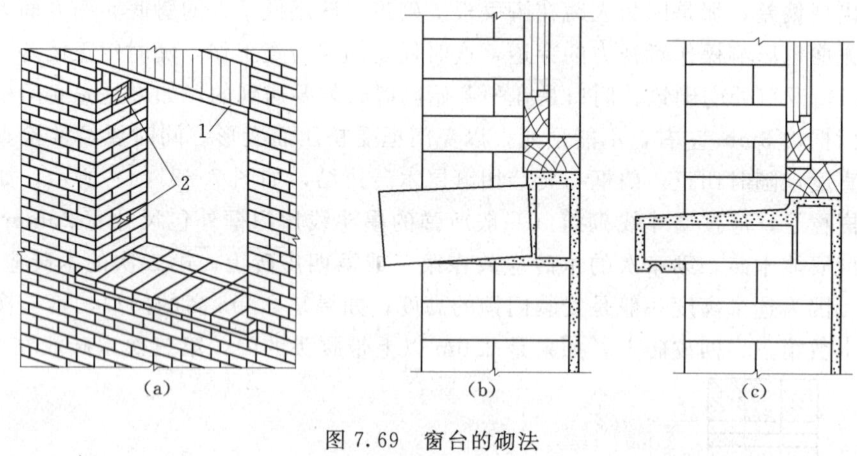

图7.69　窗台的砌法
1—托板；2—木砖

（e）窗间墙的砌筑。窗台砌完后，拉通准线砌窗间墙。窗间墙部分一般是一人独立操作，操作时要求跟通线进行，并要与相邻操作者经常通气。砌第一皮砖时要防止窗口砌成“阴阳膀”（窗口两边不一致，窗间墙两端用砖不一致），往上砌时，位于皮数杆处的操作者，要经常提醒大家皮数杆上标志的预留预埋等要求。

（f）楼层砌筑。在楼层砌砖，应考虑到现浇混凝土的养护期、多孔板的灌缝、找平整浇层的施工等多种因素。砌砖之前要检查皮数杆是否是由下层标高引测的，皮数杆的绘制方法是否与下层吻合。对于内墙，应检查所弹的墨斗线是否同下层墙重合，避免墙身位移，影响受力性能和管道安装，还要检查内墙皮数杆的杆底标高，有时因为楼板本身的误差和安装误差，可能出现第一皮砖砌不下或者灰缝太大，这时要用细石混凝土抄平。厕所、卫生间等容易积水的房间，要注意图纸上该类地面比其他房间低的情况，砌墙时应考虑标高上的高差。

楼层外墙上的门、窗、挑出件等应与底层或下层门、窗挑出件等在同一垂直线上。分口线应用线锤从下面吊挂上来。

楼层砌砖时，特别要注意砖的堆放不能太多，不准超过允许的荷载。如造成房屋楼板超荷载，可能会引起重大事故。

一层砌完后，应及时检查墙面或柱面的平整度和垂直度、标高等，对于超出规范规定的应立即进行纠正。

3）清水墙勾缝。

a. 清水墙的一般要求。清水墙就是外面不做粉刷，只将灰缝勾抹严实，砖面直接暴露在外的砖墙。除了工业建筑、简易仓房的内墙做成清水墙外，一般均适用于外墙。砌筑清水墙时要求选用规格正确、色泽一致的砖，必要时要进行专门挑选。在砌筑过程中，要严格控制水平灰缝的平直度，更要认真注意头缝的竖向一致，避免游丁走缝，砌筑完毕要及时抠缝，可以用小钢皮或竹棍抠划，也可以用钢丝刷剔刷。抠缝深度应根据勾缝形式来确定，一般深度为 10mm 左右。

b. 勾缝的形式。勾缝的形式一般有五种，如图 7.70 所示。

（a）平缝操作简便，勾成的墙面平整，不易剥落和积污，防雨水的渗透作用较好，但墙面较为单调。平缝一般采用深浅两种做法，深的约凹进墙面 3～5mm，多用于外墙面；浅的与墙面平，多用于车间、仓库等内墙面。

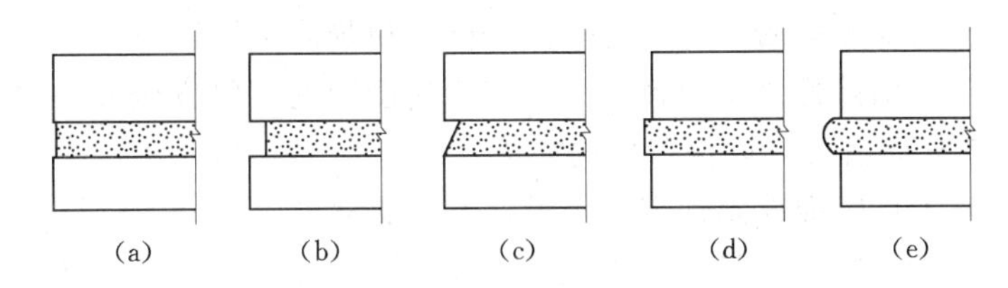

图 7.70 勾缝的形式

（a）平缝；（b）凹缝；（c）斜缝；（d）矩形凸缝；（e）半圆形凸缝

（b）凹缝。凹缝是将灰缝凹进墙面 5～8mm 的一种形式。凹面可做成矩形，也可略呈半圆形。勾凹缝的墙面有立体感，但容易导致雨水渗漏，而日耗工量大，一般宜用于气候干燥地区。

（c）斜缝。斜缝是把灰缝的上口压进墙面 3～4mm，下口与墙面平，使其成为斜面向上的缝。斜缝泄水方便，适用于外墙面和烟囱。

（d）凸缝。凸缝是在灰缝面做成一个矩形或半圆形的凸线，凸出墙面约 5mm 左右。凸缝墙面线条明显、清晰，外观美丽，但操作比较费事。

c. 勾缝前的准备。勾缝一般使用稠度为 40～50mm 的 1∶1 水泥砂浆，水泥采用 325 号水泥，砂子要经过 3mm 筛孔的筛子过筛。因砂浆用量不多，一般采用人工拌制。

勾缝以前应先将脚手眼清理干净并洒水湿润，再用与原墙相同的砖补砌严密，同时要把门窗框周围的缝隙用 1∶3 水泥砂浆堵严嵌实，深浅要一致，并要把碰掉的外窗台等补砌好。以上工作做完以后，要对灰缝进行整理，对偏斜的灰缝用扁钢凿剔凿，缺损处用 1∶2 水泥砂浆加氧化铁红调成与墙面相似的颜色修补（俗称假砖），对于抠挖不深的灰缝要用钢凿剔深，最后将墙面黏结的泥浆、砂浆、杂物等清除干净。

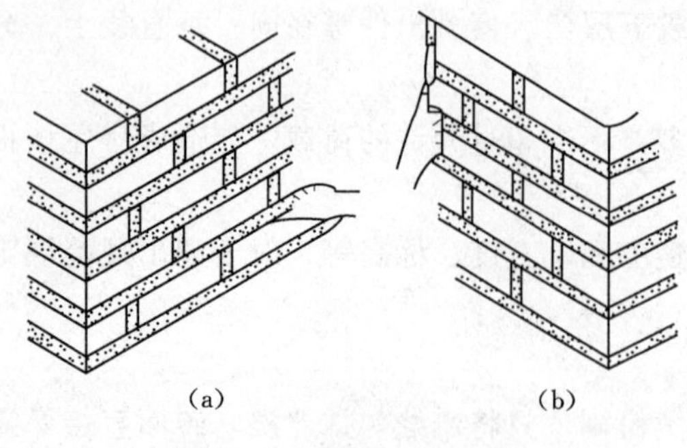

图 7.71 勾缝的操作手法
(a) 勾横缝；(b) 勾竖缝

d. 勾缝的操作。勾缝前1天应将墙面浇水湿透，勾缝的顺序是从上而下，先勾横缝，后勾竖缝。勾横缝的操作方法是，左手拿托灰板紧靠墙面，右手拿长溜子，将托灰板抵在要勾的缝口下边，右手用溜子将灰浆喂入缝内，同时自右向左随勾随移动托灰板。勾完一段后，再用溜子自左向右将砖缝内溜压密实，使其平整，深浅一致。勾竖缝的操作方法是用短溜子在托灰板上把灰浆刮起，然后勾入缝中，使其塞压紧密、平整，勾缝的操作手法如图7.71所示。

e. 勾缝要领。勾好的横缝与竖缝要深浅一致，交圈对口，一段墙勾完以后要用扫帚把墙面扫干净，勾完的灰缝不应有搭茬、毛疵、舌头灰等毛病。墙面的阳角处水平缝转角要方正，阴角的竖缝要勾成弓形缝，左右分明，不要从上到下勾成一条直线，影响美观。砖璇的缝要勾立面和底面，虎头砖要勾三面，转角处要勾方正，灰缝面要颜色一致、黏结牢固、压实抹光、无开裂，砖墙面要洁净。

4) 清理。

a. 当该层砖体砌筑完毕后，应进行墙面、柱面和落地灰的清理。

b. 砌完该层后，清除落地的碎砖、半砖（半砖能用的应整齐码放一边备用）、不能用的碎砖、垃圾等应立即清走，以保持场内整洁。

c. 建筑材料，工具应堆放到指定的位置，不得随意扔放。

d. 每天下班时注意打扫好场地的卫生，以及清洗好施工工具及机具。

(8) 砌块的砌筑。

1) 砌块种类及规格。砌块建筑在目前房屋建筑中是一种比较新的施工工艺，是墙体改革的一个内容。已与砌砖比较，自重较轻，在工业化、机械化和装配化程度上都有提高。砌块建筑目前已得到初步推广，不少地区都在因地制宜地采用。

砌块按其所用材料不同，分为砖与砂浆组砌成的砌块、混凝土空心砌块、硅酸盐砌块。

砌块规格大小按模数要求确定，不仅砌块本身的高、长、宽要符合模数，其组砌后的尺寸也要符合建筑平面，层高的模数要求，这样在施工中可以做到不镶砖或少镶砖，目前一般使用中、小型砌块。中型砌块规格：一般长度为880～1180mm，高度385～480mm，宽度为180mm、190mm、200mm、240mm等。抗压强度常用范围为（30～100）×10^5Pa。小型砌块的规格：主规格砌块为长390mm、高190mm，宽190mm；辅助规格砌块的长×宽×高为290mm×190mm×190mm、190mm×190mm×190mm、90mm×190mm×190mm三种。其抗压强度为100MPa、75MPa、50MPa、36MPa四种，非承重砌块为30，具体规格尺寸应根据当地所采用的原材料性能、生产和施工条件，并结合构件强度验算和建筑功能要求等因素综合考虑，合理设计。

2) 施工前的准备工作。

a. 现场布置砌块体积比较大，规格又较多，并且要用机械运输吊装，因此施工前要安排好现场平面布置，保证施工顺利进行。

装卸砌块时，应堆放整齐，不得翻斗倾卸和丢掷。并应按不同规格和标号分别堆放，堆垛上应设有标志。堆放场地必须平整夯实，并应做好排水。砌块堆放高度不宜超过1.6m，堆垛之间保持适当通道。中型砌块堆放高度不宜超过3m，通常采用上下皮交错叠放。

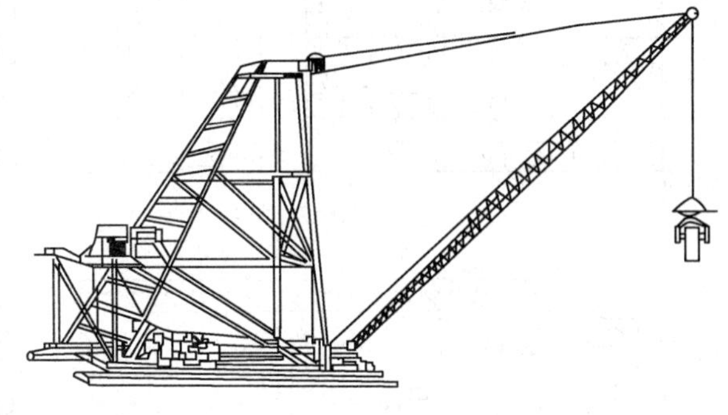

图7.72　少先吊

b. 机具准备。砌块吊装除使用塔吊外，还可以用少先吊（图7.72）、台灵架。

不论使用什么机械，必须满足吊装的安全荷载规定，另外还要准备吊装的夹具（图7.73）及钢丝绳索具等。

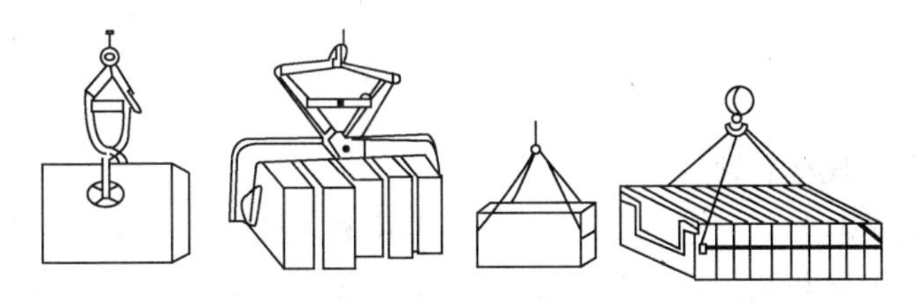

图7.73　夹具与索具

安砌使用工具除瓦工常用工具外，还应备有铺砂浆用的单面或双面摊灰尺（图7.74），以及灌浆夹板、小撬杠、木锤、勾缝溜子等。

c. 技术准备。首先检查砌块的规格、数量和编号是否正确，再检查夹具、索具等吊装及安装工具是否齐全、可靠。其次是检查轴线标高，复核墙位线和立好皮数杆，如砌筑位置低于30mm应用细石混凝土找平，并应具有砌块编号排列图，以便对号就位，如图7.75所示。

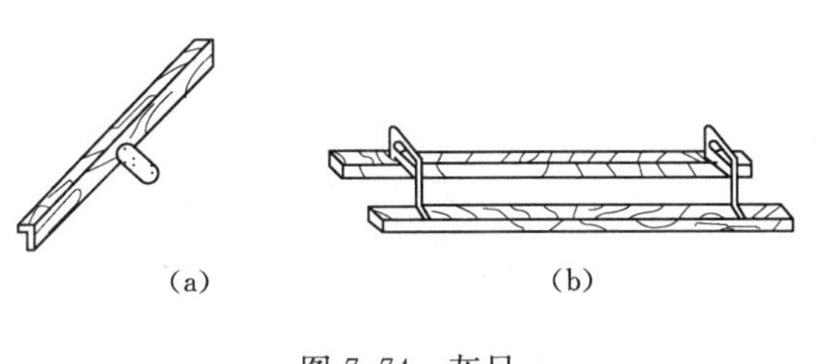

图7.74　灰尺

(a) 单面蜕尺；(b) 双面蜕尺

3）砌块的安砌。

a. 工艺流程。砌块浇水→垂直运输→铺灰→吊装→就位→校正→灌缝→镶砖→勾缝清理。

b. 操作顺序。一般先外墙后内墙，先远后近，从下而上按流水分段进行安装。并应先安砌转角砌块，然后再安砌中间砌块。

c. 砌块的排列及连接砌块的排列，按建筑物的尺寸以砌块主规格为主排列，不足一块处应用辅助规格砌块组合，尽量做到不镶砖或少镶砖。排列时要注意墙体的整体和稳定性，尽量做到排列对称、墙面美观、受力均匀。当设计无规定时，砌块排列应按下列

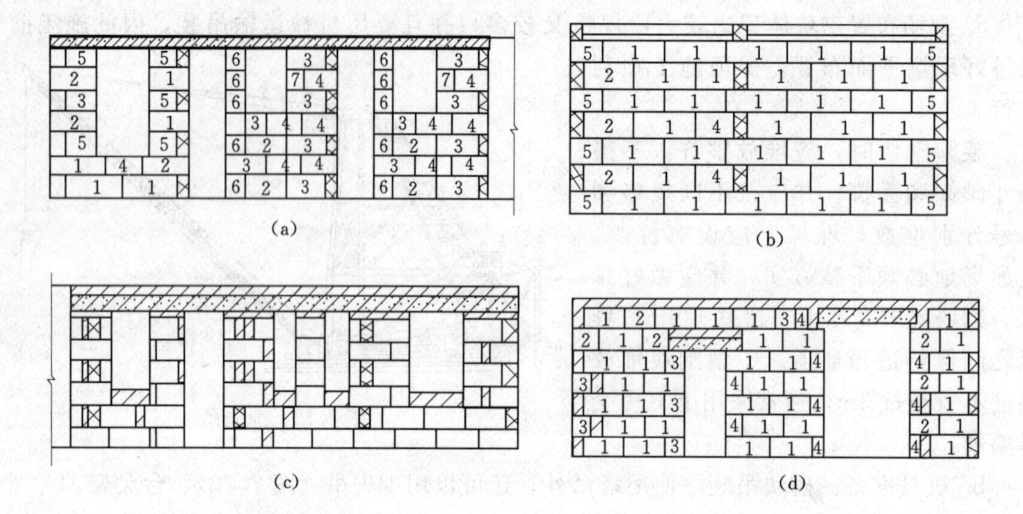

图 7.75 排列图

(a) 外墙不镶砖的砌块排列图；(b) 外墙镶砖的砌块排列图；

(c) 山墙不镶砖的砌块排列图；(d) 内墙镶砖的砌块排列图

原则：

(a) 尽量采用主规格砌块。

(b) 砌块应错缝搭接，搭接长度不得少于砌块高度的1/3，且不少于15cm。

(c) 纵横墙交接处和墙体转角处应交错搭砌，要隔层咬样一次，如图7.76所示。当墙体丁字接头和转角处不能搭砌或搭接长度小于15 cm时，应采用钢筋网片或拉结条连接，两端离该直缝距离不小于30cm，并应每皮砌块的水平灰缝内设置一道。如图7.77所示。

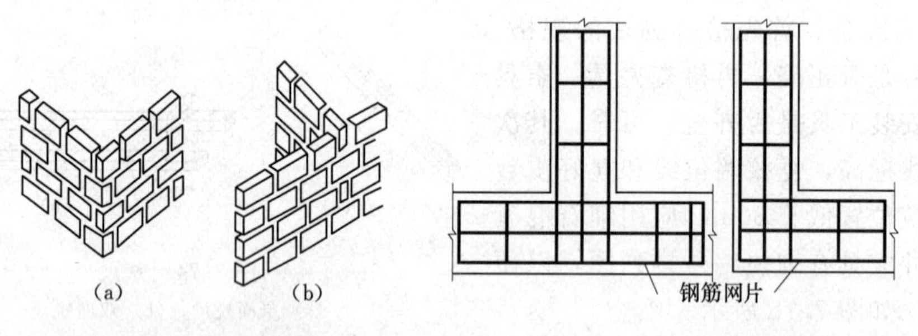

图 7.76 转角处搭接　　图 7.77 转角处网片连接

(d) 砌块就位后要进行校正、灌缝，校正平直后灌竖缝。砌块砌体的水平和垂直灰缝厚度为15～20mm，当垂直灰缝大于30mm时，应采用C20细石混凝土灌实。灌垂直缝后，随即进行水平和垂直缝的勒缝（原浆勾缝），其深度一般为3～5mm。灌垂直缝后的砌块不得碰撞或撬动，如发生移动，应重新铺砌。

(e) 镶砖要求。必须镶砖时，砖应分散布置，所用砖的强度等级不应低于砌块标号，所用砂浆同砌块所用一致。镶砖主要用于较大的竖缝和过梁找平等。镶砖用的红砖强度等级一般不低于MU10。砖应平砌，任何情况下不得斜砌或竖砌。镶砖砌体灰缝厚度在6～

15mm 之间，镶砖与砌块间的竖缝控制在 15～30mm。

4）砌块安装要求及注意事项。

a. 砌块砌筑前，应在基础平面或楼层平面按砌块排列图放出第一皮砌块的轴线、边线和洞口线，还应放出分块线。

b. 砌块安装之前要提前浇水湿润，并清除表面的泥土杂物。

c. 砌筑砌块用的砂浆不低于 M2.5，宜用混合砂浆，稠度以 5～7cm 为宜，水平灰缝铺置要平整，砂浆铺砌长度较砌块稍长一些，宽度应缩进墙面 5mm 左右。竖缝可采用夹板浇灌砂浆。

d. 砌块吊装应直起直落，下降速度要慢，在离安装位置 30cm 左右时，操作者要手扶砌块，使其稳妥地放在铺好砂浆层上，待放平稳后才能松开夹具。

e. 校正砌块时，不得在灰缝中塞石子或砖片，也不能强烈震动砌块，以影响其整体质量。

f. 砌块砌筑应做到横平竖直，砌体表面平整清洁，砂浆饱满，灌缝密实。

g. 砌块就位并经校正平直、灌垂直缝后，随即进行水平和垂直缝的勒缝（原浆勾缝），勒缝深度一般为 3～5mm。

h. 在施工分段处或临时一间断处，应留踏步样，其高度不应超过一层楼，附墙垛应与墙体同时交错砌筑。

i. 设计规定的洞口、沟槽、管道和预埋件等，应在砌筑时预埋或预留，空心砌块不得打凿通长沟槽。

j. 墙两端定位砌块必须用托线板与水平尺校正垂直，中间部分按拉线进行校正，如有偏差可用撬棒拨正，偏差较大的重新起吊安装，并要将原砂浆清理掉重新铺灰。

k. 门窗框的固定必须牢固，每边固定点不得少于三处，当窗宽小于 80 cm 时，每边固定点不得少于两处。

2. 操作要领

任何一项操作技术，均包含着一种需长时间训练，并且始终贯穿着整个操作项目全过程的基础技能——基本功。砖砌体砌筑也不例外，只有掌握了砌筑基本功和有关各种砌体砌筑的法则、要领、程序，就不难把各种砌体砌筑好。因此，基本功的强化训练与掌握非常必要。

（1）拿砖的方法。

1）拿砖动作要求，在排列整齐的砖堆中选定某一块砖，用食指勾直取出，然后转腕托砖转向砌筑面，待砌砖时手心向下用手指夹持砖块进行砌筑，如图 7.78（a）所示。

2）取砖时，要注意选砖，对哪些砖适合砌在什么部位，要做到心中有数，并且力争做到取第一块砖时就要看准下一块要用的砖。

3）旋砖的方法是左手将砖平托（砖的大面贴在手心）→食指或中指稍勾砖的边棱→四指拨动（同时左臂抖腕）→砖在掌心旋转→选定合适面，如图 7.78（b）～（d）所示。

4）左手取砖，右手铲灰动作应该一次完成，这样不仅节约时间，而且减少了弯腰的次数。

（2）铲（取）灰的方法。

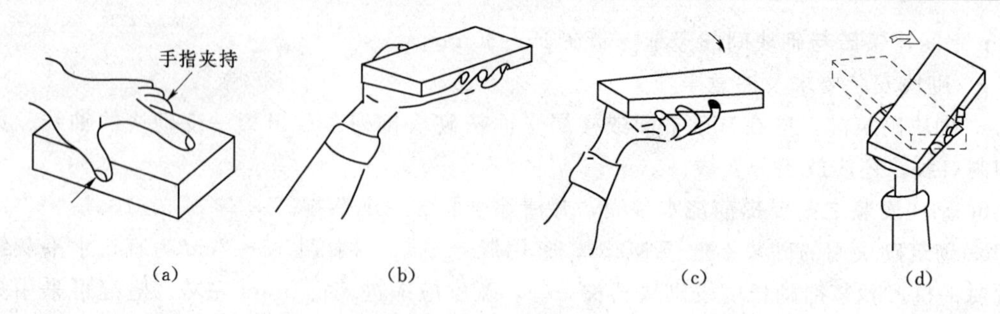

图7.78 拿砖的方法

(a) 拿砖动作；(b) 左手将砖平托；(c) 四指拨动；(d) 砖在掌心旋转

1）瓦刀取灰。操作者右手拿瓦刀→向右（灰桶方向）侧身弯腰→将瓦刀插入灰桶内侧（靠近操作者的一边）→转腕将刀口边接触灰桶内壁→顺着内壁将灰浆取出，如图7.79所示。

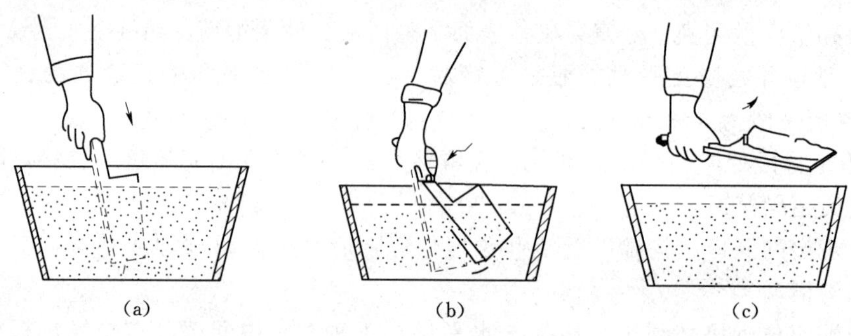

图7.79 瓦刀取灰

(a) 瓦刀插入灰桶内侧；(b) 转腕接触灰桶内壁；(c) 将灰浆取出

2）大铲铲灰。操作者右手拿大铲→向右（灰桶方向）侧身弯腰→将大铲切入（大铲面水平略带倾斜）灰桶砂浆→向左前或右前顺势舀起砂浆，如图7.80（a）、（b）所示。

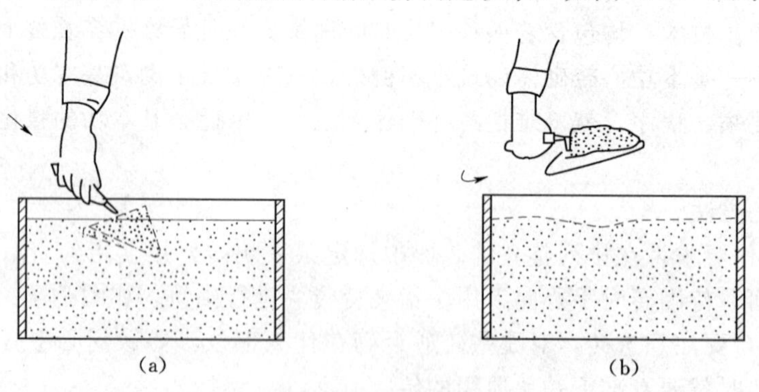

图7.80 大铲铲灰

(a) 大铲切入；(b) 舀起砂浆

3）掌握好取灰的数量，尽量做到一铲（刀）一灰两块砖。

（3）瓦刀挂灰。准备动作。右手拿瓦刀取好灰浆，左手取砖、平托砖块（砖大面朝掌心，砖块略向操作者倾斜）。左手掌平托砖块时，大拇指勾住左条面，食指紧贴砖下大面，

其他三指勾住右条面（图 7.81）。

（4）满刀灰砌筑法。用瓦刀将砂浆刮于砖面上，随即砌筑。在砌筑时，右手拿瓦刀，左手拿砖，先用瓦刀把砂浆正手披在砖的一侧，然后反手将砂浆刮满砖的大面，并在另一侧披上砂浆。灰要刮均匀，中间不要留空隙（四周可以厚些，中间薄些）。头缝处也要披满砂浆，然后将砖平砌于墙上，轻轻挤压至准线平齐为止，每皮砖砌好后，用砂浆将花槽缝填灌密实，如图 7.82 所示。

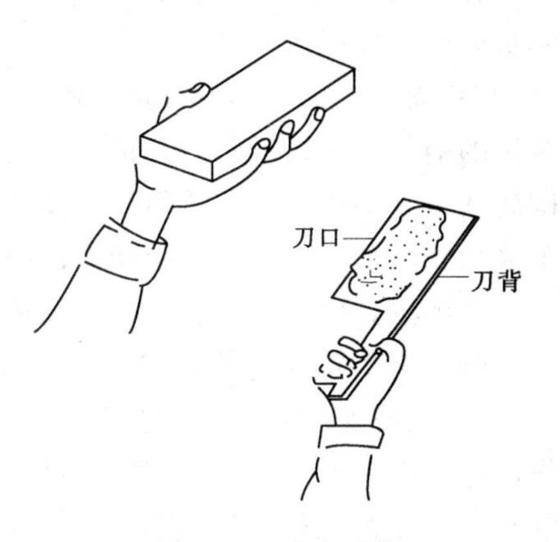

图 7.81 准备动作

满刀灰砌筑的墙其砂浆刮得均匀、灰缝饱满，所以砌筑的墙质量好，但工效较慢，目前采用较少。它一般用于铺砌砂浆困难的部位，如砌平拱、弧拱、窗台、花墙、炉灶、空斗墙等。

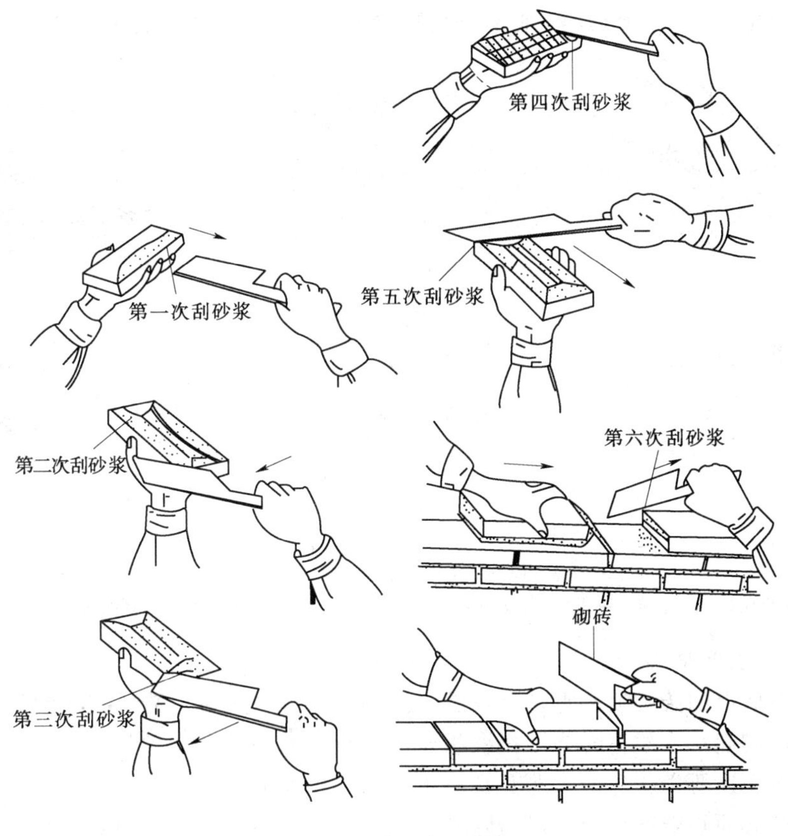

图 7.82 满刀灰砌筑法

（5）大铲砌筑法。即采用一铲灰、一块砖、一揉挤的砌法，也称“三一”砌砖法。其操作顺序如下：

1）铲灰取砖。砌墙时操作者顺墙斜站，砌筑方向是由前向后退着砌。铲灰时，取灰量应根据灰缝厚度，以满足一块砖的需求量为准。拿砖时要随取随挑选，左手拿砖，右手铲灰，同时进行。

2）铺灰。铺灰是砌砖时比较关键的动作，掌握不好，直接影响砖墙砌筑质量。一般常用的铺灰手法是甩浆，有正手和反手甩浆，如图7.83（a）～（c）所示。它是“三一”砌砖法基本手法之一，适用于砌离身较低较远的墙体部位。离身较近且工作面较高的部位可采用扣的手法。还有在实际操作中，根据砌条砖、顶砖及各种不同部位采用的泼、溜、一带二手法，要求铺出灰条一次成形，不要用大铲来回扒拉或用铲尖抠灰打头缝。用大铲砌筑时，所用砂浆稠度7～10cm为宜，不能太稠或太稀。

3）揉挤刮余灰灰浆铺好后，左手拿砖，在距已砌好的砖约3～4cm处采用“压带”动作，将灰浆刮起一点挤到砖顶头的竖缝里，然后把砖揉一揉，顺手用大铲把挤出墙面的余灰刮起来。大铲砌筑法的特点：由于铺出的砂浆面积相当于一块砖的大小，并且随即揉砖，因此不论在什么环境条件下，灰缝容易饱满，黏结力强，能保证砌筑质量。在揉挤时，随手刮去揉出来的余灰，使墙面保证清洁。但此砌法一般都是单人操作，操作过程中取砖、铲灰、铺灰转身，弯腰的动作较多，如果掌握不熟练，动作不规范，附带一些多余动作，劳动强度大，又耗费时间，影响砌筑效率。此砌法适用于砌窗间墙、砖柱、烟囱等部位。

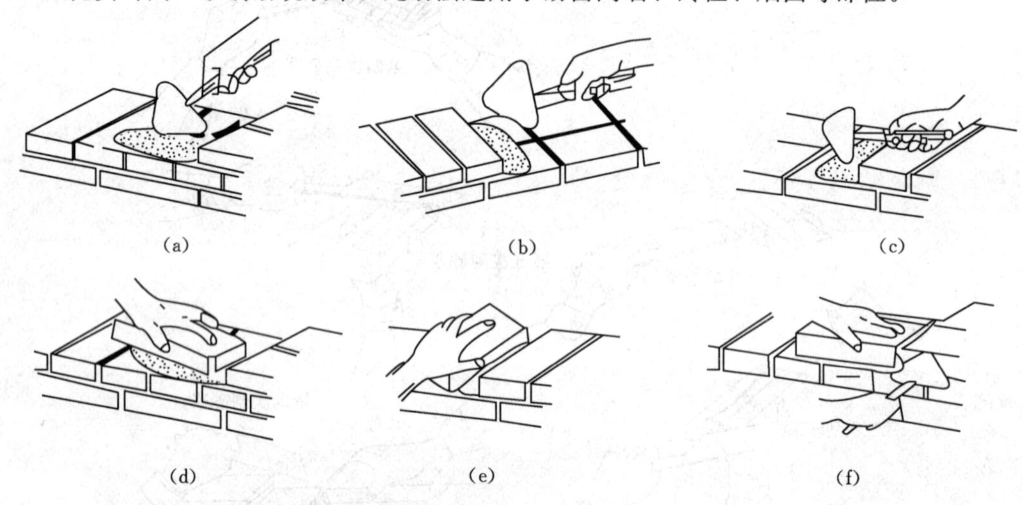

图7.83 “三一”砌筑法

(a) 条砖正手甩浆；(b) 丁砖正手甩浆；(c) 丁砖反手甩浆；(d) 揉挤浆；(e) 丁砖揉挤浆；(f) 顺砖揉灰刮浆

7.3.2.5 实训注意事项

(1) 砌在墙上的砖必须放平，且灰缝不能一边厚，一边薄，造成砖面倾斜。

(2) 当墙砌起一步架高时要用托线板全面检查墙面的垂直及平整度。

(3) 砌筑中还要学会选砖，尤其是清水墙面，砖面的选择很重要。

(4) 砌砖必须跟着准线走，俗语叫“上跟线、下跟墙，左右相跟要对平”。

(5) 砌好的墙不能砸。如果墙面有鼓肚，用砸砖调整的办法是不好的习惯。

(6) 砌墙除懂得基本的操作外，还要在实践中注意练好基本功掌握操作要领。

(7) 注意墙面清洁，不要污损墙面。

(8) 严禁穿凉鞋进入实习场地。

7.3.2.6　操作练习

严格按以下要求、步骤进行：

第一阶段：主要是砌砖的铺灰手法练习，根据手腕灵活程度、铲灰动作、铲灰量、铺灰、落灰点、铺出灰条均匀、一次成形情况评定学生成绩。

第二阶段：各种铺灰手法和步伐，拿砖选砖手法练习，根据手法、步伐协调、拿砖姿势正确、选砖动作熟练程度进行评定学生成绩。

第三阶段：进一步提高砌砖动作规范熟练程度。按砖砌体砌筑操作程序进行砌筑练习，完成图 7.84 的实习作业。全班同学参与完成，任务如下：

（1）分组砌筑长 6.0m、高 1.0m、厚 240mm 砖墙一段。

（2）对砌筑质量进行检查、验收。

（3）实训结束清理场地，归还工具。

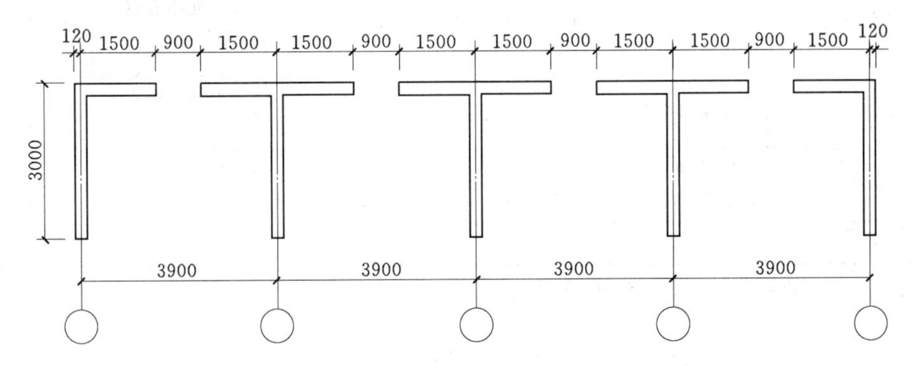

图 7.84　实训训练项目——墙体砌筑

7.3.2.7　评分方法

砌筑操作练习的评分方法见表 7.8。

表 7.8　　砌筑练习操作评分表

<table>
<tr><th>序号</th><th colspan="2">评分项目</th><th>考核要求</th><th>测点</th><th>检查方法</th><th>评分方法</th><th>满分</th><th>得分</th><th>备注</th></tr>
<tr><td rowspan="3">1</td><td rowspan="3">基本手法</td><td>铺灰</td><td>铲灰、取砖同时进行，据砌筑部位远近、高低运用不同铺灰手法</td><td rowspan="3"></td><td rowspan="3">操作中随时观察</td><td rowspan="3">动作熟练，符合规范要求记满分，差者酌情扣分</td><td>10</td><td rowspan="3"></td><td rowspan="3"></td></tr>
<tr><td>选砖</td><td>拿砖姿势正确，单手选砖动作熟练</td><td>6</td></tr>
<tr><td>身法</td><td>砌砖时，弯腰步伐手臂动作有规律</td><td>10</td></tr>
<tr><td>2</td><td colspan="2">水平灰缝砂浆饱满度</td><td>≥80%</td><td>2</td><td>用百格网检查砖底面与砂浆黏结痕迹面积</td><td>每处三块平均值小于 80%不得分</td><td>8</td><td></td><td></td></tr>
<tr><td>3</td><td colspan="2">头缝</td><td>均匀一致，砂浆饱满无瞎缝</td><td></td><td>目测</td><td>发现一处不合格扣 1 分</td><td>4</td><td></td><td></td></tr>
</table>

续表

序号	评分项目	考核要求	测点	检查方法	评分方法	满分	得分	备注
4	水平灰缝厚度（10皮砖累计）	允许偏差±8mm	2	用皮数杆比较用尺量	>±8mm不得分，每处4分	8		
5	头角垂直度	允许偏差5mm	3	用2m托线板和尺量	>5mm每点扣4分	12		
6	墙面平整度	允许偏差5mm	2	用靠尺板和塞尺量	>5mm每点扣4分	8		
7	水平灰缝平直度	允许偏差7mm	2	拉10m线用尺量	>7mm每点扣4分	8		
8	游丁走缝	本题允许偏差10mm	2	吊线尺量	>10mm每点扣2分	4		
9	清水墙面	组砌正确，刮缝深度均匀一致七分头规整墙面整齐美观	2	观察	发现一处不合格扣2分或酌情扣分	10		
10	标高	允许偏差10mm	2	尺量	>±10mm每点扣3分	6		
11	文明生产	场地清洁无碎砖，无安全事故			酌情打分，发生事故不得分	6		
12	合计					100		

姓名________ 班级________ 指导教师________ 日期________

实训任务7.4 模板工程施工实训

7.4.1 实训内容

独立基础模板施工；梁、板、柱模板的配板设计和施工。

7.4.2 实训目的

通过对独立基础、梁、板、柱模板的配板设计和搭设及拆除，熟悉并掌握木模板、钢模板的安装方法，搭设步骤和拆除方法及注意事项。

7.4.3 主要材料及机具

（1）主要材料：

1830mm×915mm×18mm覆面木胶合板；厚度不小于25mm的松木板；2000mm×50mm×100mm松枋；ϕ48mm×3.5mm钢管及扣件；ϕ48M1200mm系列门架及附件；尾头直径大于80mm的原木；系列对拉螺栓；锁紧扣等。

（2）机具：台锯、手提电钻、电焊机、压刨机等若干。

7.4.4 操作工艺

1. 阶形独立基础模板施工

（1）工艺流程。

弹线→侧板拼接→组拼各阶模板→涂刷隔离剂→下阶模板安装→上阶模板安装→浇筑

混凝土→模板拆除

（2）施工要点。

1）在基坑底垫层上弹出基础中线。

2）把截好尺寸的木板加钉木档拼成侧板，在侧板内表面弹出中线，再将各阶的4块侧板组拼成方框，并校正尺寸及角部方正。

3）安装时，先把下阶模板放在基坑底，两者中线互相对准，用水平校正其标高；在模板周围钉上木桩，用平撑与斜撑支撑顶牢；然后把上阶模板放在下阶模板上，两者中线互相对准，并用斜撑与平撑加以钉牢。

4）模板拆除时，先拆除斜撑与平撑，然后用撬杠、钉锤等工具拆下4块侧板。

（3）成品保护。

1）与混凝土接触的模板表面应认真涂刷隔离剂，不得漏涂，涂刷后如被雨淋，应补刷隔离剂。

2）拆除模板时要轻轻撬动，使模板脱离混凝土表面，禁止猛砸狠敲，防止碰坏混凝土。

3）拆除下的模板应及时清理干净，涂刷隔离剂，暂时不用时应遮阴覆盖，防止暴晒。

2. 梁模板施工

（1）施工要点。

1）根据柱弹出的轴线，梁位置和水平线，安装柱头模板。

2）按配板设计在梁下设置支柱，间距一般为600～1000mm。按设计标高调整支柱的标高，然后安装梁底模板，并拉线找平。因本工程梁跨度较大，跨中梁底处应按3‰起拱，主次梁交接时，先主梁起拱，后次梁起拱。

3）底层支柱应支在平整坚实地面上，并在底部加垫脚手板，并设对拔楔楔紧，调整标高，分散荷载，以防发生下沉。支柱之间根据楼层高度，应设二道水平拉杆或斜拉杆。

4）梁钢筋一般在底板模板支好后绑扎，找正位置和垫好保护层垫块，清除垃圾及杂物，经检查合格后，即可安装侧模板。

5）梁高超过700mm时，应采用对拉螺栓在梁侧中部设置通长横棱，用螺栓紧固。

（2）成品保护。

1）模板支好后，应保持模内清洁，防止掉入砖头、砂浆、木楔等杂物。

2）保持钢筋位置正确，不被扰动。

3. 板模板施工

（1）施工要点。

1）模板支设采取先主、次梁，再支楼板模板。平面尺寸较大时，可采取分段支模，留设后浇缝带隔断。跨度4m以上主梁底模及支柱，间距一般不得大于3m。

2）在梁两侧设两根脚手杆，固定梁侧模。

3）模板支好后，应对模板尺寸、标高、板面平整度、模板和立柱的牢固情况等进行全面检查，如出现较大尺寸偏差或松动，应及时纠正和加固，并将板面清理干净。

4）检查完后，在支柱（顶撑）之间设置纵、横水平杆和斜拉杆，以保持稳定。水平拉杆一般离地面500mm处一道，以上每1.6～2.0m设一道，支柱底部应铺设50mm后垫板。

(2) 成品保护。

1) 不得用重物冲击碰撞已安装好的模板及支撑。

2) 不准在吊模、桁架、水平拉杆上搭设跳板，以保证模板的牢固稳定和不变形。

3) 搭设脚手架时，严禁与模板及支柱连接在一起。

4) 不得在模板平台上行车和堆放大量材料和重物。

4. 柱模板施工

(1) 工艺流程。找平、定位→组装柱模→安装柱箍→安装拉杆或斜撑→校正垂直度→柱模预检→浇筑混凝土→柱模拆除。

(2) 施工要点。

1) 按标高抹好水泥砂浆找平层，按柱模边线做好定位墩台，以保证标高及柱轴线位置的准确。

2) 安装就位预拼的各片柱模。先将相邻的两片就位，就位后用铁丝与主筋绑扎临时固定；用U形卡将两片模板连接卡紧；安装完两面模板后再安装另外两面模板。

3) 安装柱箍。

4) 安装拉杆或斜撑。柱模每边设2根拉杆，固定于楼板预埋钢筋环上，用经纬仪控制，用花篮螺栓校正柱模垂直度。拉杆与地面夹角宜为45°，预埋钢筋环与柱距离宜为3/4柱高。

5) 将柱模内清理干净，封闭清扫口，办理柱模预检。

6) 柱子模板拆除。先拆掉柱模拉杆（或支撑），再卸掉柱箍，把连接每片柱模的U形卡拆掉，然后用撬杠轻轻撬动模板，使模板与混凝土脱离。

(3) 成品保护。

1) 吊装模板时轻起轻放，不准碰撞楼板混凝土，并防止模板变形。

2) 柱混凝土强度能保证拆模时其表面及棱角不受损时，方可拆除柱模板。

3) 拆模时不得用大锤硬砸或用撬杠硬撬，以免损伤柱子混凝土表面或棱角。

4) 拆下的钢模板及时清理修整，涂刷隔离剂，分规格堆放。

7.4.5 模板安装允许偏差及检验方法

模板安装允许偏差及检验方法见表7.9。

表7.9　模板安装允许偏差及检验方法

序号	项　目	允许偏差（mm）	检　查　方　法
1	基础轴线位移	5	尺量检查
2	柱、墙、梁轴线位移	3	尺量检查
3	标高	±2、−5	用水准仪或拉线和尺量检查
4	基础截面尺寸	±10	尺量检查
5	柱、墙、梁截面尺寸	+2、−5	尺量检查
6	每层垂直度	3	线垂或2m托线板检查

续表

序号	项　目	允许偏差（mm）	检　查　方　法
7	相连两板表面高低差	1	用直尺和尺量检查
8	表面平整度	3	用2m靠尺和楔形塞尺检查
9	预埋件中心线位移	3	拉线尺量检查
10	预埋管预留孔中心线位移	3	拉线尺量检查
11	预埋螺栓中心线位移	2	拉线尺量检查
12	预埋螺栓外漏长度	+10、0	拉线尺量检查
13	预留洞口中心线位移	10	拉线尺量检查
14	预留洞口截面内部尺寸	+10、0	拉线尺量检查

7.4.6 模板拆除

（1）拆模顺序一般应后支的先拆，先支的后拆；先拆除非承重墙部分，后拆除承重部分。

（2）模板拆除，当梁、板跨度不大于8m时，应达到设计混凝土强度等级的75%，当梁跨度大于8m时，应达到100%；梁侧非承重墙模板应在保证混凝土表面及棱角不因拆模而受损伤时，方可拆除。

（3）多层楼板支柱拆除，当上层楼盖正在浇筑混凝土时，下层楼板的模板和支柱不得拆除，再下一层楼板的模板和支柱应视待浇混凝土楼层荷载和本楼层混凝土强度而定。

7.4.7 安全措施

（1）作业人员必须戴好安全帽，高处作业人员必须系好安全带且做到高挂低用。

（2）作业前检查所使用的工具是否牢固，工具在不使用的时候应及时放入工具袋内。

（3）模板及其支撑系统在安装时必须设置临时固定设施，以防倾倒。

（4）二人抬运模板时，应相互配合协同工作、传递模板、工具等时应用运输工具或用绳系牢固升降传递，不得乱抛。

（5）支设柱上部及梁、板的模板时应搭设操作平台或用马镫脚手架，作业面下方不许非施工人员进入，要设专人看护。

（6）不得在脚手架上堆放过多的材料；不准站在柱模板上作业或梁底上行走；不得借助拉杆支撑攀登上下。

（7）安装、吊装模板时，作业人员应站在安全地点进行操作，禁止在同一垂直面工作。

（8）在拆模板时，拆除现场应标出作业禁区，有专人指挥，作业区内禁止非工作人员入内。

（9）严禁直接站在被拆除模板上进行操作；模板应逐块拆卸，不得成片松动撬落或直接拉倒，严禁作业人员在同一垂直面同时操作。模板一般用长撬杠拆除，禁止作业人员站在被拆除模板的正下，拆模时，临时脚手架必须牢固，不得用拆下的模板做脚手架。

（10）拆模间隙时应将已松动的模板、拉杆支撑等固定牢固以防其突然掉落伤人。

（11）模板必须一次性拆清，不得留有无支撑模板；已拆除的模板、拉杆支撑等应及时运到指定地点并堆放整齐。

（12）拆除梁、板等模板前必须执行混凝土拆模申请制度必须在同条件试块达到拆模强度后方可拆除。

实训任务7.5　脚手架搭设

7.5.1　实训任务

学院实训场地一砖混结构厂房脚手架搭设。脚手架立杆步距 $H=1.5$m，立杆纵距 $L_a=1500$mm，立杆横距 $L_b=900$mm，脚手架内侧立杆距建筑物 $a=500$mm。局部搭设图如图7.85所示。

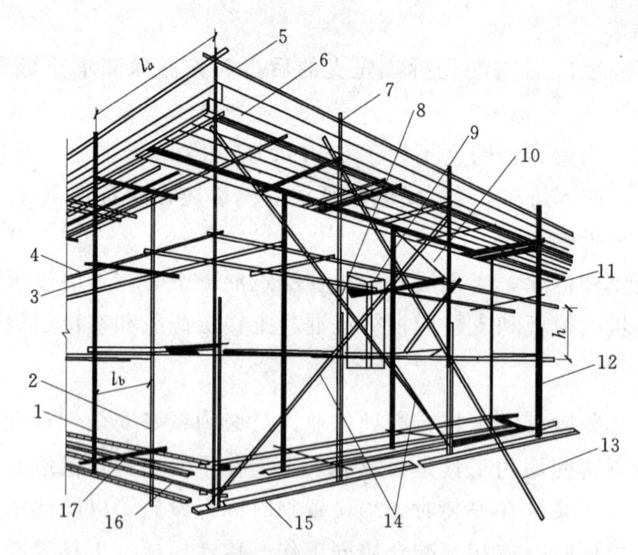

图7.85　扣件式钢管脚手架

1—外立杆；2—内立杆；3—横向水平杆；4—纵向水平杆；5—栏杆；6—挡脚板；7—直角扣件；8—旋转扣件；9—连墙件；10—横向斜撑；11—主立杆；12—副立杆；13—抛撑；14—剪刀撑；15—垫板；16—纵向扫地杆；17—横向扫地杆

7.5.2　材料、工具

（1）钢管：ϕ48mm，壁厚为3～3.5mm；长度为4～6m，用作立杆，大横杆斜撑等。横杆长度为1.5m。钢管不得有严重锈蚀、变曲、压扁或裂纹。

（2）扣件：扣件必须符合部颁扣件标准要求，并提供合格证。

（3）脚手板：脚手片用毛竹脚手片，不得用发霉、虫蛀，裂纹的毛竹片。可以用厚竹片排密，下垫横向板条托底，用铁钉边，也可用直径4～5cm的竹子排密，钻几排孔，在孔内横贯8～10号铅水线将竹子连接成板块。

（4）安全网：外挂密目式安全网。

（5）钢卷尺、锤子、扳手、手套。

（6）其他。

7.5.3 脚手架的搭设程序

1. 钢管扣件式脚手架的搭设步骤

钢管扣件式脚手架的搭设步骤为：搭设范围的地基处理（表面平整，排水畅通）→底座检查、放线定位→铺设垫板、垫木→安放并固定底座→铺设第一节立柱→安装扫地大横杆（贴地大横杆）→安装扫地小横杆→安装第二步大横杆→安装第二步小横杆→设临时抛撑（每隔六个立杆设一道，待安装连墙杆后拆除）→安装第三步大横杆→安装第三步小横杆→设临时连墙杆→拆除临时抛撑→接立杆→连续安装大小横杆→架高七步以上时加设剪刀撑→在操作层设脚手板。

2. 脚手架的搭设要求

（1）纵向水平杆。

1）纵向水平杆宜设置在立杆内侧，其长度不宜小于 3 跨。

2）纵向水平杆接长宜采用对接扣件连接，也可采用搭接、对接，搭接应符合下列规定。

a. 纵向水平杆的对接扣件应交错布置，两杆相邻纵向水平杆的接头不宜设置在同步或同跨内，不同步或不同跨两个相邻接头在水平方向错开的距离不应小于 500mm，各接头中心至最近主节点的距离不宜大于纵距的 1/3。

b. 搭接长度不应小于 1m，应等间距设置 3 个旋转扣件固定，端部扣件盖板边缘至搭接纵向水平杆杆端的距离不应小于 100mm。

c. 使用木脚手板时，纵向水平杆应作为横向水平杆的支座，用直角扣件固定在立杆上。

（2）横向水平杆。

1）主节点处必须放置一根横向水平杆，用直角扣件扣接且严禁拆除。主节点处两个直角扣件的中心距不应大于 150mm，在双排脚手架，靠墙一端的外伸长度不应大于 0.4 倍的立杆横距，且不应大于 500mm。

2）作业层上非主节点处的横向水平杆，宜根据支承脚手板的需要等间距设置，最大间距不应大于纵距的 1/2。

3）当使用木脚手板时，双排脚手架的横向水平杆两端均应采用直角扣件固定在纵向水平杆上。

（3）脚手板。

1）作业层脚手板应铺满、铺稳、离开墙面 100～150mm。

2）木脚手板应设置在三根横向水平杆上。当脚手板长度小于 2m 时，可采用两根横向水平杆支承，但应将脚手板两端与其可靠固定，严防倾翻。脚手板的铺设可采用对接平铺，亦也采用搭接铺设。脚手板对接平铺时，接头处必须设两根横向水平杆，脚手板外伸长应取 130～150mm，两块脚手板外伸长度的和不应大于 300mm。脚手板搭接铺设时，接头必须支在横向水平杆上，搭接长度应大于 200mm，其伸出横向水平杆的长度不应小于 100mm。

3）作业层端部脚手板探头长度应取 150mm，其板长两端均匀与支承杆可靠的固定。

(4) 立杆。

1) 每根立杆底部应设置底座和垫板。

2) 脚手架必须设置纵、横向扫地杆。纵向扫地杆应采用直角扣件固定在距底座上皮不大于200mm处的立杆上。横向扫地杆亦应采用直角扣件固定在紧靠纵向扫地杆下方的立杆上。当立杆基础不在同一高度上时，必须将高处的纵向的扫地杆向低处延长两跨与立杆固定。高低差不应小于1m，靠边坡上方的立杆轴线到边坡的距离不应小于500mm。

3) 脚手架底层步距不应大于2m。

4) 立杆必须用连墙件与建筑物可靠连接，连墙件布置间距为：竖向间距每2步设，水平间距每3跨设，每根连墙件覆盖面积不大于$27m^2$。

5) 立杆接长除顶层顶步可采用搭接外，其余各层各步接头必须采用对接扣件连接。立杆上的对接扣件应交错布置，两根相邻立杆的接头不应设在同步内，同步内隔一根立杆的两个相邻接头在高度方向错开的距离不宜小于500mm，各接头中心至主节点的距离不宜大于步距的1/3，搭接长度不应小于1m，应采用不少于2个旋转扣件固定，端部扣件盖板的边缘至杆端距离不应小于100mm。

6) 立杆顶端宜高出女儿墙上皮1m，高出檐上皮1.5m。

(5) 连墙件。

1) 连墙件宜靠近主节点设置，偏离主节点的距离不应大于300mm。

2) 连墙件应从底层第一步纵向水平杆处开始设置，当该处设置有困难时，应采用其他可靠措施固定。

3) 连墙件必须采用刚性连墙件与建筑物可靠连接，连墙件必须采用可承受拉力和压力的构造。

(6) 剪刀撑与横向斜撑。

1) 高度在24m上的双排脚手架应在外侧立面整个长度和高度上连续设置剪刀撑，剪刀撑斜杆的接长宜采用搭接。

2) 剪刀撑斜杆应用旋转扣件固定在与之相交的横向水平杆的伸出端或立杆上，旋转扣件中心线至主节点的距离不宜大于150mm。

3) 横向斜撑应在同一节间，由底至顶层呈之字形连续布置，斜撑的固定应符合要求，除拐角应设置横向斜撑外，中间应每隔6跨设置一道。

(7) 防护棚的搭设。

1) 因现场狭小，在施建筑物距离周边施工现场生活区较近，为防止坠物伤人、伤物，保证工程安全顺利的完成，故在建筑物的四周搭设防护棚。

2) 施工现场内临时设施、机械、人行过道上方均搭设防护棚，防护棚采用扣件式脚手架搭设，棚顶铺脚手板，防护棚搭设高度距地面3.3m。

3) 防护棚脚手架搭设选ϕ48mm×3.5mm钢管，平铺脚手板选用材质好，韧性好的木制脚手板，不得使用劣质、腐朽的脚手板搭设。

3. 脚手架的安全管理

(1) 所有搭设脚手架的操作工人必须持证上岗，证件必须有效。

(2) 脚手架搭设每三步必须经安全员验收，并作书面记录，履行验收签字手续，外架

验收合格挂牌（脚手架验收合格证）后方可使用。

（3）当脚手架基础下有设备基础、管沟时，在脚手架使用过程中不应开挖，否则必须采取加固措施，脚手架底座、底面标高宜高于自然地坪 50mm。

（4）脚手架必须配合施工进度搭设，一次搭设高度不应超过相邻连墙件以上 2 步，每搭完一步脚手架后，应校正步距，纵距、横距及立杆的垂直度。

（5）底座、垫板均应准确地放在定位线上，垫板宜采用长度不少于 2 跨，厚度不小于 50mm 的木垫板。

（6）扣件规格必须与钢管外径相同，扣件螺栓拧紧扭力矩不应小于 40N・m。且不应大于 65N・m。

（7）开始搭设立杆时，应每隔 6 跨设置一根抛撑，直至连墙件安装稳定后方可根据情况拆除。

（8）当搭至有连墙件的构造点时，在搭设完该处的立杆、纵向水平杆、横向水平杆后，应立即设置连墙件。

（9）在封闭型脚手架的同一步中，纵向水平杆应四周交圈，用直角扣件与内处角部立杆固定。

（10）剪刀撑、横向斜撑应随立杆，纵向和横向水平杆同步搭设，各底层杆下端均必须支承在垫板上。

（11）在主节点处固定横向水平杆、纵向水平杆、剪刀撑、横向斜撑等用的直角扣件，旋转扣件的中心点的相互距离不应大于 150mm。

（12）对接扣件开口应朝上或朝内，各杆件端头伸出扣件盖板边缘的长度不应小于 100mm。

（13）在拐角处的脚手板，应与横向水平杆可靠连接，防止滑动。自顶层作业层的脚手板往下计，宜每隔 12m 满铺一层脚手板。

（14）搭设脚手架人员必须戴安全帽、系安全带、穿防滑鞋，作业层上的施工荷载应符合设计要求，不得超载。

（15）不得将模板支架、缆风绳、泵送混凝土和砂浆的输送管等固定在脚手架上；严禁悬挂起重设备。

（16）当有六级及六级以上大风和雾、雨、雪天气时应停止脚手架搭设与拆除作业。雨雪后上架作业应有防滑措施，并应扫除积雪。

（17）在脚手架使用期间，严禁拆除下列杆件：主节点处的纵、横向水平杆，纵横向扫地杆；连墙件。

（18）不得在脚手架基础及其邻近处进行挖掘作业，否则应采取安全措施，并报主管部门批准。临街搭设脚手架时，外侧应有防止坠物伤人的防护措施。

（19）在脚手架上进行电、气焊作业时，必须有防火措施和专人看守。工地临时用电线路的架设及脚手架接地、避雷措施等，应按现行行业标准《施工现场临时用电安全技术规范》（JGJ46）的有关规定执行。

（20）搭拆脚手架时，地面应设围栏和警戒标志，并派专人看守，严禁非操作人员入内。

4. 脚手架的拆除

（1）拆除脚手架作业必须由上而下逐层进行，严禁上下同时作业，清除脚手架上的杂物及地面障碍物。

（2）连墙件必须随脚手架逐层拆除，严禁先将连墙件整层或数层拆除后再拆脚手架，分段拆除高差不应大于2步，如高差大于2步，应增设连墙件加固。

（3）当脚手架拆至下部最后一根长立杆的高度时，应先在适当位置搭设临时抛撑加固后，再拆除连墙件。

（4）当脚手架采取分段，分立面拆除时，对不拆除的脚手架两端应设置有效连墙件和横向斜撑加固。

（5）各构配件严禁抛掷至地面，运至地面的构配件应及时检查，整修与保养，并按品种、规格随时码堆存放，置于干净通风处，防止锈蚀。

（6）拆除脚手架时，地面应设围栏和警示标志，并派专人防护，严禁一切非操作人员入内。

7.5.4　评分标准

（1）实训准备：根据实训项目要求查阅资料，汇总操作要点及注意事项。

（2）搭设与拆除要求：符合《建筑施工扣件式钢管脚手架安全技术规范》（JGJ 130—2001）规范要求。

（3）团队协作：分工协作，发挥集体智慧。

（4）安全要求：佩戴安全帽、手套，穿紧身衣服，无安全事故发生。

本实训任务的评分标准见表7.10。

表7.10　　脚手架搭设实训评分标准

<table>
<tr><th>序号</th><th colspan="2">项　目</th><th>分值</th><th>自评</th><th>教师评价</th><th>备 注</th></tr>
<tr><td>1</td><td colspan="2">实训准备</td><td>10</td><td></td><td></td><td rowspan="12"></td></tr>
<tr><td>2</td><td colspan="2">材料领取</td><td>10</td><td></td><td></td></tr>
<tr><td rowspan="5">3</td><td rowspan="5">搭设情况</td><td>立杆（6分）</td><td rowspan="5">30</td><td></td><td></td></tr>
<tr><td>纵向水平杆（6分）</td><td></td><td></td></tr>
<tr><td>横向水平（6分）</td><td></td><td></td></tr>
<tr><td>扫地杆（6分）</td><td></td><td></td></tr>
<tr><td>扣件（6分）</td><td></td><td></td></tr>
<tr><td>4</td><td colspan="2">拆除及场地清理</td><td>10</td><td></td><td></td></tr>
<tr><td>5</td><td colspan="2">团队协作</td><td>20</td><td></td><td></td></tr>
<tr><td>6</td><td colspan="2">安全情况</td><td>20</td><td></td><td></td></tr>
<tr><td>7</td><td colspan="2">合计</td><td>100</td><td></td><td></td></tr>
</table>

班级：________________　小组签名：________________

实训任务7.6　钢 筋 综 合 实 训

7.6.1　实训目标

（1）能根据图纸进行钢筋的配料计算。

(2) 能根据钢筋配料单进行钢筋制作。

(3) 能根据施工图纸进行钢筋绑扎。

(4) 能用检测工具和检验规范对钢筋工程质量进行检验和评定。

7.6.2 实训任务

1. 给定条件

(1) 实训指导教师提供部分施工工程施工图纸资料、文件，编制好实训任务书和指导书等基础实训资料。

(2) 提供和给定相应技术参数和资料。

2. 要求

(1) 编制的文件内容应满足实用性。

(2) 技术措施、工艺方法正确合理。

(3) 语言文字简洁、技术术语引用规范、准确。

(4) 基本内容及格式符合任务指导书要求。

7.6.3 实训内容

7.6.3.1 钢筋的配料计算

根据图纸和施工手册要求进行钢筋配料，现以图 7.86 的梁为例加以说明。

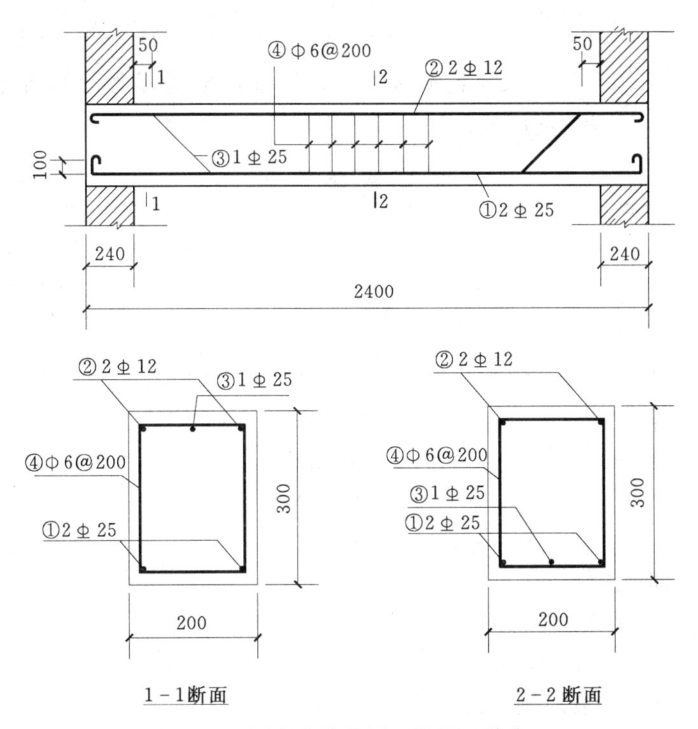

图 7.86 施工图中的某段梁配筋图（单位：mm）

1. 工艺流程

钢筋配料的工艺流程为：熟悉图纸→钢筋翻样（做料表）→下料制作→挂标识牌分类堆放。

2. 操作工艺

(1) 钢筋配料。

1) 根据构件配筋图，绘制各种形状和规格的单根钢筋简图并加以编号，标出各种钢筋的数量。

2) 根据简图，计算各种钢筋下料长度：

a. 直钢筋下料长度=构件长度-保护层厚度+弯钩增加长度；其中钢筋增加长度根据具体条件，采用经验数据，见表7.11。对于机械弯钩，一般一个弯钩近似取6.25d（d为钢筋直径）。

表7.11　　弯钩增加长度表

钢筋直径（mm）	≤6	8～10	12～18	20～28	32～36
一个弯钩长度（mm）	4d	6d	5.5d	5d	4.5d

b. 弯起钢筋下料长度=直段长度+斜料长度-弯曲调整值+弯钩增加长度；其中的弯曲调整值又称量度差值，是与钢筋的弯折角度有关，其值可参考表7.12所示。

表7.12　　钢筋的弯曲调整值

钢筋弯曲角度（°）	30	45	60	90	135
钢筋弯曲调整值	0.35d	0.5d	0.85d	2d	2.5d

c. 箍筋下料长度=箍筋周长+箍筋调整值；箍筋调整值即为弯钩增加长度和弯曲调整值两项之差或和，根据量箍筋外包尺寸或内皮尺寸而定，数据见表7.13所示。

表7.13　　箍筋调整值表　　单位：mm

箍筋直径 / 量箍筋方法	6	8	10	12	14	16
量外包尺寸	50	60	70	70	80	90
量内皮尺寸	100	120	150	170	200	220

d. 变截面构件箍筋值。变截面构件每根箍筋长短差值为

$$\Delta=l_c-l_d/n-1$$

$$n=\frac{S}{a}+1$$

式中　l_c——箍筋的最大高度；

l_d——箍筋的最小高度；

n——箍筋个数，等于$S/a+1$；

S——最长箍筋与最短箍筋之间的总距离；

a——箍筋间距。

(2) 计算钢筋下料长度。

①号钢筋下料长度为

$$(2400+2\times100-2\times25)-2\times2\times25+2\times6.25\times25=2762.5(\text{mm})$$

②号钢筋下料长度为

$$2400-2\times25+2\times6.25\times12=2500(mm)$$

③号弯起钢筋下料长度为

上直段钢筋长度　　$240+50-25=265(mm)$

斜段钢筋长度　　$(300-2\times25)\times1.414=354(mm)$

中间直段长度　　$2400-2\times(290+250)=1320(mm)$

下料长度　$(265+354)\times2+1320-4\times0.5\times25+2\times6.25\times25=2820.5(mm)$

④号箍筋下料长度为

宽度 $200-2\times25=150(mm)$　高度 $300-2\times25=250(mm)$

箍筋下料长度为：　$(150+250)\times2+100=900(mm)$

(3) 填写配料表。

1) 对有搭接接头的钢筋下料长度，按下料长度公式计算后，尚应加长钢筋的搭接长度。

2) 配料计算时，要考虑钢筋的形状和尺寸。对外型复杂的构件，应采用放 1∶1 足尺或放大样的办法。

3) 配料时，还要考虑施工需要的附加钢筋，例如基础双层钢筋网中保证上层钢筋位置用的钢筋撑脚等。

4) 钢筋配料单见表 7.14 所示。

表 7.14　　钢 筋 配 料 单

构件名称	钢筋编号	简　图	钢号	直径 (mm)	下料长度 (mm)
某梁	①	2350; 100	Φ	25	2762.5
	②	2350	Φ	12	2500
	③	265; 354; 1320; 354; 265	Φ	25	2820.5
	④	250; 150	Φ	6	900

7.6.3.2　钢筋代换

钢筋的品种、规格应按设计要求使用，当需要代换时应征得设计人员的同意，并应符合下列规定：

不同种类钢筋代换，应按钢筋受拉承载力设计值相等原则进行。

当构件受抗裂、裂缝宽度或挠度控制时，钢筋代换应进行抗裂，裂缝宽度或挠度验算。

钢筋代换后，应满足混凝土结构设计规范中规定的钢筋间距、锚固长度、钢筋最小直径、根数等要求。

对有抗震要求的框架，不宜以强度较高的钢筋代替原设计中的钢筋。

预制构件的吊环，必须采用未经冷拉的 HPB235 钢筋制作，严禁以其他钢筋代换。

重要受力构件（如吊车梁、薄腹梁、桁架下弦等）不宜用 HPB235 钢筋代换变形钢筋，以免裂缝开展过大。

7.6.3.3 钢筋制作

1. 施工准备

（1）材料准备。

1）钢筋的品种、规格需符合设计要求，应具有产品合格证、出厂检验报告和进场按规定抽样复试报告。

2）当钢筋的品种、规格需作变更时，应办理设计变更文件。

3）当加工过程中发现钢筋脆断、焊接性能不良或力学性能显著不正常时，应对该批钢筋进行化学成分检验或其他专项检验。

（2）机具准备。应配备足够的机具。例如，钢筋切断机、弯曲机、操作台等。

（3）作业条件。

1）操作场地应干燥、通风，操作人员应有上岗证。

2）机具设备齐全。

3）应做好料表、料牌（料牌应标明：钢号、规格尺寸、形状、数量）。

2. 钢筋制作

（1）钢筋除锈。使用钢筋前均应清除钢筋表面的铁锈、油污和锤打能剥落的浮皮。除锈可通过钢筋冷拉或钢筋调直过程中完成。少量的钢筋除锈，可采用电动除锈机或喷砂方法除锈，钢筋局部除锈可采取人工用钢丝刷或砂轮等方法进行。

（2）钢筋调直。局部曲折、弯曲或成盘的钢筋应加以调直。对于直径 ϕ10mm 以内钢筋一般使用卷扬机拉直或调直机调直，ϕ10mm 以上应采用弯曲机、平直锤或人工捶击矫正的方法调直。

（3）钢筋切断。钢筋弯曲成型前，应根据配料表要求长度分别截断，通常宜用钢筋切断机进行。对机械连接钢筋、电渣焊钢筋、梯子筋横棍、顶模棍钢筋不能使用切断机，应使用切割机械，使钢筋的切口平，与竖向方向垂直。同时，钢筋切断时，应将同规格钢筋不同长度长短搭配，统筹排料，一般先断长料，后断短料，以减少断头和损耗。

（4）钢筋弯曲成型。钢筋的弯曲成型多采用弯曲机（图 7.87）进行，在缺乏设备或少量钢筋加工时，可用手工弯曲成型（图 7.88）。

钢筋弯曲时应将各弯曲点位置划出，划线尺寸应根据不同弯曲角度和钢筋直径扣除钢筋弯曲调整值。钢筋弯曲前，对形状复杂的钢筋（如弯起钢筋），根据钢筋料牌上标明的尺寸，用粉笔将各弯曲点位置划出。划线时应注意：

1）根据不同的弯曲角度扣除弯曲调整值（见表 7.12），其扣法是从相邻两段长度中各扣一半。

2）钢筋端部带半圆弯钩时，该段长度划线时增加 0.5d（d 为钢筋直径）。

3）划线工作宜从钢筋中线开始向两边进行；两边不对称的钢筋，也可从钢筋一端开始划线，如划到另一端有出入时，则应重新调整。

图7.87 钢筋的机械弯曲

图7.88 钢筋的人工弯曲

例如，如图7.89（a）所示的弯起钢筋，试确定其弯曲时的划线点的位置。

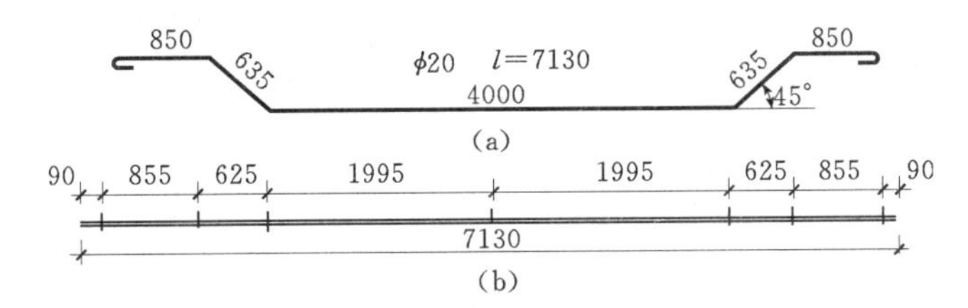

图7.89 弯起钢筋的划线

（a）弯起钢筋的形状和尺寸；（b）钢筋划线

第一步：在钢筋中心线上划第一道线。

第二步：取中段 $4000/2-0.5d/2=1995$（mm），划第二道线。

第三步：取斜段 $635-2\times0.5d/2=625$（mm），划第三道线。

第四步：取直段：$850-0.5d/2+0.5d=855$（mm），划第四道线。

上述划线方法仅供参考。第一根钢筋成型后应与设计尺寸校对一遍，完全符合后再成批生产。

7.6.3.4 钢筋绑扎

1. 钢筋绑扎程序和基本规定

钢筋绑扎程序是：画线→摆筋→穿箍→绑扎→安装垫块等。画线时应注意间距、数量，标明加密箍筋位置。板类摆筋顺序一般先排主筋后排负筋；梁类一般先排纵筋。排放有焊接接头和绑扎接头的钢筋应符合规范规定。有变截面的箍筋，应事先将箍筋排列清楚，然后安装纵向钢筋。

钢筋绑扎应符合下列规定：

（1）钢筋的交点须用铁丝扎牢。

（2）板和墙的钢筋网片，除靠外周两行钢筋的相交点全部扎牢外，中间部分的相交点可相隔交错扎牢，但必须保证受力钢筋不发生位移。双向受力的钢筋网片，须全部扎牢。

（3）梁和柱的钢筋，除设计有特殊要求外，箍筋应与受力筋垂直设置。箍筋弯钩叠合处，应沿受力钢筋方向错开设置。对于梁，箍筋弯钩在梁面左右错开50%，对于柱，箍筋弯钩在柱四角相互错开。

(4) 柱中的竖向钢筋搭接时，角部钢筋的弯钩应与模板成45°（多边形柱为模板内角的平分角，圆形柱应与柱模板切线垂直）；中间钢筋的弯钩应与模板成90°；如采用插入式振捣器浇筑小型截面柱时，弯钩与模板的角度最小不得小于15°。

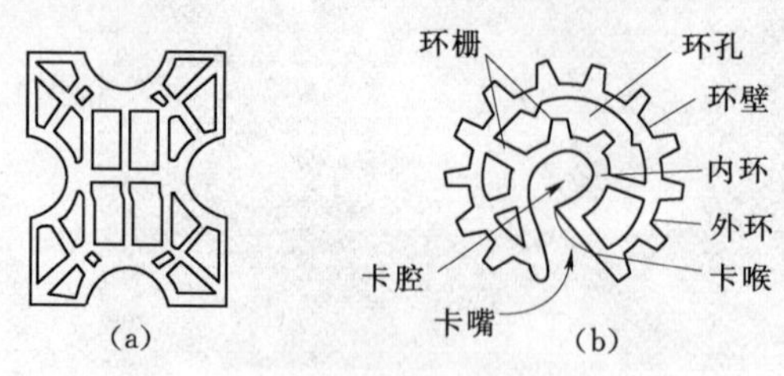

图7.90 控制混凝土保护层用的塑料卡
(a) 塑料垫块；(b) 塑料环圈

(5) 板、次梁与主梁交叉处，板的钢筋在上，次梁的钢筋居中，主梁的钢筋在下；当有圈梁或垫梁时，主梁的钢筋在上。控制混凝土的保护层可用水泥砂浆垫块或塑料卡等。水泥砂浆垫块的厚度，应等于保护层厚度。制作垫块时，应在垫块中埋入20～22号铁丝，以便使用时把垫块绑在钢筋上。常用的塑料卡形状有塑料垫块和塑料环圈两种，如图7.90所示。塑料垫块用于水平构件（如梁、板），在两个方向均有槽，以便适应两种保护层厚度；塑料环圈用于垂直构件（如柱、墙），在两个方向均有凹槽，以便适应两种保护层厚度。使用时钢筋从卡嘴进入卡腔，由于塑料环圈有弹性，可使卡腔的大小能适应钢筋直径的变化。钢筋安装完毕后应进行检查验收，其位置偏差应符合表7.15的要求。

表7.15 钢筋安装位置的允许偏差和检验方法

项目			允许偏差(mm)	检验方法
绑扎钢筋网	长、宽		±10	钢尺检查
	网眼尺寸		±20	钢尺量连续三档，取最大值
绑扎钢筋骨架	长		±10	钢尺检查
	宽、高		±5	钢尺检查
受力钢筋	间距		±10	钢尺量两端、中间各一点，取最大值
	排距		±5	
	保护层厚度	基础	±10	钢尺检查
		柱、梁	±5	钢尺检查
		板、墙、壳	±3	钢尺检查
绑扎钢筋、横向钢筋间距			±20	钢尺量连续三档，取最大值
钢筋弯起点位置			20	钢尺检查
预埋件	中心线位置		5	钢尺检查
	水平高差		+3，0	钢尺和塞尺检查

2. 施工准备

(1) 材料准备。成型钢筋、20～22号镀锌铁丝、钢筋马凳（钢筋支架）、固定墙双排筋的间距支筋（梯子筋）、保护层垫块（水泥砂浆垫层或成品塑料垫块）。

(2) 机具准备。钢筋钩子、撬棍、钢筋扳子、钢筋剪子、绑扎架、钢丝刷子、粉笔、墨斗、钢卷尺等。

3. 作业条件

(1) 熟悉图纸，确定钢筋的穿插就位顺序，并与有关工种做好配合工作，如支模、管线、防水施工与绑扎钢筋的关系，确定施工方法，做好技术交底工作。

(2) 核对实物钢筋的级别、型号、形状、尺寸及数量是否与设计图纸和加工料单、料牌吻合。

(3) 钢筋绑扎地点已清理干净，施工缝处理已符合设计、规范要求。

(4) 抄平、放线工作（即标明墙、柱、梁板、楼梯等部位的水平标高和详细尺寸线）已完成。

(5) 基础钢筋绑扎如遇到地下水时，必须有降水、排水措施。

(6) 已将成品、半成品钢筋按施工图运至绑扎部位。

4. 施工工艺

(1) 工艺流程。

1) 基础钢筋。基础垫层上弹底板钢筋位置线→按线布放钢筋→绑扎底板下部及地梁钢筋→（水电预埋）→设置垫块→放置马凳→绑扎底板上部钢筋→设置插筋定位框→插墙、柱预埋钢筋→基础底板钢筋验收。

2) 柱钢筋。弹柱子线→修整底层伸出的柱预留钢筋（含偏位钢筋）→套柱箍筋→竖柱子立筋并接头连接→在柱顶绑定距框→在柱子竖筋上标识箍筋间距→绑扎箍筋→固定保护层垫块。

3) 剪力墙钢筋。弹剪力墙线→修整预留的连接筋→绑暗柱钢筋→绑立筋→绑扎水平筋→绑拉筋或支撑筋→固定保护层垫块。

4) 梁钢筋。

a. 模内绑扎。画主次梁箍筋间距→放主梁次梁钢筋→穿主梁底层纵筋及弯起筋→穿次梁底层纵筋并与箍筋固定→穿主梁上层纵向架立筋→按箍筋间距绑扎→穿次梁上层纵筋→按箍筋间距绑扎。

b. 模外绑扎（先在梁模板上口绑扎成型后再入模内）。画箍筋间距→在主次梁模板上口铺横杆数根→在横杆上面放箍筋→穿主梁下层纵筋→穿次梁下层钢筋→穿主梁上层钢筋→按箍筋间距绑扎→穿次梁上层纵筋→按箍筋间距绑扎→抽出横杆落骨架于模板内。

5) 板钢筋。清理模板→模板上画线→绑扎下层钢筋→（水电预埋）→设置马凳→绑负弯矩钢筋或上层钢筋→垫保护层垫块→钢筋验收。

(2) 操作工艺。

1) 基础钢筋绑扎。

a. 底板钢筋绑扎时，如有基础梁可先分段绑扎成型，或根据梁位弹线就地绑扎成型。

b. 弹好钢筋位置分格标志线，布放基础钢筋。

c. 绑扎钢筋，四周两行钢筋交叉点应每点绑牢。中间部分交叉点可相隔交错扎牢，但必须保证受力钢筋不位移。双向主筋的钢筋网，则需全部钢筋相交点扎牢，相邻绑扎点的扎丝扣成八字形，以免网片歪斜变形。

d. 基础底板采用双层钢筋网时，在底层钢筋网上应设置钢筋马凳或钢筋支架后即可绑上层钢筋的纵横两个方向定位钢筋，并在定位钢筋上划分当标志，摆放纵横钢筋，绑扎方法同下层钢筋。钢筋马凳或钢筋支架间距1m左右设置一个。

e. 底板上下钢筋有接头时，应按规范要求错开，其位置及搭接长度均应符合设计、规范要求。

f. 墙、柱主筋插筋伸入基础时可采用Φ10钢筋焊牢于底板面筋或基础梁的箍筋上作为定位线，与墙、柱伸入基础的插筋帮扎牢固，插筋入基础深度要符合设计及规范锚固长度要求；甩出长度和甩头错开应符合设计及规范规定，其上端应采取措施保证甩筋垂直、不倾倒、变位。

g. 基础钢筋的保护层应按设计要求严格控制，若设计无规定，对有混凝土垫层的基础，其底板纵向受力钢筋保护层不应小于40mm，当无混凝土垫层时不应小于70mm。

2）柱钢筋绑扎。

a. 套柱箍筋。按图纸要求间距，计算好每根柱箍筋数量，先将箍筋套在伸出基础或底板顶面、楼板面的竖向钢筋上，然后立柱子钢筋。

b. 柱竖向受力筋绑扎。柱竖向受力筋绑扎接头时，在绑扎接头搭接长度内，绑扣不少于3个，绑扎要向柱中心；绑扎接头的搭接长度及接头面积百分率应符合设计、规范要求。如果柱子采用光圆钢筋搭接时，角部弯钩应与模板成45°，中间钢筋的弯钩应与模板成90°。

c. 箍筋绑扎。在立好的柱子竖向钢筋上，按图纸要求划箍筋间距线，然后将箍筋向上移动，由上而下采用缠扣绑扎。箍筋与主筋要垂直，箍筋转角处与主筋均要绑扎。箍筋弯钩叠合处应沿柱竖筋交错布置，并绑扎牢固，有抗震要求的部位，箍筋端头应弯成135°，平直部分不少于$10d$（d为箍筋直径）。如箍筋采用90°搭接时，应予以焊接，焊缝长度，单面焊不小于$10d$。

d. 柱基、柱顶、梁柱交接处箍筋间距应按设计要求加密。柱上下两端箍筋应加密，加密区长度及加密区箍筋间距应符合设计要求。柱的纵向受力钢筋搭接长度范围内的箍筋配筋应符合设计或规范要求。如设计要求箍筋设拉筋时，拉筋应钩住箍筋，拉筋弯钩应呈135°。

e. 柱筋保护层厚度应符合规范要求，垫块（或塑料卡）应绑在柱竖筋外皮上，以保证主筋保护层厚度准确。

f. 当柱截面尺寸有变化时，柱应在板内弯折或在下层就搭接错位，弯后的尺寸要符合设计和规范要求。

（3）墙钢筋绑扎。

1）墙钢筋绑扎顺序是先绑暗柱再绑墙。

2）根据弹好的线，调整竖向钢筋保护层、间距，接着先立暗柱主筋（无暗柱时，立2～4根竖筋），与下层伸出的连接筋绑扎，在主筋上划出水平筋分格标志，在下部及齐胸处绑两根横筋定位，并在横筋上划出主筋分格标志，接着绑其余主筋。最后绑其余横筋，横筋放置于主筋的里或外应符合设计要求。

3）墙钢筋应逐点绑扎，双排钢筋之间应绑拉筋或支撑筋，其纵横间距不大于600mm。钢筋外边绑扎垫块（或成品塑料卡）也可用梯子筋来保证钢筋保护层厚度。

4）剪力墙与框架柱接连处，剪力墙的水平横筋应锚固到框架柱内，其锚固长度要符

合设计要求。如先浇筑柱混凝土后绑扎剪力墙筋时，柱内要预留连接筋或预埋铁件，待柱拆模绑墙筋时作为连接用。其预留长度应符合设计或规范的规定。

5）墙的水平筋在两端头、转角、十字节点、丁字节点、L节点梁等部位的锚固长度以及洞口周围加固筋等，均应符合设计抗震要求。

6）合模后对伸出的竖向钢筋的间距及保护层进行调整，宜在楼层标高处绑一道横筋定位。浇筑混凝土时应有专人看管，随时调整，以保证钢筋位置的准确。

（4）梁钢筋绑扎。

1）模内绑扎时。

a. 在梁侧模上画好箍筋间距或在已摆放的主筋上划出箍筋间距。

b. 先穿主梁的下部纵向受力钢筋及弯起钢筋，将箍筋按已画好的间距逐一分开；穿次梁的下部纵向钢筋及弯起钢筋并套好箍筋；放主次梁的架立筋；隔一定间距将架立筋与箍筋绑扎牢固；调整好箍筋间距；绑架立筋，再绑主筋，主次梁同时配合进行。

c. 框架梁上部纵向钢筋应贯穿中间节点，梁下部纵向钢筋伸入中间节点锚固长度及伸过中心线的长度要符合设计要求。框架梁纵向钢筋在端节点内的锚固长度也要符合设计要求。

d. 绑梁上部纵向筋的箍筋宜采用套扣绑扎。

e. 箍筋在叠合处的弯钩，在梁中应交错绑扎，箍筋弯钩为135°，平直部分长度为$10d$。

f. 梁端第一个箍筋应设置在距离柱节点边缘50mm。梁端与柱交接处箍筋加密要符合设计要求，在梁纵向受力钢筋搭接长度范围内，应按设计要求配筋，当设计无具体要求时，应符合规范要求。

g. 在主、次梁受力筋下均应垫垫块（或成品塑料卡），保证保护层厚度。受力筋为双排时，可用短钢筋垫在两层钢筋之间，钢筋排距应符合设计要求。

h. 梁筋的绑扎连接：梁的受力钢筋直径小于22mm时，可采用绑扎接头，搭接长度要符合规范的规定。接头末端与钢筋弯起点的距离不得小于钢筋直径的10倍。接头宜位于受力较小处。同一纵向受力钢筋不宜设置两个或两个以上接头。接头位置应相互错开。在同一连接区段长度$1.3L_1$（L_1为搭接长度）范围内纵向受力钢筋的接头面积百分率，应符合设计要求，如设计无要求时应符合规范要求；受拉区域内HPB235级钢筋绑扎接头的末端应做弯钩（HRB335级钢筋可不做弯钩），搭接处应在中心和两端扎牢。

2）模外绑扎时。主梁钢筋也可先在模板上绑扎，然后入模，其方法把主梁需穿次梁的部位抬高，在主、次梁梁口搁横杆数根，把次梁上部纵筋铺在横杆上，按箍筋间距套箍筋，再将次梁下部纵筋穿入箍筋内，按架立筋、弯起筋、受拉筋的顺序与箍筋绑扎，将骨架抬起抽出横杆落入模板内。

（5）板钢筋绑扎。

1）清理模板上面的杂物，调整梁钢筋的保护层，用粉笔在模板上标出钢筋的规格、尺寸、间距。

2）按画好的间距，先摆放受力主筋，后放分布筋。分布筋应设于受力筋内侧。预埋件、电线管、预留孔等及时配合安装。

3）在现浇板中有带梁时，应先绑扎带梁钢筋，再摆放板钢筋。

4）板、次梁、主梁交叉处，板钢筋在上，次梁钢筋居中。主梁钢筋在下，当有圈梁或垫梁时主梁钢筋在上。

5）绑扎板筋时一般用顺扣或八字扣，除外围两根钢筋的相交点应全部绑扎外，其余各点可交错绑扎（双向板相交点需全部绑扎）。如板为双层钢筋，两层钢筋之间须加钢筋马凳，以确保上层钢筋的位置。负弯矩钢筋每个相交点均要绑扎。

6）在钢筋的下面垫好砂浆垫块（或塑料卡），间距1.5m。垫块的厚度为保护层厚度。

7）钢筋搭接接头的长度和位置，要求与梁相同。

（6）楼梯钢筋绑扎。

1）在楼梯段底模上按设计要求划主筋和分布筋的位置线，先绑扎主筋后绑扎分布筋再绑扎负弯矩筋，每个交叉点均应绑扎。如有楼梯梁时，先绑梁后绑板筋，且板筋要锚固到梁内（楼梯梁为插筋时，梁钢筋应与插筋焊接）。

2）钢筋保护层厚度应符合设计或规范要求，在钢筋的下面垫好砂浆垫块（或塑料卡），弯矩筋下面加钢筋马凳。

7.6.4　评分标准

钢筋工程实训评分标准参见表7.16。

表7.16　　钢筋工程实训评分标准

序号	项　　目		分　值	自　评	教师评价
1	实训准备		10		
2	材料领取		10		
3	钢筋加工	钢筋弯钩、弯折（6分）	30		
		钢筋形状、尺寸（6分）			
	钢筋安装	钢筋的品种、规格、数量（6分）			
		钢筋骨架长、宽、高（6分			
		箍筋间距（6分）			
4	场地清理		10		
5	团队协作		10		
6	安全情况		20		
7	评价能力（依据学生自评打分）		10		
8	合计		100		

实训任务7.7　钢筋焊接实训

7.7.1　平敷焊实训

平敷焊是手工电弧焊中的一种焊接工艺，是在工件表面堆敷焊道的一种操作方法。

7.7.1.1　焊前准备

（1）焊件：低碳钢板300mm×200mm×5mm。

(2) 焊条：E4303 型直径 ϕ3.2mm 若干。

(3) 焊机：额定焊接电流大于 300A 交流或直流焊机一台。

(4) 辅助工具：焊钳、面罩、电焊工专用手套、钢丝刷、砂纸、锉刀、敲渣锤等。

7.7.1.2 操作过程及要领

1. 焊接准备

用钢丝刷和砂纸清除待焊工件表面的铁锈，并清除待焊工件表面油污和其他杂质。在工件表面每隔 30mm 画直线，并把工件平放在工作台（或支架）上，并连接好焊机与工作台（支架）间的地线。接通焊机的电源，并调节焊接电流。注意：焊钳不能放在工作台（支架）或工件上，以防造成短路。

2. 引弧

平焊操作一般采用蹲姿，且距工件距离要适度，有利于操作和观察熔池，两腿成 70°～80°夹角，间距约比双肩宽，操作焊钳的胳臂可依托或无依托。手腕下弯引燃电弧，稍拉长电弧对起头处进行预热，然后压低（缩短）电弧并减少焊条与焊向夹角，从工件最始端施焊。引弧方法有两种：

(1) 划擦法。先将焊条对准被焊焊道，将焊条像划火柴似的在焊件表面轻轻划动一下，即可引燃电弧，然后迅速将焊条提起或压低距工件上表面 2～4mm，如图 7.91 所示。

(2) 直击法。将焊条末端对准焊件被焊焊道，然后手腕下弯，使焊条轻微碰一下焊件再迅速提起焊条 2～4mm，手腕托稳焊钳，保持电弧稳定燃烧，如图 7.92 所示。这种方法不会使焊件表面划伤，在生产中常用。

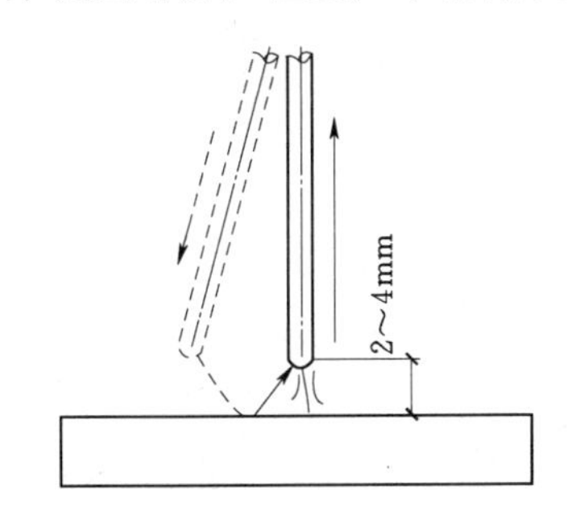

图 7.91 滑擦引弧法

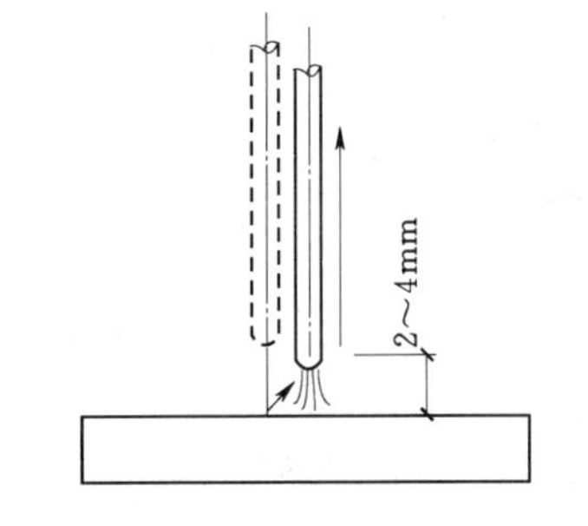

图 7.92 直击引弧法

为了便于引弧，焊条末端应裸露焊芯，若焊条末端被药皮包裹时，可用焊工手套捏除或轻轻在工作台外某地方敲击。引弧中焊条与焊件接触后提起速度要适当，太快难以引弧，太慢焊条和焊件黏在一起。引弧中如果焊条与焊件黏在一起，可将焊条左右晃动几下即可脱离。左右晃动若不能取下焊条时，焊条会发热立即将焊钳与焊条脱离，以防短路时间太长烧坏焊机。

3. 运条

引弧起头后，焊条角度为与焊缝两侧工件成 90°夹角，与焊接方向成 60°～80°夹角，焊条一般有三个基本动作，即朝熔池方向的逐渐送进、沿焊接方向的逐渐移动、横向摆动，如图 7.93 所示。初学者主要学习直线形运条、直线往复形运条、锯齿形运条、正三角运条、正圆圈运条、斜圆圈运条等并在运条中还要特别仔细观察熔池状态，学会区分铁水和熔渣。

(1) 直线运条法：运条时，焊条不做横向摆动，仅沿焊接方向作直线运动。将焊接电流调节至适当值，焊条角度与焊缝两侧工件成90°夹角，与焊接方向成60°～80°夹角，短弧焊接并保持均匀稍慢的焊速，保证焊缝的熔合良好。初学者容易出现焊条送进速度慢于焊条熔化速度而导致长弧焊接现象，造成焊缝成形不美观，且两侧飞溅严重容易出现焊条前进速度过快的现象，导致焊缝低而窄且熔合不良，焊条前进速度时快时慢的现象，导致焊缝宽度和熔深不一致的现象，如图7.94所示。

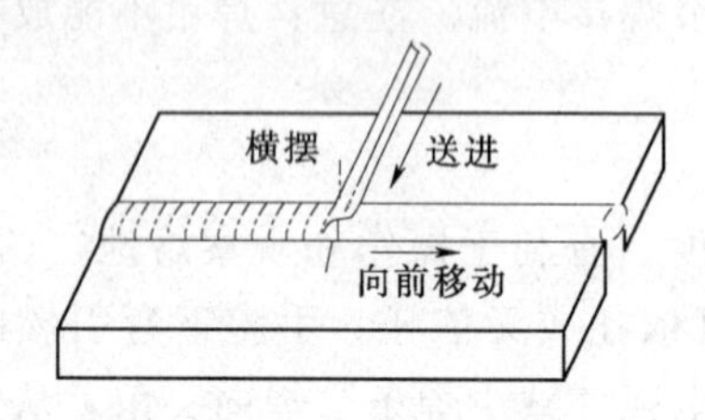

图7.93　运条的基本动作

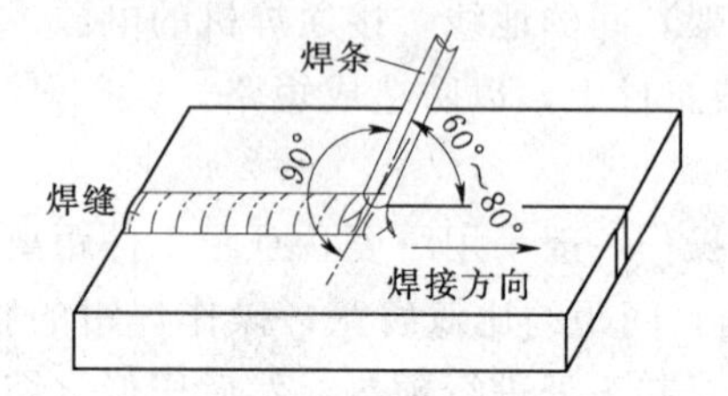

图7.94　直线运条基本角度

(2) 直线往复运条法。焊条沿焊缝的纵向做来回摆动，这种运条方法焊接时焊接速度快，焊缝窄而余高低，散热快。如图7.95所示。将焊接电流调节至110～130A，基本操作知识同直线运条方法。起焊方法同直线形，电弧长2～4mm，焊条沿焊缝纵向快速往复摆动。初学者易出现焊条摆动过慢，向前摆动弧度过大，向后摆动停留位置靠前等现象，易造成焊缝脱节。

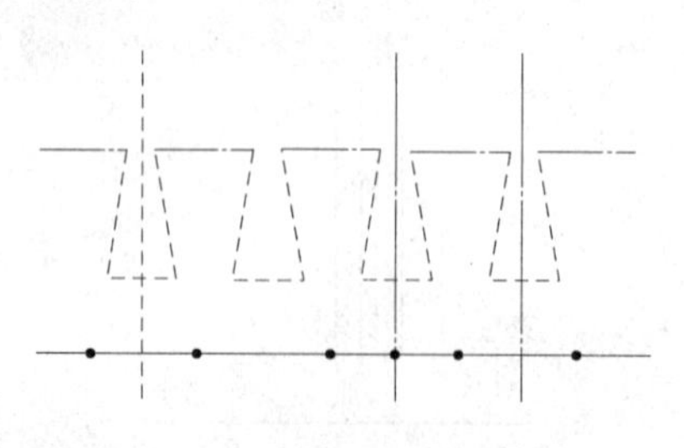

图7.95　直线复运条法

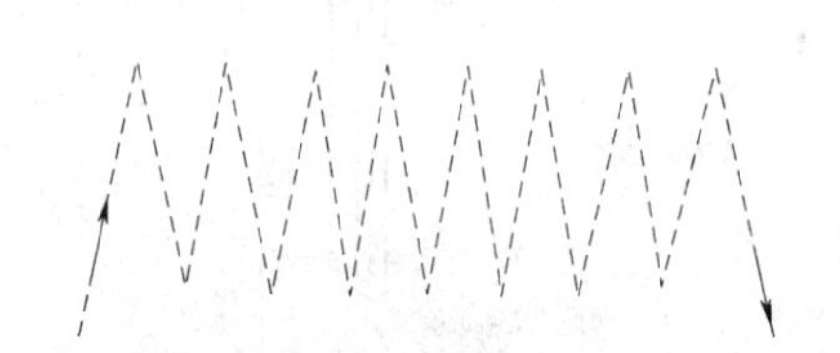

图7.96　锯齿形运条基本角度

(3) 锯齿形运条法。焊条向焊接方向前进的同时，作锯齿形连续摆动，并在两边稍停顿。这种运条方法焊接时可得到较宽的焊缝，焊缝成形较好。如图7.96所示。一般焊条横摆宽度6～8mm。两侧停留且时间相等，摆动排列要密集，以保证焊缝整齐，两侧与母材熔合良好，焊缝外观细腻美观。初学者易出现焊条横摆过宽现象而导致焊缝过宽、焊缝波纹粗大、熔合不良好等。若出现横摆前进幅度过大（摆动排列稀疏）现象而导致焊缝两侧不整齐，焊缝外观局部不连续、咬边，严重时焊缝成蛇行。

(4) 正三角运条法。如图7.97所示，运条时焊条做连续的三角形运动，并不断向前移动。其特点是一次能焊出较厚的焊缝断面，并且不易产生夹渣缺陷。适用于开坡口立对焊、角焊等。

(5) 正圆圈运条法。如图7.98所示，运条时焊条连续做的正圆圈运动，并不断向前移动。适用于焊接厚焊件的平焊缝。

(6) 斜圆圈运条法。如图 7.99 所示，运条动作与正圆圈运条相同。其特点容易控制熔化金属不受重力作用而下淌，利于焊缝成型。适用于焊接厚焊件的平、仰焊和横对焊。

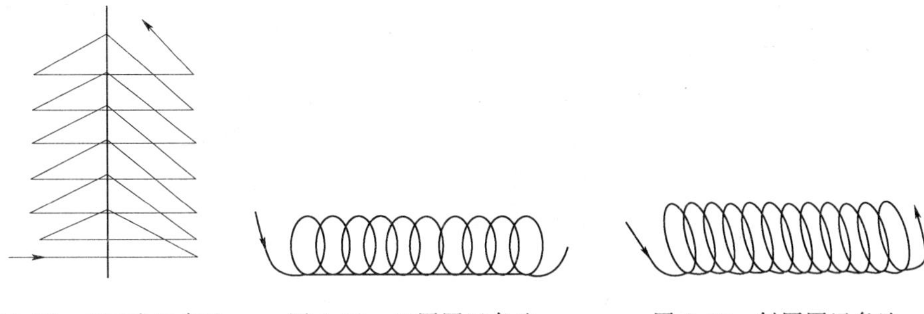

图 7.97 正三角运条法　图 7.98 正圆圈运条法　图 7.99 斜圆圈运条法

4. 收弧

焊条烧尽需要更换焊条或停弧时，熄弧前缓慢拉长电弧至熄灭，以防产生弧坑缺陷。电弧熄灭后熔池冷却变成弧坑。

5. 焊道的连接

一条完整的焊缝，往往需用若干根焊条焊接而成，更换焊条时就出现焊道连接问题。为保证焊道连接质量，使焊道连接均匀，要求在施焊时选用恰当的方式并能熟练掌握、应用。具体的操作方法是：在先焊焊道弧坑前约 10mm 处引弧，紧接着拉长电弧移到原弧坑 2/3 处，压低电弧，焊条作微微转动，待填满弧坑后即进行正常焊接。清理干净原弧坑熔渣，在原弧坑稍前处（约 10mm）引弧，稍拉长电弧移到原弧 2/3 处预热，压低电弧稍作停留，待原弧坑处熔合良好后向前移动进入正常焊接。

6. 收尾

指一条焊缝焊完时如何填满弧坑。焊接过程中由于电弧吹力的作用，熔池呈凹坑状，并低于已凝固的焊缝，若收弧时立即熄灭电弧，就会产生一个低凹的弧坑。如果弧坑未填满，使焊件在该处的强度降低，还可能产生较多的缺陷，如裂纹、气孔、咬边等。常用的收尾方法有以下几种：

划圈收尾：当焊至终点时，焊条在熔池内作圆圈摆动，再熄弧。

(1) 反复灭弧收尾。当焊至终点时，焊条在弧坑处反复熄弧—引弧多次，直到填满弧坑为止。

(2) 回焊收尾。当焊至终点时，焊条停止向前但不熄弧，而适当回焊一小段约 10mm，待填满弧坑后，再缓慢拉断电弧。

焊条移至焊道终点进行收尾，采用反复断弧收尾法，快速给熔池 2～3 滴水，填满弧坑熄弧。

7. 焊缝熔渣清理

用敲渣锤从焊缝侧面敲击熔渣使之脱落。为防止热熔渣灼伤脸部皮肤可用焊帽遮挡。焊缝两侧飞溅可用錾子清理。

7.7.2 平对焊接技能训练

平对焊是在平焊位置上焊接对接接头的一种操作方法，如图 7.100 所示。在操作训练

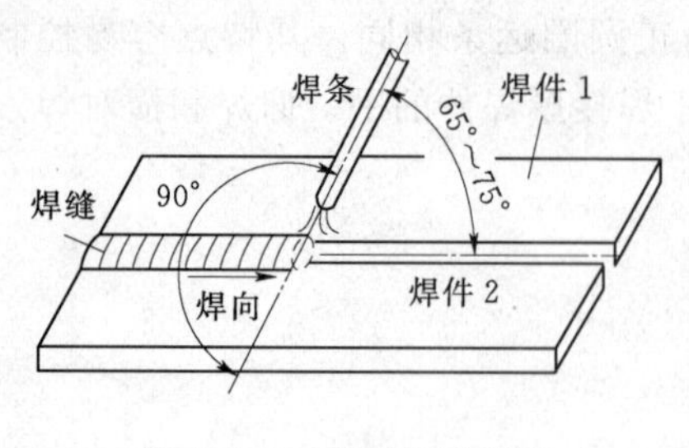

图7.100 平对焊示意图

前，先学习焊接电源极性和电弧偏吹的知识。

7.7.2.1 焊接电源极性和电弧偏吹

焊接前，应该根据焊件所要求确定焊条型号，再根据焊条型号选用弧焊电源。如果使用酸性焊条，可选用交流或直流弧焊电源。如果使用碱性焊条，必须选用直流弧焊电源。同时应该考虑选择电源极性的问题，并了解电弧偏吹给焊接带来的不利影响和相应的预防措施。

1. 焊接电源的极性

电源极性有正极性和反极性两种。所谓正极性就是焊件接电极正极，电极（焊钳）接电源负极的接线法，正极性也称正接。反极性就是焊件接电源负极，电极接电源正极的接线法。反极性也称反接。对于交流弧焊机，由于电源的极性是交变的，所以不存在正极性和反板性。在选用焊接电源的极性时，主要根据焊条的性质和焊件所需的热量来决定。我们知道，手弧焊阳极区的温度高于阴极区的温度。因此，在使用碱性焊条（如E5015型等），利用电源的不同极性来焊接不同要求的焊件。常用直流正极性焊接较厚的钢板，以获得较大的熔深；采用反极性焊接薄钢，可以防止烧穿。若酸性焊条采用交流弧焊机时，其熔深则介于直流正极性和反极性之间。

使用碱性低氢型（E5015型等）焊条时，无论焊件的板薄或板厚，均应采用直流反接，因为这样可以减少飞溅现象和减小气孔倾向，并使电弧稳定燃烧。

2. 焊接电弧的偏吹

在焊接过程中，因焊条偏心、气流干扰和磁场的作用，常会使焊接电弧中心偏离焊条轴线，这种现象称为电弧偏吹。电弧偏吹不仅使电弧燃烧不稳定，飞溅加大，熔滴下落时失去保护容易产生气孔，而且也会因熔滴落点的改变而无法正常焊接，严重影响焊缝成形。

(1) 焊条偏心的影响。主要是焊条制造中的质量问题，因焊条药皮厚薄不均匀，使电弧燃烧时，药皮熔化不均，电弧偏向药皮薄的一侧，形成偏吹，所以施焊前应检查焊条的偏心度。

(2) 气流的影响。由于焊接电弧是一个柔性体，气体的流动将会使电弧偏离焊条轴线方向。特别是大风中或狭小通道内的焊接作业，空气的流速快，会造成电弧的偏吹。

(3) 磁场的影响。在使用直流弧焊机施焊过程中，往往会因焊接回路中产生的磁场在电弧周围分布不均引起电弧偏向一边，形成偏吹。这种偏吹叫磁偏吹。

克服电弧偏吹的措施如下：

1) 在条件许可的情况下，尽可能使用交流弧焊电源焊接。因为直流弧焊机焊接时才会产生电弧磁偏吹，焊接电流越大，磁偏吹现象越严重。而对于交流焊接电源来说，一般不会产生明显的磁偏吹现象。

2) 室外作业可用挡板遮挡大风或“穿堂风”，以对电弧进行保护。在天气炎热的情况下，室内作业时，不可在电风扇直吹电弧下进行焊接。

3) 将连接焊件的地线同时接于焊件两侧，可以减小磁偏吹。

4）操作时出现电弧偏吹，可适当调整焊条角度，使焊条向偏吹一侧倾斜。这种方法在实际工作中较为有效；采用小电流和短弧焊接对克服电弧偏吹也能有一定作用。

7.7.2.2 焊前准备

（1）焊件：低碳钢板 300mm×100mm×3mm 两块。厚度准备两种：一种为 3mm，准备一组（用于不开坡口）；另一种为 12mm，准备两组（用于开坡口），对V形坡口的接头先加工成型。

（2）焊条：E4303 型，直径 ϕ3.2mm、ϕ4.0mm 若干。

（3）焊机：额定焊接电流大于 160A 交流或直流焊机一台；

（4）辅助工具：焊钳、面罩、电焊工专用手套、钢丝刷、砂纸、锉刀、敲渣锤等。若使用直流弧焊机，则采用反极性接法。连接焊件的地线要同时接在焊接工位的左右两侧。

7.7.2.3 操作要领及操作训练

1.I形坡口平对接焊

（1）定位焊的要求。焊件装配定位焊时，应保证两板对接处平齐，无错边；定位焊缝一般要形成最终焊缝金属，因此选用的焊条应与正式焊接所用焊条相同；定位焊缝余高不能过大；如定位焊缝有开裂、未焊透、超高等缺陷，必须铲除或打磨，然后重新定位焊。焊件板厚小于 3mm 时，往往会出现烧穿现象，装配定位时两焊件间可以不留间隙或间隙不超过 0.5mm，定位焊缝呈点状密集形式；若板厚为 3mm 左右，装配定位时两焊件间隙在 1～2mm，定位焊间距为 70～100mm；若板厚大于 6mm，可以在焊件两端焊牢。

（2）焊接准备。将两块 3mm 厚的工件清洁、清除工件焊道及附近 10～20mm 表面的铁锈、油污等；并按上面的要求装配定位焊，保证对口间隙 1mm 左右。

（3）引弧。将定位焊好的工件平放在工作台上，在板端内（焊缝上）10～15mm 处引弧，随即将电弧移向焊缝起焊处，拉长电弧预热 1～2s，随后压低电弧，采用直线运条进行焊接。

（4）施接。焊接时，由于焊条遮挡前方焊缝，易焊偏，借助弧光确认焊缝位置是否正确。运条过程中如果发现熔渣与熔化金属混合不清时（正常情况下，铁水和熔渣在电弧及气流的吹力作用下是分开的），可把电弧拉长，同时将焊条向前倾斜，利用电弧的吹力吹动熔渣，并做向熔池后面推送熔渣的动作。

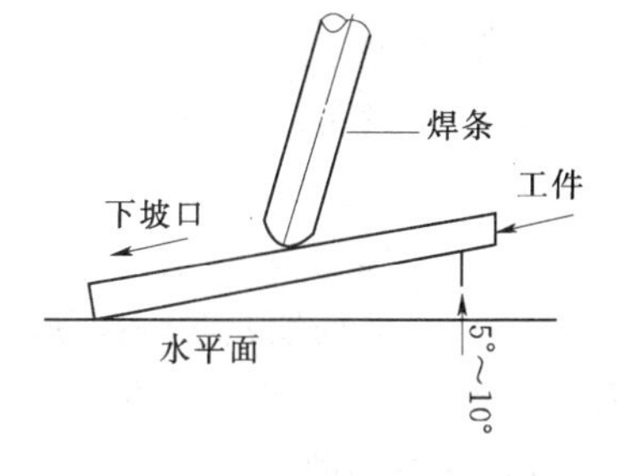

图7.101 下坡焊示意图

焊件较厚需要采用双面焊接时，首先进行正面焊，根据焊件厚度选择焊条和相应的焊接电流，焊件较薄时，选择小直径焊条，焊件较厚时，选择稍大些直径的焊条，以保证正面焊缝的熔深达到板厚的 2/3。正面焊缝焊完后，将焊件翻转，清理干净熔渣。背面焊缝焊接时，可适当加大熔接电流，保证与正面焊缝内部熔合，避免产生未焊透的现象。厚度小于 3mm 的薄焊件，操作中采用短弧和快速直线往复式运条法，为避免焊件局部温度过高，可以分段焊接。必要时也可以将焊件一头垫起，使其倾斜 5～10°的下坡焊，如图7.101所示。这样可以提高焊接速度，减小熔深，防止烧穿和减小变形。

（5）接头和收弧。接头跟平敷焊相似。收弧的方法根据焊件板厚确定，焊件较薄时，可采用灭弧法，同时节奏要慢点，直到填满弧坑方可。

2. V形坡口平对接焊

基本操作方法与I形坡口平对接焊相似，同时也有自身的特点。

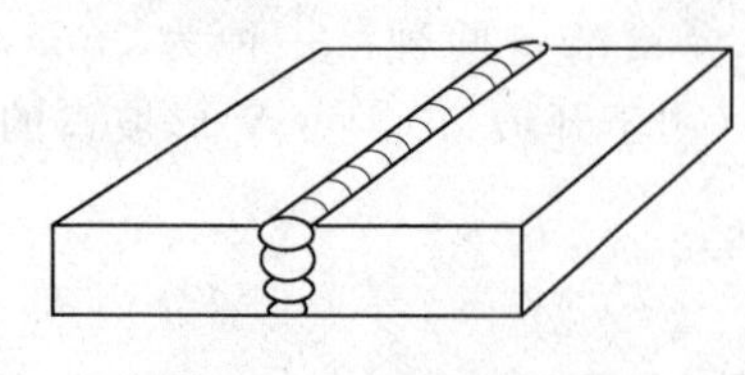
图7.102 多层焊示意图

V形坡口平均接焊需要在坡口内进多层焊，如图7.102所示。在根部打底焊时操作不当容易产生烧穿、夹渣现象，层与层之间也易出现夹渣、未熔合、气孔等缺陷。焊接第一层焊道（打底焊）选用直径较小的焊条（一般为φ3.2mm）。间隙较小时，采用直线形运条法；间隙较大时，用直线往复运条法，以防烧穿。当间隙很大不能焊接时，先在坡口两侧各堆焊一条焊道使间隙变小，然后再在中间施焊。采用这种方法可完成大间隙底层焊道的焊接。底层焊接之后，清理干净熔渣，陆续焊接以后各层。此时应选用4mm或5mm直径的焊条，焊接电流也应相应加大。第二层焊道如不宽可采用直线形或小锯齿形运条，以后各层采用锯齿形运条，但摆动幅度应逐渐加宽。摆动到坡口两侧时，焊条稍作停留，待坡口两侧母材熔合良好后方可移动。正面最后一层或背面焊缝均属于盖面焊，采用锯齿形运条，熔合坡口两侧1～1.5mm的边缘，以控制焊缝宽度，两侧要充分停留，以防咬边。应注意控制焊接速度，使每层焊道控制在3～4mm的厚度，各层之间的焊接方向应相反，其接头相互错开30mm，收尾填满弧坑。

实训任务7.8 装饰工程施工实训

7.8.1 抹灰施工的工、机具及相关知识、技能训练

7.8.1.1 抹灰工具及机具

（1）了解常用工具的种类和作用。

（2）掌握常用工具的使用方法。

（3）了解常用设备的种类、性能及使用、维护方法。

7.8.1.2 实训准备

（1）工具准备：铁抹子、阴阳角抹子、线锤、木抹子、八字靠尺、方尺等。

（2）实训场地：学院建筑工程实训场。

7.8.1.3 相关知识与操作要领

1. 常用工具

常用工具主要为抹子和压子。

（1）铁抹子和压子。用于抹灰，形状有方头和圆头两种，如图7.103（a）所示。压子（压刀）用于面层压光，如图7.103（b）所示。

（2）角抹子。阳角抹子［如图7.104（a）］和阴角抹子［如图7.104（b）］，用于压光阴、阳墙角和做护角线，每种又分尖角和小圆角。

2. 木制（塑料）工具

（1）托灰板。用木板或硬质塑料制作，用于操作时承托砂浆，如图7.105所示。

（2）软刮尺。用优质木板制作，用于顶棚抹灰层找平，如图7.106所示。

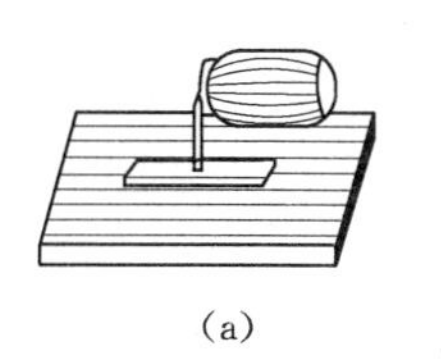

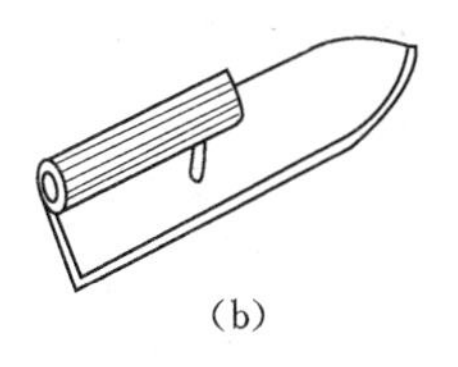

图 7.103 铁抹子和压子

(a) 铁抹子；(b) 压子

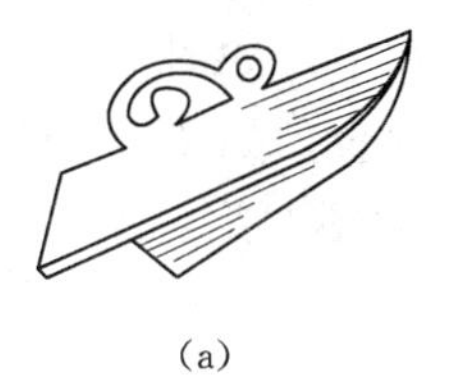

图 7.104 角抹子

(a) 阳角抹子；(b) 阴角抹子

(3) 木杠。又称刮杆，分长、中、短三种。长杆长 250～300cm，一般用于冲筋，中杆长 200～250cm，短杆长 150cm 左右，用于刮平地面或墙面的抹灰层。木杠的断面一般为矩形，如图 7.107 所示。

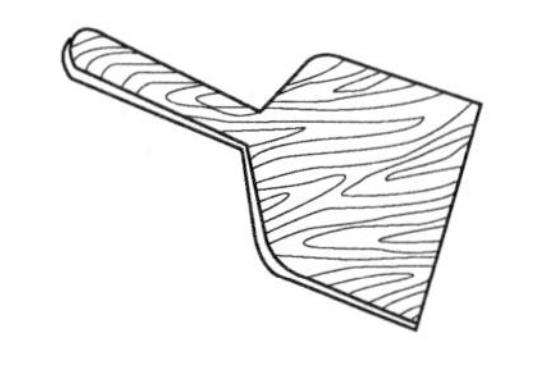

图 7.105 托灰板

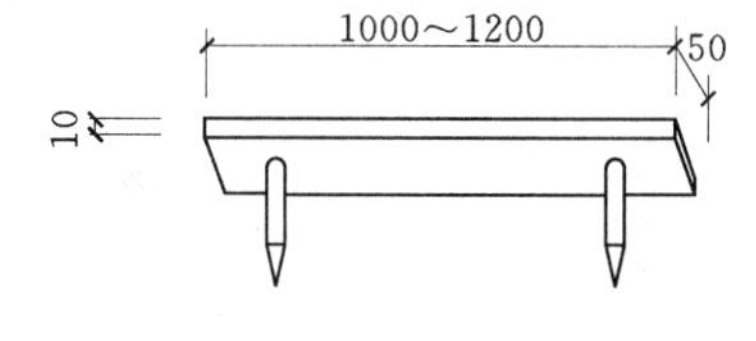

图 7.106 软刮尺

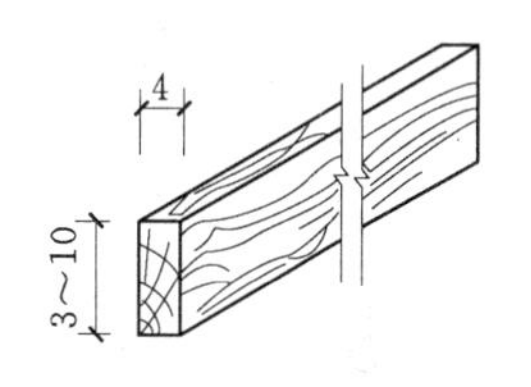

图 7.107 木杠

(4) 八字靠尺（又称引条）。一般做棱角用，其长度按要求截取，如图 7.108 所示。

(5) 靠尺板。分厚薄两种，断面为矩形，厚板多于抹灰线，长约 3.0～3.5m，薄板多用于做棱角，如图 7.109 所示。

(6) 托线板。主要用于靠吊垂直，如图 7.110。

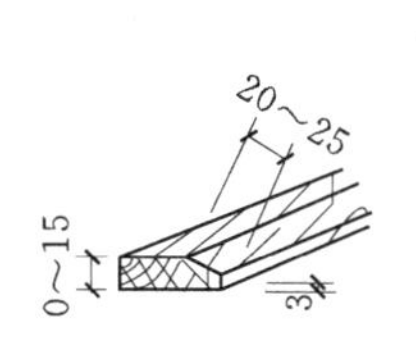

图 7.108 八字靠尺

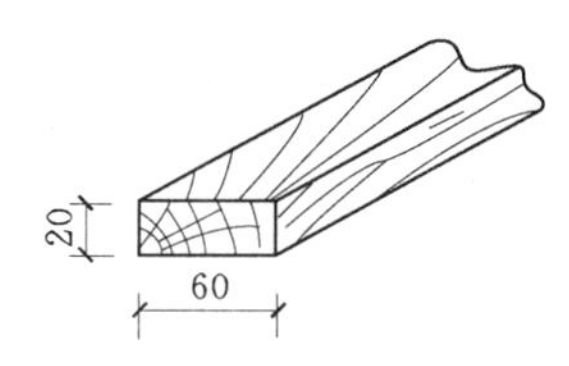

图 7.109 靠尺板

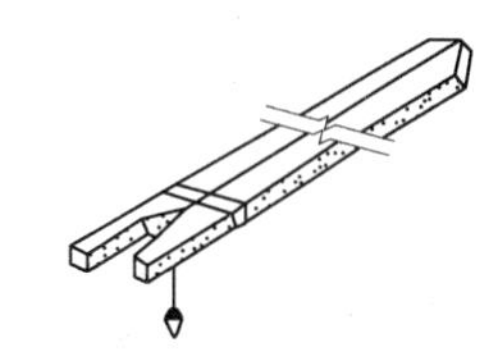

图 7.110 托线板

(7) 钢筋卡子。用于抹灰时卡紧靠尺，常用直径 6mm 和 8mm 的钢筋做成，如图 7.111 所示。

(8) 方尺。用于测量阴、阳角的方正，如图 7.112 所示。

(9) 分格条（又称米厘条）。用于墙面分格及滴水槽，其断面呈梯形的细长木条，如图 7.113 所示。

(10) 木抹子。用于砂浆搓平压实，如图 7.114 所示。

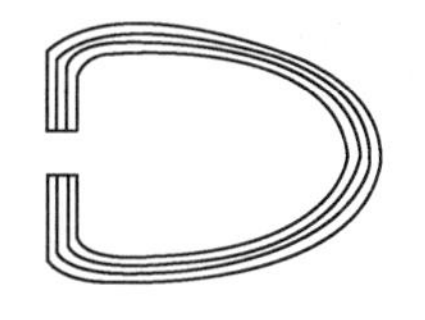

图 7.111 钢筋卡子

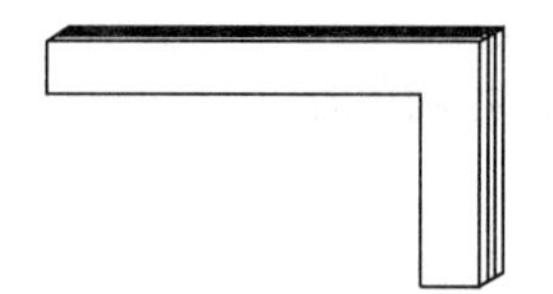

图 7.112 方尺

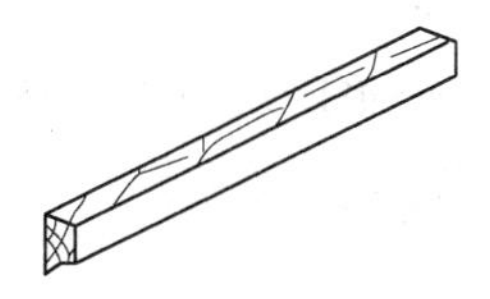

图 7.113 分格条

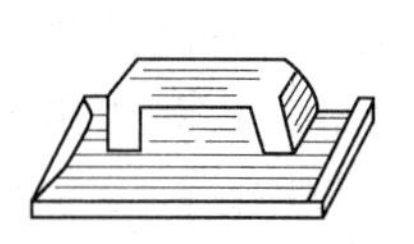

图 7.114 木抹子

(11) 水平尺。用于找平，如图 7.115 所示。

(12) 线锤。用于吊垂直，如图 7.116 所示。

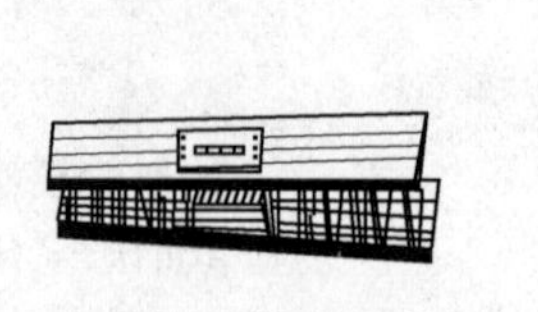

图 7.115 水平尺

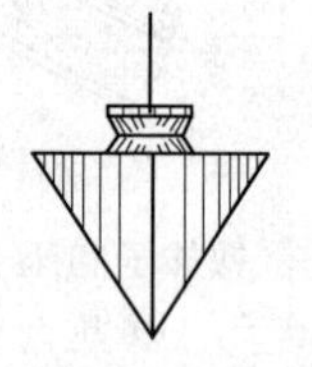

图 7.116 线锤

3. 其他工具

长毛刷、猪鬃刷、钢丝刷、大或小水桶、小推车、墨斗、粉线包、滚子、喷壶，还有筛子、铁锹、灰槽、灰勺等，如图 7.117 所示。

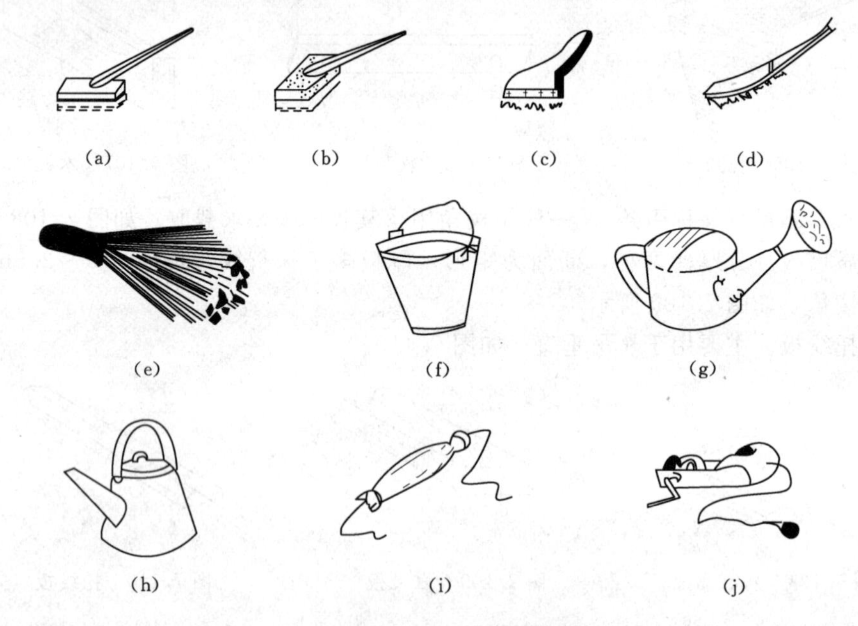

图 7.117 刷子、喷壶、墨斗等其他工具

(a) 长毛刷；(b) 猪鬃刷；(c) 鸡腿刷；(d) 钢丝刷；(e) 茅草帚；(f) 小水桶；(g) 喷壶；(h) 水壶；(i) 粉线包；(j) 墨斗

4. 机械工具

(1) 砂浆搅拌机。用于搅拌各种砂浆的专用机械。

(2) 麻刀灰搅拌机。用于拌制抹灰层各种纤维灰膏的专用机械。

(3) 喷浆机。用于喷水浇墙，分手压和电动两种。

(4) 磨石机。用于磨光水磨石地面，如图 7.118 所示。

7.8.1.4 抹灰工具使用方法

1. 铁抹子

使用铁抹子时，用右手中指和食指夹住抹子桩握紧抹子把，大拇指扶在抹子把上，使用起来要随其自然，不能握得太死，以免损伤中指。正确握法如图 7.119 所示。

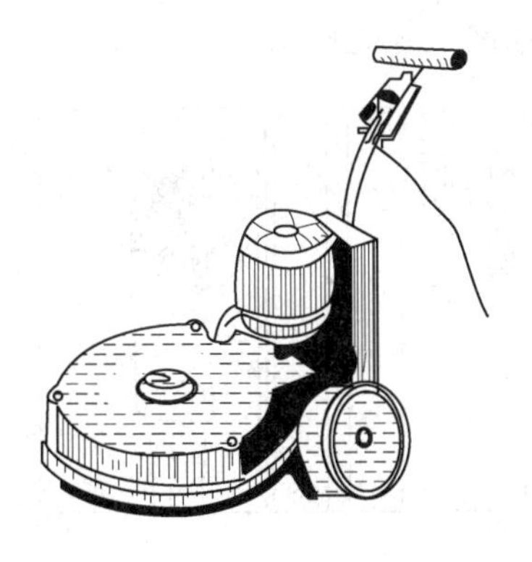

图7.118 磨石机

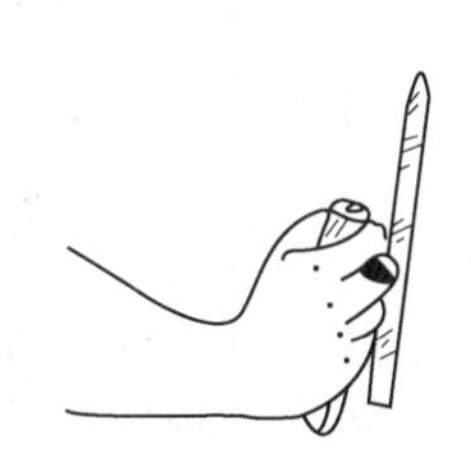

图7.119 铁抹子握法

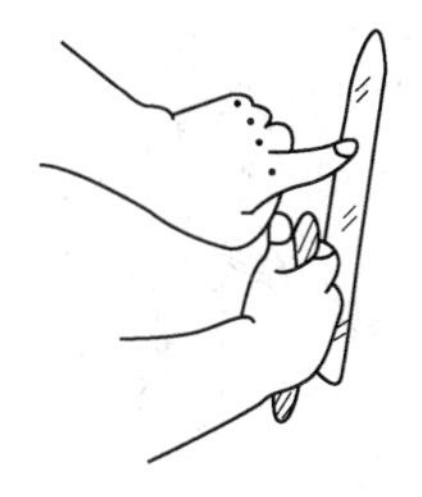

图7.120 压子握法

2. 压子

压子用来面层压光，它的手持方法和铁抹子基本相同。但在压光时抹子先要顺直。一行靠一行，千万不能漏压。压光时用左手抹压子前头上，免得压子前头撬起，出现压光不匀。正确用法如图7.120所示。

3. 阴角抹子

阴角抹子的使用方法是用右手握紧抹子把，大拇指扶在把上。在阴角处上下平稳圆滑，用力要均匀，不得用前尖挖进，免得阴角不顺直平整。握法如图7.121所示。

4. 阳角抹子

阳角抹子使用方法是用大拇指与食指握住阳角把，中指和其他手指在后扶助，圆滑阳角时，要用抹子的两臂紧靠抹成的阳角两侧，用力均匀，上、下圆滑，不得用角抹子的前头或后头立起圆滑，免得圆出的阳角不匀称，不顺直。正确用法如图7.122所示。

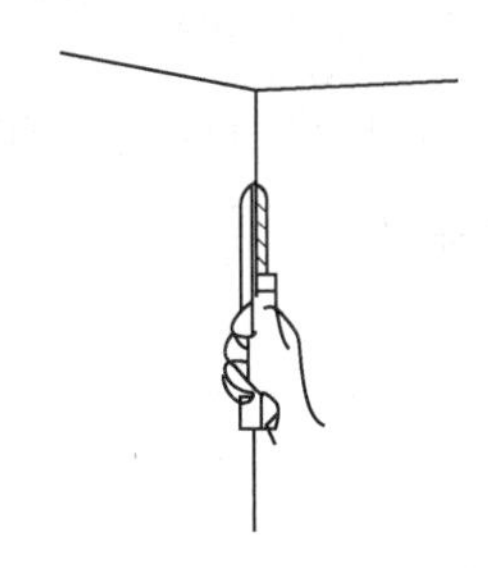

图7.121 阴角抹子用法

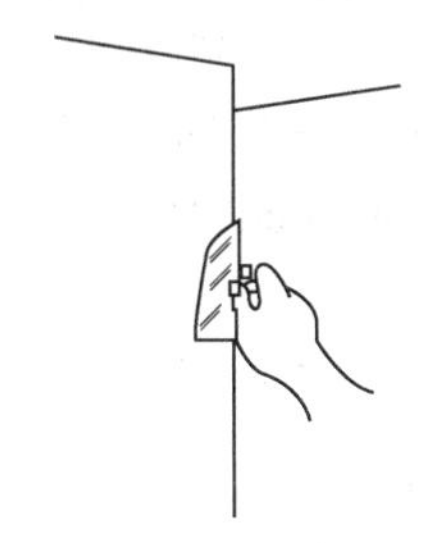

图7.122 阳角抹子用法

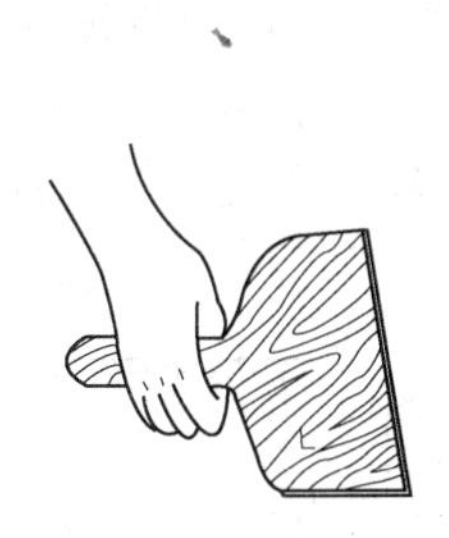

图7.123 托灰板用法

5. 托灰板

用左手握把，握把的位置要离灰板根部20～30mm（以免手被灰烧伤），使用时要给人一种灵活感。具体握法如图7.123所示。

6. 刮杠（也称刮杆）

刮杠主要用于找平，使用时，两手分开、用力要均匀，刮杠要两面使用，免得刮杠弯曲，用后要平放。使用刮杠正确姿势如图7.124所示。

7. 线锤

线锤用来检查角部的垂直，使用时用大拇指挑起线锤线，小拇指扶在靠尺杆上，用一只眼观察线锤线是否和贴上的靠尺杆重合，如果不在一条线上，说明靠尺杆不垂直，应及

时校正，直到重合为止，吊线锤时手要稳。具体吊法如图 7.125 所示。

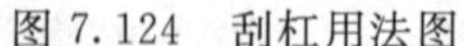

图 7.124　刮杠用法图

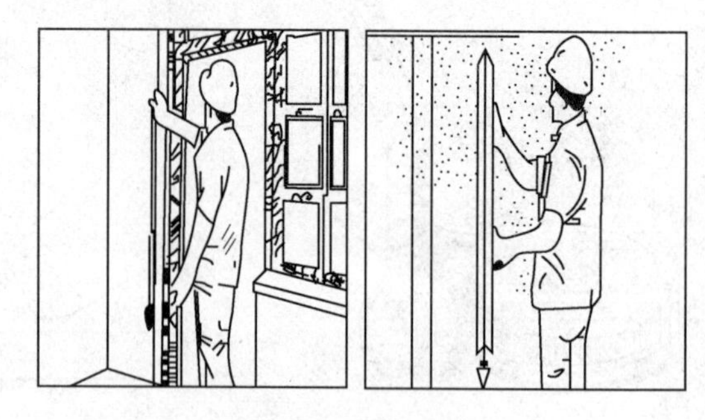

图 7.125　线锤用法

8. 靠尺杆

靠尺杆一般用来做棱角或做灰线使用，如做棱角时，首先要根据棱角抹灰厚度粘贴靠尺杆，粘贴靠尺杆前，在棱角边沿抹 70～80mm 宽的灰作粘杆用，贴杆时要用铁抹子顺杆上下刮，这样能使靠尺杆均匀的粘贴在灰上，不易脱落。千万不能用抹子敲打靠尺杆，免得用力不均匀使靠尺杆脱落。贴靠尺杆的具体做法如图 7.126 所示。

9. 钢筋卡子

当棱角的两侧大面抹完后，需抹窗台，窗上口时用卡子卡住靠尺杆，卡卡子时要在靠尺杆的中间或稍向里一点，不能卡在杆子的边沿，免得卡力不匀把靠尺杆卡翻脱落，破坏所要做的棱角。具体用法如图 7.126 所示。

10. 方尺

使用时要两手担平，不能倾斜。用法如图 7.127 所示。

11. 托线板（也称样板杆）

托线板用于靠吊垂直，使用时要用线板的一边紧贴于所要找垂直的墙、柱、垛子面上。线锤的线和托线板上的标尺尺寸重合说明此墙、柱、垛垂直，否则不垂直。用法如图 7.128 所示。

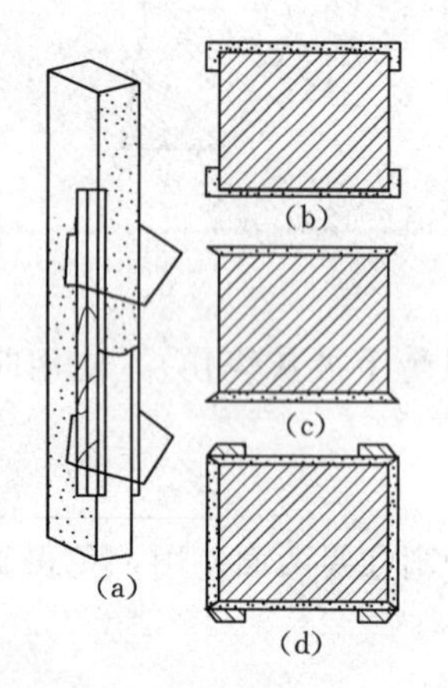

图 7.126　靠尺杆用法

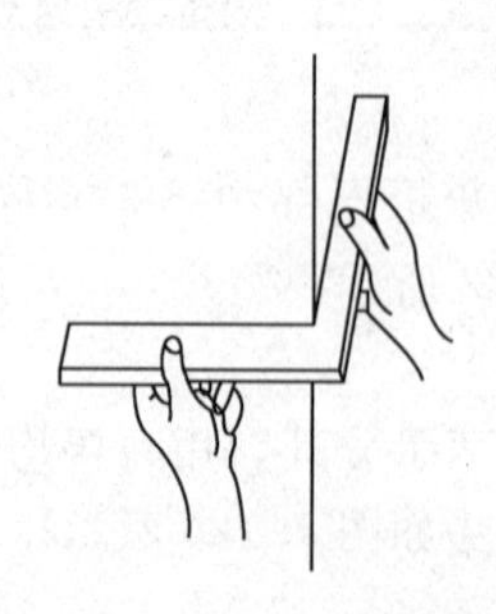

图 7.127　方尺用法

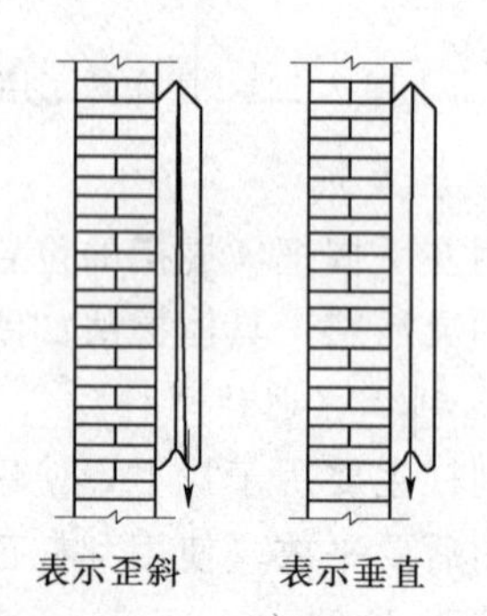

图 7.128　托线板用法

12. 木抹子（也称木拉板）

握法和铁抹子的握法相同，将刮平的墙、柱、垛所留下的砂眼，根据砂浆的软硬程度，用木抹子搓平压实。用法如图7.129所示。

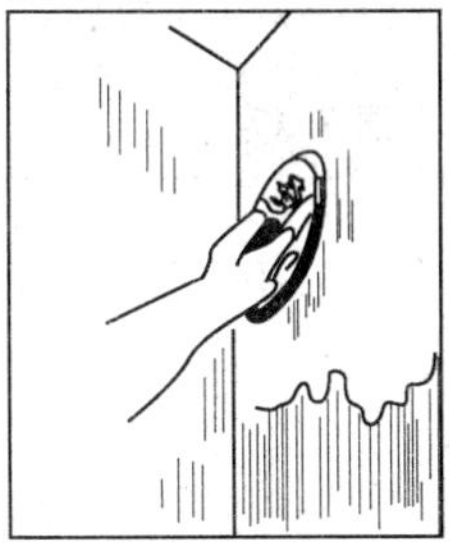

图7.129 抹子用法

7.8.1.5 实训注意事项

操作时应穿戴好劳动保护用品，自觉养成保护人身安全的习惯。

7.8.1.6 操作练习

能够说出常用工具的正确名称、作用，在使用工具中要注意姿势正确。

7.8.2 一般抹灰实训

7.8.2.1 实训要求

（1）熟悉抹灰工程的基本知识和一般抹灰砂浆的配合比拌和。

（2）熟练掌握内墙抹灰的基本操作方法和操作程序。

（3）掌握顶棚抹灰、水泥地面抹灰的基本操作方法和操作程序。

（4）掌握外墙抹灰的操作程序。

7.8.2.2 实训准备

（1）材料准备。黄砂、石灰膏或消解石灰粉。

（2）工具准备。抹子、托灰板、靠尺、刮尺等。

（3）实习场地。学院建筑工程实训场。

7.8.2.3 相关知识与操作要领

1. 相关知识

（1）抹灰工程的分类。

1）按使用材料分为石灰砂浆、水泥砂浆、水泥混合砂浆、麻刀灰、纸筋灰等。按操作方法分为水刷石、干黏石、水磨石、喷砂、弹涂、喷涂、滚涂、拉毛灰，洒毛灰、斩假面砖、仿石和彩色抹灰等。

2）按工程部位分。外墙抹灰有檐口干顶、窗台、腰线、阳台、雨篷、明沟、勒脚及墙面抹灰。内墙抹灰有顶棚、墙面、柱面、墙裙，踢脚板、地面、楼梯以及厨房、卫生间内的水池、浴池等抹灰。

3）按建筑标准分。中级抹灰，一般用于住宅、办公楼、学校等。高级抹灰，一般用于大型公共建筑物、纪念性建筑物、高级住宅、宾馆以及特殊要求的建筑物。

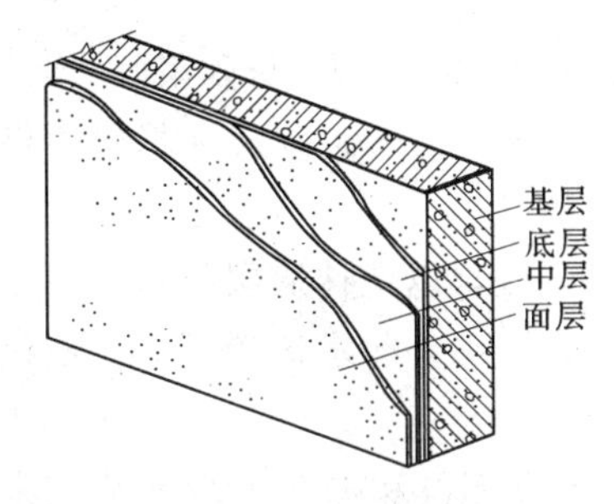

图7.130 抹灰层的分层

（2）抹灰层的组成及作用。为了使抹灰层与基层黏结牢固，防止起鼓开裂，并使抹灰层的表面平整，保证工程质量，抹灰层应分层涂抹。抹灰层一般由底层、中层和面层（又称“罩面”、“饰面”）组成，如图7.130。底层主要起与基层（基体）黏结作用；中层主要起找平作用；面层主要起装饰美化作用。抹灰层的组成、作用、基层材料和一般做法，见表7.17所示。

表7.17　　抹灰砂浆作用及要求

层次	作　用	基层材料	一　般　做　法
底层	主要起与基层黏结作用，兼起初步找平作用。砂浆稠度为10～12cm	砖墙基层	(1) 室内墙面一般采用石灰砂浆、石灰炉渣浆打底。 (2) 室外墙面、门窗洞口的外侧壁、屋檐、勒脚、压檐墙等及湿度较大的房间和车间宜采用水泥砂浆或水泥混合砂浆
		混凝土基层	(1) 宜先刷素水泥浆一道，采用水泥砂浆或混合砂浆打底。 (2) 高级装饰顶板宜用乳胶水泥砂浆打底
		加气混凝土基层	宜用水泥混合砂浆或聚合物水泥砂浆打底、打底前先刷一遍聚乙烯醇缩甲配合胶水溶液
		硅酸盐砌块基层	宜用水泥混合砂浆打底
		木板条、苇箱、金属网基层	宜用麻刀快、纸筋灰或玻璃丝灰打底，并将灰浆挤入基层缝隙内，以加强拉结
		平整光滑的混凝土基层，如大板、大模墙体基层	可不抹灰，采用刮腻子处理
中层	主层起找平作用。砂浆稠度为7～8cm		(1) 基本与底层相同。砖墙则采用麻刀灰或纸筋灰。 (2) 根据施工质量要求可以一次抹成，也可以分遍进行
面层	主要起装饰作用。砂浆稠度10cm		(1) 要求大面平整、无裂纹，颜色均匀。 (2) 室内一般采用麻刀灰、纸筋灰、玻璃丝灰；高级墙面用石膏灰浆和水砂面层。装饰抹灰采用拉毛灰、拉条灰、扫毛灰等，保温、隔热墙面用膨胀珍珠岩灰。 (3) 室外常用水泥砂浆、水刷石、干黏石等

(3) 抹灰层砂浆的选用。抹灰饰面所采用的砂浆品种，一般应按设计要求来选用。如无设计要求，则应符合下列规定：

1) 室外墙面、门窗洞口的外侧壁、屋檐、勒脚、压檐墙等，用水泥砂浆或水泥混合砂浆。

2) 湿度较大的房间和工厂车间，用水泥砂浆或水泥混合砂浆。

3) 混凝土板和墙的底层抹灰，用水泥混合砂浆或水泥砂浆。

4) 硅酸盐砌块的底层抹灰，用水泥混合砂浆。

5) 板条、金属网顶棚和墙的底层和中层抹灰，用麻刀灰砂浆或纸筋石灰砂浆。

6) 加气混凝土砌块和板的底层抹灰，用水泥混合砂浆或聚合物水泥砂浆（基层要做特殊处理，要先刷一道108胶封闭基层）。

(4) 抹灰层的厚度。抹灰层应采取分层分遍涂抹的施工方法，以便抹灰层与基层黏结牢固、控制抹灰厚度、保证工程质量。如果一次抹得太厚，由于内外收水快慢不一，不仅面层容易出现开裂、起鼓和脱落，同时还会造成材料的浪费。

1) 总厚度。抹灰层的平均总厚度，应根据基体材料、工程部位和抹灰等级等情况来确定，并且不得大于下列数值：

a. 顶棚。板条、空心砖、现浇混凝土为15mm；预制混凝土为18mm；金属网为20mm。

b. 内墙。高级抹灰为25mm；中级抹灰为20mm；普通抹灰为18mm。

c. 外墙。外墙为20mm；勒脚及突出墙面部分为25mm。

d. 石墙。石墙为35mm。

2）每遍厚度。各层抹灰的厚度（每遍厚度），应根据基层材料、砂浆品种、工程部位、质量标准及各地区气候情况来确定，每遍厚度一般控制如下：

a. 抹水泥砂浆每遍厚度为5～7mm。

b. 抹石灰砂浆或混合砂浆每遍厚度为7～9mm。

c. 抹灰面层用麻刀灰、纸筋灰、石膏灰等罩面时，经赶平、压实后，其厚度麻刀灰不大于3mm；纸筋灰、石膏灰不大于2mm。

d. 混凝土大板和大模板建筑内墙面和楼板底面，采用腻子刮平时，宜分遍刮平，总厚度为2～3mm。

e. 如用聚合物水泥砂浆、水泥混合砂浆喷毛打底，纸筋灰罩面，以及用膨胀珍珠岩水泥砂浆抹面，总厚度为3～5mm。

f. 板条、金属网用麻刀灰、纸筋灰抹灰的每遍厚度为3～6 mm。

水泥砂浆和水泥混合砂浆的抹灰层，应待前一层抹灰层凝结后，方可涂抹后一层；石灰砂浆抹灰层，应待前一层七至八成干后，方可涂抹后一层。

（5）一般抹灰砂浆的配合比见表7.18所示。

表7.18　　抹灰砂浆的配合比

砂浆名称	配合比（体积比）	应用范围
水泥砂浆（水泥：细砂）	1：2.5～1：3 1：1.5～1：2 1：0.5～1：1	用于浴厕间等潮湿房间的墙裙、勒脚或地面基层 用于地面、顶棚、墙面面层 用于混凝土地面随打随抹光
石灰砂浆（石灰膏：砂）	1：2～1：3	用于砖石墙面层（潮湿房间不宜）
水泥混合砂浆（水泥：石灰：砂）	1：0.3：3～1：1：6 1：0.5：1～1：1：4 1：0.5：4～1：3：9 1：0.5：4.5～1：1：6	墙面打底 混凝土顶棚打底 板条顶棚抹灰 檐口、勒脚、女儿墙及较潮湿处抹灰
混合砂浆（水泥：石膏：砂：锯末）	1：1：3：5	用于吸声粉刷
麻刀石灰（白灰膏：麻刀筋）	100：1.3（质量比）	板条顶棚罩面
纸筋石灰（白灰膏：纸筋）	100：3.8	板条顶棚罩面 较高级墙面、顶棚

7.8.2.4 施工顺序及要领

抹灰工程的施工顺序，一般遵循“先室外后室内、先上面后下面、先顶棚后墙地”的原则。外墙由屋檐开始自上而下，先抹阳角线、台口线，后抹窗台和墙面，再抹勒脚、散水坡和明沟。内墙和顶棚抹灰，应待屋面防水完工后，并在不致被后续工程损坏和沾污的条件下进行，一般应先房间，后走廊，再楼梯和门厅等。

1. 内墙抹灰

(1) 作业条件。

1) 屋面防水或上层楼面面层已经完成，不渗不漏。

2) 主体结构已经检查验收并达到相应要求，门窗和楼层预埋件及各种管道已安装完毕（靠墙安装的暖气片及密集管道房间，则应先抹灰后安装）并检查合格。

3) 高级抹灰环境温度一般不应低于+5℃，中级和普通抹灰环境温度不应低于0℃。

(2) 内墙抹灰的施工方法。为了有效地控制抹灰层的垂直度、平整度与厚度，使其符合装饰工程的质量验收标准，所以墙面抹灰前必须先找规矩。

1) 做标志块（贴灰饼）。找规矩的方法是先用托线板全面检查砖墙表面的垂直平整程度，根据检查的实际情况并兼顾抹灰的总平均厚度规定，决定墙面抹灰的厚度。接着在2m左右高度，离墙两阴角10～20cm处，用底层抹灰砂浆（也可用1∶3水泥砂浆或1∶3∶9混合砂浆）各做一个标准标志块，厚度为抹灰层厚度，大小50mm左右见方。以这两个标准标志块为依据，再用托线板靠、吊垂直确定墙下部对应的两个标志块厚度，其位置在踢脚板上口，使上下两个标志块在一条垂直线上。如图7.131(a)所示。标准标志块做好后，再在标志块附近砖墙缝内钉上钉子，拴上小线挂水平通线（注意小线要离开标志块1mm），然后按间距1.2～1.5m左右加做若干标志块，如图7.131(b)。凡窗口、垛角处必须做标志块。

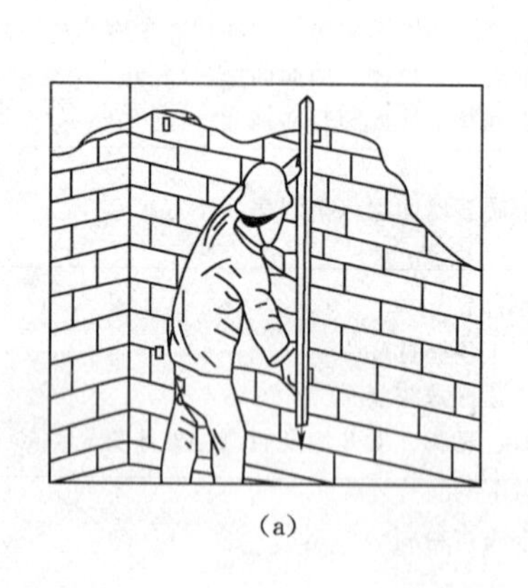
(a)

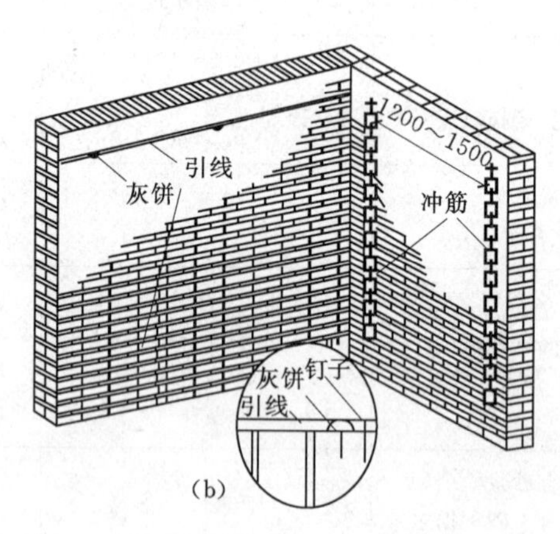

(b)

图7.131 做标志线（单位：mm）

2) 标筋。也称为“冲筋”、“出柱头”。就是在上下两个标志块之间先抹出一长条梯形灰埂，其宽度为60～70mm，厚度与标志块相平，作为墙面抹底子灰填平的标准。其做法是在上下两个标志块中间先抹一层，再抹第二遍凸出成八字形，要比灰饼凸出10mm左右，然后用木杠紧贴灰饼左上右下搓，直到把标筋搓得与标志块一样平为止，同时要将标

筋的两边用刮尺修成斜面，使其与抹灰层接槎顺平。标筋用的砂浆，应与抹灰底层砂浆相同。标筋的做法如图 7.132 所示。

3）阴阳角找方。中级抹灰要求阳角找方。对于除门窗口外还有阳角的房间，则首先要将房间大致规方，其方法是先在阳角一侧墙做基线，用方尺将阳角先规方，然后在墙角弹出抹灰准线，并在准线上下两端挂通线做标志块。高级抹灰要求阴阳角都要找方，阴阳角两边都要弹基线。为了便于做角和保证阴阳角方正垂直，必须在阴阳角两边做标志块、标筋。

4）门窗洞口做护角。抹灰时，为了使每个外突的阳角在抹灰后线条清晰，挺直，并防止碰撞损坏，所以，不论设计有无规定阳角都要做护角线。护角线有明护角和暗护角两种，如图 7.133 所示。护角做好后，也起到标筋作用。

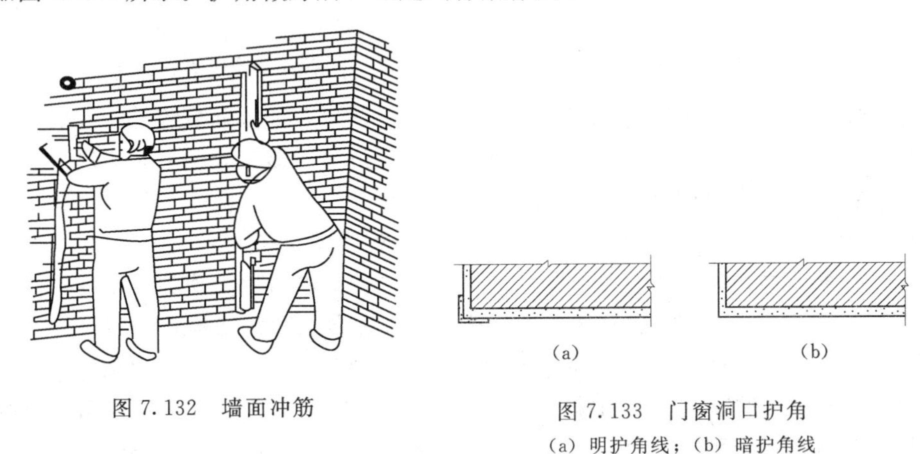

图 7.132 墙面冲筋

图 7.133 门窗洞口护角

(a) 明护角线；(b) 暗护角线

护角应抹 1∶2 水泥砂浆，一般高度由地面起不低于 2m，护角每侧宽度不小于 50mm。抹护角时，以墙面标志块为依据，首先要将阳角用方尺规方，靠门框一边，以门框离墙面的空隙为准，另一边以标志块厚度为据。最好在地面上划好准线，按准线粘好靠尺板，并用托线吊直，方尺找方。然后，在靠尺板的另一边墙角面分层抹 1∶2 水泥砂浆，护角线的外角与靠尺板外口平齐，一边抹好后，再把靠尺板移到已抹好护角的一边，用钢筋卡子稳住，用线锤吊直靠尺板，把护角的另一面分层抹好。然后，轻轻地将靠尺板拿下，待护角的棱角稍干时，用阳角抹子和水泥浆捋出小圆角。最后在墙面用靠尺板按要求尺寸沿角留出 50mm，将多余砂浆以 40°斜面切掉（切斜面的目的是为墙面抹灰时，便于与护角接槎），墙面和门框等处落地灰应清理干净。

窗洞口一般虽不要求做护角，但同样也要方正一致、棱角分明、平整光滑，操作方法与做护角相同。窗口正面应按大墙面标志块抹灰，侧面应根据窗框所留灰口确定抹灰厚度，同样应使用八字靠尺找方吊正，分层涂抹，阳角处也应用阳角抹子捋出小圆角。

5）底层及中层抹灰。在标志块、标筋及门窗口做好护角后，底层与中层抹灰即可进行，这道工序也叫“刮糙”。其方法是将砂浆抹于墙面两标筋之间，底层要低于标筋，待收水后再进行中层抹灰，其厚度以垫平标筋为准，并使其略高于标筋。中层砂浆抹后，即用中、短木杠按标筋刮平。使用木杠时，人站成骑马式，双手紧握木杠，均匀用力，由下往上移动，并使木杠前进方向的一边略微翘起，手腕要活。凹陷处补抹砂浆，然后再刮，直至平直为止。紧接着用木抹子搓磨一遍，使表面平整密实，如图 7.134 所示。

墙的阴角，先用方尺上下核对方正，然后用阴角器上下抽动扯平，使室内四角方正，如图 7.135 所示。

图 7.134 墙面刮糙

图 7.135 阴角上下抽动扯平

在一般情况下，标筋抹完就可以装挡刮平。但要注意，如果筋软容易将标筋刮坏产生凸凹现象，也不宜在标筋有强度时再装挡刮平，因为待墙面砂浆收缩后，会出现标筋高于墙面的现象，而产生抹灰面不平等质量通病。

当层高小于 3.2m 时，一般先抹下面一步架，然后搭架子再抹上一步架。抹上一步架，可不做标筋，而是在用木杠刮平时，紧贴在已经抹好的砂浆上作为刮平的依据。

当层高大于 3.2m 时，一般是从上往下抹。如果后做地面、墙裙和踏脚板时，要将墙裙、踏脚板准线上口 50mm 处的砂浆切成直槎，墙面要清理干净，并及时清除落地灰。

6）面层抹灰 一般室内砖墙面抹灰常用纸筋石灰、麻刀石灰、石灰砂浆和刮大白腻子等。面层抹灰应在底灰稍干后进行，底灰太湿会影响抹灰面平整，还可能“咬色”；底灰太干，易使面层脱水太快而影响黏结，造成面层空鼓。

图 7.136 面层抹灰

a. 纸筋石灰面层抹灰。纸筋石灰面层抹灰，一般是在中层砂浆六至七成干后进行（手按不软，但有指印）。如果底层砂浆过于干燥，应先洒水湿润再抹面层。抹灰操作一般使用钢皮抹子，两遍成活，厚度不大于 2mm，一般由阴角或阳角开始，自左向右进行，两人配合操作，一人先竖向（或横向）薄薄抹一层，要使纸筋石灰与中层紧密结合；另一人横向（或竖向）抹第二层，抹平，并要压平溜光压平后，如用排笔或茅柴帚蘸水横刷一遇，使表面色泽一致，再用钢皮抹子压实、揉平、抹光一次面层则会更为细腻光滑，如图 7.136 所示。阴阳角分别用阴阳角抹子捋光，随手用毛刷子蘸水将门窗边口阳角、墙裙和踢脚板上口刷净。纸筋石灰罩面的另一种做法是：二遍抹后，稍干就用压子或者塑料抹子顺抹子纹压光，经过一段时间，再进行检查，起泡处重新压平。

b. 麻刀石灰面层抹灰。麻刀石灰面层抹灰的操作方法，与纸筋石灰面层抹灰相同。但麻刀与纸筋纤维的粗细有很大区别，纸筋容易捣烂，能形成纸浆状，故制成的纸筋石灰

比较细腻，用它做罩面灰厚度可以达到不超过 2mm 的要求；而麻刀的纤维比较粗，且不易捣烂，用它制成的麻刀石灰抹面厚度按要求不得大于 3mm 比较困难，如果厚了，则面层易产生收缩裂缝，影响工程质量，为此应采取上述两人操作的方法。

c. 石灰砂浆面层抹灰。石灰砂浆面层抹灰应在中层砂浆五至六成干时进行。如中层较干时，须洒水湿润后再进行。操作时，先用铁抹子抹灰，再用刮尺由下向上刮平，然后用木抹子搓平，最后用铁抹子压光成活。

d. 刮大白腻子。近年来，有不少地方内墙面面层不抹罩面灰，而采用刮大白腻子。其优点是操作简单、节约用工。面层刮大白腻子，一般应在中层砂浆干透、表面坚硬呈灰白色，且没有水迹及潮湿痕迹、用铲刀刻划显白印时进行。大白腻子配合比是大白粉：滑石粉：聚醋酸乙烯乳液：羧甲基纤维素溶液（浓度 5%）＝60∶40∶24∶75（质量比）。调配时，大白粉、滑石粉、羧甲基纤维素溶液应提前按配合比搅匀浸泡。

面层刮大白腻子一般不少于两遍，总厚度 1mm 左右。操作时，使用钢片或胶皮刮板，每遍按同一方向往返刮。头道腻子刮后，在基层已修补过的部位应进行复补找平，待腻子干后，用 0 号砂纸磨平，扫净浮灰。待头遍腻子干燥后，再进行第二遍。要求表面平整，纹理质感均匀一致。阴阳角找直的方法是在角的两侧平面满刮找平后，再用直尺检查，当两个相邻的面刮平并相互垂直后，角也就不会有弯了。

2. 顶棚抹灰

（1）顶棚抹灰的作业条件。

1）屋面防水层及楼面面层已经施工完毕，穿过顶棚的各种管道已经安装就绪，顶棚与墙体间及管道安装后遗留空隙已经清理并填堵严实。

2）现浇混凝土顶棚表面的油污等已经清除干净，用钢丝刷已满刷一道，凹凸处已经填平或已凿去。预制板顶棚除以上工序外，板缝应已清扫干净，并且用 1∶3 水泥砂浆已经填补刮平。

3）木板条基层顶棚板条间隙在 8mm 以内，无松动翘曲现象，污物已经清除干净。

4）板条钉钢丝网基层，应铺钉可靠、牢固、平直。

（2）顶棚抹灰的施工方法。

1）搭设架子。凡是层高在 3.6m 以上者，由架子工搭设，层高在 3.6m 以下者由抹灰工自己搭设。架子的高度（从脚手板面至顶棚），以操作者高度加 10cm 为宜。

高凳铺脚手板搭设：高凳间距不大于 2m，脚手板间距不大于 50cm，如图 7.137 所示。

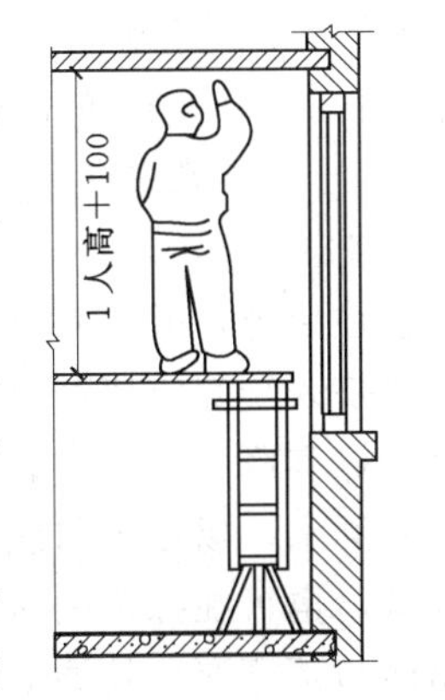

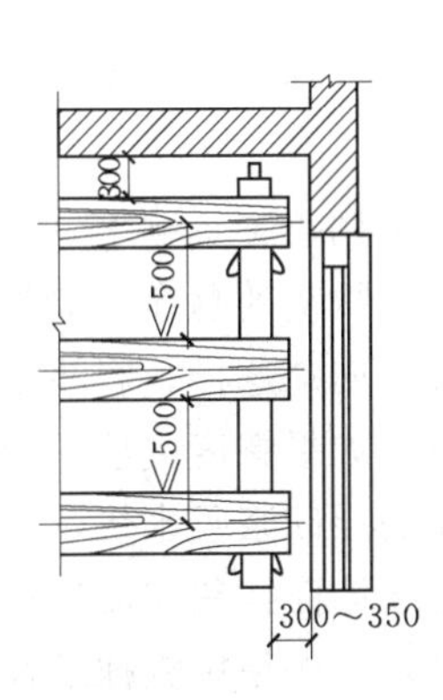

图 7.137 天棚脚手架（单位：mm）

2）天棚抹灰的姿势动作。操作人员站在脚手板上，两脚叉开，一脚在前，一脚在后，身体略为偏侧，一手拿抹子，一手持灰板，两漆稍稍前弯站稳，身稍后仰，抹子紧贴顶棚，慢慢向后拉，方向与板缝成垂直方向，抹子稍侧，使底子灰表面带毛，用灰比例按设计要求，如图7.138所示。

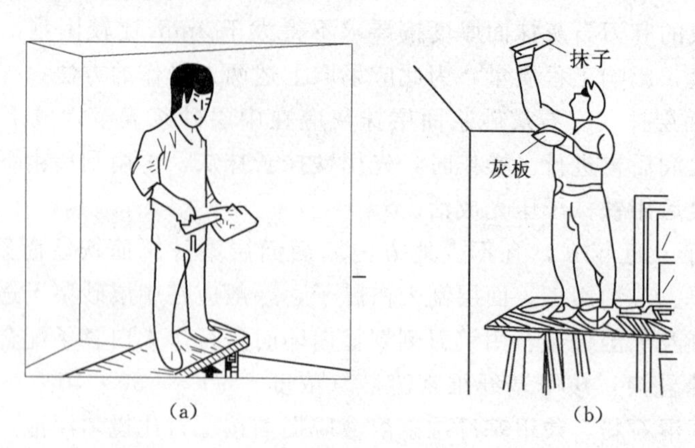

(a)　(b)

图7.138　天棚抹灰的姿势动作

(a) 持灰板姿势；(b) 抹灰姿势

抹灰姿势正确与否对工程质量，对操作中疲劳程度都起着决定影响，必须正确掌握。要从站立、迈步和姿势动作以及操作用抹子这几个方面，反复练习，达到协调一致。

3) 找规矩。顶棚抹灰通常不做标志块和标筋，而用目测的方法控制其平整度，以无明显高低不平及接槎痕迹为准。先根据顶棚的水平面，确定抹灰的厚度，然后在墙面的四周与顶棚交接处弹出水平线，作为抹灰的水平标准。

图7.139　管道周围抹灰

4) 底、中层抹灰。底层是粘结层，用水灰比0.37～0.4的素水泥浆或聚合物水泥浆薄刮一遍后，紧跟着上砂浆，一般用1∶0.5∶2的水泥：石灰膏：砂混合砂浆，厚度3～5mm。抹完后用软靠尺刮平，而后用木抹子搓平。如发现平整不好（尤其边角处），及时添灰搓平。

底层抹后紧跟着就抹中层砂浆，其配合比一般采用水泥∶石灰膏∶砂＝1∶3∶9的水泥混合砂浆，抹灰厚度6mm左右，抹后用软刮尺刮平赶匀，随刮随用长毛刷子将抹印顺平，再用木抹子搓平，顶棚管道周围用小工具顺平，如图7.139所示。

抹灰的顺序一般是由前往后退，并注意其方向必须同基体的缝隙（混凝土板缝）成垂直方向。这样，容易使砂浆挤入缝隙牢固结合。抹灰时厚薄应掌握适度，随后用软刮尺赶平。如平整度欠佳，应再补抹和赶平，但不宜多次修补，否则容易搅动底灰而引起掉灰。如底层砂浆吸水快，应及时洒水，以保证与底层黏结牢固。在顶棚与墙面的交接处，一般是在墙面抹灰完成后再补做，也可在抹顶棚时，先将距顶棚20～30cm的墙面同时完成抹灰，方法是用铁抹子在墙面与顶棚交角处添上砂浆然后用木阴角器抽平压直即可。

5) 面层抹灰。待中层抹灰达到六至七成干，即用手按不软且有指印时（要防止过干，如过干应稍洒水），再开始面层抹灰。如使用纸筋石灰或麻刀石灰时，一般分两遍成活。其涂抹方法及抹灰厚度与内墙面抹灰相同。第一遍抹得越薄越好，紧跟抹第二遍。抹第二

遍时，抹子要稍平，抹完后待灰浆稍干，再用塑料抹子或压子顺着抹纹压实压光。各抹灰层受冻或急骤干燥，都能产生裂纹或脱落，因此需要加强养护。

3. 水泥地面抹灰

水泥砂浆面层是以水泥作胶凝材料，砂作骨料，在现场按配合比配制的砂浆抹压而成。其构造及做法如图 7.140 所示。

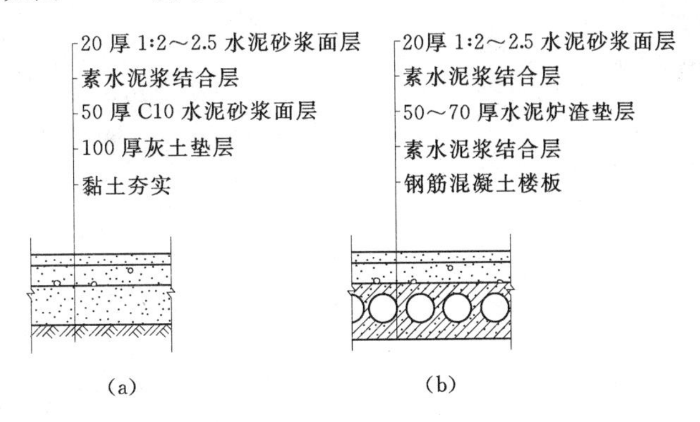

图 7.140　水泥砂浆地（楼）面构造

(a) 水泥砂浆地面；(b) 水泥砂浆棱面

(1) 材料要求。

水泥砂浆面层所用水泥，应优先采用硅酸盐水泥、普通硅酸盐水泥，水泥标号不得低于 325 号，上述品种水泥与其他品种的水泥相比，具有早期强度高、水化热较高和在凝结硬化过程中干缩值较小等优点。如采用矿渣硅酸盐水泥，标号应不低于 425 号。在施工中要严格按施工工艺操作，且要加强养护，方能保证工程质量。

水泥砂浆面层所用的砂，应采用中砂和粗砂，含泥量不得大于 3%，因为细砂拌制的砂浆强度要比粗、中砂拌制的砂浆强度约低 25%～35%，不仅其耐磨性差，而且还有干缩性大、容易产生收缩裂缝等缺点。

(2) 施工方法。

1) 基层处理。水泥砂浆面层多铺抹在楼、地面混凝土、水泥炉渣、碎砖三合土等垫层上，垫层处理是防止水泥砂浆面层空鼓、裂纹、起砂等质量通病的关键工序。因此，要求垫层应具有粗糙、洁净、潮湿的表面，必须仔细清除一切浮灰、油渍、杂质，否则会形成一层隔离层，使面层结合不牢。表面比较光滑的基层，应进行凿毛，并用清水冲洗干净，冲洗后的基层，最好不要上人，保持基体干净、潮湿，至少 1d，对管道穿越的板洞分层填嵌密实，再进行地面抹灰。

在现浇混凝土或水泥砂浆垫层、找平层上做水泥砂浆地面面层时，应在其抗压强度达到要求后才能铺设面层，这样不致破坏其内部结构。地面铺设前，还要将门框再一次校核找正。其方法是先将门框锯口线找平校正，然后将门框固定，防止松动、位移，并注意当地面面层铺设后，门扇与地面的间隙应符合规定要求。

2) 找规矩。

a. 弹准线。地面抹灰前，应先用水平仪找出水平基准线，并弹在四周墙上。水平基线是以地面±0.00 及楼层砌墙前的抄平点为依据，一般可根据情况弹在标高 100cm 的墙

上［图7.141（a）］。弹准线时，要注意按设计要求的水泥砂浆面层厚度弹线。

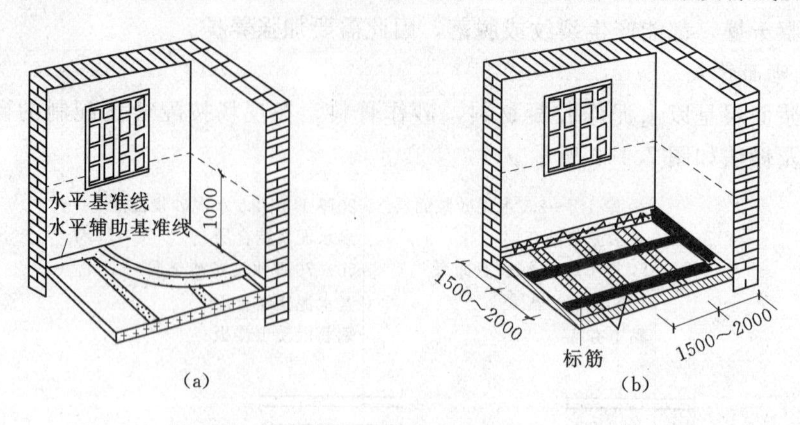

图7.141 地面抹灰找规矩（单位：mm）
（a）弹准线；（b）做标筋

b. 做标筋。根据水平基准线再把楼地面面层上皮的水平辅助基准线弹出［图7.141（b）］。

面积不大的房间，可根据水平基准线直接用长木杠抹标筋，施工中进行几次复尺即可。面积较大的房间，应根据水平基准线，在四周墙角处每隔1.5～2.0m用1∶2水泥砂浆抹标志块，标志块大小一般是70～80mm见方。待标志块结硬后，再以标志块的高度做出纵横方向通长的标筋以控制面层的厚度。地面标筋用1∶2水泥砂浆，宽度一般为70～80mm。做标筋时，要注意控制面层厚度，面层的厚度应与门框的锯口线吻合。

对于厨房、浴室、厕所等房间的地面，必须将排水坡度找好；有地漏的房间，要在地漏四周找出不小于5%的泛水，并要弹好水平线，避免地面“倒流水”或积水。找平时要注意各室内地面与走廊高度的关系。

3）操作要求。面层水泥砂浆的配合比应符合设计的有关要求，一般不低于1∶2，水泥灰比为0.3～0.4，其稠度不大于35mm（手握成团，落地开花）。水泥砂浆要求拌和均匀，颜色一致。

铺抹前，先将基层浇水湿润，第二天先刷一道水泥灰比为0.4～0.5的水泥素浆结合层，随即进行面层铺抹。如果水泥素浆结合层过早涂刷，则起不到与基层和面层两者黏结的作用，反而易造成地面空鼓。所以，一定要随刷随抹。

地面面层的铺抹方法是在标筋之间铺砂浆，随铺随用木抹子拍实，用刮尺根据两边软筋刮平，压实。刮时要从室内由里往外刮到门口，符合门框锯口线标高，然后再用木抹子搓平压实，并用铁皮抹子紧跟着压第一遍。要压得轻一些，无大的抹纹。如面层有多余的水分，可根据水分的多少适当均匀地撒一层干水泥或干拌水泥和砂来吸取面层表面多余的水分，再压实压光（但要注意，如表面无多余的水分，不得撒干水泥或干拌水泥、砂），同时把脚印压平并随手把踢脚板上的灰浆刮干净。

当水泥砂浆开始初凝时（即人踩上去有脚印但不塌陷），即可开始用钢皮抹子压第二遍。要压实、压光、不漏压，抹子与地面接触时，发出“沙沙”声，并把死坑、砂眼和脚印都压平。第二遍压光最重要，表面要清除气泡、孔隙，做到平整光滑。等到水泥砂浆终

凝前（人踩上去有细微脚印），抹子抹上去不再有抹子纹时，再用铁皮抹子压第三遍。抹压时用劲要稍大些，并把第二遍留下的抹子纹、毛细孔压平、压实、压光。

当地面面积较大或设计要求分格时，应根据地面分格线的位置和尺寸，在墙上或踢脚板上画好分格线位置，在面层砂浆刮抹搓平后，根据墙上或踢脚板上已画好的分格线，先用木抹子搓出一条约一抹子宽的面层，用铁抹子先行抹平，轻轻压光，再用粉线袋弹上分格线，将靠尺放在分格线上，用地面分格器，紧贴靠尺顺线画出分格缝。分格缝做好后，要及时把脚印、工具印子等刮平、搓平整。待面层水泥终凝前，再用铁皮抹子压平、压光，把分格缝理直压平。

水泥地面压光要三遍成活，每遍抹压的时间要掌握适当，以保证工程质量。压光过早或过迟，都会造成地面起砂的质量事故。

4）养护和成品保护。面层抹完后，在常温下铺盖草垫或锯木屑进行浇水养护，养护时间不少于7d，如采用矿渣水泥，则不少于14d。面层强度达5MPa后，才允许人在地面上行走或进行其他作业。

4. 外墙抹灰

（1）作业条件。

1）主体结构施工完毕，外墙所有预埋件、嵌入墙体内的各种管道已安装完毕，阳台栏杆已装好。

2）门窗安装合格，框与墙间的缝隙已经清理，并用砂浆分层分遍堵塞严密。

3）大板结构外墙面接缝防水已处理完毕。

4）砖墙凹凸过大处已用1：3水泥砂浆填平或已剔凿平整，脚手孔洞已经堵严填实，墙面污物已经清理，混凝土墙面光滑处已经凿毛。

5）加气混凝土墙板经清扫后，已用1：1水泥砂浆掺10%107胶水刷过一道。

6）脚手架已搭设。

（2）施工方法。

1）找规矩。外墙面抹灰与内墙抹灰一样要挂线做标志块、标筋。但因外墙面由檐口到地面，抹灰面积大，门窗、阳台、明柱、腰线等都要横平竖直，而抹灰操作则必须要从上往下分步施工。因此，外墙抹灰找规矩要在四角先挂好自上而下垂直通线（多层及高层房屋，应用钢丝线垂下），然后根据大致决定的抹灰厚度，每步架大角两侧弹控制线，拉水平通线，并弹水平线做标志块，竖向每步架做一个标志块，然后做标筋（方法与内墙相同）。

2）粘贴分格条。为了使墙面美观和避免因砂浆收缩产生裂缝，面层一般在中层灰六至七成干后，按要求弹出分格线，粘贴分格条。水平分格条一般贴在水平线下边，竖向分格条一般贴在垂直线的左侧。分格条在使用前要用水泡透，以便于粘贴和起出，并能防止使用时变形。粘分格条时，先用素水泥浆在水平、竖直线上作几个点，把分格条临时固定好，如图7.142（a）所示，再用水泥浆或水泥砂浆抹成与墙面成八字形。对于当天罩面的分格条，两侧八字形斜角可抹成45°，如图7.142（b）所示；对于不立即罩面的分格条，两侧八字形斜角应适当陡一些，一般为60°，如图7.142（b）所示。分格条要求横平竖直，接头垂直，四周交接严密，不得有错缝或扭曲现象。分格缝宽窄和深浅应均匀

一致。

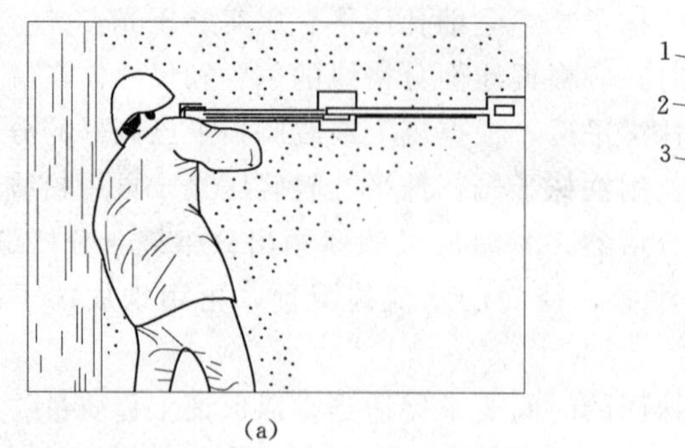

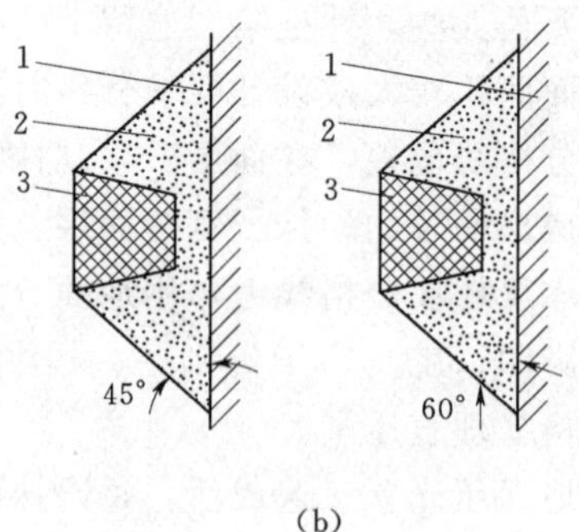

(a)　　　　(b)

图 7.142　外墙抹灰粘贴分格法
(a) 分格条的斜角；(b) 分格条临时固定
1—基体；2—水泥浆；3—分格条

3）抹灰。外墙抹灰层要求有一定的防水性能。若为水泥混合砂浆，配合比为水泥：石灰：砂＝1：1：6；如为水泥砂浆，配合比为水泥：砂＝1：3。底层砂浆凝固具有一定强度后，再抹中层，抹时用木杠、木抹子刮平压实，扫毛，浇水养护。抹面层时先用 1：2.5 水泥砂浆薄薄刮一遍；抹第二遍时，与分格条抹齐平，然后按分格条厚度刮平、搓实、压光，再用刷子蘸水按同一方向轻刷一遍，以达到颜色一致，并清刷分格条上的砂浆，以免起条时损坏墙面。起出分格条后，随即用水泥浆把缝勾齐。

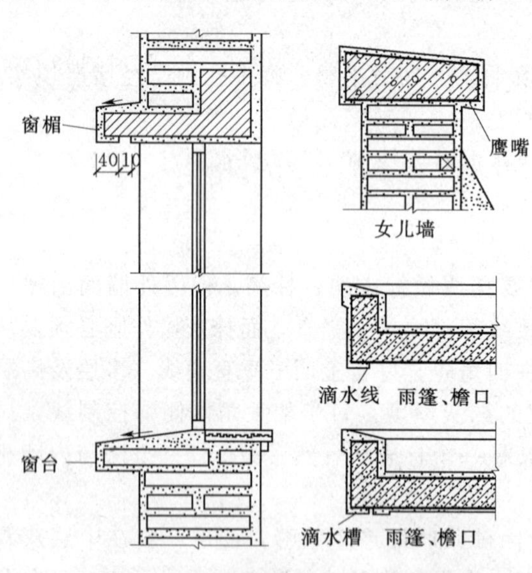

图 7.143　滴水线（单位：mm）

室外抹灰面积较大，不易压光罩面层的抹纹，所以一般采用木抹子搓成毛面，搓平需要打磨时，木抹子靠转动手腕，自上而下，自左而右，以圆圈形打磨，力要均匀。上下抽拉，顺向打磨，使抹纹顺直，色泽均匀，若用刷子顺向拖扫一下效果更好。抹灰完成 24h 后要注意养护，宜淋水养护 7d 以上。

另外，外墙面抹灰时，在窗台、窗楣、雨篷、阳台、檐口等部位应做流水坡度。设计无要求时，可做 10% 的泛水，下面应做滴水线或滴水槽，滴水槽的宽度和深度均不小于 10 mm。要求棱角整齐，光滑平整，起到挡水作用。如图 7.143 所示。

5. 台度、踢脚线

台度、踢脚线通常用于经常潮湿或易于碰撞的部位，要求防水、坚硬。一般是 1：3 水泥砂浆打底，1：2～1：2.5 水泥砂浆罩面。

台度或踢脚线应在内墙面抹灰完成后进行。做底子灰时要将墙面抹灰砂浆沾污处清除

干净，并洒水润湿，按墙面抹灰层厚度上灰，并与其镶接平整，抹后用刮尺略刮一下，使表面平直而粗糙。一般在第二天进行罩面，隔夜打底的好处是可以避免起壳、裂缝现象的发生，也便于面层压光工序顺利进行。抹罩面灰后，刮尺刮平，木抹子打磨，打磨时砂浆的干湿度要比打磨混合砂浆的外墙面湿一点，一般打磨一个工作半径后随即用钢片抹子压平抹光。遇罩面灰收水较快，打磨时应边洒水边打磨。若收水较慢，水泥砂浆很湿时，可撒 1∶1～1∶2 干水泥沙子来吸水。吸水后的干水泥砂浆应刮掉，然后再进行打磨、压实、抹光。

罩面灰压光时，钢片抹子不宜在表面多溜和用力过大，以免使水泥浆过多地挤出表面，并搅动与底层的黏结力而产生起壳的现象。

室内的台度或踢脚线一般比墙面抹灰层凸出 5～7mm，并根据设计要求高度按水平线用粉袋包弹出实际尺寸，把八字尺靠在线上用铁抹子切齐（图 7.144），用小阳角抹子捋光上口，然后用钢抹子压光。

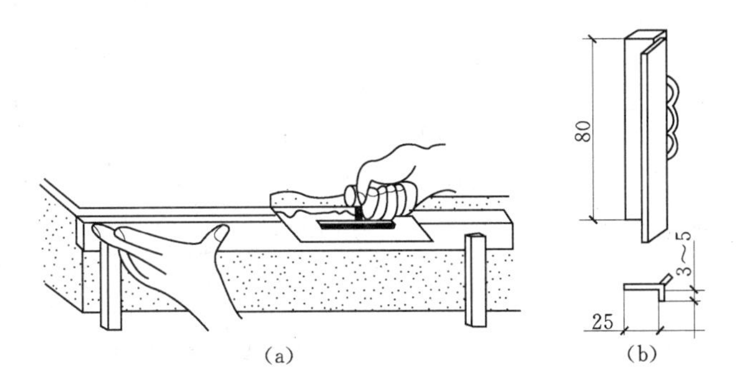

图 7.144 踢脚线切齐整（单位：mm）

7.8.2.5 实训注意事项

（1）水泥砂浆面层所用水泥，应优先采用硅酸盐水泥、普通硅酸盐水泥，标号不得低于 325 号，如采用矿渣硅酸盐水泥，标号应不低于 425 号。

（2）水泥砂浆面层所用的砂，应采用中砂和粗砂，含泥量不得大于 3%。

（3）水泥地面压光要三遍成活，每遍抹压的时间要掌握适当，以保证工程质量。压光过早或过迟，都会造成地面起砂的质量事故。

（4）地面面层抹完后，在常温下铺盖草垫或锯木屑进行浇水养护，养护时间不少于 7d，如采用矿渣水泥，则不少于 14d。面层强度达 5MPa 后，才允许人在地面上行走或进行其他作业。

（5）搭设架子时不准搭探头板，也严禁支搭在暖气片、水暖管道上。采用木制高凳时，高凳一头要顶在墙上，以避免脚手架摇晃。

（6）无论是搅拌砂浆还是抹灰操作，注意防止灰浆溅入眼内而造成伤害。

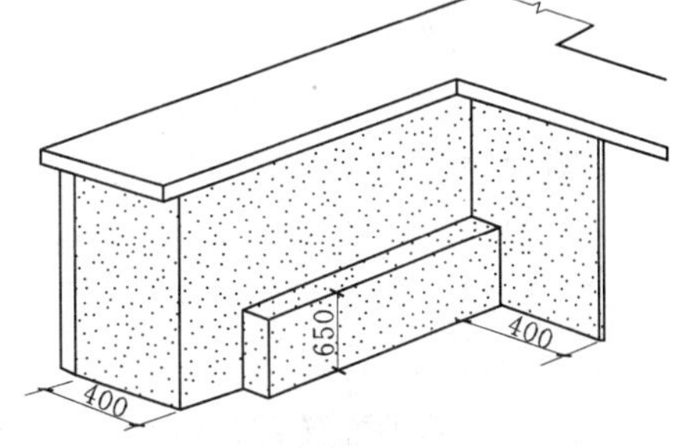

图 7.145 抹灰实训参考图（单位：mm）

7.8.2.6 操作练习

（1）按图 7.145 所示进行抹灰操作练习。

(2) 表面光滑平整、边口平直，无起鼓现象。

(3) 砂浆的拌制（石灰砂浆）和全部的抹灰工作，要求每人独立完成。

(4) 操作过程。做灰饼→冲筋→刮糙→罩面→清理。

7.8.2.7 评分方法

抹灰操作练习评分方法见表7.19。

表7.19 抹灰操作练习评分表

项次	项目	检查方法与评分标准	满分	得分	备注
1	工作态度与操作规则	观察，有违规，一次扣5～8分	8		
2	构件尺寸	尺量，误差不超过±10mm超过，每处扣2分	6		
3	边角质量	托线板、误差不超过±4mm超过，每处扣3分	9		
4	垂直度	托线板、误差不超过±5mm超过，每处扣5分	15		
5	表面平整度	托线板、塞尺，误差不超过±4mm超过，每处扣3分	12		
6	水平度	拉线、误差不超过±5mm超过，每处扣3分	9		
7	砂浆的和易性	目测，不符合要求，扣5分	5		
8	方正度	实测，误差不超过±4mm，超过每处扣2分	8		
9	表面状况	目测，不符合要求，每处扣4分	12		
10	抹灰/底的厚度	8～20mm，不符合要求，每处扣2分	6		
11	清洁卫生	工具及操作场地及时清理	10		
12		合计	100		

姓名＿＿＿＿＿＿班级＿＿＿＿＿＿指导教师＿＿＿＿＿＿日期＿＿＿＿＿＿

7.8.3 釉面砖镶贴实训

7.8.3.1 实训要求

(1) 掌握内墙饰面砖镶贴的施工程序与方法。

(2) 了解外墙面砖、陶瓷锦砖的镶贴方法。

7.8.3.2 实训准备

1. 材料准备

饰面砖要精心挑选，其外形歪斜、缺棱、掉角、翘棱、裂缝、颜色不均的应剔除。不同规格的面砖要分别堆放。同规格的面砖用套模筛分成大、中、小三类，再根据各类面砖的数量分别确定使用的部位。粘贴砖还必须选配有关的配件砖收口。

2. 机具准备

贴面装饰施工除一般抹灰常用的手工工具外，根据饰面的不同，还需有一些专用的工具，如镶贴饰面砖拨缝用的开刀、安装或镶贴饰面板敲击振实用的木锤和橡皮锤、釉面砖切割机、切砖刀、胡桃钳、手凿、水平尺、墨斗、灰起子、靠尺板、木锤、薄钢片及抹灰工具等，如图7.146所示。

3. 现场要求

(1) 需镶贴釉面砖部位的门、窗全部安装完毕，并验收合格；墙、地面的预留洞口按规定全部完工；所有水、电、管道、设备安装到位并验收合格。

(2) 基层抹灰（即找平层抹灰）的垂直、方正及平整度，验收合格。

7.8.3.3　相关知识与操作要领

1. 内墙饰面砖的镶贴

(1) 操作程序。抹基层灰→弹线→预排砖→做标志块→垫托木→面砖→镶贴→嵌缝→养护、清理。

(2) 操作方法。

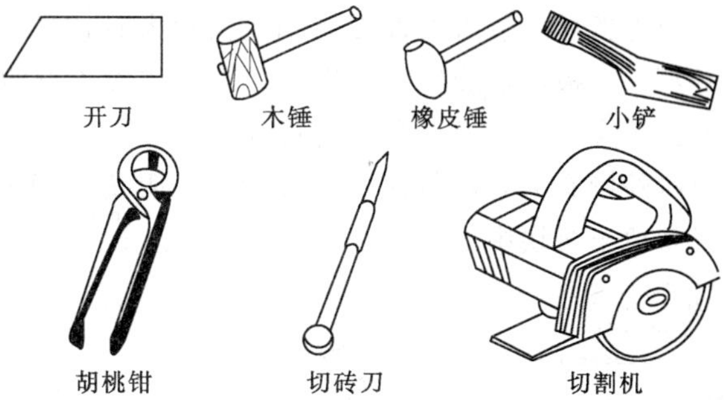

开刀　木锤　橡皮锤　小铲

胡桃钳　切砖刀　切割机

图 7.146　专用工具

1) 抹基层灰：用 1∶3 水泥砂浆抹基层，总厚度应控制在 15 mm 厚左右。表面要求平整，垂直、方正、粗糙。

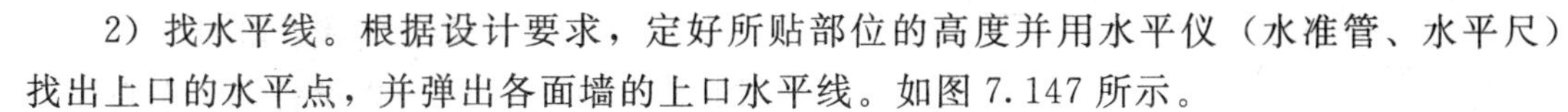

2) 找水平线。根据设计要求，定好所贴部位的高度并用水平仪（水准管、水平尺）找出上口的水平点，并弹出各面墙的上口水平线。如图 7.147 所示。

依据面砖的实际尺寸，加上砖之间的缝隙，在地面上进行预排，放样，量出整砖部位、最上皮砖的上口至最下皮砖下口尺寸，再从上口水平线量出预排砖的尺寸，做出标记，并以此弹出各面墙所贴面砖的下口水平线。对要求面砖贴到顶的墙面，应先弹出顶棚边或龙骨下标高线，按饰面砖上口镶贴伸入吊顶线内 25 mm 计算，确定面砖铺贴上口线，然后从上往下按整块饰面砖的尺寸分划到最下面的饰面砖。当最下面砖的高度小于半块砖时，最好重新分划，使最下面一层面砖高度大于半块砖。重新排饰面砖出现的超出尺寸，可将面砖伸入到吊顶内。

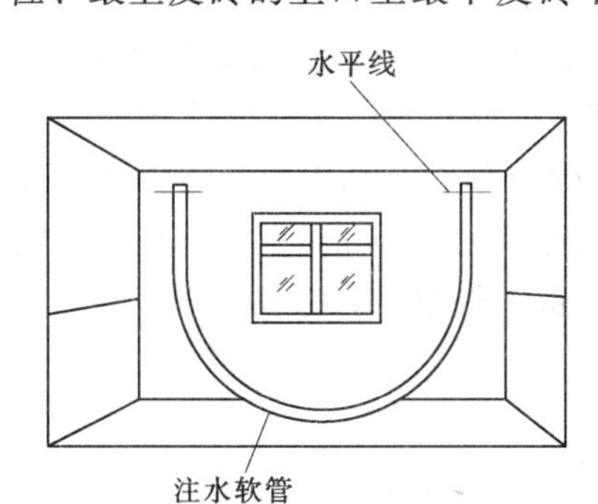

图 7.147　水平标高线做法

3) 弹竖向线。最好从墙面一侧端部开始，同时应兼顾门窗之间的尺寸，将非整砖排列在邻墙连接的阴角处。弹线分格示意如图 7.148 所示。

4) 预排砖。在同一墙面最后只能留一行（排）非整块饰面砖，非整块面砖应排在紧靠地面上或不显眼的阴角处。排砖时可用调整砖缝宽度的方法解决，一般饰面砖缝宽可在 1～ 1.5mm 中变化。内墙面砖镶贴排列方法，主要有两种：一种是竖、横缝都在同一直线上（俗称“直线”）；另一种是竖缝错过半砖（俗称“骑马缝”），如图 7.149 所示。

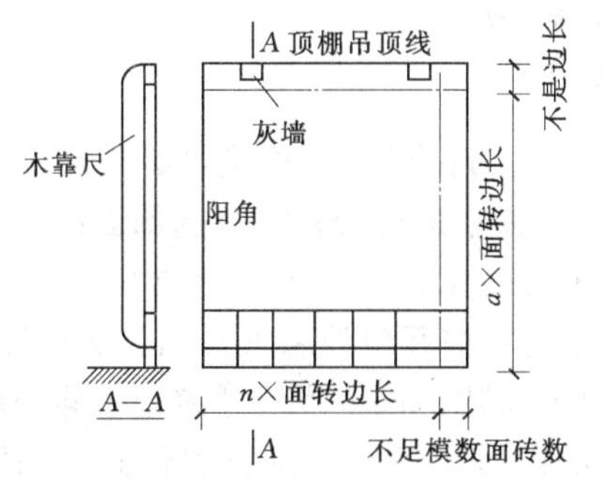

图 7.148　弹线分格

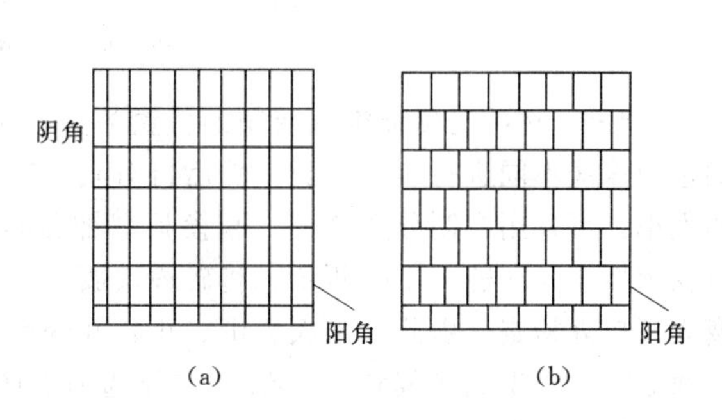

图 7.149　排砖

(a) 直缝；(b) 骑马缝

当外形尺寸较大而饰面砖偏差又较大时，采用大面积密缝镶贴法效果不好。因饰面砖尺寸不一，极易造成缝线游走、不直，以致不好收头交圈。这种砖最好用调缝拼法或错缝排列比较合适。这样，既可解决面砖大小不一的问题，又可对尺寸不一的面砖分排镶贴。当面砖外形有偏差，但偏差不太大时，阴角可用分块留缝镶贴，排块时按每排实际尺寸，将误差留于分块中。

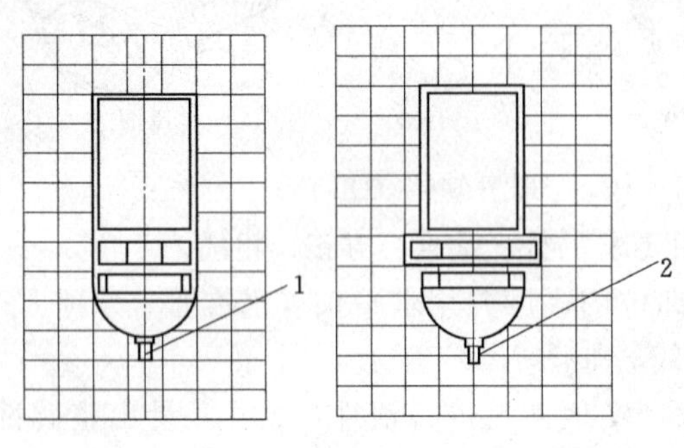

图 7.150 洗脸盆、镜箱和肥皂盒部位瓷砖排列
1—肥皂盒所占位置为单数釉面砖时，应以下水口中心为釉面砖中心；2—肥皂盒所占位置为双数釉面砖时，应以下水口中心为砖缝中心

如果饰面砖厚薄有差异，亦可将厚薄不一的面砖按厚度分类，分别镶贴在不同的墙面上。如实在分不开，则先贴厚砖，然后用面砖背面填砂浆加厚的方法，调整解决饰面砖镶贴平整度的问题。

室内有卫生设备、管线、灯具支撑等时（或其他大型设备），应以设备下口中心线为准对称排列。如图 7.150 所示。面砖应裁成 U 形口套入，再将裁下的小块截去一部分，原砖套入 U 形嵌好，严禁用几块零砖拼凑。

在预排砖中应遵循：平面压立面，大面压小面，正面压侧面。凡阳角和每面墙最顶一皮砖都应是整砖，而将非整砖部分留在最下一皮与地面连接处。阳角处正立面砖盖住侧面砖。对整个墙面的镶贴，除不规则部位外，在中间部位都不得裁砖。除柱面镶贴外，其他阳角不得对角粘贴。如图 7.151 所示。

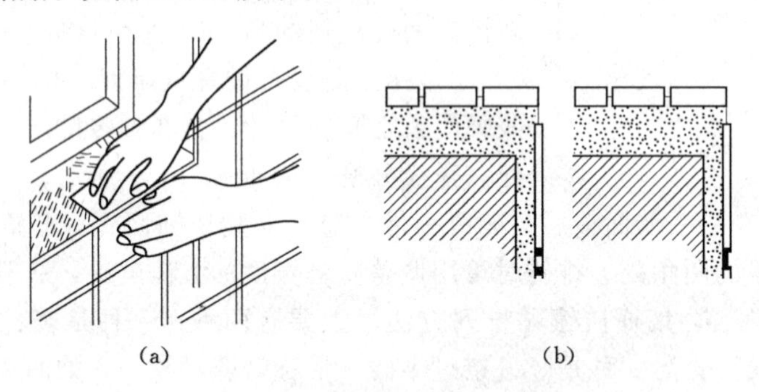

(a) (b)

图 7.151 阳角排砖的处理方法
(a) 平面压立面；(b) 阳角排砖

5）选砖。选砖是保证饰面砖镶贴质量的关键工序。为保证镶贴质量，必须在镶贴前按颜色的深浅不同进行挑选归类，然后再对其几何尺寸大小进行分选。挑选饰面砖几何尺寸的大小，可采用自制分选套模。套模根据饰面砖几何尺寸及公差大小做成几种 U 形木框钉在木板上，如图 7.152 所示。将砖逐块放入 U 形的木框开口处塞入检查，然后转 90°再塞入开口处检查，由此分出大、中、小，并分类堆放备用。同一类尺寸应用于同一层间或一面墙上，以做到接缝均匀一致。在分选饰面砖的同时，还必须挑选配件砖，如阴角条、阳角条、压顶等。

6）浸砖。挑选规格、颜色一致的瓷砖，用水泡透取出晾干，表面无水迹后方可使用

（俗称面干饱和）。没有用水浸泡的瓷砖吸水性较大，在铺贴后迅速吸收砂浆中的水分，影响黏结质量，而浸透吸足水没晾干（即表面还积聚较多水分）时，由于水膜的作用，铺贴瓷砖时会产生瓷砖浮滑现象，使操作不便，且因水分散发引起瓷砖与基层分离。

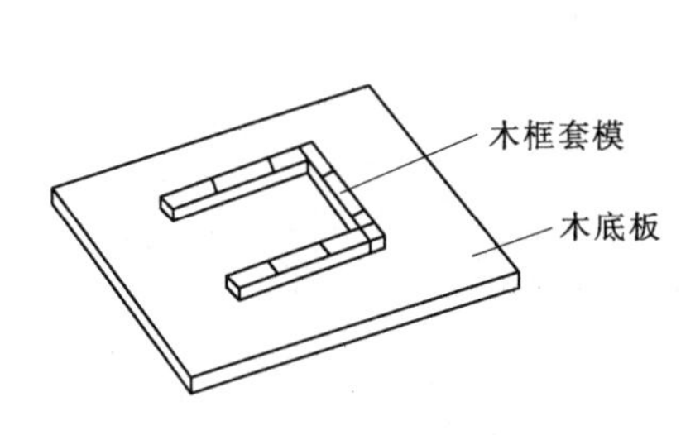

图 7.152 自制分选套模

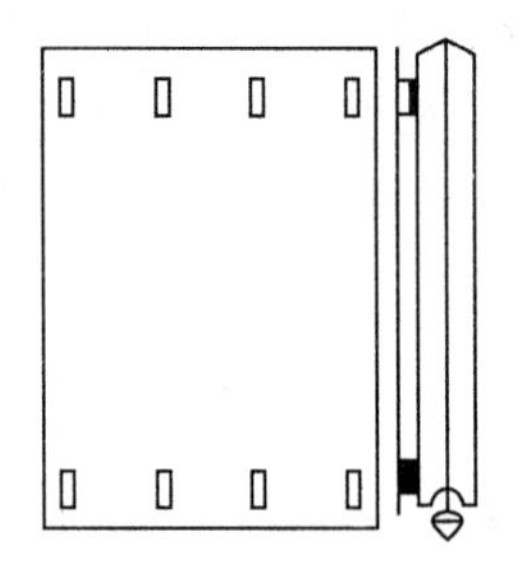

图 7.153 做标志线

7）做标志块。铺贴瓷砖时，应先贴若干块废瓷砖作为标志块，上下用托线板挂直，作为粘贴厚度的依据，横向每隔 1.5m 左右做一个标志块，用拉线或靠尺校正平整度。如图 7.153 所示。在门洞口或阳角处，如有阳三角条镶边时，则应将其尺寸留出先铺贴一侧的墙面瓷砖，并用托线板校正靠直。如无镶边，在做标志块时，除正墙面外靠，阳角的侧面亦相应有灰饼，即所谓的双面挂直，如图 7.154 所示。

8）垫托木。按地面水平线嵌上一根八字尺或直靠尺，用水平尺校正，作为第一行瓷砖水平方向的依据。铺贴时，瓷砖的下口坐在八字尺或直靠尺上，这样可防止瓷砖因自重而向下滑移，确保其横平竖直。并在托木上标出砖的缝隙距离。如图 7.155 所示。

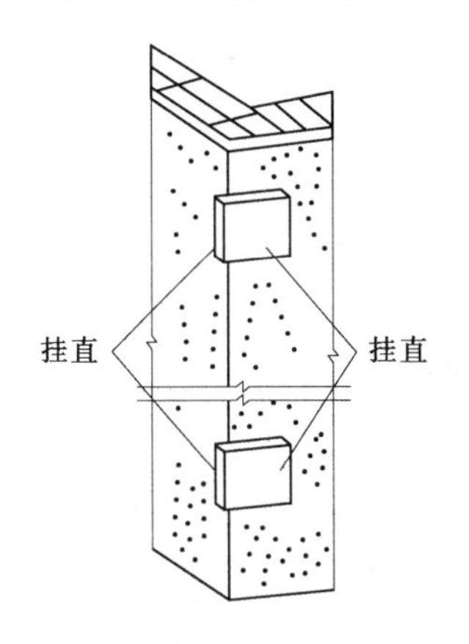

图 7.154 双面挂直

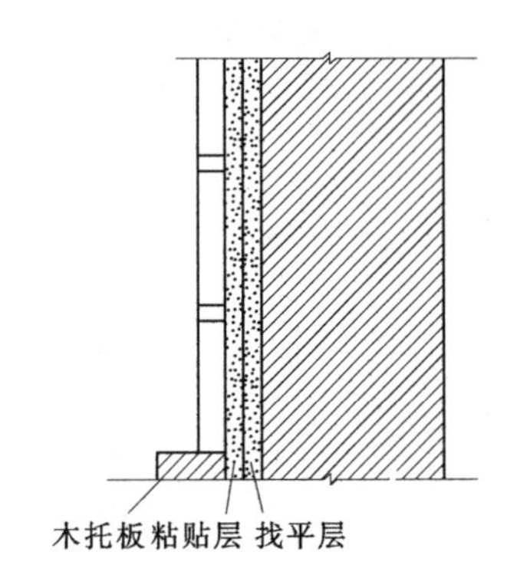

图 7.155 垫托木

9）面砖镶贴。

a. 拌制粘结砂浆。在粘结砂浆中掺入水泥重量的 2%～3%107 胶，能改善水泥砂浆的保水性和和易性，利于施工。操作时应先把 107 胶溶于水中，（严禁直接掺入水泥中）再把水泥掺入含有 107 胶的水中并用小型砂浆搅拌器（图 7.156）进行拌和。控制好水灰比，塌落度一般为 6～8cm。待充分搅拌后，停留 15 min 左右，再进行一次拌和，使砂浆搅拌均匀，性能稳定，操作方便。

b. 镶贴。宜从阳角或门边开始，由下而上逐皮进行。在面砖的背面应刮满灰浆，其方法是：左手拿砖，背面水平朝上，右手握灰铲在灰斗里掏出粘贴砂浆，涂刮在釉面砖背面，用灰铲将灰平压向四边展开，薄厚适宜，四边余灰用灰铲收刮，使其形状为“台形”即可。如图7.157所示。将面砖坐在垫尺上，少许用力挤压，用靠尺板横、竖向靠平直，偏差处用灰铲轻轻敲击，使其与底层粘结密实、牢固，如图7.158所示。若低于标志块（即欠灰）时，应取下面砖抹满灰浆，重新粘贴，不得在砖的上口处塞灰，在有条件情况下，可用专用的面砖缝隙隔离卡子，及时校正横竖缝的平直。

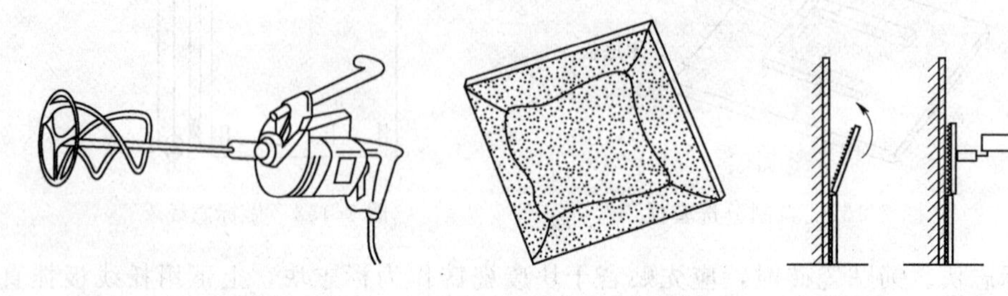

图7.156 砂浆搅拌器　　图7.157 台形灰浆　　图7.158 面砖镶贴

每粘贴好一皮砖都应及时用靠尺板进行校正（严禁在粘贴砂浆吸水后再进行纠偏、移动），然后依次按上法往上铺贴，铺贴时应尽量注意与相邻瓷砖的平整，并随时擦净溢出面砖的砂浆保持墙面的整洁和灰缝密实，以及竖直方向的垂直和水平方向的平整，如因瓷砖的规格尺寸或几何形状不等时，应在铺贴每一块瓷砖时随时调整，使缝隙宽窄一致。当贴到最上一行时，要求上口成一直线。上口如没有压条（镶边）应用一面圆的瓷砖，阳角的大面一侧用圆的瓷砖，这一列的最上面一块应用二面圆的瓷砖，如图7.159所示。铺贴时，如遇突出的管线、灯具、卫生器具支架等处，应用整砖套割吻合，不准用非整砖拼凑嵌贴。以此往复进行直至全面完成。

如地面有踢脚板，靠尺条上口应为踢脚板上沿位置，以保证面砖与踢脚板接缝美观。如图7.160所示。

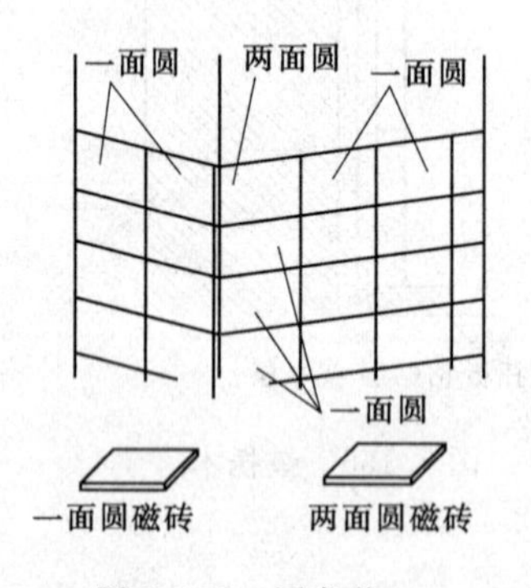

图7.159 圆角收口

图7.160 靠尺条上口应为踢脚板上沿

10）面砖的切割。

a. 直线切割。应测量好尺寸，在面砖的正面划出切割线，放在手推切割机上，使切割刀口与线重合，按下手柄，推动滚刀向前。并少许用力压下切割机的杠杆，使面砖沿切割线断开，如图7.161所示；也可以用划针切割，如图7.162所示。

b. 曲线、非直线切割。在管道、窗洞口处需切割圆弧时应做好套板（模板）在砖的

正面画好所需切割的圆弧线，用电动切割机进行切割，并用钳子进行修整。如图7.163所示。其他非直线型的面砖用同样方法进行。

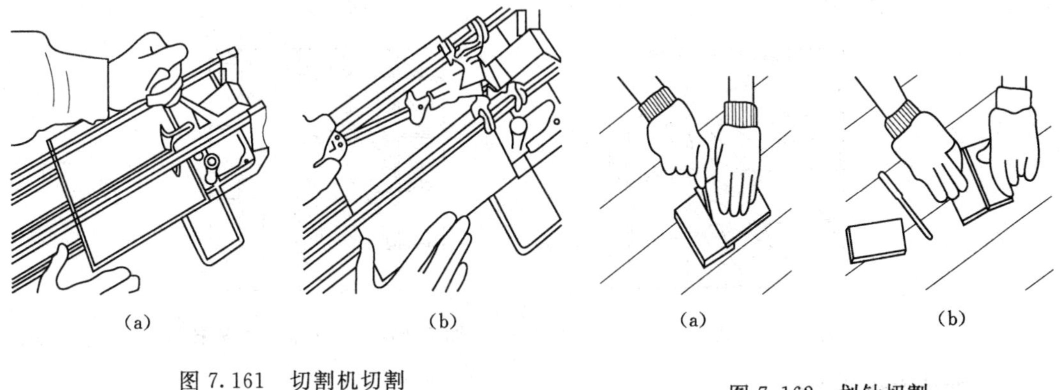

图7.161　切割机切割
（a）推刀向前；（b）压下切割机的杠杆

图7.162　划针切割
（a）勾划；（b）压断

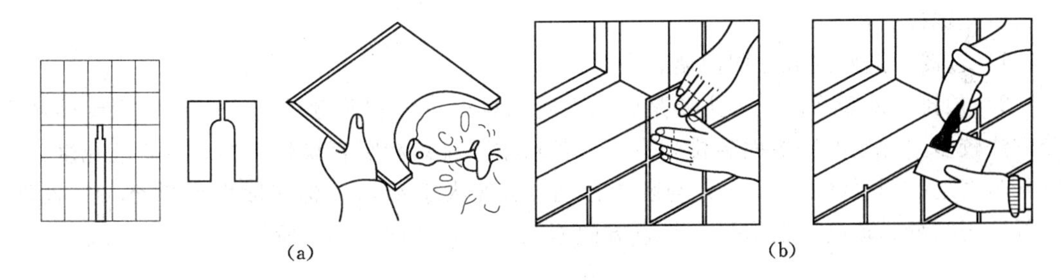

图7.163　面砖的曲线、非直线切割
（a）管道处切割、修整；（b）窗洞口处切割、修整

11）嵌缝（勾缝）。粘贴完成后，进行全面检查，合格后，表面应清理干净，取出“缝隙隔离卡子”，擦净缝隙处原有的黏结砂浆，并适当洒水湿润。用符合设计要求的水泥浆进行嵌缝时，应用塑料或橡胶制品（严禁金属物）进行，把调制好的水泥浆刮入缝隙（图7.164），并用工具少许用力挤压使嵌缝砂浆密实（图7.165），再用海绵将面砖上多余的砂浆擦净（图7.166）。

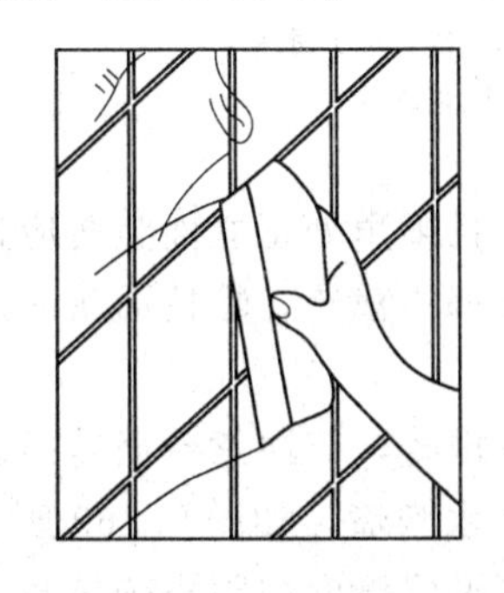

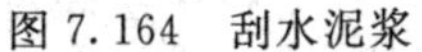

图7.164　刮水泥浆

图7.165　挤压砂浆

待面砖表面完全干燥后（起雾）用干抹布全面仔细地擦去粉末状残留物，使表面光亮如镜，如图7.167所示。

12）养护、清理。镶贴后的面砖应防冻、防烈日曝晒，以免砂浆酥松；在完工24h后，墙面应洒水湿润，以防早期脱水；施工场地、地面的残留水泥浆应及时铲除干净。多余的面砖应集中堆放。

图7.166 海绵擦砂浆

图7.167 干抹布擦去粉末

2．外墙面砖的镶贴

外墙面砖的镶贴一般分为选砖、预排、弹线分格、镶贴、勾缝等工序。

（1）选砖、预排。

1）选砖。选砖的方法同内墙。

2）预排。外墙面砖预排主要是确定面砖的排列方法和砖缝的大小。外墙面砖镶贴排砖方法较多，常用的矩形面砖排列有矩形长边水平排列和竖直排列两种。按砖缝宽度，又可分为密缝排列（缝宽13mm）与疏缝排列（缝宽大于4mm，但一般小于20mm）。此外，还可采用密缝、疏缝，按水平、竖直方向相互排列，如图7.168所示。

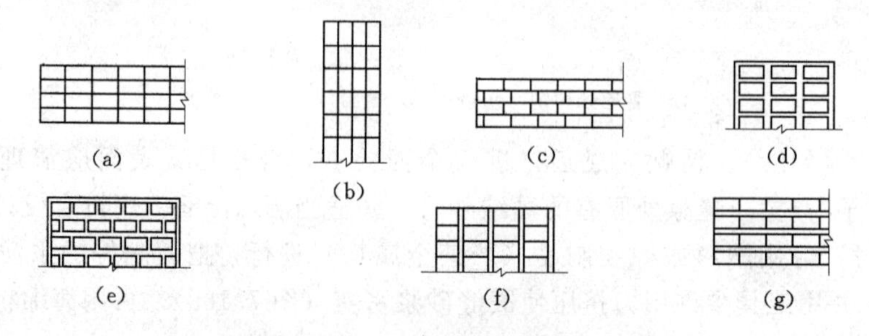

图7.168 外墙矩形面砖排缝示意图
(a) 长边水平密缝；(b) 长边竖直密缝；(c) 密缝错缝；(d) 水平、竖直疏缝；(e) 疏缝错缝；(f) 水平密缝、竖直疏缝；(g) 水平疏缝、竖直密缝

预排中应该遵循如下原则：凡阳角部位都应是整砖，且阳角处正立面整砖应盖住侧立面整砖。对大面积墙面砖的镶贴，除不规则部位外，其他都不裁砖。除柱面镶贴外，其余阳角不得对角粘贴。

在预排中，对突出墙面的窗台、腰线、滴水槽等部位排砖，应注意台面砖须做出一定的坡度，一般$i=3\%$，台面砖盖立面砖，底面砖应贴成滴水鹰嘴，如图7.169所示。

预排外墙面砖还应核实外墙实际尺寸，以确定外墙找平层厚度控制排砖模数（即确定竖向、水平、疏密缝宽度及排列方法）。此外还应注意外墙面砖的横缝应与门窗碹脸和窗台相平，门窗洞口阳角处排横砖。窗间墙应尽可能排整砖，直缝有困难时，可考虑错缝排

列，以求得墙砖的对称效果。

（2）弹线分格。弹线与做分格条应根据预排画出大样图，按缝的宽窄大小（主要指水平缝）做分格条，作为镶贴面砖的辅助基准线。弹线的步骤如下：

1）在外墙阳角处大角用大于5 kg的线锤吊垂线并用经纬仪校核，最后用花篮螺栓将线锤吊正的钢丝固定绷紧上下端，作为找准基线。

2）以阳角基线为准，每隔1.5～2.0m作标志块，定出阳角方正，抹上隔夜“铁板糙”（即俗称“整糙”）。

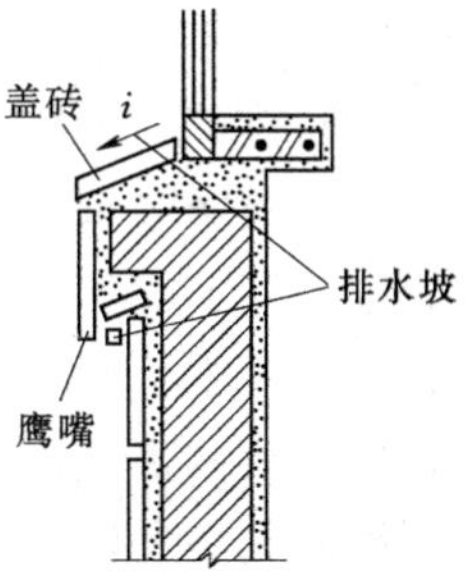

图7.169　外窗台滴水鹰嘴

3）在精抹面层上，按预排大样先弹出顶面水平线，在墙面的每一部分，根据外墙水平方向的面砖数，每隔约1.0m弹一垂线。

4）在层高范围内，按预排面砖实际尺寸和块数，弹出水平分缝，分层皮数（或先做皮数杆，再按皮数杆弹分层线）。

（3）镶贴。镶贴面砖前也要做标志块，其挂线方法与釉面砖相同，并应先将墙面清扫干净，清除妨碍铺贴面砖的障碍物，检查平直度是否符合要求。镶贴顺序应自上而下分层分段进行，每段内镶贴程序应是自下而上进行，而且要先贴墙柱，后贴墙面，再贴窗间墙。镶贴时，先按水平线垫平八字尺或直靠尺，操作方法基本与釉面砖相同。铺贴的砂浆一般为1∶2水泥砂浆或掺入不大于水泥质量15%的石灰膏的水泥混合砂浆，砂浆的稠度要一致，避免砂浆上墙后流淌。刮满刀灰厚度一般为6～10mm，贴完一行后，须将每块面砖上的灰浆刮净。如上口不在同一直线上，应在面砖的下口垫小木片，尽量使上口在同一直线上，然后在上口放分格条，既控制水平缝的大小与平直，又可防止面砖向下滑移，随后再进行第二皮面砖的铺贴。

竖缝的宽度与垂直度完全靠目测控制，所以在操作中要特别注意随时检查，除依靠墙面的控制线外，还应该经常用线锤检查。如竖缝是离缝（不是密缝），在粘贴时对挤入竖缝处的灰浆要随手清理干净。分格条应在隔夜后起出，起出后的分格条应清洗干净方能继续使用。门窗碹脸、窗台及腰线镶贴面砖时，要先将基体分层刮平，表面随手划纹，待七至八成干时再洒水抹2～3mm厚的水泥浆（最好采用掺水泥质量的10%～15%107胶的聚合物水泥浆），随即镶贴面砖。为了使面砖镶贴牢固，应采用T形托板作临时支撑，隔夜后拆除。窗台及腰线上盖面砖镶贴时，要先在上面用稠度小的砂浆满刮一遍，抹平后，撒一层干水泥灰面（不要太厚），略停一会儿见灰面已湿润时，随即铺贴，并按线找直揉平（如不撒干水泥灰面，面砖铺后砂浆吸收水，面砖与黏结层必造成空鼓）。垛角部位在贴完面砖后，要用方尺找方。

（4）勾缝、擦洗。在完成一个层段的墙面并检查合格后，即可进行勾缝。勾缝用1∶1水泥砂浆，砂子要过筛，或水泥浆分两次进行嵌实，第一次用一般水泥砂浆，第二次按设计要求用彩色水泥浆或普通水泥浆勾缝。勾缝可做成凹缝（尤其是离缝分格），深度3mm左右。面砖密缝处用和面砖相同颜色的水泥擦缝。完工后应将面砖表面清洗干净，清洗工作应在勾缝材料硬化后进行，如有污染，可用浓度为10%的盐酸刷洗，再用水冲净。夏季施工应防止阳光曝晒，要注意遮挡养护。

3. 陶瓷锦砖（陶瓷马赛克）的镶贴

(1) 排砖、分格和放线。陶瓷锦砖的施工排砖、分格，是按照设计图纸要求，根据门窗洞口，横竖装饰线条的布置，首先明确墙角、墙垛、出檐、线条、分格（或界格）、窗台、窗膀等节点的细部处理，按整砖模数排砖确定分格线。排砖、分格时应使横缝与碹脸、窗台相平，竖向要求阳角窗口处都是整砖。根据墙角、墙垛、出檐等节点细部处理方案，首先绘制出细部构造详图，然后按排砖模数和分格要求，绘制出墙面施工大样图，以保证墙面完整和镶贴各部位操作顺利。

底子灰抹好划毛经浇水养护后，根据节点细部详图和施工大样图，先弹出水平线和垂直线，水平线按每方陶瓷锦砖一道，垂直线最好也是每方一道，也可二至三方一道，垂直线要与房屋大角以及墙垛中心线保持一致。如有分格时，按施工大样图规定的留缝宽度弹出分格线，按缝宽备好分格条。

(2) 镶贴。镶贴陶瓷锦砖时，一般由下而上进行，按已弹好的水平线安放八字靠尺或直靠尺，并用水平尺校正垫平。一般是两人协同操作，一人在前洒水润湿墙面，先刮一道素水泥浆，随即抹上2 mm厚的水泥浆为黏结层，并掺适量107胶；另一人将陶瓷锦砖铺在木垫板上，纸面向下，锦砖背面朝上，先用湿布把底面擦净，用水刷一遍，再刮素水泥浆，将素水泥浆刮至陶瓷锦砖的缝隙中，砖面不要留砂浆，再将一张张陶瓷锦砖沿尺粘贴在墙上。

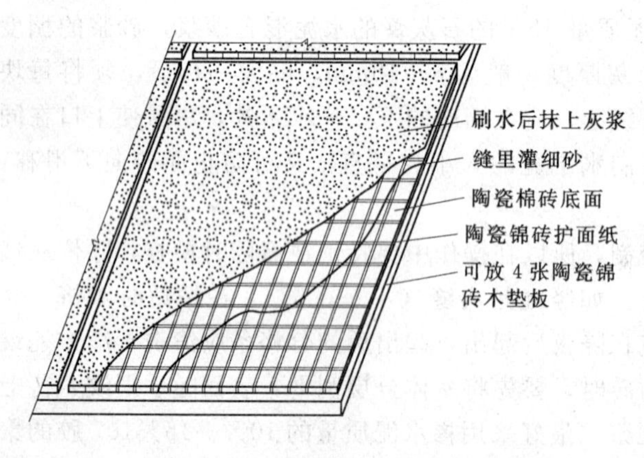

图7.170 缝里灌细砂操作方法

另外一种操作方法是一人在润湿后的墙面上抹纸筋混合灰浆（其配合比为纸筋：石灰：水泥=1：1：8，制作时先把纸筋与石灰膏搅匀，过3mm筛，再与水泥浆搅匀）2～3 mm，用靠尺板刮平，再用抹子抹平整；另一人将陶瓷锦砖铺在木垫板上，纸面朝底，黏结面朝上，用潮抹布擦净表面，在缝里灌上细砂，再用刷子稍刷一点水，抹上薄薄一层灰浆（约2mm厚），刮浆时，一边刮一边用铁板向下挤压，并轻敲木垫板振捣，使水泥素浆充盈小饼缝隙内使气泡排出。如图7.170所示。必须注意的是，水灰比应控制在0.3～0.36之间。因为水泥素浆水分多，强度会显著降低，锦砖本身吸水性极差，刮浆水分在满足水化反应后多余的水不能为基材吸收，只能蒸发，蒸发水分过多，干缩性越大，空鼓即从黏结面水汽层产生。素浆较干，虽刮浆费力一些，但黏结效果易于保证。

上述工作完成后，即可在粘结层上铺贴陶瓷锦砖。铺贴时，双手执在陶瓷锦砖上方，使下口与所垫的八字靠尺（或靠尺）齐平，由下往上贴，缝要对齐，并注意使每张之间的距离基本与小块陶瓷锦砖缝相同，不宜过大或过小，以免造成明显的接槎，影响美观。控制接茬宽度一般用目测，也可以借助于薄铜片或其他金属片，将铜片放在接槎处，在陶瓷锦砖贴完后，取下铜片。如设分格条，其方法同外墙面砖。

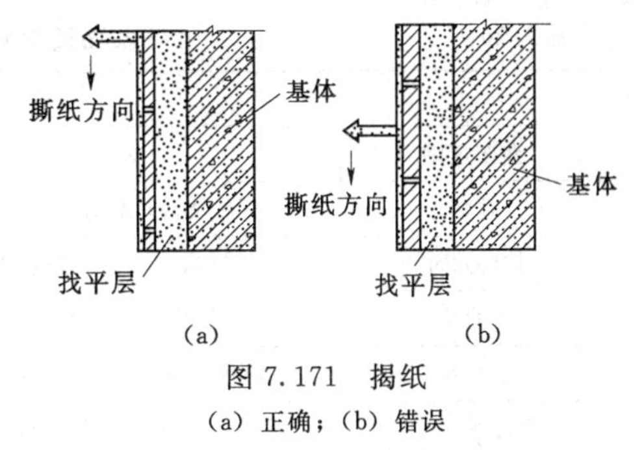

图 7.171 揭纸

(a) 正确；(b) 错误

(3) 揭纸。锦砖应按缝对齐，张与张之间距离应与每张排缝一致，再将硬木板放在已贴好的锦砖纸面上，用小木锤敲击硬木板，逐张满敲一遍，保证铺贴面平整。待黏结层开始凝固（一般1～2h）即可在锦砖护面纸上用软毛刷蘸水刷水浸润。护面牛皮纸吸水泡开后便可揭纸。揭纸用水可以是清水，亦可在水中撒入少许干水泥灰搅匀，再用此水刷纸。这样纸面吸水快，可提前泡开揭纸。揭纸时应仔细按顺序用力向下揭，切忌向外猛揭，如图7.171所示。

揭纸后如有个别小饼块掉下应立即补上。如随纸带下的小饼粒数过多，说明纸未泡开，胶水未溶化，应用铁板抹子压紧后，继续洒水泡开护面纸，直至撕揭牛皮纸不掉粒为止。撕揭牛皮纸应在水泥浆初凝前完毕。因此，按气温和水泥品种掌握初凝时间至关重要。操作时两人为一组，第一人刮浆、备料、运料；第二人镶贴、调整。每镶贴 $3m^2$ 后，两人一同洒水揭纸，最后留一人调缝。

(4) 调整。揭纸后要检查缝的大小，如果发现"跳块"或"瞎缝"，应及时用钢刀拨开复位。调整砖缝的工作，要在黏结层砂浆初凝前进行。拨缝的方法是：一手拨缝时将开刀放于缝间，一手用抹子轻敲开刀，逐条按要求将缝拨匀、拨正，使陶瓷锦砖的边口以开刀为准排齐。拨缝后用小锤敲击木拍板将其拍实一遍，以增强与墙面的黏结。

(5) 擦缝。锦砖墙面的特点是缝格密，数量多，刮浆时个别缝隙不会饱满，或存在着气泡、气孔，擦缝的目的就是使缝隙密实，使墙面锦砖黏结牢固，当然也增加墙面的美观。

擦缝的方法是先用橡皮刮板，用与镶贴时同品种、同颜色、同稠度的水泥素浆，在锦砖上满刮一道，个别部位尚须用棉纱头蘸素浆嵌补。擦缝后素浆污染了锦砖表面，必须及时清理、清洗，切忌草率了事。

7.8.3.4 实训注意事项

(1) 用电动工具时，一定装漏电保护器。

(2) 冬期施工，砂浆的使用温度不得低于5℃，砂浆硬化前，应采取防冻措施。

(3) 饰面工程镶贴后，应采取保护措施。

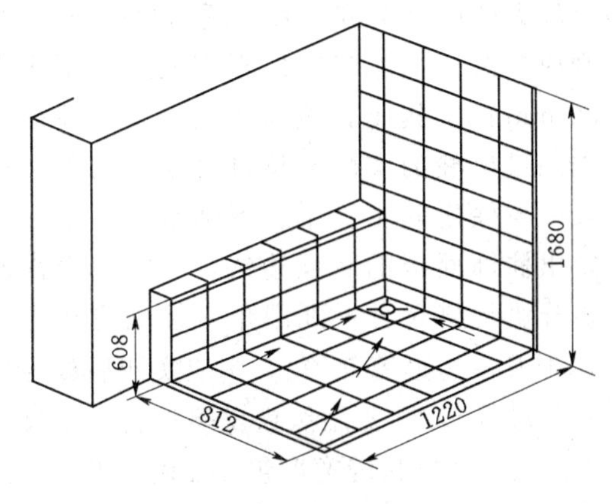

图 7.172 实习作业示意图（单位：mm）

7.8.3.5 操作练习

(1) 地面坡度 1∶50。

(2) 地漏口直径 70mm。

(3) 练习布置图：如图7.172所示。

(4) 釉面砖规格：200mm×200mm。

7.8.3.6 评分方法

釉面砖镶贴操作练习评分方法见表7.20。

表 7.20 釉面砖镶贴操作练习评分表

项次	项 目	检查方法和标准	满分	得分	备注
1	操作规则	观察，有违规，一次扣3～5分	5		
2	整洁	工具及操作场地及时清理，有违规，一次扣3～5分	5		
3	构件尺寸	尺量，误差不超过±5mm，超过，每处扣2分	5		
4	垂直度	托线板、误差不超过±2mm，超过，每处扣5分	10		
5	水平度	坡度 拉线、误差不超过±2mm，超过，每处扣3分	10		
6	表面平整度	托线板、塞尺，误差不超过±2mm，超过，每处扣3分	10		
7	表面方正度	实测，误差不超过±2mm，超过，每处扣2分	10		
8	砖排列与平整	实测，误差不超过±1mm，超过，每处扣2分	10		
9	砂浆粘贴率	实测，大于90%，超过，每处扣2分	10		
10	边的质量	托线板，误差不超过±2 mm，超过，每处扣3分	10		
11	缝的质量	拉线、误差不超过±1 mm，超过，每处扣3分	10		
12	砖的切割	切割平直，误差不超过±2 mm，超过，每处扣3分	5		
13	合 计		100		

姓名________班级________指导教师________日期________

7.8.4 饰面板的安装实训

饰面板的安装包括天然石材（如大理石、花岗石、青石板等）和人造饰面板（如人造大理石、预制水磨石、预制水刷石等）安装。根据规格大小的不同，饰面板的安装主要有粘贴施工法、钢筋网片锚固施工法和膨胀螺丝锚固施工法等方法。

7.8.4.1 实训要求

（1）了解饰面板的常用安装方法和施工程序。

（2）掌握安装大理石板的操作要点和要求。

7.8.4.2 实训准备

饰面板安装前应做以下准备工作。

（1）放施工大样图。饰面板安装前，应根据设计图纸，认真核实结构实际偏差的情况，墙面应先检查基体墙面垂直平整情况，偏差较大的应剔凿或修补，超出允许偏差的，则应在保证基体与饰面板表面距离不小于50 mm的前提下，重新排列分块；柱面应先测量出柱的实际高度和柱子中心线，以及柱与柱之间上、中、下部水平通线，确定出柱饰面板的看面边线，才能决定饰面板分块规格尺寸；凡阳角对接处应磨边卡角（图7.173）。对于复杂墙面（如楼梯墙裙、圆形及多边形墙面等），则应实测后放足尺大样校对；对于复杂形状的饰面板（如梯形、三角形等），则要用黑铁皮等材料放足尺大样。根据上述墙、柱校核实测的规格尺寸，并将饰面板间的接缝宽度包括在内（如设计无规定时，应符合表7.21的规定），计算出板块的排档，并按安装顺序编上号，绘制方块大

图 7.173 阳角磨边卡角（单位：mm）

样图以及节点大样详图，作为加工订货及安装的依据。

表 7.21　　　　饰面板间接缝宽度

名称		接缝宽度（mm）
天然石	光面、镜面	1
	粗磨面、麻面、条纹面	5
	天然面	10
人造石	水磨石	2
	水刷石	20

（2）选板与试拼面板。选板与预拼面板工作主要是对照施工大样图检查复核所需板材的几何尺寸，并按误差大小归类；检查板材磨光面的缺陷，并按纹理和色泽归类。对有缺陷的板材，应改小尺寸使用或安装在不显眼处。选材必须逐块进行，对于有破碎、变色、局部缺陷或缺棱掉角者，一律另行堆放。破裂板材，可用环氧树脂胶粘剂黏结，黏结时，黏结面必须清洁干燥，两个黏结面涂胶厚度为0.5mm左右，在15℃以上环境下黏结，并在相同温度的室内环境下养护，养护（固结）时间不得少于3d。表面缺边少角坑洼、麻点的修补可刮环氧树脂，并在15 ℃ 以上室内养护1d后，用0号砂纸轻轻磨平，再养护23d后，打蜡出光。选板和修补工作完成后，即可进行试拼。试拼是一个“再创作”过程，因为板材特别是天然板材具有天然纹理和色差，如果拼镶巧妙，可以获得意想不到的效果。试拼经过有关方面的认同后，方可正式安装施工。

（3）基层处理。饰面板安装前，对如墙、柱等基体进行认真处理，是防止饰面板安装后产生空鼓、脱落的关键工序。基体应具有足够的稳定性和刚度。基体表面应平整粗糙，光滑的基体表面应进行凿毛处理，凿毛深度应为5～15mm不大于30mm，基体表面残留的砂浆、尘土和油渍等，应用钢丝刷刷净并用水冲洗。

7.8.4.3　相关知识与操作要领

1. 小规格板块粘贴安装方法

当饰面板材的面积小于400mm×400mm，厚度小于12mm，且安装高度不超过3m时，可采用粘贴施工的方法。

粘贴施工方法包括基层处理、抹底子灰、定位弹线和粘贴饰面板四道主要工序。

（1）基层处理。基层处理方法，同本节施工准备中的相应要求。

（2）抹底灰。抹厚为12mm的1∶3水泥砂浆，找规矩，用短木杠刮平，并划毛。

（3）定位弹线。按照设计图纸和实际粘贴的部位，以及所用饰面板的规格、尺寸，弹出水平线和垂直线。为保证板缝严密、不渗水，弹线时应考虑饰面板的接缝宽度，饰面板的接缝宽度应符合设计要求。

（4）粘贴饰面板。先在抹好的底灰上洒水润湿，并在将要粘贴的面上薄薄地刮一道素水泥浆，然后将挑选好的、经过湿润并晾干的饰面板背面抹上2～3mm厚的素水泥浆，并在水泥浆中加入适量的107胶进行粘贴，贴上后用木锤轻轻敲击，使之固定。粘贴时，应随时用靠尺找平找直，并采用支架稳定靠尺，随即将流出的砂浆擦掉，以免沾污邻近的饰面。

2. 大规格板块的安装方法

大规格板块有钢筋网片锚固施工法和膨胀螺栓锚固施工法。

(1) 钢筋网片锚固施工法。

1) 绑扎钢筋网片。按施工大样图要求的横竖距离焊接或绑扎安装用的钢筋骨架。其方法是先剔凿出墙面或柱面结构施工时的预埋钢筋，使其外露于墙、柱面，然后连接绑扎(或焊接) 8mm 钢筋(竖向钢筋的间距，如设计无规定，可按饰面板宽度距离设置)，随后绑扎横向钢筋，其间距要比饰面板竖向尺寸低20～30mm宜，如图7.174所示。如基体未预埋钢筋，可使用电锤钻孔，孔径为25mm，孔深90mm，用M16胀杆螺栓固定预埋铁，如图7.175所示，然后再按前述方法进行绑扎或焊接竖筋和横筋。

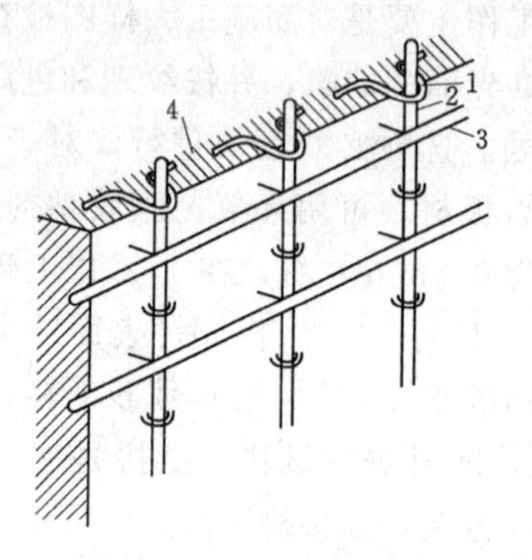

图7.174 绑扎钢筋网片

1—预埋钢筋；2、3—钢筋；4—墙面或柱面结构

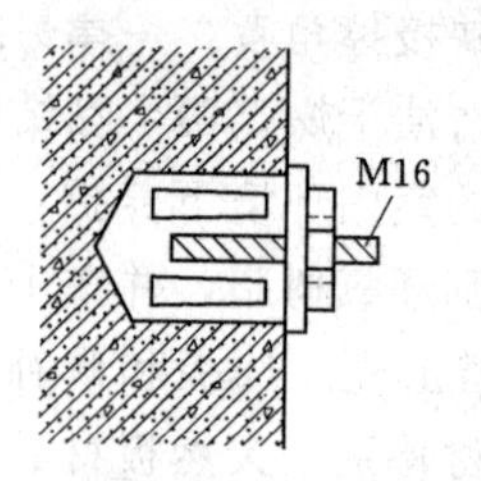

图7.175 胀杆螺栓固定预埋铁

2) 钻孔、剔槽、挂丝。

a. 传统方法。在板材截面(侧面)上钻孔打眼，孔径5mm左右，孔深15～20mm，孔位一般距板材两端1/4～1/3。直孔应钻在板厚度中心(现场钻孔应将饰面板固定在木架上，用手电钻直对板材应钻孔位置下钻，孔最好是订货时由生产厂家加工)。如板材600mm，则应在中间加钻一孔，再在板背的直孔位置，距板边8～10mm打一横孔，使直孔与横孔连通成“牛鼻孔”。钻孔后，用合金钢錾子在板材背面与直孔正面轻打凿，剔出深4mm小槽，使挂丝时绑扎丝不露出，以免造成拼缝间隙。依次将板材翻转再在背面打出相应的“牛鼻孔”，亦可打斜孔，即孔眼与石板材成35°。另一种常用的钻孔方法是只打直孔，挂丝后孔内充填环氧树脂或用铅皮卷好挂丝挤紧，再灌入黏结剂将挂丝嵌固于孔内。如图7.176所示。挂丝宜用铜丝，因铁丝易腐蚀断脱，镀锌铝丝在拧紧时镀层易损坏，在灌浆不密实、勾缝不严的情况下，也会很快锈断。

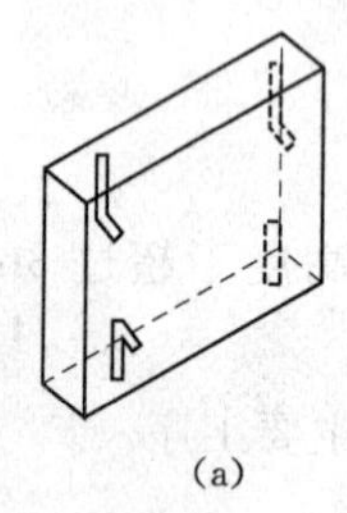

(a)

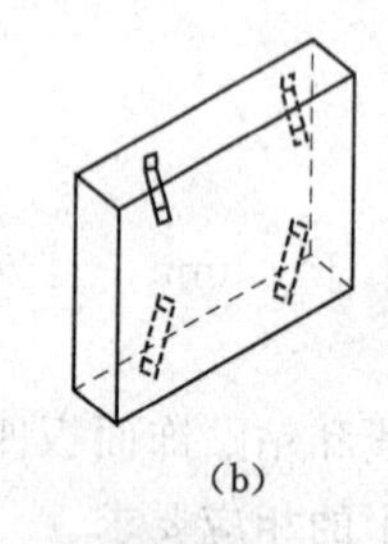

(b)

图7.176 钻孔

(a) 牛鼻孔；(b) 直孔

b. 在板材上固定不锈钢丝。目前石板材的钻孔打眼方法已逐步淘汰，而采用工效高的四道或三道槽扎钢丝方法。其施工步骤：用电动手提式石材无齿切割机的圆锯片，在需绑扎钢丝的部位上开槽。四道槽的位置是板块背面的边角处开两条竖槽，其间距为30～

40mm，在板块侧边的两竖槽位置上开一条横槽，再在板块背面上的两条竖槽位置下部开一条横槽（图 7.177）。

3）安装饰面板。安装饰面板时应首先确定下部第一层板的安装位置。其方法是用线锤从上至下吊线，考虑留出板厚、灌浆厚度以及钢筋网焊绑所占的位置，以确定饰面板的位置，然后将此位置投影到地面，在墙下边画出第一层板的轮廓尺寸线，作为第一层板的安装基准线。依此基准线，在墙、柱上弹出第一层板标高（即第一层板下沿线），如有踢脚板，应将踢脚板的上沿线弹好。

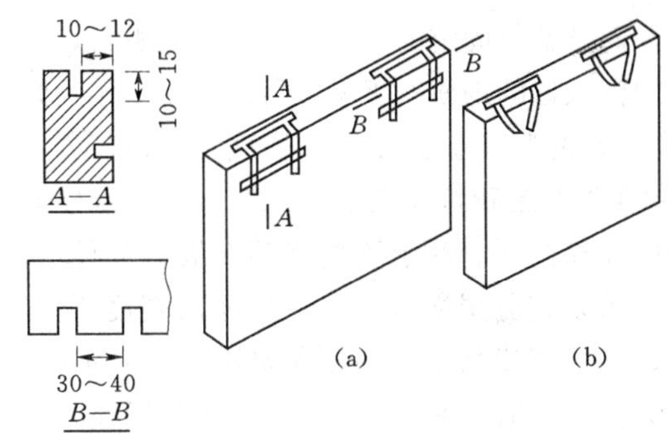

图 7.177 板材开槽（单位：mm）
（a）四道槽；（b）三道槽

根据预排编号的饰面板材对号入座，进行安装。其方法是理好铜丝，将石板就位，并将板材上口略向后仰，单手伸入板材后把石板下口铜丝扭扎于横筋上（扭扎不宜过紧，只要绑牢不脱即可），然后将板材扶正，将上口铜丝扎紧（如用挂钩则应将尾端伸入板材孔中，另端钩住横筋）并用木楔塞紧垫稳，随后用靠尺与水平尺检查表面平整与上口水平度，若发现问题，上口用木楔调整，板下沿加垫铁皮或铅条，使表面平整并与上口水平。完成一块板的安装后，其他依次进行。柱面可按顺时针方向逐层安装，一般先从正面开始，第一层装毕，应用靠尺、水平尺调整垂直度、平整度和阴阳角方正，如板材规格有疵病，可用铁皮垫缝，保证板材间隙均匀，上口平直。墙面、柱面板材安装固定方法，如图 7.178 所示。

板材自下而上安装完毕后，为防止水泥砂浆灌缝时板材游走、错位，必须采取临时固定措施。固定方法视部位不同灵活采用，但均应牢固、简便。例如，柱面固定可用方木或小角钢，依柱饰面截面尺寸略大 30～50mm 夹牢，然后用木楔塞紧，如图 7.179 所示。

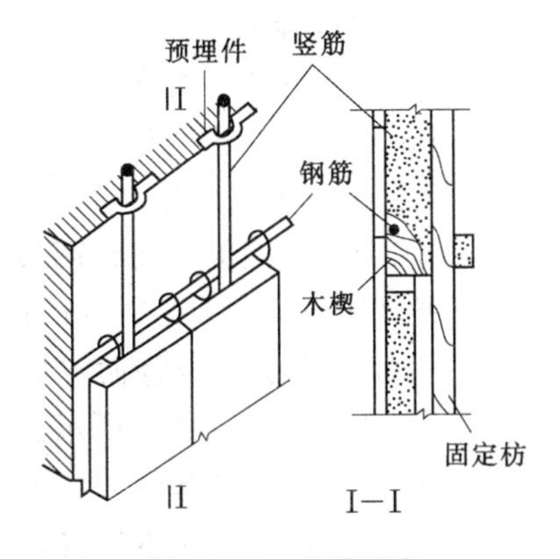

图 7.178 安装固定

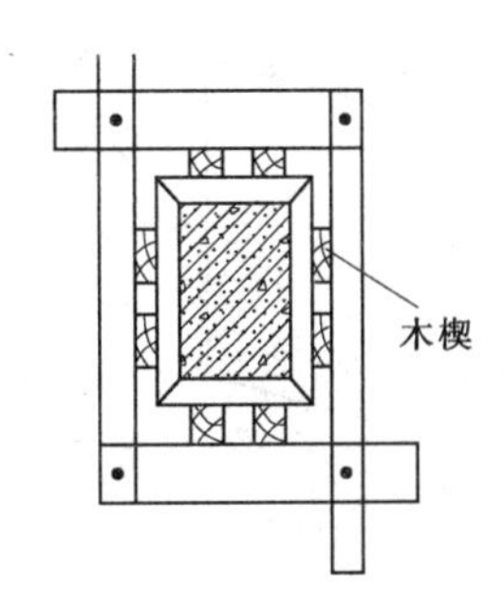

图 7.179 装饰面临时固定夹

外墙面固定板材，应充分运用外脚手架的横、立杆，以脚手杆作支撑点，在板面设横木枋，然后用斜木枋支顶横木予以撑牢。

内墙面，由于无脚手架作为撑点，目前比较普遍采用的是用纸或熟石膏外贴。石膏在调制时应掺入20%的水泥加水搅拌成粥状，在已调整好的板面上将石膏水泥浆贴于两板接缝处。由于石膏水泥浆固结后有较大的强度且不易开裂，所以每个固定拼缝就成为一个支撑点，起到临时固定的作用（对于浅色板材，为防止水泥污染，可掺入白水泥），但较大板材或门窗上口的饰面石板材应另外加支撑。为防止视觉差，安装门窗舍脸时应起拱1%左右。

4）灌浆。板材经校正垂直、平整、方正后，临时固定完毕，即可灌浆。灌浆一般采用1∶3水泥砂浆，稠度8～15cm，将盛砂浆的小桶提起，然后向板材背面与基体间的缝隙中徐徐注入。注意不要碰动石板，全长均匀满灌，并随时检查，不得漏灌，板材不得外移。灌浆宜分层灌入，第一层灌入高度150mm，并应1/3板材高。灌时用小铁钎轻轻插捣，切忌猛捣猛灌。一旦发现外胀，应拆除板材重新安装。第一层灌完工12h后；检查板材无移动，确认下口铜丝与板材均已锚固，再按前法进行第二层灌浆，高度为100mm左右，即板材的1/2高度。第三层灌浆应低于板材上口50mm处，余量作为上层板材灌浆的接缝（采用浅色大理石或其他饰面板时，灌浆应用白水泥、白石屑，以防透底，影响美观）。

5）清理。第三次灌浆完毕，待砂浆初凝后，即可清理板材上口的余浆，并用棉丝擦干净，隔天再清理板材上口木楔和有碍安装上层板材的石膏。以后用相同的方法把上层板材下口的不锈钢丝或铜丝拴在第一层板材上口，固定在不锈钢丝或铜丝处，依次进行安装。墙面、柱面、门窗套等饰面板安装与地面块材铺设的关系，一般采取先做立面后做地面的方法。这种方法要求地面分块尺寸准确，边部块材须切割整齐。同时，亦可采用先做地面后做立面的方法，这样可以解决边部块材不齐的问题，但地面应加保护，防止损坏。

6）嵌缝。全部大理石板安装完毕后，应将表面清理干净，并按板材颜色调制水泥色浆嵌缝，边嵌边擦干净，使缝隙密实干净，颜色一致。安装固定后的板材，如面层光泽受到影响，要重新打蜡上光，并采取临时措施保护棱角。

（2）楔固法安装。楔固法与传统挂贴法的区别在于：传统挂贴法是把固定板块的钢丝绑扎在预埋钢筋上；而楔固法是将固定板块的钢丝直接楔紧在墙体或柱体上。现就其不同工序分述如下：

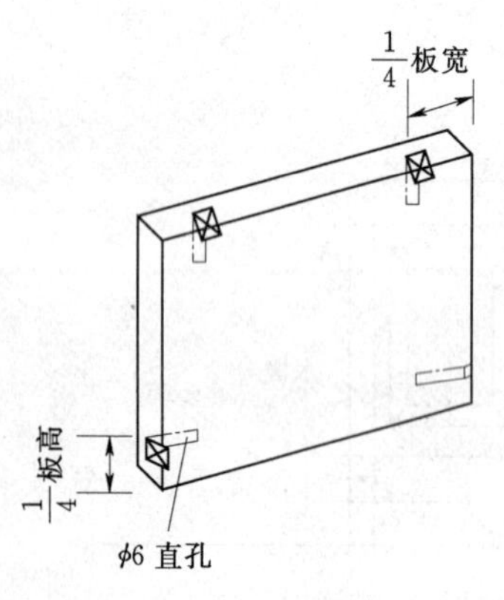

图7.180 石板块钻孔

1）石板块钻孔。将大理石饰面板直立固定于木架上，用电钻在距两端板宽（高）度的1/4处的板厚中心钻孔，孔径6mm，深35～40mm。板宽小于500mm打直孔两个，板宽大于500 mm打直孔三个，板宽大于800mm的打直孔四个。然后将板旋转90°固定于木架上，在板两边分别各打直孔一个，孔位距板下端100mm处，孔径6mm，孔深35～40 mm，上下直孔都用合金錾子在板背面方向剔槽，槽深7mm，以便安卧U形钢条。如图7.180所示。

2）基体钻斜孔。板材钻孔后，按基体放线分块位置临时就位，并在对应于板材上下直孔的基体位置上，用冲击钻钻出与板材孔数相等的斜孔，斜孔成45°角度，孔径6mm，孔深40～50mm。如图7.181所示。

3）板材安装与固定。基体钻孔后，将大理石板安放就位，根据板材与基体相距的孔距，用钳子现制直径5mm的不锈钢U形钉（图7.182）。其钉一端勾进大理石板直孔内，

并随即用硬木小楔楔紧。另一端勾进基体斜孔内，并拉小线或用靠尺板、水平尺校正板上下口，以及板面垂直和平整度，并视其与相邻板材接合是否严密，随后将基体斜孔内不锈钢 U 形钉用硬木楔或水泥钉楔紧，接着用大头木楔紧胀于板材与基体之间，以紧固 U 形钉，做法如图 7.183。

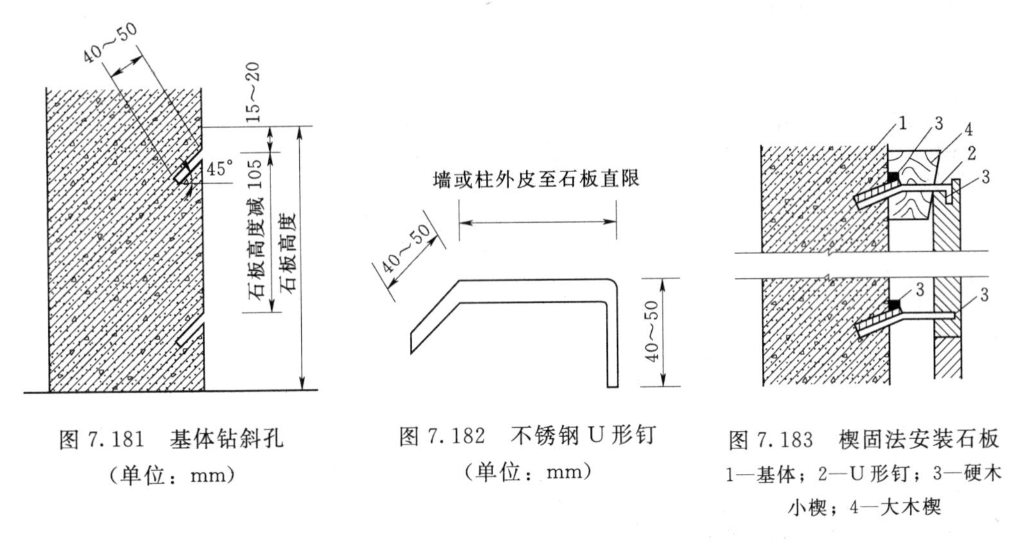

图 7.181　基体钻斜孔（单位：mm）

图 7.182　不锈钢 U 形钉（单位：mm）

图 7.183　楔固法安装石板
1—基体；2—U 形钉；3—硬木小楔；4—大木楔

石面板位置校正准确并临时固定后，即可进行灌浆，其方法与前述相同。

（3）膨胀螺栓锚固施工法。近年来，一些高级旅游宾馆和高级公共设施采用天然块材作为外墙饰面的较为普遍，对于这种饰面，如采用湿作业法施工，常常在使用过程中会出现析碱现象，严重影响美观。因此，采用干挂法（又称“膨胀螺栓锚固施工法”）比较合适。其操作工艺包括选材、钻孔、基层处理、弹线、板材铺贴和固定五道工序。除钻孔和板材固定工序外，其余做法均同前。

1）钻孔。由于相邻板材是用不锈钢销钉连接的，因此钻孔位置一定要准确，以便使板材之间的连接水平一致、上下平齐。钻孔前应在板材侧面按要求定位后，用电钻钻成直径为 5mm、孔深 12～15mm 的圆孔，然后将直径为 5mm 的销钉插入孔内。

2）板材的固定。用膨胀螺栓将固定和支承板块的连接件固定在墙面上，如图 7.184

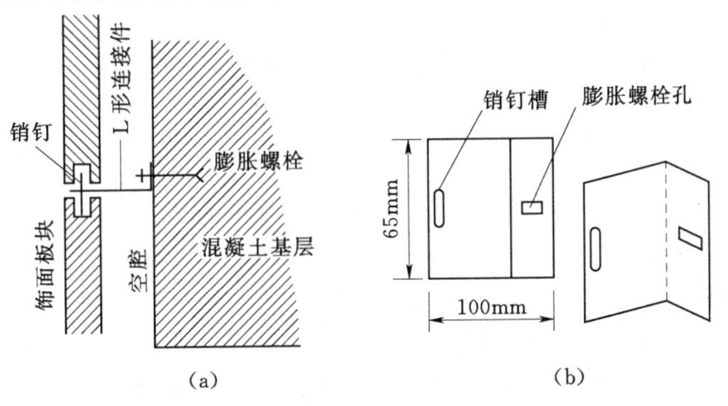

图 7.184　板材的固定、L 形连接件
(a) 构造做法；(b) L 形连接件

所示。连接件是根据墙面与板块销孔的距离，用不锈钢加工成L形。为便于安装板块时调节销孔和膨胀螺丝的位置，在L形连接件上留槽型孔眼，待板块调整到正确位置时，随即拧紧膨胀螺栓螺帽进行固结，并用环氧树脂胶将销钉固定。

3. 目前我国较常用的几种干挂形式

目前我国较常用的几种大规格饰面板块干挂形式如图7.185所示。

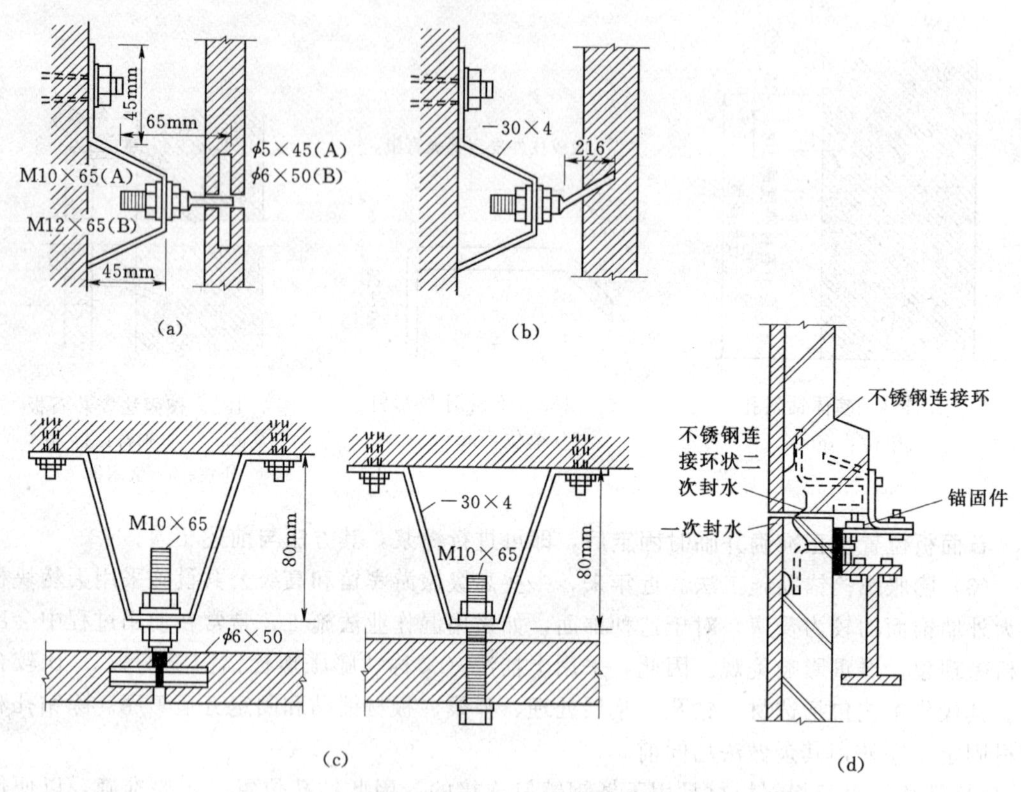

图7.185 几种常见的干挂形式

(a) 用于平面墙；(b) 用于弧形墙面；(c) 用于檐口；(d) 花岗岩石钢筋混凝土干挂

4. 操作要领

(1) 弹控制线时应根据墙面水平基准线，在四周墙面上弹出楼地面面层标高线和水泥砂浆结合层线。结合层厚度一般为20～30mm。有坡度要求的地面，应弹出坡度线。

(2) 试排的一般方法是在房间地面上铺干砂，砂厚约30 mm，根据大样图，拉线排列好，核对板块与墙边、柱边、门洞口及其他较复杂部位的相对位置，检查接缝宽度，缝宽不得大于1mm，对于非整块面板，应确定相应尺寸，以便切割。

7.8.4.4 实训注意事项

因块材一般面积较大，摆放要稳，以防倒塌。

7.8.4.5 操作练习

(1) 放线要准确（水平线、垂直线）；灌浆密实，无空鼓；接缝严密，高差不超过0.3mm；表面干净、光亮。

(2) 大理石挂贴作业布置如图7.186所示。

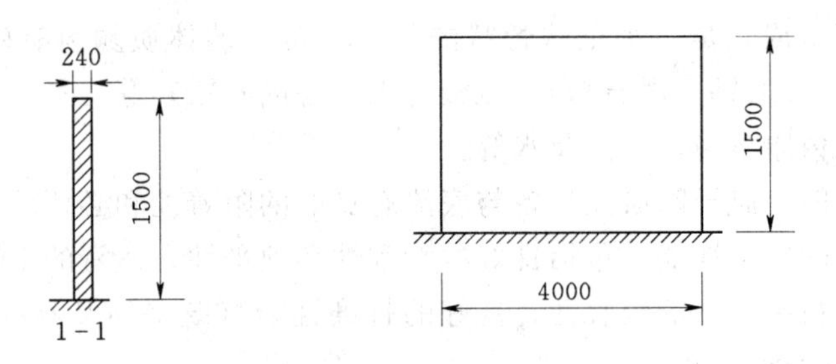

图 7.186 大理石挂贴示意图（单位：mm）

7.8.4.6 评分方法

大理石挂贴操作练习评分方法见表 7.22 所示。

表 7.22 大理石挂贴操作练习评分表

项次	项目	检查方法和标准	满分	得分	备注
1	操作规则	观察，有违规，一次扣 3～5 分	15		
2	接缝平直	实测，误差不超过±2mm，超过，每处扣 5 分	15		
3	垂直度	托线板，误差不超过±2mm，超过，每处扣 4 分	12		
4	表面平整度	托线板、误差不超过±1mm，超过，每处扣 6 分	18		
5	水平度	实测，误差不超过±1mm，超过，每处扣 5 分	15		
6	方正度	实测，误差不超过±2mm，超过，每处扣 5 分	15		
7	清洁卫生	工具及操作场地及时清理，有违规，一次扣 3～5 分	10		
8	合 计		100		

姓名________班级________指导教师________日期________

7.8.5 常用腻子的调配

在油漆施工中，涂过底漆的制品表面（如抹灰面、木制品面，金属制品面等）往往很难达到涂刷均匀平整的技术要求，常留有细孔、裂缝、针眼、节疤、瘪膛等缺陷。只有通过涂刮腻子，才能使被涂物面上的缺陷得以修补，使基层均匀平整，进而达到涂装施工的技术要求，改善整个涂膜外观。

7.8.5.1 实训目的和要求

（1）分清常用腻子的种类、熟知腻子的组成材料及性能。

（2）掌握常用腻子的调配方法和嵌批施工程序。

（3）掌握打磨施工方法。

7.8.5.2 实训准备

（1）材料准备。几种常用腻子，被涂刷物件。

（2）工具准备。各种嵌批工具，打磨用研磨材料（如各类砂纸等）。

（3）实训场地。院土建工程实训场。

7.8.5.3 相关知识及操作要领

1. 腻子的组成材料、性能及常用种类

（1）腻子的组成材料。腻子一般由大量的体质颜料与黏结剂、着色剂、着色颜料、水或溶剂、催干剂等组成，是一种呈软膏状的物质。常用的体质颜料有碳酸钙（大白粉）、硫酸钙（石膏粉）、硅酸钙（滑石粉）、硫酸锌钡（香晶石粉）等。黏结剂一般有猪血、熟桐油、清漆、合成树脂溶液、乳液及水等。

（2）腻子的性能。腻子除必须具备与底漆有良好的附着性和必要的机械强度外，更重要的是要具有良好的施工性能，包括良好的涂刮性和填平性，适宜的干燥性，较小的收缩性，以及对上层涂料有较小的吸收性，良好的打磨性能（既坚固又易打磨）。同时，腻子还要有相应的耐久性能。

常用腻子可以分为两大类，一种是市场上出售的成品腻子，成品腻子主要有 F07-1 各色酚醛腻子、Q07-5 各色硝基腻子、C07-5 各色醇酸腻子、H07-5，H07-34 环氧腻子等，一般成木较高。另一种是施工中自行调配的腻子，主要有石膏油腻子、血料腻子、乳胶腻子、虫胶腻子和天然漆腻子等。

腻子按使用要求，可以分为填坑、找平和满涂等不同类型。填坑使用的腻子，要求收缩性小，干透性好，涂刮性好；找平用腻子，用于填平砂眼和细纹；满涂用腻子，稠度应较小、机械张度要高。

2. 常用腻子的调配方法

常用腻子的调配方法见表 7.23 所示。

表 7.23　各种常用腻子的调配方法

名称	材料及配比	调配方法及注意事项
石膏油腻子	由石膏粉、熟桐油、松香水和清水颜料组成。质量配合比约为石膏粉：熟桐油：松香水清水＝16：51：6	先将熟桐油、松香水、催干剂按比例混合加入石膏粉内、充分搅拌后加入适量颜料调成厚糊状、然后放置 2～3h，以便让石膏粉与油和颜料充分融合，水则在使用前按量加入搅拌均匀即可。加水的目的是让腻子中的石膏膨胀至适宜的程度，便于施工，并变得坚硬不易沉陷。水不能与石膏粉直接混合，以免腻子发硬、结块儿无法使用。水的加入量应根据气温高低适当增减，催干剂的加入量为熟桐油和松香水总质量的 1%～2%，可根据施工环境和温度高低适当增减
血料腻子	由大白粉、熟血料、菜胶组成，质量配合比约为大白粉：熟血料：菜胶＝56：16：1	熟血料的调配：用稻草搅拌生血块，用手搓碎，加适量清水过滤，并滴入少量鱼油消化血泡沫；将熟石灰水徐徐倒入生血内并用木棍顺一方向搅拌至生血略有黏度为止。血灰比为 100：3～4。放置 2h 后再次搅拌生血，若达不到要求可稍加石灰水，仍顺原来方向搅拌。 菜胶的熬制方法是：先将鸡脚菜浸胀洗净放入锅内，煮沸后用文火熬制，鸡脚菜与水的比例为 1：20。当鸡脚菜全部溶化后用 60 目铜锣过滤。熬制时如变稠可加水再熬，但熬成后不可再加水、以免腐坏。将熟血料与菜胶拌和后，倒入大白粉中搅拌即成血料腻子
羧甲基纤维素腻子	由大白粉、纤维素、清水及适量颜料组成，配比为 3～4：0.1：1.5～2	按配方比例将纤维素溶化，然后倒入大白粉搅拌均匀，如需增加强度和黏结力、可加入适量乳液
聚醋酸乙烯乳液腻子	由聚醋酸乙烯乳液和滑石粉组成，配比为：第一道腻子 1：2；第二道腻子 1：3；第三腻子1：4	按配比将乳液倒入大白粉内搅拌均匀。为改善腻子性能，防止产生龟裂、脱落，可加入适量的氯偏磷酸钠和羧甲基纤维素
菜胶腻子	由菜胶和大白粉组成	将熬好的菜胶倒入大白粉内搅拌而成、如需增加强度和黏结力、可适量加入石膏粉和皮胶

续表

名称	材料及配比	调配方法及注意事项
大漆腻子	由大漆、石膏粉组成，配比为 7∶3	将大漆和石膏粉按比例加入搅拌均匀，加适量清水搅拌调配
漆片 大白粉腻子	由虫胶清漆、大白粉及着色颜料组成，重量比为 75∶24.2∶0.8	在大白粉凹坑内倒入适量虫胶漆，用铲刀上下反复搅拌成厚糊状、然后放入适量颜料继续搅拌。腻子黏度不可过大或过小，过大砂磨困难并影响着色；过小影响着色力，会粉化脱落。虫胶与酒精的比例为 1∶6。腻子的颜色应比样板色略淡。 由于酒精不断挥发，腻子会逐渐变稠，可加些酒精调匀后继续使用

3. 腻子的嵌批施工

腻子的嵌批施工分为嵌和批两种。嵌就是用腻子填坑或找平，即用适当工具将被涂物件表面的局部缺陷填平。批就是满涂腻子，即在被涂物件表面涂刮平整连续的腻子层。

（1）嵌批腻子。用于嵌补的工具大小，应视局部缺陷的大小而定，一般不宜过大。操作时，手持工具的姿势要正确，手腕要灵活，嵌补时要用力将工具上的腻子压进缺陷内，填满、填实，将四周的腻子收刮干净。使腻子的痕迹尽量减少。对较大的洞眼、裂缝和缺损，可在拌好的腻子中加入少量的填充料重新拌匀，提高腻子的硬度后再嵌补。嵌腻子一般以三道为准。为防止腻子干燥收缩形成凹陷，还要复嵌，嵌补的腻子应比物件表面略高一些，以免干后收缩（图 7.187）。嵌补用腻子一般要比批刮用腻子硬一些。

嵌补用工具一般为嵌刀、牛角翘、锻木腻板等。

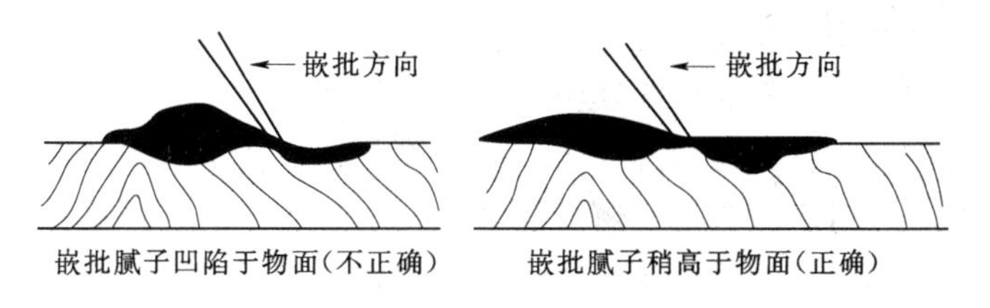

图 7.187　大理石挂贴示意图

（2）批刮腻子。批刮腻子要从上至下，从左至右，先平面后棱角，以高处为准，一次刮下。手要用力向下压住腻板，使腻板和物件表面成 30°～60°倾角，同时腻板还要握得斜些，与边缘约成 80°的角度（图 7.188），用力要均匀，这样可以使腻子饱满又结实。清水显木纹要顺纹批刮，收刮腻子时只准一两个来回，不能多刮，防止腻子起卷或将腻子内部的漆料挤出，封住表面不易干燥。精细的工程要涂刮多道腻子，每刮完一道均要求充分干燥，并用砂纸进行干或湿打磨。腻子层一次涂刮不宜过厚，一般应在 0.5m 以下，否则，不容易干或收缩开裂。批头道腻子，主要考虑与基层的结合，要刮实；二道

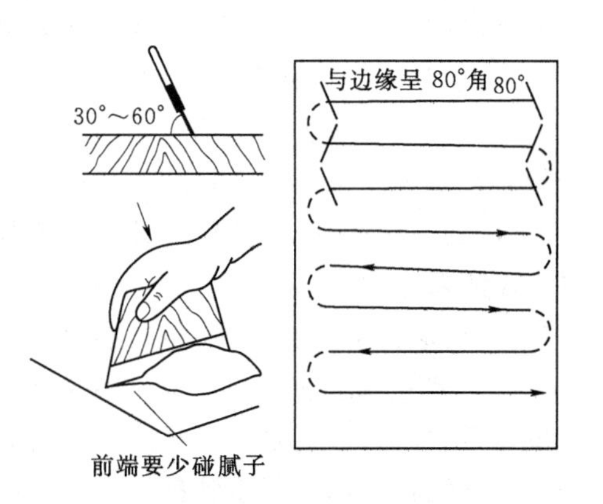

图 7.188　批刮腻子的角度和路线

腻子要刮平，略有麻眼也无妨，但不应有气泡；最后一道腻子是刮光和填平麻眼，为打磨创造有利条件。

批刮用的工具为牛角翘、椴木腻板、橡皮批刀和钢板批刀等。

(3) 嵌批腻子注意事项。

1) 嵌、批腻子要在涂刷底漆并干燥后进行，以免腻子中的漆料被基层过多的吸收，影响腻子的附着性，出现脱落现象。

2) 为避免腻子出现裂开和脱落，要尽量降低腻子的收缩率，一次填刮厚度不要超过0.5mm。

3) 腻子稠度和硬度要适当。

4) 批刮动作要快，特别是一些快干腻子，不宜过多地往返批刮，以免出现卷皮脱落或将腻子中的漆料挤出封住表面不易干燥。

5) 要根据基层、面层及各种涂料的特点选择相应的腻子和嵌批工具，并注意腻子的配套性，以保持整个涂层物理及化学性能的一致。

6) 注意掌握嵌批各道腻子的技巧和方法。

4. 打磨施工方法

(1) 打磨目的。打磨是指用研磨材料（如木砂纸、铁砂纸、铁砂布）对被涂物件表面进行研磨的过程。它在涂饰工艺中占有极其币要的位置，它对涂层的光滑、附着力及被涂物的楞角、线条、外观和木纹的清晰都有很大影响。打磨的目的是清除被涂物件表面的毛刺及杂物，清除涂层表面的粗颗粒及杂质，从而获得一定的平整度，对平滑的涂层或底材表面进行打磨，使其达到所需要的粗糙度，以增强涂层的附着力。

(2) 打磨的方法。原则上何层涂膜都应当进行打磨。

打磨有手工打磨和机械打磨两种方式，其中又分别包括干磨和湿磨。干磨，是指用木砂纸、铁砂布、浮石等对表面进行研磨；湿磨，是卫生防护的需要及防止漆膜打磨受热变软，漆尘黏附在膜粒间，影响打磨效率和质量，而将水砂纸或浮石蘸上水或润滑剂进行打磨。硬质涂料或含铅涂料，一般采用湿磨。当湿磨易吸收性基层或环境不利于干燥时，可用松香水和生亚麻油（3：1）的混合物做润滑剂进行打磨。

1) 手工打磨法将砂纸或砂布的1/2或1/4张对折或三折，包在垫块上，右手抓住垫块，手心抓住垫块上方，手臂和手腕同时一均匀用力打磨；如不用热块，可用大拇指、小拇指和其他三个手指夹住，不能只用一两个手指压着砂纸打磨，以免影响打磨的平整度。过段时一间，将砂纸在硬处磕几下，除去堆积在磨料缝隙中的粉尘。打磨完毕，要用抹布将表面的粉尘擦去。

2) 机械打磨法。机械打磨主要使用风动打磨器，用于打磨木地板或大面积平面。

a. 风动打磨器使用时，首先检查砂纸是否已被夹子夹牢，并开动打磨器检查各活动部位是否灵活，运行是否平稳。操作时，双手向前推动打磨器，不得重压。使用完毕后，用压缩空气将各部位积尘吹掉。

b. 滚筒打磨器，它是由电机带动，并包砂布进行作业的。主要打磨地板，每次打磨的厚度为1.5mm。工作时，机器会自动行走，下压或上抬手柄即可控制打磨速度和深度。

(3) 打磨注意事项。

1）打磨必须要在基层或涂膜干实后进行，以免磨料钻进基层或涂膜内。

2）水腻子或不易沾水的基层不能湿磨，而含铅涂料必须湿磨。

3）涂膜坚硬不平或软硬相差较大时一，必须选用磨料锋利的磨具打磨，否则会越磨越不平。

4）打磨后，应除净表面的灰尘以利于下道工序的进行。

7.8.5.4 操作练习

四人一组，在建筑工程实训室，按要求对腻子进行调配、嵌批及打磨。

7.8.5.5 评分方法

常用腻子的调配、嵌批及打磨施工评分方法见表 7.24。

表 7.24 常用腻子的调配、嵌批及打磨施工评分标准

项 目	检查方法及评分标准	满分	得分
工、机具使用保养	能正确说出 4 种工具、机具的使用和保养方法	20	
腻子调配方法	展示 5 种常用腻子的调配方法	30	
腻子嵌批	展示 5 种常用腻子的嵌批施工方法、程序	30	
腻子打磨	展示手工及机械打磨方法，错一扣 10 分	20	
合计得分		100	

姓名________班级________指导教师________日期________

7.8.6 油漆实训

7.8.6.1 实训准备

（1）材料准备。不同品种的涂料及油漆若干。

（2）工机具准备。各种常用油漆涂料工机具。

7.8.6.2 实训场地

学院建筑工程实训场。

7.8.6.3 相关知识与操作要领

1. 常用手工工具

油漆常用手工工具包括涂刷工具、嵌批工具、辊具、除锈工具、铲刮工具、桶类具及其他工具等。手工工具使用灵活，一般不受施工场地的限制，操作简单，但生产效率较低。

（1）涂刷工具。它是使涂料在物面形成薄而均匀涂层的工具，常用的有油漆刷、排笔、底纹笔、油画笔、毛笔等。

（2）嵌批工具。用于批刮腻子，工具的正确选用，对腻子涂层的平整、保证涂饰质量、提高劳动效率有很大的关系。常用的有钢皮批刀、橡皮批刀、牛角翘、铲刀、脚刀等。

（3）辊具。辊具主要是将涂料滚到抹灰面等装饰物表面上，以达到各种装饰效果的一种手工工具，其次还可以将墙纸拼缝处压平服。常用的有绒毛辊筒、橡胶滚花筒等。

（4）除锈工具。主要用于被涂物面的清洁。常用的有钨钢刀、钢丝刷、敲铲榔头等。

（5）铲刮工具。主要用于清除被涂物面的灰土、铁锈、旧漆膜以及黏附在基层面上的杂物等。常用的有墙面烧出白刀、拉把、斜面刮刀、铲刀等。

(6) 桶类工具。主要用于涂刷时盛装涂料或油漆。常用的有小油桶、刷浆桶、腻子桶等。

(7) 其他工具。除了以上各专业用具外，还有许多配套用具。常用的有喷灯、铜箩筛、漏斗、小漏斗、粉线袋、搅拌器、腻子板、合梯等。

2. 常用小型机具

常用小型机具如喷漆枪、电动小型空气压缩机、手提式角向磨光机、手提式搅拌机等。

3. 常用工、机具的正确使用与保养

(1) 油漆刷的使用与保养。油漆刷又称猪鬃刷、油刷、漆帚、长毛鬃刷等。它是用猪鬃制成的刷具。常用的规格有 25mm、38mm、50mm、63mm、76mm 等多种，通常按被涂饰物面的形状、大小来选用，见表 7.25。

表 7.25 油漆刷规格与适用范围对照表

规格 (mm)	适 用 范 围
25	施涂小的物件，或不易刷到的部位
38	施涂钢窗
50	施涂木制门窗和一般家具的框架
63	施涂木门、钢门外，还广泛地用于各种物面的施涂
76	施涂抹灰面、地面等大面积的部位

施涂的质量很大程度上取决于油漆刷的选择。挑选时以鬃厚、口齐、根硬、头软为好(图 7.189)。

1) 使用方法。

a. 用右手握紧刷柄，用食指和中指夹住刷柄，大拇指紧压，不得有松动的感觉(图 7.190)。

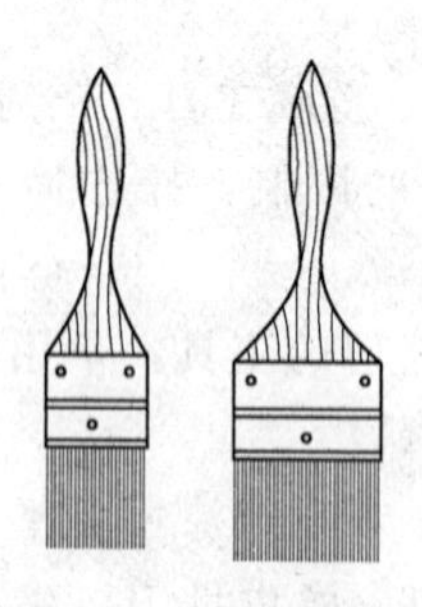

图 7.189 油漆刷

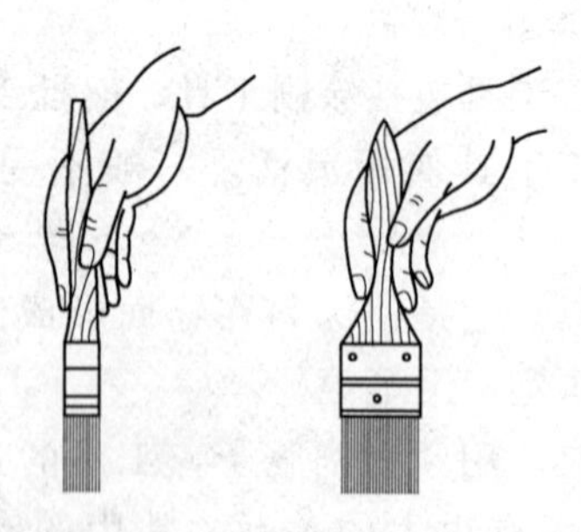

图 7.190 油漆刷的握法

b. 油漆刷蘸漆后，要轻轻地在容器内壁来回印一印，使漆液集中在刷毛头部，避免多余漆液滴落而污染地面及其他物面。涂刷时要靠手腕的转动，有时还需移动手臂和身躯来配合。

2) 保养方法。油漆刷使用完后，应该挤掉多余的油漆，先用溶剂洗净(溶剂与油漆

的品种应匹配），随后用煤油洗净、晾干，再用浸透的油纸包好，保存在干燥处，以备下次再用。

若近期使用，不必用溶剂洗净，只需将多余油漆挤净后，把油漆刷直接悬浸在清水中，使毛刷全部浸入（油漆刷外面包一层牛皮纸，目的是不使油漆刷毛松散开）刷毛不能着地，以免毛刷受压变形。使用时，拿出油漆刷，将水甩净即可使用。此法一般用于施涂油脂类漆，如施涂树脂类漆，仍需浸在相应的溶剂中。

若停歇时间较短，只需将油漆刷放在漆液中，不要干放在其他地方，以防刷毛干结。若已造成油漆刷毛干结，可浸在四氯化碳和苯的混合溶剂中，使毛刷松软，再用铲刀刮去刷毛上的漆才能使用。通常刷聚氨酯涂料时，由于疏忽大意，油漆刷毛干结了一般不再用溶剂清洗，因为清洗效果不佳，而且成本较高，为此尽量不要使油漆刷毛干结，以免造成浪费。

（2）嵌批工具的使用与保养。

1）钢皮批刀的使用与保养。

a. 钢皮批刀又称钢皮批板或钢皮刮刀。在建筑涂料施工中，主要用它来批刮大的平面物件和抹灰面。钢皮批刀是将具有弹性的薄钢板镶嵌在材质比较坚硬的木柄上而制成的刮具，见图 7.191（a）所示。

b. 使用和保养方法：钢皮批刀的刀口不应太锋利，以平直圆钝为宜。使用时大拇指在批刀后，其余四指在前，批刮时要用力按住批刀，使批刀与物面产生一定的倾斜，一般保持在 60°～80°角之间进行批刮。钢皮批刀不用时，擦净刀口上残剩的腻子，妥善保存备用。如果在较长的时间内不用，可将批刀上的残物除净后，稍抹上一些机油，以防锈蚀，用油纸或塑料膜包好存放。

2）橡皮批刀的使用与保养。

a. 橡皮批刀又称橡皮刮板，根据工艺的需要可以自制。橡皮批刀可用 4～12mm 厚的耐油、耐溶剂性能好的橡胶板制作，用两块质地较硬、表面平整的木板，将橡皮的大部分夹住，留出约 40mm 作为批刮刀口。其特点是柔软而有弹性，适用于批刮圆弧形制品以及金属表面的腻子。如图 7.191（b）所示。

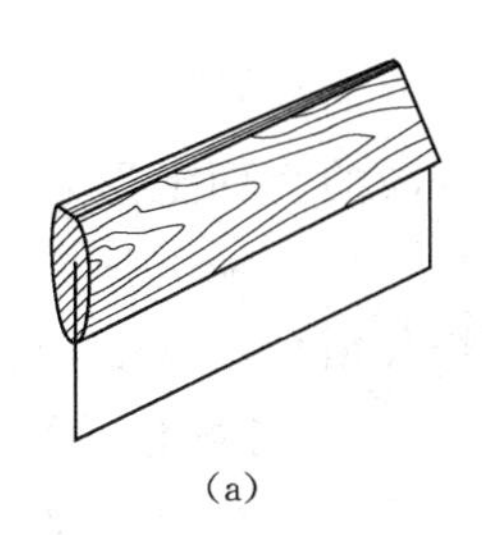

(a)

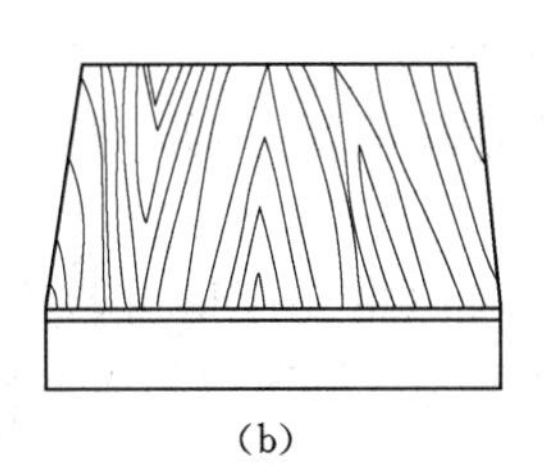

(b)

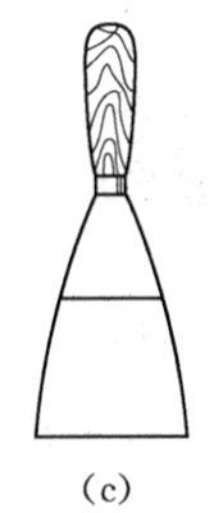

(c)

图 7.191 常用的嵌批工具

（a）钢皮批刀；（b）橡皮批刀；（c）铲刀

b. 使用和保养方法。橡皮批刀根据需要自定形状和尺寸，用砂轮机磨出刃口，要求磨齐、磨薄，再在磨刀石上细磨，磨平后就可使用。使用方法与钢皮批刀的使用方法基本相同。橡皮批刀使用后，不能浸泡在有机溶剂中，以免变形，影响使用。要用擦布蘸少许溶剂，将表面上玷污的腻子揩刮干净，妥善保管已备下次再用。

3）铲刀的使用与保养。

a. 铲刀也称麻丝刀、嵌刀等，是一种应用普遍的嵌批工具。经常用它来调制腻子、挖取腻子、填嵌腻子。铲刀也可用来清除灰尘和旧漆。铲刀是由木柄和弹性钢片相连接而成。常用的规格有30mm、50mm、63mm、76mm等，见图7.191（c）所示。

b. 使用和保养方法：用铲刀拌腻子时，食指居中紧压刀片，大拇指在左，其余三指在右紧握刀柄如图7.192（a）所示，调拌腻子时要正反两面交替翻拌。用铲刀清除垃圾、灰土时，选用较硬质的铲刀并将刀口磨锋利，两角磨整齐、平直，这样就能把木材面灰土清除干净而不损伤木质。清理时，手握住铲刀的刀片，大拇指在一面，四个手指压紧另一面，如图7.192（b）所示，然后顺着木纹清理。铲刀使用后要清理干净，如暂时不用可在刀刃上抹些机油，用油纸包好妥善保管，以备后用。

（3）绒毛辊筒的使用与保养。

1）绒毛辊筒结构简单，使用方便，它是由人造绒毛等易吸附材料包裹在硬质塑料的空心辊上，配上弯曲形圆钢支架和塑料或木制手柄而制成的手工辊具，其规格有150mm、200mm、250mm等。绒毛辊筒一般适用于抹灰面上滚涂水性涂料，尤其适用于抹灰面。如图7.193所示。

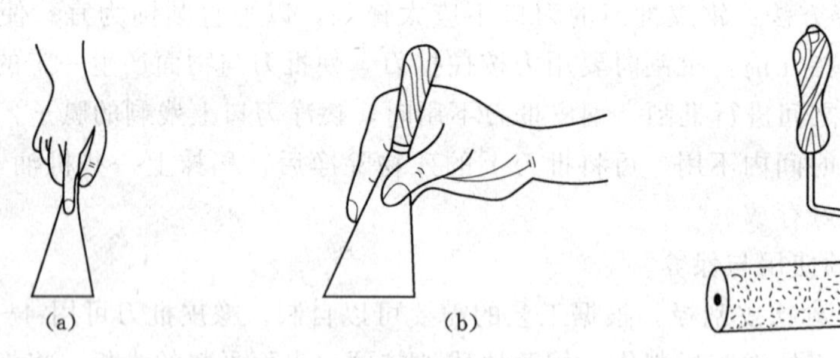

图7.192 铲刀的使用方法
（a）调拌腻子时铲刀的拿法；（b）清理木材面时铲刀的拿法

图7.193 绒毛辊筒

2）使用方法。

a. 绒毛辊筒在滚涂时，必须紧握手柄，用力要均匀，滚涂时应按顺序朝一个方向进行。最后一遍涂层，要用辊筒或者排笔理一遍，直至在被涂饰的物面上形成理想的涂层为止。

b. 辊筒蘸取涂料时只需浸入桶径的1/3即可，然后在粉浆槽内的洗衣板或网架上来回轻轻滚动，目的是使筒套所浸吸的涂料均匀，如果涂料吸附不够可再蘸一下，这样滚涂到建筑物表面上的涂层才会均匀，具有良好的装饰效果。

3）保养方法。绒毛辊筒使用完毕后，应将辊筒浸入清水或配套的溶剂中清洗，使绒毛不致因固化而不能使用。然后将辊筒用力在水泥墙上来回滚动，使辊筒水分挤干，以便绒毛舒松。

（4）喷涂工具的使用与保养。喷枪常用于建筑工程的内外墙、顶棚和构筑物大面积的喷涂作业。

1）手提斗式喷枪的使用与保养。

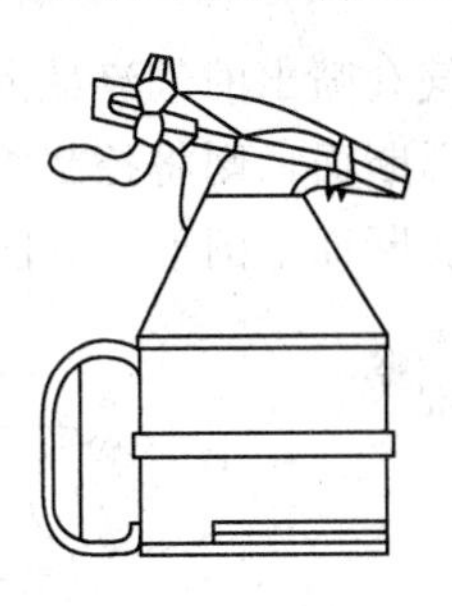

图 7.194 手提斗式喷枪

a. 手提斗式喷枪。适用于喷涂带有颜色的砂状涂料、粘稠状厚质涂料和胶类涂料。手提斗式喷枪由料斗、调气阀、涂料喷嘴座、喷嘴、定位螺栓等组成，如图 7.194 所示。

b. 使用方法。作业时，先将涂料装入喷枪料斗中，涂料由于受自重和压缩空气的冲带作用进入涂料喷嘴座与压缩空气混合，在压缩空气的压力下从喷嘴均匀地喷出，涂在物面上。斗式喷枪使用时，要配备 0.6m^3 的空气压缩机一台，由软管将手提斗式喷枪与空气压缩机连接，待气压表达到调定的气压时，打开气阀就可以作业。

c. 保养方法。斗式喷枪应在当天喷涂结束后清洗干净，用溶剂将喷道内残余的涂料喷出洗净，喷斗部分要用干布揩擦后备用。

2）PQ—2 型喷漆枪的使用与保养。

a. 喷漆枪。是喷涂低黏度涂料的一种工具。常用的有吸上式、压下式、压力式（图 7.195）等几种。

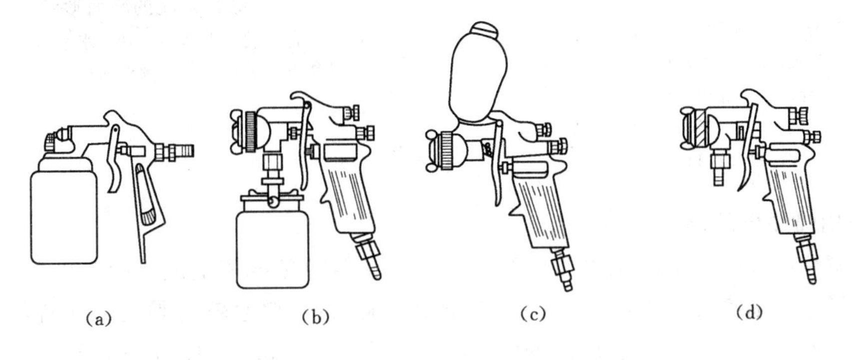

(a) (b) (c) (d)

图 7.195 各式喷枪

(a) 吸上式（对嘴）；(b) 吸上式（扁嘴）；(c) 压下式；(d) 压力式

b. PQ—2 型喷漆枪（图 7.196）的使用方法。

PQ—2 型吸上式喷枪使用时先将涂料装入容器 9 内（容器容量为 1kg 左右），然后旋紧扎兰螺丝 10，使之盖紧容器 9。再将枪柄上的压缩空气管接头 8 接上输气软管。搬动开关 4，空气阀杆 5 即随之往后移动，气路接通，压缩空气就从喷枪内的通道进入喷头，由环形喷嘴 11 喷出。与此同时，针阀 3 也向后移动，涂料喷嘴 11 即被打开，涂料从容器中被吸出，流往喷嘴的涂料随之被压缩空气喷射到被涂物体的表面。针阀调节螺栓 7 是用来调节涂料流量的。

空气喷嘴的旋钮 1 顶端两侧，各有一个小孔，并与喷枪内的压缩空气槽相通。向左（反时针方向）旋转控制阀 6 时，气路就被接通，一部分压缩空气即从喷嘴 11 上的小孔喷出两股气流，将涂料射流压成椭圆形断面。旋转喷嘴的旋钮 1，可根据工作需要将涂料射流控制成为垂直的椭圆形断面［图 7.197（a）］或水平的椭圆形断面［图 7.197（b）］。当喷嘴的旋钮 1 调节到一定的位置以后，随即旋紧螺帽 2，以固定涂料射流的形状。调节出气孔通路开启的程度。可得到不同扁平程度的涂料射流。当控制阀完全打开时，从两侧出气孔喷出的气流最大，喷出的涂料射流最扁而且最宽。如果涂饰时不需要涂料射流呈椭圆形断面，则将控制阀6向右旋紧，与喷嘴11相连的气路即被堵住，这时，喷出的涂料射流断面呈圆形，见图7.198（c）所示。

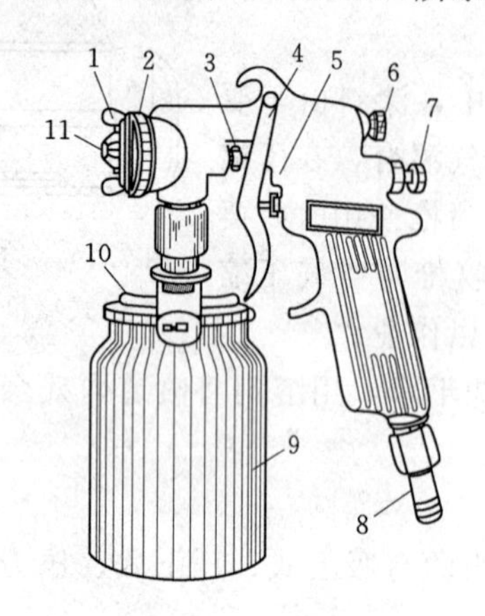

图7.196 PQ—2型喷枪
1—空气喷嘴的旋钮；2—螺帽；3—针阀；4—开关；5—空气阀杆；6—控制阀；7—针阀调节螺栓；8—压缩空气管的接头；9—容器；10—轧兰螺丝；11—喷嘴

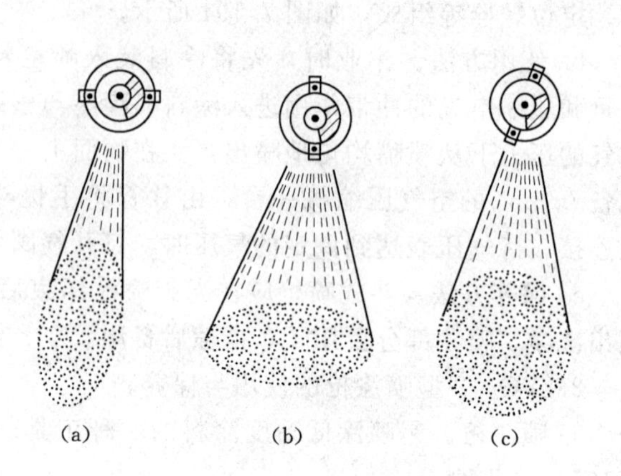

图7.197 涂料射流的断面形状
（a）垂直的椭圆形断面；（b）水平的椭圆形断面；（c）圆形断面

c. 使用喷漆枪的注意事项。

（a）喷嘴的大小和空气压力的高低，必须与涂料的黏度相适应，喷涂低黏度的涂料，应选择直径小的喷嘴和较低的空气压力（作用于喷枪），喷涂较高黏度的涂料，则应选择直径较大（2.5mm）的喷嘴和较高的空气压力［表压为（3.5～4.0）$\times 10^5$Pa］。

（b）喷涂的空气压力范围，一般为24$\times 10^5$Pa。如果压力过低，涂料微粒就会变粗，压力过高，则增加涂料的损失。

（c）喷枪与被涂的物面应保持15～20cm的距离，大型喷枪可保持在20～25cm。喷枪过于接近被涂面，涂料喷出过浓，就会造成涂层厚度不均匀并出现流挂；若喷枪距离被涂面过远，则涂料微粒四处飞散而不附着在被涂面上，造成涂料的浪费。喷涂时应移动手臂而不是手腕，但手腕要灵活。喷枪应沿一直线移动，在移动时应与被涂面保持直角，这样获得的涂层厚度均匀。反之，如果喷枪移动成弧形，手腕僵硬，则涂层厚度不均匀，如果喷嘴倾斜，涂层厚度也不会均匀（图7.198）。

（d）喷涂的路线依照图7.199（a）、（b）所示进行。喷涂的顺序是：应该先喷涂饰面的两个末端部分，然后再按喷涂路线喷涂。每条喷路之间应互相重叠一半，第一喷路应该对准被涂件的边缘处。喷涂时，应将喷枪对准被涂件的外边，缓缓移动到喷路，再扣动扳机，到达喷路末端时，应立即放松扳机，再继续向下移动。喷路必须呈直线，决不能成弧形，否则涂料将喷洒的不均匀。

（e）由于喷路已互相重叠一半，故同一平面只喷涂一次即可，不必重复。

（f）喷涂曲线物面时，喷枪与曲面仍应保持正常距离。

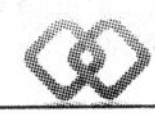

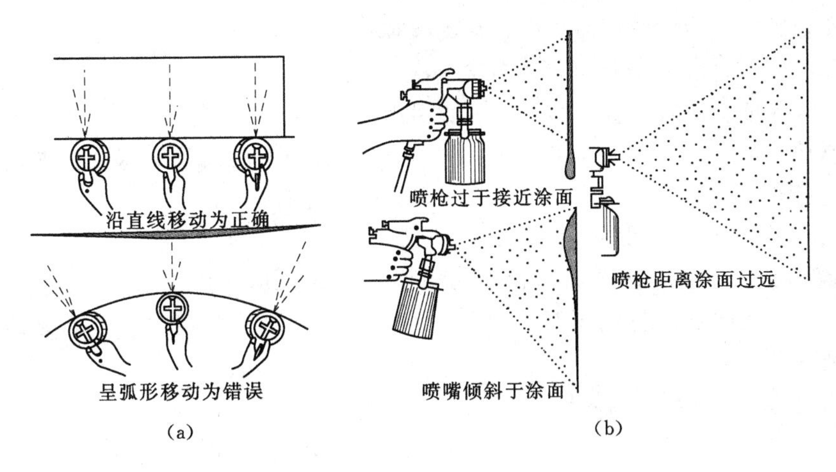

图 7.198 喷枪的使用

(a) 喷枪的移动；(b) 喷枪与涂面的距离

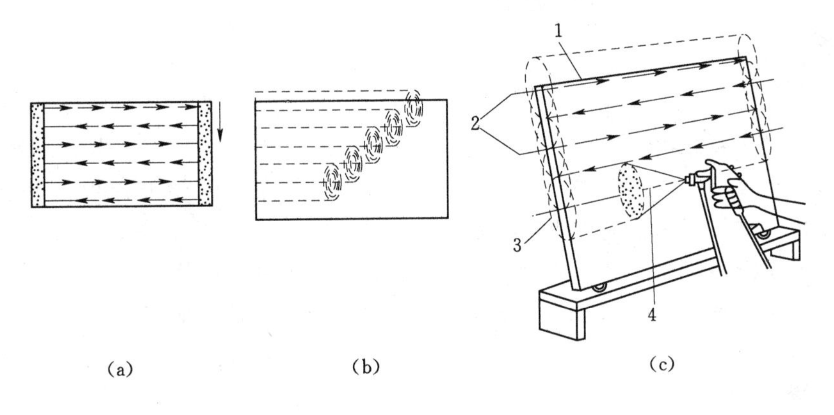

图 7.199 喷涂的顺序

(a) 先喷两端部分，再水平喷涂其余部分；(b) 喷路互相重叠一半；(c) 喷涂示意图
1—第一喷路；2—喷路开始处；3—扣动开关处；4—喷枪口对准上面喷路的底部

3）空压泵的使用与保养。

a. 空压泵。一般是指小型的空气压缩机，它能产生压缩空气，机身装有行走轮子，可以移动。利用它产生的压缩空气气流，迫使涂料从喷枪的喷嘴中以雾状喷出，形成薄而均匀的涂层，如图 7.200 所示。

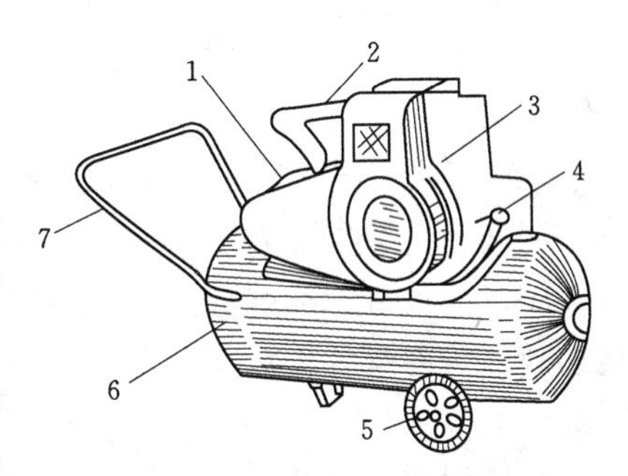

图 7.200 电动小型空气压缩机

1—电动机；2—输气管；3—曲轴与活塞；4—压力板；5—行走车轮；6—储气筒；7—推动手把

b. 使用方法。开动空压泵前，必须检查出气管是否安全畅通，润滑油是否充足，再开动电动机做试运转，确认正常后方可正式运行。

c. 保养方法。对于所使用的空压泵必须认真做好维护保养工作，这样才能保证长时间安全地使用设备。空压泵的维护保养技术一般有如下要点：

(a) 安全阀的灵活性及可靠程度，每周检查一次。

(b) 储气筒应每隔6个月检查和清洗一次。

(c) 在每台班工作后，旋开筒身底部防污阀，将油污存水放出。

(d) 空压泵如长期停用，应将气缸盖内气阀全部卸下另行油封保存，在每个塞上注入润滑油。各开口通风处用纸涂牛油封住，以防锈蚀零件。

4) 打磨工具的使用与保养。

a. 打磨工具的用途。被涂饰的物面必须经过打磨以后才能进行下一道工序的图饰。砂纸、砂布是常用的油漆打磨工具，也是一种消耗性材料。常用的砂纸有贴砂纸、木砂纸、水砂纸三种。

b. 使用方法。

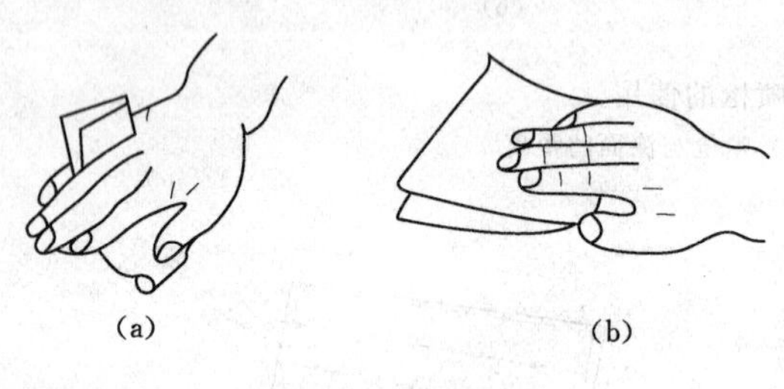

图7.201 砂纸打磨

(a) 使用砂纸时一般是将整张砂纸裁成四块，每块对折后用拇指及小指夹住两端，另外三个手指摊平按在砂纸上，来回在物件表面砂磨，如图7.201 (a) 所示。另外，也可用拇指抵住一端，另外四个手指全部压在砂纸上来回在物件表面打磨，如图7.201 (b) 所示。木砂纸和铁砂布在打磨腻子时，腻子灰会积在磨料空隙中，为此，在打磨一段时间后，应停下来将砂纸在硬处磕几下，除去腻灰。

(b) 有些漆膜用砂纸干磨，摩擦发热会引起漆膜软化而损坏涂膜，一般应采用水砂纸湿磨，湿磨前先将水砂纸放在水中浸软，然后将它包在折叠整齐的布块或木块外面打磨，如图7.202所示。

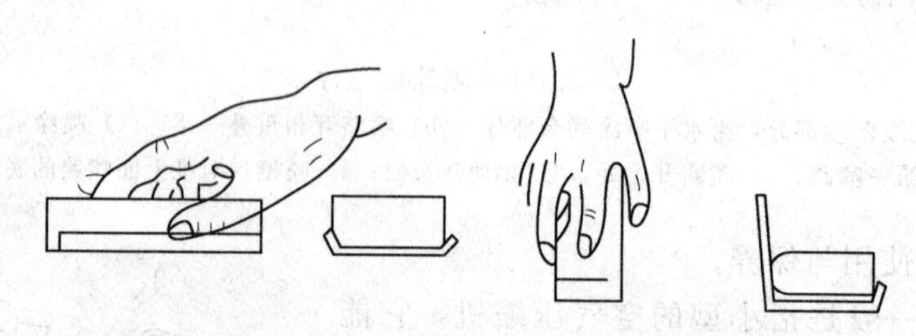

图7.202 砂纸包在打磨块上打磨

c. 保养方法。木砂纸和铁砂布很容易受潮而变软，磨粒脱落。为此，一定要将其存放在干燥的地方。如遇砂纸受潮发软，可放在炉灶旁烘烤或用电吹风吹干，也可将砂纸裁成四块，折叠整齐后放在贴身的口袋里，受体温的影响使砂纸变得干硬一些。

7.8.6.4 实训注意事项

(1) 使用工具及机具时，应按操作规程进行，务必注意安全。

(2) 工机具使用后必须按照规定进行清理保养，并放回原处。

(3) 机具清理前务必切断电源。

(4) 注意防火。

7.8.6.5 操作练习

两人一组，按照规范要求，进行实际操作练习，并熟知各种工机具的保养方法。

7.8.6.6 评分标准

油漆涂刷施工实训评分标准见表 7.26。

表 7.26 油漆涂刷施工实训评分标准

项　目	检查方法及评分标准	满分	得分
工、机具使用保养	能正确说出 4 种工具、机具的保养方法	15	
油漆刷的使用方法	拿着工具，正确说出其使用方法	15	
橡皮批刀的使用	手持橡皮刀的使用方法	10	
铲刀的使用与保养	简要说明铲刀的使用方法	10	
绒毛辊筒的使用	能正确的说出绒毛辊筒的使用方法	10	
喷涂工具的使用	能利用喷涂工具，模拟喷涂	15	
空压泵的使用	能准确地说出空压泵的用法	10	
打磨工具的使用	利用砂纸，现场打磨，操作规范	15	
合计得分		100	

实训任务 7.9 卷材防水施工实训

7.9.1 卷材防水层施工

7.9.1.1 卷材铺贴操作工艺

1. 卷材防水层施工方法

卷材防水层的施工方法可分为两大类，即热施工法和冷施工法。前者包括传统的热玛琋脂粘贴法、热熔法、热风焊接法；后者包括冷黏结法、自粘法、机械固定法等。这些方法，有各自的适用范围，大体来说，冷施工法可用于大多数合成高分子卷材的粘贴，有一定的优越性。卷材防水施工常见的施工工艺有三类，详见表 7.27。铺贴的方法有四种，如图 7.204 所示。施工时，应根据不同的设计要求、材料和工程的具体情况，选用合适的施工方法。

表 7.27 卷材防水施工工艺和适用范围

工艺类别	名　称	做　法	适用范围
热施工工艺	热玛琋脂粘贴法	传统施工方法，边浇热玛琋脂边滚铺油毡，逐层铺贴	石油沥青油毡三毡四油（二毡三油）叠层铺贴
	热熔法	采用火焰加热器熔化热熔型防水卷材底部的热熔胶进行黏结	有底层热熔胶的高聚物改性沥青防水卷材
	热风焊接法	采用热空气焊枪加热防水卷材搭接缝进行黏结	热塑性合成高分子防水卷材搭接缝焊接

续表

工艺类别	名称	做法	适用范围
冷施工工艺	冷玛瑞脂粘贴法	采用工厂配制好的冷用沥青胶结材料，施工时不需加热，直接涂刮后粘贴油毡	石油沥青油毡三毡四油（二毡三油）叠层铺贴
	冷粘法	采用胶黏剂进行卷材与基层、卷材与卷材的黏结，不需要加热	合成高分子卷材、高聚物 改性沥青防水卷材
	自粘法	采用带有自黏胶的防水卷材，不用热施工，也不需涂刷胶结材料，直接进行黏结	带有自粘胶的合成高分子防水卷材及高聚物改性沥青防水卷材
机械固定工艺	机械钉压法	采用镀锌钢钉或铜钉等固定卷材防水层	多用于木基层上铺设高聚物改性沥青卷材
	压埋法	卷材与基层大部分不黏结，上面采用卵石等压埋，但搭接缝及周边要全粘	用于空铺法、倒置屋面

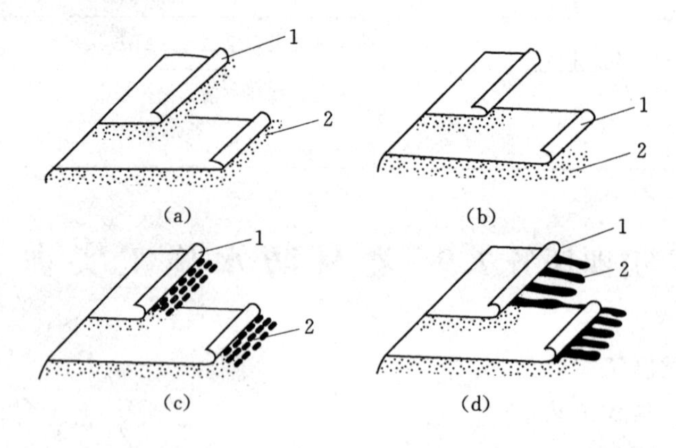

图 7.203 卷材防水层的铺贴方法

(a) 满粘法；(b) 空铺法；(c) 点粘法；(d) 条粘法

1—首层卷材；2—胶结材料

(1) 满粘法。又称全粘法，是一种传统的施工方法。热熔法、冷粘法、自粘法均可采用全粘法施工。当用于三毡四油沥青防水卷材施工时，每层均有一定厚度的玛瑞脂满粘，可提高防水性能，但若找平层湿度较大或屋面变形较大时，防水层易起鼓、开裂。适用于屋面面积较小，屋面结构变形较小，找平层干燥条件。

(2) 空铺法。卷材与基层仅在四周一定宽度内粘贴，其余部分不粘贴铺贴时应在檐口、屋脊和屋面转角处及突出屋面的连接处，卷材与找平层应满粘贴，其粘贴宽度不得小于800mm，卷材与卷材搭接缝应满粘，叠层铺贴时，卷材与卷材之间应满粘。空铺法能减小基层变形对防水层的影响，有利于解决防水层起鼓、开裂问题。但防水层由于与基层不黏结，一旦渗漏，水会在防水层下窜流而不易找到漏点。适用于基层易变形和湿度大、找平层水蒸气难以由排汽道排入大气的屋面，或用于埋压法施工的屋面。

(3) 条粘法。卷材与基层采用条状粘结，每幅卷材与基层粘贴面不少于2条，每条宽

度不少于 150mm，卷材与卷材搭接缝应满粘，叠层铺贴也应满粘。由于卷材与基层有一部分不粘结，故增大了防水层适应基层的变形能力，有利于防止卷材起鼓、开裂操作比较复杂，部分地方减少一油，影响防水功能。适用于采用留槽排汽不能解决卷材防水层开裂和起鼓的无保温层屋面；或温差较大，基层又十分潮湿的排汽屋面。

（4）点粘法。卷材与基层采用点状黏结，要求每平方米至少有 5 个黏结点，每点面积不小于 100mm×100mm，卷材与卷材搭接应满粘。防水层周边一定范围内也应与基层满粘。当第一层采用打孔卷材时，也属于点粘面积，必要时应根据当地风力大小，经计算后确定。增大了防水层适应基层变形的能力，有利于解决防水层起鼓、开裂问题，操作比较复杂。当第一层采用打孔卷材时，仅可用于卷材多叠层铺贴施工。适用于采用留槽排汽不能可靠地解决防水层起鼓、开裂的无保温层屋面；或温差较大，而基层又十分潮湿的排汽屋面。

2. 卷材铺贴操作工艺

卷材防水层铺贴的操作工艺要求主要有三个方面，即铺设方向、卷材的搭接和卷材的铺贴顺序。

（1）铺设方向。屋面防水卷材的铺设方向应根据屋面的坡度、防水卷材的种类及屋面荷载的情况确定，参见表 7.28。

表 7.28　　卷材铺设方向

<table>
<tr><th>屋面坡度
卷材种类</th><th>小于 3%</th><th>3%～15%</th><th>大于 15%或屋面有振动时</th><th>大于 25%</th></tr>
<tr><td>沥青防水卷材</td><td rowspan="3">平行于屋脊</td><td rowspan="3">平行或
垂直于屋脊</td><td>垂直于屋脊</td><td rowspan="3">应采取防止卷材
下滑的措施</td></tr>
<tr><td>高聚物改性沥青卷材</td><td rowspan="2">平行或垂直于屋脊</td></tr>
<tr><td>合成高分子卷材</td></tr>
</table>

注　1. 卷材搭接缝必须顺当地主导风方向。
　　2. 平行于屋脊方向铺设时，长边应顺流水方向；垂直于屋脊方向铺设时，短边应顺流水方向。

（2）卷材的搭接。

1）错缝搭接。相邻两幅卷材的接头应相互错开 300 mm 以上，以免多层接头重叠而使得卷材粘贴不平服。当平行于屋脊方向铺设卷材时，上下层卷材的接头及搭接缝错开。如铺设第二层时，应使上下两层的长边搭接缝错开 1/2 幅宽；如铺设三层时，应使上下层卷材的长边搭接错开 1/3 幅宽，如图 7.204 所示。当采用垂直于屋脊方向铺设卷材时，上下层卷材搭接缝的错开与平行于屋脊铺设相同。如坡度大于 25%，应有固定措施（如采用钉子、压条等）以防下滑。同时，每层卷材都应铺过屋脊不小于 200mm，且应两坡交替进行，不允许在一个坡面上铺设两层或三层卷材后，再去铺设另一个坡面的卷材。

2）接缝密封。为提高防水的可靠性，接缝应用密封材料密封。对沥青防水卷材，因表面已涂满玛瑞脂，故不需再进行密封；对高聚物改性沥青防水卷材和合成高分子防水卷材，因其多系单层使用，接缝应用材性相同的密封材料封严。

（3）卷材的铺贴顺序。

1）在高低跨屋面相毗连的建筑物，要先铺高跨屋面，后铺低跨屋面。

2）在同高度的大面积屋面上，要先铺远部位后铺近部位。即按先高后低，先远后近

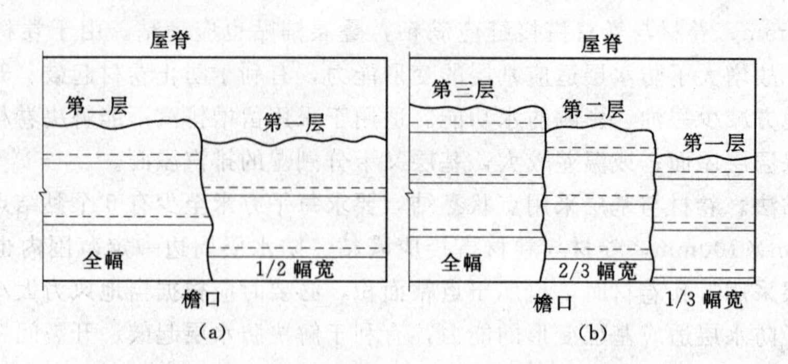

图 7.204 叠层卷材铺设

(a) 二层的铺设；(b) 三层的铺设

的顺序。

3）在相同高度的大面积屋面上铺贴卷材，要分成若干施工流水段。分段的界线是：屋脊、天沟、变形缝等。

7.9.1.2 铺贴卷材的操作方法

在卷材屋面工程中，施工是保证质量的关键，因而必须有正确的操作方法。如果施工时卷材铺得不好，黏结不牢，将会造成鼓泡、漏水、流淌等不良后果。现将常用的几种操作方法介绍如下。

1. 浇油法

（1）浇油。浇油的人手提油壶，在推毡人的前方，向油毡宽度方向成蛇形浇油，不可浇得太多或太长，如图 7.205 所示。

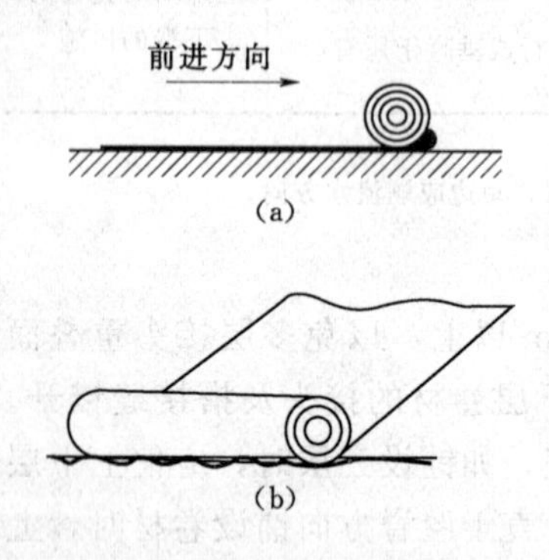

图 7.205 浇油法铺贴卷材

(a) 沥青饱满，不易产生气泡；

(b) 沥青不饱满，易产生气泡

（2）铺毡。铺毡的人两手紧压油毡，两腿站在油毡卷筒的中间成前弓后蹬的姿势，眼睛盯着前面浇下的油，油浇到后，就用两手推着油毡向前滚进。推毡时，应将卷材前后滚动，以便把玛瑶脂（或沥青胶）压匀并把多余的材料挤压出来。玛瑶脂的厚度一般控制在 1～1.5mm 左右，最厚不超过 2mm。要随时注意油毡划线的位置，以免偏斜、扭曲、起鼓，并要用力压毡，力量均匀一致，平直向前。另外，还要随身带上小刀，如发现卷材有鼓泡或黏结不牢的地方，要立即刺破开刀，并用玛瑶脂贴紧封死。

（3）滚压收边。为了使卷材之间、卷材与基层之间紧密地粘贴在一起，宜采用重 80～100kg 的滚筒（图 7.206）进行滚压。滚筒的表面包有厚 20～30mm 的胶皮，由一人（包括收边）跟着铺毡人的后面向前慢慢滚压。滚压时，不能使滚筒来回拉动，要压得及时，滚筒离铺毡处应保持 1m 左右距离。对于油毡边缘挤出的玛瑶脂，要用胶皮刮板刮去，不能有翘边现象。对天沟、檐口、泛水及转角处滚压不到的地方，亦要用刮板仔细刮平压实。

这种操作方法的优点是，生产效率高，气泡少，粘贴密实；缺点是容易使玛瑶脂铺得

过厚。且其中采用滚筒滚压卷材的方法，根据各地实践认为尚有一定的局限性，使用效果不太理想。因为在屋面坡度较大时不适合采用滚筒滚压；坡度较平缓时采用也有一定的困难，这是因为基层不可能施工得很平整，其次滚筒使用后易沾上玛琋脂，导致滚压困难。可采用“卷芯铺贴法”，在铺贴时，先在卷材里面卷进重约 5kg 的铁棍子（或木棍子），借助棍子的压力，将多余的沥青玛琋脂挤出，从而使油毡铺贴平整，与基层黏结牢固。卷芯棍子如图 7.207 所示。

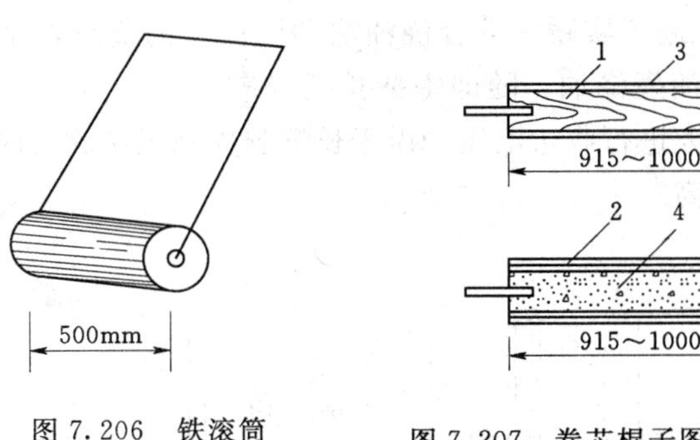

图 7.206 铁滚筒

图 7.207 卷芯棍子图（单位：mm）

1—ϕ150 木棍；2—ϕ50 钢管；3—5mm 厚胶皮；4—混凝土；5—ϕ12 钢筋

2. *刷油法*

采用四人小组，即刷油、铺毡、滚压、收边各由一人操作。

（1）刷油。一人用长把刷蘸油（图 7.208），将玛琋脂带到基层上。涂刷时人要站在油毡前面进行，使油浪饱满均匀。不可在冷底子油上揉刷，以免油凉或不起油浪。刷油宽度以 30～50cm 为宜，出油毡边不应大于 5cm。

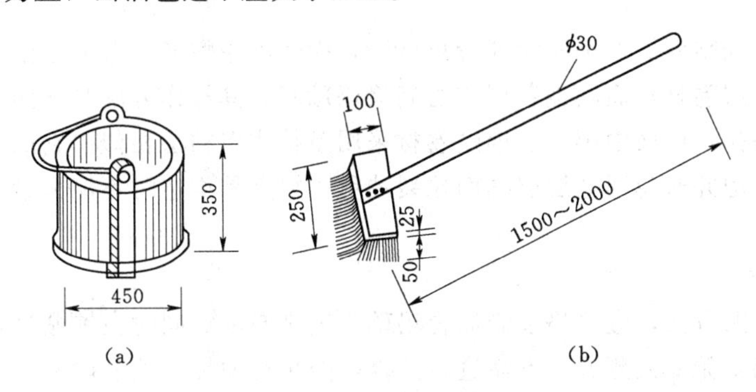

图 7.208 油桶及刷子（单位：mm）

(a) 油桶（装沥青胶用）；(b) 长把刷子（棕刷或帆布做成）

（2）铺毡。铺毡工人应弓身前俯，双手紧压油毡，全身用力，随着刷油，稳稳地推压油浪。在铺毡中，应防止油毡松卷，推压无力，一旦松卷应重新卷紧。为防止卷材端头一段不易铺贴，可事先在油毡芯中卷进如图 7.207 所示的棍子，以增强其滚压力。

（3）滚压。紧跟铺毡后不超过 2m 进行。用铁滚筒在油毡中间向两边缓缓滚压。滚压时操作工人不得站在未冷却的油毡上；并要负责质量自检工作，如发现鼓泡，必须刺破排气，重新压实。

(4) 收边。用胶皮刮板刮压油毡的两边，挤出多余的玛琋脂，赶出气泡，并将两边封死压平。如边部有皱折或翘边时，须及时处理，防止堆积沥青疙瘩。这种方法的优点是，油层薄而饱满，均匀一致，油毡平整压得实，节约沥青玛琋脂；缺点是刷油铺毡需有熟练的技术，沥青玛琋脂要保持使用温度（190℃左右）有一定困难，当油温一低，油毡就粘贴不牢，同样会发生鼓泡。

3. 刮油法

“刮油法”操作工艺，是在施工实践中综合浇油法和刷油法的优点，采用这种方法的操作要点是：一人在前面先用油壶浇油，随即手持长把胶皮刮板（图7.209）进行刮油；另一人紧跟着铺贴油毡；第三人进行收边滚压。由于长把胶皮刮板在施工时刮油比较均匀饱满，所以质量较好，工效也高。

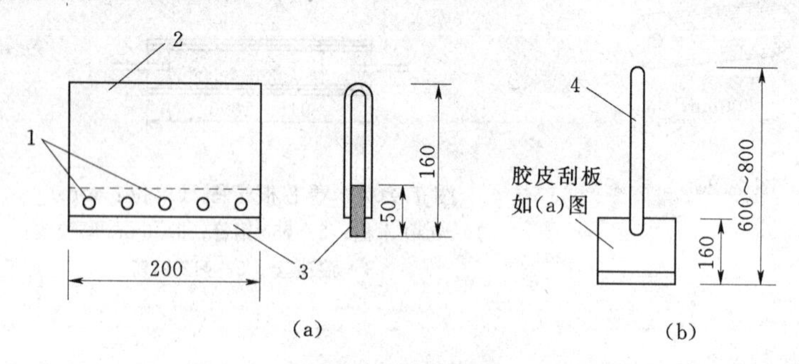

图7.209 胶皮刮板（单位：mm）

(a) 普通刮板；(b) 长柄刮板

1—铁钉；2—铁皮；3—5厚胶皮；4—30×40木柄

4. 撒油法

撒油法是在油毡四周边都满涂沥青玛琋脂，中间则用蛇形花撒的办法（即不满涂玛琋脂）来铺贴第一层卷材；而其他各层均需满涂玛琋脂，其操作方法与前两种相同。此法沿用已久，与现在排汽屋面中第一层铺贴卷材采用条粘或点粘法相似。它的优点是节省沥青玛琋脂，减少鼓泡并避免因基层裂缝而拉裂油毡；缺点是推毡时不能太紧或太松，操作技术要求高。

5. 注意事项

(1) 各种铺贴方法，应严格控制沥青玛琋脂铺刷厚度。同时在铺贴过程中，运到屋面的热沥青玛琋脂要派专人测温，不断进行搅拌，防止在油桶、油壶内发生沉淀。

(2) 防水层完工后应做蓄水试验，蓄水高度宜大于50mm，蓄水时间不宜小于24h。经试验检查不渗漏后，然后才可进行保护层施工。如屋面无蓄水条件，则可在雨后或持续淋水2h以后进行检查。

(3) 沥青防水卷材屋面的保护层一般选用绿豆沙，其作用是使屋面的辐射温度比纯黑色沥青面层降低8~10℃，并对卷材有一定的保护作用。

7.9.1.3 沥青卷材热玛琋脂铺贴施工

1. 作业条件

(1) 天气无雨、雪，当地气温0℃以上，无5级或5级以上大风。

(2) 基层必须干燥，其简易检验方法是将 1m² 塑料膜（卷材也可以）平坦地干铺在找平层上，在太阳（白天）下 1～2h 后掀开检查，找平层覆盖部位与塑料膜上未见水珠即可。

2. 操作工艺流程

清理基层→檐口防污→涂刷冷底子油→节点附加层处理→定位弹基准线→粘贴卷材→蓄水试验→保护层施工→检查验收。

3. 施工准备

(1) 要求施工机具清洗干净，运到现场后应进行试运转，保持良好的工作状态。

(2) 在玛琋脂、冷底子油熬制现场，应准备好干粉灭火器、沙包等消防器具。

(3) 沥青防水卷材的外观质量和技术性能指标均应合格，并在场现复验。

(4) 清扫干净卷材表面洒布料。

(5) 卷材、冷底子油、玛琋脂可根据其估料数量备料。

(6) 制备冷底子油和沥青玛琋脂。

4. 施工工具

施工工具主要有温度计（300℃）、熬油锅、沥青桶、油壶、滚筒（80～100kg，表面包 20～30mm 厚胶皮）等。

5. 操作要点

(1) 清理基层。将基层上的杂物、尘土清扫干净，节点处可用吹风机辅助清理。

(2) 檐口防污。为防止卷材铺贴时热玛琋脂污染檐口，可在檐口前沿刷上一层较稠的滑石粉浆或粘贴防污塑料纸，待卷材铺贴完毕，将滑石粉上的沥青胶铲除干净或撕去防污纸。

(3) 涂刷冷底子油。冷底子油的作用是增强基层与防水卷材间的黏结，可用喷涂法或涂刷法施工。当用涂刷法时，基底养护完毕、表面干燥并清扫后，用胶皮板刷涂刷第一遍冷底子油，第一遍干燥后再涂第二遍。涂刷要均匀，愈薄愈好，但不得留有空白。快挥发性冷底子油涂刷于基层上的干燥时间约为 5～10h，应视气候情况而定。

(4) 节点附加层处理。按设计要求，事先根据细部构造部位的情况，剪裁卷材，铺设附加增强层。

(5) 定位弹线及试铺。按卷材的铺贴布置在找平层上弹出定位基准线，然后试铺卷材。

(6) 铺贴卷材。卷材热玛琋脂黏结法其铺贴方法有浇油铺贴、刷油铺贴、刮油铺贴等三种满铺法，此外还有一种撒油法（包括点粘、条粘），详见本节四，铺贴卷材的操作方法。

(7) 蓄水试验。卷材铺贴完毕后，按规定进行检验。平屋面可采用蓄水试验，蓄水时间不宜少于 24h；坡屋面可采用淋水试验，持续淋水时间不少于 2h，屋面无渗漏和积水、排水系统通畅为合格。

(8) 做保护层。按照设计规定选用。

7.9.1.4 沥青卷材冷玛琋脂粘贴施工

1. 常用工具及作用

盛黏结剂容器用的小油漆桶（3L）；固定压板、压条用的射钉枪（小型）；滚压接缝、立面卷材的手持压辊；滚压大面卷材用的扁平辊；滚压阴、阳角用的大型压辊（30～40kg）等。

2. 施工工管

沥青防水卷材冷粘贴法施工，除所用的胶结材料为冷玛琋脂外，其他与卷材热粘贴施工基本相同。

沥青防水卷材冷玛琋脂铺贴施工主要是指采用石油沥青玻璃布防水卷材和石油沥青玻璃纤维胎防水卷材，以冷玛琋脂或专用冷胶料为胶粘剂的一种防水冷施工方法，其操作要点与传统的石油沥青纸胎防水卷材热玛琋脂铺贴施工基本相同。但要注意的是：

（1）冷玛琋脂使用时应搅匀，稠度太大时可加入少量溶剂稀释。

（2）若使用石油沥青纸胎防水卷材时，宜选用双面撒料的卷材，铺设前，先将卷材裁剪成不长于10m，反卷后平放2～3d，避免铺设时起鼓。

（3）管道根部、水落口、女儿墙、阴阳角等细部构造部位应用玻璃丝布或聚酯无纺布粘贴作附加增强层。因为冷玛琋脂一般凝固较慢，若用纸胎卷材粘贴，由于它有一定的回弹性，不易粘牢。

（4）铺贴宜用刮油法。将冷玛琋脂倒在基层上，用刮板按弹线部位摊刮，厚度约0.5～10mm，宽度与卷材宽度相同，涂层要均匀，然后将卷材端部与冷玛琋脂粘牢，随即双手用力向前滚铺，铺后用压辊或压板压实，将气泡赶出。夏季施工，基层上涂刮冷玛琋脂后，过10～30min，待溶剂挥发一部分而稍有黏性再铺卷材，但不应迟于45min，每铺一层卷材，隔5～8h，再按压或滚压一遍，然后同法铺第二层、第三层卷材。

（5）在平面与立面交接处，应分别在卷材上与基层上薄刷冷玛琋脂一层，隔10～20min再粘贴卷材，用刮扳自上下两面往圆角中部挤压，使之伏贴，并将上部钉牢于预埋的木条上。

（6）保护层一般采用云母粉。铺撒前，先在防水层面层上刮涂一层冷玛蹄脂，厚约1～1.5mm，边刮冷玛琋脂边撒云母粉，云母粉要铺撒均匀，不要过厚。待冷玛琋脂表面已干，能上人时将多余的云母粉扫掉。

7.9.1.5 高聚物改性沥青卷材冷粘铺贴施工

高聚物改性沥青卷材单层防水卷材厚度不宜小于4mm，复合防水时不宜小于3mm。

1. 作业条件

天气无雨雪，当地气温0℃以上，无5级及5级以上大风；基层应干燥。

2. 施工准备

（1）施工机具的准备见表7.29，所有的机具应处于良好的工作状态。

（2）进场卷材经现场复验其外观质量和技术性能指标应合格。

（3）基层处理剂、胶黏剂等必须与卷材的材性相容，并应经现场抽验合格。

（4）常用的胶黏剂为改性沥青胶黏剂、橡胶沥青玛琋脂等，而基层处理剂可为相应胶黏剂的稀释剂。

3. 操作要点

（1）清理基层。同合成高分子防水卷材的冷粘贴施工。

表 7.29 高聚物改性沥青防水卷材施工常用机具

名　称	规　格	数量	用　途
高压吹风机	500W	1	清理基层
小平铲	5～100mm	若干	
扫帚、钢丝刷	常用	若干	
铁桶、木棒	20L、1.2m	各1	搅拌、盛装底涂料
长把滚刷、油漆刷	ϕ60mm×250mm 50～100mm	各5	涂刷底涂料
裁剪刀、壁纸刀	常用	各5	裁剪卷材
盒尺、卷尺		各2	丈量工具
单筒、双筒热熔喷枪	专用工具	2～4	烘烤热熔卷材
移动式热熔喷枪	专用工具	1～2	
喷灯	专用工具	2～4	
铁抹子	—	5	压实卷材搭接边及修补基层和处理卷材收头等
干粉灭火器	—	10	消防备用
手推车	—	2	搬运工具

(2) 喷涂基层处理剂。高聚物改性沥青防水卷材的基层处理剂可选用氯丁沥青胶乳、橡胶改性沥青溶液、沥青溶液等。将基层处理剂搅拌均匀，先行涂刷节点部位一遍，然后进行大面积涂刷，涂刷应均匀，不得过厚或过薄，一般涂刷4h左右，方可进行下道工序的施工。

(3) 节点的附加层处理。在细部构造部位及周边扩大200mm范围内，均匀涂刷一层厚度不小于1mm的弹性沥青胶黏剂，随即粘贴一层聚酯纤维无纺布，并在布面上再涂一层厚1mm的胶黏剂，构成无接缝的附加增强层。

(4) 定位、弹线。同合成高分子防水卷材的冷粘贴施工。

(5) 涂刷基层胶黏剂。基层胶黏剂的涂刷可用胶皮刮板进行，要求涂刷在基层上，厚薄均匀，不漏底、不堆积，厚度约为0.5mm，空铺法、条粘法、点粘法应按规定的位置和面积涂刷胶黏剂。

(6) 粘贴防水卷材。胶黏剂涂刷后，根据其性能，控制其涂刷的间隔时间，一人在后均匀用力推赶铺贴卷材，并注意排除卷材下面的空气，一人用手持压辊，滚压卷材面，使之与基层更好地黏结。卷材与立面的粘贴，应从下面均匀用力往上推赶，使之黏结牢固。当气温较低时，可考虑用热熔法施工。整个卷材的铺贴，应平整顺直，不得扭曲，皱折等。

(7) 卷材接缝黏结。卷材的接缝处，应满涂胶黏剂（与基层胶黏剂同一品种），在合适的间隔时间后，使接缝处卷材黏结，并辊压将溢出的胶黏剂随即刮平封口。

卷材与卷材搭接缝也可用热熔法黏结。

(8) 卷材的接缝密封。卷材的接缝口应用密封材料封严，宽度不小于10mm。

(9) 蓄水试验。防水层完工后，做蓄水试验。

(10) 保护层施工。

7.9.1.6 合成高分子卷材冷粘铺贴施工

合成高分子防水卷材，大多可用于屋面单层防水，卷材的厚度宜为1.2～2 mm。冷粘贴施工是合成高分子卷材的主要施工方法，各种合成高分子卷材的冷粘贴施工除由于配套胶黏剂引起的差异外，大致相同。

1. 作业条件

天气无雨雪，当地气温0℃以上，无5级及5级以上大风；基层应干燥；施工现场无火源。

2. 操作工艺流程

清理基层→涂刷基层处理剂→节点附加层处理→定位弹基准线→涂刷基层胶粘剂→粘贴卷材→卷材接缝粘贴→卷材接缝密→蓄水试验→保护层施工→检查验收。

3. 材料准备

(1) 卷材。卷材供应数量根据防水层的面积计算，单方用量约为1.15～1.20m^2；其规格、品种按设计规定；取样复验的质量、物理性能指标也必须符合规定。

(2) 基层处理剂。基层处理剂应根据不同材性的防水卷材选配相匹配的基层处理剂。施工时应注意产品说明书中的要求。涂刷基层处理剂的作用，一是隔绝基层的水分渗透；二是提高卷材与基层之间的附着力即黏结强度。

(3) 基层胶黏剂。各种卷材的材性不同，采用的胶黏剂也不同，卷材粘贴于基层的胶黏剂和卷材与卷材之间的粘贴胶黏剂不尽相同。胶黏剂有单组分，只要开桶搅拌均匀，即可使用；双组分需在现场使用前将甲、乙组分材料按比例掺和搅拌均匀后使用。胶黏剂的质量要求，黏结剥离强度不小于15N/10mm^2，浸水168h后，黏结剥离强度保持率不低于70%。

(4) 卷材接缝胶黏剂。卷材与卷材接缝黏结的专用胶黏剂。

(5) 卷材接缝密封材料。选用氯磺化聚乙烯密封膏、聚氨酯密封膏等，作为卷材接缝，以及卷材端头处的收头密封剂防止翘边。

(6) 辅助材料。二甲苯：用于基层处理剂的稀释剂、清洗施工的机具等；乙酸乙酯：擦洗操作人员的手用；108胶水泥砂浆：封嵌卷材末端的收头处理，并保护收头处的密封膏；材料保管：合成高分子卷材、各种胶黏剂等材料，要存放在干燥的室内，要远离火源，存放处和施工时都必须严禁火源接近。

4. 机具准备

准备好施工机具，是做好防水卷材施工的先决条件，卷材、配套材料、施工机具运至施工现场后，应存放于干燥通风的室内，并远离火源，严禁烟火。施工场地应配备相应的灭火机、沙包等消防器具。

5. 三元乙丙橡胶防水卷材冷粘法施工

(1) 材料和施工机具。

1) 三元乙丙防水卷材：

A型(厚度×宽度×长度)为0.8(1.0、1.2、1.5)mm×1.0m×20m

B 型(厚度×宽度×长度)为 0.8(1.0、1.2、1.5)mm×1.8m×10m

2）施工机具。主体防水材料、平铲、扫帚、钢丝刷、高压吹风机、铁抹子、皮卷尺、钢卷尺、粗线、剪刀、铁桶、油漆刷、滚刷、橡皮刮板、铁管、铁压辊、手持压辊、手持压辊、嵌缝挤出枪、搅拌用木棍、安全带、工具箱等。

3）基层处理剂、胶黏剂和着色剂，见表 7.30 所示。

表 7.30　　配套材料

材料名称	用　途	颜　色	容量（kg/桶）
聚氨酯底胶	处理基层	甲：黄褐色胶体 乙：黑色胶体	18
CX－404 胶	基层胶黏剂	黄色浑浊胶体	15
丁基橡胶胶结剂	卷材接缝胶黏剂	A：黄色胶体 B：黑色胶体	17
着色剂	表面着色	银色涂料	17
聚氨酯涂膜材料	附加增强强层材料	甲：黄褐色胶体 乙：黑色胶体	18 24

（2）操作要点。

1）清理基层。剔除基层上的隆起异物，清除基层上的杂物，清扫干净尘土。

2）涂刷基层处理剂。将聚氨酯底胶按甲料和乙料质量比为 1∶3 的比例配合，搅拌均匀，用长柄刷涂刷在基层上，涂布量一般以 0.15～0.2kg/m^2 为宜。底胶涂刷后 4h 以上才能进行下道工序施工。

3）节点的附加层处理。在阴阳角、排水口、管子根部周围等细部构造部位，加刷一遍聚氨酯涂膜材料（甲料和乙料质量比为 1∶1.5 的比例配合，搅拌均匀，涂刷宽度距节点中心不少于 200～250mm，厚约 2mm，固化时间不少于 24h）作为附加增强层，然后铺贴一层卷材。天沟则宜粘贴二层卷材。

4）定位、弹基准线。按卷材排布配置，弹出定位和基准线。

5）涂刷基层胶黏剂。基层胶黏剂采用 CX－404 胶黏剂，将胶分别涂刷在基层及防水卷材的表面。基层按事先弹好的位置线用长柄滚刷涂刷，同时，将卷材平置于施工面旁边的基层上，用湿布除去卷材表面的浮尘，划出长边及短边各不涂胶的接合部位（满粘法不小于 80mm，其他不小于 100mm），然后在其表面均匀涂刷 CX－404 胶黏剂。涂刷时，应按同一方向进行，厚薄均匀，不漏底、不堆积。

6）粘贴防水卷材。基层及防水卷材分别涂胶后，晾干约 20min，手触不黏即可进行黏结。操作人员将刷好胶黏剂的卷材抬起，使刷胶面朝下，将始端粘贴在定位线部位，然后沿基准线向前粘贴。粘贴时，卷材不得拉伸，随即用胶辊用力向前、向两侧滚压，排除空气，使两者黏结牢固。

7）卷材接缝黏结。卷材接缝宽度范围内（80mm 或 100mm），用丁基橡胶胶黏剂（按 A 和 B 质量比为 1∶1 的比例配制、搅拌均匀），用油漆刷均匀涂刷在卷材接缝部位的两个黏结面上，涂胶后 20min 左右，指触不黏，随即进行粘贴。黏结从一端顺卷材长边

方向至短边方向进行，用手持压辊滚压，使卷材粘牢。

8）卷材接缝密封。卷材末端的接缝及收头处，可用聚氨酯密封胶或氯磺化聚乙烯密封膏嵌封严密，以防止防水卷材的接缝、收头处剥落。

9）蓄水试验。防水层完工后，进行蓄水试验。方法按本节7. 9、1. 3“沥青卷材热玛琋脂铺贴施工”方法。

10）保护层施工。屋面经蓄水试验合格后，放水待面层干燥，然后按设计要求立即进行保护层施工，以避免防水层受损。

7.9.1.7 卷材热熔法铺贴施工

1. 热熔法操作工艺

热熔法铺贴是用火焰加热器加热热熔型防水卷材底层的热熔胶与基层，待卷材结合面的胶黏层熔化到一定程度时即进行铺贴的方法。该法节省胶黏剂用量，降低了防水层的造价。常用于APP改性沥青防水卷材、SBS改性沥青防水卷材、氯磺化聚乙烯防水卷材和热熔橡胶复合防水卷材等的铺贴施工。但厚度小于3mm的高聚物改性沥青卷材严禁使用该法。

当基层处理的各层作业、附加增强层铺设以及定位、弹线等完成后，即可进行卷材热熔铺贴。其操作方法分滚铺法和展铺法两种。

（1）滚铺法。

1）固定端部卷材。把成卷的卷材抬至开始铺贴位置，展开卷材1m左右，对好长、短向的搭接缝，把展开的端部卷材由一人拉起（人站在卷材的正侧面），另一人持喷枪站在卷材的背面一侧（即待加热底面），慢慢旋开喷枪开关（不能太大），当听到燃料气嘴喷出的嘶嘶声，即可点燃火焰（点火的工人应站在喷头的侧后面，不可正对喷头），再调节开关，使火焰呈蓝色时即可进行操作。操作时，先将喷枪火焰对准卷材与基面交接处，同时加热卷材底面黏胶层和基层。此时提卷材端头的工人把卷材稍微前倾，并且慢慢地放下卷材，平铺在规定的基层位置上，如图7.210所示。再由另一人用手持压辊排气，并使卷材熔粘在基层。当熔贴卷材的端头只剩下30cm左右时，应把卷材末端翻放在隔热板上，而隔热板的位置则放在已熔贴好的卷材上面，如图7.211所示。最后用喷枪火焰分别加热余下卷材和基层表面，待加热充分后，再提起卷材粘贴于基层上予以固定。

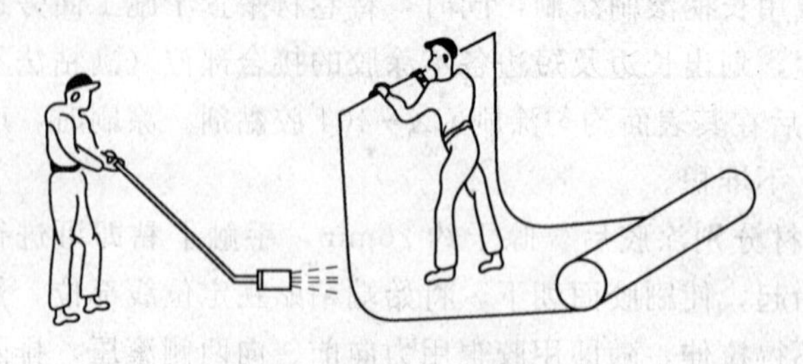
图7.210 热熔卷材端部粘贴图

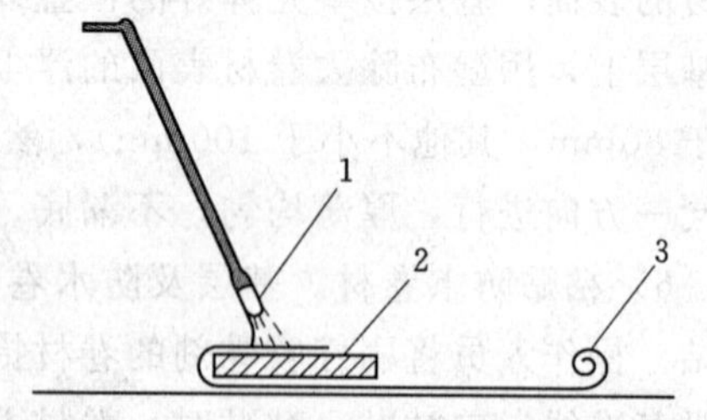

图7.211 加热卷材末端

1—喷枪；2—隔热板；3—卷材

2）卷材大面铺贴。粘贴好端部卷材后，持枪人应站在卷材滚铺的前方，把喷枪对准卷材和基面的交接处，使之同时加热卷材和基面。条粘时只需加热两侧边，加热宽度各为

150mm左右。此时推滚卷材的工人应蹲在已铺好的端部卷材上面，待卷材加热充分后就可缓缓地推压卷材，并随时注意卷材的搭接缝宽度。与此同时，另一人紧跟其后，用棉纱团从中间向两边抹压卷材，赶出气泡，并用抹刀将溢出的热熔胶刮压抹平。距熔粘位置1～2m处，另一人用压辊压实卷材，如图7.212所示。

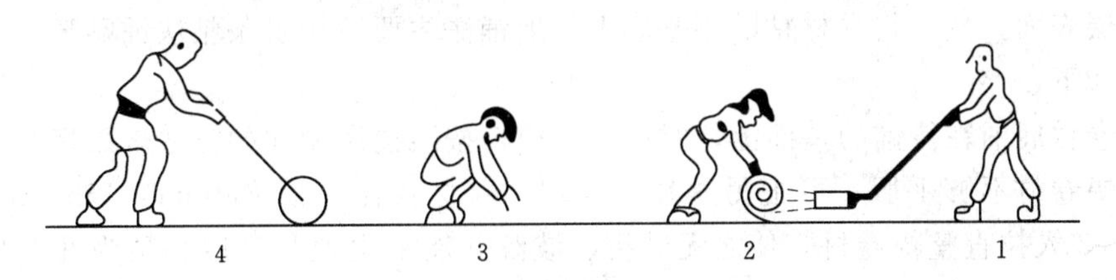

图7.212 滚铺法铺贴热熔卷材

1—加热；2—滚铺；3—排气、收边；4—压实

3）保证质量的关键因素。

a. 火焰加热要均匀、充分、适度。首先，要求加热均匀。在操作时，持喷枪人不能把火焰停留在一个地方的时间过长，而应沿着卷材宽度方向缓缓移动，使卷材横向受热均匀。如移动速度过慢，后加热的部位刚达到要求时，先加热的部位已冷却失去黏性，尤其在低温环境下，更易出现这种现象。其次，要求加热充分。如加热温度不够，黏结胶未完全熔化，这时就没有黏性或黏性不够；加热过度，热熔胶将被烧焦而降低或失去黏性，甚至烧坏、烧穿卷材。第三，要掌握加热程度。加热程度控制为热熔胶出现黑色光泽（此时沥青的温度在200～230℃之间）、发亮并有微泡现象，但不能出现大量气泡，这是加热的关键。

另外，持枪工人要注意喷枪头的位置、火焰的方向和操作手势。喷枪头与卷材面宜保持50～100 mm距离，与基层成30°～45°角。火焰要喷向卷材与基层的交接处，同时加热卷材胶黏剂和基层面。如果不加热基层，熔化的胶黏剂一接触基层便会迅速冷却，而影响卷材与基层的黏结力。滚铺法施工时，火焰太高不但对加热有影响，而且会使推滚人员感到空气闷热、呼吸困难而无法认真操作，还有可能烧伤推滚人员。但火焰也不能太低，太低则大量火焰用于加热基层面，使热熔胶熔化慢，造成施工速度减慢，浪费燃料。所以持喷枪工人要随时注意火焰喷射方向和位置。

b. 趁热推滚，排尽空气。卷材被热熔粘贴后，要在卷材尚处于较柔软时，就及时进行滚压。滚压太迟，卷材冷却变硬，胶黏剂黏性变弱，难以压实牢固；滚压太早，卷材太柔软则容易压破卷材。滚压时间可根据施工环境、气候条件调节掌握。气温高冷却慢，滚压时间宜稍迟；气温低冷却快，滚压宜提早。

当卷材滚铺到离末端1000 mm时，应按前述“固定端部卷材”的方法进行操作，务必使卷材粘贴牢固。另外，如采用条粘法铺贴卷材时，在加热卷材两侧边的同时，还应稍稍加热中间部位，使卷材变软而易于平服地铺贴在基层上，避免空铺部位空气难以排尽。

在滚铺法施工时，加热与推滚要配合默契，这是保证质量的关键因素。另外，操作人员在推滚时要适当用力按压卷材，使卷材与基层面紧密接触，排出空气，粘贴牢固。按压时用力不宜太大，以免压扁卷材，或难以推滚。

在一般情况下，一把喷枪就可满足一幅卷材加热的需要；但在低温时施工，则可采用两把喷枪，各负责加热半边卷材。但喷枪数也不能过多，否则会造成操作混乱，浪费人力物力。

(2) 展铺法。展铺法是先把卷材平展铺于基层表面，再沿边缘掀起卷材予以加热卷材底面和基层表面，然后将卷材粘贴于基层上。展铺法主要适用于条粘法铺贴卷材，其施工操作方法如下：

先把卷材展铺在待铺的基面上，对准搭接缝，按滚铺法相同的方法熔贴好开始端部卷材。若整幅卷材不够平服，可把另一端（末端）卷材卷在一根 ϕ30mm×1500mm 的木棒上，由 2～3 人拉直整幅卷材，使之无皱折、波纹并能平服地与基层相贴为准。当卷材对准长边搭接缝的弹线位置后，由一人站在末端卷材上面作临时固定，以防卷材回缩。

拉直卷材的作用是防止卷材皱折及偏离搭接位置，而造成相邻两幅卷材搭接不均匀；同时也使卷材尽量平服以少留空气。

固定好末端后，从始端开始熔贴卷材。操作时，在距开始端约 1500mm 的地方，由手持喷枪的工人掀开卷材边缘约 200mm 高（其掀开高度以喷枪头易于喷热侧边卷材的底面胶黏剂为准），再把喷枪头伸进侧边卷材底部，开大火焰，转动枪头，加热卷材边宽约 200mm 左右的底面胶和基面，边加热边沿长向后退。另一人拿棉纱团，从卷材中间向两边赶出气泡，并将卷材抹压平整。最后一人紧随其后及时用手持压辊压实两侧边卷材，并用抹刀将挤出的胶黏剂刮压平整，如图 7.213 所示。

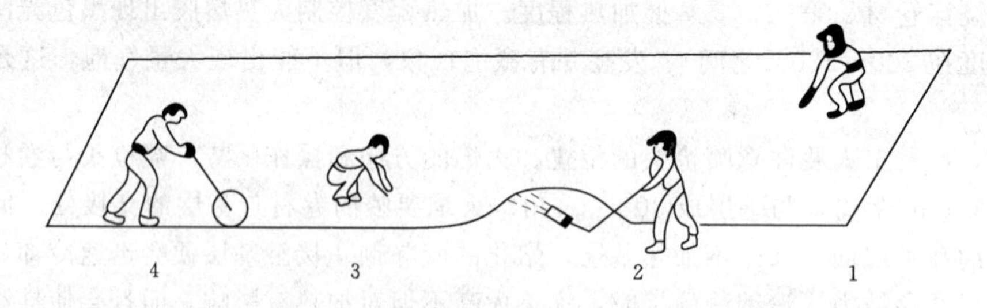

图 7.213 展铺法铺贴热熔卷材

1—临时固定；2—加热；3—排除气泡；4—滚压收边

当两侧边卷材热熔粘贴只剩下末端 1000mm 长时，与滚铺法一样，熔贴好末端卷材。这样每幅卷材的长边、短边四周均能粘贴于屋面基层上。

(3) 搭接缝施工。热熔卷材表面一般都有一层防粘隔离层，如把它留在搭接缝间，则不利于搭接黏结。因此，在热熔黏结搭接缝之前，应先将下一层卷材表面的防黏隔离层用喷枪熔烧掉，以利搭接缝黏结牢固。

操作时，由持喷枪的工人拿好烫板柄，把烫板沿搭接粉线向后移动，喷枪火焰随烫板一起移动，喷枪应紧靠烫板，并距卷材高约 50～100mm，如图 7.214 所示。喷枪移动速度要控制合适，以刚好熔去隔离层为准。在移动过程中，烫板和喷枪要密切配合，切忌火焰烧伤或烫板烫损搭接处的相邻卷材面。另外，在加热时还应注意喷嘴不能触及卷材，否则极易损伤或戳破卷材。

滚压时，待搭接缝口有热熔胶（胶黏剂）溢出，收边人员趁热用棉纱团抹平卷材后，

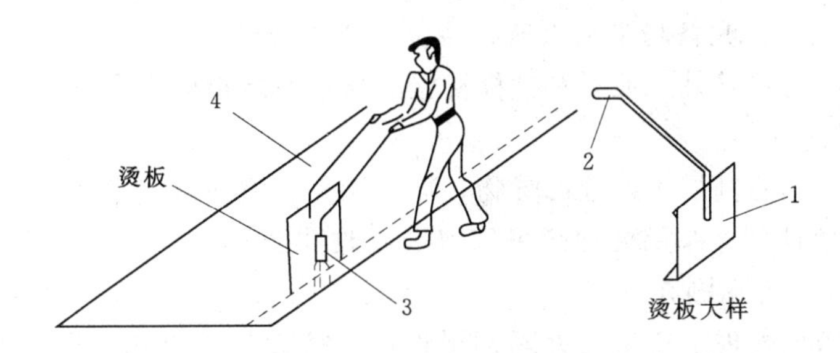

图 7.214 熔烧搭接缝隔离层

1—铁板或其他金属板；2—手柄；3—喷枪；4—已铺下层卷材

即可用抹灰刀把溢出的热熔胶刮平，沿边封严。

对于卷材短边搭接缝，还可用抹灰刀挑开，同时用汽油喷灯烘烤卷材搭接处图 7.215 (a)，待加热至适当温度后，随即用抹灰刀将接缝处溢出的热熔胶刮平、封严图 7.215 (b)，这同样会取得很好的效果。

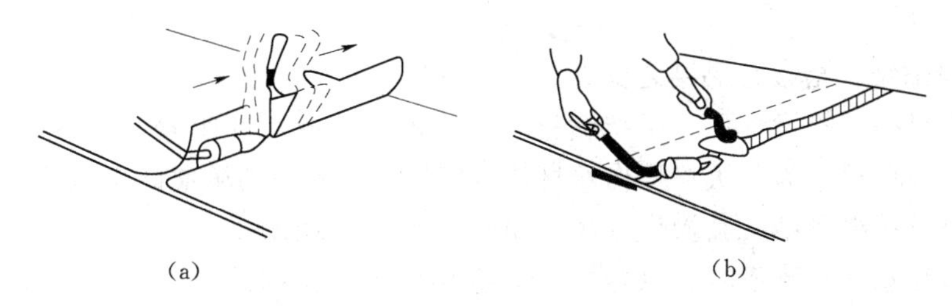

图 7.215 热熔卷材封边

另外，当整个防水层熔贴完成后，所有搭接缝边还应用密封材料予以涂封严密。根据《屋面工程质量验收规范》(GB50207—2002) 规定，采用热熔法、冷粘法、自粘法工艺铺设的高聚物改性沥青防水卷材屋面，其“接缝口应用密封材料封严，宽度不应小于 10mm”。密封材料可用聚氯乙烯建筑防水接缝材料或建筑防水沥青嵌缝油膏，也可采用封口胶或冷玛琋脂。密封材料应在缝口抹平，使其形成有明显的沥青条带。

防水层完工后应做蓄水试验，其方法与前述相同。合格后才可按设计要求施工保护层。

2. 高聚物改性防水卷材热熔法铺贴

热熔法铺贴防水卷材是采用火焰加热器熔化热熔型防水卷材底层的热熔胶进行粘贴，常用于 SBS 改性沥青防水卷材、APP 改性沥青防水卷材、氯磺化聚乙烯防水卷材、热熔橡胶复合防水卷材等与基层的黏结施工。

(1) 作业条件要求。天气无雨雪，当地气温在 −10℃ 以上，无 5 级或 5 级以上的大风；基层应干燥。

(2) 操作工艺流程。清理基层→涂刷基层处理剂→节点附加增强处理→定位弹线→热熔铺贴卷材→搭接缝粘结→蓄水试验→保护层施工→检查验收。

(3) 操作要点。

1) 施工器具及材料的准备：

a. 施工机具要保持良好的工作状态。

b. 应申请点火证，配备粉末灭火器、砂包等消防器材。

c. 运入现场的卷材其外观质量和抽样复验的技术性能指标应合格。

2）操作步骤：

a. 清理基层。剔除基层上隆起的异物，彻底清扫、清除基层表面的灰尘。

b. 涂刷基层处理剂。基层处理剂采用溶剂型改性沥青防水涂料或橡胶改性沥青胶结料。将基层处理剂均匀涂刷在基层上，厚薄一致。

c. 节点附加增强处理。待基层处理剂干燥后，按设计节点构造图做好节点附加增强处理。

d. 定位划线。在基层上按规范要求，排布卷材，弹出基准线。

e. 热熔粘贴。将卷材沥青膜底面朝下，对正粉线，用火焰喷枪对准卷材与基层的结合面，同时加热卷材与基层，喷枪头距加热面约50～100mm，当烘烤到沥青熔化，卷材底有光泽并发黑，有一薄的熔层时，即用胶皮压辊滚压密实，如此边烘烤边推压，当端头只剩下300mm左右时，将卷材翻放于隔热板上加热，同时加热基层表面，粘贴卷材并压实。

f. 搭接缝黏结。搭接缝黏结之前，先熔烧下层卷材上表面搭接宽度内的防粘隔离层，处理时，操作者一手持烫板，一手持喷枪，使喷枪靠近烫板并距卷材50～100mm，边熔烧，边沿搭接线后退，为防火焰烧伤卷材其他部位，烫板与喷枪应同步移动。处理完毕隔离层，即可进行接缝黏结，其操作方法与卷材和基层的黏结相同。

施工时应注意：在滚压时，以卷材边缘溢出少量的热熔胶为宜，溢出的热熔胶应用刮刀刮平，并沿边封严接缝口；烘烤时间不宜过长，防止烧坏面层材料，整个防水层粘贴完毕后，所有搭接缝边用密封材料予以严密封涂。

g. 蓄水试验。防水层完工后，按与卷材热玛琋脂黏结施工相同的要求作蓄水试验。

h. 保护层施工。蓄水试验合格后，按设计要求进行保护层施工。

7.9.1.8 卷材自粘贴施工

自粘贴是采用带有自粘胶的防水卷材，如自粘彩色三元乙丙橡胶防水卷材，AAS隔热防水卷材，DJ-5型屋面隔热防水卷材以及DJ-6型自黏型屋面保温防水卷材等，它不需加热，也不需涂刷胶黏剂，可直接实现防水卷材与基层黏结的一种操作方法，实际上是冷粘法操作工艺的发展。由于自粘型卷材的胶黏剂与卷材同时在工厂生产成型，因此质量可靠，施工简便、安全；更因自粘型卷材的胶黏层较厚，有一定的徐变能力，适应基层变形的能力增强，且胶黏剂与卷材合二为一，同步老化，延长了使用寿命，唯作业温度必须在5℃以上，温度低，不易黏结。

1. 施工工艺流程

基层检查，清理→涂刷基层处理剂→节点附加增强处理→定位、弹基准线→撕去卷材底部隔离纸→铺贴自粘卷材→搭接缝黏结→卷材接缝口密封→蓄水试验→检查验收。

2. 施工准备

（1）材料准备。进场自粘型防水卷材经抽样复试，其外观质量和技术性能必须合格；所需的基层处理剂、胶黏剂等辅助材料经复验合格；并检查卷材库存期限，严防卷材存期过久，黏结失效。

（2）施工机具准备。熔化接缝处聚乙烯膜用手持汽油喷灯、加热搭接缝处黏胶层用扁头热风枪。工具进行准备，进场的机、工具应保持良好状态。

（3）作业条件。施工温度宜在5℃以上，雨、雪天、风沙天不得施工；0℃以下不得施工。

7.9.2 刚性防水屋面施工

7.9.2.1 施工准备工作

1. 技术准备

（1）进行施工图纸及施工方案的技术交底，明确施工部位的构造层次、施工顺序、施工工艺、质量标准和保证质量的技术措施等。

（2）刚性防水层混凝土配合比、试配结果、强度等级，抗渗等级等各项指标符合设计要求。

（3）明确成品保护措施及施工安全注意事项。

2. 材料准备

（1）根据设计要求的刚性防水层类型，按工程量需要一次备足水泥、砂、石、钢筋或钢纤维及外加剂等材料，保证混凝土能连续一次浇捣完成。

（2）进场的各种材料除验看出厂质量证明文件外，还应抽样复试其物理技术性能，其规格、外观质量和物理技术性能必须符合设计要求。

（3）材料存放场地、库房的准备。

（4）嵌缝材料宜采用改性沥青基密封材料或合成高分子密封材料，北方地区应选用抗冻性较好的密封材料。

（5）当防水层采用块体或粉状材料时，亦应按工程量一次备足各类材料，以保证防水层连续施工。

3. 作业条件准备

（1）现浇整体钢筋混凝土屋面基层表面平整、坚实，局部不平处用1∶2.5水泥砂浆或聚合物水泥浆填平抹实。

（2）预应力混凝土预制屋面板的安装应符合施工要求，牢靠稳固，不得有松动现象，板缝大小一致，相邻板面高差不大于10mm，如高差较大时应用1∶2.5水泥砂浆局部找平。板缝清理干净并洒水充分湿润，随即用细石混凝土灌缝并插捣密实，有条件时灌缝细石混凝土宜掺微膨胀剂，以提高整体刚度，灌缝高度与板面平齐，板底应用板条吊缝，不得用废水泥袋纸、编织袋、碎砖等填缝底。

（3）刚性防水层的排水坡度一般应为2%～3%，宜采用结构找坡。如采用建筑找平，找坡材料应用水泥砂浆或轻质砂浆，以减轻屋面荷载。

（4）由室内伸出屋面的水管、通风管、排气管等的安装，屋面上部的设备基础等均需在防水层施工前进行完毕。

（5）掌握天气预报，24h内气温不低于+5℃，否则应采取冬期施工技术措施，亦应不宜高于32℃，36h内无雨，施工期间无五级及其以上大风。

4. 机具、工具准备

施工前应准备好混凝土搅拌、运输、浇筑机具；钢筋加工或预应力张拉机具；铺粉或块材铺工具以及嵌缝工具等，并应保持运转良好。

7.9.2.2 隔离层施工

结构层与刚性防水层之间增加一层低强度等级砂浆、卷材、塑料薄膜等材料起隔离、找平作用，使结构层与防水层的变形互不受约束，以减少防水层混凝土产生拉应力而导致混凝土防水开裂，各种隔离层的操作要点如下。

1. 黏土砂浆或石灰砂浆隔离层

基层板面清扫干净，洒水湿润，但不得积水。将按石灰膏：砂：黏土＝1：2.4：3.6或石灰膏：砂＝1：4配合比材料用砂浆搅拌机搅拌均匀，以干稠状为宜，铺抹厚度一般为20mm，要求厚度一致，表面要求平整、压实、抹光并养护。待砂浆基本干燥（脚踩或手按无印）后，方可进行防水层混凝土施工。

2. 水泥砂浆找平层与毡砂隔离层

基层板面清扫干净，充分洒水湿润，但不得有积水。用1：3水泥砂浆将结构找平，厚度15～20mm，并压实、抹平、抹光后养护。待水泥砂浆干燥后，上铺一层经筛分的厚度4～8mm干细砂滑动层，并用50kg滚筒来回滚压，将砂层压实，然后再在其上空铺一层卷材，搭接缝用热沥青玛琋脂黏合。当现浇钢筋混凝土屋面基层比较平整时，也可不作水泥砂浆找平层，而直接铺干细砂垫层和卷材隔离。

3. 纸筋灰、麻刀灰隔离层

基层板面清扫干净并洒水湿润后，铺抹10～15mm厚纸筋灰或麻刀灰作找平、隔离层，压实抹光，待找平隔离层基本干燥（约1～2d）后，即应进行防水层施工，以免纸筋灰或麻刀灰遇雨水被冲刷。

4. 水泥砂浆找平层、卷材或塑料薄膜隔离层

基层板面清扫干净并洒水充分湿润后，铺抹1：3水泥砂浆找平层，厚15～20mm，压实、抹光、养护。待找平层干燥后上干铺一层卷材或聚氯乙烯薄膜作隔离层。卷材接缝用热沥青玛琋脂黏合，然后再在卷材面上涂刷二道石灰水和一道掺加10%水泥的石灰浆，以防止卷材在夏季高温时发软，使沥青浸入细石混凝土底面而粘牢，影响隔离效果；塑料薄膜用2m宽0.14～0.15mm厚的透明料，顺流水方向拼缝，并用电热压拼缝，拼缝处薄膜搭接宽度30～50mm。

5. 防水粉隔离层

基层板面清扫干净后，铺设防水粉一层，厚度8～10 mm，压实后约5mm，用有刻度的靠尺控制，保证铺粉表面平整、厚薄均匀，然后在粉上铺废报纸或卷筒纸等隔离纸。在做好隔离层后继续做防水层时，要注意对隔离层的保护，绑扎钢筋时不得扎破隔离表面；混凝土运输不能直接在隔离层表面上进行，应采取铺设垫板等措施，浇捣混凝土时更不能振破隔离层。

7.9.2.3 普通细石混凝土刚性防水层施工

1. 施工顺序

板缝清理、细石混凝土灌缝→板面清理、做找平层、隔离层→绑扎防水层钢筋网片→支设分格缝木条和边模→浇筑混凝土防水层→振捣、抹平压实、抹光→取出分格缝木条和拆除边缘模板→二次收光→清理分格缝并刷冷底子油→嵌填密封材料→固化后做盖缝保

护层。

2. 绑扎钢筋网片

（1）钢筋或钢丝要调直，不能有弯曲、锈蚀和油污。

（2）钢筋网片可绑扎或点焊成型。绑扎钢筋端头应做弯钩，搭接长度必须大于 $30d$（d 为绑扎钢筋直径），如采用冷拔低碳钢筋，其搭接长度必须大于250mm。绑扎钢筋的铁丝应弯到主筋下，防止丝头露出混凝土表面引起锈蚀，形成渗漏点。焊接网片搭接长度不应小于 $25d$（d 为绑扎钢筋直径），同一截面内钢筋接头不得超过钢筋截面面积的25%。

（3）钢筋网片的位置应处于防水层的中偏上，但保护层的厚度不应小于15mm，用设置钢筋马凳来控制，同时在混凝土浇捣过程中派专职钢筋工进行对保护层厚度的看护。

（4）分格缝处钢筋应断开，使防水层在该处可以自由伸缩。但也可先在隔离层上满铺钢筋，绑扎成型后，再按分格缝位置剪断并弯钩，以保证钢筋位置准确并提高工效。

3. 安放分格缝木条和支边模

（1）分格缝木条应按缝的宽度和防水层厚度加工，一般上口宽度30mm，下口宽度20mm，高度等于防水层厚度，木条应质地坚硬，规格正确。在使用前应先用水浸泡，并刷脱模剂，也可在木条两侧覆贴塑料板，既可增加木条刚度，又能减少木条取出时混凝土的摩擦阻力，保证分块边角整齐美观，提高木条的使用率。

（2）边模可用木模或钢模，但均需刷脱模剂。

（3）分格缝应按设计及规范要求设置，一般纵横分格缝间距不大于6m或“一间一分格”，分格面积不超过 $36m^2$。

（4）为保证分格缝位置准确，应在隔离层上弹线定位，然后用水泥砂浆或水泥素灰将木条沿线固定在隔离层上。

（5）边模安装时应抄平拉通线，标出防水层厚度和排水坡度。

4. 细石混凝土制备

（1）刚性防水层细石混凝土应按防水混凝土要求配制，对于一般屋面，抗渗等级不宜小于P6，强度等级不低于C20，防水层厚度不宜小于40mm。

（2）细石防水混凝土配合比应通过试验室确定，一般要求每立方米混凝土水泥最小用量不应少于330kg，砂率35%～40%，灰砂比应为1：2～2.5，水灰比不大于0.55，坍落度以10～50mm为宜，细石混凝土施工参考配合比，使用前应由试验后调整确定。

（3）掺减水剂和其他外加剂的混凝土应用机械搅拌，搅拌时间应比不掺时延长30s以上，同时应将减水剂预溶成一定浓度的溶液（以20%为宜）再掺入拌和水中，以便使减水剂在混凝土中均匀分布，溶液中的水应从拌和水中扣除。某些粉状减水剂（如SL、N型等），可直接掺加，但必须先与水泥和骨料干拌30s以上，再加水搅拌不少于3min。

（4）掺防水剂配制的细石防水混凝土，用机械搅拌，投料顺序为石子→砂→水泥→防水剂→水。干料投入完毕后，搅拌30s以上再加水，加水后的搅拌时间应比不加防水剂的混凝土延长0.5～1.0min。干粉防水剂宜配制成一定浓度的溶液后掺加，溶液中的水应从拌和用水中扣除。

（5）砂、石、水泥、减水剂和防水剂等用量应严格按施工配合比投料，称量必须准确。

5. 细石防水混凝土浇筑

(1) 屋面细石混凝土浇筑应按先远后近、先高后低的原则，逐个分格进行。一个分格缝内的混凝土必须一次浇筑完成，不得留施工缝。盖缝或分格缝上边的反口直立部分和屋面泛水亦应与防水层同时浇筑。

(2) 混凝土从搅拌机出料至浇筑完成的时间不宜超过2h，并在运输和浇筑过程中，应防止混凝土分层离析，如有分层离析现象，应重新搅拌后使用。

(3) 屋面上用手推车运输时，不得直接在隔离层或已绑扎好的钢筋网上行走，必须架设运输马道，避免压坏隔离层和钢筋。

(4) 手推车内混凝土应先倒在铁板上，再用铁锹反扣铺设，不能直接往隔离层上倾倒，如用浇灌斗吊运时，倾倒高度不应高于1m，且宜分散倒于屋面上，不能过于集中。

(5) 混凝土铺设前应先标出浇筑厚度，再用靠尺刮铺平整，保证防水层厚度一致，铺设时边铺混凝土边提钢筋网片，使其处于正确位置。

6. 混凝土振捣、收光和养护

(1) 细石混凝土防水层宜用高频平板振捣器振捣，捣实后再用重40～50kg、长600mm左右的铁滚筒十字交叉地来回滚压5～6遍至混凝土密实，表面泛浆为止。

(2) 混凝土振捣、滚压泛浆后，按设计厚度要求用木抹抹平压实，使表面平整。在浇捣过程中，用2m直尺随时检查，并把表面刮平。

(3) 待混凝土收水初凝后，取出分格条，用铁抹子进行第一次抹光，并用水泥砂浆修整分格缝，使之平直整齐。

(4) 终凝前进行第二次抹光，使混凝土表面平整、光滑、无抹痕。抹光时不得在表面洒水、撒干水泥或加水泥浆。必要时还应进行第三次抹光。

(5) 混凝土终凝（一般在浇筑后12～14h）后，必须立即进行养护。一般可采用覆盖草袋、草帘、锯末等再浇水养护或涂刷养护剂，有条件时采用蓄水养护，蓄水深度50mm左右。养护时间不少于14d，养护期间禁止上人踩踏。

7. 分格缝施工

分格缝的嵌填应待防水层混凝土干燥并达到设计强度后进行。其做法大致有热灌法、批刮法、挤出法三种。

7.9.2.4 补偿收缩混凝土刚性防水层施工

补偿收缩混凝土的施工程序、钢筋网片绑扎、安放分格缝木条和支边模以及分格缝嵌填等施工要求与普通细石混凝土刚性防水层相同。

1. 补偿收缩混凝土制备

(1) 补偿收缩混凝土按配置途径分为膨胀水泥混凝土和膨胀剂混凝土两种，前者用膨胀水泥配制，后者用一般水泥掺加膨胀剂来配制。

(2) 补偿收缩混凝土配合比，应根据设计要求的混凝土抗渗等级、强度等级、膨胀率以及采用的材料技术性能经试验室试配后确定。

膨胀剂混凝土配合比设计与普通混凝土相同，但膨胀剂掺量按内掺法计算。一般水泥用量为350～380kg/m^3，膨胀剂掺量8%～15%，砂率35%～40%，水灰比0.50～0.55，坍落度10～30mm。膨胀剂混凝土宜掺加减水剂，但掺量需经试验室试配后确定。施工配

合比应由试验作调整确定。

(3) 补偿收缩混凝土宜用强制式搅拌机搅拌，各种原材料必须称量准确，其允许误差为：水泥、膨胀水泥、膨胀剂为±1%，砂石骨料为±2%，水及各种外加剂为±1%。

(4) 搅拌时投料顺序为：砂、水泥、膨胀剂、石子干拌 30s 以上后再加水，搅拌时以膨胀剂均匀为准，一般为 2～3min，必须均匀搅拌。

2. 混凝土浇筑

(1) 补偿收缩混凝土防水层可分为隔离式防水层和非隔离式防水层两种构造形式。隔离式防水层即在清理好的结构层上做好找平层、隔离层后，浇筑防水层混凝土；非隔离式防水层即在结构层上直接浇筑防水混凝土，但结构层板面要清扫干净后充分浇水湿润，至少保湿 12～24h 以上。

(2) 混凝土的运输要及时并保持连续性，时间间隔不宜超过 1.5h，运输距离较远或炎热天气时，可掺入缓凝剂以减少坍落度损失，如坍落度降低不得再添加拌和水。

(3) 混凝土浇筑时自由落距不应大于 1m，每个分格内的混凝土应一次连续浇筑完成，不得留施工缝。

(4) 混凝土应分层浇筑，第一层摊铺后，将钢筋网提至混凝土表面，再覆盖一层混凝土，以确保钢筋网位置准确。

(5) 混凝土铺平后，用平板振动器振实，再用滚筒十字交叉地来回滚压至表面泛浆，然后用铁抹子拍平拍实，待收水初凝后取出分格条，用铁抹子进行第二次抹平压光并修整分格缝，终凝前再进行第三次抹光，使混凝土表面平整、光滑、无抹痕，抹光时不得在表面洒水、撒干水泥、干水泥砂或水泥浆。

(6) 由于补偿收缩混凝土不泌水，凝结时间较短，因此其搅拌、运输、铺设、振捣、抹光等工序应紧密衔接，拌制好的混凝土要及时浇筑。

(7) 施工温度以 5～35℃为宜，施工时应避免烈日曝晒，负温施工时要保证温度不低于 5℃。

3. 养护

补偿收缩混凝土必须严格控制初始养护时间，浇筑完毕后 8～12h 即应用双层草包或麻袋浇水养护，低温下浇筑 24h 后即覆盖塑料薄膜和草包以保温保湿养护，养护时间不得少于 14d，夏季施工最宜采用蓄水养护。

7.9.2.5 预应力细石混凝土刚性防水层施工

预应力细石混凝土刚性防水层的施工程序中的结构层处理、找平层隔离层、分格缝施工、混凝土浇捣和养护方法和要求与普通细石混凝土防水层相同。

1. 安装预应力张拉台座

在屋面上张拉钢丝的台座有钢木组合台座、型钢活动台座及工具式钢台座等。图 7.216 为工具式钢台座组装图，它可安装固定在檐口圈梁上或檐沟内。固定在圈梁上时，圈梁上预留螺栓孔眼。安装时，将螺杆 6 穿入短槽钢 1 的翼缘螺栓孔内，再用螺栓 5 联结台座角钢和短槽钢，使台座滴水线的上口与屋面找平隔离层齐平，并拉通线找平，最后拧紧螺杆 6 的螺帽，使安装牢固。

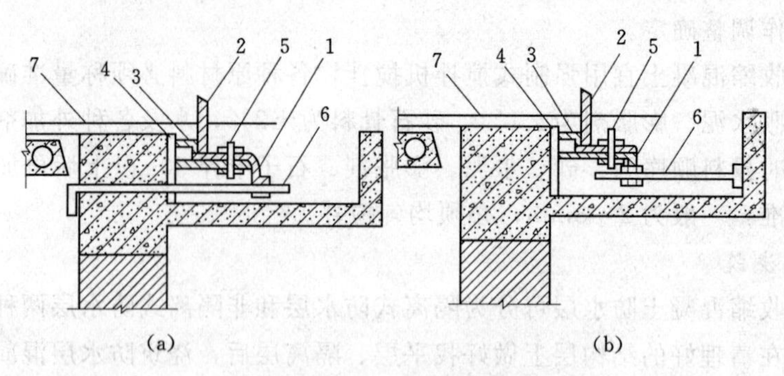

图7.216 工具式钢台座组装图

(a) 固定在圈梁上；(b) 固定在天沟内

1—短槽钢；2—台座角钢；3—台座槽钢；4—滴水线；

5—连接螺栓；6—螺杆；7—预应力钢丝

2. 张拉钢丝

(1) 穿丝。钢丝一端穿入固定端台座，用锥形锚具、扇形锚具或钢丝打结锚固。另一端通过张拉端锚固孔经锥形锚环插入张拉器夹具内。穿丝时应注意长向钢丝先穿（在下面），短向钢丝后穿（在上面），相互垂直，排列成网。

(2) 钢丝规格。预应力钢筋采用Φ^b4或Φ^b5冷拔低碳钢丝组成的双向钢丝网，间距一般为200mm，也可根据分格缝尺寸作适当调整，但不宜大于250mm，也不宜小于150mm。

(3) 张拉。可采用手动分离式100kN液压张拉器，按先长向后短向的顺序逐根张拉。张拉控制应力一般为$0.7f_{ptk}$。如在补偿收缩细石混凝土刚性防水层中，张拉控制应力宜根据钢丝长短和混凝土膨胀率决定，一般约为450～500N/mm²。

(4) 锚固。达到设计要求的张拉应力后，用锥形锚具锁定张拉端钢丝，放松张拉器夹具。此时应观察钢丝是否有明显回缩现象，并按要求检查张拉应力值，如发现不足时应重新张拉。

3. 安设分格缝木条

(1) 为便于剪丝操作，分格缝木条的上口宽度取40mm，下口宽度为25mm，高度为70mm，使分格缝两边的混凝土加厚。

(2) 分格缝木条应按设计要求弹线定位，用水泥砂浆固定。

(3) 为使钢丝能通过分格缝木条，应在木条下口开出中距为钢丝间距的缺口，缺口宽为6mm，高30mm的直槽。

4. 混凝土浇筑

混凝土的浇筑、振捣、抹压及养护等要求与普通细石混凝土刚性防水层相同。施工中应注意以下事项：

(1) 浇筑混凝土前，在预应力钢丝网交叉点下按梅花形放置30mm×30mm×20mm的砂浆垫块，间距600mm左右，以保证混凝土保护层厚度。

(2) 运送混凝土小车及操作人员应在搭设的马凳上行走与操作，防止施工操作与机具碰动钢丝，造成预应力损失。

(3) 每个分块混凝土要求一次连续浇筑，分块周边加厚部分混凝土也同时浇筑，不得留施工缝。

5. 剪丝和拆台座

(1) 拆除分格木条和边模。在混凝土收水初凝进行第一次抹光后取出分格缝木条和边模，如有损坏应及时修整。

(2) 剪丝。当最后浇筑的混凝土达到设计强度的 75%以上后，按照对称剪、间隔剪、先里面后周边的原则进行剪丝。切忌按顺序剪或非对称剪，以免出现不均匀的弹性压缩。

(3) 拆台座和封堵。剪丝后即可拆除张拉台座，并将四周露出混凝土的钢丝端头用聚合物水泥砂浆抹封或刷防锈漆。当采用固定在圈梁上的台座时，留在圈梁上的螺栓孔要用 1：2 干硬性水泥砂浆或微膨胀砂浆堵塞，深度应在 100mm 以上，以免该处渗漏。

7.9.3 涂膜防水层施工

7.9.3.1 施工准备工作

1. 技术准备

(1) 验查涂膜防水施工单位的专业资质证书和操作工人的上岗证，无上岗证的工人不得上岗操作。

(2) 进行施工图纸及施工方案的技术交底，明确涂料防水层的施工方法和适用范围及细部构造的处理方法。

(3) 确定质量目标、检验程序和项目，以及施工记录的内容要求。

(4) 掌握天气预报资料。

2. 材料准备

(1) 涂膜材料及配套材料的数量、存放库房和安全防护用品的准备。

(2) 进场涂料经抽样复验。技术性能符合质量标准。

(3) 防水涂料及配套材料的进场数量能满足屋面防水工程的使用。

3. 机具准备

涂膜防水施工机具及用途见表 7.31。

表 7.31　涂膜防水施工机具及用途

项次	机具名称	用途	备注
1	棕扫帚	清理基层	—
2	钢丝刷	清理基及管道	
3	衡器	配料称量	
4	搅拌器	拌和多组分材料用	电动、手动均可
5	容器	装混合料	铁桶或塑料桶
6	开罐刀	开涂料罐	—
7	棕毛刷、圆滚刷	涂刷基层处理剂	
8	刮板	刮涂涂料	塑料板、胶皮板
9	喷涂机械	喷涂基层处理剂、涂料	根据涂料黏度选用
10	剪刀	裁剪胎体增强材料	—
11	卷尺	测量、检查	

4. 作业条件准备

(1) 现场贮料仓库符合要求。

(2) 找平层已检查验收，其强度和表面质量合格，含水率符合要求。

(3) 消防设施齐全，安全设施可靠，劳保防护用品已能满足施工操作需要。

(4) 屋面上安设的一些设施已安装完毕并经验收通过。

(5) 天气预报近期无雨、雪、雾和5级及其以上大风天气，符合水乳型涂料（包括沥青基及合成高分子防水涂料）施工环境温度和溶剂型涂料的施工环境温度的要求。

7.9.3.2 施工方法和适用范围

涂膜防水层施工方法可分为刷涂法、喷涂法、抹涂法和括涂法四种，但在施工过程中，可根据涂料品种、性能、稠度以及不同施工部位分别选用不同的施工方法，见表7.32～表7.35。

表7.32 涂膜防水层刷涂法施工方法和适用范围

施工方法	操作要点	适用范围
刷涂法	用棕刷、长柄刷、圆滚刷蘸防水涂料进行涂刷，也可边倒涂料于基层上边用刷子刷开刷匀，但倒料时要控制涂料均匀倒洒。涂布垂直面层则采用蘸刷法。涂刷遍数必须按事先试验确定的遍数进行。涂布应先立面后平面，涂布采用分条或按顺序进行。分条时分条宽度应与胎体增强材料一致。涂刷应在前一层涂料干燥后才可进行下一层涂料的涂刷，各道涂层之间的涂刷方向应相互垂直。涂层的接茬处，在每遍涂刷时应退茬50～100mm，接茬时再超茬50～100mm，以免接茬不严造成渗漏。在每遍刷涂前，应检查前一遍涂层是否有缺陷，如气泡、露底、漏刷、胎体材料皱折、翘边、杂物混入涂层等不良现象，如有则应先进行修补处理合格后再进行下道涂层施工。 刷涂质量要求：涂膜厚薄一致，平整光滑，无明显接茬。同时不应出现流淌、皱纹、漏底、刷花和气泡等弊病	用于涂刷立面防水层和细部节点处理以及黏度较小的高聚物改性沥青防水涂料和合成高分子防水涂料的小面积施工

表7.33 涂膜防水层喷涂法施工方法和适用范围

施工方法	操作要点	适用范围
喷涂法	将涂料倒入贮料罐或供料桶中，利用压力或压缩空气，通过喷枪将涂料均匀喷涂于屋面、墙面上。其特点为涂膜质量好、工效高，适于大面积作业，劳动强度低等特点。喷涂时，喷涂压力一般在0.4～0.8MPa，喷枪移动速度一般为400～600mm/min且保持一致，喷枪与被喷面的距离应控制在400～600mm左右，涂料出口应与被喷面垂直，喷枪移动时应与被喷面平行喷涂行走路线可以是横向往返移动，也可以是竖向往返移动。喷枪移动范围一般直线800～1000mm后，拐弯180°向后喷下一行。喷涂面搭接宽度一般应控制在喷涂宽度的1/3～1/2，以使涂层厚度比较均匀一致。每层涂层一般要求二遍成活，且二遍互相垂直，两遍间隔时间由涂料的品种及喷涂厚度而定。喷枪喷涂不到的地方，应用刷涂法刷涂喷涂时涂料稠度要适中，太稠不便喷涂，太稀则遮盖力差，影响涂层厚度，而且容易流淌；根据喷涂时间需要，可在涂料中适当加入缓凝剂或促凝剂，以调节涂料的凝结固化时间。 喷涂质量要求：涂膜应厚薄均匀，平整光滑，无明显接茬，不应出现露底、皱纹、起皮、针孔、气泡等弊病	用于黏度较小的高聚物改性沥青防水涂料和合成高分子防水涂料的大面积施工

表 7.34 涂膜防水层抹涂法施工方法和适用范围

施工方法	操作要点	适用范围
抹涂法	使用一般的抹灰工具（如铁抹子、压子、阴阳角抿子等）抹涂防水涂料的方法抹涂防水涂料前，先用喷涂法或刷涂法在基层表面涂布一层与防水层配套的底层防水涂料，以填满基层表面的细小孔洞和微裂缝，并增加基层与防水层的黏结力，当基层平整度较差时，可在底层防水涂层上再刮涂一遍涂料，但其厚度应越薄越好，以改善基层平整度待底层防水涂料干燥后，便可进行防水层涂料施工。抹涂时，先用刮板将涂料刮平后，待表面收水尚未结膜时，再用铁抹子进行压实抹光，抹压时间应适当，过早起不到作用，过晚会使涂料粘住抹子，出现月牙形抹纹。涂层厚度应根据设计确定，而且要求涂层厚薄一致对于墙角抹涂时，一般应由上而下，自左向右，顺一个方向边涂实边抹平，墙角接茬留在地面上，一般靠墙 30mm，墙角应抹成圆弧形；地面抹涂时，应由墙根向地面中间顺一个方向边推平边压实抹平、抹光，使整个抹面平整，要求抹涂一次成活，不能留接茬或施工缝，如有应在其周围做防水处理抹涂。 质量要求：涂层应密实、平整，表面无缺损、气泡、皱折不平、凹坑、刮痕和接茬痕迹；各层之间结合牢固，无空鼓、开裂现象	适用于防水涂料流平性差的沥青基厚质防水涂料

表 7.35 涂膜防水层刮涂法施工方法和适用范围

施工方法	操作要点	适用范围
刮涂法	利用橡皮刮刀、钢皮刮刀、油灰刀和牛角刀等工具将厚质防水涂料均匀地批刮于防水基层上，形成厚度符合设计要求的防水涂膜刮涂时，先将涂料倒在基层上，然后用力按刀，使刮刀与被涂面的倾角为 50°～60°，来回刮涂 1～2 次，不能往返多次，以免出现“皮干里不干”现象涂层厚度控制采用预先在刮刀上固定铁丝（或木条）或在基层上作好标志的方法，一般需刮涂 2～3 遍，每遍须待前一遍涂料完全干燥后方可进行，一般以脚踩不粘脚、不下陷（或下陷能回弹）为准，干燥时间不宜少于 12h，前后两遍刮涂方向应互相垂直，涂膜总厚度为 4～8mm 为了加快施工进度，可采用分条间隔施工，分条宽度一般为 0.8～1.0m，以便抹压操作，待先批涂层干燥后，再抹后批空白处刮涂应先立面后平面，先节点后大面的原则进行刮涂质量要求：涂膜不卷边、不漏刮，厚薄均匀一致，不露底，无气泡，表面平整，无刮痕，无明显接茬	用于黏度较大的高聚物改性沥青防水涂料和合成高分子防水涂料在大面积上的施工

7.9.3.3 施工一般要求

（1）了解所选用防水涂料的基本特征和施工特点，并根据设计要求和操作规程先试作样板，以确定涂膜实际厚度和涂刷遍数、次序、涂布时间间隔、单位平方米涂料总用量等参数，经质检部门鉴定合格后，再进行正式大面积施工。

（2）注意涂料与胎体增强材料的配套。如果酸碱值（pH 值）<7 的酸性防水涂料应选用低碱或中碱的玻璃纤维产品，若酸碱值（pH）值>7 的碱性涂料则应选用无碱玻璃纤维布，以免强碱防水涂料将中低碱玻璃纤维布腐蚀，使玻璃纤维布的强度降低。

（3）对基层必须进行认真检查和必要的处理，要求基层表面平整、光洁、干燥，不得有酥松、起砂、起皮等现象。强度和坡度符合设计要求。

（4）施工环境必须符合所选涂料的施工环境要求，环境温度不得低于涂料正常成膜温度，相对湿度也应符合涂料施工的相应要求。施工期间，应注意气候的变化，不宜在烈日曝晒下施工，如在实于时间内可能遇大风、雨雪及风沙等天气则不应施工。

（5）为了增强涂料与基层的黏结，在涂料涂布前，必须对基层先刷一道基层处理剂。

（6）双组分涂料的施工，必须严格按产品说明书规定的配合比，按实际使用量分批调配，并在规定时间内用完，其他涂料应根据当时气温、湿度及施工方法等条件，调整涂料的施工黏度或稠度，并应有专人负责调配。

（7）涂膜防水的施工顺序必须按照"先高后低、先远后近、先檐口后屋脊、先细部节点后大面"的原则进行，涂布走向一般为顺屋脊走向。大面积屋面应分段进行施工，施工段划分一般按结构变形缝。

（8）防水涂料应分层分遍涂布，待前一道涂层干燥成膜后，方可涂后一道涂料。各种防水涂料都有不同的干燥时间，干燥有表干和实干之分，在施工前必须根据气候条件，经试验确定每遍涂刷的间隔时间和涂料用量。

（9）整个防水涂膜施工完成后，应有不少于 7d 的自然养护期，以使涂膜具有足够的黏结强度和抗裂性。养护期间不得上人行走或在其上操作、直接堆放物品，以免刺穿或损坏涂层。

实训任务 7.10　卫生工程施工实训

7.10.1　技能训练的目的

通过该技能训练，让学生进行真实的专业安装施工训练，学习常用卫生设备的材料组成及安装方法，从而提高学生实践动手能力，并且加深对专业知识的理解。通过本次技能训练，学生在卫生洁具的安装与维修方面达到一定的熟练程度，同时培养学生的工程实践意识。

7.10.2　安装前的准备工作及安装要求

1. 安装前的准备工作

（1）熟悉施工安装图样，确定所需的工具、材料及其数量、配件的种类等。

（2）对现场进行清理，确定卫生器具的安装位置并凿眼、打洞。

2. 卫生器具的安装要求

（1）安装的位置要准确。安装位置包括平面位置及安装高度，应符合设计要求或有关标准规定。

（2）安装的卫生器具应稳固。卫生器具安装通常采用预埋支架或木螺丝固定。

（3）安装的美观性。卫生器具安装应端正、平直。

（4）安装的严密性。使用时应不漏水。

（5）安装的可拆卸性。在器具和给水支管连接处，必须安装可拆卸的活接头，器具的排水口和排水短管、存水弯连接处应用油灰填塞，以利于拆卸。

（6）安装后的防护。

（7）连接卫生器具的排水管管径应符合设计要求或有关规定。

7.10.3　技能训练的主要内容

7.10.3.1　室内非金属排水管道安装

1. 材料要求

(1) 管材种类。目前比较常用的管材有 UPVC 芯层发泡和实壁管、UPVC 空壁螺旋和实壁螺旋管、ABS 管等。

(2) 管材、管件具有较强的耐腐蚀性、良好的抗冲击性和降低噪声性能。管材、管件内外表层应光滑、无气泡、裂纹，壁厚均匀、颜色一致；管壁厚度符合相关质量标准，管材直段挠度不大于 10‰。

(3) 管道连接黏结剂、管件应为同一厂家配套产品，黏结剂应标有生产日期和有效期。

(4) 防火套管、防火阻火圈具有相关检验部门测试报告。管材、管件及辅料应有合格证、相关检验部门测试报告。

2. 主要安装机具

砂轮机、台钻、电锤和细齿锯、割管器、板锉、扳手、毛刷、干布、刮刀、水平尺、卡尺、钢卷尺、小线、线坠等。

3. 作业条件

(1) 埋设管道的管沟底应夯实平整，无突出的坚硬物，一般可做 50～100mm 砂垫层，垫层宽度不小于管径的 2.5 倍，坡度与管道的坡度相同。

(2) 暗装管道（包括设备层、竖井、吊顶内的管道）首先应根据设计图纸核对各种管道的管径、标高、位置的排列有无交叉。预留孔洞、预埋件已校核完毕。操作场地清理干净，安装高度超过 3.5m 应搭好脚手架。

(3) 室内标高线、隔墙中心线（边线）均已施放，临水、临电已到位，能连续施工。

(4) 冬季施工，环境温度一般不低于 5℃；当环境温度低于 5℃应采取防寒防冻措施；施工场所应保持空气流通，不得密闭。

(5) 各种卫生器具的样品已进场，进场施工材料的品种和数量能保证施工。

(6) 施工图纸经设计单位、建设单位、施工单位会审完毕，并办理会审记录。

(7) 编制的施工方案已审批，并进行技术交底。

(8) 根据施工图纸及现场实际情况绘制施工草图。

4. 操作工艺

(1) 工艺流程。安装准备→干管安装→立管安装→支管安装→配件安装→支架安装→灌水试验→管道保温→通球试验。

(2) 操作方法。

1) 安装准备。

a. 认真熟悉图纸，配合土建施工进度，做好预留预埋工作。

b. 根据设计图纸、规范、图集绘出管路及管件的位置、管径、变径、预留洞、坡度、卡架位置等施工草图。

c. 根据绘制施工草图，进行管道、管件、卡架下料、匹配、加工、预制等工作。

d. 支管及管件较多的部位应先行预制加工，做好编号码放整齐，注意成品保护。

2）干管安装。非金属排水管接连接方式一般采用承插黏接。

a. 承插黏接方法。将配好的管材与配件按表规定试插，使承口插入的深度符合要求，环缝间隙不得过紧或过松，要测定管端插入的深度并划出标记，使管端插入承口的深度符合表7.36规定。

表7.36　生活污水塑料管承口深度表　单位：mm

公称外径	承口深度	插入深度	公称外径	承口深度	插入深度
50	25	19	110	50	38
75	40	30	160	60	45

b. 试插合格后，用干布将承插口需黏接部位的水分、灰尘全部擦拭干净，如有油污需用丙酮除掉；用毛刷涂抹黏结剂，先涂抹承口后涂抹插口，随即垂直插入，插入黏结时将插口转动90°，以利黏结剂分布均匀，约30～60s即可黏结牢固；黏牢后立即将挤出的黏结剂擦拭干净；多口粘连时应注意预留口方向。

c. 埋地铺设时，按设计坐标、标高、坡向、坡度开挖槽沟平整夯实。

d. 托吊管安装时，应按设计坐标、标高、坡向、坡度预先安装托、吊架。

e. 用于室内排水的水平管道与水平管道、水平管道与立管的连接，应采用45°三通或45°四通和90°斜三通或90°斜四通。立管与排出管端部的连接，应采用两个45°弯头或曲率半径不小于4倍管径的90°弯头。

f. 通向室外的排水管，穿过墙壁或基础应采用45°三通和45°弯头连接，并应在垂直管段的顶部设置清扫口。

g. 穿越地下室或地下构筑物外墙时，应采用防水套管。对有严格要求的建筑物，必须采用柔性防水套管。

h. 悬吊管。悬吊管连接雨水斗和雨水立管，是雨水内排水系统中架空布置的横向管道，其管径不宜小于连接管管径，但不应大于300mm，悬吊管沿屋架悬吊，坡度不小于0.5%；在悬吊管的端头和长度大于15m的悬吊管上设检查口或带发兰盘的三通，位置宜靠近墙柱，以利检修；1根立管连接的悬吊管根数不多于2根，立管管径不得小于悬吊管管径。

3）立管安装。

a. 按设计坐标要求校核预留孔洞，进行修整；洞口尺寸可比管外径大50～100mm，不可损伤受力钢筋；安装前进行场地清理，根据需要搭设操作平台。

b. 先将需要安装管道、管件及预制好的管段摆放到安装位置；黏接同非金属给水管道做法；伸缩节安装，先清理已预留的伸缩节，将锁母拧下，取出橡胶圈，清理杂物，立管插入应先计算插入长度做好标记，然后涂上肥皂液，套上锁母及橡胶圈，将管端插入标记处锁紧锁母。

c. 安装时先将立管上端伸入上一层洞口内，垂直后用力插入至标记为止。合适后用U形抱卡紧固，找正找直，三通口中心符合要求，有防水要求的须安装止水环，保证止水环在板洞中位置，止水环可用成品或自制，即可堵洞，临时封堵各个管口。

d. 排水立管管中距净墙面距离为100～120mm，立管距灶具边净距不得小于400mm，

与供暖管道的净距不得小于 200mm，且不得因热辐射使管外壁温度高于 40℃。

e. 管道穿越楼板处为非固定支承点时，应加装金属或塑料套管，套管内径可比穿越管外径可填充料的环型间隙，套管高出厨厕间地面不得小于 50mm，居室间地面不得小于 20mm。

f. 排水塑料管与铸铁管连接时，宜采用专用配件。当采用水泥捻口连接时，应先将塑料管插入承口部分的外侧，用砂纸打磨或涂刷胶黏剂滚粘干燥的粗黄砂；插入后应用油麻丝填嵌均匀，用水泥捻口。

g. 地下埋设管道及出屋顶透气立管如不采用 UPVC 排水管件，而采用下水铸铁管件时，可采用水泥捻口。

4）支管安装。

a. 按设计坐标标高要求校核预留孔洞，孔洞的修整尺寸应大于管径的 40～50mm。

b. 清理场地，按需要搭设操作平台，将预制好的支管按编号运至现场。清除各黏接部位及管道内的污物和水分。

c. 将支管水平初步吊起，涂抹黏结剂，用力推入预留管口。

d. 连接卫生器具的短管一般伸出净地面 10～100mm，地漏箅面甩口应低于净地面 5mm。

e. 根据管段长度调整好坡度，固定卡架，封闭各预留管口和堵洞。

5）配件安装。

a. 干管清扫口和检查口设置。

（a）在连接 2 个及 2 个以上大便器或 3 个及 3 个以上卫生器具的污水横管上应设置清扫装置。当污水管在楼板下悬吊敷设时，如清扫口设在上一层楼地面上，经常有人活动场所应使用铜制清扫口，污水管起点的清扫口与管道相垂直的墙面距离不得小于 200mm；若污水管起点设置堵头代替清扫口时，与墙面距离不得小于 400mm。

（b）在转角小于 135°的污水横管上，应设置地漏或清扫口。

（c）污水横管的直线管段，应按设计要求的距离设置检查口或清扫口。

（d）横管的直线管段上设置检查口（清扫口）之间的最大距离不宜大于表 7.37 的规定。

表 7.37　横管的直线管段上设置检查口（清扫口）之间的最大距离

管径 *DN*（mm）	最大距离（m）	清除装置	管径 *DN*（mm）	最大距离（m）	清除装置
50～75	12	检查口	100～150	15	检查口
50～75	8	清扫口	200	20	检查口
100～150	10	清扫口			

（e）设置在吊顶内的横管，在其检查口或清扫口位置应设检修门。

（f）安装在地面上的清扫口顶面必须与净地面相平。

b. 伸缩节设置

（a）管端插入伸缩节处预留的间隙应为：夏季 5～10mm，冬季 15～20mm。

（b）如立管连接件本身具有伸缩功能，可不再设伸缩节。

(c) 排水支管在楼板下方接入时，伸缩节应设置于水流汇合管件之下；排水支管在楼板上方接入时，伸缩节应设置于水流汇合管件之上；立管上无排水支管时，伸缩节可设置于任何部位；污水横支管超过 2m 时，应设置伸缩节，但伸缩节最大间距不得超过 4m，横管上设置伸缩节应设于水流汇合管件的上游端。

(d) 当层高小于或等于 4m 时，污水管和通气立管应每层设一伸缩节；当层高大于 4m 时，应根据管道设计伸缩量和伸缩节最大允许伸缩量确定。伸缩节设置应靠近水流汇合管件（如三通、四通）附近。同时，伸缩节承口端（有橡胶圈的一端）应逆水流方向，朝向管路的上流侧（伸缩节承口端内压橡胶圈的压圈外侧应涂黏接剂与伸缩节黏接）。

(e) 立管在穿越楼层处固定时，在伸缩节处不得固定；在伸缩节固定时，立管穿越楼层处不得固定。

(f) 雨水斗。根据建筑物屋面做法和设计要求预留空洞，确定雨水斗坐标、标高，稳装雨水斗要找平找正，固定牢固，做好雨水斗临时封堵。雨水斗与雨水管连接应用水泥捻口或其他填充材料。

6) 管道支架安装。

a. 立管穿越楼板处可按固定支座设计；管井内的立管固定支座，应支承在每层楼板处或井内设置的综合支架上。

b. 层高不大于 4m 时，立管每层可设一个固定件；层高不小于 4m 时，固定件间距不宜大于 2m。

c. 横管上设置伸缩节时，每个伸缩节应按要求设置固定支座。

d. 横管穿越承重墙处可按固定支架设计。

e. 固定支架应用型钢制作锚固在承重墙或柱上；悬吊在楼板、梁或屋架下的横管的固定吊架应用型钢制作锚固在承重结构上。

f. 悬吊在地下室的架空排出管，在立管底部肘管处应设置托吊架。

7) 灌水试验。

a. 排水管道安装完成后，应按施工规范要求进行灌水试验。暗装的干管、立管、支管必须进行灌水试验。

b. 灌水试验应分层分段进行。其灌水高度应不低于该层卫生器具的上边缘或该层地面高度，满水 15min，再延续 5min，液面不下降，检查全部灌水管段管件、接口无渗漏为合格。

c. 雨水管道灌水试验。雨水管道安装后，按规定要求必须进行灌水试验。灌水高度必须到每根立管上部的雨水斗。灌水试验持续 1h 不渗不漏为合格。

8) 通球试验。

a. 卫生洁具安装后，排水系统管道的立管、主干管，应进行通球试验。

b. 立管通球试验，应由屋顶透气口处投入不小于管径 2/3 的试验验球，在室外第一个检查井内，取出试验球为合格。

c. 干管通球试验要求。从干管起始端投入塑料小球，并向干管内通水，在户外的第一个检查井处观察，发现小球流出为合格。

5. 质量标准

（1）主控项目。

1）隐蔽或埋地的排水管和雨水管道在隐蔽前必须作灌水试验，其灌水高度应不低于底层卫生器具的上边缘或底层地面高度。检验方法：满水 15min 水面下降后，再灌满观察 5min，液面不降，管道及接口无渗漏为合格。检查区（段）灌水试验记录、管材出厂证明及粘接剂合格证。

2）管道的坡度必须符合设计要求或施工规范规定。检验方法：检查隐蔽工程记录或用水准仪（水平尺）、拉线和尺量检查。

3）排水塑料管必须按设计要求及位置装伸缩节。如设计无要求时，伸缩节间距不得大于 4m，高层建筑中明设排水塑料管应按设计要求设置阻火圈或防火套管。检验方法：观察和尺量检查。

4）排水主立管及水平干管管道均应作通球试验，通球直径不小于排水管道直径的 2/3，通球率必须达到 100%。检验方法：观察检查。

（2）一般项目。

1）在生活污水管道上设置的检查口，当设计无要求时应符合下列规定：在立管上应每隔一层设置一个检查口，但在最底层和有卫生器具的最高层必须设置。如为两层建筑时，可仅在底层设置立管检查口；如有乙字弯管时，则在该层乙字弯管的上部设置检查口。检查口中心高度距操作地面一般为 1m，允许偏差±20mm；检查口的朝向应便于检修。暗装立管，在检查口处应安装检修门。检修门尺寸一般为 400mm×400mm。检验方法：观察和尺量检查。

2）埋在地下或地板下的排水管道的检查口，应设在检查井内。井底表面标高与检查口的法兰相平，井底表面应有 5%坡度，坡向检查口。检验方法：尺量检查。

3）排水塑料管道支、吊架间距应符合表 7.38 的规定。检验方法：尺量检查。

表 7.38　　排水塑料管道支吊架最大间距

管径（mm）	50	75	110	125	160
立管（m）	1.2	1.5	2.0	2.0	2.0
横管（m）	0.5	0.75	1.10	1.30	1.6

4）排水通气管不得与风道或烟道连接，且应符合下列规定：

a. 通气管应高出屋面 300mm，在通气管出口 4m 以内有门、窗时，通气管应高出门、窗顶 600mm 或引向无门、窗一侧。

b. 经常有人逗留的屋面上通气管应高出屋面 2m，需加固定支架。

5）用于室内排水的水平管道与水平管道、水平管道与立管的连接，用两个 45°弯头或用顺水三通。检验方法：观察和尺量检查。

6）室内排水管道安装的允许偏差应符合表 7.39 的相关规定。

表 7.39 室内排水和雨水管道安装的允许偏差和检验方法

项目		允许偏差（mm）	检验方法
坐标		15	用水准仪（水平尺）、直尺、拉线和尺量检查
标高		±15	
立管垂直度（塑料管）	每1m	≤1.5	
	全长（25m以上）	≤38	
	每1m	≤3	吊线和尺量检查

6. 成品保护措施

(1) 管材和管件在运输、装卸、储存和搬动过程中，应排列整齐，要轻拿、轻放。不得乱堆放，不得曝晒。

(2) 塑料管承插口的粘接过程中不得用手锤敲打。

(3) 管道安装完成后，应加强保护，防止管道污染损坏。

(4) 严禁利用塑料管道作为脚手架的支点或安全带的拉点、吊顶的吊点。不允许明火烘烤塑料管，以防管道变形。

7.10.3.2 卫生器具安装

1. 卫生洁具安装固定方法

卫生器具的常用固定方法如图 7.217 所示。砌墙时根据卫生器具安装部位将浸过沥青

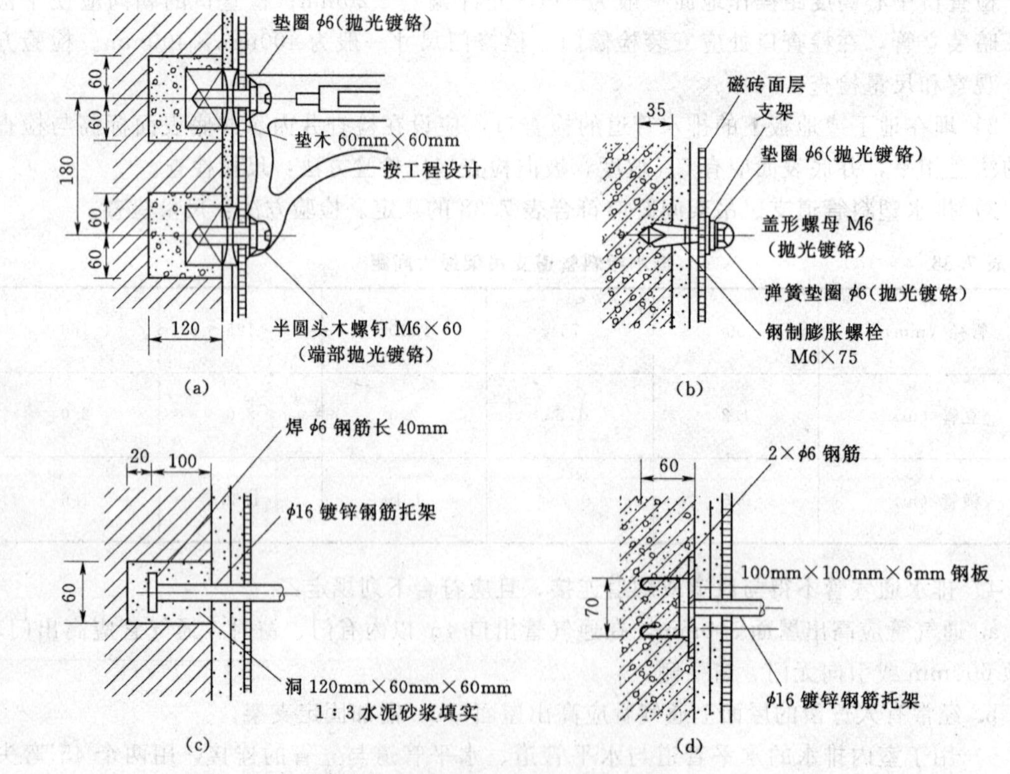

图 7.217 卫生器具的常用固定方法（单位：mm）

(a) 预埋木砖木螺钉固定；(b) 钢制膨胀螺栓固定；(c) 栽钢筋托架固定；(d) 预埋钢板固定

的木砖嵌入墙体内，木砖应削出斜度，小头放在外边，突出毛墙 10mm 左右，以减薄木砖处的抹灰厚度，使木螺钉能安装牢固。如果事先未埋木砖，可采用木楔。木楔直径一般为 40mm 左右，长度为 50～75mm。其做法是在墙上凿一较木楔直径稍小的洞，将它打入洞内，再用木螺钉将器具固定在木楔上。

2. 便溺用卫生洁具安装

（1）大便器安装。

1）坐式大便器。坐式大便器的形式比较多样，品种也各异，按其内部构造可分为冲洗式、冲落式、虹吸式、喷射虹吸式、旋涡虹吸式和喷出式等；按安装方式可分为悬挂式和落地式两种。坐式大便器内部都带有存水弯，不必另配。

图 7.218 是虹吸喷射式低水箱坐式大便器安装图。安装前，先将大便器的污水口插入预先已埋好的 DN100 污水管中，调整好位置，再将大便器底座外廓和螺栓孔眼的位置用铅笔或石笔在光地坪上标出，然后移开大便器用冲击电钻打孔植入膨胀螺栓，插入 M10 的鱼尾螺栓并灌入水泥砂浆。也可手工打洞，但应注意打出的洞要上小下大，以避免因螺栓受力而使其连同水泥砂浆被拔出。

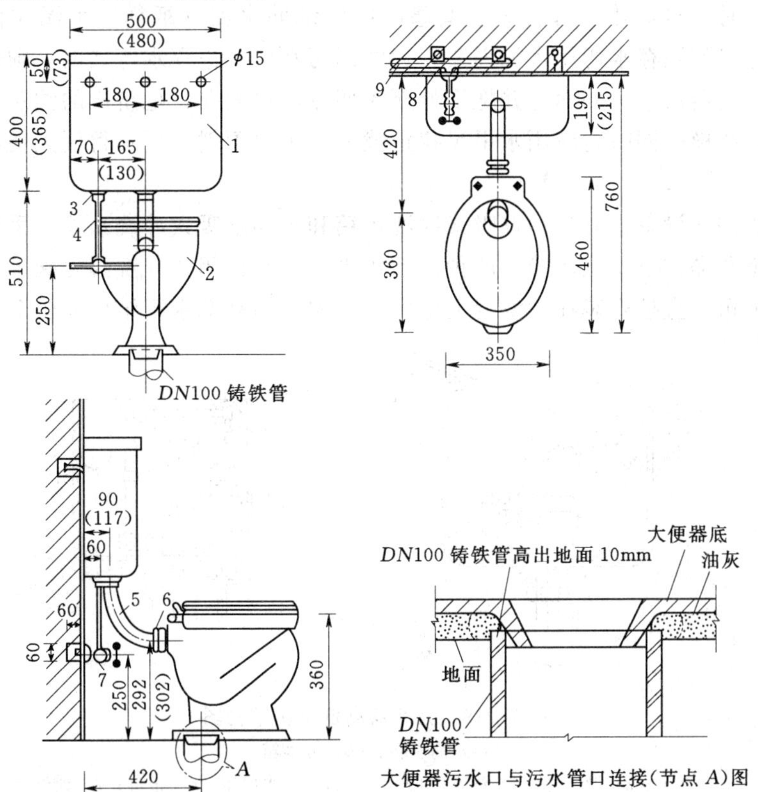

图 7.218　低水箱坐式大便器安装图（单位：mm）

1—低水箱；2—坐式便器；3—浮球阀配件 DN15；4—水箱进水管 DN15；
5—冲洗管及配件 DN50；6—锁紧螺母 DN50；
7—角阀 DN15；8—三通；9—给水管

安装大便器时，取出污水管口的管堵，把管口清理干净，并检查内部有无残留杂物，然后在大便器污水口周围和底座面抹以油灰或纸筋水泥（纸筋与水泥的比例约为2：8），但不宜涂抹太多，接着按原先所划的外廓线，将大便器的污水口对正污水管管口，用水平尺反复校正并把填料压实。在拧紧预埋的鱼尾螺栓或膨胀螺栓时，切不可过分用力，这是要特别注意的，以免造成底部碎裂。就位固定后应将大便器周围多余的油灰水泥刮除并擦拭干净。大便器的木盖（或塑料盖）可在即将交工时安装，以免在施工过程中损坏。

2）蹲式大便器。蹲式大便器使用时臀部不直接接触大便器，卫生条件较好，特别适合于集体宿舍、机关大楼等公共建筑的卫生间内。

蹲式大便器本身不带存水弯，安装时需另加陶瓷或铸铁存水弯，前者一般只安在底层，后者则安在底层或楼层均可。存水弯根据使用要求有P型和S型两种型式，P型存水弯高度较小，用于楼层，底层则多选用S型存水弯。

蹲式大便器应安装在地坪的台阶中（即高出地坪的坑台中），每一台阶高度为200mm，最多为两个台阶（400mm高），以存水弯是否安装于楼层或底层而定。蹲式大便器如在底层安装时，必须先把土夯实，再以1：8水泥焦渣或混凝土做底座，污水管上连接陶瓷存水弯时，接口处先用油麻丝填塞，再用纸筋水泥（纸筋、水泥比例约为2：8）塞满刮平，并将陶瓷存水弯用水泥固紧。大便器污水口套进存水弯之前，须先将油灰或纸筋水泥涂在大便器污水口外面，并把手伸至大便器出口内孔，把挤出的油灰抹光。在大便器底部填实、装稳的同时，应用水平尺找正找平，不得歪斜，更不得使大便器与存水弯发生脱节。

大便器的冲洗设备，有自动虹吸式冲洗水箱和手动虹吸式冲洗水箱（手动虹吸式又有套筒式高水箱和提拉盘式低水箱）两种。近年来，延时自闭式冲洗阀得到了广泛的推广使用，它不用水箱，直接安装在冲洗管上即可。大便器用高低水箱结构如图7.219所示。

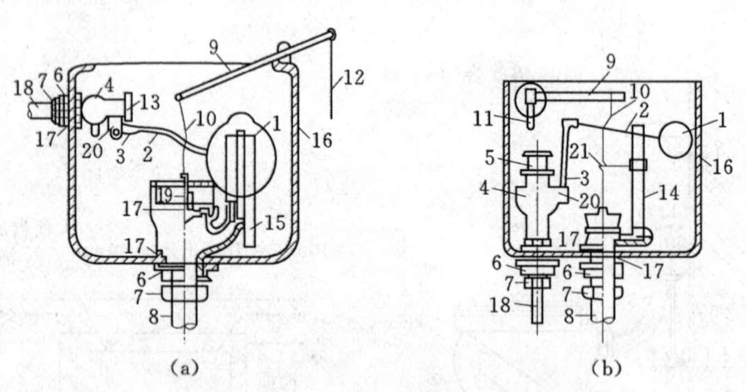

图7.219 大便器高低水箱结构图
(a) 高水箱；(b) 低水箱
1—漂子；2—漂子杆；3—弯脖；4—漂子门；5—水门闸；6—根母；7—锁母；
8—冲洗管；9—挑子；10—铜丝；11—扳把；12—导向卡子；13—闸帽；
14—溢水管；15—虹吸管；16—水箱；17—胶皮；18—水管；
19—弹簧；20—销子；21—溢水管卡子

冲洗水箱安装：应先检查好所有零部件是否完好，再进行组装调整，装水试验，同时要调好浮球水位，以防溢水。拉链一般应装在使用的右侧（面朝水箱）。固定水箱时，应

与便器中心对准，找平找正后用木螺钉加垫或以事先栽好的螺钉稳固，水箱背面应事先抹好砂浆。冲洗管与便器连接的胶皮碗（图7.220）用16号铜丝扎紧（即先把新皮碗翻过来，插进冲洗管，用铜丝绑好。将绑好的一端插进便器进水口后，再把皮碗翻过去，使皮碗恰好套紧于便器进水的外缘，并用铜丝绑牢在便器上。皮碗与冲洗管相接的另一端，最好也用铜丝绑住）。胶皮碗装好后，用沙土埋好，沙土上面抹一层水泥砂浆。禁止用水泥砂浆把皮碗全部填死，以免给以后修理造成困难。冲洗管一般采用$DN32$的塑料管或镀锌钢管。连接时，一般是将管子插入水箱出水口。

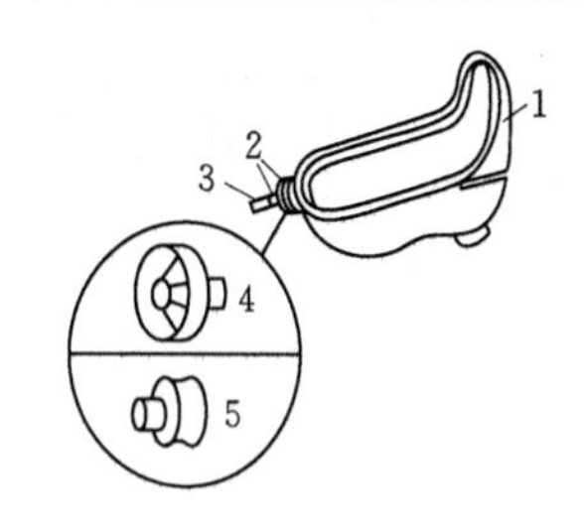

图7.220 胶皮碗的安装示意
1—大便器；2—铜丝；3—冲洗管；4—未翻边的胶皮碗；5—翻边的胶皮碗

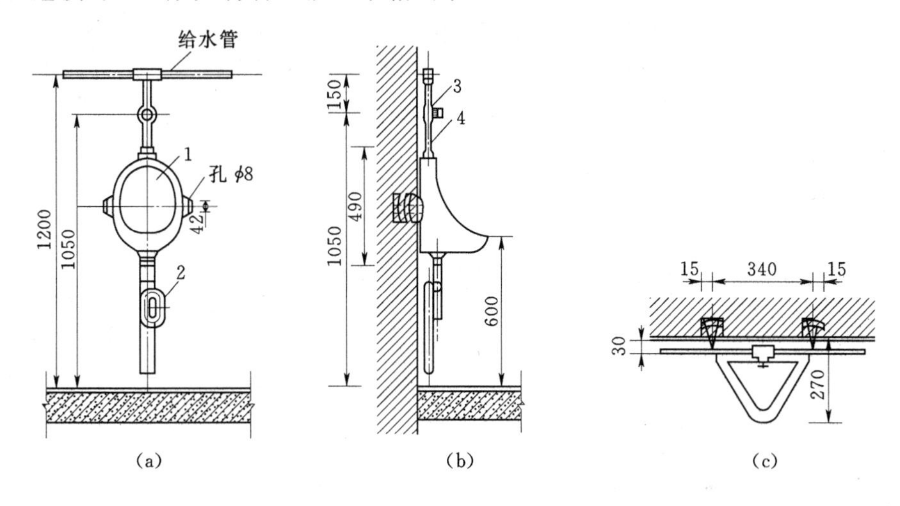

图7.221 挂斗小便器安装图（单位：mm）
(a) 立面图；(b) 侧面图；(c) 平面图
1—挂式小便器；2—存水弯；3—角式截止阀；4—短管

带低位水箱的冲洗装置，其安装方法和高位水箱基本相同，但安装时注意冲洗管中心线与便器中心线对正，并应使阀门手柄处于操作方便而又不妨碍使用的位置。

（2）小便器安装。

1）挂式小便器安装。挂式小便器是依靠自身的挂耳固定在墙上的，具体安装步骤如下：

a. 首先从给水甩头中心向下吊坠线，并将垂线画在安装小便器的墙上，量尺画出安装后挂耳中心水平线，将实物量尺后在水平线上画出两侧挂耳间距及四个螺钉孔位置的“十”字记号。在上下两孔间凿出洞槽预下防腐木砖，或者凿剔小孔预栽木螺栓。下好的木砖面应平整，外表面与墙平齐，且在木砖的螺栓孔中心位置上钉上铁钉，铁钉外露装饰墙面。待墙面装饰做完，木砖达到强度，拔下铁钉，把完好无缺的小便器就位，用木螺栓加上铅垫把挂式小便器牢固地安装在墙上，如图7.221所示。小便器安装尺寸如图7.222(a)、(b)所示，小便器配件如图7.223所示。

b. 用短管、管箍、角型阀连接给水管甩头与小便器进水口。冲洗管应垂直安装，压

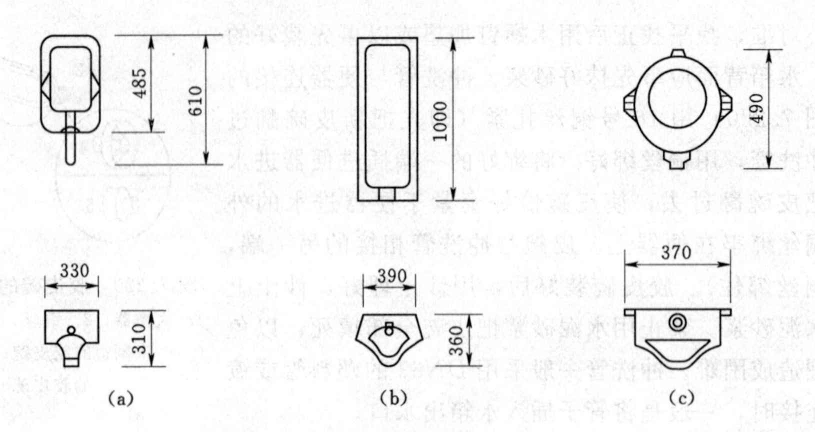

图 7.222　小便器安装尺寸（单位：mm）

(a) 新型挂式小便器；(b) 立式小便器；(c) 挂式小便器

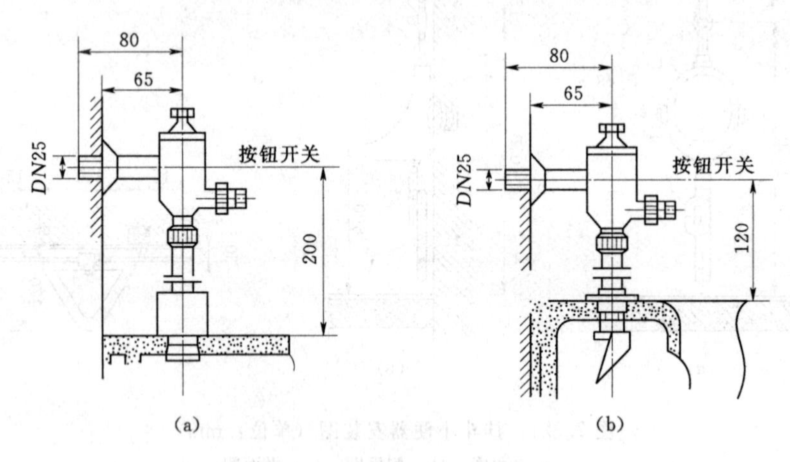

图 7.223　小便器配件（单位：mm）

(a) GG3P5F6－610 挂便器Ⅱ型配件；(b) LG3P1 立便器Ⅱ型配件

盖安设后均应严实、稳固。

c. 取下排水管甩头临时封堵，擦干净管口，在存水弯管承口内周围填匀油灰，下插口缠上油麻，涂抹铅油，套好锁紧螺母和压盖，连接挂式小便器排出口和排水管甩头口。然后扣好压盖，拧紧锁母。存水弯安装时应理顺方向后找正，不可别管，否则容易造成渗水。中间如用螺纹连接或加长，可用活节固定。

2）立式小便器安装要求如下：

a. 立式小便器安装前，检查排水管甩头与给水管甩头应在一条垂直线上，符合要求后，将排水管甩头周围清扫干净，取下临时封堵，用干净布擦净承口内，抹好油灰安上存水弯管。小便器安装尺寸如图 7.222，小便器配件如图 7.223 所示。

b. 在立式小便器排出孔上用 3mm 厚橡胶圈垫及锁母组合安装好排水栓，在坐立小便器的地面上铺设好水泥、白灰膏的混合浆（1∶5），将存水弯管的承口内抹匀油灰，便可将排水栓短管插入存水弯承口内，再将挤出来的油灰抹平、找均匀，然后将立式小便器对准上下中心坐稳就位，如图 7.224 所示。

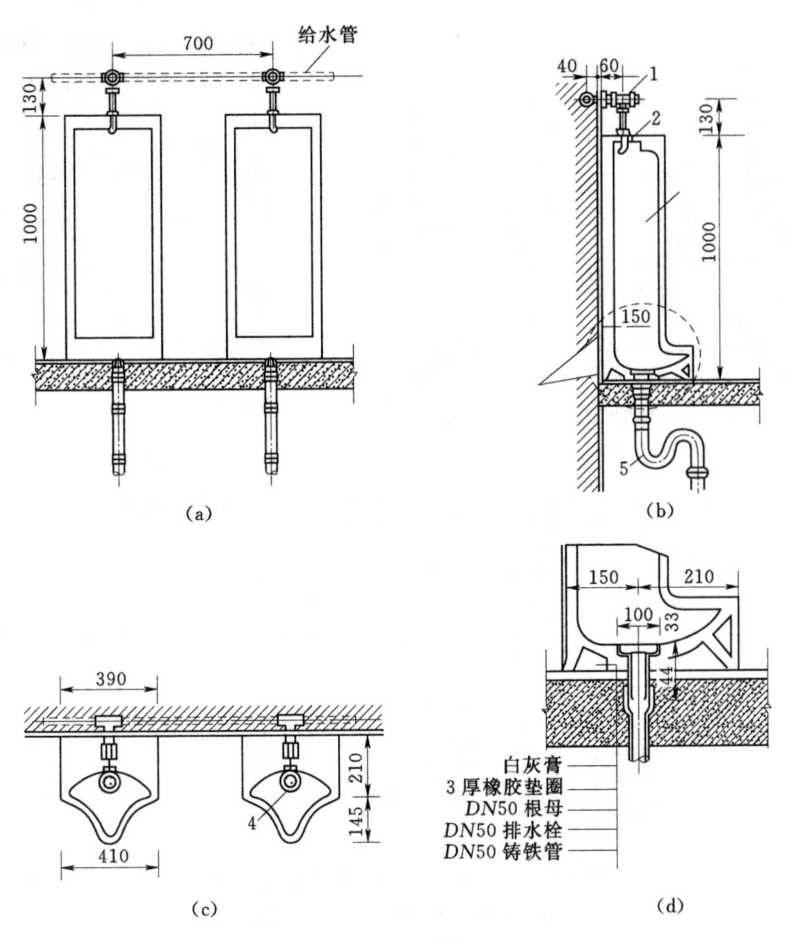

图 7.224　立式小便器安装图（单位：mm）

(a) 立面图；(b) 侧面图；(c) 平面图；(d) 节点 A 图

1—延时自闭冲洗阀；2—喷水鸭嘴；3—立式小便器；4—排水栓；5—存水弯

c. 经校正安装位置与垂直度，符合要求后，将角式长柄截止阀的螺纹上缠好麻丝抹匀铅油，穿过压盖与给水管甩头连接，用扳子上至松紧适度，压盖内加油灰按实压平与墙面靠严。角型阀出口对准喷水鸭嘴，量出短接尺寸后断管，套上压盖与锁母分别插入喷水鸭嘴和角式长柄截止阀内。拧紧接口，缠好麻丝，抹上铅油，拧紧锁母至松紧度合适为止。然后在压盖内加油灰按平。

3）光电数控小便器安装。光电数控小便器的安装方法同上述说明。其光电数控原理简介如图 7.225 所示。其光电数控的附属设施的安装配合电气、土建等其他工种完成。

3. 大便槽安装

大便槽是一道狭长的敞开槽，按照一定的距离间隔成若干个蹲位，可同时供几个人使用。从卫生条件看，大便槽受污面积大，有恶臭，水量消耗大，但由于设备简单，建造费用低，因此广泛应用在建筑标准不高的公共建筑如学校、工厂或城镇的公共厕所内。大便槽的构造如图 7.226 所示，一般便槽顶宽 200～250mm，底宽 130～150mm，起端槽深 350～400mm，槽底坡度不小于 1.5%，槽内铺贴瓷砖，槽末端有存水门坎，存水深 10～

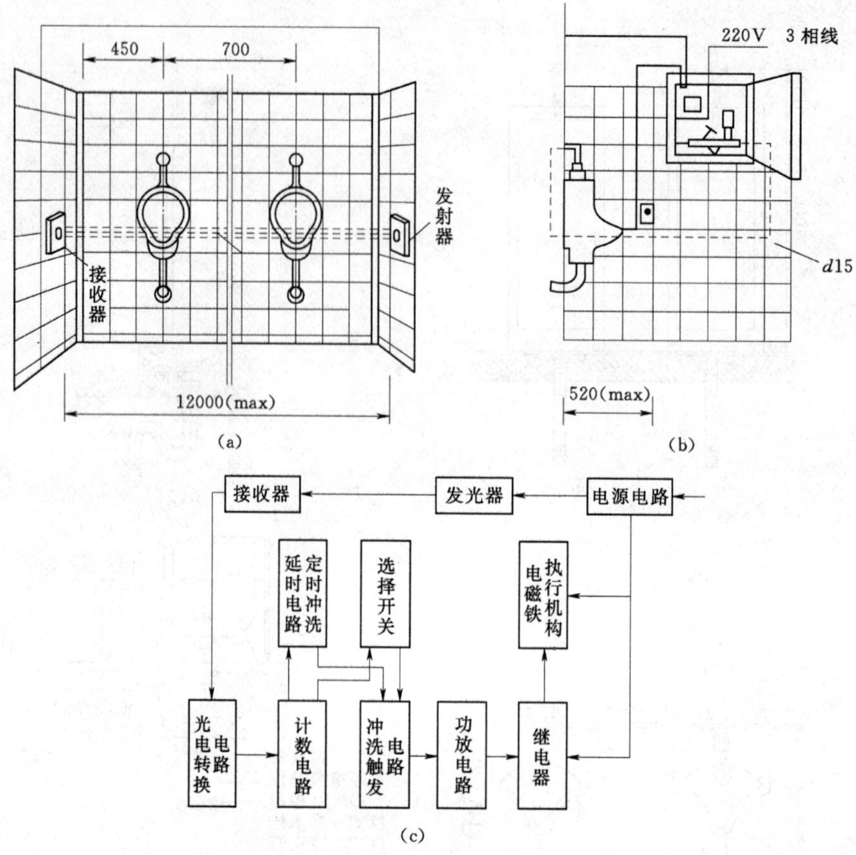

图7.225　光电数控小便器（单位：mm）
(a) 立面；(b) 侧面；(c) 原理图

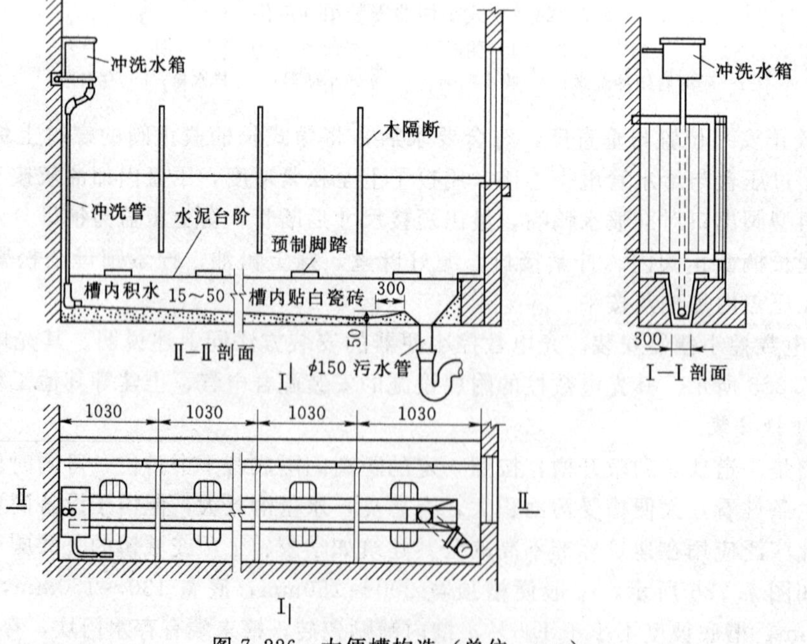

图7.226　大便槽构造（单位：mm）

40mm，槽底略有薄层积水，使污物便于用水冲走。

大便槽的起端一般装有自动或手拉冲洗水箱，水箱底部距踏步面应不小于 1800mm，水箱可用 1.5mm 厚的钢板焊制，制成后内外涂防锈底漆两遍，外刷灰色面漆两遍。水箱支架用角钢制成，并按要求高度牢固在墙上，方法是：在砖墙上打墙洞，支架伸进墙洞的末端做成开脚，在墙洞内填塞水泥砂浆前，应先用水把洞内碎砖和灰砂冲净，校正支架后，用水泥砂浆及浸湿的小砖块填塞墙洞，直至洞口抹平。如遇到钢筋混凝土墙壁，则可用膨胀螺栓固定。冲洗水箱及水箱角钢支架规格，见表 7.40。

表 7.40　　冲洗水箱规格及水箱支架尺寸

水箱规格				水箱支架尺寸（mm）				
容量（L）	长（mm）	宽（mm）	高（mm）	长	宽	支架脚长	冲水管管径	进水管距箱底高度
30	450	250	340	460	260	260	40	280
45.6	470	300	400	480	310	260	40	340
57	550	300	400	560	310	260	50	340
68	600	350	400	610	360	260	50	340
83.6	620	350	450	630	360	260	65	380

大便槽冲洗水箱的冲洗管一般选用镀锌钢管或塑料管，其管径大小由蹲位的多少而定。冲洗管的下端应有 45°的弯头，以增强水的冲刷力。冲洗管应用管卡固定，必要时也可装上旋塞阀，这样更便于控制冲洗。

大便槽的蹲位最多不能超过 12 个，大便槽如为男女合用一个水箱及污水管口，则冲洗水流方向应由男厕所往女厕所，不得反向。大便槽污水管的管径如设计无规定时，可按表 7.41 的要求选用。

表 7.41　　大便槽冲洗管、污水管管径及每蹲位冲洗水量

蹲位数	1～3	4～8	9～12
冲洗管管径（mm）	40	50	70
每蹲位冲洗水量（L）	15	12	11
污水管管径（mm）	100	150	150

大便槽的污水管必须安装存水弯，污水口中心与污水立管中心距离视所采用的存水弯的型式及三通、弯头等管件尺寸而定。

4. 小便槽安装

小便槽是用瓷砖沿墙砌筑的沟槽。由于建造简单，造价低廉，可同时容纳较多的人使用。因此，广泛应用于集体宿舍、工矿企业和公共建筑的男厕所中。小便槽的长度无明确规定，按设计而定，一般不超过 3.5m，最长不超过 6m。小便槽的起点深度应在 100mm 以上，槽底宽 150mm，槽顶宽 300mm，台阶宽 300mm，高 200mm 左右，台阶向小便槽有 1%～2%的坡度。小便槽的污水口可设在槽的中间，也可设于靠近污水立管的一端，但不管是中间还是在某一端，从起点至污水口，均应有 0.01 的坡度坡向污水口，污水口应设置罩式排水栓。

小便槽应沿墙 1300mm 高度以下铺贴白瓷砖，以防腐蚀。但也有用水磨石或水泥砂

浆粉刷代替瓷砖。图 7.227 为自动冲洗小便槽安装图。小便槽污水管管径一般为 75mm，在污水口的排水栓上装有存水弯。在砌筑小便槽时，污水管口可用木头或其他物件堵住，防止砂浆或杂物进入污水管内，待土建施工完毕后再装上罩式排水栓，也可采用带格栅的铸铁地漏。

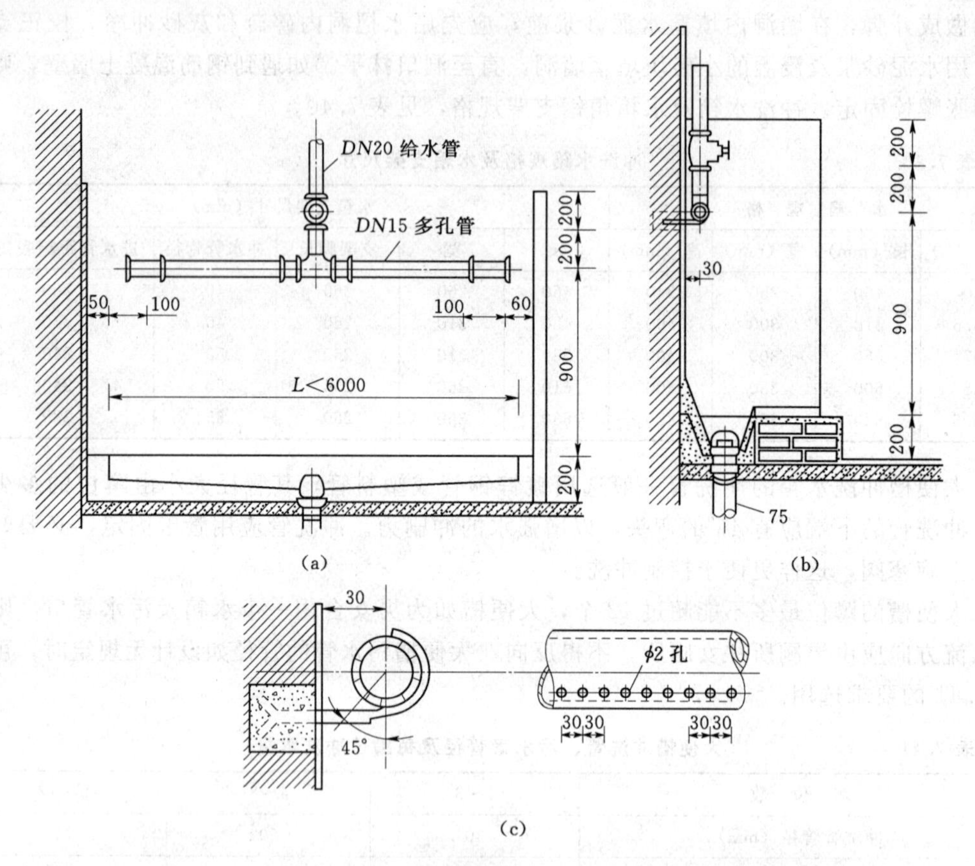

图 7.227　小便槽安装图（单位：mm）

(a) 立面图；(b) 侧面图；(c) 多孔管详图

小便槽的冲洗方式有自动冲洗水箱（定时冲洗）或用普通阀门控制的多孔管冲洗。多孔管安装在离地面 1100mm 的位置，管径不小于 20mm，管的两端用管帽封闭，喷水孔孔径为 2mm，孔距为 30mm。安装时孔的出水方向应与墙面成 45°的夹角。一般地说，多孔冲洗管较易受到腐蚀，故宜采用塑料管。

7.10.3.3　盥洗、沐浴用卫生洁具安装

1. 洗面器安装

洗面器的规格型式很多，有长方形、三角形、椭圆形。安装方式有墙架式、柱脚式（也叫立式洗面器），如图 7.228 和图 7.229 所示。

安装时，先在墙上画出安装中心线，根据洗面器架的宽度画出固定孔眼的十字线，在十字线的位置牢固地埋入木砖，将架用木螺钉拧紧在木砖上，也可以用膨胀螺栓固定。固定时，要同时用水准尺找平，然后将面盆固定在架上。

2. 浴盆安装

浴盆的种类很多，式样不一。图 7.230 是常用的一种浴盆安装图。有饰面的浴盆，应留有通向浴盆排水口的检修门。安装浴盆混合式挠性软管淋浴器挂钩的高度如设计无规定，应距地面 1.5m。

进水一般由进水管三通通过铜管与洗面器水嘴连接，排水用的下水口通过短管接存水弯，短管与洗面器间用橡皮垫密封，它们之间的空隙用锁母锁紧，使之密封。

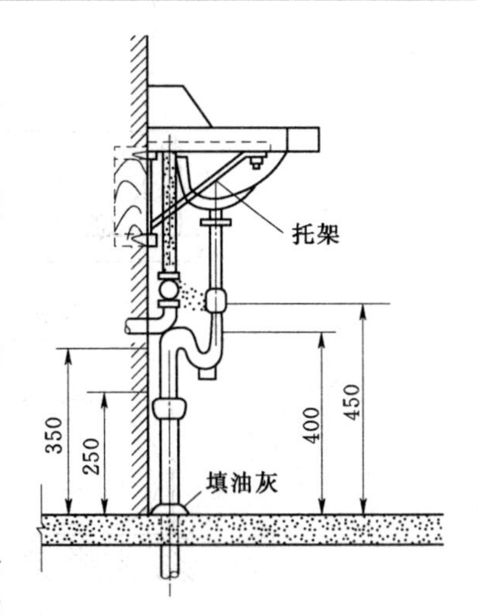

图 7.228　墙架式洗面器（单位：mm）

7.10.3.4　洗涤用卫生洁具安装

1. 洗涤盆安装

洗涤盆多装在住宅厨房及公共食堂厨房内，供洗涤碗碟和食物用。常用的洗涤盆多为陶瓷制品，也有采用钢筋混凝土磨石制成。洗涤盆的规格无一定标准，图 7.231 为一般住宅厨房用的洗涤盆安装的各部分尺寸要求。

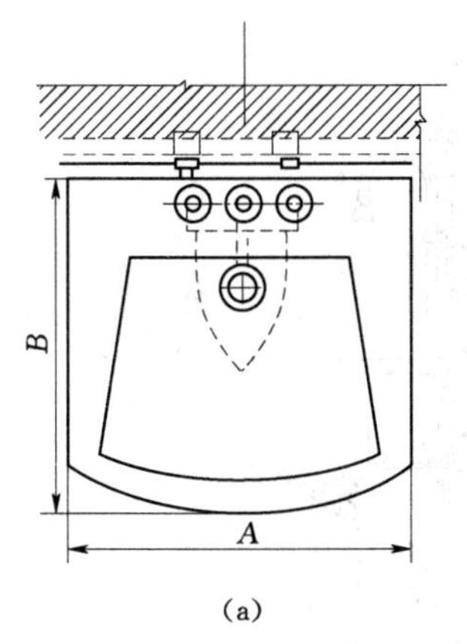

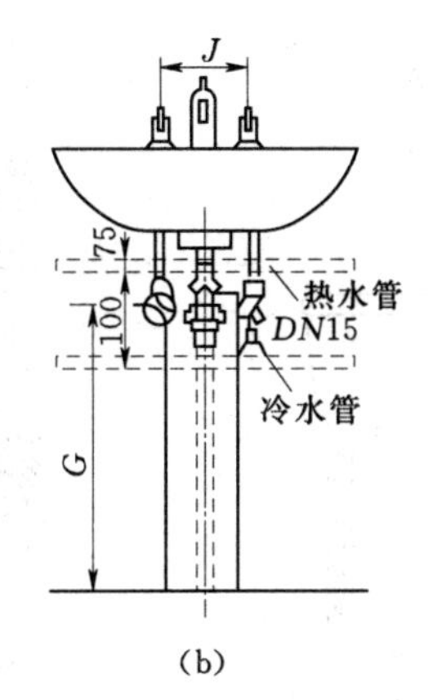

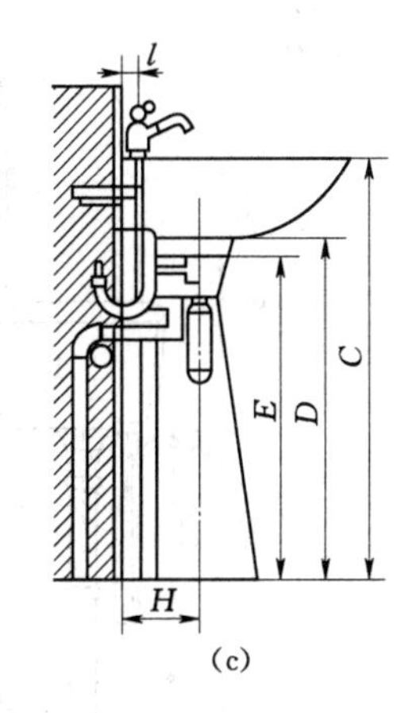

(a)　(b)　(c)

图 7.229　立式洗面器（单位：mm）
(a) 平面图；(b) 立面图；(c) 侧面图

洗涤盆排水管口径为 *DN*50，排水管如是通往室外的明沟，也可不设置存水弯；如与排水立管连接，则应装设存水弯。安装排水栓时，应垫上橡胶圈并涂上油灰，注意将排水栓溢流孔对准洗涤盆溢流孔，然后用力将排水栓压紧，在下面用根母将排水栓拧紧，这时应有油灰挤出，挤在外面的油灰可用纱布拭擦干净，挤在里面的应注意防止堵塞溢流孔。安装好排水栓后，可接着将存水弯连接到排水栓上。

洗涤盆如只装冷水龙头，则龙头应与盆的中心对正；如设置冷热水龙头，则可按照热水管在上、冷水管在下、热水龙头在左上方、冷水龙头在右下方的要求进行。冷热水两横管的中心间距为 150mm。

2. 污水盆安装

污水盆也叫拖布盆，多装设在公共厕所或盥洗室中，供洗拖布和倒污水用，故盆口距

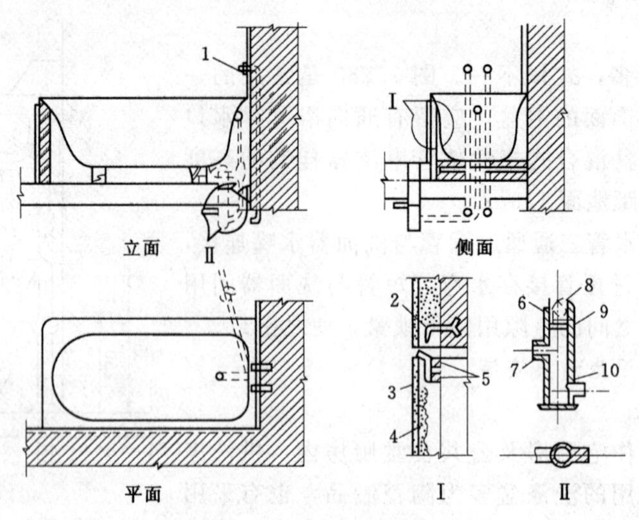

图 7.230 浴盆安装图

1—接浴盆水门；2—预埋 $\phi6$ 钢筋；3—钢丝网；4—瓷砖；5—角钢；6—*DN*100 钢管；7—管箍；8—清扫口铜盖；9—焊在管壁上的 $\phi8$ 钢筋；10—进水口

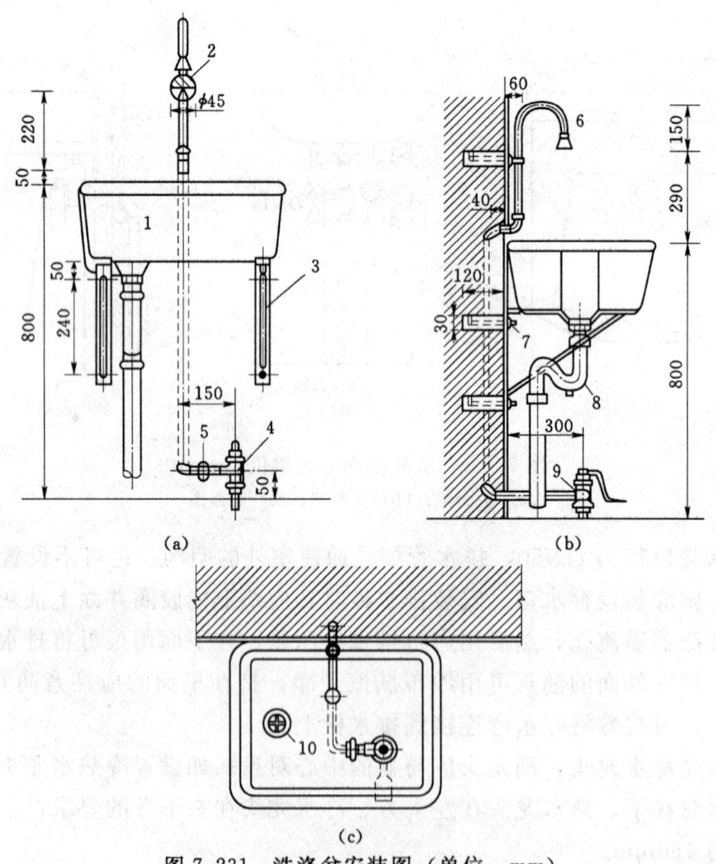

图 7.231 洗涤盆安装图（单位：mm）

(a) 立面图；(b) 侧面图；(c) 平面图

1—洗涤盆；2—管卡；3—托架；4—脚踏开关；5—活接头；6—洗手喷头；7—螺栓；8—存水弯；9—弯头；10—排水栓

地面较低，但盆身较深，一般为 400～500mm，可防止冲洗时水花溅出。污水盆可在现场用水泥砂浆浇灌，也可用砖头砌筑，表层磨石子或贴瓷片。

图 7.232 为一般污水盆的构造，管道配置较为简单。砌筑时，盆底宜形成一定坡度，以利排水。排水栓为 $DN50$。安装时应抹上油灰。然后再固定在污水盆出水口处。存水弯为一般的 S 型铸铁存水弯。

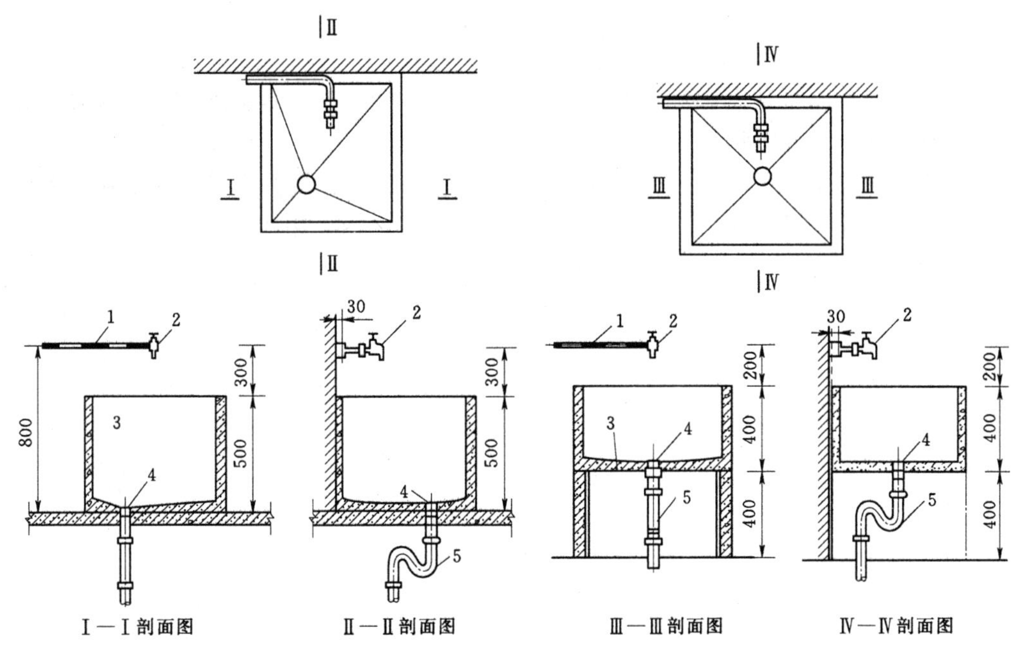

图 7.232　污水盆构造及安装（单位：mm）

1—给水管；2—龙头；3—污水池；4—排水栓；5—存水弯

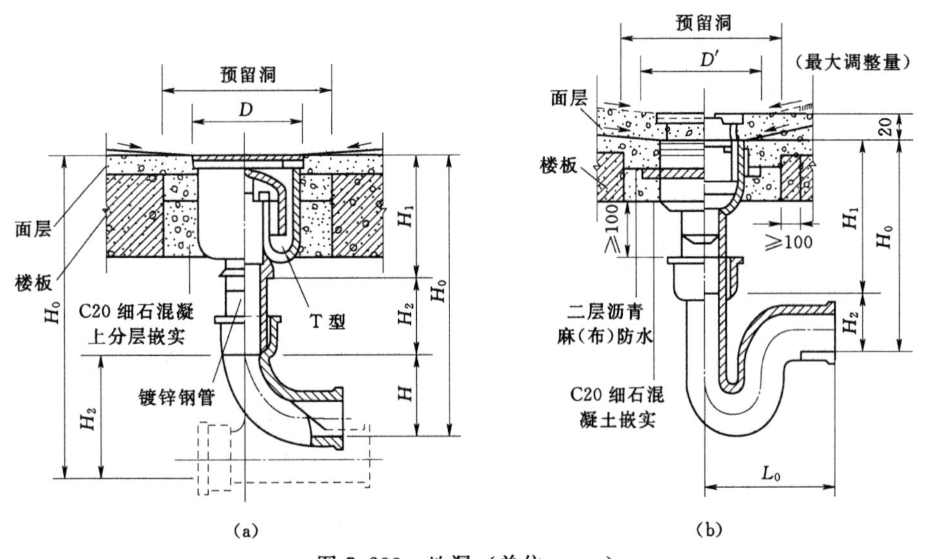

图 7.233　地漏（单位：mm）

(a) 有水封地漏；(b) 无水封地漏

3. 地漏安装

厕所、盥洗室、卫生间及其他房间需从地面排水时，应设置地漏。地漏应设置在易溅水的器具附近及地面的最低处。地漏的顶面标高应低于地面5～10mm，地面应有不小于1%的坡度坡向地漏。图7.233为地漏安装图，地漏盖有篦子，以阻止杂物进入管道。地漏本身不带有水封时，排水支管应设置水封。当地漏装在排水支管的起点时，可同时兼做清扫口用。

4. 排水栓与存水弯安装

排水栓是卫生器具排水口与存水弯间的连接件，多装于洗脸盆、浴盆、污水盆、洗涤盆上。有铝、铜、尼龙等制品，规格有 *DN*40 和 *DN*50 两种。

存水弯是装于卫生器具下面的一个弯管，里面存有一定深度的水，称为水封。水封的作用是阻止排水管网中的有害气体通过卫生器具进入室内，用得最多的是直径 50mm、100mm 的铸铁存水弯。

参 考 文 献

[1] JTG E51—2009 公路工程无机结合料稳定材料试验规程. 北京：人民交通出版社，2010.

[2] JTG E20—2011 公路工程沥青及沥青混合料试验规程. 北京：人民交通出版社，2012.

[3] 中国计划出版社. 建筑制图标准汇编. 北京：中国计划出版社，2003.

[4] 丁宇明，黄水生，张竞. 土建工程制图. 北京：高等教育出版社，2012.

[5] 张敬伟. 建筑工程测量实验与实习指导. 北京：北京大学出版社，2009.

[6] 魏静. 建筑工程测量. 北京：机械工业出版社，2011.

[7] 常玉奎，金荣耀. 建筑工程测量. 北京：清华大学出版社，2012.

[8] 汪荣林，罗琳. 建筑工程测量. 北京：北京理工大学出版社，2009.

[9] 林长进. 建筑工程测量实训. 厦门：厦门大学出版社，2012.

[10] 曾令宜. 建筑工程 CAD 实训. 郑州：黄河水利出版社，2011.

[11] 夏玉英，周永. 建筑 CAD 实训教程作. 北京：高等教育出版社，2012.

[12] 马贻. CAD 工程绘图实训指导. 南京：东南大学出版社，2010.

[13] 闫照粉. AUTO CAD 工程绘图实训教程. 苏州：苏州大学出版社，2007.

[14] 刘海宽. 电子 CAD 实训教程. 南京：东南大学出版社，2009.

[15] 徐承意. AutoCAD2007 应用教程与实例. 天津：天津大学出版社，2009.

[16] 江方记，尧燕. Auto CAD 高级实训. 重庆：重庆大学出版社，2006.

[17] 张日晶，等. AutoCAD 2012 中文版建筑设计标准实例教程. 北京：科学出版社，2012.

[18] 王新民. 高职高专规划教材：焊接实训指导. 北京：机械工业出版社，2004.

[19] 王子茹. 房屋建筑设备识图. 北京：中国建材工业出版社，2001.

[20] 应惠清. 土木工程施工（上、下册). 上海：同济大学出版社，2001.

[21] GB 50268—2008 给水排水管道工程施工及验收规范. 北京：中国建筑工业出版社，2009.

[22] JGJ 162—2008 建筑施工模板安全技术规范. 北京：中国建筑工业出版社，2008.

[23] JGJ 202—2010 建筑施工工具式脚手架安全技术规范. 北京：中国建筑工业出版社，2010.

[24] GB 50203—2002 砌体工程施工质量验收规范. 北京：中国建筑工业出版社，2002.

[25] 许小平. 焊接实训指导. 武汉：武汉理工大学出版社，2003.

[26] 陆化来. 建筑装饰基础技能实训. 北京：高等教育出版社，2012.

[27] 重庆大学，同济大学，哈尔滨工业大学. 土木工程施工. 北京：中国建筑工业出版社，2003.

[28] GB/T 232—2010 金属材料 弯曲试验方法. 北京：中国建筑工业出版社，2011.

[29] GB/T 1345—2005 水泥细度检验方法 筛析法. 北京：中国建筑工业出版社，2005.

[30] GB/T 12952—2003 聚氯乙烯防水卷材. 北京：中国建筑工业出版社，2003.

[31] GB/T 1346—2011 水泥标准稠度用水量、凝结时间、安定性检验方法. 北京：中国标准出版社，2012.

[32] JGJ/T 152—2008 混凝土中钢筋检测技术规程. 北京：中国建筑工业出版社，2008.